TRAITÉ DU CERVEAU

Michel IMBERT

TRAITÉ DU CERVEAU

Pour Sylvia.

PRÉFACE

Personne ne peut sérieusement prétendre disposer de toutes les compétences requises pour écrire un « traité sur le cerveau », c'est certainement la raison pour laquelle tous ceux qui ont été publiés ces dernières années l'ont été par de multiples spécialistes, sollicités par plusieurs « éditeurs », eux-mêmes œuvrant dans différents secteurs circonscrits des neurosciences. Ce sont généralement de très gros ouvrages de référence que l'étudiant et le chercheur consultent sur des points particuliers, et l'on ne saurait envisager de les lire de façon continue. Pourquoi dès lors prendre le risque de proposer un *Traité du cerveau* homogène sous la plume d'un seul auteur ? Tout simplement parce qu'il est essentiel que le public curieux et conscient de l'effervescence qui règne dans les domaines des neurosciences dispose d'un panorama accessible des connaissances acquises récemment sur le cerveau.

Les catalogues d'éditeurs, et tout spécialement celui des Éditions Odile Jacob, sont riches en ouvrages qui traitent d'un aspect particulier des sciences du cerveau, qui proposent une théorie particulière, exposent un domaine de compétence donné. Ainsi, le lecteur accède-t-il directement à une information détaillée sur un aspect particulier du fonctionnement du cerveau. Il pourrait néanmoins souhaiter disposer d'une vue plus globale, peut-être rapide sur certains points, mais lui permettant de s'orienter dans un paysage rendu complexe par les différents points de vue qu'on lui offre. Satisfaire cette attente est précisément le but de ce livre.

On peut étudier le cerveau selon des perspectives différentes et complémentaires. Tout d'abord, on peut le considérer comme un objet matériel organisé, dans lequel les nombreuses composantes moléculaires opèrent sous le contrôle de mécanismes régulateurs complexes. En mobilisant de nombreuses disciplines, qui dépassent largement le seul domaine de la biologie et de ses sous-disciplines, on sait ainsi analyser les multiples relations qu'entretiennent les cellules du tissu nerveux entre elles, retracer leurs origines, leurs déplacements et leur mise en place au cours du développement. On peut de même étudier les mécanismes biophysiques grâce auxquels elles sont en mesure d'engendrer des signaux, de les véhiculer et les échanger. Les chapitres II à IV reconstituent cette démarche.

Mais le cerveau n'est pas que cela. Il est également ce qui permet à un organisme de « connaître » son environnement physique et social pour être en mesure d'y vivre et de le transformer. Dans cette optique, il est conçu comme un dispositif capable de traiter des informations, captées par des organes sensoriels, stockées de façon plus ou moins durable dans l'intimité du tissu nerveux, ou inscrites de façon permanente dans le génome. Celles-ci sont mises sous une forme capable de circuler dans des réseaux cérébraux plus ou moins vastes, pour être rappelée et utilisée dans des comportements automatiques ou appris, des habiletés, ou des capacités cognitives. Les chapitres V à X abordent le cerveau selon cette optique.

En guise d'introduction, le chapitre premier présente une histoire des représentations philosophiques et scientifiques du cerveau depuis l'Antiquité jusqu'à la période moderne, dans le but de dégager la généalogie des principaux concepts opérant dans les sciences du cerveau d'aujourd'hui. Le dernier chapitre, enfin, montre que des notions aussi générales et importantes, notamment par leurs répercussions sociales, comme l'intelligence et la conscience, font l'objet d'intenses recherches neuroscientifiques. Enfin, l'épilogue en appelle à la plus grande prudence dans les interprétations que l'on est en droit de tirer de l'impressionnante moisson de résultats obtenus au cours des dernières décennies.

Il est incontestable que les neurosciences brillent par leurs succès et suscitent à juste titre l'espoir de venir à bout de nombreuses souffrances dont nous savons chaque jour davantage que leur origine se trouve dans un fonctionnement défectueux du cerveau. À lire certains des auteurs, parmi les plus déterminés à poursuivre un programme qui vise à tout naturaliser, on aurait toutefois l'impression que la biologie du cerveau a réponse à tout et qu'elle suffit à expliquer toutes les conduites humaines, y compris les conduites sociales, politiques, économiques et morales. Je ne partage pas cette nouvelle « passion naturaliste[1] ». Je persiste à penser que l'être humain ne saurait se réduire à la somme des causes qui le déterminent. Néanmoins, mieux connaître ces dernières, et ce livre se propose d'en faire l'inventaire, partiel mais suffisamment impression-

---

1. Ogien, 2006.

nant comme tel, permet de mieux les maîtriser ou de mieux s'en accommoder, sans nécessairement borner notre destin à l'« illusion collective
des gènes[2] » ou à la toute-puissance des neurones et le priver ainsi de raisons d'agir et d'assumer ses responsabilités.

2. Michael Ruse, *in* Jean-Pierre Changeux, 1991, cité par Ogien, *op. cit.*, p. 12.

REMERCIEMENTS

Je remercie Philippe Ascher pour sa lecture attentive et ses commentaires, parfois ironiques et toujours pertinents. Jean Michel Besnier, Bénédicte de Boysson-Bardies, Monique Canto-Sperber, Anne Christophe, Claude Debru, Jean-François Démonet, Jean-Pierre Dupuy, Frédéric François, Elsa Gomez-Imbert, Michel Kreutzer, Christian Lorenzi, Jean-Luc Nespoulous, Alain Prochiantz, Alain Trembleau, Nathalie Tzourio-Mazoyer, Jacques Vauclair ne manqueront pas de reconnaître dans de nombreux passages la trace de leurs commentaires. Je remercie aussi l'équipe éditoriale des Éditions Odile Jacob pour son aide rédactionnelle précieuse. Enfin, je ne me serais pas lancé dans l'écriture de ce livre sans l'amicale pression de Pierre Jacob qui a su me convaincre de prendre ce risque.

CHAPITRE PREMIER

HISTOIRE DES REPRÉSENTATIONS DU CERVEAU

*Du papyrus d'Edwin Smith
à la physiologie mécaniste*

En 1862, chez un brocanteur de Louxor, probablement un revendeur d'objets pillés dans des tombes historiques, l'égyptologue américain Edwin Smith déniche un papyrus. Celui-ci resta méconnu jusqu'à ce qu'un autre égyptologue américain, James H. Breasted, en donne une traduction et le publie en 1930. Il est connu sous le nom de *Papyrus chirurgical d'Edwin Smith*[1] ; il date d'environ 1600 avant notre ère, mais l'on s'accorde généralement à le reconnaître comme une copie fidèle d'un texte remontant à 3500 ans avant notre ère. Il contient les comptes rendus de quarante-huit cas de lésions et d'opérations chirurgicales, dont bon nombre à la tête. Il mentionne une série de considérations descriptives et cliniques fort importantes.

Le cerveau serait le siège de la motricité. Certains signes, par exemple une déviation des globes oculaires et une démarche qui traîne les pieds, traduisent une atteinte située à grande distance des yeux et des jambes où se manifestent les signes. Une telle distinction entre le *sémiologique*, endroit où l'on observe les signes, et l'*étiologique*, lieu où se trouve la lésion, est fondamentale à la pensée médicale telle qu'elle se développera notamment dans la Grèce antique à partir du VIe siècle avant notre ère.

---

1. Breasted, 1930 ; Bardinet, 1995.

Alcméon de Crotone (environ 450 avant notre ère) aurait été le premier à pratiquer des dissections, notamment de l'œil et des nerfs optiques. Pour lui, le cerveau serait l'organe central des sensations et de la pensée. Il existerait des relations nerveuses entre les organes des sens et le cerveau ; l'inconscience serait une interruption dans le fonctionnement des organes du cerveau, consécutive à une contusion cérébrale. Les différents états de conscience de l'homme seraient ainsi liés à des équilibres différents dans le corps dont le cerveau constituerait le principe central. L'apparition de ce que nous appelons des « phosphènes », des éclairs lumineux provoqués par un choc mécanique sur l'œil – les fameuses trente-six chandelles ! –, amène Alcméon à postuler que l'œil contiendrait du feu. Il émettrait des rayons de lumière allant au contact des objets, puis revenant vers lui, à la manière dont le bras se dépliant envoie la main vers un objet dont on ressent le contact dans l'épaule. Ce serait grâce à cette réflexion que nous *verrions*[2]. Cette conception, connue sous le nom d'« extromission », nous semble aujourd'hui bien fantaisiste. Elle a été soutenue, par quelques-uns, jusqu'à la Renaissance, avant d'être définitivement abandonnée, au XVIIe siècle[3].

Démocrite (vers 460-370), originaire d'Abdère, ville de Thrace située sur la mer Égée, est l'inventeur du matérialisme, pour lequel seuls sont réels les atomes et le vide. Il inaugure une image qui fera longtemps florès et qui illustre la position du cerveau par rapport à l'ensemble du corps. Il institue une division de la vie psychique en trois parties. La première, composée des atomes les plus légers, les plus sphériques et les plus véloces, forme l'âme, esprit ou principe vital ; bien que largement distribuée dans tout le corps, elle réside principalement dans le cerveau. La seconde partie, constituée d'atomes, plus grossiers, commande aux émotions et est principalement logée dans le cœur. Enfin, la dernière partie, formée d'atomes encore plus grossiers, est localisée dans le foie et préside aux appétits et à la concupiscence. Cette division tripartite sera développée par Platon et demeurera vivace jusqu'au Moyen Âge. Dans *Sur la nature de l'homme*, attribué à Démocrite, on peut lire : « Le cerveau surveille, comme une sentinelle, l'extrémité supérieure du corps confiée à sa garde protectrice ; le cerveau est assemblé et uni par des membranes fibreuses ; sur ces membranes, [...] des os [...] cachent le cerveau, gardien de l'intelligence[4]. »

---

2. Beare, 1906.
3. Voir Imbert, 2005.
4. Cité par Hécaen et Lanteri-Laura 1977.

HIPPOCRATE ET ATHÈNES

Une des plus anciennes références au problème de la relation entre le cerveau et la pensée se trouve dans les écrits hippocratiques du début du IVe siècle avant notre ère[5]. Dans le traité *De la maladie sacrée (De Morbo Sacro)*, chapitre XX, on trouve : « Ainsi j'affirme que le cerveau est le héraut de la conscience. » Pour Hippocrate, le cerveau est le messager de l'intelligence, il est le centre responsable de l'équilibre du corps, non seulement au niveau physiologique, mais aussi à celui des sentiments. Mais s'il est ainsi l'interprète de l'intelligence, il n'en est pas le moyen ; ce rôle est dévolu à l'air. C'est le souffle qui véhicule la pensée en pénétrant dans le cerveau de celui qui respire. Il se déverse ensuite dans tout le corps, laissant dans le cerveau sa partie la plus active. La maladie sacrée, qui n'est autre que ce qu'on appelle aujourd'hui l'« épilepsie », n'a rien de sacré ni de mystérieux, mais serait simplement due au fait que le cerveau sécrète en excès un mucus, le « phlegme froid », qui se mélange au sang chaud, obstrue les vaisseaux et provoque tous les symptômes de la maladie.

Dans un autre traité, *Des plaies de la tête*, Hippocrate note : « Des convulsions s'emparent chez la plupart d'un des côtés du corps. Si la plaie est du côté gauche de la tête, c'est le côté droit du corps que les convulsions saisissent ; si la plaie est du côté droit de la tête, c'est le côté gauche du corps[6]. » Cela annonce un principe fondamental de l'organisation cérébrale : un hémisphère serait en charge d'examiner et de contrôler la moitié du corps située du côté opposé.

À partir du IVe siècle, la position centrale et prééminente du cerveau est généralement admise ; on s'efforce de répartir les facultés de l'âme dans des parties distinctes de l'encéphale en essayant d'établir des correspondances une à une entre les fonctions de l'esprit et des zones circonscrites de l'organisme humain. Dans le *Timée*, Platon (427-347), reprenant l'idée émise par Démocrite, divise l'âme en trois parties. Deux sont mortelles, la partie « irascible », située dans le cœur dont dépend le courage et, située dans le foie, séparée par le diaphragme, la partie « concupiscible », celle qui suscite un désir sensuel irrépressible. La partie intellectuelle, ou spirituelle, immortelle parce que reliée aux dieux,

---

5. La datation exacte des écrits hippocratiques est difficile. On s'accorde à considérer qu'ils s'échelonnent sur plusieurs périodes à partir de 430 jusqu'au-delà de 330. *De la maladie sacrée* serait un des plus anciens. Le fameux serment d'Hippocrate, que tous nos médecins s'engagent à respecter, n'a strictement rien à voir avec Hipppocrate ni même avec l'école hippocratique. Il est bien plus tardif et serait lié à une secte néo-pythagoricienne antivivisectionniste, opposée au suicide et à l'avortement, repris par les premiers chrétiens, également opposés au suicide et à l'avortement, et instituant une séparation nette entre la médecine et la chirurgie, considérée comme une technique purement artisanale, digne seulement d'être pratiquée par des barbiers.
6. Hippocrate, 1838-1861.

est localisée dans la tête. Dans le *Phédon*, il définit trois moments au sein du processus intellectuel. Tout d'abord, l'accumulation des sensations, ensuite le raisonnement, enfin la mémoire sur laquelle est fondée la science. La distinction entre ces trois fonctions intellectuelles, qui resteront inchangées durant tout le Moyen Âge, inaugure une démarche que l'on retrouvera, quoique profondément modifiée et enrichie, jusqu'aux temps modernes et même, d'une certaine façon, jusqu'à aujourd'hui. Cette approche est analytique : il s'agit d'isoler des facultés psychologiques, comme on les appelait au XIXᵉ siècle, ou des compétences cognitives comme on dirait aujourd'hui, et de les *localiser* dans des zones circonscrites et distinctes de l'encéphale ou du corps.

Une voix discordante se fait alors entendre : celle d'Aristote pour qui le cerveau n'est plus le siège des sensations ni de la pensée mais un simple radiateur servant à refroidir le cœur. Aristote est né en 384 à Stagire, petite ville de Macédoine proche du mont Athos. Son père, Nicomaque, médecin personnel du roi de Macédoine, Amyntas III, grand-père d'Alexandre le Grand, appartenait à une famille de médecins, les Asclépiades, dynastie médicale qui prétendait descendre du dieu grec de la médecine, Asclépios. Nicomaque meurt jeune et confie l'éducation de son fils à de proches parents, médecins comme lui. Son origine et le milieu dans lequel il commença à grandir expliquent sans doute l'intérêt qu'Aristote porta toujours à la biologie. Cependant, l'idée qu'il se fait du rôle du cerveau et du siège de l'esprit n'a pas manqué d'embarrasser les historiens et les savants. Galien, au IIᵉ siècle de notre ère, disait déjà « rougir d'avoir à la mentionner ». En effet, pour Aristote, le cerveau en tant que tel ne saurait être la cause d'aucune sensation ni de l'intelligence. Bien que parfaitement informé des opinions d'Alcméon de Crotone, de Platon et des écrits hippocratiques selon lesquels le cerveau serait le principe de la conscience, le gardien et le messager de l'intelligence, Aristote n'a de cesse de les critiquer[7]. Il insiste beaucoup sur le fait qu'une fois exposé par une ouverture du crâne, il ne réagit à aucune sollicitation mécanique et demeure totalement insensible. Néanmoins son rôle est important. Étant donné qu'il est la partie la plus froide et la plus humide du corps, il pourrait agir comme une centrale de refroidissement pour modérer la chaleur du cœur, qu'Aristote considère comme le siège véritable de l'esprit, des sensations et de l'intelligence. Si le cerveau de l'homme est, relativement à sa taille, le plus grand, c'est pour pouvoir refroidir avec plus d'efficacité la plus forte chaleur de son cœur, pour permettre à ce dernier d'exercer sa plus grande intelligence et ses plus forts sentiments. Le rôle du cerveau serait donc réduit à celui, subalterne mais essentiel, d'une source de froid qui contrecarrerait la source de chaleur située dans le cœur.

---

7. Voir notamment Aristote, 2000 et 2003. Barnes, 1995.

Ainsi se dessine une scission entre le cœur et le cerveau, totalement abandonnée aujourd'hui, qui, dans l'opinion populaire, persiste sous forme poétique et métaphorique : « Le cœur a ses raisons... »

En dépit de cette interprétation manifestement erronée de la fonction du cerveau, Aristote a joué un rôle très positif dans son étude scientifique, ne serait-ce qu'en étant indirectement responsable de la création du musée d'Alexandrie, haut lieu d'études anatomiques et fonctionnelles systématiques du cerveau humain.

D'ATHÈNES À ALEXANDRIE

Créée en 331 par Alexandre le Grand, Alexandrie devint rapidement le centre de recherche scientifique le plus important. Comparable aux instituts modernes, le *Mouseion*, ou muséum d'Alexandrie, comportait des salles de conférences et d'étude, des salles de cours, un observatoire, un zoo, un jardin botanique, des salles de dissection et d'expérimentation. Ce muséum continuait en l'amplifiant le programme du Lycée d'Aristote.

Au début du IIIe siècle, environ cent ans après Hippocrate, dont la connaissance de l'anatomie du cerveau humain était encore rudimentaire, deux philosophes alexandrins, Hérophile de Chalcédoine (– 270) et Érasistrate de Chios (– 260) entreprennent une étude systématique de cerveaux coupés en tranches. Si l'on en croit Celsus, le « Cicéron de la médecine », chirurgien romain qui vécut dans le siècle d'Auguste, les sections étaient pratiquées sur des criminels « qu'ils étudiaient aussi longtemps qu'ils respiraient ». On dit même que Hérophile pratiqua ainsi plusieurs milliers de vivisections, fournissant de la sorte un savoir qui n'a été surpassé qu'après le XVIIe siècle. Il donne une description satisfaisante du cerveau, du cervelet, des méninges et des ventricules. Il compare la cavité située sur le plancher du quatrième ventricule avec celle qui existait sur l'instrument utilisé alors pour écrire et lui donne le même nom, encore utilisé aujourd'hui, *calamus scriptorius*, encore appelé *calamus d'Hérophile*.

Son cadet de quelques années, Érasistrate, décrit les circonvolutions cérébrales qu'il compare à l'intestin grêle. Jusqu'au XIXe siècle, les anatomistes conserveront ce souvenir et désigneront souvent les circonvolutions cérébrales de *procès entéroïdes*. Il indique que leur structure plissée est en rapport direct avec le développement de l'intelligence. Il distingue entre les nerfs moteurs et les nerfs sensoriels, distinction qui sera brillamment confirmée au XIXe siècle. Il suggère que l'air vital nécessaire, obtenu par la respiration, entre d'abord dans les veines pulmonaires, passe ensuite par le cœur pour finalement aboutir dans les ventricules cérébraux sous la forme d'esprits animaux, de *pneuma psychikon* ou *spiritus animalis*. Ainsi apparaît la théorie qui dominera pendant dix-huit siècles et d'après laquelle l'âme résiderait dans les ventricules cérébraux. Cette théorie d'une localisation dans les ventricules des facultés mentales aura son expression la plus élaborée chez Galien (131-201), au IIe siècle de notre ère, associée à une conception aristotélicienne de la science fondée sur l'observation méticuleuse et l'expérimentation rigoureuse.

DE GALIEN À LA RENAISSANCE

Près de quatre siècles après Platon, Galien, originaire de Pergame (131-202) en Asie Mineure, aujourd'hui dans la province d'Izmir en Turquie, médecin dont la postérité n'a rien à envier à celle d'Hippocrate, reprend les thèses du *Timée* : l'âme raisonnable habite le cerveau, cause et principe des mouvements et des sensations. Il dit de l'encéphale : « Pour la substance, il ressemble beaucoup aux nerfs, dont il est le principe ; s'il en diffère, c'est par la mollesse plus grande, qualité nécessaire dans un organe auquel aboutissent toutes les sensations, où naissent toutes les représentations de l'imagination, tous les concepts de l'entendement[8]. » Bien qu'il ne fût pas autorisé à pratiquer des autopsies, son emploi de médecin des gladiateurs lui donna une riche expérience. Comme il le dira, la médecine de guerre et celle des gladiateurs sont la meilleure école de chirurgie. Après des blessures de la tête, occasionnant une ouverture du crâne, il observe des pulsations rythmiques du cerveau ; il pratique des expériences chez l'animal et découvre qu'une ablation partielle du cerveau ne le prive de sa sensibilité et de sa motricité que si elle est suffisamment profonde pour atteindre l'un des ventricules. Il adopte le point de vue suggéré déjà par Hérophile et Érasistrate, selon lequel les esprits animaux (*spiritus animalis* ou *pneuma psychikon*) naissent des esprits vitaux (*spiritus vitalis*) qui proviennent de la respiration, entrent et sont stockés dans les ventricules cérébraux. Il admet en outre que les esprits animaux circulent dans les nerfs pour établir des connexions matérielles avec les organes des sens et de la motilité. Toutefois, ne pouvant décider si le *pneuma* était l'âme ou seulement son véhicule, il conseille : « Ne suivez pas l'inspiration divine pour découvrir l'âme toute-puissante, interrogez plutôt l'anatomiste. »

Ce conseil, qu'il est toujours bon de suivre aujourd'hui, n'a pas été entendu des philosophes, des médecins et des Pères de l'Église, tout au long du Moyen Âge. Jusqu'à la Renaissance, en effet, toutes les représentations du cerveau adoptent sans discussion l'autorité anatomique et physiologique de Galien qui place les fonctions psychologiques dans les cavités ventriculaires. La forme exacte et la situation précise dans le cerveau des ventricules n'étant pas connues, on les imagine comme les cel-

---

8. Galien 1854-1856. Cité par Hécaen et Lanteri-Laura, *op. cit.*, p. 20.

lules qu'occupent les moines dans leurs monastères, représentés sur le scalp sous la forme de cercles ou de rectangles, trois au minimum, plus souvent quatre ou cinq et même plus, selon la fantaisie de l'auteur. Ces chambres sont séparées les unes des autres ou au contraire reliées entre elles, mais chacune abrite une ou plusieurs capacités intellectuelles. L'esprit animal, vapeur de sang à la fois matériel et spirituel, circule plus au moins librement de cellule en cellule. La première, qui correspondrait aux ventricules latéraux d'aujourd'hui, abrite le *sensus communis*, là où tous les sens se réunissent et se combinent à l'intuition imaginative, la *vis imaginativa*, logée, selon les cas, dans la même cellule ou dans une cellule adjacente. Vient ensuite une cellule comprenant la faculté de raisonner, appelée *vis cogitativa* (pensée), *estimativa* (jugement) ou encore *rationalis* (raison). Enfin la mémoire, ou *vis memorativa*, est placée dans la cellule la plus postérieure. Entre la première et les suivantes, un dispositif judicieux est imaginé. Appelé *vermis*, parce qu'il ressemblerait à un ver, il servirait à ouvrir ou fermer la voie de communication entre les cellules, à la manière d'une écluse. Lorsqu'il est fermé, les impressions sensibles ou imaginées ne peuvent plus passer dans les cellules susceptibles de les traiter rationnellement et ne peuvent alors être conservées dans la mémoire. Ce *vermis*, dispositif purement spéculatif et fantaisiste, imaginé dit-on par le grand médecin philosophe islamique de l'an Mil Avicenne, aurait été observé lors d'autopsies par l'anatomiste Laurenzius Frisius, qui le décrit dans sa *Spiegel der Arzne* (Strasbourg, 1518). Il servirait à contrôler les états de conscience et serait capable d'induire le sommeil. Il n'existe rien de tel, et le terme *vermis* désigne aujourd'hui, pour les mêmes raisons que jadis, une zone particulière du cervelet, qui ressemble à un ver annelé flanqué des deux hémisphères cérébelleux. La conception selon laquelle les différentes tâches de l'esprit sont distribuées dans diverses cavités ventriculaires traverse, quasiment inchangée, tout le Moyen Âge.

De la mort de Galien, à la fin du IIe siècle jusqu'au XIIIe siècle, les dissections sont prohibées en Europe chrétienne et dans le monde islamique. Le premier traité d'anatomie, *Anathomia*, est écrit en 1316 par Mondino de Luzzi, en Italie, publié en 1478 et illustré seulement en 1521[9]. Il s'agit essentiellement d'un guide de dissection destiné à expliquer, non la structure anatomique réelle du corps, mais les dispositifs et les termes utilisés par les médecins arabes, notamment Avicenne, grâce auxquels Galien était alors connu. Il ne sera accessible en traduction directe qu'à partir du XVIe siècle. Léonard de Vinci (1452-1519), l'intelligence la plus indépendante, la plus créatrice et la plus pratique du début de la Renaissance, connaissait ce traité au moment où il pratiqua clandestinement quelques autopsies qui lui permirent de donner la première

---

9. Roberts et Tomlinson, 1992.

description réaliste et précise des ventricules grâce à des moulages en cire perdue dont il avait, en tant que sculpteur, l'expertise. Cependant, Léonard adhère encore à la conception ventriculaire courante, celle notamment offerte par Avicenne qui, pour des raisons religieuses, ne pouvait la représenter de façon figurée. Il persiste à localiser, dans un dessin célèbre, les trois cellules psychologiques dans les ventricules cérébraux, cette fois correctement observés et décrits et non dans des cellules fantaisistes totalement inventées (Fig. 1-1).

C'est Andreas Vesalius de Bruxelles (1514-1564) qui le premier rejeta la thèse ventriculaire classique avec toutes ses conséquences philosophiques et psychologiques. Il n'y a rien d'autre dans les ventricules qu'une sérosité aqueuse et il serait insensé, selon lui, d'y voir le siège de l'âme, d'autant que les ventricules sont identiques chez les animaux et chez l'homme, et ne sauraient donc rien avoir à faire avec la raison, propre à l'espèce humaine. Vésale et ses successeurs du XVIe siècle évitent de spéculer sur les « esprits animaux ». Il écrit : « Je puis, jusqu'à un certain point, en disséquant des animaux vivants, discerner avec quelque probabilité et vérité les fonctions de leur cerveau, mais comment le cerveau peut-il remplir l'office d'imaginer, de méditer, de penser et de se souvenir ou d'exercer telle faculté de l'âme rectrice, cela je suis incapable de le concevoir[10]. » Vesalius cependant partage encore l'opinion de Galien qui rejetait la relation proposée par Érasistrate entre le nombre de circonvolutions et l'intelligence. Pour lui, leur véritable fonction se réduit à permettre aux vaisseaux sanguins d'amener les nutriments aux régions plus profondes du cerveau.

Pourtant, un certain intérêt pour le manteau cortical apparaît dès le XVIe siècle. Archangelo Piccolomini (1526-1586), professeur d'anatomie à Rome, fait la distinction entre la substance grise (*substantia cineretia*) et la substance médullaire, qu'on appelle aujourd'hui substance blanche. Toutefois, sa description est hautement fantaisiste, les circonvolutions ressemblent à des nuages, comme chez Vésale, et le choix du terme même de « cortex », écorce ou pelure, qui sera bientôt proposé comme synonyme de substance grise, terme qui demeure encore aujourd'hui, traduit bien le peu d'importance qu'on lui attribuait.

L'anatomie microscopique et la physiologie mécanique

Il faut attendre le XVIIe siècle pour qu'apparaissent de nouvelles conceptions anatomiques et fonctionnelles du cerveau. Marcello Malpighi

---

10. *De Corporis Humani Fabrica*, 1543, cité par Laplassote, 1970, p. 603.

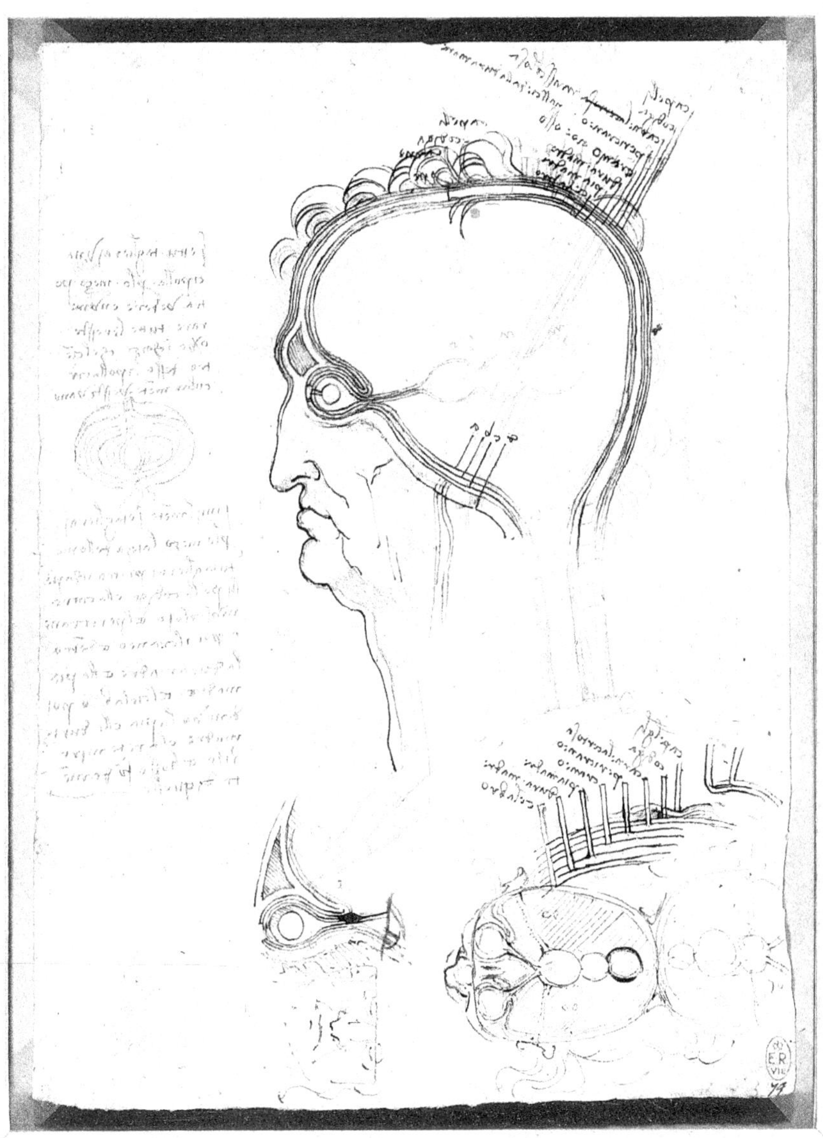

Figure 1-1 : *Comparaison de la peau du crâne avec un oignon,*
Léonard de Vinci 1489, crayon, encre et craie rouge sur papier, 203 × 152, Royal Library, Winsord.
The Royal Collection © 2005 Her Majesty Queen Elizabeth II.

(1628-1694), professeur à Bologne, est le premier à examiner le cortex cérébral avec un microscope[11]. Il le décrit comme formé de petites glandes munies d'un conduit et regarde le cerveau dans sa globalité comme un organe glandulaire (Fig. 1-2).

Cette conception aura les faveurs de nombreux médecins et microscopistes tout au long du XVIIe siècle, jusqu'au début du XVIIIe, peut-être parce qu'elle préserve l'idée aristotélicienne du cerveau comme *radiateur* et l'idée hippocratique du cerveau comme source de *phlegme* (voir plus haut).

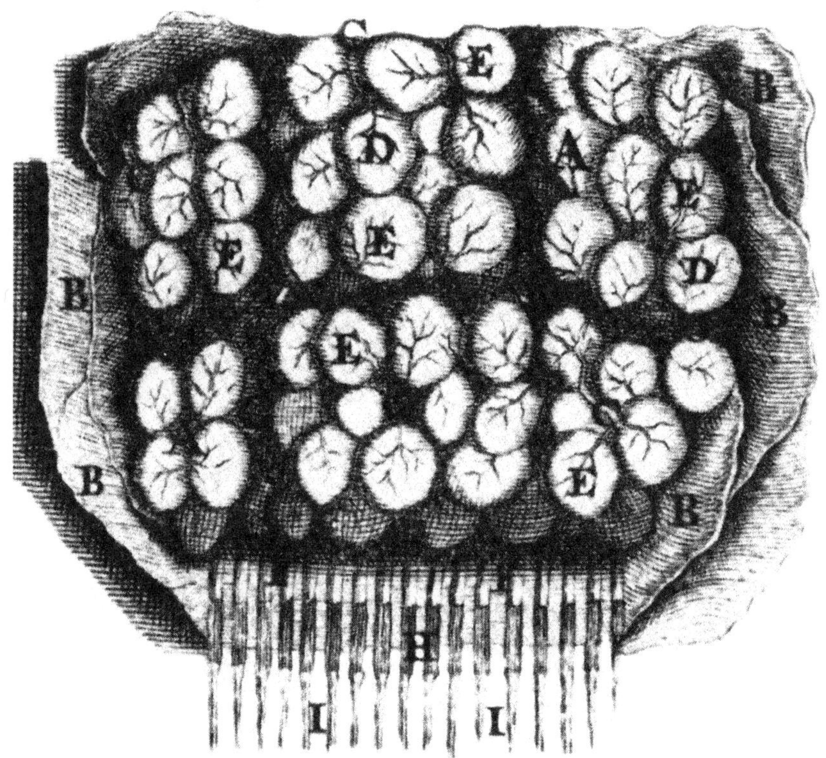

Figure 1-2 : *De Cerebri Cortice, M. Malpighi, 1666.*

Rares sont ceux qui accordent au cortex cérébral des fonctions autres que sécrétoire, vasculaire ou protectrice. Franciscus de le Boë (mieux connu sous le nom de Sylvius, nom qui reste attaché à plusieurs

---

11. Anthony Van Leeuwenhoek, son contemporain de Delft, décrit, dans une lettre publiée le 7 septembre 1674 dans les *Philosophical Transactions of the Royal Society of London*, la structure globulaire, probablement les couches nucléaires, de la rétine, dont on sait aujourd'hui qu'elle est une partie du cerveau (voir chapitre V). Cité par Polyak, S., 1941.

structures anatomiques du cerveau) et Thomas Willis (1621-1675), professeur à Oxford, un des fondateurs de l'Académie royale (Royal Society of London), ont indépendamment proposé d'autres fonctions spécifiques pour le cortex cérébral. Thomas Willis publie en 1664 une monographie, *Cerebri Anatomie*, superbement illustrée par le célèbre architecte et mathématicien sir Christopher Wren, auquel on doit la reconstruction de la cathédrale Saint-Paul après l'incendie de Londres en 1666. Dans cette monographie, Willis attribue un rôle essentiel au cortex dans les fonctions de la mémoire et de l'action volontaire. Il remarque que, contrairement au cervelet, qui est semblable dans de nombreuses espèces de mammifères, la complexité des circonvolutions cérébrales varie grandement selon les espèces, variation qui est corrélée avec les capacités intellectuelles qui leur sont attribuées. Pourtant, malgré la reconnaissance de son importance, on ne trouve dans cette monographie aucune illustration précise du cortex cérébral. Pendant encore cent cinquante ans, les circonvolutions seront vues comme des intestins ou comme, encore plus prosaïquement, un plat de nouilles. À une exception notable près toutefois. Descartes donne des circonvolutions et du cervelet une représentation étonnamment exacte, selon des critères modernes, ce qui est paradoxal étant donné que la surface corticale ne joue aucun rôle dans sa physiologie nerveuse.

C'est au XVIIᵉ siècle, avec la Révolution scientifique *mécaniciste* inaugurée par les deux figures emblématiques que sont Galilée (1564-1642) et René Descartes (1596-1650), qu'une physiologie susceptible d'expliquer les fonctions biologiques courantes en des termes purement mécanistes est établie. La stratégie de Descartes consiste à proposer une explication du fonctionnement biologique au moyen d'interactions mécaniques entre des corpuscules matériels étendus, doués de mouvement. Il refuse néanmoins d'identifier le psychologique au physiologique ; pour lui, ces deux catégories empruntent des voies séparées et restent irréductibles entre elles. Ainsi, de même qu'il ne saurait y avoir une physiologie de l'esprit, il ne saurait exister de psychologie du système nerveux. Le réductionnisme de Descartes, si l'on me permet cette appellation anachronique, et qui peut choquer certains[12], demeure à l'intérieur d'un même domaine de la réalité. Il ne commet pas l'« erreur de catégorie », hélas fréquente dans les neurosciences cognitives d'aujourd'hui, qui consiste à décrire le fonctionnement du cerveau directement en termes psychologiques et inversement ; au point qu'il est indifférent de parler de l'un ou de l'autre, ce qui se traduit souvent par la locution pour le moins étrange cerveau/

---

12. Je ne serais pas le premier à interpréter Descartes d'une façon qui peut sembler abusive. François Azouvi, dans son remarquable ouvrage, note : « Nous sommes maintenant assez habitués à ces interprétations libres pour savoir qu'elles en disent plus long sur leur auteur que sur celui qu'elles commentent » ; Azouvi, 2002, p. 226.

esprit, *brain/mind, comme si* « aimer sa maman » et « enregistrer une variation de l'irrigation sanguine localisée dans tel ou tel territoire cérébral » était la *même chose.*

Le dualisme cartésien du corps et de l'esprit est notoire. Il appartient à notre patrimoine culturel national et il n'est pas un écolier français qui n'en ait entendu parler. Il ne s'agit pas ici de discuter la solution philosophique (complexe) que Descartes propose pour rendre compte de la manière dont l'esprit, la chose pensante, *res cogitans,* qui par essence est inétendu, peut influencer une substance matérielle, le corps, *res extensa,* qui par essence est étendue. Ce qui nous semble particulièrement pertinent pour notre propos, c'est que la distinction tranchée entre le *corps,* le biologique que les hommes et les animaux ont en commun, d'une part, et, d'autre part, ce qui relève de l'*âme,* que seuls, au sens strict du terme, les hommes possèdent, toujours selon Descartes, libère la physiologie des causes psychiques. Une longue tradition, remontant à Platon, Aristote et Galien, relayée par la science islamique et élaborée par les scolastiques du Moyen Âge, réaffirmée enfin par des auteurs du XVIe siècle, Jean Fernel, Ambroise Paré, et Archangelo Piccolomini, avait pourtant fermement ancré cette idée dans les esprits à l'aube des Temps modernes. Désormais, au contraire, une analyse purement mécanique de l'organisme, y compris bien entendu de son système nerveux, est fondée. Cet aspect du dualisme cartésien est à la base du matérialisme du siècle des Lumières et de la physiologie moderne, donc des neurosciences d'aujourd'hui. Ce qu'il dit des connexions liant la sensation à l'action annonce les recherches de Pavlov sur les réflexes conditionnés, et sa conception dynamique de la mémoire anticipe le connexionnisme contemporain[13].

En outre, en détachant la pensée du corps, il prépare la venue de la psychologie expérimentale introspective que Wilhem Wundt (1832-1920) en Allemagne et William James (1842-1910) aux États-Unis inaugureront au XIXe siècle.

La psychologie du siècle des Lumières

Le naturalisme revendiqué et affiché par la philosophie des Lumières est l'héritier, avons-nous dit, de la partie mécaniste (mécaniciste) de la philosophie de Descartes. Il est vrai que Voltaire, Rousseau, Condillac, Helvétius, Diderot ou Condorcet se réclamèrent ouvertement des idées, importées d'Angleterre, de Bacon, de Locke ou de Newton, chez qui ils ont notamment trouvé des armes puissantes contre le dogmatisme reli-

---

13. Voir Sutton, 1998.

gieux. Il est également exact qu'un profond fossé sépare Descartes des philosophes. Il n'en demeure pas moins incontestable[14] que le mouvement « matérialiste », inauguré, non sans hésitation (tout au moins à son début), par Diderot, adopté par ses contemporains, Buffon, La Mettrie, d'Holbach, Maupertuis, a son origine dans le rationalisme et la méthode critique d'un cartésianisme débarrassé de sa métaphysique et de ses tourbillons.

Nous l'avons déjà mentionné, la distinction de deux substances, la *res cogitans* et la *res extensa*, a non seulement pourvu l'idéalisme de solides fondations, mais elle a fourni du même coup à la matière le statut de *substance* qui, par définition, est quelque chose de parfaitement autonome, qui n'existe que par rapport à soi-même et non par rapport à quelque chose d'autre. Évidemment, cette distinction et la question inéluctable de leur union posent un problème insoluble, tout au moins dans le cadre de la métaphysique cartésienne[15], même si Descartes lui-même semblait s'étonner qu'elle soulevât de telles difficultés (voir la lettre à la princesse Élisabeth du 21 mai 1643[16]). Ce fameux dualisme, que retiennent nos lycéens et qui préoccupe encore aujourd'hui philosophes et neuropsychologues, certes dans des termes et dans un cadre profondément renouvelés, est celui des relations entre l'esprit et le cerveau.

MÉCANICIENS ET MATÉRIALISTES

Au début du XVIIIe siècle, avant de s'appeler « matérialistes », les philosophes se désignaient comme « mécaniciens » (*mechanici*), en ce sens qu'ils considéraient la nature du seul point de vue mécanique. C'est bien Descartes qui inaugura cette vision, et c'est à lui qu'il faut s'en prendre si l'on regarde « en dernière analyse, comme des effets mécaniques toutes les opérations de la vie intellectuelle et physique. Il est permis de se demander sérieusement si, en définitive, de La Mettrie n'avait point raison de s'appuyer sur Descartes, en plaidant la cause du matérialisme et en affirmant que le rusé philosophe avait cousu à sa théorie une âme, d'ailleurs parfaitement superflue, dans le seul but de ménager la susceptibilité des prêtres[17] ».

Dès la fin du XVIIe siècle, Fontenelle (1657-1757), « en disciple éclairé et en partie émancipé[18] » de Descartes, s'éloigne néanmoins de sa métaphysique, que Malebranche, Spinoza ou Leibniz vont développer, pour retenir essentiellement sa conception de la science et emprunter la direc-

---

14. Voir notamment Vartanian, 1953 ; Lange, 1910 ; Naville, 1967 ; Yolton, 1991.
15. Dont l'une des motivations semble d'être de le résoudre.
16. Descartes, 1989, p. 68 *sq.*
17. Lange, 1910.
18. Callot, 1965, p. 35.

tion épistémologique et rationnelle de son système tout en y incorporant les enseignements de Bacon et de Locke. Fontenelle reçoit de Descartes l'innéité de la raison, mais l'assimile à un principe invariable de la nature humaine ; il la tient pour un instrument possible de savoir et non pour le réceptacle d'un savoir originel : il la débarrasse ainsi de toutes les idées innées.

Cette synthèse forme la transition entre le savoir des deux siècles et prépare l'épistémologie moderne, d'où sortira le progrès scientifique du XVIIIᵉ siècle, « amoureux des faits et entiché des systèmes ». Toute la pensée biologique du siècle des Lumières est en effet comme une décantation du rationalisme cartésien par une critique inspirée de l'expérimentalisme de Francis Bacon et du sensualisme de Locke[19].

Voltaire est probablement celui qui travailla le plus à concilier l'esprit anglais et l'esprit français. Son grand mérite fut d'avoir fait adopter sur le continent le système du monde de Newton[20] et les idées réalistes de Locke, qu'il admirait au plus haut point. N'écrit-il pas dans ses *Mémoires pour servir à la vie de M. Voltaire*[21] : « Je le regardais comme le seul métaphysicien raisonnable, je louais surtout cette retenue si nouvelle, si sage en même temps et si hardie, avec laquelle il dit que nous n'en saurons jamais assez par les lumières de notre raison pour affirmer que Dieu ne peut accorder le don du sentiment et de la pensée à l'être appelé *matière*[22]. » Pour John Locke, en effet, Dieu aurait pu donner « *à quelques amas de matière disposés comme il le trouve à propos, la puissance d'apercevoir & de penser ; ou s'il a joint & uni à la Matière ainsi disposée une Substance immatérielle qui pense*[23] ». Il y aurait, selon lui, blasphème à prétendre que l'existence d'une matière pensante soit impossible car, dans sa toute-puissance, rien ne l'empêchait de la créer. Cette « fameuse hypothèse » de la *matière pensante*, Voltaire l'importe en France. Dans ses lettres de Londres sur les Anglais, il écrit en effet, songeant à Descartes et s'y opposant : « Je suis corps, & je pense ; je n'en sais pas davantage. Irai-je attribuer à une cause inconnue ce que je puis si aisément attribuer à la seule cause seconde que je connais[24] ? » Diderot mentionne également cette idée dans son article « Locke » de l'*Encyclopédie*, qui devient le centre de nombreuses attaques de la part des successeurs de Malebranche.

Toute l'histoire de la méthode scientifique du siècle des Lumières pourrait s'écrire comme une continuelle hésitation entre deux orienta-

---

19. *Ibid.*, p. 38 *sq.*
20. Lange, 1910, p. 302.
21. Voltaire, 1877-1885, I-21.
22. Cité par Yolton, 1991, p. 201. Dans cet ouvrage, Yolton trace dans le détail l'histoire des relations entre Locke et le matérialisme français.
23. Locke, *Essai*, 1983, p. 440.
24. Voltaire, *Lettres philosophiques*, 1964, p. 172.

tions divergentes, qui parfois se contrarient, parfois se mêlent, chaque fois dans des combinaisons variables. La première est *inductive*, reçue de Galilée, Bacon, Pascal, Boyle, Newton, l'autre est *déductive*, héritière du système rationaliste de la philosophie de Descartes, au point que le milieu des philosophes se partageait entre « newtoniens » et « cartésiens » et, selon de mot de Voltaire, Newton et Descartes étaient devenus les « cris de ralliement des deux partis[25] ». Fontenelle, dans son célèbre *Éloge de Newton* (écrit, il est vrai, avec le souci, légitime de la part d'un secrétaire de l'Académie des sciences, de flatter la Royal Society) trace un parallèle entre Descartes et Newton : « Les deux grands hommes qui se trouvent dans une si grande opposition ont eu de grands rapports. Tous deux ont été des génies du premier ordre, nés pour dominer sur les autres esprits et pour fonder des empires[26]. »

DENIS DIDEROT, FIGURE CENTRALE
DE LA NATURALISATION DE LA BIOLOGIE AU XVIIIᵉ SIÈCLE

Si Diderot, « le premier génie de la France nouvelle[27] », partage avec nombre de ses contemporains le désir de résoudre le problème d'une science de la nature, sa contribution propre est sans doute la plus moderne et la plus originale. Même si cette originalité n'eut qu'une efficacité limitée en son temps. En effet, les textes les plus significatifs de sa philosophie naturelle, l'*Entretien entre d'Alembert et Diderot* et *Le Rêve de d'Alembert*, ne furent publiés qu'en 1830 et les *Éléments de physiologie* qu'en 1875, soit près d'un demi-siècle après sa mort, en 1784. Diderot exerça néanmoins une influence directe considérable sur le milieu philosophique de son siècle, notamment sur les meilleurs esprits (entre autres Voltaire, d'Alembert, Walpole, Buffon, Hume, Saint-Lambert et Grimm) que l'on trouve réunis dans le salon que le baron d'Holbach tient, à partir de 1753, fastueusement ouvert rue Saint-Roch à Paris et dans son domaine de Grandval dans la Marne. Au centre, formant un noyau dur, on discerne la « coterie holbachique », réunissant des propagandistes intrépides de l'*Encyclopédie* et du matérialisme naturaliste dont la mission principale est de secouer vigoureusement le joug toujours pesant de la théologie et de l'autorité de l'Église. Diderot, devrais-je le taire, est mon héros. Son caractère accueillant et ses manières directes, son esprit vivace, sa sensibilité excessive et son enthousiasme, tout ce qu'exprime son visage tel que le marbre de Houdon nous le montre, en font la figure la plus attachante, à mes yeux, du siècle des Lumières. Mais cela ne suffit pas. C'est surtout sa philosophie naturaliste, progressivement mûrie,

---

25. Voltaire, *Œuvres complètes*, vol. 35, 2.
26. Fontenelle, 1888.
27. Selon les frères Goncourt.

qui peut sembler, à un lecteur superficiel, quelque peu hésitante, voire en contradiction avec ses écrits moraux, *Le Neveu de Rameau* ou *Jacques le fataliste* notamment, et ses nombreux jugements esthétiques qui tous font appel à des valeurs transcendantes se situant largement en dehors du cadre de sa science de la nature. La contradiction s'efface toutefois dès qu'on aperçoit que son naturalisme n'a aucune prétention métaphysique. Il s'agit uniquement d'assurer à la science naturelle une complète et légitime autonomie pour parvenir, par des méthodes et des principes appropriés, à une interprétation totale de l'univers dans les limites de son intelligibilité, sans pour autant renoncer à ce que l'homme, bien que plongé dans un déterminisme objectif, jouisse d'une liberté morale subjective et demeure ainsi responsable de ses choix. Ce naturalisme est loin de l'affirmation dogmatique que la « vérité » des choses a finalement été atteinte et que toutes les obscurités ont été définitivement chassées. C'est plutôt un acte d'honnêteté intellectuelle qui accompagne une recherche conduite par la raison. C'est l'héritage cartésien, et limitée à des connaissances empiriquement vérifiables, c'est l'influence des empiristes.

Voilà qui le rend si précieux aujourd'hui, où la tendance à naturaliser les sciences humaines, à travers notamment un programme hégémonique de sciences cognitives, risque de vider de son sens la notion même de responsabilité. C'est aussi ce qui rend si attachant le personnage dans son aveu : « J'enrage d'être empêtré d'une diable de philosophie que mon esprit ne peut s'empêcher d'approuver et mon cœur de démentir[28]. »

La notion fondamentale de la biologie naturelle de Diderot est celle d'*organisation*. Toute la physiologie peut se ramener à des relations dynamiques entre des molécules ; il place la vie dans la matière, comme une *modalité* de la substance étendue : « La vie, une suite d'actions et de réactions... Vivant, j'agis et je réagis en masse... Mort, j'agis et je réagis en molécules[29]. » Mais la seule organisation ne peut suffire : « Il y a dans l'animal et chacune de ses parties, vie, sensibilité, irritation. Rien de pareil dans la matière brute soit organisée, soit non organisée, c'est un caractère tout particulier à l'animal ; point de mouvement qui ne soit accompagné, précédé ou suivi, de peine ou de plaisir et qui n'ait pour principe constant un besoin... Rechercher l'effet de la vie et de la sensibilité dans la molécule vivante. Recherche difficile[30]. »

Comme on l'a souvent soutenu, la théorie de Diderot est un vitalisme caractéristique de tout le matérialisme du XVIIIe siècle[31]. Il se fonde aussi sur le postulat matérialiste de l'éternité de la matière, d'une molé-

---

28. Diderot, *Le Rêve de d'Alembert, in* Diderot, 1964.
29. *Ibid.*
30. *Éléments de physiologie.*
31. Canguilhem, 1955, p. 85.

cule vivante de Buffon, « toujours vivante [...] éternelle [...] inaltérable[32] ». Son principe de base est une synthèse entre l'organisation et la spontanéité : « Y a-t-il quelqu'autre différence assignable entre la matière morte et la matière vivante, que l'organisation et que la spontanéité nulle ou apparente du mouvement[33] ? » Cette synthèse entre organisation et spontanéité se comprend dès lors que l'on fait la différence entre continuité et contiguïté. Dans la matière vivante, les molécules adjacentes sont non pas étrangères l'une à l'autre comme dans la matière inerte, mais en continuité réelle grâce à leur sensibilité, laquelle établit entre elles une solidarité organique : elles communiquent entre elles comme les abeilles fortement soudées dans un essaim. Non seulement les molécules sont solidaires, mais encore « tous les organes [car ils] ne sont que des animaux distincts que la loi de continuité tient dans une sympathie, une unité, une identité générale[34] ».

Dans la *Lettre sur les aveugles*, qui lui valut trois mois d'emprisonnement à Vincennes lors de sa parution en 1749, comme dans les *Pensées sur l'interprétation de la nature* et dans les *Éléments de physiologie*, on peut voir Diderot défendre une thèse évolutionniste. Henri Lefebvre, dans son *Diderot* de 1949, remarque : « La notion qui permit à Diderot de dépasser à la fois le mécanisme brut et la métaphysique finaliste se trouve ici (c'est-à-dire dans la confession que Saunderson, sur son lit de mort, fait au révérend Gervaise Holmes, que l'on trouve dans la *Lettre sur les aveugles*[35]) : c'est la notion de devenir dans la nature, de l'évolution ; elle en inclut une autre, celle de la sélection des formes, des espèces, des êtres dans la nature. Comment s'expliquent l'ordre, l'harmonie, l'apparente finalité des êtres que nous constatons ? Par l'élimination, au cours d'un immense devenir et de conflits incessants, des formes qui n'étaient point viables et durables[36]. »

Buffon est bien évidemment à l'origine de ces idées. En tant que membre de la « coterie holbachique », il n'a pu manquer de remarquer les liens étroits qui unissaient sa propre conception, exprimée notamment dans son *Histoire naturelle*, et le matérialisme évolutionniste de Diderot. Pourtant, formellement, il a désavoué, sous la pression officielle (peut-être craignait-il de perdre sa place de directeur du Jardin du Roi), ses idées non orthodoxes, comme celle qu'on trouve par exemple dans la *Théorie de la Terre* où l'histoire du Globe s'écarte radicalement de la chronologie de la Genèse. Ses opinions forment, selon le mot de La Harpe, « le refrain des étudiants et des professeurs d'athéisme ». Cela ne pouvait être toléré par l'Église qui voit dans le naturalisme scientifique des phi-

---

32. Voir Introduction de Quintili aux *Éléments de Physiologie*, 2004, 55-56.
33. *Pensées sur l'interprétation de la nature*, 1753 et 1754, cité par Callot, p. 284.
34. Callot, *ibid.*, p. 284.
35. Diderot, *Œuvres philosophiques*, 1964.
36. Lefebvre, 1949, p. 110 ; cité par Callot, 1964, p. 304.

losophes une offensive fantastique montée contre elle et utilisait le terme d'athée comme une injure.

Julien Offray de La Mettrie (1709-1751), après de solides études classiques chez les jésuites, aborde la médecine et obtient son doctorat à Reims en 1733. Il exerce d'abord en Bretagne, va se perfectionner à Leyde ; il s'engage comme médecin militaire aux Gardes françaises et fait les campagnes de la guerre de Succession. Devenu médecin du duc de Gramont, il fait l'expérience personnelle, lors du siège de Fribourg au cours duquel le duc périt, d'une fièvre aiguë. Il se rend ainsi compte que ses propres facultés mentales faiblissent en même temps que ses capacités physiques ; il réalise alors que la pensée n'est après tout que le résultat de l'action mécanique du cerveau et du système nerveux. Convaincu que l'homme n'est qu'une machine, comme le sont les animaux de Descartes, il publie en 1745 son *Histoire naturelle de l'âme*, ouvrage dans lequel on trouve la formulation la plus nette de la thèse de l'homme machine comme extension de l'animal automate de Descartes. Ce livre fit scandale par son matérialisme. Comme le note Pierre Naville : « Avec La Mettrie, la philosophie matérialiste sort de la soupente du docteur Faust [...] et se présente au grand jour avec l'impertinence et l'éclat de la jeunesse[37]. » Ce livre, en compagnie de celui de Diderot, les *Pensées philosophiques*, est en 1746 condamné par le parlement de Paris à être brûlé. Son auteur doit fuir d'abord à Gand, puis à Leyde, où il compose *L'Homme machine* en 1747, Leyde qu'il doit à nouveau quitter précipitamment pour trouver refuge chez Frédéric II de Prusse à Berlin, où il meurt à l'âge de 42 ans, d'une indigestion de pâté de faisan. Ce n'est qu'un peu plus tard, en 1752-1753, que le baron d'Holbach ouvre son salon, dont La Mettrie aurait pu légitimement devenir le maître spirituel ; au contraire il y est vilipendé : Diderot le prend pour un « vrai fanatique », d'Holbach le traite d'insensé, d'Argens de fou et Voltaire d'exalté. Pourtant, on trouve dans son œuvre beaucoup d'idées qui anticipent de dix à vingt ans celles qui sont supposées avoir été découvertes par les encyclopédistes qui n'ont pu échapper à l'influence de cette vigoureuse personnalité.

Claude Adrien Helvétius (1715-1771), nommé fermier général en 1738, démissionne peu après à cause de la corruption de ses collègues, pour se consacrer à la littérature. Poète médiocre, piètre mathématicien, il est assez bon philosophe. Le salon de la rue Sainte-Anne à Paris, qu'il tient avec son épouse Anne-Catherine de Ligneville d'Autricourt, est la chapelle des encyclopédistes ; d'Alembert, Diderot, d'Holbach, Condorcet, Sieyès, Volney, Buffon, Fontenelle et bien d'autres le fréquentent. Au contact d'un milieu aussi stimulant, il publie en 1758 un ouvrage, *De l'esprit*, qui fut condamné pour outrage aux bonnes mœurs

---

37. Naville, 1967 p. 175.

par la faculté de théologie de la Sorbonne et brûlé publiquement sur le grand escalier du Parlement, alors même que son auteur était un modèle de vertu. C'est parce qu'il y soutient que toutes les facultés de l'homme, jusqu'au jugement et à la mémoire, ne sont que des propriétés de la sensation physique. Son matérialisme « behavioriste[38] », conçu d'emblée par rapport à la vie sociale, choque. Néanmoins, comme le dira Voltaire de cet épisode : « L'orage passe, les écrits restent. » Après sa mort en 1771, la sensible veuve d'Helvétius attire dans sa maison d'Auteuil les esprits forts du XVIIIe siècle finissant, ce qui lui valut le sobriquet affectueux de Benjamin Franklin, un ami intime, de « Notre Dame d'Auteuil ». L'ouvrage posthume d'Helvétius (également brûlé publiquement), *De l'homme, de ses facultés intellectuelles et de son éducation*, publié à Londres en 1773, présente une théorie générale de la connaissance et du bonheur, une théorie du gouvernement et une théorie de l'éducation. Il y affirme notamment que l'inégalité des hommes ne provient pas de leurs facultés physiques et intellectuelles, mais de l'éducation qui n'est pas dispensée de façon égalitaire pour tous. Comme le résume Karl Marx dans *La Sainte Famille* : « L'égalité naturelle des intelligences humaines, l'unité entre le progrès de la raison et le progrès de l'industrie, la bonté naturelle de l'homme, la toute-puissance de l'éducation, voilà les éléments principaux de son système. » Diderot, en route pour la Russie, lit cet ouvrage et entreprend sa *Réfutation suivie de l'ouvrage d'Helvétius intitulé L'Homme*. Pour Helvétius, l'homme est définissable de façon extrinsèque, en termes de ce qui réside hors de lui, en ce sens qu'il est uniquement le produit de son environnement physique et social, thèse qui repose sur la supposition, qu'il tire directement du sensualisme de Locke, d'une *tabula rasa* passive. Pour Diderot, au contraire, l'homme est essentiellement compréhensible en relation à son organisation physique intrinsèque, *a priori*, « innée » en ce sens qu'elle précède régulièrement et modifie continuellement l'expérience. Sa physiologie déterministe lui permet d'affirmer la singularité constitutive de chaque individu contre la supposition fondamentale d'Helvétius que « tout homme est également propre à tout » ; l'homme de Diderot possède un dynamisme créatif interne, l'individu, comme la Nature elle-même, s'autodétermine par des lois inhérentes[39].

CABANIS ET LES IDÉOLOGUES

La figure éminente de la physiologie psychologique du XVIIIe siècle finissant est celle de Pierre Jean Georges Cabanis (1757-1808). En 1778,

---

38. Cette qualification anachronique peut surprendre, elle est pourtant utilisée par des commentateurs déjà cités, comme Naville ou Vartanian.
39. Vartanian, *op. cit.*, p. 322.

alors âgé de 21 ans, il est présenté à madame Helvétius qui l'adopte et en fait son unique héritier. À la mort de celle-ci en 1800, la maison d'Auteuil devient un lieu de réunion pour le groupe de penseurs de la période révolutionnaire et postrévolutionnaire qui développèrent les idées sensualistes de l'abbé Étienne de Condillac. Médecin et homme de la Révolution, Cabanis participe à la rédaction des discours de Mirabeau, dont il devient le médecin personnel. Ami de Condorcet, il se cache sous la Terreur et ne revient qu'avec la réaction thermidorienne. Nommé professeur d'hygiène à Paris en 1795, il est chargé, à ce titre, de déterminer si les victimes de la guillotine étaient encore conscientes après décapitation. Il déclare que la conscience, étant le plus haut niveau de l'organisation mentale, est sous la dépendance du fonctionnement du cerveau, organe de la pensée, comme l'estomac est celui de la digestion ou le foie celui de la filtration de la bile. Si, immédiatement après l'exécution, le corps est encore agité de contractions, celles-ci sont non conscientes et purement réflexes. Membre de l'Institut en 1796, il est élu au Conseil des Cinq-Cents et participe au coup d'État du 18-Brumaire. Bonaparte le fait sénateur et commandeur de sa nouvelle Légion d'honneur.

Cabanis, Destutt de Tracy, Garat, Daunou, de Gérando, Ginguené, Lakanal, Maine de Biran, Volney, mettent en place une psychologie biologique, dans laquelle les faits psychiques doivent être directement rattachés à la physiologie. Cabanis notamment, dans son ouvrage *Rapport du physique et du moral* (1802), institue un véritable monisme naturaliste qui exercera une grande influence sur la pensée médicale et scientifique du début du XIXe siècle[40].

Pourquoi *idéologie* ? Ces philosophes et médecins refusent en effet le terme de « psychologie » trop chargé d'une métaphysique Ancien Régime. Comme le remarque Destutt de Tracy (1754-1836), dans une communication à l'Académie des sciences morales de 1796 : « La science de la pensée n'a point encore de nom. On pourrait lui donner celui de psychologie. Condillac y paraissait disposé [*cf.*, chap. XII du dernier livre de son *Histoire universelle*]. Mais ce mot, qui veut dire science de l'âme, paraît supposer une connaissance de cet être que sûrement vous ne vous flattez pas de posséder ; et il aurait encore l'inconvénient de faire croire que vous vous occupez de la recherche vague des causes premières, tandis que le but de tous vos travaux est la connaissance des effets et de leurs conséquences pratiques. Je préférerais donc de beaucoup que l'on adoptât le nom d'idéologie, ou science des idées [...]. L'idéologie est une partie de la zoologie, et c'est surtout dans l'homme que cette partie est importante et mérite d'être approfondie[41]. » Elle est fondée sur l'observa-

---

40. Il reviendra néanmoins, avec sa *Lettre sur les causes premières*, publiée en 1824, à une philosophie plus conservatrice et orthodoxe.
41. Destutt de Tracy, 1796 et 1801. Voir également Serge Nicolas, 2001.

tion et la description des faits et va toujours du connu à l'inconnu. La fondation de la Société des observateurs de l'homme[42] en 1799 est un exemple de la mise en œuvre de la science idéologique : toutes les branches de la science de l'homme y sont représentées. C'est un de ses membres, le médecin Philippe Pinel, celui qui a conçu en 1793, avec son surveillant Jean-Baptiste Pussin à l'hospice de Bicêtre, le projet d'abolition des chaînes, qui publie, en 1798, un ouvrage fondateur : *Nosographie philosophique ou la méthode de l'analyse adaptée à la médecine* (six éditions en vingt ans) et le *Traité médico-philosophique sur l'aliénation mentale* de 1809. Pour Pinel, la méthode de l'analyse, qu'il retient de Condillac, permet d'établir la validité des phénomènes observés cliniquement et de remonter de ces phénomènes à leur source dans les organes pour déterminer les modifications qui ont eu lieu dans les différentes parties qui les composent. Ce programme reste vague chez Pinel ; il sera accompli par Bichat.

Après 1800, les physiologistes et les médecins français ont, semble-t-il, manifestement abandonné la version forte que proposaient les philosophes du XVIIIe siècle de l'homme machine. Pour Bichat, Richerand et le jeune Magendie, le corps ne saurait être compris comme une pure machine, les lois de la nature inanimée ne sauraient suffire à expliquer toutes les manifestations de la vie. La sensation et la sensibilité, qui se manifestent clairement chez les animaux, deviennent la clé de l'explication de la nature et de l'esprit. Même Cabanis va jusqu'à suggérer que la gravitation et l'affinité chimique sont des formes primordiales de la sensibilité. Une telle attitude débouche inévitablement sur un matérialisme vitaliste, dont on trouve comme un écho dans les romans de Balzac, toujours disposés à saisir l'air du temps scientifique. Voici une société ivre exhibant ses plus basses passions :

« Cette assemblée en délire hurla, siffla, chanta, cria, rugit, gronda. Vous eussiez souri de voir des gens naturellement gais, devenus sombres comme les dénouements de Crébillon, ou rêveurs comme des marins en voiture. Les hommes fins disaient leurs secrets à des curieux qui n'écoutaient pas. Les mélancoliques souriaient comme des danseuses qui achèvent leurs pirouettes. Claude Vignon se dandinait à la manière des ours en cage. Des amis intimes se battaient. Les *ressemblances animales* inscrites sur les figures humaines, et si *curieusement démontrées par les physiologistes*, reparaissaient vaguement dans les gestes, dans les habitudes du corps. Il y avait un livre *tout fait pour quelque Bichat* qui se serait trouvé là froid et à jeun. Le maître du logis se sentant ivre n'osait se

---

42. La Société des observateurs de l'homme, fondée par Louis-François Jauffret, est la première société anthropologique du monde à se dévouer à la science de l'homme sous son triple rapport *physique, moral* et *intellectuel*. Parmi les premiers membres, Joseph de Maimineux, le président Leblond, le vice-président Cuvier, Jussieu, de Gérando, etc.

lever, mais il approuvait les extravagances de ses convives par une grimace fixe, en tâchant de conserver un air décent et hospitalier. Sa large
figure, devenue rouge et bleue, presque violacée, terrible à voir, s'asso-
ciait au mouvement général par des efforts semblables au roulis et au
tangage d'un brick[43]. »

La psychologie scientifique du XIXe siècle

L'histoire de la psychologie scientifique au XIXe siècle mériterait à
elle seule un gros ouvrage. Plusieurs mêmes, comme beaucoup de parties seulement effleurées dans ce livre. Je ne peux ici, comme ailleurs,
que brosser les grands traits et les courants importants qui ont fertilisé
et nourri les approches de plus en plus analytiques et précises de la
structure et du fonctionnement du cerveau.

Cette psychologie scientifique moderne, celle notamment qui nous
occupera principalement parce qu'elle accompagne le développement
des sciences du cerveau jusqu'à aujourd'hui, prend sa source dans la philosophie cartésienne dont nous avons dit qu'elle a permis d'établir une
conception mécaniste du comportement de l'animal. L'extension de la
bête automate à *l'homme machine* de La Mettrie rend possible la naissance d'une psychologie physiologique, revendiquée par d'Holbach,
reprise par les idéologues, comme Destutt de Tracy, ou les médecins
comme Cabanis. Mais la psychologie ne commence pas uniquement, loin
s'en faut, au XVIIe siècle, avec Descartes et en France. Au même moment,
en Allemagne, Leibniz (1646-1716), grand mathématicien, dont le génie
est comparable à celui de son contemporain anglais Newton, plus métaphysicien que psychologue proprement dit, sera néanmoins à l'origine
d'un courant développé d'abord dans son pays, mais aussi dans le reste
du monde occidental, d'une psychologie dynamique et holistique qui
marquera la psychologie empirique de Brentano, et dont on trouvera des
traces, au XXe siècle, dans divers courants, de la phénoménologie à la psychologie de la forme (*Gestaltpsychologie*). En Angleterre, Thomas Hobbes,
contemporain de Descartes, inaugure une tradition, surtout marquée
quelques années plus tard par John Locke (1632-1704), qui rejette les
idées innées. Pour Locke, toutes les idées viennent de l'expérience et peuvent se combiner par association. L'empirisme et l'associationnisme
anglais sont ainsi nés et auront une longue vie tout au long du XXe siècle,
jusqu'à aujourd'hui en un certain sens, que je préciserai le moment venu.
En Amérique, William James inaugure à Harvard la psychologie expérimentale (bien qu'il n'ait pratiquement jamais fait lui-même d'expérimen-

---

43. Balzac, *La Peau de Chagrin*. C'est moi qui souligne.

tations) en reconnaissant sa dette à l'égard de Wundt, considéré comme le fondateur à Leipzig en 1879 du premier laboratoire de psychologie expérimentale au monde.

Ce bref paragraphe n'a d'autre prétention que de me permettre d'isoler dans ce monde foisonnant de la psychologie expérimentale du début du xxᵉ siècle ce dont j'aurai besoin pour appréhender l'émergence des sciences du cerveau d'aujourd'hui. Auparavant, je voudrais marquer quelques-unes des étapes qui jalonnent l'avènement des neurosciences.

LA PSYCHOLOGIE UNIVERSITAIRE EN FRANCE

En France, la psychologie scientifique a d'abord eu à se débarrasser d'une psycho-philosophie spiritualiste dominée par la figure de Victor Cousin et de ses élèves. « Le champ de l'observation philosophique, c'est la conscience, il n'y en a pas d'autre ; mais dans celui-là il n'y a rien à négliger ; tout est important, car tout se tient, et, une partie manquant, l'unité totale est insaisissable. Rentrer dans la conscience et en étudier scrupuleusement tous les phénomènes, leurs différences et leurs rapports, telle est la première étude du philosophe ; son nom scientifique est la psychologie. La psychologie est donc la condition et comme le vestibule de la philosophie » (1826). Ce programme spiritualiste, dont la méthode de choix est l'introspection, est encore plus radical que celui de Maine de Biran dont il se réclame. En pénétrant dans la conscience, nous saisissons par une sorte d'intuition le vrai, le bien et le beau. Cousin subordonnait donc directement la métaphysique (l'ontologie) à la psychologie, ce que n'a jamais fait Maine de Biran. En effet, si ce dernier utilisait bien l'observation psychologique pour établir une vérité métaphysique, Cousin subordonne la métaphysique à la psychologie.

Deux élèves de Victor Cousin à l'École normale où il enseignait se feront les champions de cette école. Louis Bautain à Strasbourg commence son premier cours intitulé « Objet et méthode de la psychologie expérimentale » par la définition suivante : « La psychologie expérimentale est la science de l'âme humaine en tant qu'elle se manifeste dans l'expérience. Elle recueille les phénomènes intérieurs, les unit, les compare et établit leurs caractères communs. » Théodore Jouffroy (1796-1842), lui aussi élève de Cousin, va devenir le spécialiste respecté par toute une génération de philosophes de la psychologie spiritualiste. « Conscience obscure du moi, voilà le point du (*sic*) départ de la psychologie ; connaissance claire du moi, voilà la psychologie elle-même : entre le point du (*resic*) départ et le but, il n'y a qu'une différence de forme. La psychologie n'est autre chose que la conscience de nous-mêmes transformée ; c'est le sentiment du moi, commun à tous les hommes, rendu clair d'obscur qu'il était. Le moyen ou l'instrument de transformation, c'est la réflexion, et la réflexion n'est autre chose que l'intelligence humaine librement repliée sur son principe. »

Cette prétendue méthode psychologique sera critiquée par les adversaires de Cousin et de son école. En effet, cette école, du vivant même de son fondateur, et tout au long de son histoire, rencontra de redoutables adversaires, dont François Broussais, Auguste Comte, Hippolyte Taine, etc. Celui-ci en particulier consacre un ouvrage, *Les Philosophes classiques du XIXe siècle en France* (1857) à critiquer l'éclectisme français, notamment celui de Victor Cousin dans son opposition farouche au matérialisme.

LA PSYCHOLOGIE PATHOLOGIQUE À LA SALPÊTRIÈRE

La Salpêtrière est également un lieu d'opposition à l'éclectisme. Dans le célèbre tableau du peintre André Brouillet (1857-1914), exposé au Salon de 1887, on peut voir Jean Martin Charcot face à sa fameuse malade, Blanche Wittmann. Parmi ses collaborateurs et élèves, on apercevrait Théodule Ribot, de formation philosophique mais dont les écrits en font le premier fondateur de la psychologie pathologique[44]. On raconte qu'une foule nombreuse de médecins aliénistes, de candidats à l'agrégation, de naturalistes se pressa le 9 avril 1888 à sa leçon inaugurale au Collège de France. Dans cette leçon[45], il présentera la situation de la psychologie en 1888 dans les principaux pays qui ont commencé à développer la nouvelle science, la France, l'Angleterre, l'Allemagne, l'Italie et les États-Unis. Son successeur au Collège de France en 1901, Pierre Janet, illustre bien cette rencontre entre la psychologie, que les institutions académiques de la France du XIXe et du début du XXe siècle rattachent à la philosophie (Janet est le condisciple de Bergson à l'École normale supérieure), et la médecine psychiatrique et neurologique. Agrégé de philosophie, il enseigne cette discipline au lycée du Havre en même temps qu'il fait sa médecine. Il poursuit des recherches expérimentales en psychologie pathologique dans le laboratoire, dont il fut le directeur, de psychologie de la Clinique de neuropsychiatrie que Jean Martin Charcot venait de créer à la Salpêtrière. Les titres des publications de Pierre Janet parlent d'eux-mêmes : *L'Automatisme psychologique* (1889), dans lequel il découvre avant Freud l'« inconscient psychologique », *Névroses et idées fixes* (1898), *De l'angoisse à l'extase* (1926-1928), *L'Évolution psychologique de la personnalité* (1929)[46]. Cette tradition est toujours vivante dans la neuropsychologie contemporaine dont nous aurons à reparler longuement dans plusieurs chapitres de ce livre.

---

44. Le conditionnel s'impose, car à la différence de certains collaborateurs, Babinski, Pierre Marie ou Gilles de la Tourette, formellement reconnus, Ribot pourrait être présent sur ce tableau.
45. Voir Berthoz, 1999, p. 389-411.
46. Ouvrages réédités ou à paraître chez Odile Jacob.

Il faudra encore attendre les premières décennies du XXe siècle pour qu'une tradition, fondée non sur la médecine, mais sur la biologie animale, se développe, avec notamment les travaux d'Henri Piéron. Ce dernier s'intéresse à la psychologie animale et aux phénomènes sensoriels élémentaires. Comme le dit Janet dans son allocution pour la création d'une nouvelle chaire au Collège de France, en 1923 : « Ces études ont aujourd'hui une importance considérable, elles sont intermédiaires entre la physiologie du système nerveux et la psychologie proprement dite ; les études sur les sensations et les comportements élémentaires qui les accompagnent sont la base sur laquelle doit s'édifier la science des conduites plus élevées[47]. »

LES GRANDS COURANTS DE LA PSYCHOLOGIE SCIENTIFIQUE

Jusqu'à la veille de la Première Guerre mondiale, la psychologie est traversée par de nombreux courants qui tous reconnaissent, certes à des degrés divers, que l'objet de la discipline est l'étude de la « conscience ». La toute première phrase des *Principes de psychologie* de 1890 de William James l'annonce : « La Psychologie est la Science de la Vie Mentale, à la fois ses manifestations et leurs conditions[48]. » Wilhelm Wundt, en Allemagne, associe, dans son grand classique *Principes de psychologie physiologique* de 1874, une physiologie mécaniste à une psychobiologie évolutionniste[49]. En dépit de désaccords importants, essentiellement méthodologiques, il partage avec James la conviction que la conscience est un objet de recherche en soi, possédant ses propres réseaux de relations causales, ce que Wundt appelle la « causalité psychique » et réclame également à travers sa critique de ce qu'il appelle le « sophisme de l'importation de causes non psychologiques[50] ». Pour Wundt, en effet, l'objet de la psychologie est l'expérience phénoménale immédiate, l'*Anschaulich*, et sa méthode une introspection, *Selbstbeobachtung*, dépourvue néanmoins d'un hypothétique et douteux « œil mental » qui regarderait au-dedans de l'esprit[51]. Il lui substitue une méthode objective de psychophysique mesurant les relations entre les sensations et ce qui les évoque. Ce que refuse James qui lui préfère la saisie globale introspective d'un flux continu de conscience : la psychologie étant la science de la vie mentale s'écrit comme une psychologie introspective[52].

Pourtant, l'introspection essuie rapidement les assauts de vives critiques, non seulement parce qu'elle apparaît comme une méthode peu

---

47. Voir Berthoz, 1999, p. 438.
48. James, 1950, p. 1.
49. Woodward, *in* Woodward et Ash, 1982, p. 175.
50. *Ibidem*, p. 179.
51. Boring, 1950, p. 332.
52. *Ibid.*, p. 515.

fiable, mais surtout parce qu'elle est illusoire et « incompétente ». En 1913, James Watson publie l'article fondateur du behaviorisme[53], du terme américain *behavior* qui signifie « comportement ». Selon cette école, la psychologie ne peut être la science du mental, parce que les événements mentaux sont strictement privés, à la première personne, et ne peuvent en conséquence faire l'objet d'une étude expérimentale, forcément publique, à la troisième personne. Tout comportement, humain ou animal, doit s'expliquer uniquement en termes d'« entrées » et de « sorties », de stimuli et de réponses, auxquels, dans certains cas, il faut ajouter l'histoire des apprentissages, l'histoire des « renforcements » dans le langage de cette école. Pour un de ses représentants les plus fameux, le psychologue Burrhus Frederic Skinner de l'Université Harvard, le cerveau est une boîte noire, dont on sait si peu de choses que le sigle SNC, au lieu de vouloir dire « système nerveux central » devrait plutôt être compris comme « système nerveux conceptuel ».

Ce climat behavioriste durera jusqu'à la fin des années 1950, où s'opère un tournant qui amorce une période riche en réflexions théoriques. Une vive réaction se manifeste alors, connue sous la locution, sans doute trop emphatique, de « révolution cognitive ». Un changement radical s'opère, qui incorpore dans l'étude des relations entre le cerveau, l'esprit et le comportement, d'une part, les idées issues de la théorie du traitement de l'information et de l'intelligence artificielle naissante, d'autre part, des considérations, sur la forme des représentations mentales, analogues à des symboles articulés selon une syntaxe. Ce courant, connu sous le nom de linguistique générative est apparu dans les années 1950 au prestigieux Massachusetts Institute of Technology (MIT). Son chef de file incontesté est Noam Chomsky, qui ouvrit le débat par une critique radicale du behaviorisme par lequel Skinner prétendait expliquer le développement du langage[54]. Noam Chomsky, intellectuel américain engagé, marque la scène intellectuelle des États-Unis depuis un demi-siècle.

Aux racines de la représentation contemporaine du cerveau

Deux découvertes majeures sont à la base de la représentation que l'on se forme aujourd'hui du cerveau. Ces deux découvertes ont été réalisées à la fin du XIXe siècle. On pourrait les dater avec précision, si cela avait un sens autre qu'anecdotique et plaisant. La première, le 18 avril 1861,

---

53. Watson, 1913.
54. Chomsky, 1959.

date de la démonstration publique de la localisation cérébrale du langage par Pierre Paul Broca ; la seconde, les 11 et 12 décembre 1906, des *Conférences Nobel* de Camillo Golgi et Santiago Ramón y Cajal, qui reçoivent conjointement le prix Nobel de médecine, lequel vient apaiser, sans cependant l'éteindre encore complètement, une ardente polémique sur la structure élémentaire du tissu nerveux.

LES LOCALISATIONS CÉRÉBRALES

Le 14 mars 1808, un comité présidé par Cuvier, dans lequel siégeait Pinel, examine un mémoire présenté en vue de l'élection à l'Institut de France, fondé en 1796 par Napoléon pour remplacer l'Académie des sciences dissoute en 1793 par la Révolution. Ce mémoire, qui a pour titre *Recherches sur le système nerveux en général, et sur celui du cerveau en particulier*, est présenté par deux auteurs, Franz Joseph Gall (1758-1828) et Johann Christoph Spurzheim (1776-1832).

La thèse centrale est que les différentes facultés de l'esprit, la mémoire, l'apprentissage, l'intelligence, la perception, la volonté, sont localisées dans diverses régions particulières du cerveau. « Le cerveau se compose d'autant de systèmes particuliers qu'il exerce de fonctions distinctes. Or ces idées physiologiques dérivaient de faits anatomiques, à savoir que les nerfs naissent des divers amas de substance grise, et que les divers systèmes particuliers du cerveau résultant de la pluralité des faisceaux s'épanouissent dans les ganglions de la base et dans les circonvolutions[55]. » Sur la base d'observations anatomiques précises rendues possibles grâce à des techniques de dissection du cerveau parfaitement maîtrisées par l'excellent anatomiste qu'était Gall, le cortex des circonvolutions acquiert le statut hiérarchique le plus élevé de l'organisation cérébrale. C'est à son niveau que siégeraient les activités mentales. Sa formation médicale à Strasbourg et à Vienne lui permit de combiner dans un échafaudage théorique cohérent, appelé à devenir grandiose, deux ensembles spéculatifs. D'une part, la conception *sensualiste* de Condillac. D'autre part, les idées de la psychologie allemande de l'époque, selon lesquelles la vie psychique serait composée de diverses capacités psychologiques distinctes, le jugement, l'imagination, la pensée, en tout près d'une trentaine de fonctions psychiques, organisées dans un ensemble articulé avec précision. Gall avait pu faire l'expérience de l'expression différente de ces capacités propres à chaque individu, d'abord en les repérant sur ses condisciples, dont certains étaient doués en mathémati-

---

55. Gall et Spurzheim, *Recherches sur le système nerveux en général et sur celui du cerveau en particulier : mémoire présenté à l'Institut de France, le 14 mars, 1808* ; suivi d'observations sur le rapport qui en a été fait à cette compagnie par ses commissaires (Paris, 1809, p. 228).

ques et d'autres pourvus d'une excellente mémoire verbale, les rendant particulièrement aptes à la récitation par cœur, etc. Il eut également l'occasion de caractériser ces facultés sur les internés des asiles viennois, qu'il fréquentait avec assiduité pendant ses études. Ces différentes « facultés », plus ou moins bien représentées ou développées selon les individus, seraient localisées dans des zones circonscrites du cortex cérébral. Leur développement et leur exercice entraîneraient un accroissement de la masse cérébrale de la zone qui leur correspond ; à moins, au contraire, que ce soit l'accroissement de la masse cérébrale qui permette un meilleur exercice de la faculté correspondant à la zone la mieux nantie. Qu'on adopte la première ou la seconde hypothèse, le résultat sera le même : la zone cérébrale correspondant à la faculté la plus notable étant plus grosse repoussera localement l'os du crâne et formera une bosse. En appréciant, par simple palpation, les tailles plus ou moins grandes des bosses sur le crâne, on peut dès lors identifier les différentes ressources psychologiques du sujet examiné.

C'est surtout son disciple et collaborateur J.-C. Spurzheim qui développera, sous le nom de « phrénologie », cette théorie des localisations cérébrales des fonctions psychologiques. Mais le nombre des fonctions psychologiques ne faisait que croître pour inclure la propension à collectionner, la déférence, la combativité, la fidélité conjugale, l'amour de ses enfants, plus fantaisistes les unes que les autres ; à chacune correspondrait une bosse, dont nous ne retenons plus aujourd'hui que celle des maths ! Cette pseudo-science eut un succès considérable, non seulement en France, mais en Grande-Bretagne et aux États-Unis également jusqu'aux années 1910.

Elle disparut définitivement de la scène scientifique avec l'abandon de la « psychologie des facultés », même si un regain est perceptible dans la mise en évidence de « modules neuronaux » responsables de certaines performances perceptives ou cognitives, comme la vision des couleurs ou la reconnaissance des visages familiers, et dans la défense d'une « modularité de l'esprit » pour reprendre le titre d'un ouvrage du philosophe américain Jerry Fodor publié en 1983. En outre, les techniques modernes d'imagerie cérébrale donnent bien souvent l'impression qu'une forme scientifiquement et socialement acceptable de cranioscopie refait surface.

Les antilocalisationnistes

La critique la plus virulente de la thèse des localisations des facultés psychologiques par la phrénologie vient de Pierre Flourens, successeur de Cuvier comme secrétaire perpétuel de l'Académie des sciences. Expérimentateur hors pair, Pierre Flourens établit par une chirurgie rigoureusement conduite les conséquences fonctionnelles de lésions limitées du cerveau des pigeons. Il suggère que chaque partie du système nerveux a sa *fonction propre*. Celle de la moelle épinière consiste à « produire l'excitation immédiate des contractions musculaires » ; en revanche, la coordination des mouvements de locomotion (la marche, la course, le vol et la posture sur laquelle les mouvements prennent appui) est placée sous le contrôle du cervelet. Les fonctions vitales sont gouvernées par le tronc cérébral ; quant à la perception, la mémoire, les jugements et la volonté, ils sont régis par les lobes cérébraux. Il en fournit le premier la démonstration scientifique : « Les animaux privés de leurs lobes cérébraux ont réellement perdu toutes leurs perceptions, tous leurs instincts, toutes leurs facultés intellectuelles ; toutes ces facultés, tous ces instincts, toutes ces perceptions résident exclusivement dans ces lobes[56]. » L'unité du cerveau, de l'organe siège de l'intelligence, était le résultat le plus important auquel Flourens croyait être arrivé. Toutefois, indépendamment de son action propre, chacune de ces parties distinctes a une *action commune*, qui affecte l'activité de toutes les autres. Ainsi, les fonctions du vouloir et de la perception constituent l'action propre des lobes cérébraux. Néanmoins, si l'activité de n'importe lequel des autres systèmes, de la moelle, du tronc cérébral ou du cervelet, est réduite ou supprimée par une lésion, alors l'action propre des lobes cérébraux sera elle-même affaiblie. Ce retentissement d'une fonction sur une autre révèle leur action commune. La surface du cerveau elle-même serait douée, dans toutes ses parties, des mêmes propriétés : les fonctions psychologiques occupent la même place et forment un système unitaire. Cette conception holistique, où chaque partie du tissu cérébral est tributaire de l'ensemble du cerveau, rencontra beaucoup de résistance de la part de certains neurologues, par exemple Jean-Baptiste Bouillaud (1796-1881), professeur de clinique médicale à la Charité, phrénologiste convaincu et précurseur direct de Pierre Paul Broca dont il fut le maître[57]. Elle refit surface néanmoins avec « les lois de l'*équipotentialité* et de l'*action de masse* » du cortex cérébral que Lashley proposera en 1929, et dont nous reparlerons plus loin.

La découverte des localisations cérébrales

C'est avec Pierre Paul Broca que s'ouvre véritablement l'ère moderne des localisations cérébrales. Broca examine le cerveau d'un homme de 51 ans, nommé Leborgne, qui avait perdu l'usage de la parole depuis vingt et un ans, époque où il avait été admis à l'hospice de Bicêtre.

---

56. Flourens, *Recherches expérimentales sur les propriétés et les fonctions du système nerveux dans tous les animaux vertébrés*, Paris, 1842, 2ᵉ éd.

57. Il publia une série de travaux sous le titre : *Sur le siège du sens du langage articulé* (1838-1848) sur l'influence des lésions du lobe antérieur du cerveau sur le langage. Dès 1825 il plaçait « l'organe législateur de la parole » dans les lobes antérieurs, opinion qui suscita de violentes attaques de la part des antilocalisateurs (Cruveilhier, Flourens, Gratiollet). Voir Ajuriaguerra et Hécaen, 1949, 1960.

Il ne prononçait qu'une seule syllabe, qu'il répétait ordinairement deux ou trois fois de suite : « Tan, tan... » À telle enseigne qu'il était connu dans l'hospice sous le sobriquet de Tan. Transporté le 11 avril 1861 en chirurgie pour un phlegmon gangreneux du membre inférieur paralysé (toute la jambe droite « depuis le pied jusqu'à la fesse » était atteinte), il fut soumis par Broca à un examen méthodique en dépit des difficultés occasionnées par l'absence de langage. Leborgne décéda des suites de son infection le 17 avril à 11 heures du matin, et une autopsie fut pratiquée quelques heures après, ce qui permit à Broca de présenter son cerveau dès le lendemain, le 18 avril, à la Société d'anthropologie, avant de le plonger dans un flacon d'alcool qui est encore aujourd'hui conservé au musée Dupuytren à Paris.

Le cerveau présente une lésion, bien visible et relativement étendue, de l'hémisphère gauche. C'était le lobe frontal, plus précisément la troisième circonvolution, qui « présentait la perte de substance la plus étendue » et était entièrement « détruite dans toute sa moitié postérieure ». Broca conclut que « selon toute probabilité, c'est dans la troisième circonvolution frontale que le mal avait débuté[58] » ; il affirme, comme une conséquence inévitable de cette découverte : « Les grandes régions de l'esprit correspondent aux grandes régions du cerveau. » La neuropsychologie moderne vient de naître. Broca reconnaît sa dette envers le mouvement phrénologique : « Gall eut l'incontestable mérite de proclamer le grand principe des localisations cérébrales, qui a été, on peut le dire, le point de départ de toutes les découvertes de notre siècle sur la physiologie de l'encéphale. »

Cependant, le véritable précurseur de Broca est Jean-Baptiste Bouillaud que nous avons déjà rencontré. Il posa, dès 1825, le principe d'une fonction motrice spécifique au langage en remarquant qu'il existait une « influence du cerveau sur les mouvements de la langue considérée comme instrument de la parole et sur ceux des autres muscles qui concourent avec elle à la production de ce grand phénomène ». Et d'ajouter : « Les mouvements qui concourent à la production de la parole et ceux de la succion et de la déglutition ne sont pas régis par le même principe nerveux ; parce que les uns, appartenant à la vie intellectuelle, ont un besoin d'une véritable éducation, tandis que les autres, purement instinctifs ou automatiques, n'exigent nullement un pareil concours. » Les arguments anatomiques et cliniques sur lesquels Bouillaud fondait sa conception du langage étant assez peu convaincants faute de précision, on peut comprendre le scepticisme et les critiques des neurologues d'alors. Néanmoins, en dépit des critiques, il réitéra ses affirmations en 1839, puis en 1848, avec de plus en plus de preuves[59].

---

58. Broca, « Remarques sur le siège de la faculté du langage articulé » suivies d'une observation d'aphémie, *Bull. de la Société anatomique*, 1861, 2ᵉ sér., VI, 330-357.
59. Voir H. Hécaen et J. Dubois, Paris, Flammarion, 1969.

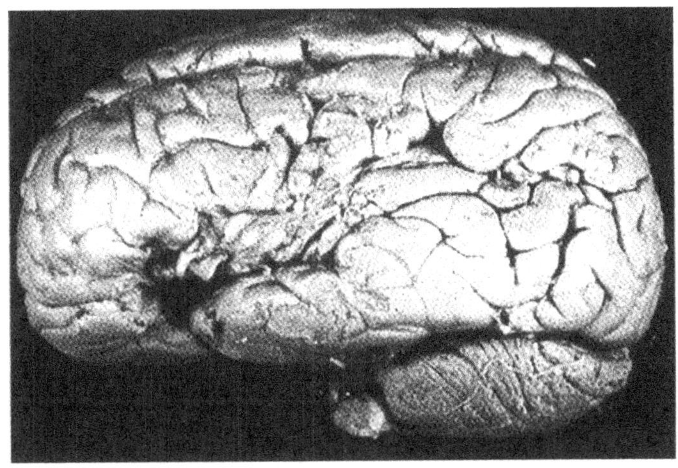

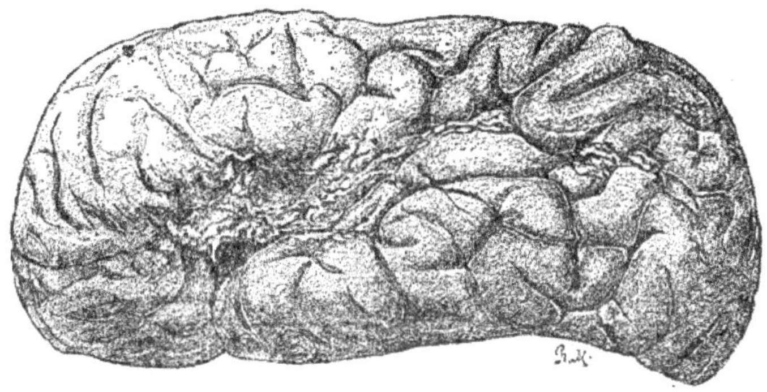

Figure 1-3 : *Le cerveau de Tan.*
En haut : cerveau de Leborgne. Musée Dupuytren, Paris.
En bas : dessin de Pierre Marie du cerveau de Leborgne.
D'après Ajuriaguerra et Hécaen, 1960.

Mais c'est Broca, dans la brève communication le 18 avril 1861[60] dont nous avons parlé plus haut, qui, voulant prendre date, affirmait sa conviction que « les facultés supérieures de l'entendement » siégeaient au niveau des lobes antérieurs du cerveau. Cette communication fut suivie en novembre 1861 d'une nouvelle présentation analogue, mais où la lésion est bien circonscrite à la troisième circonvolution frontale gauche[61] (Fig. 1-3).

---

60. « Perte de la parole, ramollissement chronique et destruction partielle du lobe antérieur gauche du cerveau », *Bulletin de la Société d'anthropologie*, t. II, 1861, p. 219 *sq.*
61. Voir H. Hécaen et R. Angelergues, 1965.

Le « siège de la faculté du langage articulé », localisé dans le lobe frontal gauche, est fermement établi. Broca le réaffirme avec prudence et rigueur en 1865, dans une revue de synthèse publiée par la Société d'anthropologie de Paris ; dans cette publication, on trouve établi le principe d'une dominance hémisphérique gauche pour cette faculté, dominance souvent confirmée depuis. Cette localisation dans l'hémisphère gauche vient de la prévalence de la main droite chez la majorité des individus, et « de même que nous dirigeons les mouvements de l'écriture, du dessin, de la broderie, etc., avec l'hémisphère gauche, de même nous parlons avec l'hémisphère gauche. C'est une habitude que nous prenons dès notre première enfance ». Chez les individus gauchers, « chez lesquels la prééminence native des circonvolutions de l'hémisphère droit donne une prééminence naturelle et incorrigible aux fonctions de la main gauche », on peut concevoir que « la faculté de coordonner les mouvements du langage articulé deviendra, par suite d'une habitude contractée dès la première enfance, l'apanage définitif de l'hémisphère droit ». Voilà pourquoi Broca doit être crédité de la découverte de la dominance hémisphérique, découverte qui va bien au-delà de la simple localisation dans l'hémisphère gauche du siège de la parole.

En effet, outre Jean-Baptiste Bouillaud, Marc Dax, médecin à Sommières, aurait présenté à un congrès régional tenu à Montpellier en 1836, un mémoire intitulé *Observations tendant à prouver la coïncidence constante des dérangements de la parole avec une lésion de l'hémisphère gauche du cerveau*. Malheureusement, on n'a jamais pu prouver que ce mémoire, déposé par son fils Gustave Dax à l'Académie de médecine en 1863 ait véritablement existé. Le mémoire signé du père aurait-il été écrit bien plus tard par son fils[62] ? D'abord appelée par Broca *aphémie*, cette incoordination de la parole reçut son nom définitif d'*aphasie* d'Armand Trousseau (1801-1867) qui, dans ses célèbres *Cliniques médicales de l'Hôtel-Dieu*, insiste sur le fait que toute altération du langage est accompagnée d'un déficit intellectuel, global ou partiel. Pour Trousseau, l'atteinte touche notamment une forme particulière de la mémoire, la mémoire des mots : « Les malades ne parlent pas parce qu'ils ne se souviennent pas des mots qui expriment leur pensée. » Il précise : « Il n'y a pas seulement dans l'aphasie perte de la parole, il y a lésion de l'entendement. L'aphasique a perdu, à un degré plus ou moins considérable, la mémoire des mots, la mémoire des actes à l'aide desquels on articule les mots et l'intelligence ; mais il n'a pas perdu toutes ces facultés parallèlement et, si lésée que soit son intelligence, elle l'est moins que la mémoire des actes phonateurs, et celle-ci moins que la mémoire des

---

62. Sur toute l'histoire de l'aphasie, voir les différents ouvrages d'Henri Hécaen, notamment Hécaen et Angelergues, 1963 ; Ajuriaguerra et Hécaen, 1949 (1960) ; Hécaen et Dubois, 1969. Voir également Ombredane, 1951.

mots[63]. » Le problème de la nature de l'aphasie et de sa relation avec l'intelligence marquera dès lors toute l'histoire de la pathologie du langage.

L'âge d'or des localisations cérébrales

À partir d'observations purement cliniques, Hughlings Jackson (1834-1911), considéré à juste titre comme le « père » de la neurologie britannique, arrive également quelques années plus tard à la conclusion que les mouvements musculaires involontaires caractéristiques des crises d'épilepsie focale étaient sous le contrôle de zones circonscrites du cortex moteur. On entre dès lors dans ce qu'Henry Hécaen et Georges Lantéri-Laura ont appelé « l'âge d'or des localisations cérébrales[64] ». En 1870, deux jeunes physiologistes allemands, Gustav Theodor Fritsch (1838-1927) et Eduard Hitzig (1838-1907) apportent la preuve irréfutable que le cortex est bien divisé en parcelles distinctes, chacune sous-tendant une fonction particulière. Dans des expérimentations sur le chien, ils montrent que l'excitation électrique de certains centres déterminés de l'écorce, situés dans les régions antérieures d'un hémisphère, provoque des mouvements involontaires des muscles d'un membre ou segment de membre situé dans le côté du corps opposé à l'hémisphère stimulé.

Hitzig, en 1874, démontre la localisation du centre cérébral visuel dans le lobe occipital. En Angleterre, David Ferrier confirme ces résultats, et en Allemagne Munk établit que l'extirpation unilatérale d'un lobe occipital ne produit de cécité que pour un demi-champ de vision de chaque œil, ce qu'aujourd'hui on nomme une *hémianopsie bilatérale homonyme*. Exner à Vienne, Luciani à Florence, Goltz à Strasbourg et bien d'autres marquent les premiers moments de l'histoire des « cartes cérébrales ».

Cette histoire a connu des hauts et des bas, elle a toujours été tiraillée entre des thèses opposées, les localisateurs descendants de Gall et les globalistes descendants de Flourens. Elle culmine, au début du XXe siècle, avec une division extrême : l'examen au microscope du tissu cérébral, associé à la découverte et au développement spectaculaire des techniques de coloration des cellules nerveuses ou de leurs prolongements (voir plus bas), permit l'établissement de cartes fondées sur la forme, le nombre et la distribution dans la substance grise des cellules, cartes cytoarchitectoniques de Campbell, de Brodmann (Fig. 1-4), d'Oskar Vogt ou de von Economo, ou sur la répartition des fibres myélinisées dans le cortex, cartes myéloarchitectoniques de Flechsig et de Cécile Vogt.

---

63. Trousseau, *De l'aphasie*. Dans *Clinique médicale de l'hôtel-Dieu de Paris*, t. II, Paris, Baillière et Fils, (1877), p. 669-729.
64. Hécaen et Lantéri-Laura, *op. cit.*

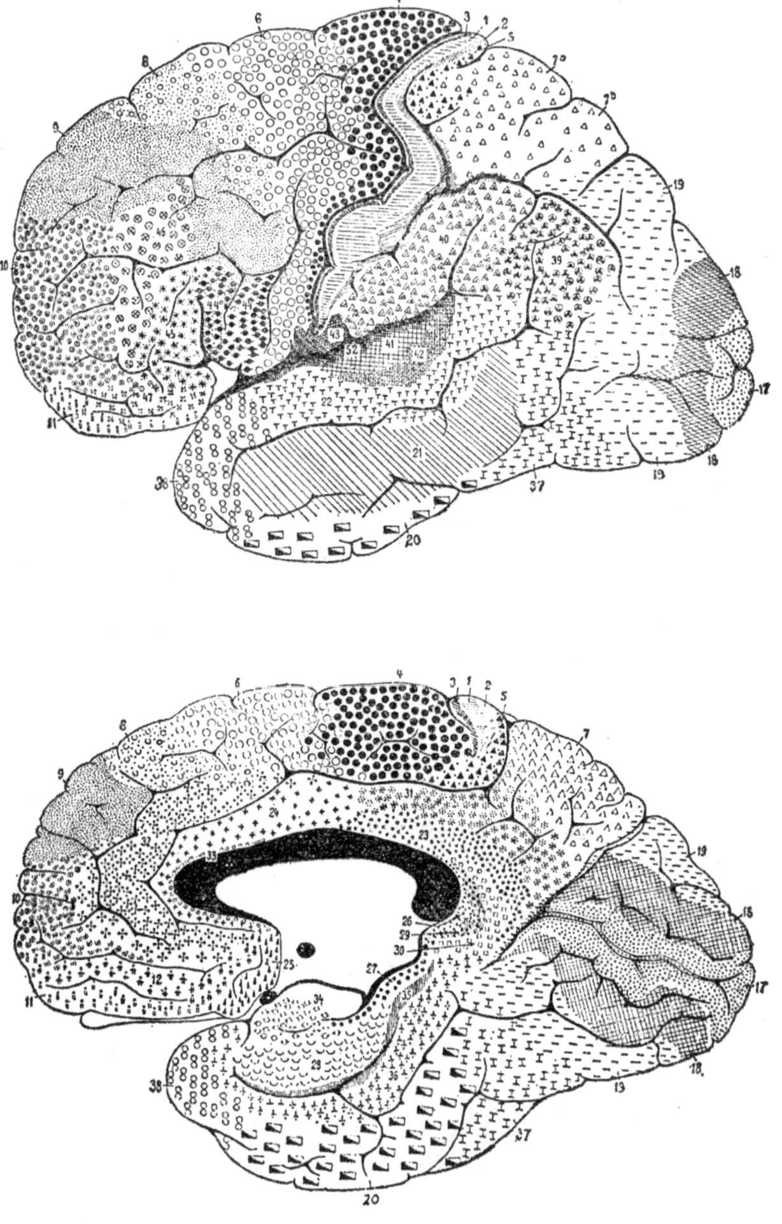

Figure 1-4 : *Carte cytoarchitectonique de Brodmann.*

Elle passe par un reflux avec les travaux de Karl Lashley en 1929, qui ne sont pas sans rappeler les conceptions de Flourens dont nous avons déjà parlé. Lashley étudie l'influence de l'étendue de lésions cérébrales sur une série de fonctions « intelligentes » chez le rat, par exemple apprendre à s'orienter dans un labyrinthe, retenir en mémoire des habitudes. Il arrive à la conclusion qu'aucune fonction n'est proprement localisée dans une zone particulière du cortex (connue sous le nom de *loi d'équipotentialité*) et que les effets des lésions ne dépendent que de la quantité de tissu extirpé et non de sa localisation précise (connue comme *loi d'action de masse*[65]). Largement contestées, ces conclusions eurent cependant une postérité.

Des débats passionnés ont été engagés en 1906 lorsque Pierre Marie, alors médecin de l'hospice de Bicêtre, publia plusieurs articles sur la *Révision de la question de l'aphasie* qui firent scandale. Véritable réquisitoire contre la localisation, devenue classique, du centre de la parole dans l'aire décrite par Broca, Pierre Marie déclare que la « troisième circonvolution frontale gauche ne joue aucun rôle spécial dans la fonction du langage ». Cette polémique eut le mérite d'attirer l'attention sur la tendance naturelle que l'on a généralement à schématiser, à faire dire aux faits plus qu'ils ne disent. Cette leçon est hélas trop souvent oubliée, comme est également oubliée la recommandation, que l'on doit à sir Henry Head (1926), à von Monakow et Mourgue, en 1928, et à Kurt Goldstein en 1934, de ne pas croire que localiser un déficit à la suite d'une lésion revient à localiser la fonction qui fait défaut. Il ne faut pas entendre la locution « localisation cérébrale dans un sens trop étroit ; il faut se contenter d'entendre par là qu'on a défini une lésion et déterminé la nature du désordre fonctionnel, sans prétendre naïvement localiser une fonction dans un endroit limité du cerveau[66] ». Qu'on aimerait que cette séparation de bon sens soit plus souvent reconnue ! Pourtant, déjà en 1876, le grand Charcot avouait : « Il existe certainement dans l'encéphale des régions dont la lésion entraîne fatalement l'apparition de mêmes symptômes... Je vois des lésions constantes et des phénomènes constants ; je m'en tiens là[67] ! » À quoi Charles-Édouard Brown-Séquard rétorque : « J'ai le regret d'être en complet désaccord avec M. Charcot. Je ne puis accepter la théorie telle qu'elle est émise actuellement. » En effet, Brown-Séquard insiste sur le fait que les lésions cérébrales exercent des effets inhibiteurs à distance, et que les symptômes exhibés évoluent au cours du temps[68]. C'est néanmoins Konstantin von Monakow (1853-1930), d'origine russe, professeur de neurologie à l'Université de Zurich de 1894 à 1928, qui établit avec le plus de netteté ce qu'il appela le « principe de diaschisis». De nombreuses études minutieuses des symptômes et des lésions consécutives à des attaques apoplectiques le conduisirent à établir que, pendant la période qui suit l'attaque, les pertes de

---

65. Lashley, 1929.
66. Ombredane, *op. cit.*
67. Charcot, 1876-1880.
68. Voir Berthoz, 1999, p. 211-223.

fonctions sont, d'une part, largement étendues et, d'autre part, partiellement réversibles. Cette double caractéristique, l'influence à distance et la réversibilité, proviendrait du blocage de transfert de signaux nerveux entre des zones cérébrales anatomiquement intactes et topographiquement distinctes[69]. Cette notion de diaschisis fut adoptée par Sherrington en 1906[70] pour expliquer le *spinal shock* et continue à inspirer nombre de recherches en neuropsychologie.

Aujourd'hui, la tendance est cependant de pousser (peut-être) à l'extrême la parcellarisation en mosaïque du cortex cérébral. Nous aurons l'occasion de traiter en détail cet aspect de la structure anatomique des spécialisations fonctionnelles dans le cadre de l'étude des systèmes sensoriels.

LA THÉORIE CELLULAIRE DU TISSU NERVEUX

Les anatomistes de la fin du XIXe siècle fourniront toutes les informations indispensables à la compréhension des bases structurales du fonctionnement du cerveau et les physiologistes à celle des mécanismes biophysiques et biochimiques.

Les grandes divisions anatomiques du cortex cérébral en lobes sensoriels et moteurs et du cervelet sont désormais définitivement acquises, grâce notamment à l'illustre anatomiste sarde Luigi Rolando (1773-1831), professeur de médecine à l'Université de Sassari, dont le nom se trouve encore aujourd'hui sur toutes les figures du cortex cérébral sous l'appellation de *scissure de Rolando*.

Déjà en 1782, l'anatomiste italien Francisci Gennari observe à l'œil nu une « ligne blanche », parallèle à la surface du cortex, connue aujourd'hui sous le nom de strie de Gennari. Les qualités médiocres des microscopes alors disponibles n'avaient pas permis de voir la structure en couches distinctes parallèles du cortex cérébral. C'est Jules Gabriel François Baillarger (1806-1891) qui établit pour la première fois cet aspect laminaire. Le grand Pinel (1745-1826) avait déjà remarqué que le manteau cortical pouvait apparaître comme subdivisé en plusieurs couches ; il attribuait cependant cette division laminaire à des conditions pathologiques et pensait que, dans la situation normale, le cortex ne formait qu'une seule couche. Baillarger, sur la base d'une collection de cerveaux conservés à l'hospice psychiatrique de Charenton où il exerçait alors, établit fermement que tout le cortex, et pas seulement la région occipitale où la strie de Gennari est visible à l'œil nu, était formé de six couches de cellules superposées et représentait le prolongement de la substance blanche sous-jacente.

---

69. Voir Akert, 1996, p. 27.
70. Sherrington, 1906.

Les améliorations apportées au microscope permettent de voir pour la première fois dans l'histoire les cellules nerveuses individuellement. La toute première est décrite en 1836 dans le cervelet par le professeur de physiologie à Berne, Gabriel Gustav Valentin (1810-1883). Natif de Breslau, ville située à l'époque en Silésie, aujourd'hui rattachée à la Pologne, il donnera à cette cellule le nom de son maître, le grand physiologiste tchèque Jan Evangelista Purkinje : *cellule de Purkinje*.

La seconde est une cellule géante, de forme pyramidale, située dans le cortex moteur, décrite par le médecin viennois H. Obersteiner dans sa thèse et nommée *cellule de Betz* d'après l'anatomiste ukrainien Vladimir Betz.

En 1873, Camillo Golgi commence sa carrière comme pathologiste auprès du grand criminologiste italien Lombroso qui recherchait les causes biologiques et les signes morphologiques de la criminalité. Il se tourne ensuite vers l'étude des cellules du tissu nerveux. Influencé probablement par les techniques d'imprégnation argentique de la photographie naissante, il met au point, sur de fines tranches de tissu cérébral, une coloration qui s'en inspire, la « réaction noire » : de petites pièces de tissu nerveux sont successivement traitées par le bichromate de potasse ou d'ammoniac, ensuite par le nitrate d'argent. Quelques cellules éparses précipitent l'argent et apparaissent alors bien visibles avec leurs prolongements (Fig. 1-5).

Ramón y Cajal, sans aucun doute le plus grand anatomiste du système nerveux de la fin du XIXe siècle, avec lequel Golgi entrera en conflit au sujet de la constitution intime du tissu nerveux, écrivait : « Spectacle inattendu ! Sur un fond jaune d'une translucidité parfaite, apparaissent clairsemés des filaments noirs, lisses et minces, ou épineux et épais, des corps noirs, triangulaires, étoilés, fusiformes ! On dirait des dessins à l'encre de Chine sur un papier transparent du Japon[71]. » De son côté Camillo Golgi, sur la base des images que lui offre l'examen microscopique du tissu nerveux coloré par la méthode qu'il vient de mettre au point, développe une conception dite *réticulariste* de l'organisation du tissu nerveux. Selon lui, il serait formé de cellules dont les innombrables ramifications, ce que nous appelons aujourd'hui les « axones » et les « dendrites », formeraient un véritable réseau continu : toutes les cellules seraient en continuité cytoplasmiques les unes avec les autres, ce que les biologistes avaient déjà remarqué pour d'autres tissus, comme le muscle par exemple, et que l'on appelle un « syncytium ». Ramón y Cajal avance au contraire en 1889 que chaque cellule nerveuse, chaque neurone selon le terme que proposera peu après en 1891 Waldeyer, un contemporain de Golgi, dans une revue qui résume l'ensemble des travaux histologiques sur la cellule nerveuse, est une unité fonctionnelle,

---

71. Ramón y Cajal, 1911.

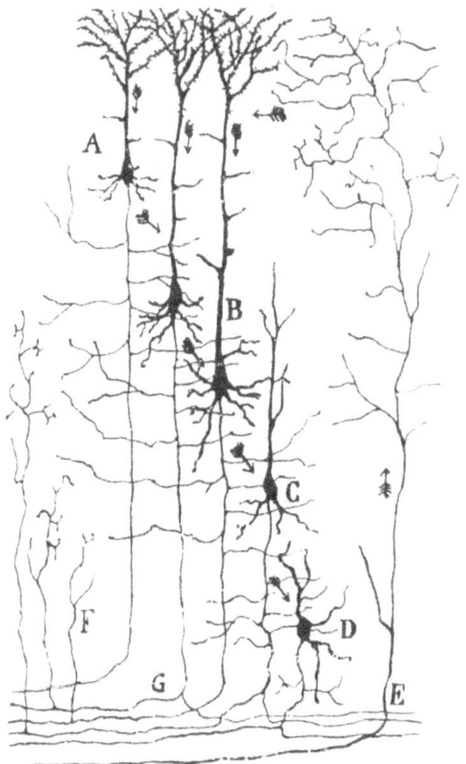

Figure 1-5 : *Dessin représentant, selon les termes mêmes de Cajal, la direction probable du flux des signaux dans le cortex cérébral.*
A : petite cellule pyramidale ; B : grande cellule pyramidale ; C et D : cellules polymorphes ; G : un axone qui bifurque dans la substance blanche.
Cajal, R., 1990, page 58.

singulière, avec ses prolongements de fibres, l'axone et ses collatérales, ainsi que les dendrites qui lui sont associées. Le conflit entre les partisans d'une théorie réticulariste et ceux d'une théorie neuronique a duré jusqu'en 1933, lorsque Ramón y Cajal s'interroge encore, dans une de ses dernières publications, en posant la question : « ¿ Neuronismo o reticularismo ? » Cependant, en 1906, malgré leur opposition farouche, Ramón y Cajal et Golgi partageront le prix Nobel de médecine. L'œuvre gigantesque de Ramón y Cajal, toujours vivante, ouvre l'ère moderne des neurosciences.

L'ÉLECTRICITÉ ANIMALE

Désormais, les bases structurales, tant macroscopiques que microscopiques, du cerveau sont établies. Pour ouvrir résolument l'ère des sciences modernes du cerveau, reste toutefois à comprendre la nature du support de l'information que doit traiter le système nerveux pour remplir ses fonctions sensorielles, motrices et mentales. Nous avons déjà évoqué à plusieurs reprises les *esprits animaux*, fluide subtil ou souffle ténu, dont la nature était encore fort mystérieuse, à la fois matérielle et spirituelle, et dont l'intervention était requise pour rendre compte des relations du cerveau avec les organes des sens et ceux de la motilité. Déjà au IIIe siècle av. J.-C., les médecins alexandrins Hérophile et Érasistrate considéraient que les *esprits animaux* circulaient dans les nerfs pour établir des connexions avec les organes sensoriels et les muscles. Jusqu'au début des années 1800, les nerfs étaient considérés comme des cylindres creux. Les esprits animaux pouvaient donc emprunter la lumière de ces espèces de tubes pour se déplacer et aller des organes des sens au cerveau et du cerveau aux muscles.

Cette conception, appuyée par l'autorité de Galien, a été définitivement abandonnée avec la découverte de l'*électricité animale* par Luigi Galvani en 1791[72]. Dans un des plus célèbres traités de physiologie du début du XIXe siècle, on peut lire : « Un professeur d'anatomie de l'Université de Bologne, Galvani, faisait un jour des expériences sur l'électricité. Dans son laboratoire, et non loin de sa machine, se trouvaient des grenouilles écorchées, dont les membres entraient en convulsion chaque fois que l'on soutirait une étincelle. Surpris de ce phénomène, Galvani en fit le sujet de ses recherches, et reconnut que des métaux appliqués aux nerfs et aux muscles de ces animaux, déterminaient des contractions fortes et rapides, lorsqu'on les disposait d'une certaine manière. Il a donné le nom d'électricité animale à cet ordre de nouveaux phénomènes, d'après l'analogie qu'il crut apercevoir entre ces effets et ceux que produit l'électricité. Cette découverte fut annoncée ; plusieurs savants, et principalement ceux d'Italie, parmi lesquels on distingue Volta, s'empressèrent d'ajouter aux travaux de l'inventeur[73]. »

Cette « découverte annoncée » amorce la rencontre décisive de la biologie avec la physique, qui va désormais rendre possible une recherche véritablement scientifique du fonctionnement du système nerveux. Mais cette rencontre n'a pu se produire que grâce aux progrès considérables des recherches sur l'électricité elle-même qui fleurissent au XVIIIe siè-

---

72. L. Galvani (1737-1798), « De viribus electricitatis in motu musculari. Commentarieus », *De Bononiensi scientificarum et Artium atque Academia Commentarii*, 7, 363-418.
73. A. Richerand, *Nouveaux Éléments de physiologie*, 2 vol., Chapart, Caille et Ravier, Paris, 1807, cité par M. Brazier, 1988, p. 15.

cle. Des machines à produire de l'électricité statique par friction avaient déjà été mises au point à la fin du XVIIe siècle et, dès cette époque, on montra que cette « vertu électrique », dont on ignorait évidemment la nature et que l'on compara aux éclairs du ciel, pouvait être transportée par des conducteurs, fils de soie ou de métal, à des substances qui ne la possédaient pas. Il était même possible de l'accumuler dans des appareils que l'on nomme aujourd'hui *condensateurs* dont le premier inventeur, le Hollandais Musschenbroek, travaillait à Leyde, si bien qu'on les appela en 1745 « la bouteille de Leyde » Ces appareils, rapidement perfectionnés, notamment en Hollande par Marin Van Marum qui en fabriqua plusieurs types que l'on peut admirer aujourd'hui au musée Teylers à Haarlem, près d'Amsterdam, fournissent un moyen commode pour produire de l'électricité en vue d'expériences de physiologie, expériences que l'on nomme aujourd'hui d'électrophysiologie.

Pour Alesssandro Volta, professeur de physique à l'Université de Pavie, qui refit avec le même succès les expériences de Galvani, c'est l'existence même d'une électricité d'origine animale qui est contestée. Selon lui, le nerf ou le muscle conduit l'électricité que produit la mise en connexion de deux métaux différents mais ne la génère pas. En obtenant de l'électricité en remplaçant le tissu biologique, la patte de grenouille de Galvani, par du papier mouillé, il invente la pile, dite depuis « pile de Volta », en empilant des disques de zinc et de cuivre, chaque couple de métaux séparés par du carton humide agissant comme un électrolyte. Cette pile fonctionne comme une grande batterie de condensateurs ; elle possède toutefois l'immense avantage par rapport aux condensateurs existant jusqu'alors de se recharger instantanément et de fournir ainsi une source relativement stable d'électricité.

L'histoire des découvertes de Galvani et de Volta sert souvent à illustrer la marche parfois paradoxale et hésitante des sciences[74] : Galvani découvre par pur hasard l'électricité animale, Volta conteste non le résultat mais l'interprétation qu'en donne Galvani, qu'il considère erronée : le nerf et le muscle ne *produisent* pas de l'électricité, mais *conduisent* celle qui apparaît entre deux métaux différents. Enfin, pour conforter sa propre conclusion, partiellement erronée à son tour, Volta invente la pile, bien réelle, qui depuis lors porte son nom.

Pourtant, Galvani avait dans le fond raison, même si rien dans ses expériences ne lui permettait d'affirmer en toute logique l'existence d'une électricité animale. Volta aussi avait raison, même si rien dans ses expériences ne lui permettait de nier une électricité animale. En fait, les éléments empiriques à leur disposition ne permettaient pas de trancher en faveur de l'une ou de l'autre des positions en présence, production ou simple conduction d'électricité. Galvani et Volta voyaient les « mêmes

---

74. Piccolino, 1997, 1998, 2000.

faits » de façon complètement différente, selon des points de vue, des formes (des *Gestalten,* selon le terme consacré) ou selon des paradigmes (dans le sens utilisé par l'historien des sciences américain Thomas Kuhn) totalement distincts. Les deux théories sont équivalentes du point de vue des observations et accepter l'une pour écarter l'autre ne peut se trancher que sur des considérations extra-empiriques. C'est sans doute sur la base d'une métaphysique cachée, celle d'un biologiste, celle d'un physicien, que se fondent leurs choix. Aujourd'hui, la controverse est définitivement tranchée[75].

Ce ne sera qu'entre 1838 et 1841, grâce à des instruments capables de mesurer de faibles courants électriques, des « galvanomètres » (dont le nom rend hommage à Galvani), qu'on pourra la détecter et la mesurer avec précision. Carlo Matteucci (1811-1865), professeur de physique à l'Université de Pise depuis 1840, montre qu'un de ces galvanomètres branché entre, d'une part, la surface d'un muscle et, d'autre part, une portion de ce même muscle mais abîmée par une lésion superficielle, indique le passage d'un courant que l'on appellera plus tard « courant de lésion ». Du Bois-Reymond, de père suisse et de mère huguenote, professeur à Berlin, confirme cette découverte et suggère que le muscle et le nerf seraient constitués de molécules chargées positivement sur une face et négativement sur l'autre face, molécules qui pourraient s'orienter d'elles-mêmes à la façon des particules d'un aimant avec un pôle nord à une extrémité et un pôle sud à l'autre.

Cette conception va se révéler erronée mais fertile, car elle anticipe ou introduit l'idée d'une polarisation électrique de la membrane de la cellule nerveuse ou musculaire.

À partir de la seconde moitié du XIXe siècle, les découvertes sur les bases physiologiques et biophysiques du fonctionnement du tissu nerveux vont aller en s'accélérant. On montre que l'influx nerveux est une onde électrique de négativité, dont on peut mesurer la vitesse de propagation le long des nerfs, comme d'autres propriétés également, par exemple la vitesse avec laquelle les influx se succèdent les uns les autres, sur le mode du « tout ou rien », bref, un ensemble de propriétés *électrophysiologiques* qui traduisent le fonctionnement élémentaire des cellules nerveuses.

L'électrophysiologie moderne

Le tournant du XIXe siècle, des années 1890 à 1910 environ, voit l'apparition des concepts les plus importants qui vont nous aider à mieux comprendre le fonctionnement du cerveau. La nature électrique du support de l'information nerveuse, établie par Galvani, Volta et Matteucci, est ainsi approfondie par Emil Du Bois-Reymond, qui montre que lorsqu'un

---

75. Voir Pera, 1992.

nerf est stimulé électriquement et devient actif, les charges positives et négatives renversent soudainement leurs positions respectives, inversion qu'il appela « variation négative » et dont nous verrons qu'elle constitue le *potentiel d'action* (voir chapitre III), élément de base de la communication dans le système nerveux. Du Bois-Reymond est conscient de l'importance de sa découverte car il n'hésite pas à affirmer fièrement : « Je ne me trompe pas beaucoup en pensant avoir pleinement réalisé le rêve plusieurs fois centenaire des physiciens et des physiologistes, à savoir, assimiler le principe nerveux à l'électricité. » Grâce à lui, le système nerveux est définitivement sorti du monde mystérieux des *esprits animaux* pour entrer dans le monde physique, matérialiste, de la science moderne. Le potentiel d'action, encore appelé « influx nerveux », est un événement électrique bref, qui dure de l'ordre d'un millième de seconde, et dont l'amplitude demeure constante, de l'ordre d'une centaine de millivolts, lors de sa conduction le long de la fibre nerveuse (voir chapitre III). Hermann von Helmholtz, génie aux multiples facettes, physicien, médecin (il invente l'ophtalmoscope), psychologue, physiologiste et philosophe, réussit à mesurer la vitesse avec laquelle l'influx est véhiculé le long des fibres. Contrairement à ce que pensaient la plupart des physiologistes de cette époque, le potentiel d'action n'est pas conduit à la vitesse de l'électricité, mais beaucoup plus lentement, de l'ordre de cinquante mètres par seconde (nous verrons plus loin que la vitesse de conduction varie selon le calibre et la nature des fibres nerveuses). Cette lenteur signifie que la fibre nerveuse n'est pas un fil électrique et que le potentiel d'action est beaucoup plus complexe qu'une simple impulsion électrique.

La théorie de l'énergie spécifique des nerfs

Une question se pose alors : comment est-il possible que différents nerfs puissent véhiculer différents types d'informations si tous les messages transportés, des potentiels d'action, sont tous identiques entre eux ? Pourquoi le nerf optique, qui relie l'œil au cerveau, transporte-t-il des informations visuelles alors que les signaux qu'il utilise sont les mêmes que ceux transportés par le nerf acoustique qui relie l'oreille interne au cerveau et sert à véhiculer des sensations auditives ? Johannes Müller, professeur d'anatomie et de physiologie à Berlin à partir de 1833, qui eut Emil Du Bois-Reymond et Hermann von Helmholtz pour élèves, suggère que c'est le cerveau qui interprète les messages arrivant par le nerf optique pour s'exprimer comme des sensations visuelles et ceux arrivant par le nerf acoustique pour véhiculer des messages auditifs. Cette idée est aujourd'hui connue sous le nom de « théorie de Müller de l'*énergie spécifique des nerfs* ».

Il est facile de vérifier le bien-fondé de cette idée : un choc sur l'œil provoque l'apparition de petits éclairs de lumière, les « trente-six chandelles » des boxeurs, même si le choc a lieu dans l'obscurité, en l'absence totale de lumière. C'est la stimulation mécanique de l'œil qui a provoqué l'excitation du nerf optique, dont les signaux arrivent par le nerf optique au cerveau, dans une zone spécialisée dans le traitement de l'information visuelle (nous verrons dans un prochain chapitre que cette zone est en fait elle-même subdivisée en une multitude d'aires chacune spécialisée dans le traitement d'un aspect précis de l'information visuelle). Que le nerf optique soit stimulé par les effets de la lumière, par celui d'un choc mécanique, ou par un courant électrique, la sensation évoquée sera dans tous les cas visuelle : ce qui compte n'est pas la nature du stimulus, mais celle du nerf qui a été mis en activité. Cette théorie de Müller, contemporaine des travaux de Gall et Spurheim, facilita probablement l'introduction et l'acceptation d'une théorie des localisations des fonctions psychologiques dans des zones cérébrales distinctes, car elle semble bien montrer que différentes parties du système nerveux se chargent de réaliser différentes fonctions.

C'est également le sens qu'il convient de donner à une découverte, que certains historiens des sciences considèrent comme signalant le commencement des neurosciences modernes. Entre 1812 et 1821, l'anatomiste et chirurgien écossais sir Charles Bell fait une série d'expériences sur la moelle épinière qui l'amènent à penser que le mouvement est gouverné par la racine antérieure ou ventrale, la sensation amenée par la racine postérieure ou dorsale. Le physiologiste François Magendie, professeur au Collège de France en 1831, avait clairement démontré en 1822 que la racine ventrale est motrice, la racine dorsale sensorielle. Leur conflit de priorité fut élégamment résolu par leur association dans le nom de « loi de Bell-Magendie » qui sera donné par la postérité à cette distinction, qui comme la loi de Müller qu'elle anticipe, crée un climat favorable à l'adoption des théories des localisations cérébrales.

Les premières décennies du XXe siècle

Avec le XIXe siècle finissant, nombre de concepts modernes sont désormais bien établis ; nous savons que le cerveau n'est pas une masse compacte indifférenciée, qu'il apparaît comme compartimenté en régions fonctionnellement distinctes ; nous savons également que le tissu cérébral est constitué de cellules nerveuses, les neurones, et que ces neurones sont en contact les uns avec les autres, et non en continuité, pour former des réseaux que Ramón y Cajal a examinés au microscope, démêlés et représentés dans des schémas où les signaux sont supposés suivre des chemins précis et circuler entre les neurones selon un sens bien déterminé, si l'on en croit les petites flèches qui accompagnent ses dessins.

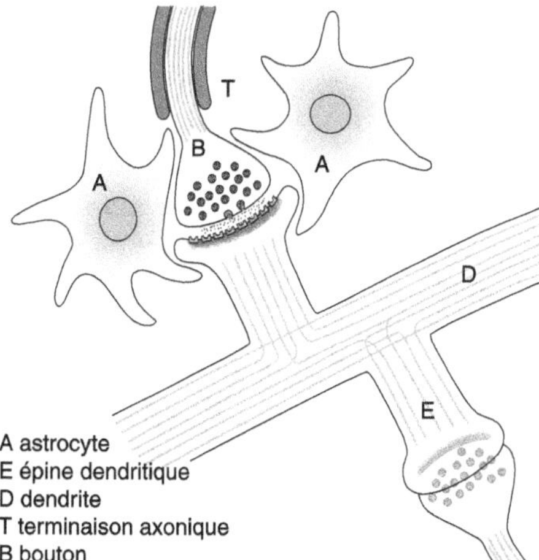

Figure 1-6 : *Schéma d'une synapse.*
La terminaison axone (T) d'un neurone s'articule avec une épine dendritique disposée le long d'un dendrite (D) au niveau d'un bouton (B). Des astrocytes (A) protègent ce dispositif.

Il manque encore cependant une notion cruciale pour comprendre le fonctionnement du cerveau : comment le signal électrique, qui signe l'activité d'un neurone, passe-t-il au neurone avec lequel il est connecté ? L'idée la plus répandue en était que les signaux pouvaient « traverser » les zones de contact. Mais cette « traversée » laisse inchangé le signal qui traverse ; ce n'est pas encore une « transmission » au sens moderne de terme. Cette dernière notion implique que le message qui passe le contact puisse éventuellement être modifié, augmenté ou diminué. À ce stade de notre description des étapes conceptuelles essentielles dans l'histoire des sciences du cerveau, il faut citer sir Charles Sherrington, un des plus brillants physiologistes du début du XXe siècle. Professeur de physiologie à Oxford de 1913 à 1935, il a partagé en 1932 le prix Nobel de médecine avec lord Adrian de Cambridge (Grande-Bretagne). Sherrington s'intéresse à l'analyse des propriétés fonctionnelles du système nerveux en se concentrant sur l'étude des réflexes spinaux chez le chat. Ces réflexes sont *a priori* plus simples que les activités cérébrales, en outre on connaît assez bien, grâce notamment aux travaux de Ramón y Cajal, les trajets nerveux qui innervent les membres.

Cependant, pour que ces activités traduisent véritablement ce qui se passe *localement* au niveau spinal, il faut isoler la moelle épinière du cerveau qui la surmonte. Sherrington pratique des sections au niveau mésencéphalique destinées à séparer la moelle épinière du cerveau proprement dit. Étudiant un animal ainsi « décérébré », une « marionnette cartésienne » selon son expression, il analyse en détail les réflexes spinaux en les soustrayant aux influences « supérieures » exercées par les structures situées en amont de la section. Il analyse de la sorte, d'une part, les propriétés fonctionnelles du système nerveux, élaborées au niveau spinal lui-même, d'autre part, le contrôle exercé par les centres supérieurs sur ces activités réflexes. Il montre par exemple que les « réflexes », même simples, peuvent se combiner en actions coordonnées complexes. Ainsi la flexion d'un membre situé d'un côté du corps suscitant une extension du membre correspondant situé de l'autre côté. Il montre également qu'à la suite de la décérébration, l'animal présente une rigidité musculaire caractéristique, les quatre membres excessivement excités en extension complète, exagérée, le dos fortement cambré, la nuque vigoureusement relevée : cette posture traduit la libération des centres spinaux d'un contrôle inhibiteur d'origine cérébrale. *The Integrative Action of the Nervous System* (1906) est un grand classique de la littérature neurobiologique. Les principaux concepts de la physiologie du système nerveux, que nous allons retrouver dans les chapitres suivants, l'excitation, l'inhibition, l'innervation réciproque, le caractère modifiable des connexions entre les neurones et les voies nerveuses, la facilitation et l'occlusion, y sont décrits et analysés en détail. Déjà, en 1897, Sherrington, sur une base strictement fonctionnelle, avait forgé le terme de « synapse » pour décrire les jonctions qui lient entre elles les cellules individuelles du système nerveux (Fig. 1-6).

Désormais, nous sommes en possession des principaux outils qui vont permettre l'analyse scientifique moderne du système nerveux. La première moitié du XXe siècle voit l'établissement des concepts fondamentaux qui ont cours encore aujourd'hui. À partir de 1950, on assiste à l'incorporation dans un cadre intellectuel cohérent de disciplines qui jusqu'alors demeuraient relativement séparées les unes des autres, cloisonnées dans des professions institutionnellement bien délimitées : l'anatomie, la physiologie, l'embryologie, la psychologie, la génétique et la biologie moléculaire naissante. En outre, déjà dans les années 1940, on avait assisté au développement de réflexions théoriques et d'outils mathématiques qui permettaient de proposer des modèles du fonctionnement des cellules nerveuses et des ensembles de neurones qui enrichirent considérablement le domaine des sciences du cerveau et ouvrirent des horizons nouveaux sur les relations entre le cerveau et les fonctions cognitives.

LE CERVEAU CONSIDÉRÉ
COMME UNE « MACHINE À CALCULER »

Contemporains d'une floraison spectaculaire des recherches portant sur les mécanismes neurophysiologiques des comportements, sont apparus des *modèles* psychologiques qui faisaient également référence à des concepts mathématiques. Le premier essai théorique systématique dans lequel le système nerveux est considéré comme une « machine » servant à élaborer des « modèles » du monde est probablement celui d'un psychologue britannique de Cambridge, en Angleterre, Kenneth Craik prématurément disparu dans un malheureux accident de bicyclette à l'âge de 31 ans. En 1943, il publie *The Nature of Explanation*, dans lequel il développe une théorie *mécaniste* de l'esprit. Selon lui, une propriété fondamentale de la pensée est sa capacité de prédiction. Les êtres humains, et beaucoup d'animaux, sont capables de prévoir les conséquences d'une action, d'envisager un enchaînement de circonstances plus ou moins complexes et d'anticiper le dénouement d'une situation confuse. Cette propriété n'est pas fondamentalement différente de celle qu'un certain nombre de machines fabriquées par l'homme sont capables de manifester. Kenneth Craik postule ainsi que le cerveau utilise des mécanismes essentiellement semblables[76], qu'il est capable de « modéliser » des événements se déroulant dans le monde extérieur, de créer un monde parallèle, tout comme une machine à calculer peut servir à élaborer un modèle sur lequel on peut estimer, par exemple, la résistance d'un édifice et prévoir ainsi la charge qu'il sera capable de supporter sans risque de s'écrouler. Un bon exemple de machine dont le pouvoir d'anticipation est spécialement flagrant est celui des canons de défense antiaérienne dont le guidage est contrôlé par un but : poursuivre automatiquement leur cible en dépit des changements imprévus de sa direction, pour aller la frapper inéluctablement[77]. Un simple thermostat, comme nous les connaissons dans nos appartements, fonctionne également de façon à maintenir un « but » : il corrige, en le réduisant ou en l'augmentant, le régime d'une chaudière de façon à maintenir (à peu près) constante une certaine température d'ambiance fixée à l'avance.

On comprend sans peine le grand avantage pour un être vivant à simuler une action, l'envisager en parallèle sur la scène mentale, pour évaluer les conséquences qu'elle est susceptible d'entraîner avant même de la mettre en route, et ne l'exécuter que si ses conséquences sont jugées utiles et, au contraire, de surseoir à sa réalisation si elles apparaissent nuisibles ou fatales. Toutefois, Kenneth Craik a développé cette ligne de pensée avant l'ère des ordinateurs numériques tels que nous les connaissons aujourd'hui ; la métaphore qu'il retient est celle du cerveau considéré comme un calculateur analogique[78]. En effet, les ordinateurs numériques, qui permettront de pousser plus avant la comparaison du cerveau ordinateur, sont encore dans l'enfance lorsqu'il disparaît en 1945.

---

76. Craik, 1943, p. 57.
77. Wiener *et al.*, 1943.
78. Un calculateur analogique est un calculateur dans lequel les grandeurs qui entrent dans les calculs sont représentées par des quantités physiques *continues* qui leur sont proportionnelles, des voltages, un angle de rotation, par exemple.

LA NOTION DE CONTRÔLE EN BIOLOGIE

La notion de contrôle (ou de « commande ») est utilisée dès le XIXe siècle de façon informelle. Charles Bell publie en 1828 un livre intitulé *Mécanique animale* dans lequel il compare systématiquement le mécanisme et l'efficacité d'un système biologique à des procédés utilisés par les ingénieurs, par exemple le squelette osseux à la charpente d'un bâtiment, le cœur et la vascularisation à une pompe avec ses tuyaux. Il est probablement le premier à faire appel explicitement au concept de modèle dont le rôle sera décisif dans l'essor des conceptions mathématiques appliquées aux organismes vivants.

C'est le grand physiologiste français Claude Bernard qui introduit le concept de « régulation de la constance du milieu intérieur » : dans certaines limites, le sang maintient constante sa composition en dépit de changements dans celle du milieu environnant. Si le niveau de glucose dans le sang diminue, l'animal, y compris l'homme, a faim, il recherche de la nourriture, mange et de la sorte relève son niveau de glucose sanguin. Claude Bernard dans ses fameuses *Leçons sur les phénomènes de la vie communs aux animaux et aux végétaux* de 1878 étend ses résultats expérimentaux et propose une théorie générale du maintien de la constance du milieu intérieur. Ce concept recevra le nom d'« homéostasie » en 1932 lorsque le médecin américain Walter Cannon publie son grand classique, *La Sagesse du corps,* sur les relations entre les émotions et les manifestations corporelles, base de la médecine psychosomatique.

En Allemagne, le physiologiste Eduard Pflüger, fondateur d'une prestigieuse revue de physiologie, les *Archiv für die gesammte Physiologie*, toujours vivante et connue aujourd'hui comme *Pflügers's Achiv*, y publie en 1877 un article intitulé « Les mécanismes téléologiques dans la nature[79] ». La téléologie est l'étude des causes finales réhabilitées sous une forme scientifiquement acceptable, après que la philosophie critique et le positivisme du XIXe siècle les ont évacuées des explications scientifiques. Pflüger explique que, si l'on caractérise les mécanismes de « contrôle en retour » par le fait que l'« entrée » dans un système est gouvernée par sa « sortie », alors la sortie sera stabilisée, comme nous l'avons vu dans les quelques exemples cités plus haut.

En conséquence, la performance d'un appareil est rendue relativement indépendante des perturbations du monde extérieur dans lequel il est plongé ; dès lors, on peut considérer la stabilité de la « sortie », comme le « but » du système. Pflüger développe dans cet article l'idée selon laquelle chaque fois que l'on observe un comportement qui semble

---

79. Pflüger, 1877.

être dirigé vers une fin, c'est-à-dire téléologique, on peut conclure qu'il est très vraisemblable qu'un mécanisme de « rétrocontrôle » soit mis en œuvre. Ce sera la tâche du biologiste que de le découvrir sans avoir recours à une quelconque cause finale mystérieuse.

Ces idées sont alors très largement répandues. Dans une conférence publiée en 1879, intitulée « Le relais mécanique », Felix Linke, professeur de mécanique à l'Institut de technologie de l'Université de Darmstadt en Allemagne, donne une première description complète de ce que doit comporter, selon lui, la théorie d'une « boucle de rétroaction ». Elle doit avoir un « indicateur » qui mesure en permanence la sortie, un « organe exécutif » qui modifie l'entrée dans la boucle en suivant les indications que lui communique un « transmetteur » qui relie l'indicateur à l'organe exécutif, enfin un « moteur » qui fournit l'énergie indispensable au fonctionnement de l'ensemble. Tous les éléments de ce que doit être une « boucle de rétroaction » sont en place, il ne manque plus que les outils mathématiques indispensables à leur formalisation. Il faudra pour cela attendre le début du XXᵉ siècle.

LA NAISSANCE DE LA CYBERNÉTIQUE

Une pléiade de chercheurs talentueux issus d'horizons disciplinaires divers vont développer des concepts et des théories mathématiques du système nerveux et plus spécialement du cerveau considéré comme une machine à traiter de l'information. C'est en effet dans les années 1940, peut-être pressés par les urgences que la Seconde Guerre mondiale leur imposait, que de nombreux théoriciens se sont attachés à faire la théorie de ces mécanismes de contrôle par rétroaction, ou *servomécanismes*, qui caractérisent non seulement le fonctionnement de certaines machines mais encore de très nombreux phénomènes biologiques. Norbert Wiener, un mathématicien américain du MIT[80], véritable enfant prodige, propose le terme de « cybernétique » pour désigner « l'art et la science du contrôle dans la totalité du domaine pour lequel cette notion est applicable », comme il apparaît clairement dans le titre de l'ouvrage qu'il publie en 1948, *Cybernetics, or Control and Communication in the Animal and the Machine*. Dans cet ouvrage, Norbert Wiener fait la théorie mathématique des phénomènes de rétroaction, de *feedback* comme il les appelle, selon un terme qui tend à passer de plus en plus dans notre jargon technique, pour désigner « la méthode qui consiste à contrôler un système en réintroduisant dans son fonctionnement les résultats de sa performance passée ». On connaissait depuis fort longtemps des procédés capables de réguler le fonctionnement d'une machine, par exemple le niveau d'eau

---

80. Voir la remarquable biographie de Norbert Wiener par Flo Conway et Jim Siegelman, 2005.

dans des réservoirs dès l'Antiquité. Un brevet avait même été pris à Londres en 1787 pour l'invention d'un régulateur de la vitesse de rotation des ailes d'un moulin à vent afin d'éviter qu'il ne s'emballe au risque de tout casser en cas de bourrasque. Un peu plus tard, un mécanisme analogue est appliqué par James Watt aux machines à vapeur afin que la vitesse de rotation d'une roue soit contrôlée par la quantité de vapeur produite. Mais tous ces dispositifs, pour ingénieux qu'ils fussent, étaient restés purement expérimentaux, accommodés à chaque circonstance sans qu'une théorie leur permette d'être généralisés à toutes les situations, les outils mathématiques appropriés n'étant pas disponibles. Voyons très brièvement, et de façon schématique[81], les principales étapes de l'histoire de ce qui deviendra aujourd'hui les « neurosciences computationnelles », locution quelque peu barbare, dont la signification précise sera donnée plus loin.

Norbert Wiener est frappé par la conception avancée par ses collègues de l'Université de Chicago, Warren McCulloch et Walter Pitts qui, en 1943, dans un article au titre évocateur, « Un calcul logique immanent dans l'activité nerveuse[82] », montrèrent que les opérations d'une cellule nerveuse avec ses connexions à d'autres cellules nerveuses (dans ce qu'on appelle un « réseau de neurones ») incarnent des principes logiques. La décharge en « tout ou rien » d'un neurone qui, une fois activé par plusieurs autres et à partir d'un certain seuil d'excitation, peut en activer d'autres, ressemble à une opération logique, dans laquelle une « proposition » peut en entraîner une autre. Qu'il s'agisse d'un réseau, enchaînement de neurones ou d'une proposition, succession d'énoncés, l'entité A plus l'entité B peuvent entraîner l'entité C. Dans le réseau de McCulloch et Pitts, les neurones, qu'ils qualifient de « formels » pour souligner que leur fonctionnement est considérablement simplifié par rapport à ce qu'on savait déjà à cette époque du fonctionnement d'un neurone réel (et *a fortiori* par rapport à ce qu'on en sait aujourd'hui), sont soit en activité (ce qu'on note généralement 1), soit au repos (noté 0) ; dans la proposition, les énoncés sont soit vrais (V), soit faux (F). Il est possible d'articuler les neurones, comme des énoncés, de telle sorte qu'ils réalisent des opérations logiques. Les schémas de la figure 1-7 illustrent cette correspondance entre les opérations réalisées par un réseau de trois (ou plus) neurones *formels*, et la logique propositionnelle.

---

81. Bien trop schématique, à notre goût, mais le lecteur intéressé par l'histoire de ces découvertes est invité à lire les ouvrages passionnants de Jean-Pierre Dupuy, 1994a et b.
82. McCulloch et Pitts, 1943.

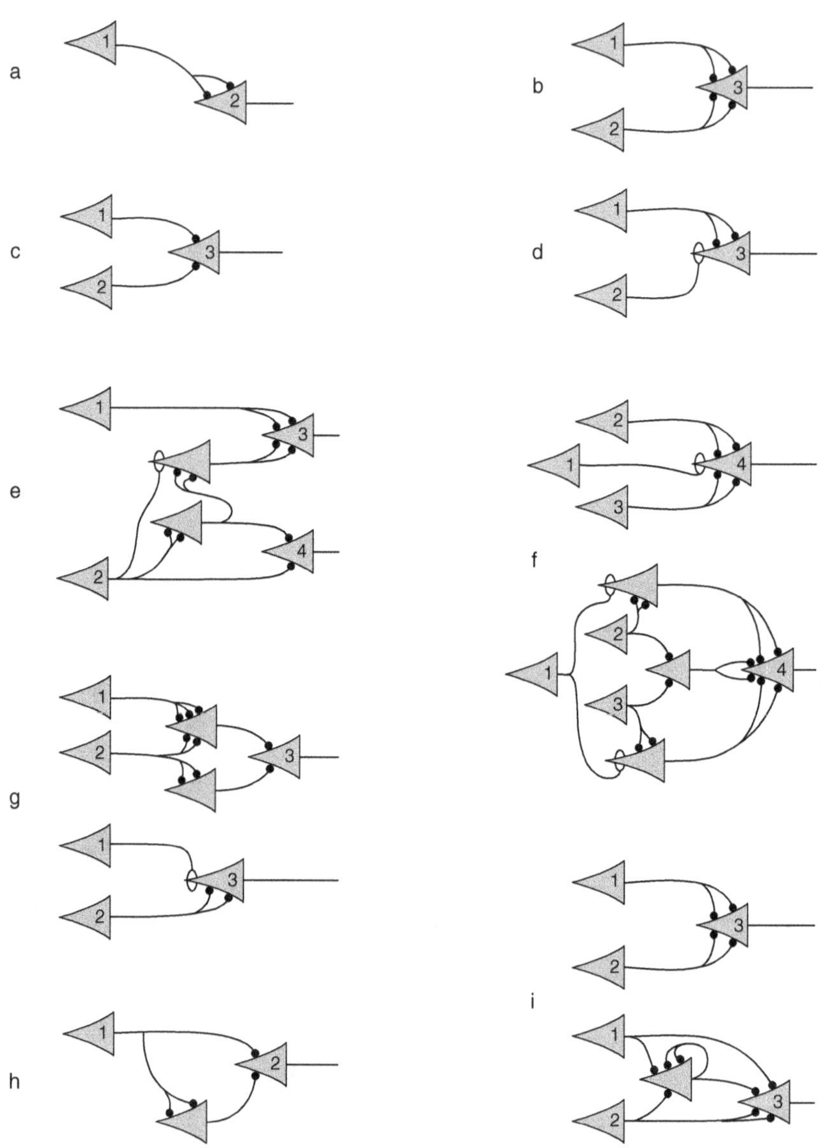

Figure 1-7 : *Exemples de connexions susceptibles de réaliser*
des calculs logiques selon McCulloch et Pitts, 1943.

Les neurones sont marqués par le chiffre *i* inscrit dans le corps de la cellule et l'action résultante est notée N_i, par exemple pour la fig. a, on aura, dans le système de notation de Carnap ; $N_2(t)$.≅. $N_1(t-1)$; pour la fig. b : $N_3(t)$.≅. $N_1(t-1)$ v $N_2(t-1)$; pour c : $N_3(t-$.≅. $N_1(t-1)$. $N_2(t-1)$; pour d : $N_3(t)$.≅. $N_1(t-1).\sim N_2(t-1)$, etc.

L'important ici est de comprendre que tous les circuits proposés dans cette figure sont non seulement plausibles sur le plan neurophysiologique (en 1943), mais peuvent être considérés comme incarnant une opération de la logique propositionnelle.

Le Perceptron

L'ambition de McCulloch et Pitts est purement intellectuelle, scientifique et non technologique. En effet, dans leur article de 1943, ils s'en tiennent à l'identification explicite des éléments non linéaires de leur circuit avec les neurones réels (tels qu'on les connaissait à l'époque) et du traitement de signaux binaires avec l'activité nerveuse. Néanmoins, la pertinence de l'approche « traitement du signal » pour comprendre les processus de pensée les plus élevés renforça l'idée que si les neurones biologiques se comportent effectivement comme ceux de McCulloch et Pitts, et si les circuits peuvent être compliqués à l'extrême, alors n'importe quel comportement, même le plus complexe, peut être compris. Le résultat spécifique de cet optimisme « positiviste » sera la naissance du Perceptron.

Frank Rosenblattt propose en 1962 une machine conceptuelle composée de deux couches de neurones formels du type McCulloch et Pitts. Ces neurones formels sont liés entre eux par des connexions « synaptiques » réparties au hasard, qui peuvent être modifiées pour « apprendre » à reconnaître une « forme » présentée à l'entrée du dispositif en produisant en sortie des signaux appropriés. Ces modifications sont régies soit par des règles d'entraînement spécifiques, dites « règles d'apprentissage », soit par des mécanismes autonomes liés au fonctionnement (comme ceux postulés par Hebb dont nous reparlerons plus loin). C'est le temps des réalisations concrètes des principes de McCulloch et Pitts fournissant l'architecture d'un dispositif susceptible de réaliser les fonctions humaines d'abstraction et de reconnaissance des formes.

Cet engouement fut de courte durée. Minsky et Papert (1969) montrèrent les sévères limitations de ce dispositif, ce qui ne manqua pas de provoquer plus de quinze années de mise en sommeil, au cours de laquelle le Perceptron a été plusieurs fois redécouvert. Il renaît de ses cendres sous la forme de dispositifs dont l'architecture est plus complexe comportant notamment des couches supplémentaires, dispositifs regroupés sous la bannière générique de « connexionnisme[83] ». Ces dispositifs sont élaborés à la fois comme *modèles* de l'apprentissage biologique et de la mémoire et comme des *machines* concrètes qui réalisent des « traitements distribués en parallèles », susceptibles de résoudre de nombreux problèmes de reconnaissance de forme, de classification, de décision.

L'approche connexionniste donna un nouvel élan à l'intelligence artificielle qui, au milieu des années 1980, souffrit de graves désillusions en voyant ses efforts pour mimer les capacités cognitives humaines au moyen d'ordinateurs symboliques de plus en plus limités et voués à l'échec.

---

83. Voir Hopfield, 1982 ; Rumelhart et McCleland, 1986 ; Rumelhart, Hinton et Williams, 1986.

L'ordinateur de von Neumann

Au début des années 1950, un mathématicien américain d'origine hongroise, John von Neumann, dirige l'équipe qui réalisa le premier ordinateur numérique, le fameux ENIAC, d'une taille gigantesque pour des capacités dérisoires par rapport à celles du plus petit ordinateur portable d'aujourd'hui. Pourtant, il incarne des principes de fonctionnement qui sont restés pratiquement inchangés jusqu'à aujourd'hui.

Un mathématicien britannique génial, Alan Turing, publie dans la revue britannique *Mind*, un article célèbre : « Computing machinery and intelligence[84] », dans lequel il établit la théorie mathématique des ordinateurs électroniques numériques. Il y propose une méthode pour répondre à la question qui agite alors les esprits : « Les machines peuvent-elles penser ? » Il reformule le problème sous la forme d'un jeu, le « jeu de l'imitation ». Ce jeu se joue à trois, une machine, un être humain et un interrogateur. Ces trois comparses (si l'on peut se permettre d'appeler ainsi une machine ! La question est là, précisément) sont dans des pièces séparées ; l'interrogateur, qui ne voit ni n'entend les deux autres, pose des questions. La machine (qui peut répondre, car c'est une machine artificiellement intelligente !) et l'être humain (dont on sait qu'il est naturellement intelligent !) font connaître leurs réponses au moyen d'un téléscripteur. Le jeu consiste pour la machine à se faire passer pour un être humain (faut-il qu'elle soit intelligente !), à l'être humain d'affirmer son identité. Si l'interrogateur ne peut discerner lequel des deux interlocuteurs est la machine, on dira alors que cette dernière a passé avec succès le « test de Turing ».

Il convient ici de remarquer que ce « jeu d'imitation » est précédé d'une étape préliminaire qui le rend peut-être encore plus intéressant[85]. Dans cette étape, l'interrogateur doit d'abord décider si son interlocuteur est un homme ou une femme, l'homme essayant de se faire passer pour une femme. Ce n'est que dans un second temps que la question se pose : que se passera-t-il si l'homme est remplacé par une machine ? La nature du test est sensiblement modifiée par l'introduction de cette étape supplémentaire : pour tromper l'interrogateur, la machine ne doit plus simplement simuler le comportement d'un être humain (en l'occurrence une femme), mais bien la capacité qu'a un être humain (en ce cas un homme) de simuler le comportement d'un autre être humain (dans ce cas une femme). Sous cette forme, le test de Turing incarne véritablement la définition fonctionnaliste de l'esprit comme simulation de la faculté de simuler.

---

84. Turing, (1950) *Computing Machinery and Intelligence*, Mind, 59 : 433-460. Réédité dans E. A. Feigenbaun et J . Feldman (éd.), 1963, p. 11-35.
85. Voir Dupuy, 1994b, p. 41.

Dès 1936, Alan Turing avait décrit une machine à calculer, ou à faire des déductions, purement abstraite[86]. La « machine de Turing », ainsi nommée par tradition, est une machine à états discrets. Elle est composée d'une tête d'écriture et de lecture, qui peut rester sur place ou se déplacer d'un pas discret vers la droite ou vers la gauche sur un ruban de longueur indéfinie (à la manière d'un magnétoscope, un ruban magnétique se déplaçant sous une tête d'écriture-lecture). La tête lit et écrit ou efface un symbole ou le laisse en place dans la case qu'elle scrute, par exemple s pour séparer deux expressions, d pour le début du ruban, f pour indiquer la fin (ou plus exactement que tout ce qui est à droite de f n'a plus d'importance), 0 et 1 pour la numération binaire. De là vient l'idée si souvent rabâchée que le cerveau est un ordinateur (ne dit-on pas aussi que l'ordinateur est un cerveau électronique ?). Cette équivalence n'est pas directe, mais traduit un enchaînement logique : il y a d'abord l'équivalence ordinateur-machine de Turing (que l'on doit à von Neumann), ensuite, l'équivalence cerveau-machine de Turing (formulée par McCulloch et Pitts), enfin, celle entre l'esprit et la machine de Turing (connue sous le nom de thèse de Church-Turing), d'où finalement, l'« équivalence » : ordinateur-cerveau-esprit.

Bien que rabâchée, cette idée ne doit pas être prise au pied de la lettre, le cerveau biologique est un système dynamique complexe qui ne saurait être assimilé, sans autre qualification, à une machine aussi sophistiquée soit-elle : ce ne sont pas des 0 et des 1 qui circulent dans un cerveau réel.

Le cerveau aujourd'hui

Le décor est désormais planté. Tous les ingrédients nécessaires à une approche véritablement multidisciplinaire du cerveau et de ses productions, mentales, langagières comportementales et même sociales, sont réunis. En 1962, le premier programme interdisciplinaire est lancé au MIT par le professeur F. O. Schmitt, le *Neuroscience Research Program (NRP)* : *The New Synthesis*, dont les publications amorceront un regroupement disciplinaire spectaculaire, incorporant notamment la génétique, la biologie moléculaire, la modélisation mathématique. Ce regroupement trouve sa forme institutionnelle dans la création en 1968 aux États-Unis de la Society for Neuroscience grâce à l'action conjointe du psychologue Neil Miller, du biochimiste Ralph Gerard et de l'anatomiste et neurophysiologiste Vernon Mountcastle. La première réunion

---

86. Turing, 1936.

de cette société a lieu à Washington et réunit six cents personnes. Elle en réunira quarante mille en 2000.

Aujourd'hui, le terme « neuroscience » désigne l'étude du système nerveux depuis la constitution moléculaire des composants du tissu nerveux jusqu'aux expressions les plus intelligentes du cerveau humain, comme la reconnaissance des formes, la planification d'actions adaptées, la résolution de problèmes, le raisonnement ou la communication linguistique. Nous l'avons déjà dit, ce terme s'est imposé d'abord aux États-Unis puis partout dans le monde. En Europe, où est fondée au début des années 1970 l'Association européenne des neurosciences (ENA), et dans notre pays, où la Société des neurosciences a vu le jour lors d'une réunion informelle au Touquet en 1981.

Nous sommes désormais prêts à commencer notre étude du cerveau en suivant ce programme : de l'organisation moléculaire à l'intelligence humaine. Programme ambitieux s'il en est, et dont la prétention hégémonique n'est pas sans poser de sérieux problèmes éthiques, épistémologiques et métaphysiques que nous aborderons à la fin de notre examen de ce qu'on appelle aujourd'hui les *neurosciences cognitives*.

MISE EN PLACE
DU CERVEAU

Présentation du système nerveux

Tous les systèmes nerveux, des plus simples aux plus complexes, sont construits à partir des mêmes pièces fondamentales, des mêmes briques élémentaires.

L'un des plus simples est probablement celui d'un cnidaire, la méduse, animal marin bien connu et redouté des vacanciers en bord de mer. La méduse se compose d'une ombrelle contractile, dont les battements continus lui permettent de flotter. Son système nerveux, réduit à sa plus simple expression, se compose d'une série de ganglions, situés régulièrement sur la couronne de l'ombrelle, et d'un réseau de fibres distribuées dans toutes les parties du corps. Les cellules, rassemblées dans ces ganglions, possèdent des fibres nerveuses le long desquelles circulent des signaux qui servent essentiellement à entretenir et à contrôler les contractions rythmiques de l'ombrelle. On peut distinguer deux réseaux de fibres, l'un amenant des signaux de la surface corporelle aux cellules ganglionnaires, l'autre les conduisant vers les muscles. Si l'on déconnecte ces ganglions les uns après les autres, les battements continueront jusqu'à ce que le dernier soit éliminé. Les cellules nerveuses, situées dans ces ganglions, sont les générateurs qui commandent les contractions périodiques de l'ombrelle selon un rythme qui peut être influencé par des messages issus de divers capteurs sensoriels situés à la surface ou à l'intérieur du corps de la méduse. Certains messages servent aussi à déclencher des réactions alimentaires en guidant vers la bouche les tentacules urticantes qui piquent et saisissent une proie.

Aussi primitif et diffus soit-il, le système nerveux de la méduse sert à programmer sa flottaison, lui offrant ainsi la possibilité de se déplacer dans son milieu et d'y trouver de la nourriture. Il opère comme un réseau de communication qui recueille des informations sur le monde extérieur et les utilise pour coordonner des réponses adaptées. Ces réponses sont limitées dans ce cas à deux types principaux, l'alternance des contractions et des relaxations de l'ombrelle lui permet de nager, et les mouvements des tentacules de se nourrir. Cette description est certainement caricaturale, elle ignore bien des aspects du comportement de la méduse – assez mal connu à vrai dire ; elle suffit cependant à faire comprendre qu'il s'agit bien là d'un modèle le plus simple possible de cerveau.

Les vers nématodes, l'ascaris par exemple, fournissent un degré supplémentaire de complexité : ils possèdent 162 neurones, bien individualisés, facilement repérables, arrangés selon un plan très strict, et de nombreuses cellules réceptrices. Tout comme le fameux *Caenorhabditis elegans*, dont nous reparlerons plus loin : il possède en tout 959 cellules somatiques, dont exactement 302 neurones et 95 cellules musculaires, bien localisées et facilement identifiables, ce qui autorise des études physiologiques poussées.

Plus complexes encore, les insectes ont un cerveau subdivisé en trois parties étagées d'avant en arrière (*protocerebrum*, *deutocerebrum* et *tritocerebrum*). Généralement, les insectes possèdent une quantité impressionnante de récepteurs sensoriels, capables de détecter et de discriminer des milliers de nuances qui nous échappent complètement. Ils sont ainsi sensibles à de nombreuses odeurs que nous n'imaginons même pas ; ils réagissent à des sons pour nous totalement inaudibles, à des longueurs d'onde pour lesquelles nous sommes aveugles, à des formes et des textures visuelles diverses, à des pressions légères et à des mouvements microscopiques, à d'infimes variations d'humidité et de température, à des quantités minuscules d'un grand nombre de substances chimiques. Ces capteurs sont pour l'essentiel situés sur la tête de l'insecte. Ils fournissent un moyen extrêmement efficace pour puiser dans l'environnement quantité d'informations utilisées pour décider et exécuter – à partir d'un répertoire fini mais riche – le comportement le mieux adapté à la situation présente. Les histoires bien connues, merveilleusement racontées par Jean Henri Fabre dans *La Vie des insectes* ou dans ses *Souvenirs entomologiques*, de fourmis, d'abeilles, de cafards ou de coléoptères et de bien d'autres encore, révèlent les surprenantes capacités de leur « cerveau ». Ces histoires montrent aussi que si ces insectes sont doués d'automatismes efficaces, ils sont généralement incapables de tirer des leçons de leur expérience passée : ils font et referont toujours le même geste de fuite, de capture, d'enfouissement, que ces gestes satisfassent ou non le but visé.

Pourtant, les invertébrés sont bien capables d'apprendre. Le petit ver nématode, *Caenorhabditis elegans*, modèle pour les généticiens et les biologistes du développement à partir de 1974[1], puis à partir des années 1990, modèle très prisé des neurobiologistes pour l'étude de la plasticité comportementale[2], peut en effet apprendre à reconnaître des odeurs signalant la présence de nourriture, il peut même apprendre des choses encore plus complexes. Nous en reparlerons dans le chapitre IX où il sera question de mémoire, tout comme nous parlerons aussi d'autres invertébrés, en particulier de l'aplysie ou escargot de mer, dont « l'intelligence et les prouesses mnésiques » ont permis en 2000 à Eric Kandel d'obtenir le prix Nobel de médecine.

Chez les vertébrés, le cerveau prend la forme globale que nous lui connaissons (Fig. 2-1). Un tube, protégé par des vertèbres, surmonté à sa partie antérieure de trois renflements principaux, eux-mêmes protégés par la boîte crânienne. Ces trois renflements sont, de l'arrière vers l'avant, tout d'abord le rhombencéphale, ou cerveau postérieur, à l'avant duquel vient se greffer un « petit cerveau » supplémentaire, le cervelet, ensuite le mésencéphale, ou cerveau intermédiaire, et enfin le prosencéphale ou cerveau antérieur. Chez les mammifères mais aussi chez les oiseaux, comme chez tous les vertébrés, de nouvelles structures apparaissent, plus exactement de nouvelles subdivisions. Chez les mammifères, le prosencéphale va à son tour se subdiviser en trois parties : la vésicule optique (qui donnera la rétine et le nerf optique), le diencéphale, qui va se scinder en thalamus dorsal et hypothalamus, et le télencéphale qui va se fractionner pour former le bulbe olfactif, le cortex cérébral, le télencéphale basal et des ensembles de fibres, formant la substance blanche, la capsule interne et le corps calleux. La surface du cortex cérébral va s'accroître et se replier en de multiples circonvolutions. Chez l'homme, cet accroissement est spectaculaire[3], il traduit l'enrichissement considérable de ses comportements et accompagne le développement de ses facultés psychologiques. Sans cortex cérébral, en effet, il serait aveugle, sourd et muet, incapable de raisonner, de se souvenir, de faire des plans à plus ou moins long terme, de reconnaître ses semblables, de faire quoi que ce soit autrement que machinalement, bref d'être réduit à un état purement réflexe, exclusivement gouverné par ses besoins vitaux primitifs.

Tous ces cerveaux sont faits d'une même étoffe : le tissu nerveux. Nous commencerons donc par en examiner les constituants élémentaires.

---

1. Voir Sidney Brenner, 1974.
2. Rankin *et al.*, 1990.
3. Sa surface est estimée à 2 200 cm², dont les deux tiers sont enfouis dans les replis et les sillons.

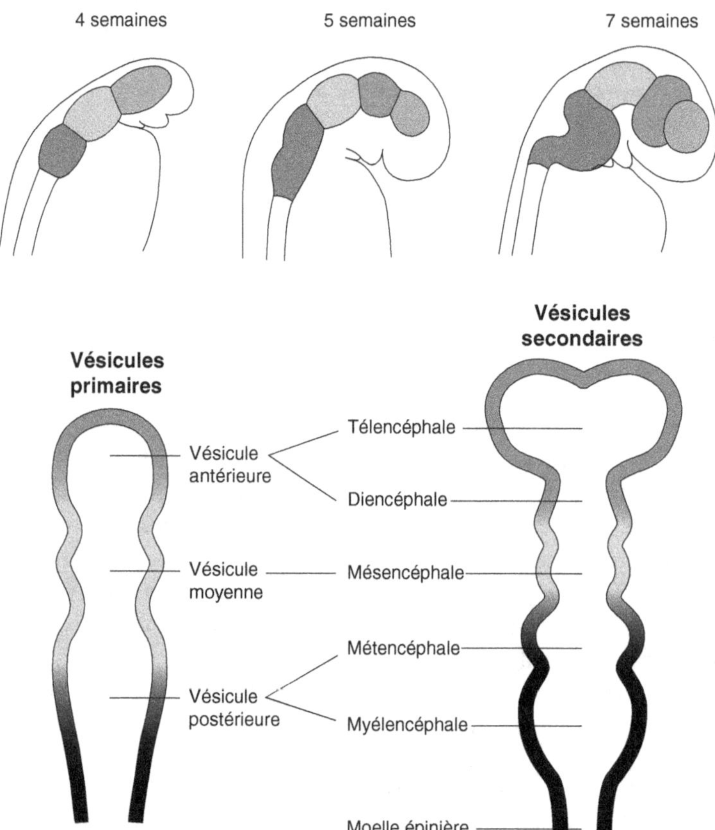

Figure 2-1 : *Vésicularisation du cerveau.*
Le cerveau se développe à partir de trois vésicules, postérieure, moyenne et antérieure, dès la quatrième semaine. Ces vésicules se subdivisent à leur tour pour donner
à la sixième semaine cinq vésicules à partir desquelles seront dérivées les diverses
régions du cerveau adulte.

LES MATÉRIAUX DE CONSTRUCTION

Le tissu nerveux est composé de deux types cellulaires principaux.
Des neurones, éléments fondamentaux du fonctionnement du système
nerveux, et des cellules gliales, aux rôles multiples, à la fois cellules de
soutien et de réserve, assurant aussi des fonctions nutritives et de protection. Depuis quelques années, on a pris l'habitude d'appeler « cellules
nerveuses » l'ensemble des cellules du tissu nerveux, neurones et cellules
gliales, parce que, comme nous le verrons, elles ont une origine embryologique commune.

Les cellules gliales

Rudolf Virchow, professeur de pathologie cellulaire à l'Université de Würzburg puis de Berlin, suggère le premier, en 1860, l'idée que les éléments du système nerveux sont « englués » dans une matière visqueuse et collante, qu'il nomme « neuroglie ». Pio del Rio Hortega (1882-1945) forge, dans les années 1920, le terme de « microglia » et mène les premières études systématiques sur ce type de cellules ; mais c'est Ramón y Cajal, son maître, qui, dans la logique de la théorie neuronique (voir chapitre I), fournit la description détaillée des différentes cellules gliales que nous connaissons aujourd'hui.

Ces cellules, dont le nombre est au moins dix fois supérieur à celui des neurones proprement dits, jouent un rôle critique dans le contrôle de l'environnement où baignent les cellules nerveuses, elles les protègent, les isolent les unes des autres et forment l'essentiel du milieu extracellulaire des neurones. Dans le système nerveux central, on distingue trois types de cellules gliales, les astrocytes, les oligodendrocytes et la microglie.

Comme leur nom l'indique, les *astrocytes* ont une forme d'étoile dont les nombreuses branches irradient dans toutes les directions. Alors que certaines viennent au contact des neurones, d'autres s'aplatissent et forment des pieds apposés sur des vaisseaux sanguins. Ils constituent un élément important de la barrière hémato-encéphalique. Celle-ci, présente chez tous les vertébrés, se met en place au cours du premier trimestre de la vie du fœtus humain. Elle empêche le passage de certaines substances, notamment toxiques, mais elle en autorise d'autres, le glucose ou des acides aminés, et même des molécules plus grosses comme des peptides, grâce à des mécanismes de transport qui impliquent l'existence de récepteurs spécifiques. Les astrocytes étayent le tissu nerveux et régulent la composition ionique et chimique du voisinage immédiat des neurones ; ils leur servent aussi de guides lors de leur migration au cours du développement (Fig. 2-2 et Planche 1).

Les *oligodendrocytes* ont moins de branches que les astrocytes (*oligo*, « peu » et *dendro*, « branche »). Ils sont très probablement impliqués dans des échanges complexes avec les cellules nerveuses, mais leur rôle essentiel est de fournir, au niveau du système nerveux central, une substance isolante, la myéline. La myéline, formée à 80 % de lipides et à 20 % de protéines (dont on connaît pour nombre d'entre elles la séquence d'acides aminés), enveloppe l'axone et constitue un isolant électrique efficace. Au niveau du système nerveux périphérique, la myéline est produite par une cellule gliale spéciale, la cellule de Schwann, qui dérive de la crête neurale. Cette gaine isolante, contrairement à celle qui garnit un fil électrique, n'est pas continue. Elle est régulièrement interrompue par des zones dépourvues de couverture myélinique, zones appelées « nœuds de Ranvier », du nom d'un anatomiste français Louis Antoine Ranvier (1835-1922).

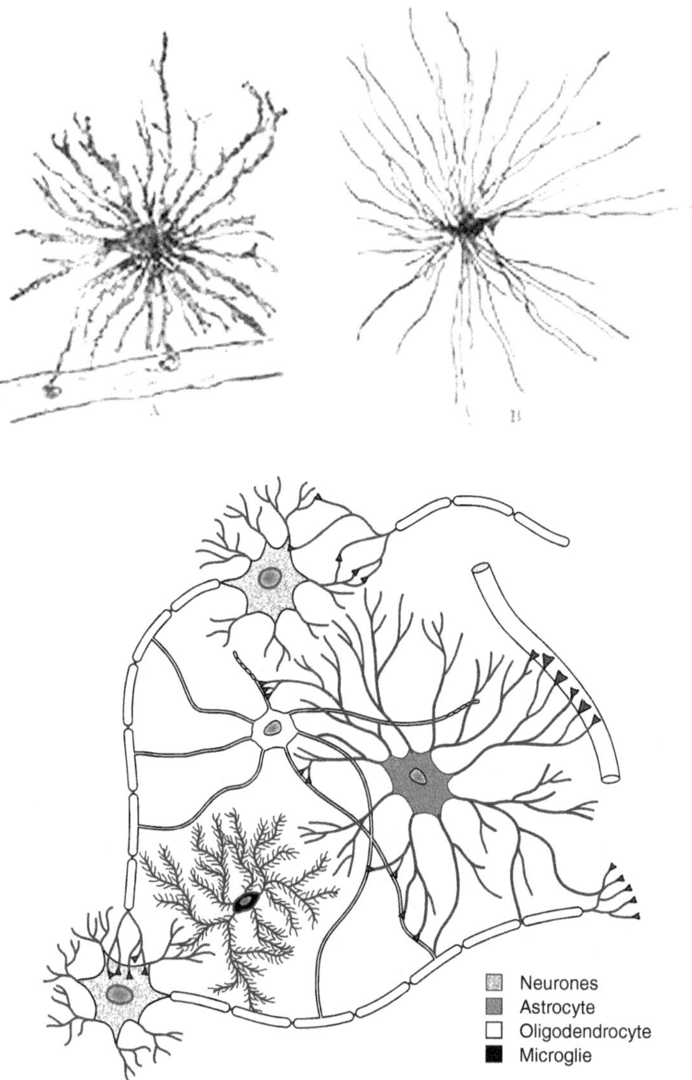

Figure 2-2 : *Astrocytes*

Le nœud de Ranvier

Le nœud de Ranvier est bien plus qu'une simple interruption de la gaine de myéline. C'est le lieu où le potentiel d'action est régénéré, pouvant ainsi se propager rapidement le long de l'axone. Nous concevons naturellement que la survie d'un organisme dépend de la rapidité avec laquelle les milliards de cellules nerveuses de son cerveau communiquent entre elles. Sachant que la vitesse de conduction augmente avec le diamètre de l'axone (plus le diamètre est grand, plus la conduction est rapide), on pourrait imaginer qu'il suffirait d'augmenter le calibre des axones amyéliniques pour garantir aux fibres sensorielle et motrice une vitesse de conduction suffisamment rapide. C'est la solution retenue par la sélection naturelle chez certains invertébrés parmi les plus primitifs. Chez les organismes plus gros, pour lesquels les distances sont plus grandes, notamment les vertébrés et particulièrement les mammifères, une telle solution s'avère impossible. En effet, la taille des axones, et par suite celle des fibres du système nerveux central (SNC) et des nerfs du système nerveux périphérique (SNP), c'est-à-dire ce qui constitue l'essentiel de la masse du cerveau, deviendrait beaucoup trop importante[4]. C'est la raison pour laquelle un nouveau mécanisme a été sélectionné au cours de l'évolution.

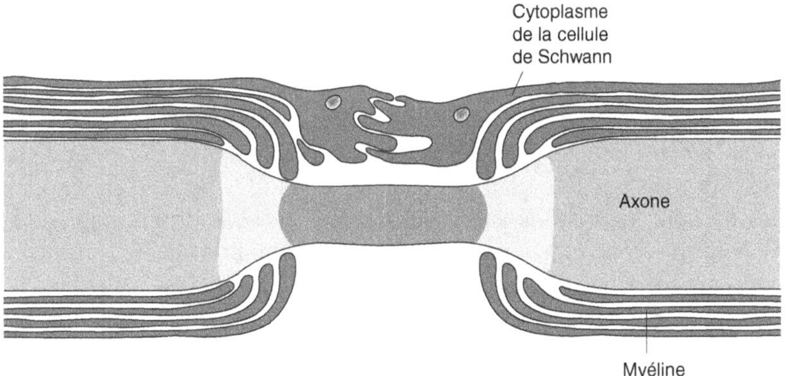

Figure 2-3 : *Le nœud de Ranvier.*
Au centre du schéma, on remarque que l'axone est dépourvu de myéline.

---

4. On a pu calculer que pour qu'un axone amyélinique conduise les influx à la même vitesse qu'une fibre myélinisée, il faudrait que son diamètre augmente de 15 000 fois !

Les canaux sodium, responsables de la phase de dépolarisation rapide du potentiel d'action (voir chapitre III), sont concentrés au niveau des nœuds de Ranvier, alors que la zone de la membrane axonique recouverte de myéline en est dépourvue. On peut dire que le potentiel d'action ne peut alors que sauter d'un nœud de Ranvier à un autre, selon un mode de conduction appelé pour cela *saltatoire*. Les canaux ioniques, ainsi que d'autres protéines importantes, sont regroupés dans des emplacements très spécifiques. Sur la figure 2-3, on peut voir plusieurs domaines distincts. Entre les nœuds de Ranvier, la région dite *internodale* est couverte de myéline compacte qui s'enroule autour de la membrane axonique et la recouvre de plusieurs couches, à la manière d'un bandage autour d'un membre. Les cellules gliales (oligodendrocytes du SNC ou leur équivalent dans le SNP, les cellules de Schwann) sont responsables de cet arrangement, elles fabriquent la myéline et leur membrane s'embobine autour de l'axone comme s'embobine un store vénitien autour de son manchon. Chaque cellule gliale fabrique un manchon bien individualisé, distinct du manchon suivant, produit par une cellule adjacente. Cette séparation n'est autre que le nœud de Ranvier, globalement défini, dont on peut distinguer néanmoins plusieurs zones distinctes. Les bords du manchon adhèrent fortement à la membrane axonique en faisant des boucles, appelées boucles *paranodales*, dont les bords sont solidement ancrés sur la membrane de l'axone grâce à des molécules d'adhésion, les Caspr-1, acronyme de *Contactin associated protein* (il en existe plusieurs formes, d'où le – 1 qui lui est associé dans ce cas). La zone paranodale se distingue de la région internodale par une zone *juxtaparanodale*. En effet, si la seconde est riche en canaux potassium, la première en possède bien plus encore. Entre les boucles paranodales de deux manchons successifs, la zone nodale proprement dite, dépourvue de myéline, est recouverte seulement de villosités des cellules gliales. Chacune de ces zones, nodale, paranodale et juxtaparanodale, est peuplée de protéines spécifiques. Les canaux sodium sont exclusivement localisés dans la zone nodale proprement dite, alors que les canaux potassium (responsables de la repolarisation de la membrane lors du potentiel d'action) sont repoussés jusque dans la zone juxtaparanodale, c'est-à-dire au-delà de la région juxtanodale, zone où les cellules productrices de myéline sont scellées à la membrane axonique par des protéines d'attachement.

La myéline est la cible de maladies spécifiques, certaines acquises comme la sclérose en plaques, qui touche 2 500 000 personnes dans le monde, d'autres d'origine génétique provenant de mutations touchant l'une ou l'autre des protéines de la myéline, comme les leucodystrophies du système nerveux central (SNC) ou les neuropathies du système nerveux périphérique dont la sévérité clinique est très variable.

La présence ou l'absence de myéline permet de classer les fibres nerveuses en deux grandes catégories : les fibres amyéliniques, généralement de petit diamètre, et les fibres myélinisées, que l'on subdivise en plusieurs groupes selon leur diamètre – fines, moyennes et grosses. La vitesse avec laquelle l'influx est conduit le long des fibres dépend de leur diamètre et de la présence ou de l'absence de myéline. La discontinuité de la couverture par le manchon de myéline au niveau des nœuds de Ranvier, périodiquement distribués le long des fibres myélinisées, influence la vitesse de conduction des influx (voir encadré « Le nœud de Ranvier »).

Des cellules *microgliales* sont distribuées à travers tout le système nerveux ; elles ont une origine embryologique différente des autres cellules gliales, car elles ne sont pas en effet d'origine ectodermique comme les astrocytes et les oligodendrocytes, mais proviennent du mésoderme et sont apparentées à certaines cellules du système immunitaire. De petite taille, très mobiles, elles se présentent sous diverses formes et jouent un rôle déterminant dans le modelage du cerveau en phagocytant, c'est-à-dire en digérant puis en éliminant les débris cellulaires, tant au cours du développement où opèrent de nombreux processus *éliminatifs* (mort cellulaire, élimination synaptique) que lors de la réparation du tissu nerveux. L'ischémie, l'infection ou les traumatismes provoquent la prolifération de la microglie, qui se déplace rapidement vers le lieu de l'agression et se transforme en macrophages, véritables éboueurs du tissu nerveux.

Les neurones

En 1839, Theodor Schwann, qui vient de décrire la gaine de myéline, et son compatriote, le botaniste Matthias Schleiden, établissent ce qu'ils ont appelé la « théorie cellulaire ». Elle postule non seulement que tous les organismes sont composés de cellules, mais que la cellule est l'unité fondamentale de la vie, et qu'elle provient d'une cellule préexistante[5]. Cette théorie cellulaire est généralement acceptée pour tous les tissus, à l'exception néanmoins du tissu nerveux. Nous avons déjà évoqué la découverte des cellules nerveuses au XIXe siècle et le débat entre conception « réticulariste » et théorie « neuronique » du tissu nerveux. Ce débat n'a été définitivement clos qu'après les années 1950, lorsque les méthodes de fixation du

---

5. Il convient de noter que la théorie de la génération spontanée était encore vivante au milieu du XIXe siècle, jusqu'à ce que Pasteur lui portât un coup fatal dont elle ne s'est jamais remise.

tissu nerveux ont rendu possible leur examen en microscopie électronique. Le pouvoir de résolution de ce microscope a en effet permis de mettre en évidence l'existence d'une membrane, dite plasmique, qui entoure complètement les neurones, les isole en laissant, au niveau des zones où ils sont mitoyens avec d'autres cellules, nerveuses ou non nerveuses, un espace (de l'ordre de 20 nm) qui sépare la membrane de l'un de la membrane de

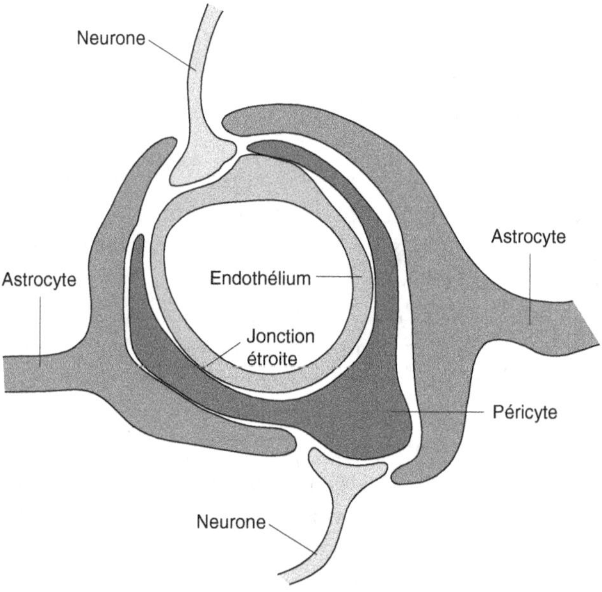

Figure 2-4 : *La barrière hémato-encéphalique.*
Voir également cahier hors-texte, planche 1.

Contrairement à ce qu'on peut observer dans les autres régions du corps, les cellules épithéliales qui tapissent les parois des vaisseaux du cerveau forment une seule couche avec des membranes étroitement resserrées aux endroits où elles s'ajustent les unes aux autres comme un fin manchon. Elles empêchent de la sorte de nombreuses substances, dont certaines pourraient être fatales aux cellules nerveuses, de traverser. Cette protection est rendue encore plus efficace par l'interposition entre la paroi du vaisseau et les neurones d'une cellule gliale particulière, l'astrocyte, qui sert d'intermédiaire entre la circulation sanguine et le tissu nerveux en régulant les échanges entre ces deux compartiments.

l'autre. Le neurone est ainsi une véritable unité anatomique et fonctionnelle, au plein sens du terme. C'est également, et peut-être surtout, une unité de traitement : le neurone reçoit d'autres neurones (ou de cellules réceptrices) une multitude de signaux, électriques et chimiques, les combine et utilise le résultat de cette opération pour engendrer un nouveau signal (ou s'y opposer), de même nature électrique et chimique, qui sera à son tour conduit et transmis à un autre neurone ou à une cellule effectrice, fibre musculaire ou glandulaire. La transmission du signal d'un neurone à l'autre se fait au niveau de contacts bien définis, les synapses (Fig. 1-6).

Les neurones sont de gros consommateurs d'énergie. Pour les satisfaire, de multiples vaisseaux sanguins leur apportent le glucose, leur nutriment exclusif, et l'oxygène indispensables à leur utilisation. Ils débarrassent également le tissu nerveux des déchets qui proviennent de son fonctionnement. Les parois des vaisseaux cérébraux ont des propriétés de perméabilité tout à fait particulières qui en font une véritable barrière entre le sang et le cerveau, la barrière hémato-encéphalique (voir encadré « La barrière hémato-encéphalique ».

LES CONSTITUANTS DES NEURONES

La membrane plasmique

Le cytoplasme de la cellule est entouré d'une fine membrane souple et élastique, la membrane plasmique. Celle-ci consiste en une double couche de lipides (des phospholipides) au niveau de laquelle des protéines sont ancrées ou insérées. Les régions de la protéine en contact avec l'extérieur de la cellule sont souvent modifiées et portent, sur leur charpente d'acides aminés, des résidus – la plupart du temps des sucres. C'est la diversité de ces sucres et les particularités de l'assemblage des acides aminés qui rendent compte de la spécificité des interactions entre la cellule et le milieu dans lequel elle est insérée. Une structure complexe, au voisinage immédiat de la membrane plasmique, enveloppe complètement la cellule et maintient sa forme générale. Cette structure, appelée « matrice extracellulaire » (MEC), joue de nombreux rôles dont on ne saurait trop souligner l'importance.

Si la membrane plasmique constitue bien une frontière entre l'intérieur et l'extérieur de la cellule, elle n'est cependant pas totalement infranchissable. En effet, des protéines membranaires, en grand nombre, jouent des rôles importants non seulement dans la reconnaissance, le contact ou l'adhésion avec d'autres cellules, mais encore en permettant à certaines molécules, ou aux principaux ions, de traverser la membrane de l'extérieur vers l'intérieur, ou de l'intérieur vers l'extérieur de la cellule. Cette propriété rend compte des caractéristiques bioélectriques des neurones et sert à comprendre les capacités de signalisation et de traitement de l'information par le tissu nerveux.

La matrice extracellulaire

Différentes molécules et leurs formes macromoléculaires polymériques régulent l'activité fonctionnelle de la matrice extracellulaire. On distingue une matrice interstitielle et une couche protéique dense appelée « membrane basale ». La matrice interstitielle contient divers collagènes, protéines ubiquitaires sécrétées par les fibroblastes (il en existe plusieurs classes), des protéines glycosylées (formées d'un noyau protéique sur lequel sont attachées des chaînes galactosamine et glucosamine (GAG), et diverses protéines d'attachement au collagène et à la membrane plasmique (*fibronectines, vitronectines, tenascines*). Les principales molécules de la membrane basale sont les *laminines*, des collagènes (de type IV) et certains protéoglycans. Les laminines jouent un rôle dans des événements de différenciation, comme la myogenèse, la migration des nerfs, des cellules mésenchymateuses, et dans la morphogenèse endothéliale.

Les activités cellulaires des laminines se font par l'intermédiaire de récepteurs de surface qui jouent un rôle dans la transduction du signal, l'expression génétique, la prolifération, l'apoptose et l'embryogenèse.

Les recherches sur les interactions entre les cellules et la matrice extracellulaire ont littéralement explosé ces quinze dernières années avec, en particulier, la découverte vers la fin des années 1980, des récepteurs des fibronectines et d'autres constituants de la MEC, appelés les *intégrines*. Le nom même d'intégrine a été forgé pour souligner le rôle de ces protéines dans l'intégration de la matrice extracellulaire avec le cytosquelette intracellulaire, notamment mais pas exclusivement avec l'*actine*.

Cytosquelette
et moteurs moléculaires intracellulaires

Le cytosquelette, comme son nom l'indique, est l'ossature de la cellule, mais une ossature à la rigidité toute relative. Il est composé de trois protéines filamenteuses, l'actine, dont la polymérisation donne les microfilaments, les microtubules, composés de tubuline de deux types dont il existe de nombreuses isoformes, enfin, les filaments intermédiaires ou neurofilaments, qui marquent le type de neurone et son stade de développement. Le cytosquelette permet d'abord de répartir les différents composants cellulaires, molécules et organelles, dans des compartiments séparés. Ensuite, de multiples indices intrinsèques ou extrinsèques, agissant selon des voies de signalisation très conservées, remodèlent en permanence ce réseau lui permettant ainsi de contrôler les diverses formes des neurones et de modifier la dynamique du trafic cellulaire des multiples composantes des différents domaines spécialisés du neurone, notamment, mais pas exclusivement, au cours du développement.

LA DESCRIPTION DES CELLULES NERVEUSES

En dépit d'une très grande variété de formes, que les colorations argentiques de Golgi ou des techniques plus modernes révèlent, on peut distinguer, pour chaque neurone, trois parties principales : le corps cellulaire, les dendrites et l'axone (Fig. 2-5).

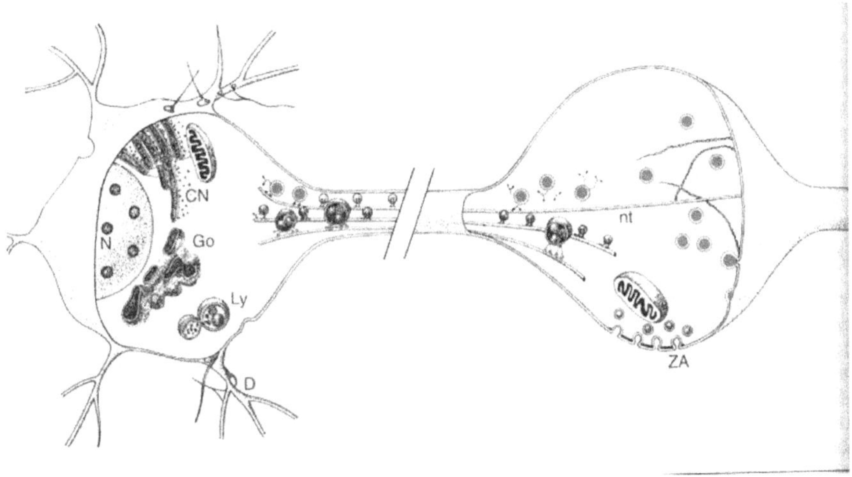

Figure 2-5 : *Organisation générale d'un neurone.*
nt : neurotubules, dont le rôle est important dans le flux axonique.
ZA : zone active d'une synapse « en passant » ; remarquer la libération des vésicules claires (de petite taille) au niveau de la ZA et des vésicules à cœur dense (de plus grande taille) en dehors.
Go : appareil de Golgi ; CN : corps de Nissl ; N : noyau ; D : dendrites ; Ly : lysosomes.
Le corps cellulaire (sur la gauche du dessin) et la terminaison (sur la droite) ne sont pas à la même échelle.
Voir Tritsch *et al.*, 1998.

Le *corps cellulaire*, ou soma, comprend le noyau cellulaire. Lui-même comporte les chromosomes et divers organites dont la plupart sont communs à toutes les cellules vivantes. Mais le corps cellulaire est rempli d'organelles aux diverses fonctions vitales. Tout d'abord, les mitochondries, sites de réactions chimiques qui fournissent l'énergie indispensable à toutes les activités cellulaires (processus appelé respiration cellulaire), puis le réticulum endoplasmique et les ribosomes, lieux de synthèse des protéines et des phospholipides, enfin, l'appareil de Golgi, particulièrement visible dans les cellules sécrétoires, dont les fonctions comportent l'élaboration, le tri, le stockage, les modifications et l'emballage des produits de sécrétion. On distingue également des endosomes et lysosomes, organelles triant les protéines membranaires endocytées, en recyclant certaines et en dégradant d'autres ; le lysosome est un véritable système digestif de la cellule, formé de vésicules remplies d'enzymes digestives capables de « lyser », c'est-à-dire de digérer, certaines molécules organiques, notamment les plus grosses ; elles se déplacent ensuite vers la périphérie du soma pour excréter hors de la cellule les déchets ainsi produits avec les fragments non digestibles. Enfin, le protéasome qui sert à la dégradation des protéines.

À partir du soma, deux types de prolongements sont visibles : les dendrites et l'axone.

Les *dendrites* se ramifient à partir du corps cellulaire de façon dichotomique, à la manière des branches d'un arbre sur le tronc, pour prendre des formes très variables selon le type cellulaire : du buisson sphérique et touffu, caractéristique de certaines cellules du cortex cérébral, au rideau de branchages à la manière d'un poirier taillé en espalier, en passant par la coiffure en « queue de cheval », etc. Les dendrites contiennent tous les organites décrits au niveau du soma, notamment des ribosomes que l'on trouve en quantité dans leur région proximale. L'arbre dendritique, c'est ainsi que l'on nomme de façon imagée l'ensemble des dendrites, représente une surface totale de membrane plasmique considérablement plus importante que celle qui entoure le soma. Or cette membrane, tant celle qui recouvre le soma que celle qui tapisse les dendrites, représente l'essentiel de la surface réceptrice du neurone à des signaux, généralement chimiques, émis par d'autres neurones ou par des cellules réceptrices[6]. De nombreuses excroissances tapissent la membrane, tout particulièrement au niveau des dendrites ; ces excroissances, d'environ 2 μm de long, semblent, à première vue, provenir de l'empilement de deux à trois sacs aplatis du réticulum endoplasmique qui donnerait au dendrite son apparence de tige garnie d'épines. En fait, l'épine correspond à une déformation locale de la membrane plasmique provoquée par l'actine du cytosquelette. À sa base, on trouve des membranes ayant les propriétés biochimiques des membranes du réticulum et de l'appareil de Golgi, ainsi que des polysomes, c'est-à-dire de toute une machinerie complexe nécessaire à la biosynthèse locale de protéines, biosynthèse locale dont on connaît aujourd'hui le rôle essentiel dans la plasticité synaptique. Cette description est bien entendu très simplifica-

----

6. Celles-ci sont spécialisées dans la détection de certaines formes de l'énergie physico-chimique, présentes dans l'environnement externe ou dans l'environnement interne du corps qui abrite le système nerveux.

trice, il convient de la nuancer en remarquant qu'il existe des dendrites sans épines (notamment dans le striatum et dans le cortex cérébral), qu'il y a des synapses sur les membranes somatique et axonique.

Généralement, c'est sur les épines dendritiques que les terminaisons axoniques d'un autre neurone aboutissent pour former une synapse chimique. Le nombre et la forme, notamment la longueur, de ces épines varient beaucoup en fonction d'un certain nombre de conditions physiologiques, expérimentales ou naturelles. C'est ainsi que leur quantité augmente ou diminue au cours du développement selon l'environnement hormonal ou selon que l'organisme grandit dans un milieu riche ou pauvre d'occasions d'exercer toutes ses capacités sensorielles, motrices ou cognitives. Cette plasticité morphologique s'exprime tout particulièrement dans les phases précoces de la vie postnatale, mais ne disparaît pas complètement à l'âge adulte. Elle accompagne en effet le mécanisme cellulaire le plus souvent invoqué pour rendre compte des capacités qu'ont certains circuits cérébraux de mémoriser des événements.

L'axone est un prolongement, généralement unique, pouvant atteindre des longueurs considérables par rapport à la taille du soma. Il présente plusieurs régions distinctes, chacune douée de propriétés particulières.

À son point de départ, un *cône d'émergence*, parfois greffé sur un dendrite, suivi d'un *segment initial* dont la membrane plasmique apparaît au microscope électronique comme soulignée d'un trait opaque et dense fait de matériel membranaire granuleux. Ce départ d'axone joue un double rôle. D'une part, le cône d'émergence fait la somme algébrique d'une multitude de variations de potentiels électriques, positives et négatives, évoqués au niveau de chacune des milliers de synapses qui couvrent le soma et les dendrites. Cette propriété permet, d'autre part, de rapprocher ou d'éloigner le potentiel transmembranaire du segment initial d'une valeur critique, appelée « seuil d'excitation », à partir de laquelle des mécanismes moléculaires, propres à la membrane de l'axone, vont susciter de manière automatique une impulsion électrique, l'influx nerveux. Cette impulsion se propagera inchangée, dans sa forme, sa durée et son amplitude, le long de l'axone depuis le segment initial jusqu'à son extrémité terminale. Ainsi, l'influx nerveux n'est rien d'autre qu'une impulsion électrique brève, appelée *potentiel d'action*, servant à coder et à transporter des informations sur de longues, souvent très longues, distances sans dégradation, perte ni atténuation.

L'influx nerveux apparaît ainsi comme l'unité fondamentale de communication, il est métaphoriquement l'unité linguistique de base de la langue que parle le système nerveux.

La terminaison axonique

À son autre extrémité, l'axone se ramifie en une arborisation qui peut être très étendue[7] et dont chaque terminaison se termine par un petit renflement, appelé « bouton terminal ». Ce bouton constitue la partie présynaptique d'une synapse dont la partie postsynaptique est localisée sur une légère excroissance de la membrane du soma (un bouton) ou sur une épine dendritique (voir plus haut) d'un autre neurone, sur une fibre musculaire ou une cellule glandulaire.

LES SYNAPSES

Le terme « synapse[8] », choisi par Sherrington en 1897, signifie l'assemblage d'au moins deux éléments. Une synapse est un dispositif d'accrochage entre deux cellules différentes, l'une située avant et l'autre après, de la membrane présynaptique de l'une à la membrane post-synaptique de l'autre. À travers cette structure passent, avec des délais divers suivant les cas, des signaux électrochimiques, selon des

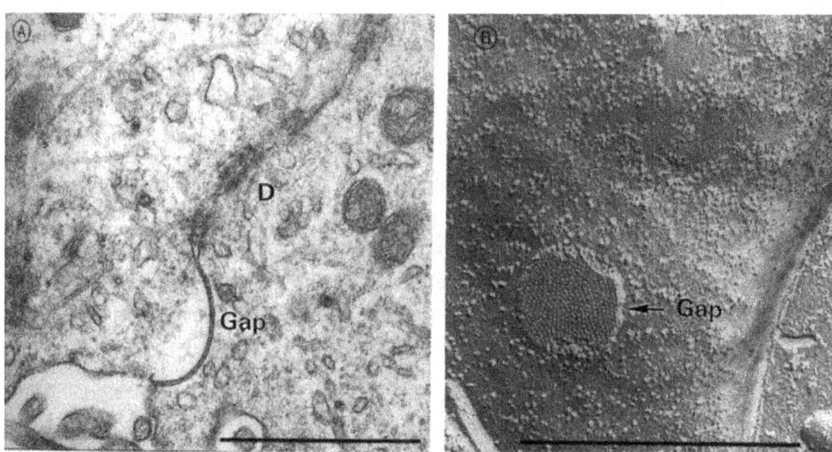

Figure 2-6 : *Jonctions communicantes et synapses électriques.*
À gauche : jonctions entre deux cellules épendymaires présentant successivement une jonction gap et des desmosomes D.
À droite : la jonction gap apparaît en cryofracture constituée de protéines formant les connexons.
Index : 1 micromètre.
Cliché Claude Bouchaud.

---

7. Pour certains neurones *diffus* du cerveau, cette ramification peut atteindre le million de branches terminales.
8. Du grec *syn*, « ensemble » et *aptein*, « lier ».

mécanismes que nous détaillerons plus loin. Il existe deux grandes catégories de synapses : les synapses électriques et les synapses chimiques.

Synapse électrique est le nom habituel de ce qu'on appelle en histologie, c'est-à-dire dans l'étude morphologique des tissus des êtres vivants, « jonction communicante ». Les membranes de deux cellules distinctes se rapprochent beaucoup pour s'apposer étroitement, sans toutefois fusionner complètement, en laissant une distance de l'ordre de 2 nanomètres (millionième de millimètre) au lieu des 20 qui séparent les membranes plasmiques en dehors de ces zones d'apposition. Des protéines transmembranaires, d'allure approximativement cylindrique, appelées *connexons*, établissent des ponts entre les cytoplasmes en enjambant le petit intervalle entre les membranes des deux cellules apposées. Le tube central est de petite taille, de l'ordre de 1,5 à 3 nm de diamètre, suffisant néanmoins pour laisser passer librement des ions et des molécules de très petite taille. La libre circulation des ions permet ainsi aux « courants ioniques » de passer sans délai d'un côté à l'autre de la jonction, généralement dans les deux sens. Ce mode de transmission, très rapide puisque sans délai, est particulièrement bien adapté lorsque l'activité d'un groupe de neurones doit être mobilisée rapidement, pour assurer le maximum d'efficacité. On le rencontre par exemple dans les noyaux moteurs de réflexes de fuite chez les invertébrés et chez les vertébrés inframammaliens. Chez les mammifères, les synapses électriques ont d'abord été observées dans des structures dont le fonctionnement exige une bonne synchronisation de l'activité de neurones voisins. Si chez le mammifère adulte elles sont restreintes à certains réseaux de neurones (par exemple les interneurones inhibiteurs du cortex cérébral), elles sont en revanche abondantes au cours du développement embryonnaire permettant à des cellules voisines, pas seulement nerveuses, de partager des ressources métaboliques et de coordonner leur maturation et leur croissance.

Synapse chimique est le terme choisi pour désigner le dispositif de liaison entre deux cellules grâce auquel la transmission du signal s'effectue par l'intermédiaire d'un messager chimique, un neurotransmetteur. Je réserve la description détaillée des synapses chimiques, notamment en microscopie électronique, au moment où j'en étudierai la formation et la description de la neurotransmission sera examinée au chapitre III.

Les articulations synaptiques

Un neurone reçoit des signaux électriques et chimiques générés par d'autres neurones ou par des cellules sensorielles, les combine pour décider à son tour d'émettre ou non des signaux de même type destinés à d'autres neurones ou à des cellules dites « effectrices », musculaires ou glandulaires. Quelle que soit leur diversité de forme ou de taille, quelle que soit la région du système nerveux où ils se trouvent et le rôle précis qu'ils remplissent, les neurones peuvent être schématiquement considérés comme des unités de traitement d'information, dans un sens que nous préciserons plus loin, comportant quatre divisions fonctionnelles principales. Une première de réception, une deuxième d'intégration, une troisième de génération et conduction, enfin une quatrième d'émission des signaux. Ces quatre divisions correspondent aux régions distinctes du neurone que nous venons de passer en revue. La réception a lieu essentiellement au niveau des zones postsynaptiques situées principalement sur les dendrites – notamment les épines dendritiques – mais aussi le soma et plus rarement ailleurs, au niveau de

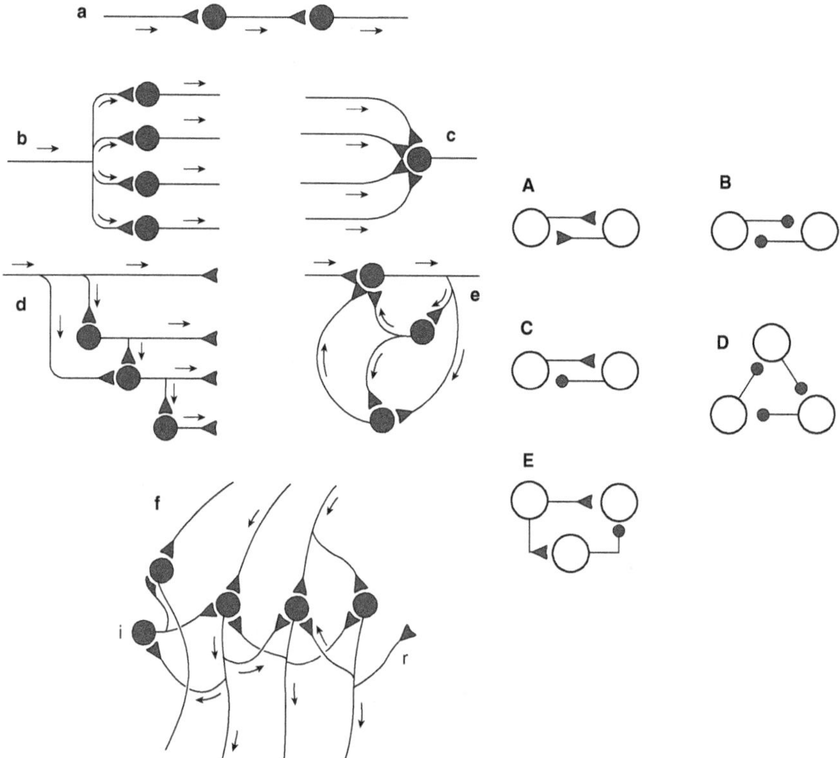

Figure 2-7 : *Articulations neuroniques et circuits récurrents.*
À gauche : a, circuit linéaire ; b, dispositif divergent ; c, dispositif convergent ; d, divergence par interneurones ; e, interneurones récurrents en « circuit fermé » ; f, relais central avec collatérales agissant soit directement (r) soit par l'intermédiaire d'un interneurone (i).
À droite : quelques circuits récurrents. Les triangles symbolisent des actions excitatrices, les cercles, des actions inhibitrices.
D'après Buser, P. et Imbert, M., 1993.

la terminaison axonique. L'intégration réside principalement au niveau du cône d'émergence, la génération sur le segment initial et la conduction tout le long de l'axone, enfin l'émission, au niveau de sa terminaison, dans la zone active présynaptique. Les articulations synaptiques entre neurones sont toujours entre la terminaison axonique d'un neurone amont et la zone présynaptique dendritique, somatique ou (plus rarement) axonique, d'un neurone aval. Les réseaux ainsi formés permettent d'acheminer (a), de distribuer (b), de sommer (c), de retarder (d), de maintenir (e) ou de restreindre la gamme de transmission (f) le long d'un trajet au sein d'un système de neurones interconnectés. Dans certains cas, des actions en « retour » dites récurrentes permettent au réseau de s'autoréguler (voir Fig. 2-7).

Mais ces schémas ne prennent tout leur sens fonctionnel que si l'on sait que la transmission synaptique est unidirectionnelle, qu'elle va toujours du neurone présynaptique, reconnaissable à la présence de vésicules dans sa terminaison, au neurone postsynaptique ; dès lors l'existence de convergence, de divergence, de boucles en circuit fermé, de rétroaction, d'actions récurrentes prend tout son sens. Si, en outre, on tient compte du fait que les actions synaptiques peuvent être combinées de façon antagoniste, les contacts excitateurs (un triangle plein) ou inhibiteurs (un cercle plein) étant sommés algébriquement, on conçoit alors aisément toutes les possibilités de combinaisons, toutes les possibilités de « calcul » ou d'opérations logiques que ces petits circuits sont susceptibles d'exécuter.

Le développement du cerveau

De tous les objets naturels ou artificiels existants dans l'univers, le cerveau de l'homme est certainement le plus complexe. Pesant en moyenne 1 350 grammes, cette boule gélatineuse que l'on ne sait comment saisir dans ses mains, froissée en grosse balle comme pour la faire tenir dans la boîte crânienne, enveloppée de membranes résistantes abondamment pourvues de vaisseaux sanguins, est responsable de toute notre vie organique et mentale. Ce rôle éminent, il le doit au fait qu'il contient un nombre prodigieux de cellules, environ cent milliards de neurones, spécialisées dans l'élaboration et la communication de signaux électriques et chimiques, et d'un nombre bien plus important de cellules non nerveuses, les cellules gliales, qui se répartissent en plusieurs catégories, chacune remplissant un rôle précis. Le cerveau doit surtout ce rôle éminent à la richesse et à la précision des connexions qui relient les neurones entre eux. Chaque neurone reçoit ou est à l'origine de cinq mille à près de dix mille synapses, au moyen desquelles il échange des signaux avec d'autres cellules pour capter, traiter, stocker, utiliser et communiquer des informations pertinentes qui assurent à l'organisme un comportement biologiquement adapté. Chaque synapse est elle-même un dispositif extrêmement complexe. Elle est loin d'être un simple point de jonction critique où transiterait, en un court laps de temps, un signal électrique ou chimique univoque, constant dans sa forme et dans sa signification fonctionnelle. Elle est, à elle seule, une véritable centrale de traitement de l'information, capable de moduler de façon très subtile la transmission proprement dite en lui imposant des délais variables ou des efficacités plus ou moins grandes.

Pour rendre intelligible une telle complexité, deux stratégies principales sont pertinentes. La première consiste à étudier la construction progressive du cerveau d'un individu, depuis l'apparition de ce qui donnera le système nerveux aux premiers stades du développement embryonnaire jusqu'à la pleine maturité adulte. À chaque étape du développement, il sera possible d'intervenir expérimentalement, de façon ponctuelle ou globale. Ponctuelle, en éliminant un organe, un œil, une main, par exemple, ou un gène, dont on peut empêcher ou au contraire amplifier l'expression. Globale, en réalisant des privations comportementales, sensorielles et motrices, totales ou partielles, pour déranger, à un moment précis de son calendrier, le cours naturel du développement. On étudie ensuite la façon dont le système, après avoir été ainsi perturbé, réagit pour reprendre (éventuellement) sa progression. On peut espérer inférer les règles du développement normal en étudiant celles qui régissent le développement expérimentalement perturbé. Nous donnerons des exemples précis de cette démarche plus loin.

La seconde stratégie consiste à étudier la mise en place progressive, au cours de l'évolution des différentes espèces, des diverses structures cérébrales au fur et à mesure qu'elles deviennent plus complexes sur le plan anatomique et plus riches sur le plan des comportements qu'elles régissent. De la sorte, on peut espérer mieux comprendre la logique générale du système nerveux en considérant que les constructions nouvelles apparaissent pour exercer un contrôle sur les structures plus anciennes, pour « ajouter » une capacité supplémentaire de traitement, ou pour fournir à l'ensemble une flexibilité que le dispositif primitif ne pouvait avoir. Comme l'a dit Darwin : toute construction vraie est généalogique.

Il existe plus d'un million d'espèces dotées d'un système nerveux. Toutefois, en dépit de leur grande variété de forme et malgré la diversité des comportements qu'ils sous-tendent, les différents systèmes nerveux, de l'organisme le plus simple au plus complexe, présentent des régularités anatomiques et fonctionnelles remarquablement uniformes. Ces régularités, nous allons le voir, traduisent l'idée d'une unité de construction fondamentale du vivant que l'anatomie comparée du XIXe siècle et l'embryologie du XXe avaient non seulement soupçonnée, mais défendue sur des bases théoriques et des observations minutieuses, et que la génétique moléculaire d'aujourd'hui conforte amplement par des expériences strictement contrôlées.

LE DÉVELOPPEMENT PRÉCOCE

Après la fécondation[9], l'œuf fécondé, cellule unique, commence à se diviser ou à se segmenter, car ces divisions ne s'accompagnent pas, chez de nombreuses espèces, notamment les amphibiens, modèle privilégié de l'embryologie expérimentale, d'une augmentation de volume. Ce paquet de cellules indifférenciées forme une petite boule, la morula, qui tire son nom de sa ressemblance avec une mûre. La morula se creuse d'une cavité, le blastocœle, d'où le nom de blastula donné à ce stade.

Dès lors, les cellules interagissent et se distribuent dans deux couches superposées, l'ectoderme, au-dessus de la cavité, et l'endoderme au-dessous. Une troisième étape débute aussitôt, la gastrulation, durant laquelle les cellules se déplacent, pénètrent dans la cavité à partir d'une ouverture, le blastopore, futur pôle postérieur (l'anus) de l'organisme. C'est au cours de cette troisième étape que se forment les trois feuillets distincts qui vont être à l'origine de tous les tissus de l'organisme. Ces trois feuillets principaux sont, de l'extérieur vers l'intérieur, l'ectoderme, le mésoderme et l'endoderme. Vers la fin de la gastrulation, le plan de base du corps est établi : des divisions cellulaires asymétriques ont produit des cellules de tailles variables qui se répartissent différemment et déterminent les deux axes principaux de l'embryon, l'axe antéroppostérieur et l'axe dorsiventral. Tous les vertébrés ont en commun ce même plan du corps, de l'avant vers l'arrière : la tête, le tronc et la queue ; du dessus au dessous : la colonne vertébrale et le ventre.

Le système nerveux provient de la couche la plus externe, l'ectoderme. Cette couche donne aussi naissance à la peau, y compris les glandes, les plumes, les cheveux et les cornes, aussi bien que certaines cellules sensorielles spéciales, du tact et d'autre sens cutanés, de la rétine de l'œil, les cellules réceptrices de l'audition, de la douleur, de l'odorat et du goût. Seule une fraction de la partie *dorsale* de l'ectoderme donnera le système nerveux. La couche interne, ou endoderme, donne le tractus intestinal, le revêtement de tout le tractus digestif, ainsi que les conduits de plusieurs glandes exocrines, et les cellules sexuelles primaires, spermatozoïdes et ovules. La troisième couche, le mésoderme, prise en sandwich entre l'ectoderme et l'endoderme, donne naissance au cartilage, aux

---

9. J'emprunte beaucoup pour traiter de ces questions aux livres d'Alain Prochiantz, notamment *Les Stratégies de l'embryon*, 1988, *La Construction du cerveau*, 1989 et *Les Anatomies de la pensée*, 1997.

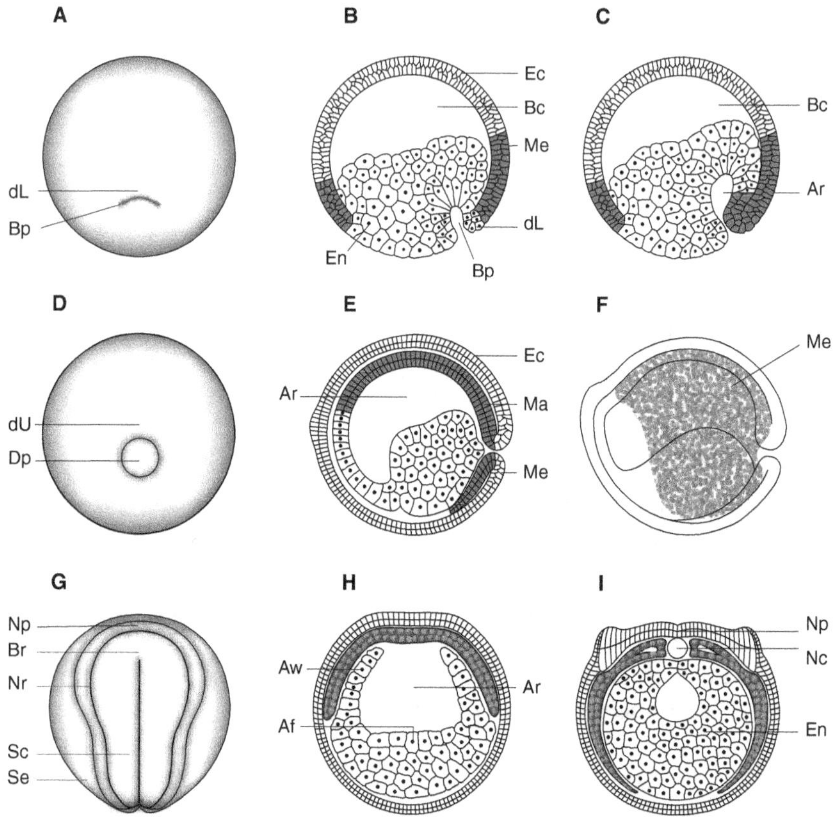

Figure 2-8 : *Gastrulation et neurulation chez les amphibiens.*
A : vue externe de l'embryon en début de gastrulation : Bp, blastopore ; dL, organisateur de Spemann.
B : coupe de l'embryon A, remarquer les cellules s'invaginant dans le blastopore.
C : coupe de l'embryon en milieu de gastrulation.
D : vue externe de l'embryon en fin de gastrulation.
E : coupe de D.
F : schéma montrant comment le mésoderme s'invagine.
G : vue externe au stade neurula.
H : coupe frontale.
I : différentiation de la notochorde.
Abréviations : Af : plancher de l'archentéron ; Ar : archentéron ; Aw : parois de l'archantéron ; Bc : blastocœle ; Bp : blastopore ; Br : région cérébrale ; Ec : ectoderme ; Nc : notochorde ; Nf : bourrelet neural ; Np : plaque neurale ; Sc : région de la moelle épinière ; Se : ectoderme épidermique.
D'après Walter J. Gehring, 1999.

os, aux cellules sanguines, aux cellules musculaires, engendre des organes, comme le cœur, les intestins, le foie, les poumons, les reins, la rate,
l'estomac ou le péritoine. La nature des signaux moléculaires qui gouvernent le devenir stéréotypé des cellules et l'arrangement topographique
des tissus de l'embryon sont l'objet d'intenses recherches que nous allons
essayer de résumer.

L'induction neurale

La découverte la plus féconde de l'histoire de l'embryologie expérimentale au XXe siècle est sans doute celle de l'induction neurale faite par
Hans Spemann et son élève Hilde Mangold, en 1924. Ils ont montré
qu'une région circonscrite de la blastula de la salamandre, la lèvre dorsale du blastopore, est l'unique région de la jeune gastrula douée de la
capacité de se différencier de façon autonome. Cette zone a la forme
d'une courte fente, ou d'un petit disque invaginé, qui apparaît à la surface des embryons d'amphibiens à l'endroit où le mésoderme et l'endoderme vont pénétrer à l'intérieur de l'embryon en début de gastrulation.
Ce tissu, et seulement lui, lorsqu'il est transplanté dans la région ventrale
d'un autre embryon au stade gastrula, induit un second axe embryonnaire complet, y compris le système nerveux et la tête. Cette expérience
établit le concept d'induction neurale comme une interaction instructive
entre la lèvre dorsale du blastopore et l'ectoderme avoisinant. Cette interaction instructive conduit la formation du système nerveux. Il devint vite
clair qu'une zone équivalente existait chez la plupart de classes de vertébrés : chez les poissons, les oiseaux (le nœud de Hensen), les mammifères (chez la souris le nœud de souris). On a donné à cette zone le nom
de « centre organisateur », ou organisateur de Spemann (OS).

Ce centre a deux fonctions principales : d'une part, il envoie au
mésoderme un signal de « dorsalisation », c'est-à-dire un signal qui met
en place l'axe dorsoventral ; d'autre part, il conduit l'ectoderme à adopter
un destin nerveux. De nombreuses recherches ont été menées, et sont
encore très actives aujourd'hui, sur des œufs d'amphibiens, la grenouille
d'Afrique du Sud *Xenopus laevis*, qui reste un modèle de choix pour ce
type d'étude, à cause de la taille (1 à 2 mm de diamètre) et du nombre
élevé d'embryons par femelle (15 000). L'œuf de xénope a permis d'élucider en grande partie les mécanismes moléculaires de l'induction neurale,
c'est-à-dire des substances produites par le centre organisateur dont la
propriété serait de rendre nerveuses les cellules ectodermales. C'est du
moins ce à quoi l'on s'attendait. Mais le résultat fut tout autre, imprévu
et au premier abord surprenant : ces substances agissent non comme des
activateurs, mais comme des antagonistes d'autres facteurs de signalisation, notamment des protéines morphogénétiques, appelées BMP (*Bone
Morphogenetic Protein*). Ces signaux appartiennent à une grande famille
de facteurs de croissance morphogénétiques ou morphogènes, les TGF-β

(*Transforming Growth Factors-beta*). Ces substances se fixent à des récepteurs spécifiques et engagent les cellules dans une voie de différenciation en déclenchant en leur sein l'expression de gènes spécifiques. Chez les vertébrés, ces protéines morphogénétiques BMP sont les signaux de l'induction épidermique, dont l'*inhibition* conduirait à l'acquisition d'un devenir nerveux. Cette observation servit à formuler une hypothèse selon laquelle les cellules ectodermales se différencieraient naturellement en cellules nerveuses *à moins d'en être empêchées*.

Cette solution, qui assigne « par défaut » un devenir nerveux aux cellules de l'ectoderme, a le mérite d'être simple et logique, ce qui explique son succès. Plusieurs molécules sécrétées, dont les gènes, s'expriment dans l'organisateur de Spemann et ont été identifiées (*noggin, follistatin, chordin, cerberus*, une bonne douzaine aujourd'hui) ; elles fixent le destin nerveux des cellules ectodermiques en agissant non comme des inducteurs mais comme des inhibiteurs. Nous verrons plus loin qu'un mécanisme analogue est mis en œuvre chez les invertébrés, ce qui laisse présager qu'un mécanisme général impliqué dans la neurogenèse a été conservé des arthropodes aux vertébrés. Pourtant, des travaux récents, portant notamment sur des embryons de poulets et de souris, montrent que le blocage de la voie BMP n'est ni suffisant ni nécessaire à l'induction neurale et que de nombreux événements moléculaires précèdent l'entrée en jeu de l'organisateur de Spemann.

Déjà à la fin des années 1960, l'embryologiste hollandais Pieter Nieuwkoop a montré que des cellules de l'endoderme de la blastula sont capables d'induire et de façonner le mésoderme dorsal, celui notamment qui donnera un peu plus tard l'organisateur de Spemann. Des signaux distincts, dont la nature moléculaire a été récemment établie, sont libérés par ces cellules. On a ainsi mis en évidence, en particulier chez le poulet, que d'autres facteurs de croissance, de la famille des facteurs de croissance des fibroblastes, le FGF (*Fibroblast Growth Factor*), joueraient aussi un rôle majeur. Le FGF ouvrirait deux voies de signalisation : l'une suivant laquelle il enclencherait l'induction neurale indépendamment de l'inhibition des facteurs BMP ; l'autre suivant laquelle il réprimerait la transcription du gène des facteurs BMP (ce dernier trajet requiert en outre l'inhibition d'une voie, dont nous reparlerons plus loin, la voie Wnt). Ainsi, l'induction neurale et la spécification des cellules pour un destin nerveux démarrent bien avant la gastrulation et, par conséquent, avant même la formation et la mise en route de l'organisateur de Spemann.

Peut-être dès la fécondation. En effet, on peut considérer le développement précoce de l'embryon comme étant réglé par des signaux émis de façon continue. Ils débutent grâce à des composantes contenues dans l'œuf maternel lui-même ; ensuite, après un mouvement de rotation du cytoplasme de l'ovocyte déclenché par l'entrée du spermatozoïde, ils se poursuivent par un gradient de signaux inducteurs mésodermiques puissants issus d'un groupe de cellules de l'endoderme (formant le centre dit de *Nieuwkoop*). Ces signaux commandent l'établissement d'un second centre, dans les stades tardifs de la blastula, appelé chez le xénope, BCNE (blastula chordin et noggin centre d'expression) qui sera impliqué dans la spécification neurale. Enfin, au stade gastrula, l'organisateur de Spemann, grâce au véritable cocktail de facteurs qu'il sécrète et que nous avons déjà évoqués, fixera définitivement le destin neural d'une partie de l'ectoderme en inhibant les signaux BMP selon le mécanisme par défaut décrit au début.

Aurais-je trop insisté sur l'induction neurale ? À vrai dire, pas assez, pour la rendre vraiment intelligible ; suffisamment néanmoins pour faire comprendre que ce phénomène prodigieux, d'où va sortir tout le système nerveux, dépend de plusieurs voies de signalisation, mises en route dès les stades précoces du développement embryonnaire, faisant jouer une multitude d'acteurs moléculaires. Ces molécules morphogénétiques diffusent dans le tissu embryonnaire et, selon leur gradient de concentration, dictent aux cellules le chemin à prendre. Contrairement à ce que l'on considérait classiquement, l'induction neurale n'est pas *exclusivement* engagée par des signaux dérivés de l'organisateur de Spemann. Chez le xénope, comme chez d'autres vertébrés, le fait que la spécification neurale précède le stade gastrula ne signifie pas pour autant que l'organisateur de Spemann n'a aucun rôle à jouer dans la différenciation et la formation du système nerveux.

La neurulation

L'induction neurale n'est donc pas un événement singulier, engendrant une *plaque neurale* à un moment précis du stade gastrula, laquelle plaque, à son tour, se trouverait engagée dans des transformations de forme et des différenciations cellulaires propres au stade neurula, pour former, stade après stade, la fin de l'un coïncidant avec le début du suivant, un organisme complet. Le développement, de la fécondation de l'œuf à la naissance, puis à la maturité et jusqu'à la mort elle-même, est un processus continu impliquant des trajets multiples, se recouvrant dans l'espace, se chevauchant dans le temps, menant à des bifurcations où s'imposent des choix, d'abord incertains, puis définitifs, tout cela dans un déploiement continu de formes tout au long de la vie d'un organisme. Les « stades » de la vie embryonnaire correspondent à des époques marquées par des apparences radicalement distinctes, mais, nous le savons, ces formes de plus en plus complexes s'engendrent les unes les autres sans discontinuité.

L'induction neurale notamment aura pour conséquence de diviser l'ectoderme en trois régions différentes : le neuroectoderme, en position

médiane, qui donnera le système nerveux central, latéralement, l'ectoderme général non nerveux, qui donnera l'épiderme et, entre les deux,
des cellules qui formeront la crête neurale.

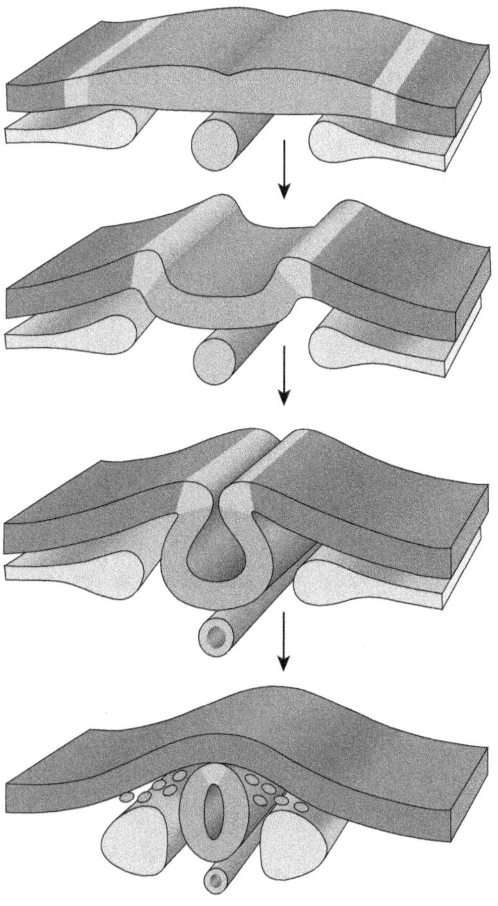

Figure 2-9 : *Neurulation*.
Les bords de la plaque neurale apparaissent entre le neuroectoderme et l'ectoderme
non nerveux. Pendant la neurulation, les bords de la plaque neurale s'élèvent ce qui a
pour résultat d'enrouler la plaque neurale pour former un tube. Des cellules de la
crête neurale s'échappent du tube neural dorsal.
D'après Gammill et Bronner-Fraser, 2003.

L'embryon s'allonge et s'aplatit dorsalement. Les cellules de l'ectoderme dorsal changent de forme : la moitié d'entre elles deviennent
cylindriques, tandis que, de part et d'autre, les autres cellules ectodermiques forment un pavage de cellules cubiques. Surélevée par rapport au
reste de l'ectoderme, l'unique assise médiane de cellules cylindriques
forme la plaque neurale.

Les bords de la plaque neurale s'épaississent et se soulèvent. Entre les replis se creuse une dépression : la gouttière neurale dont les bords se rapprochent, se touchent et fusionnent, pour donner un tube, le tube neural, dont la lumière donnera les ventricules cérébraux et le canal de l'épendyme de la moelle épinière. En se repliant, le neuroectoderme tire sur l'ectoderme général qui le recouvre et les liens entre les deux se dissolvent, libérant le tube entre, d'une part, l'ectoderme général et, d'autre part, une structure transitoire du mésoderme (non nerveux) juste sous la portion dorsomédiane de l'ectoderme, la *notochorde*.

Dans les replis neuraux, certaines cellules ne sont ni incorporées au tube neural, ni ne demeurent soudées à l'ectoderme général. Elles se détachent du tube neural en même temps que de l'ectoderme général et forment une structure d'abord unique et médiane, la *crête neurale*, qui coiffe le tube neural sur toute sa longueur. La crête neurale, à l'exception du niveau céphalique, se divise en deux puis se fractionne pour donner des structures segmentées en paires.

La notochorde, éponyme du phylum des chordés (qui comprend tous les vertébrés), se présente comme une espèce de tige creuse, constituée de grandes cellules enserrées dans un fourreau extracellulaire épais. La turgescence des cellules exerce une pression latérale sur le fourreau et donne à l'ensemble la rigidité requise pour offrir à l'embryon, au cours de son développement, un axe squelettique central, situé entre la moelle épinière et le tractus digestif. La notochorde, qui existe de façon transitoire chez la plupart des vertébrés, joue, en plus de ce rôle mécanique, une fonction éminente. Comme le montrent nombre d'expériences classiques d'embryologie, sans les signaux dérivés de la notochorde les motoneurones de la moelle épinière ne se formeront pas, les cellules du pancréas qui sécrètent l'insuline ne se différencieront pas et les fibres des muscles ne s'assembleront pas correctement. En l'absence de notochorde, beaucoup de larves de vertébrés, alevins ou têtards, resteront de petite taille, ne pouvant nager convenablement ni se nourrir.

Présente dès le stade gastrula, la notochorde exerce un effet inducteur non seulement sur l'ectoderme sus-jacent pour qu'il forme la plaque, puis le tube neural, mais aussi pour transformer les structures mésodermiques latérales pour donner les vertèbres et les structures ventrales pour constituer le tube digestif et des organes annexes, thyroïde, poumon, foie, pancréas. Ce facteur inducteur, le *Sonic hedghog* (Shh), permet également de différencier les cellules de la plaque du plancher du tube neural (*floor plate*), dans la zone dite basale du tube neural, qui se mettront alors à synthétiser également ce même facteur, le Shh. L'ectoderme général dorsal, qui va donner l'épiderme, situé à l'opposé de la notochorde, de l'autre côté du tube neural, sécrète de son côté des substances morphogénétiques « dorsalisantes », BMP et Wnt, qui vont servir, à ce stade-là, à régionaliser la zone dorsale du tube neural. Selon leur gradient de diffusion, ces deux facteurs vont différencier les deux régions, dorsale et ventrale, du tube neural.

Si la mise en place des différences entre la zone dorsale et la zone ventrale du tube neural est aujourd'hui assez bien élucidée, la régionalisation selon l'axe antéropostérieur est plus difficile à déchiffrer, encore plus à décrire. Il existerait des centres organisateurs secondaires dont l'action consisterait à définir des zones localisées tout le long de l'axe antéropostérieur. Chez les vertébrés, des gènes particuliers, qui contrôlent les programmes de développement ont été isolés et leur rôle étudié. La plupart d'entre eux sont de gènes homologues de gènes d'abord décrits chez la drosophile qui codent des molécules de signalisation ou des facteurs de transcription. Pour comprendre ce que sont ces gènes du développement, un détour par les mouches semble indispensable.

OÙ IL EST QUESTION DE MOUCHES

Il existe des gènes dont la mutation n'affecte pas la différenciation cellulaire, mais bouleverse l'architecture corporelle, la forme et la position des organes[10]. Il s'agit des gènes de développement, constitués de séquences, alignées le long d'un chromosome selon un ordre précis, et dont les produits s'expriment de façon séquentielle dans le temps et dans l'espace. Ils servent à régionaliser les différentes parties du corps. Ils le bâtissent en suivant progressivement un plan de construction précis de ce qui est devant, derrière, en haut ou en bas.

Certains *facteurs* sont capables de faire évoluer le tube neural en une région dorsale et une région ventrale. Des protéines codées par des gènes très semblables chez les vertébrés et chez les invertébrés exercent des effets sur la formation du tissu neural, le neuroectoderme. Chez les vertébrés, avant la fermeture du tube neural, un gène exprime ventralement un tel facteur de régionalisation. Ce facteur BPM, dont nous avons déjà parlé, présidera à la *dorsalisation* du tube neural, parce qu'il se trouve, après la fermeture du tube, en position dorsale. Chez les invertébrés, une protéine homologue, le décapentaplegic (ddp), s'exprime d'abord dans le domaine dorsal pour assigner, à terme et selon un même mécanisme semblable, au système nerveux une position ventrale.

La régionalisation de l'avant à l'arrière est plus complexe dans le détail, mais suit une logique semblable. C'est chez les invertébrés, tout particulièrement la drosophile, petite mouche du vinaigre, qu'ont été d'abord faites des découvertes très importantes sur le développement des premières phases du développement embryonnaire de l'organisation le long de l'axe qui va de la tête à l'extrémité caudale. Des gènes ont été

---

10. Voir notamment Gehring, 1999.

découverts qui, lorsqu'ils subissent une mutation, provoquent une modification du destin morphologique de leur région normale d'expression, ils changent un organe défini d'un segment donné en l'organe homologue d'un autre segment. Ainsi un œil peut devenir une aile (mutation *ophtalmoptera*) et une antenne une patte (mutation *antennapedia*).

Ces gènes, appelés pour cette raison « homéotiques », sont des stimulateurs qui activent d'autres gènes en codant des protéines qui se fixent sur une zone particulière du chromosome et régulent ainsi l'expression d'autres gènes, ce qui va entraîner le développement des structures appropriées dans les différentes parties de l'embryon. Ils sont disposés linéairement sur un chromosome et s'expriment l'un après l'autre. Le premier à être actif s'exprime dans la région la plus antérieure du système nerveux, puis les autres en suivant à la queue leu leu. De la sorte, l'ordre temporel d'activation des gènes correspond à l'organisation spatiale en commençant par la tête pour présider à la formation de l'organe approprié à cet emplacement, les antennes, ensuite les ailes, puis l'appareil reproducteur. Ces gènes sont appelée à homéoboîte (*homeobox* en anglais, d'où l'abréviation en *gènes Hox*) parce qu'ils codent une séquence protéique d'acides aminés appelée « homéodomaine ». L'homéodomaine est un site de liaison de l'ADN et les protéines qui contiennent ce type de séquence sont considérées comme des facteurs de transcription. L'expression de ces gènes est importante dans la mesure où elle permet la régulation des autres gènes et de leurs produits d'expression. Ils influencent donc le développement des organismes en orchestrant, dans l'espace et dans le temps, une cascade d'effets régulateurs. Une caractéristique importante des homéodomaines est qu'ils sont conservés, c'est-à-dire qu'ils sont formés de séquences très semblables, dans une grande variété d'organismes, invertébrés et vertébrés. Chez la souris, une famille similaire de gènes a été décrite, les gènes Hox, mais alors que chez la drosophile, ils forment deux parties portées par un chromosome scindé en deux, ils en forment quatre portées par quatre chromosomes chez la souris.

Il existe d'autres gènes qui jouent un rôle important dans le développement de l'organisme en contrôlant le taux de division des cellules ainsi que leur survie. Ces gènes sont appelés « proto-oncogènes » car ils jouent un rôle similaire à celui des oncogènes, gènes qui interviennent dans la formation des tumeurs en déréglant les mécanismes de prolifération cellulaire.

La découverte la plus stupéfiante est que les gènes de développement qui, chez la souris, agissent dans la zone la plus antérieure sont plus semblables à ceux qui jouent un rôle similaire chez la mouche qu'à n'importe quel autre gène Hox de la souris elle-même. Des familles semblables de gènes à homéoboîte se retrouvent chez tous les animaux à symétrie axiale, des mollusques comme l'escargot ou la pieuvre, aux annélides, le ver de terre ou la sangsue, jusqu'aux vertébrés y compris l'homme. On peut penser que le système de programmation du plan d'ensemble du corps s'est conservé à travers tous les embranchements, bien que les organes dont ils commandent la construction soient fort différents chez ces divers organismes ; ce serait un vestige archaïque commun présent chez tous les animaux. L'importance de la découverte des gènes du développement ne concerne pas, loin s'en faut, le seul domaine de l'embryologie, elle invite à penser sur des bases nouvelles une théorie générale de la construction du vivant, des gènes aux embryons jusqu'à l'évolution des espèces.

Si nous avons été amenés à délaisser momentanément le développement cérébral au stade du tube neural, c'était pour mieux comprendre les mécanismes génétiques mis en œuvre pour le régionaliser en une zone dorsale et une zone ventrale, ainsi qu'en diverses portions, ou segments, alignés de l'avant à l'arrière. Mais revenons maintenant à notre cerveau.

LA CONSTRUCTION DU CERVEAU

À son extrémité antérieure, le tube neural grossit pour former le cerveau proprement dit ou encéphale, pendant que l'organisation tubulaire caractéristique de la moelle épinière est déjà apparente en direction postérieure. Avec la formation du cerveau, la cavité du tube neural s'élargit pour former les quatre ventricules ainsi que les passages qui les relient.

Dans la moelle, la lumière du tube change peu et devient le canal central. Les cavités du cerveau et la lumière de la moelle sont remplies d'un liquide, le liquide céphalorachidien (LCR) ou cérébrospinal. Encéphale et moelle épinière forment ensemble le système nerveux central. Plusieurs gènes contrôlant le plan de développement du SNC ont été isolés, ils portent des noms ésotériques, Otx, En, Pax, Dlx et Emx, par exemple, chacun assurant un détail du plan d'ensemble.

Les cellules qui forment le système nerveux périphérique proviennent également de la plaque neurale. Elles forment une population cellulaire sur la bordure dorsale lorsque le tube se ferme (ou juste auparavant chez les mammifères). Elles se détachent alors du tube neural, puis se déplacent latéralement, au moment où ce dernier se ferme. Elles expriment, avant même de commencer leur migration, et pour pouvoir se détacher, des protéines, appartenant à la grande famille des immunoglobulines, les N-CAMs, ainsi nommées selon l'acronyme anglais, N pour neural et CAM pour *Cell Adhesion Molecule*. L'expression des N-CAM cesse dès que les cellules se mettent à se déplacer. Les cellules séparées forment alors la crête neurale ; elles donneront naissance aux neurones sensoriels et aux cellules du système nerveux autonome. Ils formeront les ganglions des racines dorsales et du système autonome, la médullo-surrénale, les cellules gliales, les membranes arachnoïdes, les mélanocytes cutanés, le tissu conjonctif cardiaque, les cellules thyroïdiennes, le squelette craniofacial, l'ondontoblaste des dents (Fig. 2-10).

Avant de commencer leur migration, les cellules de la crête neurale sont capables de donner naissance à une variété très grande de types cellulaires ; on dit qu'elles sont alors « multipotentes ». C'est lors de leur déplacement qu'elles sont influencées par des facteurs présents dans le milieu cellulaire dans lequel elles migrent. Ces facteurs vont restreindre

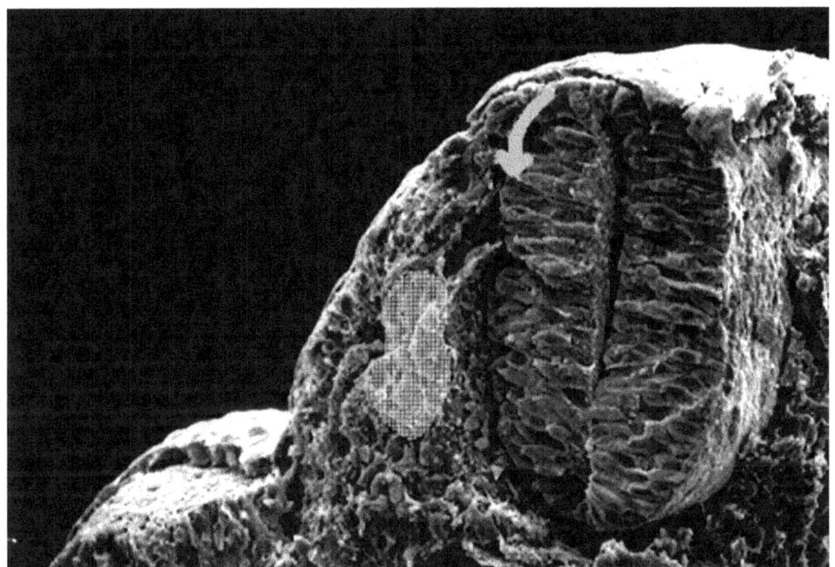

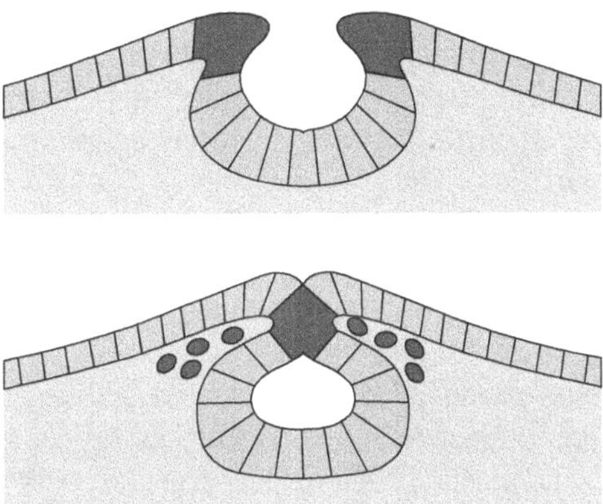

Figure 2-10 : *Migration des cellules de la crête neurale.*
D'après http://www.med.unc.edu/embryo_images/unit-nervous/nerv_htms/nerv004.htm.

leur devenir, ce sont divers facteurs de croissance ou des hormones, dont les combinaisons sont uniques et caractéristiques des routes empruntées par les cellules en mouvement vers les régions dorsales ou vers les régions ventrales de l'embryon : elles en fixent le destin. Par exemple, des cellules de la crête neurale peuvent devenir des cellules de la médullosurrénale, dites cellules chromaffines, qui sécrètent de la noradrénaline et de l'adrénaline, ou bien des cellules nerveuses du système nerveux autonome sympathique qui libèrent ces mêmes substances comme neuromédiateur. C'est l'environnement cellulaire qui permet de décider entre ces deux options : si des hormones glucocorticoïdes sont présentes, les cellules deviennent surrénaliennes, si au contraire c'est un certain facteur de croissance, le NGF (*Nerve Growth Factor*), elles adoptent un destin nerveux.

Prolifération cellulaire

Une fois le tube neural formé, des cellules sont générées à un taux vertigineux. Cette multiplication cellulaire intense a lieu autour de la cavité centrale, dans une couche de cellules situées, en général, au plus près de la cavité ventriculaire. Ces cellules sont des cellules souches du tissu nerveux, c'est-à-dire non encore différenciées et pouvant devenir soit des cellules nerveuses proprement dites, des neurones, soit des cellules gliales. Il y a donc de fortes relations de parenté entre les diverses et nombreuses catégories cellulaires du tissu nerveux. Pour dresser l'arbre généalogique de chacune d'entre elles, il faut marquer d'une petite étiquette reconnaissable la cellule avant sa différenciation pour suivre son destin. Dès 1929, Oskar Vogt, anatomiste allemand illustre pour avoir dressé, avec son épouse Cécile, des cartes très détaillées du cortex cérébral, applique un colorant dans des cellules de la blastula, pour suivre leur devenir dans les stades ultérieurs. Il décrit de la sorte, d'un terme heureux, des « cartes de destin ». Plus près de nous, Marcus Jacobson, embryologiste américain, injecte au moyen d'une microseringue le colorant à l'intérieur d'une cellule de la blastula du xénope. Cependant, au fur et à mesure des divisions cellulaires, le colorant se dilue et on ne peut lire l'avenir d'une cellule ainsi marquée qu'à court terme. C'est Nicole Le Douarin qui a eu l'idée lumineuse et extrêmement fructueuse de profiter du fait que, dans les noyaux de deux espèces voisines d'oiseaux, la caille et le poulet, une structure, le nucléole, différait de façon évidente, pour réaliser des greffes de cellules de l'ectoderme de ces deux oiseaux. Les nucléoles de cellules transplantées de caille sont bien visibles et sont très différents de ceux des cellules de poulet. Nicole Le Douarin a créé de la sorte de véritables *chimères* de caille-poulet permettant de suivre, jusqu'à l'âge adulte de l'animal greffé, la descendance des cellules de la crête neurale pour dresser la généalogie du système nerveux périphérique et du système immunitaire du poulet[11]. On sait aujourd'hui introduire de façon stable un gène dans le génome d'une cellule embryonnaire de mammifère à un stade très précoce. On pourra de la sorte suivre le destin à long terme de cette cellule en repérant, par des colorations adéquates, le produit protéique spécifique exprimé par le gène introduit.

Les précurseurs des cellules du tissu nerveux

Les cellules souches de la couche ventriculaire du tube neural engendrent à la fois des cellules précurseurs des neurones, des *neuroblastes*, et des cellules précurseurs des cellules gliales, des *glioblastes*. Ces deux types de cellules naissent dans les mêmes zones du tube neural et sont soumis aux mêmes contraintes de prolifération. Jusqu'à récemment, les mécanismes qui gouvernent la transformation d'une cellule indifférenciée en cellule nerveuse ou gliale étaient très mal connus. Ce sont également des études sur la drosophile qui ont apporté des réponses. On connaissait des gènes, dits neurogéniques, dont la perte provoquait une production excessive de neurones au détriment des cellules non nerveuses, on pouvait imaginer que le destin nerveux ou non d'une cellule souche pouvait dépendre de signaux inhibiteurs entre cellules voisines, obligeant une cellule à devenir un précurseur neuronal, sa voisine un précurseur glial. Des gènes particuliers encodent des produits protéiques spécifiques de cette voie de signalisation appelée « Notch » (Notch est un récepteur transmembranaire qui lie des molécules précises, des ligands, Delta et Serrate). L'activation des signaux Notch dévie la prolifération des cellules souches vers un destin neural, son inhibition vers un destin glial ou épidermique. Les gènes qui régulent ce mécanisme sont conservés et contrôlent également la neurogenèse chez les vertébrés. La décision d'une cellule précurseur de manifester des propriétés neurales, de devenir un neurone, est le plus souvent liée à la décision de sortir du cycle de prolifération cellulaire ; cependant le mécanisme exact de l'intégration de ces deux programmes n'est pas encore complètement élucidé.

La prolifération passe par un maximum très tôt dans le développement pour décliner ensuite. Par exemple, un cerveau humain atteint son nombre adulte de cellules de cent milliards de neurones en quelques mois ; à certains moments, l'embryon produit des neurones à la vitesse vertigineuse de trois cent mille par minute. En moins d'une semaine après la fécondation, le cerveau antérieur, le cerveau moyen et le cerveau postérieur sont déjà visibles. Quelques semaines plus tard, le cerveau antérieur commence à se développer en hémisphères cérébraux, le cerveau moyen contient les éléments du mésencéphale adulte, et le cerveau postérieur forme le tronc cérébral postérieur et le cervelet. La proliféra-

---

11. Le Douarin, 2000.

tion neuronale ne se termine pas complètement à la naissance. Certains oiseaux, les canaris par exemple, ajoutent des neurones nouveaux dans leur cerveau antérieur au fur et à mesure que les plus vieux meurent. Près de dix mille neurones peuvent ainsi être remplacés au cours d'une année, et certaines de ces cellules jouent un rôle déterminant dans le répertoire des chants de ces oiseaux : au fur et à mesure que les noyaux du chant du cerveau augmentent, augmente également la complexité des chants de ces oiseaux ; en outre, avec la complexité du chant se compliquent également tous les comportements qui l'accompagnent, notamment de parade amoureuse.

Chez les mammifères, nous avons déjà noté que dès qu'une cellule cessait de se diviser, et cela dès avant ou autour de la naissance, elle devenait un neurone et le restait jusqu'à sa disparition. Il était classiquement admis que, chez les mammifères, le stock initial de neurones ne pouvait que décroître. On sait aujourd'hui que le système nerveux central des mammifères adultes contient des cellules précurseurs, normalement endormies, mais qui peuvent se réveiller et entrer en division à la suite d'une atteinte externe, une lésion par exemple. On a surtout apporté la preuve que le cerveau adulte des mammifères abrite des zones dans lesquelles les cellules se divisent tout au long de la vie. Les cellules nouvellement engendrées sont capables de se différencier en neurones qui peuvent migrer et aller s'intégrer dans des réseaux. Ce phénomène est un moment important pour la compréhension des mécanismes de plasticité chez l'animal adulte. Cette démonstration, en effet, bouleverse l'idée reçue jusque dans les années 1960 selon laquelle le cerveau, une fois qu'il a acquis son stock de neurones, avant ou autour de la naissance, ne peut subir que des pertes. Cette forme nouvelle de plasticité structurale n'apparaît que dans certaines zones circonscrites du cerveau, la zone subventriculaire (ZSV), région qui tapisse les parois des ventricules latéraux, et le gyrus dentatus (GD) de la formation hippocampique. Qu'une forme de neurogenèse puisse avoir lieu dans le néocortex des primates, notamment dans les régions préfrontales, temporales inférieures ou pariétales postérieures, est une possibilité que de nouvelles recherches devront confirmer.

Chez le jeune rat, la ZSV, produit journellement trente mille neurones et le GD près de dix mille. Les cellules qui prolifèrent dans la ZSV se déplacent le long d'un trajet en direction rostrale pour atteindre le bulbe olfactif (BO) où elles vont migrer latéralement tout en finissant leur différenciation (Fig. 2-11). Le GD est tout particulièrement étudié parce qu'il est partie intégrante d'un circuit impliqué dans la mémoire et dans les apprentissages, dans l'attention, la motivation et les émotions. On peut envisager que ses neurones facilitent le stockage et la consolidation des informations à mémoriser au sein de l'hippocampe.

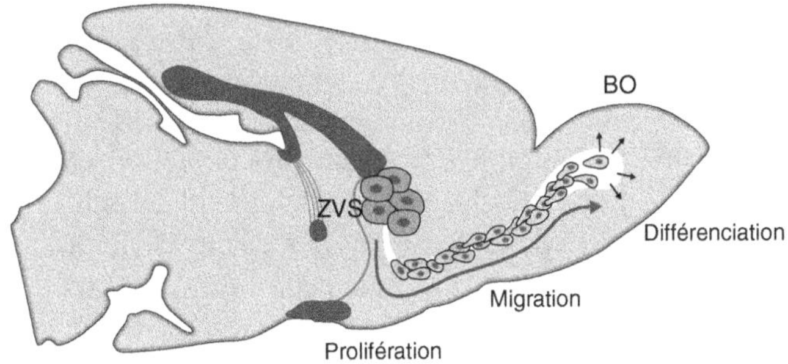

Figure 2-11 : *Zones de prolifération chez l'adulte.*
ZSV : zone subventriculaire ; BO : bulbe olfactif.

On sait également que des cellules souches embryonnaires peuvent se différencier en neurones lorsqu'elles sont introduites, greffées, dans un cerveau adulte. Ces résultats sont très prometteurs. Même si on est encore loin d'applications médicales pratiques, ils permettent d'espérer la mise au point de traitements efficaces de certains troubles neurologiques d'origine neurodégénérative.

Mort cellulaire

Cela peut paraître paradoxal, mais la disparition de neurones ou mort cellulaire est un mécanisme important pour donner forme au système nerveux au cours du développement. Parfois, cette mort est programmée génétiquement, parfois, notamment chez les organismes complexes, elle est moins rigidement contrôlée. Un élément important qui détermine si une cellule doit vivre ou mourir est la vie ou la mort de la cellule cible avec laquelle elle doit établir un contact fonctionnel, une synapse. Chez l'embryon de poulet, Victor Hamburger, un pionnier de la neuroembryologie, avait montré en 1934 qu'enlever un membre à un embryon de poulet, provoquait la mort des motoneurones qui normalement auraient innervé le membre absent ; à l'inverse, si on ajoute des cibles, en transplantant un membre supplémentaire à l'embryon par exemple, alors le nombre de neurones qui innervent ces cibles augmente également.

Une possibilité serait que la cible fournisse une substance de survie ; mais on ne comprendrait pas pourquoi dans le développement normal, beaucoup de cellules meurent bien qu'elles l'atteignent. Le simple fait d'atteindre la cible ne garantit pas la survie. Une fois la cible atteinte, la cellule doit entrer en compétition avec d'autres pour occuper l'espace synaptique disponible. Cette compétition est déterminante pour la survie. Si la compétition est réduite, les chances de survie sont accrues. Mais la compétition n'est pas la seule explication du fait que certaines cellules survivent et que d'autres meurent. Il se pourrait que la cible ait quelque chose à offrir et que ce quelque chose soit en quantité limitée, ce qui entraînerait inévitablement une compétition pour se l'approprier. Les travaux pionniers de Rita Levi-Montalcini, biologiste italienne, prix Nobel de médecine, ont établi, dans les années 1950, l'existence d'un facteur de croissance nerveuse, le NGF, rapidement devenu le parangon d'une famille très élargie de facteurs qui contrôlent la vie ou la mort des neurones. On ne savait pas alors ce que cette mort programmée, encore appelée *apoptose*, impliquait comme mécanismes mis en œuvre. Ce sont des études sur le ver nématode, *Caenorhabditis elegans*, qui ont apporté des éclaircissements sur la nature biochimique de la mort cellulaire et son contrôle génétique, par une famille de gènes, dits *Ced*. Ces gènes réglant la mort cellulaire chez le ver présentent une structure remarquablement conservée chez les mammifères : des protéines particulières, les caspases (qui sont des protéases), déclenchent le « suicide » de la cellule, le gène Bcl-2 étant un de ceux qui régulent leur activité. Ce qui est remarquable ici encore, c'est le rôle de facteurs externes, en l'occurrence des facteurs de croissance, dans le déclenchement d'un programme interne à la cellule, qui lui dicte en quelque sorte son destin, qui lui commande de vivre ou de se donner la mort.

Un autre facteur important dans la survie des neurones est la présence ou l'absence de certaines hormones. Dans un cas très simple, des niveaux bas d'une hormone thyroïdienne, la thyroxine, accélèrent la mort cellulaire dans de nombreuses régions du système nerveux en développement. C'est ainsi que les enfants qui souffrent d'hypothyroïdisme naissent avec des cerveaux plus petits et sont souvent victimes d'un sévère retard mental. Les hormones sexuelles chez le mâle, les androgènes, sont largement responsables de la survie de certains groupes de cellules qui contrôlent les comportements sexuels mâles ; sans androgènes, ces cellules disparaissent et le système nerveux se développe alors selon une « orientation féminine » des comportements, même si le sexe est masculin.

La migration des neurones

Avant même de sortir du cycle cellulaire pour devenir de jeunes neurones, les neuroblastes doivent se déplacer, souvent sur de longues distances, de la zone ventriculaire où ils prennent naissance à la région du système nerveux qu'il leur revient d'occuper pour exercer leurs fonctions. C'est entre les années 1960 et 1990 que les caractéristiques essentielles de cette migration neuronale ont commencé à être étudiées de façon approfondie, elles font encore aujourd'hui l'objet de recherches très actives. Il a été montré notamment que les neuroblastes se déplacent le long de la surface de cellules gliales qui s'étendent sur toute l'épaisseur du tube neural, depuis le ventricule jusqu'à la pie-mère. Cette migration, selon une direction radiaire, est complétée d'une migration tangentielle : les nouveaux neurones se déplaçant dans le plan de couches du cortex cérébral. Les cellules gliales servent ainsi de guides sur lesquels les neuroblastes, puis les neurones s'accrochent, par l'intermédiaire d'un appareil situé à l'extrémité d'un de ses prolongements, appelé « cône de croissance », qui semble s'agripper à la surface de son support glial pour tracter la fibre neuronale qu'il traîne derrière lui et dont le contenu est synthétisé par le corps cellulaire. Dans certaines zones du cerveau, notamment le cortex cérébral, où le phénomène est particulièrement évident, il existe une relation systématique entre le moment précis de la naissance du neurone et sa position dans les différentes couches cellulaires de cortex.

Développement du cortex cérébral

Étant donné le rôle essentiel que joue le cortex cérébral dans toutes les opérations perceptives, motrices, cognitives, étant donné qu'il occupe la plus grande surface du cerveau des mammifères, notamment de l'homme, je pense qu'il est indispensable de lui consacrer le traitement qu'il mérite. En dépit de différences cytologiques, qui ont notamment permis de diviser le cortex en parcelles distinctes, toutes les aires corticales ont une organisation de base commune. Les neurones sont distribués en six couches superposées qui diffèrent entre elles, et selon les endroits, par la taille, la forme et la densité des corps cellulaires. Il existe deux types principaux de neurones corticaux : les cellules pyramidales et les cellules non pyramidales. Les premières ont une forme caractéristique dont elles tirent leur nom ; elles utilisent comme neurotransmetteur un acide aminé excitateur, le glutamate, les secondes ont des formes très diverses et contiennent un neurotransmetteur inhibiteur, le GABA ainsi qu'un ou plusieurs neuropeptides.

Il est généralement admis que les neurones du cortex cérébral sont issus du neuroépithélium de la zone ventriculaire (ZV) que tapissent les parois des ventricules cérébraux. Les jeunes neurones migrent jusqu'au bord externe de ce qui deviendra le cortex pour former la préplaque (PP). Cette zone se divise alors en une zone marginale (ZM) superficielle qui affleure la pie-mère et une sous-plaque (SP), en dessous d'une couche dans laquelle s'accumulent les neurones à leur arrivée, la plaque corticale (PC). Ces neurones vont prendre leurs places respectives dans les différentes couches du cortex (II à VI) selon une séquence interne-externe (*inside-out*) qui signifie que les neurones nouveaux venus, les derniers-nés, devront dépasser leurs aînés, déjà arrivés dans le PC, avant de s'arrêter en haut de la plaque. La couche ZM ne contient qu'une seule catégorie de cellules, les cellules dites de Cajal-Retzius, qui jouent un rôle dans le contrôle de la migration des neuroblastes et l'organisation en couches de la plaque corticale (Fig. 2-12).

La migration cellulaire implique deux mécanismes distincts : un premier qui démarre et maintient le mouvement du neurone sur la cellule gliale, un second qui signale le moment où son ascension doit cesser. La machinerie moléculaire responsable de ces opérations commence à être connue, ici encore grâce à la génétique moléculaire. Il existe chez la souris une mutation, appelée *reeler,* qui empêche les neurones derniers-nés de dépasser normalement leurs aînés pour joindre leur destination. Il en résulte un bouleversement spectaculaire de la disposition des couches cellulaires du cortex. On a montré que ce gène « reeler » code pour une grosse molécule, baptisée *reeline,* qui permet de détacher le neuroblaste de la surface de la cellule gliale radiaire. Cette protéine reeline est exprimée par les cellules de Cajal-Retzius. Une cascade de phénomènes, véritable mécano que les biologistes moléculaires réussissent à patiemment démonter, arrête le petit moteur intracellulaire du neuroblaste, constitué par des microtubules, responsable de la reptation du neuroblaste le long de la cellule gliale. Si la reeline est le signal extracellulaire qui arrête la migration, de nombreuses autres protéines, exprimées par le neuroblaste lui-même, contribuent de leur côté à le faire avancer le long de son guide glial.

Contrairement à ce qu'on a pensé pendant de longues années, tous les neurones ne naissent pas, de façon exclusive, dans la zone germinale ventriculaire du tube neural, pour ensuite se déplacer selon une direction radiaire vers le cortex cérébral, comme nous venons de l'indiquer. Cette origine est celle des cellules pyramidales et de quelques cellules non pyramidales. En effet, ces dernières naissent majoritairement dans une zone du télencéphale ventral, l'éminence ganglionnaire, zone essentielle à l'ori-

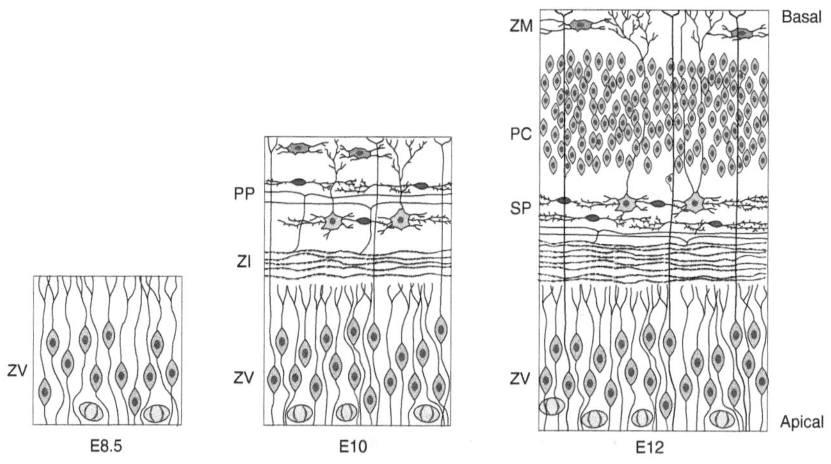

Figure 2-12 : *Migration des neurones.*
ZV : zone venriculaire ; ZI : zone intermédiaire ; PP : préplaque ; SP : sous-plaque ;
PC : plaque corticale ; ZM : zone marginale.
Selon Parnavelas, J. G., 2000.

gine embryologique des ganglions de la base. Ces neurones non pyramidaux empruntent alors un trajet tangentiel pour atteindre leur position finale dans le cortex, probablement en suivant les faisceaux des axones des cellules pyramidales qui forment les connexions cortico-corticales.

Le guidage des axones

Pendant la migration, les neurones commencent à prendre forme. Ils se « différencient », c'est-à-dire qu'ils acquièrent l'un des multiples visages qu'ils vont présenter à leur maturité. Comment s'effectue le guidage des axones sur des distances souvent très longues ? En effet, la différenciation cellulaire implique l'expansion des *neurites*, prolongements cytoplasmiques dendritiques et surtout la croissance d'un long, parfois très long, axone. Par exemple, une grande cellule pyramidale des couches profondes (couche V) du cortex cérébral moteur, dont le diamètre ne dépasse guère les cinquante microns, a un axone qui descend jusqu'au voisinage immédiat des motoneurones de la moelle épinière situés quelque cinquante centimètres plus loin. C'est un bien long trajet. Parcourir une telle distance pour atteindre résolument sa destination suppose un pilotage rigoureux. On invoque souvent l'existence de molécules qui favorisent la croissance, et l'adhésion à son support, du cône de croissance, pointe avancée de l'axone qui se fraie un chemin à travers un enchevêtrement de fibres et de membranes cellulaires.

Depuis le début des années 1970, de nombreuses études de neurones en culture cellulaire ont mis en évidence l'existence d'une grande variété de molécules qui promouvaient et guidaient le développement des prolongements axoniques. Ces études venaient appuyer une idée plus ancienne, avancée par un chercheur américain, Roger W. Sperry dans les années 1960. Celui-ci a étudié la régénérescence des fibres nerveuses après section d'un nerf, chez des embryons de poulet ou chez la grenouille adulte. La grenouille est en effet un excellent modèle, car, contrairement à ce qui se passe chez beaucoup d'animaux adultes, notamment les mammifères, les nerfs sectionnés se régénèrent, c'est-à-dire repoussent et reviennent innerver les zones dans lesquelles elles se terminaient primitivement. En outre, chez la grenouille, comme d'ailleurs chez tous les vertébrés, les fibres du nerf optique se terminent dans une région du mésencéphale, appelée le toit optique (*tectum opticum*, qui va s'appeler les tubercules quadrijumeaux antérieurs ou colliculus supérieur chez les mammifères). Sur le toit optique, elles se terminent en dressant une carte fidèle de la rétine. L'espace extérieur, dont l'œil forme l'image sur cette rétine, est de la sorte cartographié sur la surface du toit optique, zone importante du cerveau qui élabore les actions motrices déclenchées et contrôlées par la vision. Un tel arrangement, dit *rétinotopique*, permet à l'animal d'ajuster avec précision ses propres mouvements dans l'espace extérieur ; il permet notamment à la grenouille de localiser une

Le cône de croissance et le guidage des axones

Santiago Ramón y Cajal a été le premier à décrire le cône de croissance. Situé à l'extrémité d'un prolongement en cours de formation, il apparaît formé de plusieurs larges mains, les *lamellipodes*, aux multiples doigts très agiles, les *filipodes*. Les nouveaux constituants membranaires, synthétisés dans le corps cellulaire, puis transportés jusqu'à son extrémité, s'ajoutent à la membrane, ce qui permet l'allongement du neurite. En outre, le cône de croissance joue le rôle d'un éclaireur. Il guide l'axone tout au long de son trajet jusqu'à sa destination finale. Les filipodes explorent l'environnement, le palpe et, en fonction des signaux qu'ils détectent, décident de la direction à prendre, soit continuer en s'attachant au support et en se tirant sur ce point d'appui, soit s'éloigner en se rétractant à la manière d'une antenne d'escargot lorsqu'on l'effleure ; il change alors de direction et reprend sa marche. Ces mouvements sont produits par des modifications de forme d'une protéine, l'*actine*, constitutive du squelette du filipode.

Une cellule ne peut grandir si elle n'adhère à un support ; pour cela elle s'agrippe à une espèce d'échafaudage mécanique, appelé matrice extracellulaire (MEC), complexe qui entoure les cellules, notamment celles du support, pour former un cadre sur lequel le neurite en croissance s'agrippe pour s'allonger. Différentes molécules et édifices macromoléculaires règlent l'activité fonctionnelle de la MEC. Il existe notamment à la base de la MEC des protéines, les *laminines*, qui jouent un rôle important dans la différenciation cellulaire et la migration des axones. Ces laminines sont reconnues par des molécules réceptrices, les *intégrines*, situées dans la membrane du neurite en expansion. Le couple laminine-intégrine est un exemple de molécule agissant à très courte distance, quelques autres ont été décrites dans les années 1990, par exemple des glycoprotéines, les N-cadhérines, et quelques molécules appartenant à la superfamille des immunoglobulines, comme les N-CAM.

Les cônes de croissance sont également guidés vers leurs cibles appropriées par des indices chimiques dont les effets se font sentir à distance, courte ou lointaine. L'attraction et la répulsion jouent alors un rôle important pour permettre au cône de croissance de trouver sa cible. Quatre grandes familles de molécules, très conservées depuis les invertébrés jusqu'aux mammifères, susceptibles de guider les axones ont été identifiées ces dernières années : les *nétrines*, les *Slits*, les *sémaphorines* et les *éphrines*. Ces substances, véritables balises sur le trajet des axones, sont des protéines qui peuvent être soit sécrétées, soit situées à la surface des membranes des cellules du support et font alors partie de la matrice extracellulaire. Le cône de croissance, quant à lui, possède à sa surface des protéines réceptrices, molécules transmembranaires capables de reconnaître de façon spécifique ces diverses substances et de traduire le signal ainsi reconnu en un mouvement intracellulaire. Il y a plusieurs récepteurs pour chacune des protéines balises, et l'effet attracteur ou répulsif dépend bien souvent de la concentration, ce qui donne à l'ensemble des possibilités combinatoires considérables. D'autant plus nombreuses que l'expression des protéines balises et des protéines réceptrices peut être diversement régulée, notamment au cours du temps, en outre la transduction du signal est adaptée au type de cellule en croissance, enfin l'activité d'une catégorie de récepteurs est susceptible d'être modulée par celle des autres récepteurs voisins sur la membrane.

Nétrine – DCC/néogénine et UNC 4-5 –>   Attraction (répulsion)
Slit – Sax-3/Robo   –>   Répulsion (adhésion)
Éphrine – récepteur Eph   –>   Répulsion (adhésion)
Sémaphorine – Neuropilin – Plexine –>   Répulsion (attraction)

    Ce schéma, très simplifié, donne une idée du cheminement d'un axone.

    Voir Planche 2.

mouche en plein vol et de la saisir d'un coup de langue adroitement lancée au bon moment et à l'endroit exact sur la trajectoire empruntée par l'insecte. Roger Sperry sectionne le nerf optique juste derrière l'œil, détache ce dernier de ses supports musculaires et le fixe à nouveau dans l'orbite après lui avoir imposé une rotation de 180°. Les fibres optiques régénèrent. Mais, en repoussant, elles suivent la route que les fibres optiques empruntent normalement et vont ainsi se terminer dans le toit optique, selon l'arrangement topographique caractéristique des projections originales. Cependant, l'œil ayant été tourné, la carte sur le toit optique sera inversée, ce qui était à droite sera vu à gauche, ce qui est devant derrière. Il en résulte un comportement visuo-moteur très perturbé : la grenouille essaie d'attraper la proie dans une zone située exactement à l'opposé de l'endroit où elle se trouve en réalité.

Ces travaux ont valu à Roger Sperry le prix Nobel de médecine en 1981. Ils lui ont permis surtout d'élaborer une hypothèse fructueuse selon laquelle il existerait une « affinité chimique » entre le neurone en croissance et sa destination finale. Cette hypothèse suppose que le cône de croissance de l'axone possède des substances susceptibles de reconnaître, pour s'y attacher ou s'en éloigner, les molécules présentes sur le substrat sur lequel il progresse. Ce qui est bien le cas, comme nous venons de le décrire.

Aujourd'hui, plus de quarante ans après les premières expériences de Roger Sperry et grâce aux extraordinaires progrès de la biochimie, de l'embryologie du poulet ou de la souris, de la biologie moléculaire du développement et de la génétique de la mouche du vinaigre ou d'un ver parasite nématode, nous disposons d'un riche répertoire de molécules susceptibles de guider les axones sur de grandes distances avec sûreté, malgré les pièges que des expérimentateurs imaginatifs s'efforcent de leur tendre. Nous sommes en mesure de comprendre, sinon complètement du moins en grande partie, comment des connexions précises entre des structures parfois éloignées les unes des autres peuvent s'établir, comment la rétine par exemple dresse sur le toit optique une carte précise du champ visuel de la grenouille.

LA FORMATION DES SYNAPSES

Qu'un axone puisse s'allonger et atteindre des régions lointaines sans se perdre en chemin ne suffit pas. C'est déjà beaucoup, mais il faut en outre qu'il contacte une région précise d'un effecteur (un autre neurone une fibre musculaire ou une cellule glandulaire) pour y établir une jonction à travers laquelle le message nerveux qu'il véhicule puisse passer. Il lui faut faire une « synapse » à travers laquelle seront transmis des signaux électriques ou chimiques.

La synapse est une structure d'accrochage de deux cellules différentes, l'une située avant sera dite présynaptique, l'autre située après, dite postsynaptique (Fig. 2-13). Un espace, souvent appelé fente synaptique, sépare la terminaison présynaptique de la terminaison postsynaptique. Ces trois élé-

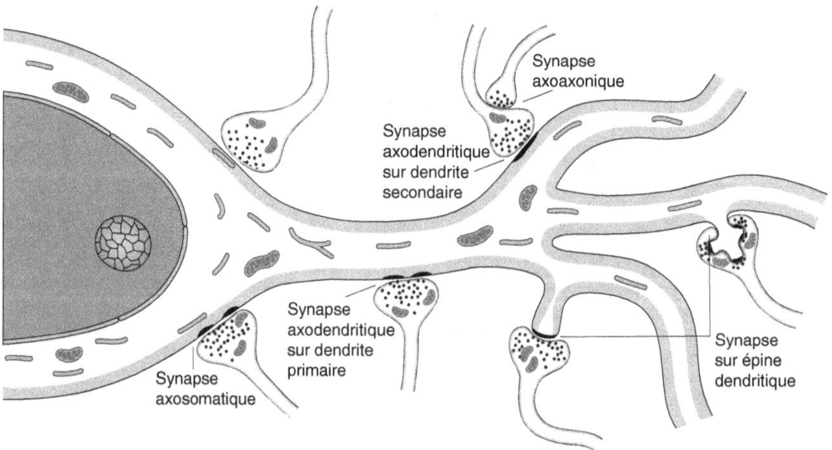

Figure 2-13 : *Divers types de synapses.*
Voir également cahier hors-texte, planche 3 A.

ments forment des domaines distincts. À travers cette structure passent, avec des délais divers suivant les cas, des signaux électrochimiques. Les synapses chimiques sont les plus nombreuses et les plus importantes du point de vue fonctionnel auquel je tiens à me placer, je les étudierai donc en détail.

Ultrastructure d'une synapse chimique

Examinée au microscope électronique, la synapse est composée de plusieurs domaines spécialisés (Fig. 2-14). La région présynaptique, qui se présente sous la forme de « boutons », petites excroissances variqueuses, dont la taille est de l'ordre de 1 micron, distribués le long d'un axone ou formant l'extrémité d'une terminaison axonique. Ce bouton est rempli d'un grand nombre, quelques centaines à quelques milliers, de vésicules, petites billes de diamètre constant, généralement entre 40 et 60 nm selon les cas, dont le contenu est formé d'un nombre relativement fixe de molécules spécifiques, les neurotransmetteurs (NT). Lorsqu'un signal électrique de dépolarisation, propagé le long de l'axone, envahit la terminaison, les vésicules postées au voisinage de la membrane plasmique fusionnent avec cette dernière et libèrent de la sorte leur contenu en NT dans la *fente synaptique*. Cette fusion n'a pas lieu au hasard, mais se passe au niveau d'un domaine très spécialisé appelé la *zone active* (ZA). Celle-ci apparaît comme une matrice de matériel protéique formant un réseau dense aux électrons du microscope électronique qui enserre les vésicules synaptiques et les dispose sur la membrane plasmique.

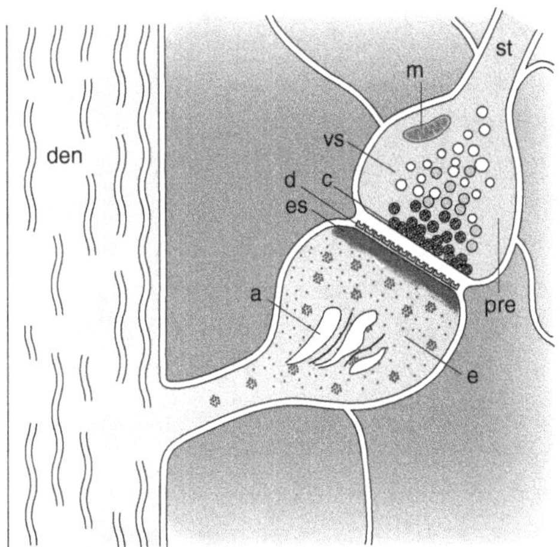

Figure 2-14 : *Synapse au niveau d'une épine dendritique.*
ax : terminaison axonique ; pre : terminaison présynaptique ; c : membrane présynaptique ; d : fente synaptique ; es : épaississement postsynaptique ; e : épine ; m : mitochondrie ; vs : vésicule synaptique ; den : dendrite.
D'après Buser et Imbert, 1993.

La zone postsynaptique d'une synapse chimique est celle qui recueille les signaux chimiques libérés dans la fente synaptique à partir de la ZA du neurone présynaptique. Ce domaine est également caractérisé par la présence d'un matériel protéique dense et opaque aux électrons de la microscopie électronique : la *densité postsynaptique*, désignée par le sigle PSD (*postsynaptic density*), souligne d'un trait sombre plus ou moins épais la membrane postsynaptique exposée en regard de la zone active présynaptique. Ce réseau dense postsynaptique envoie des filaments au travers de la fente synaptique jusqu'à la ZA ; il est vraisemblable que ces filaments servent à fixer la PSD en regard direct de la ZA. Mais la PSD, qui, sur son côté intracellulaire, plonge profondément dans le cytoplasme de la cellule postsynaptique, sert également à accumuler de fortes densités de récepteurs aux NT, de grandes quantités de canaux Ca^{2+} *voltage-dépendants* et de diverses molécules de signalisation. La description du développement de cette structure complexe nous permettra de mieux comprendre sa composition.

DÉVELOPPEMENT DE LA JONCTION NEUROMUSCULAIRE

Le développement dans des cultures cellulaires *in vitro* de la jonction entre une fibre nerveuse et une fibre musculaire a été pendant plusieurs années sinon le seul du moins le plus étudié des modèles expérimentaux. Il a permis de dégager les principales étapes de la formation d'une synapse[12]. On savait déjà, depuis la fin des années 1970, que les axones moteurs étaient requis pour organiser la différenciation postsynaptique. En 1990, une hypothèse faisant intervenir une grosse molécule libérée par la terminaison nerveuse capable d'organiser la différenciation postsynaptique a été proposée.

Trois partenaires sont ensuite identifiés : cette grosse molécule glycoprotéine, appelée *agrine*, qui renforce *in vitro* l'agrégation des récepteurs de l'acétylcholine (AChRs) sur les fibres musculaires en culture ; une enzyme transmembranaire de cette fibre musculaire, la *MuSK* (pour *muscle-specific kinase*) ; enfin, une protéine cytoplasmique, la *rapsyne*. Selon le modèle le plus schématique, l'agrine serait libérée de la terminaison nerveuse présynaptique pour être déposée sur la lame basale[13] synaptique de la membrane de la fibre musculaire (ce qui implique l'existence d'un contact préalable d'innervation). Elle induirait alors localement l'agrégation des AChRs, ainsi que d'autres molécules présentes sur le site d'innervation. L'activité de l'agrine requiert l'activation de MuSK, par un récepteur agrine.

---

12. Voir notamment Sanes et Lichman, 1999.
13. Voir encadré « Matrice extracellulaire ».

Des études génétiques récentes viennent enrichir et modifier ce simple schéma[14]. Ces études montrent que les AChRs doivent être *au préalable* regroupés sur le futur site de l'innervation (la bande de la plaque motrice) *en l'absence* d'innervation. Chez certaines souris mutantes[15], le nerf phrénique navigue bien jusqu'au voisinage du muscle diaphragme, mais échoue à l'innerver. Chez ce mutant, les AChRs sont néanmoins bien regroupés sur des sites qui *préfigurent* l'innervation. Cette observation suggère fortement que l'agrégation initiale des AChRs est déclenchée par un signal *intrinsèque* au muscle[16].

En étudiant des souris mutantes totalement dépourvues de fibres nerveuses motrices, Lin et Yang ont apporté la preuve définitive que les agrégats des AChRs sont préorganisés dans les régions des plaques musculaires en l'absence d'innervation ; dans ces conditions, les agrégats sont bien visibles, mais paraissent moins circonscrits : l'innervation pourrait ainsi servir à affiner et à limiter l'agrégation des AChRs sous la terminaison nerveuse. Le préarrangement des AChRs au niveau de la plaque est un processus qui dépend de MuSK, puisqu'il est absent chez des souris mutantes dépourvues de MuSK, et ne dépend pas de l'agrine. Néanmoins, en l'absence d'agrine, la présence de la fibre nerveuse détruit les groupements de AChRs préarrangés.

Il ressort de ce tableau, rendu de plus en plus compliqué, mais aussi de plus en plus précis, grâce aux techniques d'ingénierie génétique, deux concepts importants : 1. l'activation des MuSK peut être indépendante de l'agrine pour induire le préarrangement des AChRs ; il y aurait une possibilité d'autoactivation des MuSK pendant la synaptogenèse ; 2) étant donné que le préarrangement des AChRs peut être disloqué en l'absence d'agrine, il se pourrait que l'agrine *in vivo* stabilise et renforce les arrangements préexistants. Ainsi l'agrine ne serait plus un simple signal d'induction de la différenciation postsynaptique, comme dans le modèle simplifié, mais interviendrait pour consolider l'arrangement préexistant dans la fibre musculaire[17].

---

14. Lin *et al.*, 2001 ; Yang *et al.*, 2001.
15. Souris dépourvues d'une enzyme, la topoisomérase II, qui catalyse une réaction utilisant de l'ATP pour former de l'ADN surenroulé.
16. Il se pourrait néanmoins que, chez ces souris mutantes, des signaux diffusibles aient pu générer ces regroupements observés.
17. On savait déjà que les AChRs situés en dehors des zones synaptiques sont dispersés et considérablement réduits au cours de la formation des synapses. Les mêmes auteurs montrent que la transcription des AChRs sous-synaptique est aussi préarrangée dans une zone circonscrite de transcription située au niveau de la région de la plaque de la fibre nerveuse en l'absence d'innervation ; ici aussi, la transcription dans la région de la plaque dépend de MuSK et est indépendante de l'innervation. Cette zone préarrangée de transcription des récepteurs est restreinte à la région sous-synaptique à la suite de l'innervation.

FORMATION DES SYNAPSES
DANS LE SYSTÈME NERVEUX CENTRAL

Dans la suite de ce chapitre, je me limiterai, fort de ce que nous apprend le développement de la jonction neuro-musculaire, à l'étude de la mise en place des synapses du système nerveux central. En effet, l'étude de la construction progressive, au cours du développement, des articulations des neurones entre eux, peut nous faire comprendre, non seulement la mise en place des mécanismes de la transmission elle-même, mais surtout la logique et les contraintes qui président à l'écha-faudage des « réseaux de neurones », groupements, plus ou moins importants, de cellules nerveuses qui communiquent entre elles par des signaux synaptiques. Ces réseaux jouent un rôle capital dans l'exercice de toutes les fonctions cérébrales. Ce sont eux qui, lorsqu'ils ont été mis en place correctement et qu'ils fonctionnent normalement, permettent à un cerveau de donner le meilleur de lui-même, de remplir ses tâches, des plus modestes aux plus élevées, bref d'être intelligent. Leur dysfonction-nement entraîne inévitablement des conséquences parfois dramatiques. Je vais en reparler bientôt. Comment dès lors des neurones distincts, et souvent distants les uns des autres, se « reconnaissent-ils » ? Pourquoi « décident-ils » de s'associer pour former une entente, permanente ou transitoire ? Bien entendu, il n'y a pas encore de réponse définitive à ces questions, mais de nombreuses pistes ont été ouvertes au cours des der-nières années. Sans révéler complètement les secrets qui commandent la mise en place d'un réseau neuronal, on peut espérer, étant donné la rapi-dité avec laquelle des résultats éclatants sont tous les jours obtenus, lever des pans importants du voile qui recouvre ce problème fondamental : pourquoi (généralement) le cerveau marche-t-il aussi bien et pourquoi (généralement) est-il tellement intelligent ?

Les stades initiaux de la synaptogenèse centrale

L'assemblage d'une synapse est un processus comprenant plusieurs étapes distinctes réclamant des communications réciproques entre les cellules pré- et postsynaptiques[18]. C'est bien ce que nous avons appris de la jonction neuromusculaire. Dans le système nerveux central, tout com-mence par une « rencontre initiale » entre le cône de croissance, struc-ture mobile de l'extrémité des axones, qui se déplace dans la matrice extracellulaire, guidé par des facteurs solubles et des récepteurs d'adhé-rence, qui s'approche de sa cible, le dendrite, le soma ou l'axone d'un autre neurone pour établir un premier contact, axodendritique, axo-

---

18. Dans ce qui suit, je suivrai particulièrement Garner *et al.*, 2002 ; Scheiffle, 2003 ; Yamagata *et al.*, 2003 ; Zhen et Jin, 2004 ; Waites *et al.*, 2005.

somatique ou axoaxonique. Ce contact initial sera suivi par l'établissement de contacts plus stables et par la différenciation des domaines pré- et postsynaptiques.

L'apposition correcte et précise des membranes pré- et postsynaptiques est un prérequis essentiel de l'assemblage des synapses. Cette étape est sous la dépendance de diverses catégories de molécules d'adhérence cellulaire, connues par l'expression générique de CAMs (*Cell-Adhesion Molecules*). Les deux principales grandes familles, essentielles pour la formation des synapses, sont d'une part les *cadhérines*, dont la fonction dépend de la présence de calcium extracellulaire, d'autre part, les *protocadhérines*.

Les cadhérines sont des molécules transmembranaires, dont la partie cytoplasmique est reliée au cytosquelette par l'intermédiaire de protéines de liaison, appelées *caténines*. L'expression des cadhérines et caténines a été décrite en 1992 dans des zones circonscrites au voisinage immédiat des sites de libération des neurotransmetteurs[19]. On les trouve dans tous les sites synaptiques en cours de développement, la plupart du temps accompagnées de nombreux autres membres de la même famille. Dans le contexte de la synaptogenèse centrale, les cadhérines « classiques » (ou type I) sont certainement les plus étudiées. Elles sont responsables d'une forte adhérence entre des cellules qui expriment chacune la même cadhérine (ce qu'on appelle une interaction homophilique ; mais on connaît également de nombreuses interactions hétérophiliques).

L'organisation du génome des cadhérines suggère que les ARNm de ces protéines sont soumis à un épissage alternatif étendu dans leur domaine extracellulaire. Il en résulte une très grande diversité de ces molécules qui rendrait ainsi compte de la spécificité avec laquelle des sous-populations de neurones, parfois éloignées les unes des autres, mais présentant les mêmes propriétés, pourraient se reconnaître pour se connecter entre elles.

L'activité cellulaire qui accompagne la formation des synapses mobilise ces molécules d'adhérence dont va dépendre la forme et la dynamique des épines dendritiques, ainsi que le recrutement des molécules composant le domaine postsynaptique. De la sorte, le complexe cadhérine/caténine a un profond effet sur la plasticité synaptique, structurale et fonctionnelle. Il ne faut pas le regarder comme un simple échafaudage structural, mais plutôt comme un chef d'orchestre dirigeant l'assemblage initial des synapses et sa plasticité ultérieure. En particulier, au fur et à mesure de la maturation synaptique, ce complexe persiste dans les synapses excitatrices, mais disparaît des synapses inhibitrices ; il pourrait de la sorte jouer un rôle crucial dans la diversité synaptique et la formation de circuits spécifiques.

---

19. Voir Uchida *et al.*, 1992 ; Fannon et Colman, 1992.

Les protocadhérines, comme les cadhérines, sont codées par un nombre considérable de gènes dont la transcription subit aussi de nombreux épissages alternatifs. Leurs expressions étant spécifiques de certaines régions du cerveau en développement, elles seraient surtout capables de donner des indices sur la position spatiale des cibles à reconnaître, plutôt que sur l'induction proprement dite des synapses.

L'induction des synapses

L'induction directe des différents aspects de la formation des synapses résulte de plusieurs classes de molécules différentes des cadhérines et des protocadhérines. Dans le cerveau des mammifères, les synapses les plus caractéristiques et les plus fréquentes de la plupart des circuits sont, d'une part, les synapses excitatrices, qui utilisent le glutamate comme neurotransmetteur et, d'autre part, les synapses inhibitrices, utilisant le GABA (*Gamma-Amino Butyric Acid*).

Plusieurs catégories de protéines sont capables d'induire directement divers aspects de la formation des synapses en permettant l'agrégation de sous-ensembles de protéines postsynaptiques et en déclenchant la formation des boutons présynaptiques.

• Au niveau postsynaptique, la première molécule sécrétée dont on ait démontré le rôle synaptogénique est la pentraxine régulée par l'activité neurale, la *narp* (*neuronal activity-regulated pentraxin*). D'abord identifiée dans l'hippocampe, la narp a la capacité de recruter et d'assembler les récepteurs du glutamate du type AMPA. Elle est abondante au niveau des synapses excitatrices du tronc et des branches principales des dendrites, et non sur les épines dendritiques. Mais étant donné que la grande majorité des synapses excitatrices se trouve sur les épines[20], le rôle de la narp serait dès lors limité aux neurones spinaux et à la plupart des interneurones hippocampiques dont les synapses excitatrices sont en effet, contrairement au cas général, localisées sur les troncs dendritiques.

Ces deux types de synapses excitatrices, celles situées sur les troncs et celles situées sur les épines, présentent des différences morphologiques évidentes mais, mieux encore, expriment des protéines d'induction différentes. La narp n'interviendrait qu'au niveau des synapses excitatrices du tronc dendritique, alors qu'au niveau des épines existerait un système non narp. Une molécule dont nous avons déjà évoqué le rôle dans le guidage des cônes de croissance jouerait également un rôle synaptogénique direct. L'*Éphrine B* de la terminaison axonique, en s'associant à son vis-à-vis de la membrane postsynaptique, l'EphB, susciterait directement l'assemblage de certaines sous-unités du domaine extracellulaire des récepteurs du glutamate de type NMDA (N-méthyl-D-aspartate). En

---

20. Sheperd et Harris, 1998.

même temps, le système Éphrine/Eph est fortement impliqué dans la formation, la morphologie et la maturation des épines dendritiques

• Au niveau présynaptique, deux grandes classes de molécules interviennent dans la différenciation de la zone active (ZA). Des molécules sécrétées comme les Wnts et les FGF et des protéines d'adhérence de surface cellulaire comme les *SynCAM* et les *neuroligines*. Les premières, exprimées des deux côtés de la synapse, agissent à distance et joueraient le rôle d'amorce pour la formation des synapses, les secondes, exprimées du côté postsynaptique, déclenchent directement, dès le contact axo-dendritique, la différenciation présynaptique.

On a montré récemment que la différenciation présynaptique des axones libérant le glutamate était amorcée par deux protéines, les *neurexines* et leurs partenaires postsynaptiques, les *neuroligines*[21]. Les neurexines sont des protéines transmembranaires présynaptiques dont le domaine intracellulaire est associé aux vésicules synaptiques par diverses protéines de l'échafaudage de la zone active. Leur domaine extracellulaire se lie à leurs partenaires, les neuroligines, protéines transmembranaires postsynaptiques, dont le domaine intracellulaire est lié à l'échafaudage protéique des synapses excitatrices, la densité postsynaptique ou PSD-95, dont nous avons déjà parlé. Ainsi, l'attachement neurexine-neuroligine sert de pont ou de fil conducteur à travers la fente synaptique permettant aux vésicules d'être alignées avec la densité postsynaptique.

Au niveau des synapses glutamatergiques, la neurexine commande aux dendrites de déclencher l'agrégation d'un cocktail de protéines composé de l'appareil postsynaptique, des enzymes de transduction du signal et des récepteurs NMDA. L'exécution de cette commande suit immédiatement l'association des neurexines aux neuroligines ; en revanche, la dissolution de cette association provoque la destruction des synapses glutamatergiques existantes et l'arrêt de la transmission synaptique.

Le rôle des neurexines ne se limite pas aux synapses utilisant le glutamate comme neurotransmetteur. Elles sont également indispensables, comme cela a été récemment mis en évidence, au déclenchement de la formation des synapses utilisant le GABA comme transmetteur[22], c'est-à-dire des synapses inhibitrices, en s'associant toutefois à des neuroligines probablement différentes.

Une autre molécule d'adhérence capable d'enclencher la différenciation présynaptique est une protéine appelée SynCAM (*Synaptic Cell-Adhesion Molecule*). Membre de la superfamille des immunoglobulines, elle est exprimée des deux côtés de la synapse et l'une se combine à l'autre par une interaction homophilique.

---

21. Biederer *et al.*, 2002.
22. Graf *et al.*, 2004.

En conclusion, cette rapide (et incomplète) revue des principaux moments de la formation des synapses dans le SNC montre bien le grand nombre de molécules de signalisation différentes intervenant à différentes étapes de la fabrication d'une synapse centrale.

L'ASSEMBLAGE DES SYNAPSES

Accompagnant l'induction, ou juste après, mais avant l'apparition d'une synapse pleinement fonctionnelle, des mécanismes intracellulaires nombreux se produisent, dans les deux neurones qui vont se connecter, pour acheminer et distribuer des divers composants en vue de les assembler convenablement de part et d'autre de la synapse.

Dans le neurone présynaptique, ce sont généralement des structures en forme de vésicules qui délivrent aux boutons les protéines à assembler. On peut en distinguer trois types. De petites vésicules claires, annonciatrices des vésicules synaptiques qui, une fois arrivées à maturité, pourront être remplies de NT ; des petites structures tubulaires qui sont probablement des membranes de l'appareil de Golgi ; enfin, des vésicules de 80 nm à cœur dense, intimement associées aux microtubules de l'axone et du cône de croissance, qui véhiculent les nombreuses protéines composant la zone active (ZA), ainsi que des canaux calcium voltage-dépendants de type N.

Des méthodes de purification biochimique permettent de distinguer, au niveau présynaptique, trois groupes principaux de complexes protéiques. Un premier complexe, appelé SNARE (*soluble N-ethylmaleimide-sensitive component attachment protein receptor*), composé de divers éléments (*syntaxin, synaptobrevine* ouVAMP et SNAP25 (*synaptosomal associated protein-25*), complexe qui sert essentiellement à l'arrimage et à la fusion des vésicules synaptiques à la membrane plasmique. Une seconde structure protéique complexe, comprenant principalement Munc18/UNC-18 (*mammalian uncoordinated 18/uncoordinated 18*), Munc 13/UNC-13, et la *synaptotagmine* (syt), va interagir avec SNARE pour réguler l'expulsion des vésicules dans l'espace intersynaptique. Enfin, une troisième structure, encore plus complexe (si possible !), dont la composition est sensiblement variable, mais comportant essentiellement les protéines *Piccolo* et *Bassoon*, plus une dizaine d'autres molécules d'interaction, Rab3, RIMs/UNC-10, CAZ (*presynaptic cytomatrix at active zone*). Les protéines Piccolo et Bassoon sont de grosses molécules qui peuvent, grâce à leur structure moléculaire, interagir à la fois avec le cytosquelette, pour former un solide échafaudage dans la ZA, et avec les molécules de signalisation qui accrochent et guident le cycle des vésicules synaptiques pour les disposer de façon adéquate en vue de l'exocytose et de l'endocytose, expulsion-importation de la terminaison. Je discuterai cette machinerie indispensable à la libération du NT plus loin dans le chapitre III.

Dans le neurone postsynaptique, un événement des plus précoce de la différenciation est la mobilisation des nombreuses protéines d'échafaudage constituant les complexes multimoléculaires de l'appareil récepteur. Celui-ci se compose d'abord des molécules de la famille PSD-95, suivie de celles des récepteurs du neurotransmetteur (lorsqu'il s'agit du glutamate, les récepteurs NMDA et les récepteurs AMPA, par exemple, sont régulés et insérés de façon indépendante). Le recrutement des autres composants postsynaptiques, comme la protéine kinase II calcium-calmoduline dépendante, CaMKII, qui s'accumule sur la face cytoplasmique du PSD, des protéines phosphatases et de bien d'autres protéines d'échafaudage (Homer1c et Shank2/3...), se fait graduellement à partir d'un réservoir cytosolique.

Aujourd'hui, grâce à des techniques biochimiques permettant de caractériser les intermédiaires du transport, grâce à des localisations ultrastructurales de grande sensibilité, grâce aussi à l'imagerie en temps réel de nombreuses protéines postsynaptiques préalablement marquées d'étiquettes visibles, on peut espérer résoudre l'écheveau extraordinairement intriqué de tous ces processus dynamiques.

LA MATURATION SYNAPTIQUE

Le développement synaptique s'étend sur une période étendue au cours de laquelle les synapses grandissent et le nombre de vésicules augmente considérablement En particulier, les éléments pré- et postsynaptiques changent de forme de façon coordonnée, ce qui permet d'assurer au complexe synaptique une cohérence optimale. La modification la plus remarquable porte sur la forme de l'appareil postsynaptique, mais aussi sur des propriétés fonctionnelles qui évoluent au cours du temps, par exemple, dans beaucoup de synapses glutamatergiques les récepteurs NMDA se développent avant les récepteurs AMPA, et l'activité des récepteurs NMDA pourrait servir à insérer des récepteurs AMPA dans la membrane plasmique.

Toutes ces modifications, l'assemblage, l'induction et la maturation des synapses, se passent bien entendu pendant les phases précoces du développement postnatal, mais elles persistent encore tard dans la vie, même lorsque le cerveau a atteint sa pleine maturité. Au cours de cette longue histoire, l'activité des neurones joue un rôle essentiel, même si elle n'est pas absolument requise au cours du développement pour former la synapse[23],

---

23. Dans des cultures de neurones de l'hippocampe, la synaptogenèse se passe normalement, même en présence de bloquants des récepteurs glutamate qui empêchent les potentiels d'action (Rao et Craig, 1997) ; chez des souris génétiquement modifiées de telle sorte que leurs synapses ne peuvent libérer le NT, la morphologie et la densité de synapses apparaissent normales, peut-être moins stables au cours du temps (Varoquaux, 2002 ; Verhage *et al.*, 2000).

elle serait impliquée dans l'élimination et la stabilisation des synapses, plutôt que dans leur formation proprement dite.

L'élimination et la stabilisation synaptiques

On sait depuis longtemps que l'élimination des synapses est un phénomène important au cours du développement[24], élimination qui sert à sculpter ou affiner de nombreux aspects critiques du développement du cerveau, la formation des colonnes de dominance oculaire dans le cortex visuel[25] ou l'innervation musculaire par les motoneurones[26]. L'élimination apparaît comme le prix à payer pour stabiliser les synapses non éliminées. Des études récentes montrent que l'activité évoquée par des stimulations des récepteurs sensoriels périphériques, en l'occurrence les vibrisses des souris, peut contrôler l'élimination ou même la formation de synapses dans la zone de projection des vibrisses stimulées au niveau du cortex somatosensoriel. Je reviendrai sur cette question plus loin dans ce chapitre.

Je me contenterai de mentionner quelques-uns des mécanismes moléculaires propres à déterminer ces phénomènes d'élimination/stabilisation. L'activation des récepteurs NMDA peut entraîner l'insertion de récepteurs AMPA et des modifications de la morphologie des épines dendritiques, ce qui contribue à stabiliser la synapse adulte. Un mécanisme biochimique général peut aussi être invoqué qui expliquerait l'élimination synaptique par la dégradation des protéines pré-/postsynaptique. L'ubiquinitation est une modification chimique des protéines par l'ubiquitine, polypeptide très conservé de 76 acides aminés, qui, en réponse à diverses stimulations, se fixe à des résidus lysine des protéines qui, de la sorte, deviendront la cible du protéasome où elles seront dégradées[27]. Les enzymes contrôlant l'ubiquinitation opèrent dans la synaptogenèse des synapses de mammifères. Une balance dynamique entre l'activité synaptique et l'élimination de protéines synaptiques par la voie de l'ubiquitine-protéasome jouerait ainsi un rôle crucial[28] dans la plasticité moléculaire et fonctionnelle des synapses, non seulement au cours de la synaptogenèse, mais bien au-delà lors des modifications activité-dépendantes chez l'adulte.

---

24. Purves et Lichtman, 1980 ; Lohof, Delhaye-Bouchaud et Mariani, 1996 ; Sanes et Lichtman, 1999 ; Crepel, Mariani et Delhaye-Bouchaud, 1976
25. Shatz et Stryker, 1978 ; LeVay *et al.*, 1980.
26. Lichtman et Colman, 2000.
27. Glickman et Ciechanover, 2002.
28. Ehlers, 2003.

Établir des connexions pour faire des circuits

Lorsque des neurones sont reliés par des synapses et que celles-ci transmettent des signaux, ils forment des circuits. Ces derniers peuvent être relativement autonomes et sous-tendre des actions particulières. De nombreux réflexes (retirer sa main d'une surface brûlante, déplacer son regard vers un objet qui apparaît soudainement) ont pour origine la mise en jeu de ces circuits neuronaux spécifiques dont l'établissement au cours de la maturation du système nerveux résulte de la seule expression d'un plan génétique strict. Il en va de même de certains comportements plus complexes comme la marche, la nage ou le vol, selon le type de déplacement caractéristique de l'espèce. C'est probablement ce qui ce passe encore dans des cas plus complexes que les éthologistes spécialistes de l'étude des comportements ont appelés « comportements innés », comme l'effroi qu'un oisillon venant d'éclore et n'ayant jamais vu jusqu'alors que ses propres géniteurs éprouve à la vue d'un épervier planant au-dessus de son nid, alors qu'il n'a aucune raison de savoir, par expérience personnelle, qu'il est son prédateur. En revanche, beaucoup d'autres comportements exigent un long apprentissage. Ceci est évident chez les vertébrés, notamment les mammifères et tout particulièrement dans l'espèce humaine où le nouveau-né apparaît dans un état d'inachèvement tel qu'il lui faudra de longs mois, voire des années, de soins maternels, familiaux et sociaux, avant d'accéder à l'autonomie.

Dans le temps de la gestation, le cerveau humain atteint les deux tiers de sa taille adulte. À la naissance, son anatomie est remarquablement complète. Toutes les aires corticales, y compris celles qui sont typiquement humaines (les aires du langage par exemple), sont en place, tout comme les masses des noyaux cellulaires du tronc cérébral, contenant en tout plus d'un milliard de cellules nerveuses. Cette impression générale d'achèvement est cependant trompeuse. La formation des connexions intercellulaires qui ne contribuent que très modestement à l'augmentation de la taille globale du cerveau, mais qui sont essentielles à son fonctionnement, est loin d'être complète. Il y a en fait une énorme manufacture postnatale des fines branches par lesquelles les cellules nerveuses cherchent à former des contacts effectifs avec les autres cellules

Le nombre de points de contact entre neurones augmente considérablement ; on estime que chaque cellule mature a en moyenne dix mille synapses, dont la majeure partie se forme après la naissance. Le nombre total de synapses dans le cortex humain est estimé à 10^{15}, nombre largement supérieur à celui des habitants de cette planète ! Le branchement prolifique des dendrites et la formation des contacts synaptiques peuvent être observés sur les coupes de tissu cérébral des cerveaux d'enfants à différents âges.

Comment, dans ce foisonnement d'éléments minuscules, des connexions spécifiques peuvent-elles être sélectionnées de façon précise pour gouverner les processus de notre vie organique et mentale ? De cette sélection dépend en effet le développement des habiletés et des coordinations sensorimotrices, l'affinement des capacités perceptives, les capacités de mémoire de toute sorte, l'apparition du langage, la formation du vocabulaire, le développement de plus en plus précis de la pensée. Le simple fait de la croissance du cerveau n'implique pas nécessairement que les capacités mentales et physiques qu'il gouverne se déploient simplement et s'élaborent indépendamment de stimulations externes. D'un autre côté, le cerveau ne reste jamais passif et soumis vis-à-vis de l'environnement dans lequel il est plongé.

Même aux stades fœtaux, la sélection des connexions nerveuses dépend de l'environnement maternel ; on sait que de sérieuses déficiences mentales chez l'enfant peuvent avoir pour origine une mère qui, pendant certaines périodes de la gestation, est mal nourrie, alcoolique ou fortement stressée. Après la naissance, l'expérience est toujours active : les stimulations sont intensément recherchées par l'enfant, et non passivement ingurgitées. Ce qui est ainsi assimilé est sélectionné parmi des alternatives adaptatives rivales dans le cadre général de la formation du cerveau.

Les principes selon lesquels les stimuli externes, en étroite association avec l'expression du génome, contrôlent la différenciation du cerveau commencent à être connus. Nous en avons parlé plus haut dans ce chapitre. Quand les neurones embryonnaires migrent et forment des agrégats, quand il leur pousse de longs axones qui se dirigent dans un massif broussailleux de cellules et de fibres pour former des circuits précis, ils communiquent au moyen de signaux exprimés par des gènes régulateurs qui peuvent enclencher l'expression des autres gènes gouvernant le développement des cellules. La surface des cellules comporte des zones d'émission et des zones de réception de ces messages. Celles-ci ne répondent pas seulement à ces messages spécifiques, mais aussi aux hormones et aux substances de croissance, dites *neurotrophiques*, qui sont produites par diverses cellules. Une fois qu'un réseau de connexion nerveuse est formé, des signaux bioélectriques se mettent à circuler, de façon spontanée ou bien entraînés ou modulés par des signaux venus d'ailleurs. Ces influx contribuent à façonner les réseaux eux-mêmes. En effet, les impulsions électriques des neurones produisent des ajustements dans leur biochimie. Des messagers chimiques intercellulaires puissants peuvent être activés ou désactivés par les variations du potentiel électrique de la membrane de la cellule. La conception selon laquelle des facteurs neurotrophiques gouvernent la croissance et participent à la mise en place des circuits neuroniques peut être étendue à la formation des synapses elles-mêmes. Il se peut que des substances identiques ou voisines à ces facteurs neurotrophiques puissent être libérées par l'activité qui se transmet de neurone en neurone et participerait ainsi à renforcer, pour les stabiliser, ou à affaiblir, pour les détacher, les connexions synaptiques. De nombreux résultats expérimentaux viennent soutenir une telle hypothèse *synaptotrophique*. En outre, de très nombreux résultats montrent que si des neurones sont actifs en même temps, de façon synchrone, ils ont tendance à s'interconnecter ou mieux à renforcer leurs connexions initiales. Ces observations sont en accord avec une théorie proposée en 1949 par le psychologue canadien Donald Hebb[29], selon laquelle la synchronisation entre les activités pré- et postsynaptiques servirait à renforcer les connexions synaptiques. Cette proposition a connu un grand succès. Utilisée dans de nombreuses modélisations de l'activité nerveuse sous le nom de « règle d'apprentissage de Hebb », elle stipule qu'une connexion est consolidée si elle relie deux neurones actifs en même temps.

Une certaine plasticité, morphologique et fonctionnelle, se prolonge chez l'adulte, comme on peut s'en rendre compte lors de la restauration des fonctions motrices, langagières ou cognitives après la survenue d'accidents vasculaires cérébraux. S'il est clair, comme nous l'avons vu plus haut, qu'il existe, au cours du développement, de nombreuses modifications rapides des structures synaptiques en réponse à des stimulations externes, en va-t-il de même dans les structures cérébrales de l'organisme adulte ? Des expériences récentes semblent bien le montrer. Je prendrai un seul exemple. Chez les rongeurs, le système somatosensoriel présente une caractéristique remarquable, facilement mise en évidence en microscopie optique par des techniques simples de coloration cellulaire. Les grandes moustaches, les « vibrisses », non seulement sont représentées sur le cortex somatique primaire de façon topographique, ce qui est le cas général chez tous les mammifères et pour toutes les modalités sensorielles[30], mais surtout elles forment au niveau du cortex lui-même une structure singulière, une agglomération de neurones, dite « tonneau[31] ». À chaque follicule d'une vibrisse correspond dans le cortex un tonneau particulier, et la disposition des vibrisses sur la face de la souris correspond à la distribution des tonneaux sur le cortex. Il est alors possible d'activer naturellement, par une vibration mécanique, et sélectivement une seule vibrisse, sans toucher aux autres. Dans ces conditions, divers auteurs du laboratoire de Lausanne qui ont décrit cette organisation il y a trente-cinq ans ont montré, dans les conditions expérimentales que je viens de résumer, des modifications cellulaires dans la zone du

---

29. Hebb, 1949.
30. Je discuterai en détail cet aspect de la projection topographique des dispositifs sensoriels périphériques au niveau de leurs zones corticales spécifiques dans les chapitres suivants.
31. Woolsey et Van der Loos, 1970.

tonneau correspondant à la vibrisse stimulée, notamment une augmentation significative de la densité synaptique, surtout au niveau des épines, avec insertion de synapses GABAergiques.

RÔLE DE L'EXPÉRIENCE SENSORIELLE ET MOTRICE DANS LE DÉVELOPPEMENT DU CERVEAU : DE L'ÉBAUCHE À L'ÉPURE

Dans ses phases précoces de développement, le cerveau se met en place en suivant un calendrier précis de processus génétiques et épigénétiques. Dans cette période, une ébauche imparfaite se dessine et elle s'organise en quelque sorte autour d'une connaissance approchée du monde, connaissance peut-être accumulée au cours de l'histoire biologique des espèces et inscrite dans leur génome. C'est au cours d'une période plus tardive que cette ébauche est dégrossie pour s'accommoder des conditions particulières dans lesquelles l'histoire personnelle de l'individu se déroule et s'ajuste ainsi aux circonstances propres à chaque être. L'ébauche s'épure sous l'influence de mécanismes d'élimination. La mort cellulaire touche beaucoup de neurones et supprime de nombreuses connexions. Cette élimination massive commence avant et persiste après la naissance. Chez les mammifères, plus de 15 % des neurones disparaissent ainsi au cours des premières semaines de la vie postnatale. Les neurones condamnés le sont bien souvent parce qu'ils ont établi des contacts incorrects qui empêchent leur fonctionnement ultérieur. Des connexions transitoires sont également éliminées, ce qui restreint progressivement le domaine de projection des neurones viables.

Tous ces phénomènes montrent bien que le cerveau n'est pas d'emblée câblé, comme un ordinateur, avec la précision requise pour son fonctionnement normal. L'activité nerveuse joue un rôle éminent dans son organisation « connexionnelle[32] ». C'est d'autant plus vrai, qu'il est possible, par des manœuvres appropriées, de stabiliser des projections transitoires ou de créer des connexions aberrantes. Il s'agit de *perturber*, de la façon la plus ponctuelle possible, le décours normal du développement, et cela à un moment bien déterminé, et examiner comment le système retrouve son itinéraire de développement normal après en avoir été localement dévié. Puisque « activité et câblage » sont étroitement liés dans le développement du cerveau, l'étude des phases tardives de celui-ci est particulièrement féconde. L'activité est alors modulée par l'expérience sensorimotrice que fait l'animal, expérience qu'il est relativement facile de contrôler expérimentalement. On montre en effet que la rela-

---

32. Ce qui explique sans doute le succès des réseaux « connexionnistes » utilisés pour modéliser le fonctionnement du cerveau.

tion sensorimotrice qu'un organisme immature entretient avec son environnement influence le développement des connexions de son cerveau[33].

Le système visuel se prête particulièrement bien à ce type d'analyse, d'une part parce qu'on dispose d'une grande quantité d'information sur son architecture chez les mammifères et qu'il est facile, d'autre part, de manipuler, par des privations visuelles adéquates, l'environnement accessible à l'animal. On peut élever un animal immature en le privant totalement de vision. Il suffit pour cela de le maintenir dans l'obscurité totale ; on peut le priver *partiellement* de vision, par exemple de la vision nette des objets en lui faisant porter des lunettes ou des lentilles cornéennes qui rendent la vision floue ; on peut aussi lui interdire d'utiliser ses deux yeux de façon coordonnée en lui infligeant un strabisme expérimental ou en lui fermant un œil par un bandeau opaque ; on peut encore l'empêcher de « voir le mouvement » en l'élevant dans un milieu éclairé d'une lumière stroboscopique dans lequel les objets changent de position sans suivre de trajectoire continue, un peu à la manière dont apparaissent les danseurs et les danseuses dans une discothèque. Décrire, même sommairement, les principaux résultats obtenus par l'application de cette ligne de recherche dépasserait les limites de ce chapitre ; j'aurai l'occasion d'y revenir à plusieurs endroits. Il nous suffit de dire qu'elle permet d'étudier comment le cerveau visuel construit les représentations de certains attributs de l'environnement (l'orientation des bordures des objets, leur mouvement dans l'espace, la distance où ils se trouvent...) et comment il utilise ces représentations pour gouverner des actions déclenchées et pilotées par ce qu'il voit, par exemple, pour attraper un objet, éviter un obstacle, s'orienter vers de la nourriture, ou s'éloigner d'un prédateur.

Le développement ontogénétique d'un cerveau particulier peut ainsi être considéré comme une « mise à jour », par des modifications tirées de l'expérience vécue, c'est-à-dire réellement *utilisées*, des connaissances de base que le cerveau tient de son histoire phylogénétique. Cette constatation suggère dans quelle direction il faut aller pour chercher des modèles satisfaisants du fonctionnement du cerveau : ce qui détermine une partie importante de ce fonctionnement résulte d'une part d'un apprentissage constant et d'autre part d'une architecture de base, largement distribuée et massivement parallèle. Il y a toujours de façon très intriquée de l'inné et de l'acquis dans le développement d'un cerveau. En essayant de démêler ce qui revient à l'un et à l'autre, on s'aperçoit vite que l'imperfection dans le contrôle génétique va croissant avec la complexité. Plus les phénomènes sont complexes, plus ils sont modifiables. C'est tout particulièrement vrai du cerveau humain, certainement le plus complexe de tous les cerveaux, qui manifeste une grande plasticité jusque tard dans la vie.

---

33. Frégnac et Imbert, 1984.

CHAPITRE III

NEURONES ET TRANSMISSION SYNAPTIQUE

Le neurone est l'unité structurale du tissu nerveux. Nous le savons depuis que la théorie neuronique de Ramón y Cajal s'est définitivement imposée au début du XXe siècle (voir chapitre premier). Mais le neurone est également une unité de « traitement de l'information ». Il génère des signaux électriques qui servent à coder les informations recueillies par les cellules sensorielles ou élaborées par le système nerveux lui-même. Ces signaux sont transmis à d'autres neurones au travers de zones spécialisées appelées synapses. Ils constituent les éléments de communication utilisés par des réseaux de neurones interconnectés pour réaliser toutes les fonctions cérébrales, des plus humbles aux plus sophistiquées, du simple réflexe au langage articulé et à la pensée abstraite. Il est donc essentiel de commencer par examiner comment le neurone élabore le signal qui traduit sa mise en jeu, et comment, une fois engendrés, ces signaux circulent et sont transmis à d'autres cellules, neurones ou cellules effectrices, musculaires ou glandulaires.

Le fonctionnement des neurones

LE POTENTIEL DE REPOS ET LES POMPES IONIQUES[1]

Ce sont les propriétés de la membrane plasmique qui confèrent au neurone ses caractéristiques de cellule excitable. Il faut savoir que toutes les cellules vivantes présentent de part et d'autre de leur membrane plasmique une différence de potentiel électrique dont l'origine réside dans une distribution inégale entre l'intérieur et l'extérieur de la cellule de particules chargées électriquement, les ions[2]. Les ions les plus importants pour la signalisation neurale sont : le sodium (Na^+), le potassium (K^+), le calcium (Ca^{2+}) et le chlorure (Cl^-). La concentration interne en ions potassium, que l'on écrit $[K^+]_{int}$, est beaucoup plus importante que la concentration externe, $[K^+]_{ext}$; il en va différemment pour les autres espèces ioniques. Ces différences de concentration créent un gradient qui entraîne le déplacement passif, par diffusion, de chacun de ces ions entre les deux compartiments, interne et externe, de la cellule, à la condition, bien entendu, que la membrane ne soit pas totalement imperméable. Si la membrane est bien perméable, les ions, étant des particules électriquement chargées, en se déplaçant, établissent un champ électrique transmembranaire. Ainsi, pour chaque espèce ionique, la condition d'équilibre ne sera pas atteinte par la simple égalisation des concentrations (comme il en va pour la diffusion d'un morceau de sucre, électriquement neutre, dans un verre d'eau), mais sera réalisée par l'annulation de la différence de potentiel électrochimique transmembranaire. Ce qui veut dire qu'une différence de potentiel entre les deux compartiments peut contrebalancer une différence de concentration ; pour un ion donné, cette valeur est appelée son potentiel d'équilibre (E_{ion}) ; elle est donnée par une équation connue de longue date sous le nom d'équation de Nernst[3], nom du biophysicien allemand Walther Hermann Nernst,

---

1. Pour une discussion détaillée de la physiologie du neurone voir l'excellent ouvrage de Trischt, Chesnoy-Marchais et Feltz, 1998.
2. Tous les êtres vivants renferment dans leurs tissus une proportion importante d'eau, supérieure à 80 % du poids du corps ; dans ces conditions la plupart des sels minéraux présents dans l'organisme le sont sous forme dissoute ; ils sont dissociés en leurs composants ioniques, les *ions*, atomes ou molécules pourvus d'une charge électrique. On distingue les *cations*, pourvus d'une (Na^+, K^+) ou de deux (Ca^{2+}) charges positives, des *anions*, pourvus d'une charge négative (Cl^-). Si on applique un champ électrique à une solution contenant des ions, ceux-ci, selon leur charge, vont migrer vers le pôle de charge opposée. Les ions, en raison de leur concentration et de leur charge, sont ainsi engagés dans des équilibres physicochimiques complexes.
3. L'équation est : $E_{ion} = RT/ZF \ln [ion]_{ext}/[ion]_{int}$, dans laquelle R = constante des gaz parfaits (8,315 J $mol^{-1}K^{-1}$; T, la température absolue ; Z, la valence de l'ion ; F, constante de Faraday ($9,648 \times 10^4$ C mol^{-1} ; C = coulomb).

lauréat du prix Nobel de chimie en 1920, qui, le premier, l'a décrite en 1889.

À aucun moment, la membrane de la cellule nerveuse n'est sélectivement et exclusivement perméable à un seul ion ; au contraire, les différentes espèces ioniques peuvent, avec plus ou moins de facilité et selon les moments, passer à travers la membrane. Si l'on prend les valeurs de concentrations ioniques généralement admises et indiquées dans le tableau suivant.

Composition ionique en mM/L des milieux extra- et intracellulaires au niveau des cellules nerveuses

	Na^+	K^+	Cl^-	Ca^{+2}
Extérieur	150	5	150	1
Intérieur	15	100	13	$<10^{-4}$

on trouvera les différents potentiels d'équilibre suivants établis à 37° centigrades ou 310 K :

pour   le K^+ $E_k = -80\,mV$

        le Na^+ $E_{Na} = +62\,mV$

        le Cl^- $E_{Cl^-} = -65\,mV$

        le Ca^{2+} $E_{Ca} = +123\,mV$

Supposons un instant que, contrairement à ce que nous venons de dire, la membrane ne soit perméable qu'aux ions K^+ et totalement imperméable aux autres espèces ioniques, on dit dans ce cas que la membrane est semi-perméable ; le potentiel transmembranaire sera celui donné par l'équation de Nernst pour les concentrations en K, c'est-à-dire – 80 mV, l'intérieur négatif par rapport à l'extérieur. Si l'on suppose que la membrane est perméable aux seuls ions Na^+ et imperméable aux autres, ce potentiel sera égal à + 62 mV, l'intérieur est positif par rapport à l'extérieur. Or, si l'on mesure la différence de potentiel de part et d'autre de la membrane d'un neurone, *in vivo,* autrement dit inséré dans le tissu nerveux d'un organisme vivant, ou *in vitro,* c'est-à-dire isolé dans une boîte de culture cellulaire, la valeur obtenue ne sera aucune des deux, ni d'ailleurs aucune de celles calculées pour toutes les autres espèces ioniques. De même qu'on mesure la différence de potentiel aux bornes d'une pile électrique en utilisant un voltmètre, on mesure aussi, et avec le même type d'appareillage, le potentiel transmembranaire d'une cellule nerveuse. Pour cela, on introduit à l'intérieur de la cellule une électrode très fine, appelée microélectrode, en général une petite pipette de verre dont le diamètre externe de la pointe est inférieur au micron (un millième de millimètre). Cette pipette est remplie d'une solution conductrice dans laquelle est plongé un fil conducteur que l'on relie à une borne de l'appareil de mesure, l'autre borne étant reliée à une électrode dite de *référence*, fil conducteur plongé dans une solution de chlorure de potassium, souvent représenté sur les schémas d'électronique par le symbole dit *de la masse*. Le schéma suivant résume ce dispositif expérimental servant à mesurer la différence de potentiel entre l'intérieur et l'extérieur de la cellule, ici de – 75 mV, en ordonnées exprimées en millivolts, lorsque la pointe de la microélectrode pénètre dans la cellule, moment indiqué par le décrochement sur l'axe du temps.

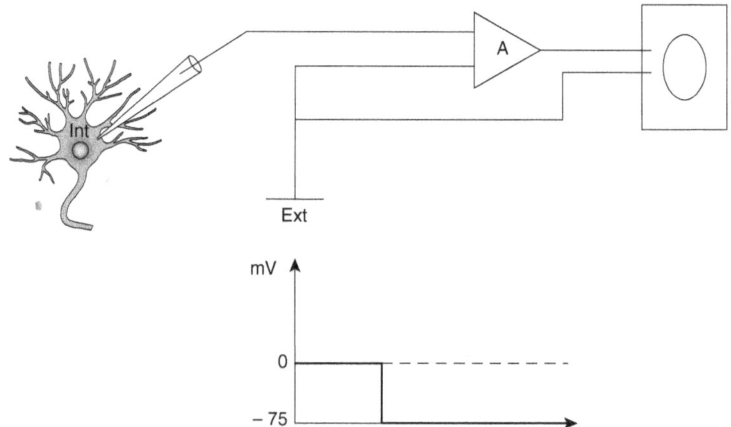

Figure 3-1 : *Dispositif d'enregistrement intracellulaire.*
Lorsqu'une microélectrode est insérée à l'intérieur (Int) d'une cellule nerveuse, une déflection stable de -75 mV est enregistrée sur l'écran d'un appareil de mesure, un oscilloscope cathodique par exemple.
A : amplificateur ; Ext : référence externe ; mV : millivolt.

Ce potentiel est variable selon les cellules nerveuses, il se situe entre – 20 et – 90 mV, généralement proche de – 75 mV, comme indiqué sur notre schéma. Dans de nombreuses cellules, et à la condition qu'elles ne soient sollicitées en aucune manière, il reste stable ; pour cette raison, il est appelé *potentiel de repos*.

LES IONS SODIUM ET POTASSIUM : LA POMPE NA/K

On doit remarquer que le potentiel de repos est différent de tous les potentiels d'équilibre des divers ions inégalement répartis entre l'intérieur et l'extérieur de la cellule nerveuse. Ce décalage provient du fait que chaque ion contribue, de façon très inégale, à l'édification de ce potentiel de repos. En fait, la membrane plasmique n'est pas semi-perméable comme nous l'avons supposé plus haut. À l'exception des anions organiques qui restent confinés à l'intérieur de la cellule, et des ions chlorure pour lesquels certaines cellules sont très imperméables, tous les autres traversent la membrane ; il existe en effet un passage permanent, faible mais mesurable, de Na^+ vers l'intérieur et de K^+ vers l'extérieur, que les électrophysiologistes appellent courants ioniques de « fuite ». Pour que le potentiel transmembranaire soit maintenu stationnaire, il devient nécessaire qu'un mécanisme *actif* contrecarre ces fuites et pour cela expulse en permanence des ions Na^+ et importe des ions K^+. Ce mécanisme, présent dans toutes les membranes cellulaires, est coûteux en termes énergétiques, il s'agit en effet de déplacer des ions contre leurs gradients électrochimiques. L'énergie requise vient du métabolisme d'une molécule, l'ATP, adénosine triphosphate, produit de la respiration cellulaire. Dans la membrane plasmique, une molécule est insérée qui est à la fois enzyme qui catalyse la transformation de l'ATP en ADP, adénosine diphosphate, et capable d'utiliser l'énergie ainsi libérée pour transporter, d'un même mouvement, 3 ions sodium de l'intérieur vers l'extérieur et 2 ions potassium de l'extérieur vers l'intérieur. Ce dispositif moléculaire transmembranaire porte le nom de « pompe ATPase K^+/Na^+ » (le suffixe *-ase* signifie qu'il s'agit d'une enzyme, une diast*ase*, propre au métabolisme de la molécule désignée par la racine, ici l'ATP, provoquant sa transformation en ADP). De la sorte, les courants de « fuite » sont compensés et la distribution inégale de part et d'autre de la membrane plasmique, notamment des ions Na^+ et K^+ est maintenue constante. Étant donné que la pompe déplace inégalement les ions K^+ et les ions Na^+, elle génère en permanence un courant ionique Na^+ sortant de la cellule, faible mais constant, on dit que la pompe est *électrogénique*. Le transport actif ne concerne pas uniquement le Na^+, mais aussi le Ca^{2+} et les ions hydrogène, ou protons H^+.

LES IONS CALCIUM ET CHLORURE

Dans le cytoplasme intracellulaire, le *calcium* se présente soit sous forme libre (ion diffusible et mobile), soit lié à diverses protéines aux noms évocateurs (calmoduline, calpaïne, parvalbumine, recoverine, etc.). Une forte fraction du Ca^{2+} intracellulaire est par ailleurs séquestrée (lié ou libre) dans des organelles intracellulaires spécifiques, au premier chef le réticulum endoplasmique. La concentration du Ca^{2+} cytoplasmique libre est ainsi maintenue très basse (inférieure à 10^{-7}M)[4]. Cette concentration augmente lorsque de très nombreux processus cellulaires le réclament, soit par entrée du Ca extracellulaire, grâce à un mécanisme où la

---

4. Rappelons que la concentration d'une substance est le nombre de molécules par litre de solution. Ce nombre de molécules est exprimé en moles (M) ; 1 M = $6,02 \times 10^{23}$ molécules (6,02 est le fameux nombre d'Avogadro). Une solution est dite molaire (1M) lorsque la concentration est d'une mole par litre. Une solution millimolaire (1mM) contient à 0,001 (c'est-à-dire 10^{-3}) mole par litre.

valeur du potentiel électrique joue un rôle déterminant, soit par relargage à partir des stocks intracellulaires. Dans le milieu extracellulaire, la concentration en calcium est très élevée, de l'ordre de 10^{-3} ; pour maintenir ce gradient de concentration, la membrane plasmique possède des mécanismes actifs expulsant le calcium de la cellule dépensant beaucoup d'énergie puisée notamment dans le métabolisme de l'ATP.

Les ions chlorure se comportent de façon différente des autres espèces ioniques. Dans la plupart des cellules animales, la concentration intracellulaire en Cl^- n'est pas, à la différence des autres espèces ioniques principales, notamment Na^+ et K^+, assurée par des mécanismes de transport actif efficaces ; ils se distribuent passivement de part et d'autre de la membrane pour s'équilibrer à la valeur du potentiel transmembranaire fixée par les ions Na^+ et K^+. Pour de nombreux neurones cependant, en particulier les neurones du système nerveux sympathique et les motoneurones, il en va autrement : leur distribution relative est contrôlée par des mécanismes couplés au transport actif d'autres ions.

RETOUR AU POTENTIEL DE REPOS

De part et d'autre de la membrane d'un neurone, les concentrations relatives des principaux ions, Na^+, K^+, Ca^{2+} et Cl^-, les caractéristiques très différentes des perméabilités de la membrane plasmique à chacun de ces ions, l'existence de « pompes ioniques », qui stabilisent les gradients en dépit des passages que permettent ces perméabilités, concourent à établir une séparation stable des charges, ce qui constitue une sorte de « pile électrique » pour chacun de ces ions. La différence de potentiel de la pile, son « voltage », correspond au potentiel d'équilibre pour cet ion. Étant donné que ce potentiel d'équilibre pour un ion donné est différent du potentiel de repos, il existe, pour chaque ion, une force, un gradient électrochimique, $V\text{-}E_{ion}$, qui s'exerce sur chacun d'eux. Les ions Na^+ et Ca^{2+} vont avoir tendance à *entrer* dans la cellule, les ions K^+ à *sortir* (nous avons déjà indiqué plus haut que les ions Cl^- se distribuaient passivement de part et d'autre de la membrane pour s'ajuster à une valeur fixée essentiellement par les ions Na^+ et K^+, ils ne jouent donc pas un rôle important dans l'établissement du potentiel de repos). Le schéma suivant résume les mécanismes responsables de l'établissement du potentiel de repos (Fig. 3-2).

Si toutes les cellules vivantes présentent un potentiel transmembranaire dont les mécanismes de production sont ceux que nous venons de brièvement décrire, potentiel relativement stable et susceptible de jouer divers rôles dans le fonctionnement de la cellule, seules les cellules dites *excitables*, c'est-à-dire les neurones et les cellules musculaires, sont capables de larges variations de ce potentiel de repos. Ce sont ces capacités de modulation qui font de ce potentiel membranaire un véritable signal

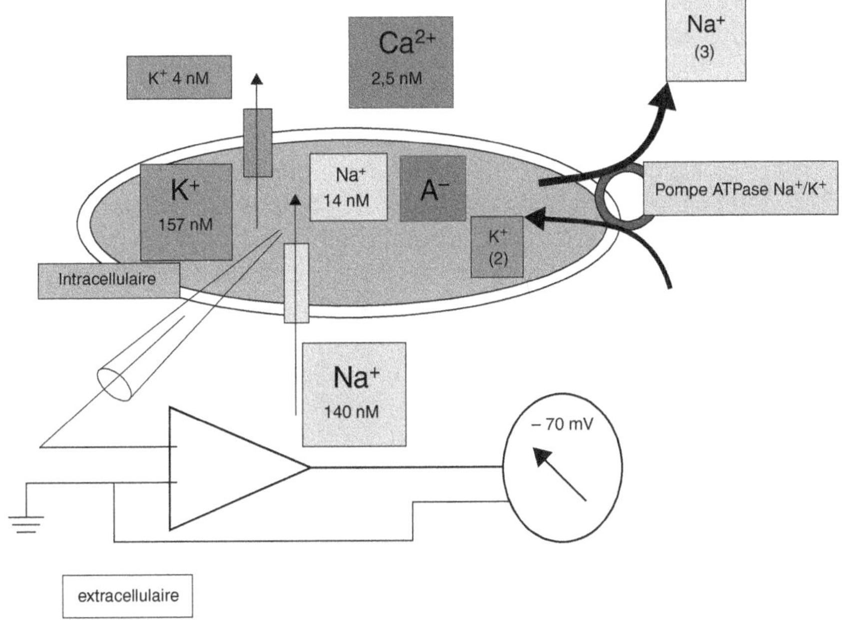

Figure 3-2 : *L'établissement du potentiel de repos.*
Les différentes espèces ioniques sont représentées dans des carrés dont la surface est proportionnelle à leur concentration indiquée en mM. La pompe ATPase Na⁺/K⁺ permet la sortie de 3 ions Na⁺ et l'entrée de 2 ions K⁺.

susceptible de représenter un état ou un événement se produisant à l'extérieur du neurone lui-même, au niveau notamment du réseau synaptique dans lequel il est inclus. Les variations plus ou moins importantes en amplitude, de polarité négative ou positive, du potentiel de repos reposent presque entièrement sur l'existence dans la membrane du neurone de dispositifs moléculaires spécifiques, transporteurs et canaux ioniques, contrôlant le passage des divers ions. On observe, en effet, une simple diffusion à travers la membrane, mais sa lenteur et sa faible importance ne lui confèrent d'importance qu'à travers les mécanismes requis pour le maintien à long terme du potentiel de repos.

Transporteurs et canaux membranaires

Certaines molécules, électriquement neutres ou chargées, peuvent diffuser à travers la membrane. Cette diffusion, même lente et très faible, est suffisante pour qu'à la longue s'annule le gradient électrochimique qui existe, dans les conditions normales, de part et d'autre de la membrane cellulaire. Nous l'avons vu, des mécanismes de transport actif, c'est-à-dire requérant de l'énergie, sont là pour maintenir constant ce déséquilibre ionique, qui est à la base du potentiel de repos.

LES TRANSPORTEURS

Les transporteurs sont des protéines membranaires (ou des complexes de sous-unités protéiques) qui présentent un ou plusieurs motifs appelés *sites récepteurs* sur lesquels un substrat, une molécule organique ou un ion inorganique, peut se fixer. Dès que la liaison est assurée, elle entraîne un changement dans la forme du complexe substrat-transporteur qui permet au substrat de traverser pour être relâché de l'autre côté de la membrane. Des centaines de processus de *translocation* ont été identifiés physiologiquement et quelques douzaines de transporteurs ont été clonés. Cependant, en dépit de cette grande diversité, une caractéristique générale et fondamentale doit être soulignée.

Étant donné que le transporteur a une forme tridimensionnelle unique, caractéristique de la séquence d'acides aminés et de son repliement singulier, le site transporteur ne peut reconnaître qu'un substrat donné, celui dont la forme tridimensionnelle (stéréo) s'apparie spécifiquement à celle du site en question (stéréospécificité). Néanmoins, cette explication séduisante, dans la mesure où elle renvoie à un modèle mécanique simple, celui de la clé et de la serrure, n'est recevable que pour les transporteurs d'acides aminés, de glucose, de neurotransmetteurs, etc. ; elle est insuffisante dans le cas des transporteurs Na^+, K^+, etc., pour lesquels la sélectivité n'est qu'en partie assurée par les processus de stéréospécificité. En outre, le nombre de transporteurs sur une membrane est fini, ce qui a pour conséquence de *saturer* le processus de translocation à travers la membrane : à partir d'une certaine valeur, toute augmentation de concentration du substrat sera sans effet. En d'autres termes, lorsque tous les transporteurs seront occupés, le transport, sans cesser pour autant, aura atteint sa vitesse maximale.

Il existe de nombreux poisons dont l'effet est de bloquer le fonctionnement des transporteurs. Un exemple est donné par une substance, l'*ouabaïne*, qui appartient à une famille de composés, les glycosides cardiaques, stéroïdes atypiques produits par certaines plantes, comme la *Digitalis pupurea*, connus depuis longtemps pour leurs effets favorables dans le traitement de certaines affections cardiaques ; cette substance agit de façon spécifique sur le transport actif des ions Na^+ par la « pompe ATPase K^+/Na^+ ». La *palytoxine*, qui est une autre toxine marine, moins connue que l'ouabaïne, extraite de coraux d'Hawaï, *Palythoa toxica*, très efficace, capable de tuer une souris à une dose aussi faible que 15 ng/kg, mérite néanmoins d'être signalée car elle agit en transformant la pompe Na^+/K^+ en un canal ionique non spécifique, ce qui semble effacer la distinction tranchée généralement attribuée aux transporteurs *versus* les canaux. Il y a beaucoup de modèles de transporteurs avec des portes qui s'ouvrent et se ferment astucieusement selon les circonstances (voir plus bas). La différence conceptuelle importante, celle qu'il faut retenir, est moins celle qui distingue *transporteurs* et *canaux* que celle qui différencie *transport actif* et *transport passif*.

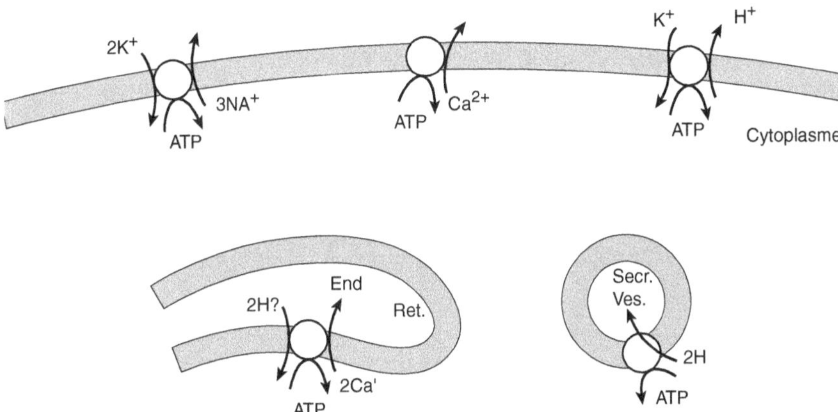

Figure 3-3 : *Transporteurs membranaires.*
Les trois de la partie supérieure sont situés dans la membrane plasmique ; en bas, à gauche dans la membrane de réticulum endoplasmique à droite, dans la membrane d'une vésicule.

La figure 3-3 illustre cinq types de différents transporteurs, tous tributaires de l'énergie apportée par l'ATP. Trois sont situés dans la membrane plasmique : la pompe ATPase K⁺/Na⁺, que nous connaissons déjà, une pompe Ca²⁺, que nous avons évoquée plus haut, et une pompe à protons, H⁺, dont l'importance est grande pour régler le taux d'acidité des cellules, leur pH, et que l'on trouve en grande quantité dans les membranes des parois intestinales. Deux sont situées dans des membranes d'organites intracellulaires : une pompe Ca²⁺ dans la membrane du *réticulum endoplasmique* qui sert à la séquestration des ions calcium ; une pompe à protons, H⁺, qui règle le pH des vésicules de sécrétion et fournit un gradient à une famille de transporteurs qui emmagasinent les neurotransmetteurs à l'intérieur des vésicules.

En outre, pour ajouter encore à la complexité du système, et donc à sa souplesse, il convient d'ajouter qu'il est possible de distinguer plusieurs catégories de transports par transporteur.

LES CANAUX IONIQUES

Les canaux ioniques sont aussi des protéines intrinsèques de la membrane plasmique. Mais, contrairement aux transporteurs, ils ne *portent* pas le substrat pour le transférer d'un côté à l'autre de la membrane, mais changent de configuration pour laisser circuler les ions, un peu comme une *porte* qui s'ouvre pour laisser entrer ou sortir quelqu'un ou plusieurs personnes, généralement pressés de franchir le seuil. Fermée, cette porte empêche tout passage. On peut distinguer trois grandes catégories de canaux ioniques selon le type de signal qui en autorise l'ouverture.

Lorsque le signal est électrique, on parle de *canal voltage-dépendant* : généralement fermé lorsque le potentiel de membrane est celui du potentiel de repos, il s'ouvre lorsqu'une différence de potentiel appropriée est établie de part et d'autre de la membrane.

Lorsque le signal est chimique, une substance spécifique est reconnue par un site de liaison particulier du canal, situé soit du côté externe, soit du côté interne de la membrane cellulaire. Après reconnaissance, le complexe, formé par le ligand et la molécule-canal, ouvre la porte, c'est-à-dire un passage jusqu'alors fermé, un pore muni d'une porte, permettant ainsi aux ions de passer d'un côté à l'autre de la membrane ou d'être stoppés si le canal, avant de lier le ligand, était déjà ouvert, pour se fermer sous l'influence du ligand. On parle dans ces cas de *canal ligand-dépendant* que nous reverrons lorsque nous aborderons la transmission synaptique chimique.

Lorsque le signal n'est ni électrique ni chimique, il s'agit alors généralement de l'ouverture mécanique, par une pression ou un étirement directement appliqué à la membrane qui abrite cette catégorie de canaux. La simple déformation imposée est telle que le canal laisse circuler à travers lui les ions selon leur gradient électrochimique.

Tous ces canaux peuvent voir leur activité altérée par de très nombreuses drogues ou toxines. Une toxine particulièrement utilisée est la tétrodotoxine (TTX) extraite d'un poisson japonais, le *fugu* ou poisson-boule ou de la grenouille *Atelopus* du Costa Rica ; cette toxine a la propriété de bloquer une classe importante de canaux Na^+ qui dépendent du voltage. Le répertoire des toxines, d'origine animale ou végétale, est particulièrement riche, il fournit aux pharmacologues des outils précieux pour analyser le comportement de ces canaux qu'ils soient voltage ou ligand-dépendants. L'activité de tous les canaux, voltage ou ligand-dépendants, comme ceux qui ne sont ni l'un ni l'autre, est également régulée par des phénomènes chimiques caractéristiques de la vie cellulaire, des phosphorylations et des déphosphorylations par exemple, ou par la liaison avec des messagers intracellulaires comme le Ca^{2+} par exemple. Nous aurons l'occasion d'en reparler lors de l'étude de la transmission synaptique chimique ou du fonctionnement de cellules réceptrices.

Certains canaux, notamment des canaux Na^+ qui dépendent du voltage présentent une propriété importante, l'*inactivation* : tout de suite après son ouverture, la porte se referme à nouveau, en dépit de la présence du signal qui l'a ouverte. Nous aurons l'occasion de revenir sur cette propriété lorsque nous parlerons du potentiel d'action.

Outre les trois catégories que nous venons de brièvement présenter, il existe un grand nombre de canaux différents selon chaque catégorie et selon les espèces ioniques pour lesquelles ils sont sélectifs. Ainsi pour le sodium, en plus du canal voltage-dépendant que nous venons de décrire plus haut, pour lequel il existe au moins quatre formes différentes (aujourd'hui clonées et séquencées), on trouve également des canaux Na^+ ligand-dépendants et des canaux Na^+ dont la porte est ouverte au repos, permettant de la sorte une entrée permanente (selon son gradient électrochimique) de Na^+. Ces derniers, peu nombreux dans la membrane plasmique des cellules nerveuses, sont en grand nombre dans certaines cellules épithéliales.

Pour le potassium, on trouve des canaux ouverts au potentiel de repos dans la membrane plasmique de toutes les cellules animales, ils sont responsables de l'état électrique de repos de la cellule, la *fuite* de potassium ainsi permise (de même que l'entrée des ions Na^+ par les canaux Na^+ *sans porte* que nous venons juste de mentionner) doit être contrecarrée par un mécanisme de transport actif par la pompe ATPase K^+/Na^+. Les canaux K^+ voltage-dépendants qui travaillent de concert avec les canaux Na^+ voltage-dépendants sont essentiels pour produire des modifications de l'activité électrique caractéristique des cellules excitables, activées avec un certain retard par rapport aux canaux sodiques, ils permettent la repolarisation de la membrane, on les appelle pour cette raison des *canaux K^+* à activation retardée.

Pour le chlorure, on connaît dans le système nerveux une classe de canaux Cl^- ligand-dépendants pour lesquels deux neurotransmetteurs essentiellement inhibiteurs, le GABA (acide γ-aminobutyrique) et la glycine sont les ligands qu'ils reconnaissent spécifiquement. On peut signaler également l'existence d'un canal Cl^- particulier, la protéine CFTR (pour *Cystic Fibrosis Transmembrane Regulator Protein*) qui n'est pas voltage- ou ligand-dépendant, mais qui requiert l'activation d'un messager intracellulaire et dont le dérèglement cause la *mucoviscidose*.

Enfin, pour le Ca^{2+}, on a décrit un grand nombre de canaux, certains voltage-dépendants, d'autres ligand-dépendants. Ces canaux sont très importants car le calcium joue un rôle essentiel dans un très grand nombre de fonctions cellulaires.

Potentiels locaux, potentiels propagés

LES POTENTIELS GRADUÉS

Avec un dispositif expérimental du type que celui que nous avons déjà utilisé plus haut, réalisons l'expérience suivante (Fig. 3-4).

Au moyen des électrodes S, nous faisons passer un courant électrique constant, d'une durée fixe et d'intensité variable, à travers la membrane d'une cellule excitable. Selon la polarité du générateur, on injecte, à travers la microélectrode, des charges négatives pour faire une hyperpolarisation, et des charges positives pour faire une dépolarisation. La microélectrode 1 nous permet d'enregistrer le potentiel de repos de la membrane et ses variations en fonction des charges injectées. Commençons par injecter des charges négatives, nous recueillons une déflexion du potentiel de membrane vers le bas, d'une certaine amplitude, les bords sont seulement arrondis (à cause des propriétés de capacitance électrique de la membrane), le potentiel de repos passe de – 70 mV à – 80 mV. On dit qu'il y a *hyperpolarisation* de la membrane. Si nous augmentons l'intensité, nous recueillons une déflexion de plus grande amplitude, mais toujours de même polarité, l'amplitude de l'hyperpolarisation passe à – 85 mV. Si nous injectons des charges positives, la variation enregistrée en 1 variera maintenant dans le sens d'une *dépolarisation* : le potentiel passe de – 70 à – 60, puis à – 55 mV. En s'intéressant à ce qui se passe au niveau de l'électrode 2, située à une distance de S plus grande que l'électrode 1, nous remarquerons que nous enregistrons des déflections tout à fait semblables en termes de durée, de polarité et de forme, mais qui diffèrent cependant en amplitude, – 75 au lieu de – 80 et – 80 au lieu de – 85 ; même chose pour les dépolarisations. On dit que les charges injectées produisent des variations *graduées* du potentiel de membrane qui vont s'atténuant en fonction de la distance de la source de stimulation électrique.

Ces potentiels gradués, de dépolarisation ou d'hyperpolarisation, peuvent se sommer algébriquement : si on injecte des charges positives à travers une électrode de stimulation S1 et des charges négatives à travers une autre électrode adjacente S2, on recueillera au niveau des microélectrodes de réception une variation graduée de potentiel qui sera la somme de la dépolarisation induite par S1 et de l'hyperpolarisation induite par S2. Ce potentiel gradué sera atténué rapidement en fonction de la distance d'enregistrement sur la membrane. C'est la raison pour laquelle on appelle aussi ce type de potentiels, des *potentiels locaux*, voulant dire ainsi qu'ils restent en quelque sorte confinés dans une zone limitée de la membrane plasmique.

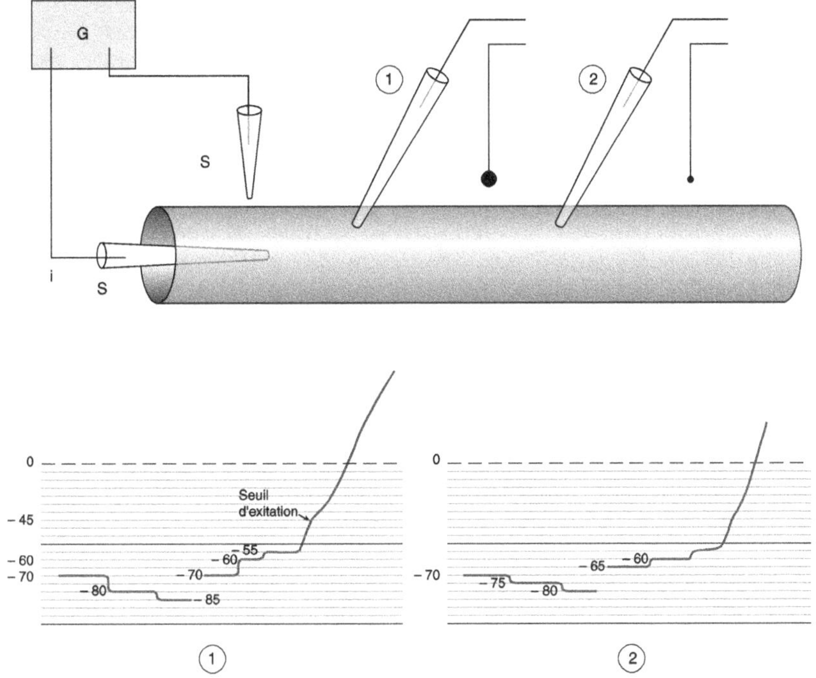

Figure 3-4 : *Les potentiels gradués.*
Voir texte pour détails.

LE POTENTIEL D'ACTION

En augmentant progressivement le nombre de charges injectées, on remarque une différence entre les charges négatives et les charges positives. Les premières provoquent des variations négatives de potentiels qui se somment jusqu'à une amplitude d'hyperpolarisation qui peut atteindre et même dépasser les – 90 mV. En revanche, les charges positives dépolarisent progressivement le potentiel de membrane jusqu'à – 45 mV, et, cette valeur atteinte, provoquent l'apparition d'un phénomène nouveau, appelé *potentiel d'action*. À cette valeur de – 45 mV, la dépolarisation s'accentue, croise la ligne du potentiel zéro, monte jusqu'à une valeur positive de + 60 mV ! Après ce pic, le potentiel décroît rapidement, repasse la ligne du potentiel zéro et se polarise à nouveau à un niveau plus négatif que son potentiel de repos initial, – 84 mV par exemple, avant de revenir lentement à sa valeur de départ de – 80 mV. L'essence du potentiel d'action réside dans une boucle de rétroaction positive qui fait que les premiers canaux Na qui s'ouvrent font entrer du Na qui dépolarise la cellule, dépolarisation qui permet à davantage de canaux Na de s'ouvrir, ce qui dépolarise encore plus la cellule, ce qui ouvre d'autres canaux Na et ainsi de suite.

La figure 3-4 illustre les événements ioniques qui impliquent des canaux Na⁺ et K⁺ voltage-dépendants. La valeur de dépolarisation de – 45 mV, appelée seuil d'excitation, correspond au voltage à partir duquel des canaux Na⁺ voltage-dépendants vont s'ouvrir. Cette ouverture permettant aux ions sodium d'entrer va entraîner une augmentation considérable de la dépolarisation, le potentiel d'équilibre va tendre vers le potentiel d'équilibre du Na⁺ (dans notre tableau de la page 127 = + 62 mV). Cependant, la dépolarisation ainsi accrue va ouvrir des canaux K⁺ voltage-dépendants un peu plus lents que les canaux Na⁺ ; en outre ces derniers se referment immédiatement après leur ouverture selon un mécanisme d'inactivation dont nous avons déjà parlé. Ces deux derniers mécanismes provoquent la repolarisation de la membrane dont le potentiel va tendre vers le potentiel d'équilibre du K⁺ qui est plus négatif (+ 84 mV dans notre exemple de la Fig. 3-5 A) que le potentiel de repos de la cellule. Ce n'est qu'ensuite et progressivement que le potentiel de la membrane va revenir à son état de repos.

Cette figure montre quelques moments importants, le seuil de déclenchement, la rapidité de la phase ascendante (de dépolarisation) de la variation de potentiel, une phase de repolarisation un peu plus lente, enfin une phase d'hyperpolarisation consécutive au potentiel. Les variations de potentiel qui précèdent le seuil sont graduées, locales et sommables ; en revanche, la dépolarisation qui suit est totalement indépendante du potentiel expérimentalement imposé, on aura beau augmenter l'intensité du courant de stimulation, une fois le seuil franchi, la variation en deux phases, ascendante puis descendante, de potentiel ne sera pas différente de celle obtenue par un stimulus situé juste au seuil. Ainsi la première caractéristique du *potentiel d'action* (PA) est d'être « tout ou rien ». À partir du moment où la membrane a *intégré* les diverses variations, positives et négatives, pour atteindre le seuil d'excitation, un brusque changement de potentiel est déclenché qui échappe complètement à tout contrôle ultérieur, un potentiel d'action est métaphoriquement *tiré*, comme un coup de feu.

C'est à deux physiologistes de Cambridge (Grande-Bretagne), Alan Hodgkin et Andrew Huxley, prix Nobel de médecine en 1963, que l'on doit la compréhension des mécanismes du potentiel d'action (Fig. 3-5B). Dans les années 1950, leurs recherches ont permis d'offrir une description détaillée du potentiel d'action qui a servi de base à l'élaboration d'un modèle mathématique, désormais classique[5]. Un mollusque marin, abondant sur les côtes de la Méditerranée et de l'Atlantique, le calmar, possède un axone géant, dont le diamètre est de l'ordre du millimètre, qui en fait un modèle animal particulièrement favorable aux explorations électrophysiologiques. En effet, un tel axone a permis à Hodgkin et Huxley

---

5. Hodgkin et Huxley, 1952.

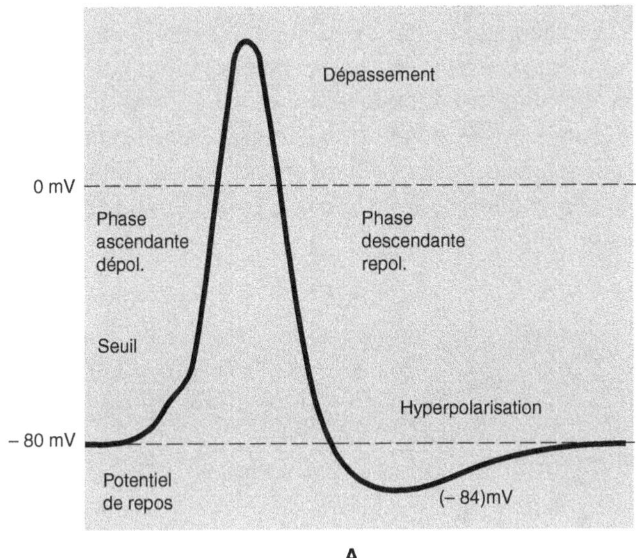

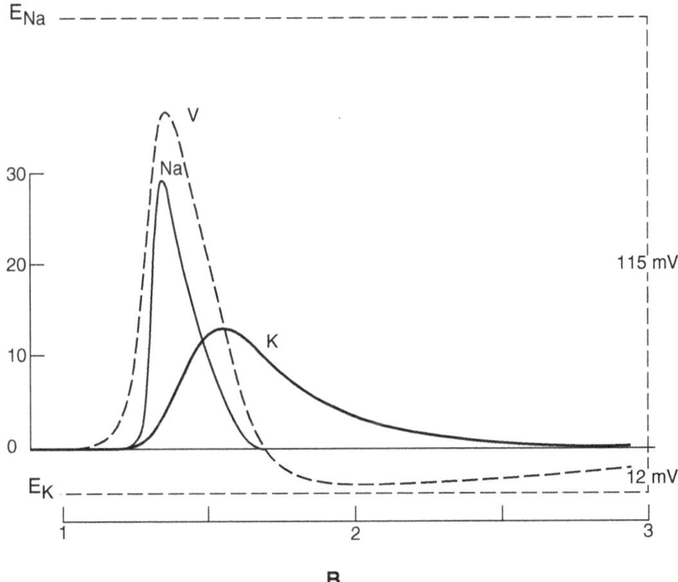

Figure 3-5 : *Le potentiel d'action propagé.*
En haut : remarquer le seuil d'activation, à − 45 mV, à partir duquel la dépolarisation se développe jusqu'à un maximum (dépassement), tendant vers le potentiel d'équilibre du Na^+ (+ 58 mV), suivi d'une phase descendante de repolarisation qui tend à amener le potentiel de membrane au voisinage du potentiel d'équilibre du K^+ (hyperpolarisation − 84 mV) avant de revenir à sa valeur de repos de − 80 mV.
En bas : variations des conductances des ions sodium (Na) et potassium (K), dont la combinaison rend compte du décours du potentiel d'action (V).

d'insérer une micropipette à l'intérieur pour mesurer directement les variations de potentiel pendant le passage d'un PA. La première variation est positive, elle correspond à l'augmentation brutale de la conductance au sodium, qui entraîne l'entrée des ions Na$^+$, ce qui dépolarise encore davantage la membrane, la suivante est négative, elle correspond à l'augmentation, légèrement retardée par rapport à celle des courants NA$^+$, de la conductance potassique K$^+$. Ce qui a pour conséquence de réduire la dépolarisation (Fig. 3-6).

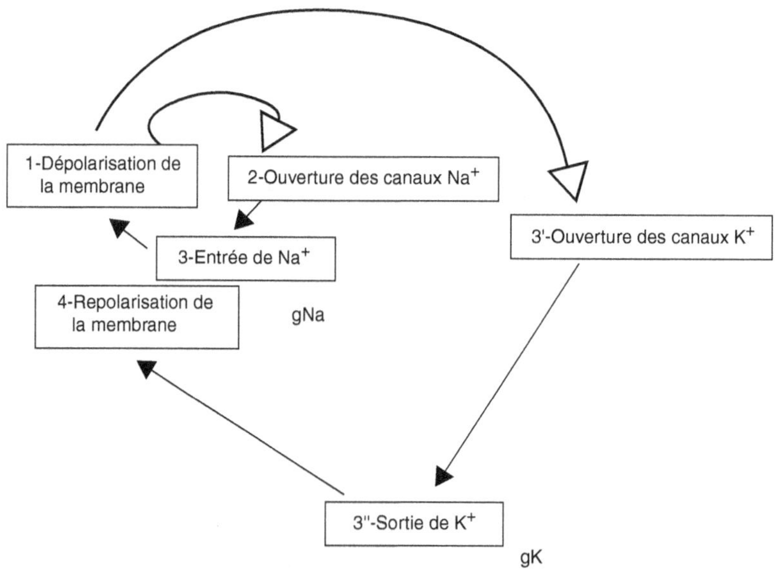

Figure 3-6 : *La double boucle de rétroaction.*
La dépolarisation de la membrane 1 (jusqu'au seuil d'activation de l'ordre de – 45 mV) entraîne l'ouverture des canaux sodium voltage-dépendants – 2 – qui permet l'entrée de Na$^+$ – 3 –, ce qui augmente la dépolarisation de la membrane (rétroaction positive). La dépolarisation de la membrane – 1 – ouvre également des canaux K$^+$ voltage-dépendants – 3 –, ce qui entraîne une sortie de potassium dont l'effet sera de repolariser la membrane – 4 (rétroaction négative).

LA PROPAGATION DU POTENTIEL D'ACTION

Une fois créé, le potentiel d'action ne restera pas confiné dans sa région d'origine. À son maximum d'amplitude, de l'ordre de 100 mV (pic à pic), le potentiel d'action est en mesure de générer au niveau de la membrane axonique adjacente une dépolarisation, certes atténuée, mais suffisante pour permettre l'ouverture d'un certain nombre de canaux Na$^+$. Ce qui met en route, d'abord la boucle de rétroaction positive, puis celle de rétroaction négative, c'est-à-dire enclenche un nouveau processus complet de génération d'un potentiel d'action, tel qu'il est illustré sur la figure 3-5A. Ce mécanisme est souvent comparé à la propagation de la mise à feu d'une traînée de poudre : la brusque augmentation de la température à l'endroit de la mise à feu sur la trace suffit à élever la température de la poudre adjacente jusqu'à sa fulmination. Cette analogie est attrayante et apte à bien faire comprendre le phénomène ; mais elle est trompeuse et ne doit pas être prise à la lettre. En effet, la poudre une fois embrasée ne peut à nouveau exploser. Au contraire, le potentiel d'action est un phénomène transitoire, le potentiel transmembranaire, une fois revenu à sa valeur de repos, peut à nouveau générer un nouveau potentiel d'action.

Alors que les potentiels gradués, avons-nous vu, restent localisés, qu'ils s'atténuent rapidement en fonction de la distance parcourue (on parle dans ce cas de *propagation électrotonique* pour désigner cette propagation purement passive), les potentiels d'action, au contraire, se déplacent sans atténuation et à une vitesse constante le long de la fibre nerveuse, selon le mécanisme que nous venons de décrire, appelé « régénératif ». Le choix de ce terme est significatif. Il insiste sur le fait qu'en chaque « point » sur la membrane, un potentiel d'action est engendré *de novo* par la dépolarisation locale dérivée de la large variation de potentiel induite par le potentiel d'action adjacent. Il est facile de comprendre pourquoi grâce à ce que nous avons dit plus haut. À son pic, le PA a une amplitude d'environ 100 mV, ce potentiel crée à une courte distance sur la membrane une dépolarisation dont l'amplitude sera suffisante pour enclencher l'ouverture des canaux sodium voisins. Ainsi, de proche en proche, sera recréé un potentiel d'action complet, de même durée et de même amplitude que le précédent.

Cette description n'est valable que si la membrane de l'axone est libre de toute protection isolante, ce qui est le cas des axones amyéliniques. Pour les axones myélinisés, l'augmentation de résistance électrique que la myéline engendre dans les zones internodales empêche la dépolarisation graduée de traverser la membrane. La dépolarisation devra donc sauter de proche en proche pour atteindre les zones qui en sont dépourvues, les nœuds de Ranvier (voir chapitre II). On parle alors de *conduction saltatoire*. C'est d'ailleurs au niveau de ces intervalles sans myéline que se trouvent rassemblés les canaux ioniques voltage-dépendants responsables de la génération des potentiels d'action.

LA RÉPARTITION MEMBRANAIRE DES CANAUX

Les potentiels d'action s'observent essentiellement (mais pas exclusivement) au niveau de la membrane de l'axone. L'axone peut avoir une longueur considérable par rapport à la taille du corps cellulaire, entre le segment initial où il prend naissance et ses terminaisons, la distance se mesure en centimètres, parfois même en dizaines de centimètres. Il est bien évident que, pour acheminer un signal nerveux sur de si grandes distances, un transport purement passif serait tout à fait insuffisant, la différence de potentiel se dissipe après quelques dizaines de microns. C'est la raison pour laquelle le mécanisme « régénératif » que nous venons de décrire a été « sélectionné » par le système nerveux au cours de son évolution. Les canaux Na^+ et K^+ voltage-dépendants sont en effet localisés en grande quantité au niveau du segment initial de l'axone, au niveau des nœuds de Ranvier et cela jusqu'à l'extrémité terminale de l'axone.

Il faut également signaler, au niveau de la terminaison ultime de l'axone, dans sa zone présynaptique, une troisième catégorie de canaux voltage-dépendants, les canaux Ca^{2+}, qui sont ouverts par l'arrivée de la dépolarisation, permettant ainsi l'entrée des ions calcium. Il existe une très grande variété de canaux calciques voltage-dépendants, certains sont à seuil d'excitation très bas, appelés canaux de type T (T pour transitoire), d'autres, constituant une famille assez nombreuse, à haut seuil d'activation, appelés de type L (de longue durée). Ces canaux ne sont ni les seuls ni les plus importants dans les neurones, il faut citer en effet les canaux N, P, Q, R. Ces divers canaux ont diverses localisations sur la membrane plasmique, tant au niveau du soma que des dendrites, en plus, bien entendu, de leur présence sur la membrane axonique, notamment au niveau des terminaisons présynaptiques où ils abondent. Ils sont appelés à jouer un rôle essentiel dans la libération des neurotransmetteurs, mais également dans de nombreuses fonctions cellulaires, par exemple l'expression des gènes ou la contraction des fibres musculaires.

La transmission synaptique

Il existe deux modes de transmission, la transmission électrique à travers des synapses électriques, que nous avons déjà décrites, la transmission chimique à travers des synapses chimiques, que nous avons également évoquées.

LA TRANSMISSION SYNAPTIQUE ÉLECTRIQUE

Une variation de potentiel dans l'élément présynaptique passe *sans délai* dans l'élément postsynaptique, ce qui bien souvent constitue un avantage en termes de rapidité de transmission et de possibilité de synchronisation de l'activité d'un certain nombre de cellules interconnectées de la sorte. Généralement, la variation garde son signe : s'il s'agit d'une dépolarisation présynaptique, il y aura une dépolarisation au niveau postsynaptique, de la même manière s'il s'agit d'une hyperpolarisation. En outre, le signal transmis ne pourra donner lieu à l'émission d'un potentiel d'action dans l'élément postsynaptique que si la distance qui sépare la synapse électrique du segment initial de l'axone est suffisamment courte pour éviter que l'atténuation de la dépolarisation, qui est fonction de la distance parcourue, empêche le segment initial de générer un influx. C'est le cas pour les petites cellules comme certains interneurones du cortex cérébral ou les cellules bipolaires de la rétine par exemple. Bien évidemment, si la variation qui traverse la synapse électrique est une hyperpolarisation, il sera alors impossible au neurone postsynaptique de générer un potentiel d'action. Néanmoins, cette hyperpolarisation transmise à l'élément postsynaptique peut « dé-inactiver » des courants, c'est-à-dire supprimer une inactivation, et comme deux négations valent une affirmation, paradoxalement faciliter le départ d'un potentiel d'action.

LA TRANSMISSION SYNAPTIQUE CHIMIQUE

Avant d'examiner en détail les multiples étapes qui jalonnent la transmission synaptique chimique, rappelons schématiquement qu'au niveau d'une synapse chimique, la terminaison axonique d'un neurone présynaptique libère un neuromédiateur (NT). Pour que le neurotransmetteur puisse être libéré, il faut que la membrane de la région qui le contient soit dépolarisée. Nous en verrons un peu plus loin les raisons. Une fois libéré, celui-ci se déplace dans l'intervalle séparant la membrane de la terminaison présynaptique de la membrane postsynaptique. Le neurotransmetteur y est reconnu par des *récepteurs* spécifiques ; cette reconnaissance entraîne, directement ou indirectement, des modifications du potentiel transmembranaire du neurone postsynaptique. Ces modifications, de dépolarisation ou d'hyperpolarisation restent localisées au voisinage de chaque synapse ; elles seront « algébriquement » sommées au niveau de la membrane plasmique du segment initial de l'axone du neurone postsynaptique. De la sorte, le potentiel transmembranaire *intégré* au niveau du segment initial va pouvoir se rapprocher ou s'écarter de la valeur à partir de laquelle un potentiel d'action est émis. C'est le cas lorsque le neurone postsynaptique est de grande taille, et où la terminaison synaptique est éloignée à l'extrémité d'un long axone. Il sera alors nécessaire d'engendrer un potentiel d'action pour que le signal électrique (de dépolarisation) se propage sans atténuation et atteigne la terminaison axonique présynaptique. En revanche, si le neurone est de petite taille, notamment s'il est pourvu d'un axone très court, nous nous trouvons dans une situation où la variation de polarisation transmembranaire est suffisante pour influencer directement les régions synaptiques du neurone postsynaptique.

Cette description sommaire n'est destinée qu'à fixer un cadre général à l'intérieur duquel nous pourrons passer en revue la grande diversité des mécanismes mis en œuvre par les synapses chimiques.

Les synapses chimiques seront moins rapides que les synapses électriques, mais elles vont avoir sur ces dernières de nombreux avantages, liés notamment à la possibilité de changer le signe du potentiel qui passe la synapse. Le monde de la transmission chimique est extraordinairement complexe. Il serait présomptueux de prétendre le traiter correctement en quelques pages. Pourtant, toutes les propriétés qui font du cerveau un organe capable de se souvenir et d'apprendre, de communiquer, de décider, de réfléchir, bref d'être à la base de toute notre vie organique, émotionnelle, sentimentale, intellectuelle et mentale, sont liées en dernier ressort au fonctionnement de nos synapses. Comme leur sont liées les nombreuses anomalies dont souffrent les patients atteints d'un trouble neurologique ou d'un déséquilibre dans le répertoire de leurs messagers chimiques, déséquilibre que l'on a pu mettre en évidence dans de nombreuses maladies mentales. On ne peut donc faire l'économie d'une description précise de la transmission synaptique chimique, même si on sacrifie bon nombre d'aspects techniques.

Les neurotransmetteurs

On compte aujourd'hui une bonne quarantaine de substances qui, selon un certain nombre de critères stricts adoptés par les neurobiologistes, sont considérées comme des neurotransmetteurs. Elles se répartissent en plusieurs grands groupes :

— les *acides aminés*, comme le glutamate/aspartate (GLU), l'acide γ-aminobutyrique (GABA), la glycine (GLY) ;

— les *monoamines*, regroupant les catécholamines, comme la dopamine (DA), l'adrénaline et la noradrénaline (NA), une indolamine : la sérotonine (ou 5 hydroxy-tryptophane, 5-HT) et un dérivé de l'histidine : l'histamine ;

— l'*acétylcholine* (ACh), dérivée de la choline ;

— les *neuropeptides* constituent le groupe le plus nombreux. Formés de molécules, souvent trouvées en dehors du système nerveux, on peut citer les opioïdes, comme la β-endorphine, les enképhalines ou la dynorphine, les facteurs de libération hypophysaire (la somatostatine, la TRH ou *Thyrotrophine Releasing Hormone*), les peptides hypophysaires (la prolactine, l'hormone adrénocorticotrope ou ACTH, l'hormone de croissance), les hormones neurohypophysaires (la vasopressine, l'ocytocine), les hormones circulantes (calcitonine, glucagon), ou celles du tractus gastro-intestinal (gastrine, neurotensine, substance P, peptide intestinal vasoactif ou VIP selon son nom anglais *Vasoactive Intestinal Peptid*, la bombésine) ; on les trouve également dans le système circulatoire : angiotensine II, bradykinine ; ou encore au niveau du cœur : l'atriopeptide ou NAF selon l'acronyme de son nom anglais *Natriuretic Atrial Factor* ;

— le groupe des *purines*, l'adénosine et l'ATP, que nous avons déjà rencontré, ainsi que des nucléotides, cycliques ou non, dont le rôle dans la signalisation cellulaire est important.

Cette liste est loin d'être exhaustive. De nouveaux neuropeptides sont sans cesse identifiés, nous ne l'avons dressée que pour faire saisir toute la richesse du répertoire des messagers chimiques. Tout lecteur reconnaîtra dans cette liste de neuromédiateurs bon nombre de mots familiers qui reviennent souvent dans des conversations sur nos petites misères, la déprime qui nous empêche d'être heureux, les insomnies qui nous épuisent, ou de bien plus grandes encore comme les tremblements du parkinsonien, les convulsions de l'épileptique ou la confusion mentale du vieillard.

Les neurotransmetteurs des deux premiers groupes sont des petites molécules contenant toutes un atome d'azote et sont stockés dans des vésicules synaptiques en forme de billes sphériques de taille réduite. De leur côté, les neuropeptides sont de plus grosses molécules stockées dans des vésicules plus larges ou granules de sécrétion. Nous avons indiqué plus haut que la colocalisation au sein d'une même terminaison d'au moins deux catégories de neurotransmetteurs était fréquente, nous verrons que les mécanismes de leur libération sont aussi différents ce qui n'est pas sans conséquence sur la rapidité avec laquelle ils vont être libérés.

Étapes présynaptiques de la transmission

La première phase de la transmission synaptique chimique consiste dans la *synthèse* du neurotransmetteur. Les neurotransmetteurs des deux premiers groupes, acides aminés et amines, que l'on désigne souvent du terme de transmetteurs classiques, pour avoir été les premiers étudiés, sont formés à partir d'éléments précurseurs variés, exception faite de la glycine qui n'a pas de précurseur et qui est directement capturée à partir du milieu extracellulaire. Généralement les neurotransmetteurs proviennent de la fragmentation qui termine l'action synaptique du neurotransmetteur, suivie de leur recapture par la terminaison présynaptique elle-même. La synthèse du transmetteur a lieu très rapidement, dans la terminaison elle-même, grâce à des enzymes de synthèse descendues du soma le long de l'axone. Enfin, l'incorporation du médiateur dans les vésicules fait intervenir des protéines spécifiques, des transporteurs de neuromédiateurs, insérés dans la membrane vésiculaire

Il en va différemment pour les neuropeptides qui sont synthétisés dans le soma par les ribosomes, puis élaborés et empaquetés par l'appareil de Golgi, pour être ensuite véhiculés sous la forme de granules de sécrétion « prêts à l'emploi » le long de l'axone.

Au niveau de la terminaison, à l'arrivée d'une dépolarisation, souvent mais pas toujours amenée par un potentiel d'action propagé, les vésicules sont d'abord mobilisées puis disposées très régulièrement au niveau de la zone active de la membrane présynaptique pour y être fermement arrimées. Après ancrage des vésicules, leur membrane fusionne avec la membrane plasmique et éclate à la manière d'une bulle de savon, pour éjecter son contenu à l'extérieur du bouton dans la fente synaptique. Ce mécanisme de largage dans le milieu extérieur d'une substance synthétisée à l'intérieur d'une cellule est très général en biologie cellulaire, connu sous le nom d'exocytose (*exo* hors, *cyto* cellule), il est notamment employé pour la sécrétion hormonale.

L'exocytose et l'endocytose

L'exocytose est un mécanisme complexe qui met en jeu de nombreuses protéines cellulaires, mais qui surtout nécessite pour se dérouler normalement la présence d'ions calcium en grande quantité. Or, nous l'avons déjà indiqué, la concentration intracellulaire en Ca^{2+} est très faible (de l'ordre de 0,0002 mM), maintenue à ce niveau grâce à des transporteurs membranaires actifs qui expulsent le calcium de la cellule ou qui le séquestrent dans des organites spécialisés pour cela, le réticulum endoplasmique. En revanche, il est abondant dans l'espace extracellulaire, il faudra donc lui permettre d'entrer dans le bouton terminal. Ce flux entrant de calcium est assuré par des canaux calciques voltage-dépendants qui vont s'ouvrir sous l'influence de la dépolarisation amenée par le potentiel d'action[6]. L'entrée massive de calcium dans le bouton présynaptique déclenche la libération du neurotransmetteur[7], d'autant plus rapidement et efficacement que le calcium pénètre au voisinage immédiat de la zone active où les membranes vésiculaire et plasmique vont fusionner, là où les canaux Ca^{2+} voltage-dépendants sont les plus

---

6. Après une élévation de la $\{Ca^{2+}\}_{int}$, qui fait suite à l'ouverture des canaux Ca^{2+} voltage-dépendants par la dépolarisation induite par le potentiel d'action propagé, une libération de NT à très faible taux au repos, de l'ordre de 0,001 à 0,003 vésicule par seconde, est brusquement élevé jusqu'à environ 20 vésicules par seconde. On appelle la libération de NT se faisant en l'absence de modification de la $\{Ca^{2+}\}_{int}$ par le potentiel d'action, la libération « miniature ». Elle provient d'une libération aléatoire de vésicules individuelles (quanta). La nature quantique de l'activité miniature a permis d'élucider les paramètres fonctionnels de base des synapses à la jonction neuromusculaire et aux synapses centrales. Bien que cette transmission miniature puisse avoir lieu à un niveau de base de la $\{Ca^{2+}\}_{int}$ d'environ 80 nanomoles, sa fréquence est grandement stimulée par une élévation même modeste inférieure au microM. La libération miniature pourrait jouer un rôle important au cours du développement.
7. La libération des neuropeptides se fait aussi par exocytose, mais en dehors des zones actives où sont situés les canaux calciques voltage-dépendants ; il faudra donc généralement plusieurs potentiels d'action, une bouffée à haute fréquence par exemple, pour élever le niveau intracellulaire de calcium nécessaire à l'enclenchement de l'exocytose à distance des zones actives. Cela demande plus de temps : généralement les neuropeptides ont besoin d'environ 50 ms pour être libérés.

nombreux ; dans cette zone la concentration en calcium peut atteindre la dizaine de millimolaires en moins de 0,2 milliseconde.

La question est de savoir comment se fait la fusion des membranes des vésicules et de la membrane plasmique présynaptique. Il convient d'abord de remarquer qu'au niveau d'une terminaison nerveuse, la libération du neurotransmetteur peut apparaître avec un délai de 200 microsecondes. Cette extrême rapidité implique que toute la machinerie moléculaire sous-jacente est déjà là, et que peu d'étapes moléculaires additionnelles seront nécessaires pour enclencher la fusion. Au cœur de cette machinerie, on trouve le complexe protéique SNARE formé de petites protéines membranaires exposées du côté cytoplasmique. Les principales protéines de ce complexe sont les synaptobrevines, encore appelées VAMP 1 et 2, localisées sur la membrane des *vésicules*, on les appelle pour cette raison des v-SNAREs, et les protéines syntaxine 1 et SNAP-25, localisées sur la membrane plasmique de la *terminaison*, dites t-SNAREs. L'association progressive des v- et t-SNAREs, vésiculaires et membranaires, se fait par l'accrochage mutuel des v- et t-SNAREs, à la manière dont s'accrochent les deux côtés d'une fermeture Éclair[8] (en anglais on dit de façon imagée *zippering,* de *zipper,* « fermeture Éclair »).

Au niveau de la terminaison présynaptique, les vésicules sont soumises à un cycle de transformations que l'on peut schématiser de la façon suivante.

Tout d'abord, l'étape 1 (Fig. 3-7A), les neurotransmetteurs sont activement transportés à l'intérieur des vésicules (ce qui implique l'existence de transporteurs spécifiques dans la membrane des vésicules). Puis, l'étape 2, au cours de laquelle les vésicules sont regroupées à proximité de la zone active (ZA). Ensuite les vésicules sont arrimées à la ZA (étape 3), et enfin, à ce niveau, les vésicules seront rendues sensibles au calcium, indispensable pour enclencher l'ouverture d'un pore de fusion. Cette étape est dite d'amorçage, les vésicules vont pouvoir fusionner avec la membrane plasmique et s'ouvrir à l'extérieur, laissant fuir le NT.

Une fois le NT libéré dans l'espace intersynaptique, les vésicules synaptiques seront rapidement recyclées au niveau même de la terminaison présynaptique, par un mécanisme inverse de l'exocytose, appelé pour cette raison endocytose. Plusieurs trajets d'endocytose sont décrits.

Les vésicules sont remplies à nouveau de NT sans avoir été au préalable détachées, désamarrées, de la ZA (Fig. 3-7B). Elles restent ainsi dans le stock de réserve, prêtes à être libérées immédiatement. Cette voie est appelée en anglais *kiss-and-stay* formule qu'une traduction littérale, « embrasser et rester », affaiblit...

---

8. Rothman, 1994. Voir les revues de Lin et Scheller, 2000 ; Rothman *et al.*, 2003 ; Jahn *et al.*, 2003 ; Südhof, 2004.

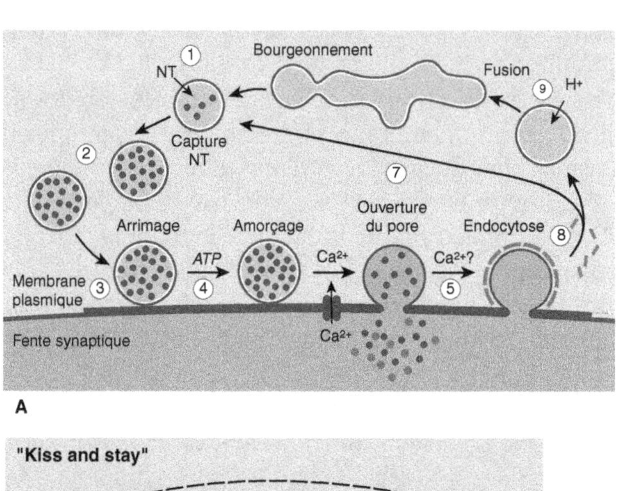

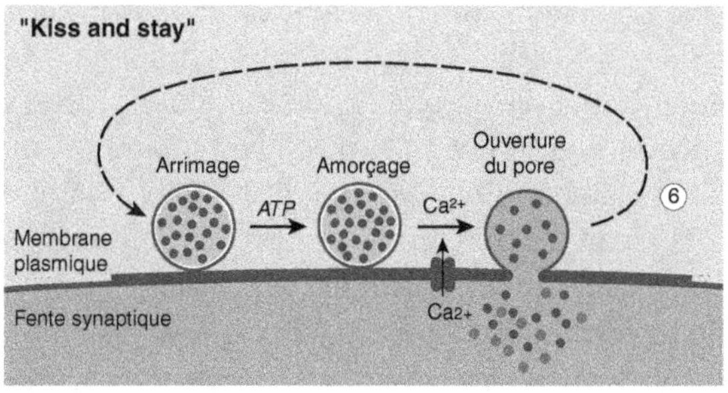

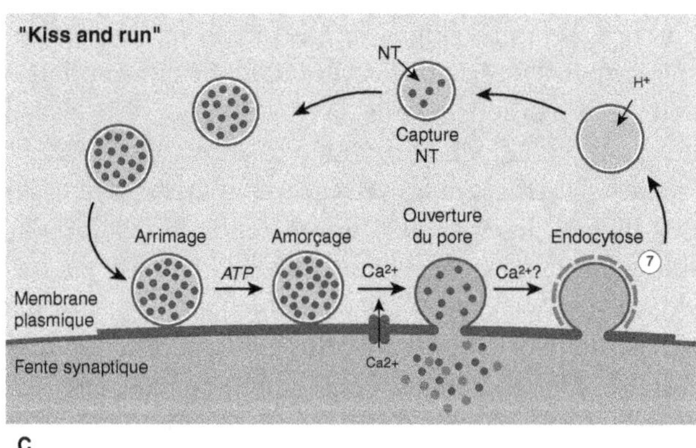

Figure 3-7 : *Exocytose et endocytose.*
Voir texte pour détails.
Voir également cahier hors-texte, planche 3B.

Les vésicules sont détachées de la ZA, désamarrées, puis se recyclent localement (étape 7 Fig. 3-7 A) en dehors de la ZA elle-même, selon une voie dite *kiss-and-run*, « embrasser et courir » Fig. 3-7 C). Elles se remplissent à nouveau de NT et repassent par les étapes 1 et 3, décrites précédemment.

Les vésicules subissent l'endocytose en empruntant une voie plus lente, qui implique un intermédiaire (étape 8 Fig. 3-7A). Cet intermédiaire et une petite dépression concave, un puits, tapissée d'une protéine, la clathrine[9] qui joue un rôle fondamental dans la création des vésicules. Elles sont ensuite remplies de leur neurotransmetteur soit directement, soit après un passage intermédiaire endosomal[10] (étape 9 Fig. 3-7A).

De nombreuses études récentes[11] ont montré que beaucoup d'autres protéines intervenaient dans la fusion des vésicules synaptiques, en plus du complexe SNARE. Nous savons que le calcium joue un rôle déclenchant déterminant, il faut donc que les vésicules puissent le détecter. Une protéine, la synaptotagmine (il en existe plusieurs formes), jouerait le rôle de détecteur ou « senseur », du calcium, qui vient d'entrer dans la terminaison par la dépolarisation présynaptique. La synaptotagmine se lierait au complexe SNARE après que les v- et t-SNAREs ont été assemblées, « zippées » selon l'image consacrée. Son action consisterait à entortiller le complexe SNARE, à la manière (imagée) dont on torsade deux cordes, ce qui aurait pour résultat d'exercer une traction simultanée sur les deux bicouches, celle de la membrane de la vésicule et celle la membrane plasmique, ménageant ainsi l'ouverture du pore.

Nous voyons que la relation entre l'arrivée d'un potentiel d'action dans la terminaison présynaptique et la libération d'une certaine quantité de neurotransmetteur est une relation très compliquée, impliquant de nombreuses étapes moléculaires faisant intervenir des milliers de protéines différentes[12]. On peut comprendre dès lors que l'usage répété d'une synapse puisse dramatiquement altérer son fonctionnement. Je reviendrai à plusieurs reprises sur cet aspect important dans l'apprentissage par exemple. Aussi faut-il accepter l'idée que les terminaisons nerveuses, les boutons notamment, sont bien davantage qu'un simple dispositif sécrétoire. Elles sont de véritables unités de calcul dans le sens où la relation entre l'entrée (le potentiel d'action) et la sortie (la libération du NT) change continuellement en fonction de très nombreux signaux intra- et extracellulaires.

Une fois libérées, les molécules de neurotransmetteur *diffusent* dans l'espace synaptique. Elles y restent néanmoins confinées et ne se dispersent pas dans le liquide intercellulaire environnant parce que des cellules gliales, essentiellement des astrocytes, emmaillotent étroitement la

---

9. Les clathrines ont la forme de boomerangs à trois jambes – des triskèles – qui s'ajustent les unes aux autres pour édifier un réseau polyhédrique ayant la forme des coutures d'un ballon de football ; l'assemblage de plusieurs molécules de clathrines forme une enveloppe qui couvre complètement la formation d'une vésicule.
10. Les endosomes sont des invaginations de la membrane plasmique qui donnent des vésicules à l'intérieur du cytosol.
11. Chapman, 2002.
12. Voir Südhof, 2004.

synapse, l'isolent et lui servent de réservoir pour les ions en excès ou des fragments de molécules que les processus chimiques de la transmission synaptique elle-même génèrent et qui ne sont pas recaptés par la terminaison présynaptique.

Étapes postsynaptiques de la transmission

Synthèse, mobilisation, arrimage et éclatement des vésicules dans la fente synaptique marquent les principales étapes présynaptiques de la transmission chimique. Au niveau postsynaptique des phénomènes variés vont avoir lieu. Des milliers de protéines intrinsèques tapissent la membrane postsynaptique, cette grande densité de protéines donne à la membrane postsynaptique son aspect sombre et opaque en microscopie électronique, la PSD ou *Post-Synaptic-Density* dont nous avons déjà parlé ; il s'agit d'un édifice protéique imposant, parfois ironiquement affublé du nom de « complexe militaro-industriel », composé d'un grand nombre de protéines différentes (des dizaines), parmi lesquelles les récepteurs des neurotransmetteurs. Ceux-ci sont non seulement très nombreux, mais également très variés : il en existe plus d'une centaine de types et aujourd'hui encore on en décrit de nouveaux. Pourtant, en dépit de cette exubérance, il est possible de les décrire sous deux grandes catégories : les récepteurs-canaux et les récepteurs couplés aux protéines G.

Les *récepteurs-canaux* (appelés *ionotropiques*, composé de la racine grecque *tropos* : en direction de, autrement dit « dont l'action est tournée vers les ions »), comme l'indique le trait d'union, sont des molécules tout à la fois réceptrices, c'est-à-dire capables de reconnaître avec une très grande spécificité un neuromédiateur précis et un canal ionique susceptible de laisser passer une ou plusieurs espèces ioniques.

Les *récepteurs couplés aux protéines* (ces récepteurs sont appelés *métabotropiques*, c'est-à-dire « dont l'action est tournée vers un effet métabolique ») sont des molécules intrinsèques qui, activées par la reconnaissance spécifique d'un neurotransmetteur, s'associent à de petites protéines qui se déplacent librement sur la face intracellulaire de la membrane postsynaptique. Ces petites protéines appartiennent à une grande famille de protéines de liaison de la guanosine triphosphate (GTP), d'où leur nom de protéines G. Cette protéine G, une fois activée, va agir selon deux mécanismes distincts : un rapide, en ouvrant ou fermant directement un canal ionique situé à son voisinage, un lent, en activant une enzyme qui produit un « second messager », qui à son tour pourra influencer l'état d'un canal situé parfois à une grande distance de la région synaptique. Ce mécanisme peut également agir sur de nombreux processus métaboliques du neurone postsynaptique y compris l'expression des gènes.

Les récepteurs-canaux

Le récepteur-canal probablement le mieux connu est le récepteur nicotinique de l'acétylcholine que l'on trouve au niveau de la jonction neuromusculaire, c'est-à-dire de la synapse entre un axone et une fibre musculaire. Jean-Pierre Changeux[13] et son équipe de l'Institut Pasteur se consacrent depuis de nombreuses années à en élucider la structure et les fonctions. Le développement des techniques de la biologie et de la génétique moléculaire, ainsi que la mise au point dans les années 1970 d'une technique élégante d'électrophysiologie permirent d'identifier les principaux constituants moléculaires des récepteurs à l'acétylcholine. Ils se présentent comme de grosses glycoprotéines transmembranaires, formées de cinq sous-unités polypeptidiques semblables, désignées d'une lettre grecque, deux sous-unités identiques α, une β, une γ et une δ, (en abrégé $\alpha 2 \beta\gamma\delta$) formant une couronne autour d'un axe central (Fig. 3-8).

La reconnaissance de l'acétylcholine par le récepteur se fait grâce à un site de liaison spécifique situé sur la partie extracellulaire des sous-unités α du récepteur-canal. Étant donné qu'il a souvent deux sous-unités α, deux molécules d'ACh seront nécessaires pour ouvrir un canal. Néanmoins, il existe des cas où la liaison à une seule sous unité α est suffisante. Le complexe ACh-récepteur provoque alors un changement de forme du canal central, une espèce de rotation ou de torsion des sous-unités, qui provoque l'ouverture du pore, laissant ainsi passer librement les cations Na^+, K^+, et Ca^{2+}.

Deux chercheurs allemands, Erwin Neher et Bert Sakmann, collaborant alors à Institut Max-Planck de biophysique à Göttingen, mettent au point vers 1975 une technique élégante permettant d'étudier les événements bioélectriques enclenchés par l'ouverture d'un seul ou d'un très petit nombre de canaux ioniques. La découverte de cette technique, appelée *patch-clamp*, a valu à ses auteurs un prix Nobel qu'ils ont partagé en 1991. La technique consiste à approcher d'une membrane l'extrémité d'une micropipette de 1 à 5 µm de diamètre, à aspirer doucement, ce qui permet d'insérer un fragment de membrane sous la pipette, puis à déplacer la pipette, en la retirant par exemple, pour arracher et ainsi isoler du reste de la membrane le fragment (le *patch* en anglais) resté collé. Il est alors possible, avec beaucoup d'habileté, d'imposer un voltage constant à travers la membrane (*clamp* signifie imposer en anglais) et mesurer, avec un ampèremètre adéquat, les courants très faibles (mesurés en pA, picoampères, pico- : 10^{-12} ampères, c'est-à-dire 0,0000000000001 ampère !) qui traversent, avec un peu de chance, un seul canal. Cette méthode a permis de montrer qu'un canal bascule très rapidement entre les deux

---

13. Voir notamment Changeux *et al.*, 1984 ; Galzi *et al.*, 1991 ; Devillers-Thiéry *et al.*, 1993.

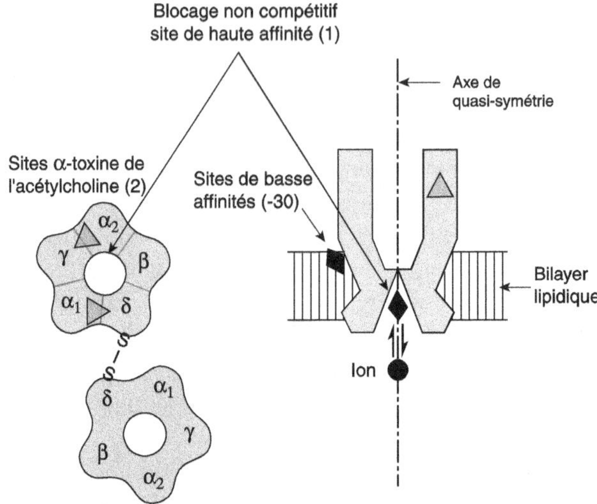

Figure 3-8 : *Schéma de l'organisation transmembranaire
du récepteur à l'acétylcholine.*
À gauche : arrangements des sous-unités autour d'un axe de quasi-symétrie. Ce modèle tient compte du fait que les deux sous-unités *alpha* ne sont pas contiguës, que la sous-unité *delta*, impliquée dans la formation du dimère, n'est pas la seule sous-unité à être intercalée entre les deux *alpha*. Les deux sites de fixation sont localisés essentiellement sur les sous-unités *alpha* (triangles grisés).
À droite : disposition transmembranaire du récepteur et sites modulateurs de l'affinité du récepteur pour le médiateur (site allostérique à haute affinité) et pour les substances bloquantes (site allostérique à basse affinité).
Galzi *et al.*, 1991.

états, ouvert ou fermé ; quand il est ouvert, les ions passent à une cadence très élevée, plus d'un million par seconde ! Au cours des vingt dernières années, des améliorations notables ont été apportées à cette technique et, aujourd'hui, il est fermement établi que la plupart des canaux ligand-dépendants basculent entre ces deux états. Bien que le temps d'ouverture d'un canal soit variable en fonction du type de canal, ce sont toujours les mêmes ions qui passent au travers d'un même canal.

Pour revenir à la fibre musculaire, des études électrophysiologiques ont clairement montré que ce sont surtout, et de très loin, les ions Na^+ qui passent et entrent dans la cellule musculaire, ce qui entraîne la dépolarisation de la fibre depuis son potentiel de repos. Cette dépolarisation reste localisée au voisinage de la membrane postsynaptique, dans la zone de la synapse entre fibre nerveuse et fibre musculaire, la plaque motrice, elle, est ce que nous avons appelé plus haut un *potentiel local*, appelé ici du nom donné à cette synapse : *potentiel de plaque motrice*. En outre, la variation de potentiel tend à rapprocher le potentiel de membrane du seuil d'excitation ; en effet, nous savons que seule une dépolarisation est susceptible d'enclencher un mécanisme régénératif de potentiel d'action dans l'élément postsynaptique, aussi appelle-t-on ce potentiel postsynaptique : *potentiel postsynaptique d'excitation* ou PPSE. Si le PPSE atteint le seuil d'excitation de la fibre, un potentiel d'action musculaire, un influx musculaire, sera alors enclenché qui se propagera en surface et en profondeur, de telle sorte que la totalité de la fibre soit rapidement envahie. Cette brusque dépolarisation permet la libération dans le cytoplasme musculaire du Ca^{2+}, séquestré normalement dans le réticulum endoplasmique, augmentation qui enclenche les mécanismes moléculaires de la contraction musculaire.

Dans le système nerveux central, on trouve également des récepteurs nicotiniques à l'ACh. Leurs propriétés sont voisines de celles des jonctions neuromusculaires. Ils sont toutefois plus difficiles à étudier et, bien qu'ils appartiennent à une même famille, ils présentent néanmoins quelques propriétés propres. Alors que la perméabilité au Ca^{2+} était faible à la jonction neuromusculaire, elle devient appréciable pour les neurones centraux, en outre, les récepteurs nicotiniques se trouvent localisés en grande quantité dans la région présynpatique de synapses utilisant aussi un autre neuromédiateur colocalisé dans la même terminaison, le GABA ou le glutamate par exemple, mais aussi la dopamine ou la noradrénaline. On peut donc supposer qu'en favorisant l'entrée de Ca^{2+} dans la terminaison présynaptique, ces récepteurs cholinergiques présynaptiques aident à la libération des autres neuromédiateurs, ils en moduleraient en quelque sorte la libération.

Le récepteur-canal constitue une voie *express* pour la transmission synaptique chimique puisque la reconnaissance provoque sans autre intermédiaire l'ouverture du canal. Dans le cerveau et d'une manière générale dans le système nerveux central, les neurotransmetteurs appartenant à la classe des acides aminés, GLU, GABA et GLY empruntent, comme l'ACh, cette voie express.

Les récepteurs au glutamate sont particulièrement intéressants. En effet, le glutamate est un neuromédiateur très largement distribué dans le système nerveux, il est le représentant emblématique des transmetteurs de l'excitation et les caractéristiques de son fonctionnement le rendent spécialement apte à incarner des fonctions complexes, comme l'association entre plusieurs signaux et la conservation pendant une durée plus ou moins longue de cette association. Ils sont constitués de trois sous-types, dont chacun porte le nom d'un agoniste *spécifique*, c'est-à-dire d'une substance qui, comme le neuromédiateur, est reconnue par le récepteur et peut l'activer, mais qui n'active pas les récepteurs des deux autres sous-types : le récepteur AMPA (du nom de l'agoniste *α-amino-3-hydroxy-5-méthyl-4-isoxazole propionate*), le récepteur NMDA (pour *N-méthyl-D-aspartate*) et le récepteur kaïnate.

Les récepteurs AMPA sont perméables à la fois aux ions sodium et aux ions potassium. Lorsque le potentiel de membrane est à sa valeur négative normale de repos, environ – 65 mV, l'activation du récepteur provoque une dépolarisation rapide et importante par augmentation de la perméabilité aux ions sodium.

Les récepteurs NMDA sont aussi des récepteurs-canaux activés lorsque le potentiel de membrane est négatif et laissent alors entrer massivement, outre le Na$^+$, les ions calcium. Il faut remarquer que l'activation des canaux NMDA n'est observée que si la glycine, neurotransmetteur inhibiteur à certaines synapses, est présente dans le milieu extracellulaire. Cependant, au niveau du potentiel de repos de la membrane, les canaux NMDA sont obstrués par les ions magnésium. Il faut donc que ce potentiel soit amené à une valeur plus positive, en d'autres termes qu'il soit dépolarisé jusqu'à environ – 35 mV, pour chasser le magnésium et permettre une plus grande dépolarisation. Il faut ainsi que *coïncident* la liaison du glutamate et de la glycine *avec* la dépolarisation pour que le courant calcique puisse entrer par les récepteurs-canaux NMDA. On peut donc les considérer comme à la fois ligand-dépendants et voltage-dépendants. La dépolarisation, qui permet au canal NMDA d'être ouvert, est le résultat de l'ouverture des canaux AMPA qui peuvent être soit situés dans leur voisinage immédiat, colocalisés en quelque sorte au niveau de la même zone synaptique, soit, comme cela arrive souvent, être ouverts par un potentiel d'action *rétropropagé* résultant de l'activation de récepteurs AMPA d'une autre région. La coïncidence entre la présence de glutamate et la dépolarisation joue un rôle essentiel pour l'intégration synaptique dans de nombreuses régions du système nerveux central.

On comprend encore assez mal aujourd'hui le rôle fonctionnel que peuvent jouer les récepteurs kaïnate ; on sait cependant qu'ils sont susceptibles de générer des courants postsynaptiques excitateurs et surtout qu'ils pourraient intervenir au niveau présynaptique pour moduler la libération des neurotransmetteurs.

Des récepteurs-canaux caractérisent aussi certains récepteurs du GABA et de la glycine. Dans le système nerveux central, le GABA et de façon complémentaire la glycine sont les neurotransmetteurs de la plupart des inhibitions synaptiques. Il existe un type de récepteur du GABA, le récepteur dit « GABA$_A$ », qui est un canal Cl$^-$, comme l'est également le récepteur de la GLY. Lorsqu'ils sont activés, ils laissent passer librement le chlorure, ce qui aura pour conséquence d'hyperpolariser[14] le potentiel de membrane, c'est-à-dire d'engendrer un « potentiel postsynaptique d'inhibition », ou PPSI qui, à l'instar du PPSE dont nous avons déjà parlé plus haut, est un potentiel local et graduable. Cependant, à la dif-

---

14. Très légèrement, mais suffisamment pour tenir le potentiel de membrane éloigné du seuil d'excitation.

Agonistes et antagonistes

Pour une classe donnée de récepteurs, il existe en général des substances qui *miment*, avec plus ou moins d'efficacité, le transmetteur, c'est-à-dire qui peuvent être reconnues, au moins en partie. Se fixant alors sur le récepteur, elles occasionnent une réponse équivalente à celle qui est évoquée par le transmetteur. Ces substances sont appelées *agonistes* et sont opposées aux *antagonistes*. Ceux-ci se fixent également sur le récepteur, pas forcément sur son site de liaison, et le bloquent, interdisant au neurotransmetteur toute action ultérieure.

De la sorte, pour un neurotransmetteur donné, il peut exister plusieurs types de récepteurs selon le type d'agonistes ou d'antagonistes auxquels ils répondent. L'exemple classique est celui des récepteurs de l'acétylcholine : celui qui est présent au niveau de la fibre musculaire squelettique a pour agoniste l'ACh et la nicotine du tabac ; celui qui est présent au niveau de la fibre cardiaque (mais également des fibres des muscles lisses, de certains neurones centraux, etc.) est activé par l'ACh et la muscarine, un alcaloïde extrait d'un champignon vénéneux, l'amanite tue-mouche. Nicotine et muscarine sont des agonistes sélectifs : la nicotine n'agit pas sur le récepteur cardiaque, la muscarine n'agit pas sur le récepteur du muscle squelettique. On appelle les différents types de récepteurs du nom de leur agoniste, c'est ainsi qu'on parle de récepteurs nicotiniques et de récepteurs muscariniques de l'ACh. En outre, ces deux types de récepteurs ont leurs antagonistes sélectifs, c'est ainsi que le *curare* bloque les récepteurs nicotiniques provoquant la paralysie, l'*atropine*, alcaloïde végétal extrait de la belladonne, bloque les récepteurs muscariniques, ce qui provoque la dilatation de la pupille, et élève la tension artérielle.

Des centaines de substances, ou agents pharmacologiques, sont utilisées pour caractériser et cataloguer les divers récepteurs. Elles offrent un arsenal impressionnant d'outils efficaces permettant au pharmacologiste d'agir avec une sélectivité plus ou moins grande sur une grande quantité de systèmes de neurotransmission. C'est un domaine particulièrement actif des recherches pharmaceutiques.

férence du PPSE, il éloigne le potentiel de membrane de son seuil d'excitation, empêchant ainsi le neurone postsynaptique d'être excité. Cette interdiction d'excitation est ce qu'on désigne en neurophysiologie du terme d'inhibition.

La structure du récepteur $GABA_A$, comme celle du récepteur nicotinique, se présente sous la forme d'une glycoprotéine transmembranaire, faite de cinq sous-unités arrangées en couronne autour d'un pore (voir plus haut la structure du récepteur nicotinique). Chaque sous-unité est une chaîne polypeptidique d'environ quatre cents acides aminés ancrés dans la membrane par quatre segments. Comme pour le récepteur nicotinique, deux molécules de GABA semblent nécessaires pour activer un récepteur $GABA_A$ qui reconnaît comme agoniste une substance extraite d'un champignon hallucinogène, l'*Amanita muscaria*, le muscimol, et comme antagoniste un alcaloïde végétal, tiré de la *Dicentra cucullaria*, la bicuculline. Le récepteur $GABA_A$ a aussi la propriété intéressante de pouvoir fixer d'autres molécules que le médiateur lui-même, entre autres les benzodiazépines, les barbituriques, l'alcool, les anesthésiques qui modifient le fonctionnement du récepteur, en l'aidant ou au contraire en le contrariant. Ces substances sont très largement utilisées en clinique comme anxiolytiques (à cet effet, la benzodiazépine la plus répandue est le diazépam, mieux connu sous son nom pharmaceutique de Valium), antiépileptiques (le barbiturique souvent employé est le Nembutal) ou sédatifs.

Néanmoins, tous les récepteurs-canaux ne présentent pas cette structure à cinq sous-unités. En particulier, les récepteurs au glutamate sont à quatre sous-unités, toutes sont à peu près de la même taille d'environ 900 acides aminés et ont des séquences homologues à 70 %. Chacune se présente sous deux formes différentes, appelées « flip/flop » qui résultent d'un épissage alternatif déterminant une région de 38 acides aminés situés juste avant le quatrième segment membranaire, ce qui donne un extraordinaire répertoire de récepteurs différents.

Nous devons signaler encore deux autres récepteurs ionotropiques, l'un à la sérotonine, l'autre à l'ATP. La sérotonine, ou 5-hydroxytryptamine, est le neurotransmetteur libéré par un petit groupe de neurones, tous situés dans le tronc cérébral, le noyau du raphé, qui innervent pratiquement tout le système nerveux central. Un grand nombre de récepteurs de la sérotonine sont actuellement connus, la plupart sont des récepteurs métabotropiques (nous en reparlerons plus loin), un seul est ionotropique, appelé $5-HT_3$, il est d'ailleurs le seul récepteur-canal de tous les neurotransmetteurs amines. Cloné en 1991, il présente une grande ressemblance avec les récepteurs nicotiniques et ceux du $GABA_A$ et de la glycine. Ils ont été identifiés dans le système nerveux central et à la périphérie où ils évoquent des réponses par dépolarisation en s'ouvrant de façon non sélective aux petits cations. Certains sont présynaptiques et pourraient ainsi moduler la libération de neurotransmetteurs avec lesquels ils sont colocalisés.

L'ATP est larguée dans l'espace extracellulaire pendant la stimulation neuronale à haute fréquence, la dépolarisation et l'ischémie, il est donc important de savoir si l'ATP peut avoir un effet synaptique. Le rôle du nucléoside purine, l'adénosine (ADO) et ses nucléotides, AMP, ADP et

ATP, dans la signalisation entre les cellules nerveuses est démontré depuis les années 1930 avec les travaux de Drury et Szent-Gyorgi qui montrèrent que l'adénosine (ADO) et l'AMP réduisaient la contractilité cardiaque, augmentaient la vasodilatation coronaire, inhibaient les contractions intestinales et induisaient une sédation chez le cobaye. Dans les années 1970, une hypothèse féconde est proposée par Burnstock ; il y aurait une transmission purinergique grâce à deux récepteurs distincts, P1 pour l'adénosine et P2 pour l'ATP. La famille des récepteurs P2 a ensuite été subdivisée sur la base de données pharmacologiques en plusieurs types, P2X (ionotropique), P2Y (métabotropique) P2T, P2Z, dont presque tous ont été aujourd'hui clonés. Une transmission synaptique par l'ATP est finalement démontrée grâce à l'utilisation comme antagoniste d'une drogue, la suramine, utilisée dans le traitement de parasitoses fréquentes en Afrique, la maladie du sommeil (la trypanosiomase) et la cécité des rivières (l'onchocercose) ; la drogue agit en affaiblissant les parasites jusqu'à les tuer ; depuis peu, la suramine est utilisée dans le traitement de certains cancers. L'ATP a un rôle synaptique excitateur en se fixant à ses récepteurs-canaux qui laissent passer les ions Ca^{2+}. La colocalisation fréquente d'AMP et d'autres neuromédiateurs et la présence de récepteurs présynaptiques laissent supposer que l'AMP joue un rôle modulateur dans de nombreux processus synaptiques.

Les récepteurs couplés aux protéines G

Dans tous les systèmes de transmission chimique connus à ce jour, il existe un nombre élevé, plusieurs centaines, de récepteurs couplés aux protéines G. Ils sont néanmoins tous construits sur un modèle analogue : un seul polypeptide contenant sept hélices α transmembranaires reliées par trois boucles extracellulaires et par trois boucles intracellulaires. Deux boucles externes constituent les sites de liaison du neurotransmetteur. Deux boucles internes peuvent se lier et activer une protéine G. Les variations structurales des boucles externes détermineront donc le type de neurotransmetteurs, d'agonistes et d'antagonistes, qui vont pouvoir se fixer au récepteur, et les variations des boucles internes le type de protéine G qui pourra être activé en réponse à la liaison, et par suite le type d'effet synaptique obtenu, excitateur ou inhibiteur.

Nous avons déjà indiqué plus haut que les récepteurs couplés aux protéines G agissaient selon deux mécanismes, l'un rapide, qui agit directement sur des canaux ioniques sensibles aux protéines G, l'autre lent, qui met en jeu un second messager. Pour être précis, il faut mettre cette expression au pluriel, seconds messagers, car il s'agit en fait d'une cascade de réactions enzymatique qui, *in fine*, influencera de nombreuses fonctions neuronales, notamment l'état, ouvert ou fermé, de certains canaux ioniques.

*Action directe de la protéine G sur le canal ionique
sans second messager*

Les récepteurs muscariniques de l'ACh situés sur les fibres cardiaques fournissent un bon exemple d'action rapide d'une protéine G sur un canal ionique. L'ACh synthétisée par les neurones postganglionnaires de la division parasympathique du système nerveux autonome, libérée par le nerf vague enclenche la suite d'événements suivants :

ACh ⟶ AChR ⟶ une protéine G est activée ⟶ l'activation qui détache les sous-unités β et γ, de la sous-unité Gα ⟶ cette dernière lie le GTP ce qui enclenche l'action modulatrice sur les canaux potassium.

Jusqu'à récemment, on considérait que la sous-unité α modulait directement l'activité de ces canaux. Ce n'est plus vrai aujourd'hui. Après une longue controverse, tout le monde s'accorde pour penser que, plusieurs types de sous-unités βγ, dont β1γ2, peuvent activer directement les canaux de ce type. Ces canaux potassium ont été appelé GIRK1 (pour *G Inward Rectifier K⁺*), dit encore Kir ; ce sont des canaux *rectificateurs entrants*, parce que leur conductance est plus grande pour les courants entrants que pour les courants sortants ; ils rectifient en sens inverse des canaux K^+ que nous connaissons déjà, ouverts par la dépolarisation du potentiel d'action, appelés *rectificateurs retardés* (en anglais, *delayed rectifiers*).

L'action de l'ACh libérée consistera essentiellement à augmenter la probabilité de trouver « ouverts » ces canaux potassium. Le courant potassique « sortant », ainsi renforcé, produit une hyperpolarisation de la membrane de la fibre cardiaque, ce qui se traduit par une diminution, voire un arrêt, des potentiels d'action émis régulièrement par la fibre musculaire cardiaque lors de ses contractions. Une stimulation vagale intense peut dès lors provoquer l'arrêt du cœur. Ce phénomène, observé dès le milieu du XIXᵉ siècle, a été, dans l'histoire de la physiologie, la première démonstration d'une inhibition nerveuse, encore qu'il fallut de nombreuses années avant d'en démonter les mécanismes synaptiques.

Ce mécanisme de contrôle direct de l'activité des canaux ioniques par des sous-unités de diverses protéines G semble assez général, il intervient également dans la régulation des canaux calcium.

*Action indirecte de la protéine G
avec intervention de seconds messagers*

Dans de nombreux cas, la protéine G agit sur le canal ionique par l'intermédiaire de l'activation d'un ou de plusieurs systèmes enzymatiques. Ici encore, ce mécanisme a été mis en évidence au niveau des fibres cardiaques. On savait déjà que l'adrénaline et la noradrénaline augmentaient la fréquence des battements cardiaques, chez les mammifères où l'adrénaline est l'agoniste endogène et chez les batraciens où c'est la noradrénaline. Il a été plus récemment montré que cet effet provenait d'un accroissement du courant calcium « entrant », la durée du potentiel d'action est alors allongée ce qui entraîne une augmentation de la fréquence des contractions de la fibre musculaire cardiaque. Sans entrer dans des détails qui nous mèneraient bien au-delà des limites de ce chapitre, nous pouvons résumer la suite des événements, en prenant l'exemple classique de la fibre cardiaque de grenouille, de la façon suivante :

• la noradrénaline se fixe sur un récepteur transmembranaire, appelé récepteur β–adrénergique ;

• le complexe NA- récepteur β active une protéine G qui voit son GDP substitué par du GTP, fixation qui correspond à l'état activé de la molécule G qui se scinde en sous-unité G α-GTP et les deux sous-unités β et γ ;

• ces sous-unités vont à leur tour activer une enzyme située sur la face cytoplasmique de la membrane (l'adénylate cyclase) ;

• l'adénylate cyclase catalyse une réaction située dans le cytoplasme de la cellule et qui convertit l'ATP en un second messager, l'adénosine monophosphate cyclique ou AMPc ;

• l'AMPc à son tour active une autre enzyme, la protéine kinase AMPc-dépendate ou PKA ;

• les protéines kinases transfèrent le groupement phosphate de l'ATP du cytoplasme sur un certain nombre de protéines, opération appelée phosphorylation qui modifie la structure de la protéine en question. S'il s'agit d'un canal ionique, sa probabilité d'être ouvert ou fermé sera ainsi fortement modifiée.

La **PKA** phosphoryle les canaux calcium voltage-dépendants, d'où l'augmentation du courant calcique dépolarisant. Un processus inverse intervient aussi : une autre enzyme, la *protéine phosphatase*, retire les groupements phosphate, ce qui empêche que toutes les protéines soient saturées de groupements phosphate. Il y a en permanence un équilibre entre la phosphorylation par les protéines kinases et la déphosphorylation par les protéines phosphatases.

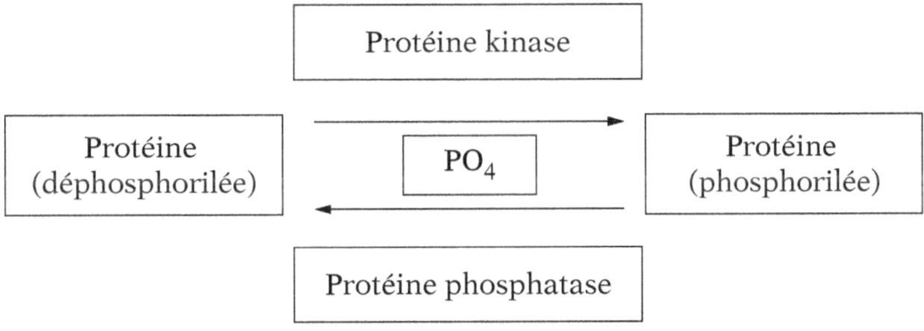

C'est à travers cette cascade d'événements catalytiques que, *in fine*, la NA excite la fibre cardiaque. Par ailleurs, il existe des cas où la NA, fixée par un autre récepteur adrénergique, le récepteur α_2, va activer une autre protéine G, différente de celle activée par le récepteur β-adrénergique, dont l'action sera d'*inhiber* l'activité de l'adénylate cyclase (par l'intermédiaire d'une protéine dite G_i) au lieu de la *stimuler* (par l'intermédiaire d'une protéine dite G_s). Ces deux actions antagonistes permettent de fines régulations de la transmission neuroadrénergique.

L'AMPc n'est pas, loin de là, le seul second messager. Parfois, la suite enzymatique prend des chemins plus alambiqués. À titre d'illustration, résumons schématiquement un exemple. L'activation de certaines protéines G stimule une enzyme membranaire, voisine mais différente de l'adénylate cyclase, appelée *phospholipase C*. Cette enzyme agit sur un phospholipide composant de la membrane plasmique, le PIP_2 (pour les férus de biochimie, le phosphatidylinositol-4,5-diphosphate) ; le PIP_2 est scindé en deux molécules le DAG (diacylglycérol pour les mêmes férus) et le IP_3 (inositol-1,4,5-triphosphate !). Le DAG est soluble dans la membrane et peut donc s'y déplacer facilement pour aller activer une protéine kinase, la PKC (dont le C rappelle le C de la phospholipase-C à l'origine du processus). De son côté, l'IP_3, diffuse assez librement dans le cytoplasme et va se fixer sur des récepteurs spécifiques situés sur les organites cellulaires qui séquestrent le calcium, le réticulum endoplasmique. Ces récepteurs sont des canaux sensibles aux ions calcium qui, sous l'effet de l'IP_3, laissent sortir le calcium, ce qui brusquement augmente la concentration cytoplasmique des ions Ca^{2+} qui normalement est très basse comme nous l'avons déjà dit. Ce calcium va avoir de nombreux effets intracellulaires, il existe en particulier une petite protéine très répandue et très conservée tout au long de l'évolution, la calmoduline qui, en présence d'ions Ca^{2+} peut activer diverses enzymes, l'adénylate cyclase, des phosphatases et des protéines kinases, notamment des protéines kinases Ca^{2+}-calmoduline dépendantes, ou CaMK, dernière étape avant la phosphorylation des canaux qui en modifie la perméabilité.

Pourquoi compliquer à l'envie ces mécanismes de transmission synaptique chimique ?

Pourquoi ne pas s'en tenir à la voie express, où le récepteur n'est autre que le canal, ou à la voie rapide, où seule la protéine G est interposée entre le récepteur et le canal ? Pourquoi multiplier les intermédiaires, pourquoi ouvrir simultanément plusieurs voies parallèles ? En biologie, d'une manière générale, il ne semble pas y avoir place pour du superflu. Tout ce qui est doit bien servir à quelque chose. Le penser, c'est du moins une saine attitude chez un biologiste. Une voie « en escalier » a l'énorme avantage qu'à chaque marche, une molécule peut en influencer de nombreuses autres. À chaque étage, le phénomène peut donc être amplifié : une seule molécule de neurotransmetteur reconnue par un récepteur peut activer de nombreuses protéines G, dont chacune à son tour active plusieurs enzymes qui produiront de nombreux seconds messagers susceptibles d'activer encore plus de protéines kinases. Le gain total peut être considérable. En outre, les messagers intracellulaires étant généralement de petites molécules, ils se déplacent aisément dans le cytoplasme de la cellule ; les messages sont ainsi portés à des distances parfois très grandes et couvrent alors de vastes zones de la membrane plasmique. Cela multiplie considérablement les possibilités d'interactions et de régulations entre différentes régions synaptiques utilisant différents modes de transmission.

Il faut garder présent à l'esprit le nombre élevé de neurotransmetteurs, le fait que bien souvent plusieurs sont colocalisés dans la même terminaison. Pour un transmetteur donné, il existe un vaste répertoire de récepteurs spécifiques, et enfin, qu'entre la reconnaissance d'un transmetteur par son récepteur et les variations de perméabilité de divers canaux, causes ultimes directes du signal électrique postsynaptique, de dépolarisation ou excitation et d'hyperpolarisation ou inhibition, il y a place pour une multitude de phénomènes selon une combinatoire précise et complexe qui n'est pas encore totalement élucidée. Chaque étape est susceptible d'être contrôlée et régulée par une panoplie impressionnante de processus, d'addition et soustraction, de multiplication, d'antagonisme, de coopération, qui se déroulent en parallèle à diverses échelles de temps allant de la milliseconde à plusieurs heures, voire plusieurs jours, et même de se combiner avec des modifications durables du métabolisme cellulaire ou permanentes parce qu'elles affectent l'expression génique[15]. On ne peut saisir la complexité de ce qui arrive ainsi au niveau d'une synapse et dans son voisinage immédiat que si l'on a, même superficiellement, pris la mesure de l'extraordinaire richesse des mécanismes synaptiques. L'effort demandé pour cela dans les pages précédentes était indispensable nous semble-t-il.

Pourtant, la situation se complique encore lorsqu'on regarde non pas un neurone isolé, mais un neurone inséré dans un « réseau de neurones » capables d'une grande variété de traitements de l'information et de calculs logiques. Ces schémas ont inspiré bon nombre de théoriciens à la suite des travaux pionniers de Warren McCulloch et du logicien, alors âgé de 18 ans, Walter Pitts. Ils ont proposé un modèle théorique de ce qui depuis est connu comme le *neurone de McCulloch et Pitts*. Il s'agit d'une unité binaire, c'est-à-dire susceptible de se trouver dans un des deux états suivants : soit bloqué (en anglais, *Off*), soit actif (en anglais, *On*). Active, l'unité émet un signal représenté par un 1 ; bloquée, l'unité

---

15. Les phosphorylations induites par l'activation des PK peuvent toucher des protéines régulatrices de l'expression des gènes.

reste inactive ou 0. Chaque unité est incluse dans un réseau interconnecté par des liaisons appelées, par analogie avec le tissu nerveux, *synapses artificielles*. Ces synapses, dont l'efficacité est variable, servent à transférer des signaux entre unités interconnectées. Si, à un moment donné, une unité reçoit suffisamment des signaux, dont la somme dépasse un certain seuil fixé à l'avance, elle génère à son tour un signal, un 1, sinon elle reste bloquée à 0. Après un certain nombre de cycles, le réseau se stabilise et la configuration des 0 et des 1 qui émerge dans tout le réseau permet de coder de l'information.

Dans un ordinateur classique, du type de celui que j'utilise en ce moment pour écrire ce chapitre, l'information est également codée par des suites de 1 et de 0. Toutefois, une différence fondamentale existe entre l'ordinateur et le réseau de neurones artificiels. Alors que le premier travaille sur des unités d'information traitées *en série* (des groupes de bits, suites de 0 et de 1), dans un réseau, l'information est distribuée et traitée d'un seul bloc, le calcul est dit massivement parallèle (l'acronyme PDP, pour *Parallel Distributed Processing*, du nom d'un groupe de recherche basé en Californie qui est à l'origine de la naissance dans les années 1980 de ce type d'approche théorique[16]). Ce calcul en parallèle n'est possible que parce que chaque unité se comporte comme un intégrateur local d'activité, il est à la fois mémoire et processeur, contrairement à un ordinateur où la mémoire et le calculateur proprement dit, c'est-à-dire le microprocesseur central, sont physiquement séparés. Néanmoins, un reproche est souvent fait à ces modèles connexionnistes : les « neurones formels » sont beaucoup trop simplistes pour ressembler tant soit peu aux « neurones réels ». On peut bien comprendre pourquoi.

Néanmoins, ils sont très largement utilisés dans de nombreuses modélisations de fonctions neurales complexes, la planification d'un geste, la reconnaissance d'un visage, l'enrichissement du lexique. Nous aurons l'occasion d'en mentionner quelques-unes dans le chapitre suivant.

---

16. Il vaudrait mieux dire renaissance, car il s'agit d'une revitalisation, agrémentée de capacités de calculs plus sophistiquées, de la cybernétique des années 1930-1940 (voir chapitre premier).

CHAPITRE IV

SENSIBILITÉ, SENSATION, PERCEPTION

Toutes les informations utiles à la survie d'un organisme doivent gagner son cerveau *via* les sens. Information est ici à prendre dans son sens courant, qui n'est pas celui de la théorie mathématique de l'information formalisée, notamment comme réduction d'incertitude, par Claude Shannon[1] en 1948. Les informations dont il est et sera question sont des *renseignements*, que le système nerveux reçoit et qui permettent à l'organisme d'acquérir une connaissance (implicite ou explicite), sur le monde extérieur et intérieur qu'il habite. Ils sont codés pour être transmis, conservés, traités, pour engendrer *in fine* une réponse, essentiellement sous la forme d'opérations motrices et de sécrétions endocrines.

C'est ainsi notamment que tout organisme, de la bactérie à l'homme, apprend à « connaître » le monde dans lequel il est plongé pour s'y mouvoir avec efficacité et y vivre aussi longtemps que possible. Il se rapproche ou s'éloigne des objets, s'en saisit ou les évite ; ce faisant, il modifie parfois son environnement immédiat en agissant sur lui directement, ou simplement en modifiant le « point de vue » qu'il en a par exemple, en se déplaçant ou en dirigeant son regard, ce qui à son tour lui fournira de nouvelles informations à percevoir et l'engagera à réagir. Et ainsi de suite, en un cycle ininterrompu d'actions et de perceptions. C'est dire qu'il est totalement artificiel de séparer la perception

---

1. L'ouvrage de Claude Shannon a pour titre *A Mathematical Theory of Communication*. Shannon insiste sur l'aspect technique de sa théorie et écarte délibérément toute considération sur la *signification* (biologique ou autre) que le message porte, il déclare : « Ces aspects sémantiques de la communication ne sont pas pertinents pour le problème d'ingénierie de la construction », cité par Conway et Siegelman, 2005.

de l'action[2]. Mais il est clair qu'il faut bien commencer par les distinguer, si l'on veut analyser les mécanismes cérébraux par lesquels nous acquérons des informations qui nous permettent d'agir de façon pertinente sur le monde. C'est pourquoi je n'envisagerai le mouvement et l'action que dans un chapitre ultérieur.

Caractéristiques générales
des systèmes sensoriels

Pour qu'une terminaison sensorielle puisse susciter une réaction de la part d'un organisme, il faut que le système nerveux de ce dernier soit informé des variations physiques ou chimiques dont le monde est le siège et auxquelles le corps doit répondre[3]. Cette terminaison est équipée de capteurs : les plus élémentaires sont des canaux ioniques spécialisés dans la détection d'une catégorie de stimulus ; et les plus complexes représentent de véritables appareils sensoriels, dotés aussi de capteurs spécialisés. Ces capteurs sont insérés dans des dispositifs anatomiques complexes, la rétine dans l'œil, la cochlée dans l'oreille interne, les papilles sur la langue. Par exemple, les récepteurs des forces sont sensibles à une force mécanique quelconque, comme une simple déformation de la membrane dans laquelle ils sont insérés. Les récepteurs spécialisés, eux, ne sont mis en jeu que par un aspect distinctif de cette force mécanique, un étirement, un cisaillement, une torsion, une pression, une vibration, une flexion de cette membrane. Toutes ces variations sont appelées stimulations sensorielles dans la mesure où elles peuvent *stimuler* des récepteurs sensoriels. Il s'ensuit qu'il n'y a de sensibilité à un événement du monde (c'est-à-dire physicochimique) que dans la mesure où il existe un capteur pour le détecter. Il est possible de classer les différentes modalités sensorielles selon le type de stimulation qui est la plus efficace : on parlera alors de *mécano*récepteurs, de *photo*récepteurs, de *chémo*récepteurs. Toutefois, cette classification est trop fruste, elle ne rend pas compte de la grande richesse de nos sensibilités ni du large répertoire des capteurs sensoriels existants.

Les réactions à un stimulus sensoriel sont de plusieurs sortes. Purement réflexes, par exemple l'extension de la jambe quand on percute les tendons du genou, elles échappent à tout contrôle conscient, avec des nuances toutefois. Elles peuvent être *adaptées* et *orientées*, comme se déplacer sans difficulté dans un environnement encombré ; il s'agira alors d'une action complexe finalisée, par exemple atteindre un endroit précis, soumise, la plupart du temps, à la délibération consciente. Néan-

---

2. Je reviendrai sur cet aspect à de nombreuses reprises.
3. Voir Buser et Imbert, 1982.

moins, certains aspects isolés de cette action complexe (par exemple, en traversant la rue, lever son pied d'une hauteur précise pour le poser sur le trottoir d'en face, actionner l'interrupteur de lumière quand on rentre le soir chez soi), une fois qu'ils ont été automatisés, échappent, au moment de leur exécution, à la conscience, même si cette dernière peut s'en saisir éventuellement. On pourrait multiplier à l'envi ce genre d'actions automatisées qu'on appelle souvent à tort, des « réflexes ». Enfin, certains événements sensoriels peuvent susciter une expérience vécue, une prise de conscience, plus ou moins claire et distincte : entendre enfin arriver la voiture de visiteurs que l'on attend avec impatience, avoir un mal à la tête diffus un lendemain de fête, avoir bon chaud dans son bain après une dure journée, être troublé par la contemplation de *L'Origine du Monde*. Il s'agit dans ces derniers cas de *sensations*, expériences subjectives, à la première personne, émotionnellement colorées, plaisantes, désopilantes, désagréables, répulsives, ou franchement douloureuses, qu'il convient de distinguer de la *sensibilité*, réaction objective, donc mesurable, d'un organisme en réponse à l'application d'une stimulation ou stimulus. Si la sensation présuppose la sensibilité, la réciproque n'est pas vraie, toute sensibilité ne se prolonge pas en une sensation consciente. Nous n'éprouvons, par exemple, aucune sensation de notre pression artérielle, ce qui serait souvent bien utile. Elle n'en est pas moins en permanence « mesurée » par des capteurs sensoriels spécifiques qui délivrent en continu au système nerveux une information servant à élaborer une réponse pertinente. Le contrôle de la pression artérielle demeure purement réflexe et échappe totalement à notre conscience.

CLASSER LES SENSIBILITÉS

Les « cinq sens » traditionnels, la vision, l'audition, le tact, le goût et l'odorat, constituent une classification classique et respectable, qui remonte à Aristote et qui semble à première vue raisonnable. Elle est néanmoins très insuffisante dans la mesure où notamment elle confond sensation, presque toujours consciente, et sensibilité, soit non consciente et purement réflexogène, soit susceptible de devenir consciente et de se transformer ainsi en sensation, généralement à la suite d'une mobilisation de l'attention du sujet. Cette confusion entre sensation et sensibilité conduit à oublier toutes les sensibilités qui ne suscitent pas, tout au moins de façon directe, de sensation. Nous avons une sensibilité très fine de la position de notre corps dans l'espace sans pour autant avoir la sensation de l'équilibre, sauf quand on le perd !

Nous devons à Sherrington la distinction entre la sensibilité générale et les sensibilités spéciales, la première servie par des récepteurs largement distribués dans le corps, la seconde par des récepteurs groupés dans des dispositifs anatomiques distincts. La sensibilité générale du corps peut évoquer des sensations dites *somesthésiques* (de *soma* qui en grec signifie « corps »), elles-mêmes subdivisées en une sensibilité superficielle cutanée, dite *extéroceptive*, une sensibilité liée aux mouvements propres du corps, dite *proprioceptive*, enfin une sensibilité des viscères profonds, appelée *intéroceptive*[4]. En outre, toute sensibilité susceptible d'évoquer un réflexe d'évitement, accompagnée éventuellement d'une sensation de douleur, est appelée *nociceptive*[5].

Les sensibilités spécialisées sont liées à des dispositifs sensoriels distincts, véritables entités anatomiques circonscrites, l'œil, l'oreille, la langue, la muqueuse olfactive. Certaines permettent de déceler des stimuli situés à distance, on parle alors de *téléception*, c'est le cas de la sensibilité visuelle, auditive ou olfactive ; d'autres sont mises en jeu par le contact direct du récepteur avec le stimulus, la sensibilité gustative par exemple.

Pour résumer et conclure cette présentation générale, je dois ajouter que les récepteurs sensoriels, c'est-à-dire les premiers neurones situés sur la chaîne sensorielle, appartiennent au système nerveux central (c'est le cas de la vision et de l'olfaction) ou bien à un ganglion du système nerveux périphérique. Les annexes, dont ils sont parfois pourvus, dérivent de divers éléments cellulaires (cellules épithéliales, cellules épendymaires, fibroblastiques, etc.).

Les récepteurs sont spécialisés dans la détection, la transformation et l'acheminement vers la moelle épinière et le cerveau, respectivement par les nerfs spinaux et les nerfs crâniens, d'indices physico-chimiques captés en dehors ou à la périphérie du corps, ou encore à l'intérieur des organes. Ces indices sont transformés à la périphérie dès leur capture par les récepteurs sensoriels en « signaux nerveux », c'est-à-dire en des variations d'amplitude et de polarisation du potentiel transmembranaire des neurones. Ils pourront alors circuler dans les fibres nerveuses des nerfs afférents pour être distribués dans de nombreuses régions du système nerveux. Ils y seront entreposés, pendant un laps de temps plus ou moins long ; ils y subiront éventuellement des transformations, des combinaisons avec d'autres signaux venant de récepteurs sensoriels distincts ; ils concourront de la sorte à engendrer une réponse. Cette réponse peut s'extérioriser dans un comportement public, c'est-à-dire visible pour des observateurs vigilants, par exemple, tout le monde peut voir où mon regard se dirige quand quelque chose m'intéresse. Elle peut au contraire ne pas s'extérioriser, rester privée, intime, invisible aux autres, purement « dans ma tête », intériorisée dans une image ou une représentation dite « mentale », tenue en réserve et mobilisée éventuellement pour estimer et

---

4. Les deux premières composent la sensibilité somatique, la troisième la sensibilité viscérale.

5. La douleur est un chapitre important, non seulement de la neurophysiologie et de la psychologie, mais également de la philosophie. J'y consacrerai un développement particulier dans plusieurs endroits de cet ouvrage, notamment au chapitre VII.

anticiper les résultats d'une action avant même de l'entreprendre. Cette représentation serait une sorte de théâtre mental dans lequel se déroulerait une suite d'événements « modélisés » dans ma pensée, que je contemplerais de mon « œil spirituel ». Je doute fort qu'il en aille ainsi comme j'aurai l'occasion de l'exposer à la fin de cet ouvrage.

SÉLECTIVITÉ ET SENSIBILITÉ DE LA RÉCEPTION SENSORIELLE

Les propriétés biophysiques et biochimiques des éléments situés aux toutes premières étapes de la réception sensorielle définissent les limites du domaine de *sélectivité* à une certaine classe de stimulus, la fréquence des sons *audibles*, la longueur d'onde de la lumière *visible*, le cycle des vibrations mécaniques *sensibles*, la composition chimique de ce qui touche notre langue ou entre dans notre nez[6]. C'est également au niveau des premiers éléments que seront fixées les limites de sensibilité dans une certaine plage d'intensité du stimulus efficace. En dessous d'une certaine pression de l'air, le son n'est pas suffisant pour mettre en jeu les mécanorécepteurs auditifs. *A fortiori*, il ne pourra être ressenti ni donner lieu à une sensation auditive. À l'inverse, au-delà d'une certaine intensité, il ne sera plus reçu comme un son mais éprouvé comme quelque chose de désagréable, voire de douloureux ; de même, une élévation progressive de la température cutanée, dès qu'elle éveille une sensation, peut nous faire passer rapidement d'une impression d'agréable chaleur à celle d'une vive brûlure. Pour toutes les sensibilités et par suite toutes nos sensations, nous pouvons ainsi distinguer une intensité minimum, en deçà de laquelle il ne se passe rien de mesurable au niveau du récepteur, et où rien ne peut être véhiculé par les fibres afférentes, à plus forte raison être perçu. Cette limite inférieure de l'intensité du stimulus définit le « seuil absolu » de sensibilité du récepteur, mesuré généralement par la plus petite variation de potentiel transmembranaire mesurable du capteur, son *potentiel récepteur*, ou le seuil absolu de sensation, dit *psychophysique*, la plus petite sensation évoquée, généralement mesurée par un comportement précis exprimé par le sujet animal ou sujet humain, à qui on a appris à lever la patte ou la main lorsqu'ils entendent un son et dont on pourra ainsi tracer l'audiogramme.

Au-delà d'une certaine intensité du stimulus, le potentiel récepteur du capteur ne varie plus ; il est saturé et demeure ainsi incapable de fournir une mesure fiable de l'intensité du stimulus, lorsque celle-ci augmente au-delà de cette valeur maximale ; en outre, bien souvent, la qualité propre de la sensation, lorsqu'il y a sensation, son caractère audible, visible ou tac-

---

6. Il existe encore d'autres organes sensoriels, situés dans les muscles, les tendons, les articulations ou dans une partie de l'oreille interne ; nous en reparlerons plus loin.

tile, sera perdue : une lumière trop vive aveugle, un son très fort est intolérable, un toucher trop insistant fait mal. Cela ne veut pas à dire qu'au-delà d'une certaine intensité, tous les stimuli deviennent douloureux, mais seulement qu'ils demeurent bloqués à leur valeur maximale : une fois saturés, les qualités phénoménales, le ressenti des sensations sont altérés.

La transduction sensorielle

La toute première étape est cruciale. Elle consiste à convertir[7] une certaine forme d'énergie du monde physique (lumineuse, thermique, mécanique, chimique) en signal que le système nerveux pourra recueillir, transporter et utiliser. Nous savons que ce signal est représenté par la variation d'amplitude (éventuellement de polarité) du potentiel électrique transmembranaire de la cellule nerveuse. Au niveau de la cellule réceptrice, cette variation locale, dite *potentiel récepteur*, présente une amplitude qui varie de façon monotone avec l'intensité du stimulus. Dans les limites de son fonctionnement normal, fixées par le seuil absolu et la valeur de saturation, on peut dire qu'elle mesure fidèlement l'intensité du stimulus. Cette étape, appelée *transduction*, revêt des formes variées selon les systèmes sensoriels.

LES CANAUX IONIQUES DE LA TRANSDUCTION

Pour aborder la question de la transduction, nous nous contenterons d'insister sur une notion valide pour tous les récepteurs sensoriels : la transduction conduit nécessairement à l'ouverture ou à la fermeture de canaux ioniques situés à un endroit stratégique de la membrane plasmique d'un neurone.

Au chapitre III, j'ai indiqué que l'on distinguait les canaux ioniques selon le signal, électriques (on parle alors de canaux voltage-dépendants, v-*dépendants*) ou chimiques (ligand-dépendants ou l-*dépendants*), auquel ils sont sensibles ; j'ai mentionné également, sans m'y attarder, que certains canaux n'étaient sensibles ni à l'un ni à l'autre de ces signaux, mais à la simple déformation mécanique imposée à la membrane qui les abrite. Il s'agit là de la forme probablement la plus simple, mais aussi la plus fondamentale, de détection d'une force mécanique, détection dont la valeur biologique est capitale car il y va de la survie de la cellule elle-même, de la bactérie comme de n'importe quelle autre cellule vivante, que d'être en mesure de déceler les forces qui s'exercent sur elle. Ces for-

---

7. Cette conversion n'est pas directe comme nous le verrons dans les différents cas étudiés plus loin : l'énergie du stimulus enclenche la libération d'une énergie *intrinsèque* accumulée dans la membrane nerveuse.

ces, des tensions, signalent presque toujours des situations dangereuses capables de déchirer la membrane et d'être ainsi funestes à la cellule si elle ne répond pas de façon adéquate.

Deux types de forces s'exercent sur la membrane de la cellule, selon qu'elles s'appliquent de l'intérieur ou de l'extérieur. De l'intérieur, ce sont les pressions hydrostatiques, les mouvements du cytosquelette, ceux des moteurs moléculaires qui modifient la forme, la taille et la mobilité des cellules notamment au cours du développement. De l'extérieur, les cellules uniques, les bactéries par exemple, s'entrechoquent à cause du mouvement brownien qui les agite, et subissent évidemment les changements de la pression osmotique du milieu dans lequel elles résident. Enfin, dans des systèmes complexes elles peuvent, généralement au moyen de dispositifs annexes, détecter des mouvements spécifiques.

LA LEÇON DES BACTÉRIES :
ON A TOUJOURS BESOIN D'UN PLUS PETIT QUE SOI

Il est intéressant de noter que c'est l'étude des mécanismes moléculaires de la *mécanosensibilité* chez les bactéries qui a fourni jusqu'ici les connaissances les plus solides sur les canaux sensibles aux tensions : ils ont été clonés, séquencés, reconstitués ; des mutants fonctionnels ont été caractérisés, la structure cristalline établie et les transitions dans l'ouverture du pore prédites. Bref, ces sont les bactéries qui, aujourd'hui, fournissent le meilleur modèle pour comprendre les principes généraux selon lesquels une protéine membranaire répond à une perturbation de la membrane, dont la structure en bicouche lipidique est la même de la bactérie à l'homme.

La fonction de ces canaux *mécanosensibles* est simple : assurer la survie de la bactérie en répondant à la pression osmotique. *Escherichia coli*, l'enfant chéri des chercheurs biologistes et le bouc émissaire des médecins bactériologistes, en possède trois, tous sensibles à la tension exercée par l'étirement de la membrane dans laquelle ils sont insérés. Ils répondront notamment lorsque la cellule gonfle ce qui va réduire la pression latérale exercée par la bicouche lipidique sur la protéine et augmenter, corrélativement, la tension, ouvrant ainsi le canal et permettant le passage de l'eau et des ions. Chez la bactérie, les trois canaux qui répondent à la pression osmotique sont appelés Msc (pour *Mechano-sensitive channel*) : le MscL, responsable d'une grande conductance (*Large conductance*) ; MscS, responsable d'une plus petite conductance (*Smaller conductance*), enfin MscK (pour K^+-dépendant[8]).

Des études de cristallogaphie des canaux MscL et MscS révèlent une structure monomérique simple, constituée de sous-unités faites de deux hélices α sensiblement inclinées à l'intérieur de la membrane. Le canal

---

8. Voir Blount, 2003.

MscL est constitué des cinq sous-unités arrangées sur un cercle (pentamo-nomères), le canal MscS est fait de sept sous-unités (heptamonomère). Le canal MscL possède la plus grande capacité d'ouverture connue, jusqu'à atteindre un diamètre de 25 Å[9], ce qui est bien suffisant pour laisser passer beaucoup d'eau et des petites protéines. Ce sont de véritables soupapes de sûreté : dès que la pression osmotique s'élève, les canaux s'ouvrent permet-tant à la cellule de se vider partiellement et d'éviter ainsi d'éclater. La spec-troscopie par résonance paramagnétique et la mutagenèse ont permis de révéler les changements moléculaires responsables des mouvements d'ouverture du canal. Ce sont de petites rotations des hélices α, en particu-lier celles du premier segment transmembranaire, STM1, qui poussent sur les parois latérales du canal et ménagent ainsi un passage[10].

LES RÉCEPTEURS DE LA TENSION

En dépit de l'élégance du modèle, ce canal n'a pas d'homologue chez les eukaryotes. Chez ces derniers, la fonction des canaux mécanosensibles va bien au-delà d'une simple réponse à la tension. Dans l'audition ou dans le tact, par exemple, l'énergie mécanique de la tension est convertie en un signal chimique qui mène *in fine* à l'excitation d'un neurone. Les analyses génétiques, moléculaires et structurales les plus poussées ont été réalisées chez les animaux les mieux connus par leur génétique : le ver nématode, *C. elegans*, la mouche du vinaigre, *Drosophila*, et la souris. Tous les canaux mécanosensibles identifiés jusqu'à présent appartiennent à deux grandes familles : les canaux TRP et les canaux DEG/ENaC (il faut mentionner à part les canaux potassium à deux domaines-pores, 2P). Les deux premiers ensembles sont encodés par des familles de gènes présents chez le ver, la mouche et la souris. Ce sont des canaux protéiques sélectifs aux cations et relativement insensibles au voltage. Les canaux DEG/ENaC sont ainsi appe-lés parce qu'ils ont été d'abord identifiés comme une protéine dont la muta-tion provoque le gonflement cellulaire et la dégénérescence (DEG) et comme des canaux sodium de l'épithélium (ENaC pour *epithelal Na⁺ chan-nels*). Les canaux de la famille TRP ont été ainsi nommés à partir du pre-mier membre identifié. Chez la drosophile, un mutant spontané de la vision a été reconnu en 1977 : le récepteur visuel, au lieu de présenter un potentiel récepteur continu en réponse à une stimulation lumineuse continue, pré-sentait, chez ce mutant, des potentiels récepteurs transitoires, d'où le nom donné au produit du gène sous-jacent à cette mutation, TRP (pour *Tran-sient Receptor Potential*). Identifié comme un canal ionique, il a révélé une nouvelle classe de canaux cationiques dont la structure est semblable à cel-les de la superfamille des canaux voltage-dépendants. Caractérisées par six

---

9. Å : Angström = 10^{-9} m ou dix-millionième de millimètre.
10. Voir Perozo, 2002.

segments transmembranaires (en général), une région pore et un « senseur » sensible au voltage, les sous-unités sont arrangées pour former un canal tétramérique. Il s'agit en fait d'une grande famille composée d'environ trente protéines exprimées dans de nombreux tissus et types cellulaires, y compris des cellules non excitables, le muscle lisse, les cellules endothéliales vasculaires ou les cellules épithéliales. La grande diversité des canaux TRP[11] s'exprime également dans leurs diverses perméabilités aux ions. Bien qu'en général ils soient considérés comme des canaux cationiques non sélectifs, certains présentent une grande sélectivité aux ions Ca^{2+}. Chez les eukaryotes, on les trouve depuis les levures jusqu'aux mammifères, souvent fonctionnellement associés à des récepteurs couplés aux protéines G (voir plus loin), à des récepteurs des facteurs de croissance, et à la phospholipase C.

De cette diversité, il découle de nombreuses fonctions, notamment dans les neurones. Je retiendrai ici qu'ils servent essentiellement dans la transduction sensorielle, dans la vision chez les invertébrés, la transduction des phéromones des vertébrés, la sensibilité à la température, à la pression osmotique, dans l'olfaction, ils jouent aussi un rôle dans la vasodilatation des vaisseaux sanguins et probablement dans la mécanosensibilité. En outre, des mutations de plusieurs membres des canaux de type TRP sont responsables de plusieurs maladies, tumeurs ou troubles neurodégénératifs (hypomagnésémie, polykystose rénale infantile[12], mucolipidose[13]). J'aurai l'occasion de revenir sur certains de ces canaux à propos notamment de la mécanoréception, de la thermosensibilité, de la transduction auditive, de la gustation, de la nociception.

Nous avons déjà parlé des canaux potassium ; ils présentent généralement un seul pore. Récemment, une nouvelle classe de canaux K^+ a été décrite dont les sous-unités sont formées de quatre segments transmembranaires (STM), caractérisées en outre par la présence de deux pores (on les regroupe sous l'étiquette 4 STM/2P). Parmi les nombreux canaux de cette famille, il en est deux, les canaux TREK et les canaux TRAAK, qui sont ouverts par un étirement de la membrane. Ils sont également ouverts par divers lipides, par l'acidose intracellulaire, la température, les anesthésiques ; ils sont fermés par une phosphorylation dépendante d'un second messager. Ils joueraient un rôle protecteur au cours de l'ischémie cérébrale. Par leurs caractéristiques, les canaux TREK ressemblent à un canal K^+ présynaptique décrit chez l'aplysie, le

---

11. On compte aujourd'hui plusieurs dizaines d'homologues répartis dans sept sous-familles : TRPC (TRP classique), TRPM (mélastatine), TRPV (vanilloïde) TRPN, TRPA (ankyrine), TRPP (polycystine), enfin TRPML (mucolipine).
12. Hypertrophie rénale bilatérale, reins monstrueux sans sécrétion vingt-quatre heures après l'injection du produit de contraste ; diagnostiquée par échographie anténatale, décès de l'enfant après quelques jours de vie.
13. Maladie lysosomale, dans laquelle le lysosome (voir chapitre II) ne joue plus son rôle.

canal K$^+$ de type S (c'est-à-dire activé par la sérotonine), impliqué chez cet organisme dans une forme élémentaire de l'apprentissage, la désensibilisation[14].

La génération d'un message sensoriel

Dans certains cas, le neurone sensoriel périphérique va directement générer un influx nerveux que son axone transportera au système nerveux central. Le cas le plus simple est celui d'une « terminaison nerveuse libre », que l'on trouve en abondance dans la peau. Un stimulus appliqué localement sur une terminaison, par exemple une déformation ou une élévation de température, va provoquer une variation de potentiel au niveau d'un site appelé pour cette raison, site « transducteur ». Cette variation *locale* de polarisation se propage jusqu'à un site distinct, plus ou moins éloigné du site transducteur, mais dont l'excitabilité électrique est grande. La dépolarisation de ce nouveau site, dit « générateur », va enclencher, si elle est suffisamment grande, l'émission d'influx nerveux propagés. Le site générateur se comporte comme le segment initial d'un l'axone, sauf qu'il s'agit dans ce cas de l'extrémité d'une fibre qui ressemble à un dendrite. Cette fibre est dite *fibre afférente primaire*. Elle appartient au neurone situé au tout premier étage de la réception sensorielle. On peut la considérer comme une espèce de long dendrite, puisqu'il conduit les signaux en direction du corps cellulaire ou d'une sorte de second axone parce que doté d'un mécanisme régénératif que nous avons décrit au niveau des membranes axoniques. En outre, cette fibre afférente primaire peut être très longue, certaines seront même recouvertes d'une gaine de myéline ce qui accroît encore davantage la ressemblance à un axone. Les neurones sensoriels sont généralement des cellules bipolaires, dont une branche est constituée de la fibre afférente primaire, et dont l'autre, efférente, est constituée d'un axone (un vrai cette fois) qui entre dans le système nerveux central et s'articule synaptiquement avec d'autres neurones.

Dans l'exemple le plus simple que nous avons choisi pour décrire la transcription sensorielle, le potentiel récepteur est obligatoirement une dépolarisation, puisque seule la dépolarisation peut enclencher les mécanismes régénératifs du potentiel propagé. Dans d'autres cas, notamment au niveau des photorécepteurs rétiniens, le potentiel récepteur se présente sous la forme d'une hyperpolarisation, un mécanisme additionnel sera alors nécessaire pour passer de cette hyperpolarisation à une dépolarisation de la fibre afférente primaire.

---

14. Voir au chapitre IX.

LES ANNEXES DES MÉCANORÉCEPTEURS

Le mode de transduction des récepteurs mécanosensibles peut être rendu plus efficace et surtout plus sélectif par l'adjonction, autour de la terminaison nerveuse proprement dite, d'une structure non nerveuse accessoire. C'est le cas de la plupart des récepteurs du tact (à l'exception bien entendu des terminaisons libres). Les corpuscules de Pacini sont des récepteurs, spécialisés dans la détection des déplacements rapides et des vibrations à haute fréquence, que l'on trouve dans la peau, le derme et le tissu conjonctif sous-cutané et intramusculaire, ainsi que dans le périoste et dans le mésentère. Le corpuscule de Pacini consiste en une fine branche d'une fibre sensorielle unique entourée d'une capsule ovoïde, comme un grain de riz, longue d'environ un millième de millimètre (voir Planche 4).

La capsule est faite de plusieurs couches superposées du tissu conjonctif, ressemblant à autant de pelures d'oignon. Lorsque la capsule est déformée, elle transmet cette déformation à la terminaison nerveuse qu'elle enserre pour y créer un potentiel récepteur. À partir de ce moment, la même succession de phénomènes que ceux qui ont été décrits précédemment au niveau d'une terminaison libre se déroule, potentiel générateur et émission d'influx au début de la fibre, dans une zone dépourvue de myéline, généralement au niveau du premier ou du second nœud de Ranvier. Les propriétés intrinsèques de la capsule, tout particulièrement sa viscoélasticité, vont limiter le décours temporel de la déformation physique susceptible de stimuler la fibre nerveuse. En particulier, cette dernière ne sera déformée que pendant les changements de pression appliquée à la surface du corpuscule, une pression continue sera absorbée par le glissement des lamelles de la capsule les unes sur les autres. Le corpuscule agit donc comme un « filtre mécanique passe-haut » éliminant les variations lentes (*a fortiori* les pressions continues) et ne laissant passer que les variations périodiques de fréquences relativement élevées (de l'ordre de 300 Hz). La peau est riche en divers récepteurs, dont les noms évoquent un neuroanatomiste qui serait peut-être oublié sans cela, les corpuscules de Merkel, de Meissner, de Ruffini, les bulbes de Krause, et les récepteurs folliculaires qui garnissent les poils. Voir planche 4.

Dans un certain nombre de cas le potentiel récepteur et le potentiel générateur ont lieu dans la même cellule. Les deux sites, celui de la transduction et celui de la génération, s'ils peuvent dans certains cas se confondre spatialement à l'extrémité de la fibre afférente primaire, n'en demeurent pas moins distincts. En effet, les canaux ioniques responsables du potentiel récepteur ne seront jamais « confondus » avec ceux responsables du potentiel d'action. On trouve ce type d'arrangement dans le cas des récepteurs situés dans la peau, le muscle ou les tendons, dont nous venons de décrire brièvement le fonctionnement, on le trouve également dans le cas des chémorécepteurs olfactifs.

Ici encore, la cellule réceptrice olfactive est un neurone bipolaire. Le pôle dendritique se termine par un petit renflement, la vésicule olfactive, qui porte des cils mobiles baignant dans du mucus sécrété par des glandes particulières (les glandes tubulo-alvéolaires de Bowman). Le corps cellulaire occupe le tiers moyen de l'épithélium olfactif et le pôle axonal, toujours amyélinique dans cette modalité sensorielle, pénètre dans la profondeur de l'épithélium. Les axones très fins (leur diamètre ne dépasse pas 0,2 micron) se regroupent en faisceaux comportant une dizaine d'axones, passent des petits trous percés dans la partie osseuse (la plaque cribiforme de l'os ethmoïde), pour se terminer dans le bulbe olfactif. Le site de transduction est situé dans les cils, le site générateur près du soma, et les influx se propagent sur l'axone jusqu'au bulbe. Nous reprendrons la description des mécanismes de transduction et de codage de l'information olfactive, après avoir examiné plus en détail ceux des photorécepteurs (voir plus bas) car dans ces deux systèmes des étapes essentielles de la transduction et du codage se ressemblent beaucoup.

Dans un certain nombre d'autres cas, transduction et génération d'un potentiel d'action sont situées dans des cellules distinctes. La transduction est alors entièrement prise en charge par une cellule spécialisée. Celle-ci s'articule avec une deuxième cellule qui s'occupera de la génération des influx et leur conduction par des fibres afférentes vers le système nerveux central. Dans la rétine, la liaison entre la cellule photoréceptrice, site de transduction, et la cellule génératrice, site de génération des influx nerveux, est encore plus indirecte, elle comporte en effet une cellule interposée entre les photorécepteurs et les cellules dont les axones forment le nerf optique, qui transporte toutes les informations visuelles au cerveau. Nous étudierons un peu plus loin dans les chapitres suivants, le fonctionnement de quelques appareils sensoriels exemplaires, aussi nous contenterons nous dans le paragraphe suivant d'aborder encore certains principes généraux concernant les systèmes sensoriels.

LE CODAGE SENSORIEL PÉRIPHÉRIQUE

Nous l'avons plusieurs fois mentionné, la stimulation des récepteurs sensoriels évoque la génération et le transport d'influx dans des nerfs afférents au SNC, nerfs crâniens sensoriels ou nerfs périphériques. Grâce aux progrès de l'électronique (mise au point d'amplificateurs de courants faibles et visualisation par des appareils de mesure sensibles), les années 1920 ont vu foisonner une grande quantité de recherches en physiologie sensorielle. *The Basis of Sensation*, de lord Adrian, qui date de 1928, résume excellemment cette période féconde. Résumons brièvement ce qui est désormais acquis, même si nous devons un peu plus tard en réviser plus ou moins profondément les interprétations.

La *modalité* (lumineuse, acoustique, somatique, olfactive, gustative), l'*intensité* et la *durée* d'une stimulation sensorielle, la *position* exacte de la source (dans l'espace extérieur, à la surface ou à l'intérieur du corps) sont différents aspects du stimulus qui doivent être « codés » le plus tôt possible après leur entrée dans le système nerveux central. Le cerveau disposera ainsi des informations pertinentes suffisamment précises lui permettant de construire nos perceptions sensibles dans toute leur diversité, avec suffisamment de finesse et de précision.

La modalité

Nous avons déjà évoqué au premier chapitre, la *théorie de l'énergie spécifique des nerfs*, que l'on doit à Johannes Müller. Nous pouvons la reformuler en termes plus modernes de la façon suivante. Les capteurs, ainsi que les organes sensoriels sont spécialisés dans la détection d'une catégorie de stimulus physique, le *stimulus adéquat* comme l'a appelé sir Charles Sherrington, mécanique, électromagnétique, thermique ou chimique ; les trajets sensoriels de projection, reliant la périphérie aux structures centrales, sont remarquablement précis. Ces projections délimitent des zones cérébrales spécialisées dans le traitement de l'une ou l'autre des modalités sensorielles ; on décrit de la sorte dans le cortex cérébral des zones de projections primaires visuelles, auditives, somatiques, gustatives ou olfactives. Ce serait l'activation de l'*ensemble* du dispositif spécifique à *une* modalité sensorielle donnée, du capteur au cortex, qui serait responsable de la qualité, visuelle auditive ou autre, de notre sensation. À la différence de ce que stipule la théorie classique de Müller, ce ne sont plus seulement les nerfs périphériques mais des pans entiers du cerveau qui relèvent d'une modalité sensorielle donnée.

Ainsi, des stimulations électriques brèves, à n'importe quel étage sur la voie sensorielle, de la cochlée au cortex auditif par exemple, évoqueront des sensations acoustiques. Les « implants cochléaires » sont une application spectaculaire ou une illustration éclatante de la théorie de l'énergie spécifique des nerfs. En effet, des stimulations électriques, directement appliquées dans des zones étagées le long de la cochlée, vont évoquer non seulement une sensation auditive globale, mais éventuellement des perceptions précises comme celle des sons du langage.

L'intensité

L'intensité d'une stimulation, par exemple une dépression ponctuelle appliquée sur la peau, est associée à la fréquence des influx émis par une fibre afférente isolée qui innerve un mécanorécepteur individuel situé dans la zone cutanée stimulée. En 1967, un neurophysiologiste américain, Vernon Mountcastle, un des fondateurs de la Society for

Neuroscience, met en évidence une relation de proportionnalité entre le degré de déplacement d'une petite partie de la peau au niveau de la main d'un singe (déplacement mesuré en microns) et la fréquence des potentiels qui circulent sur une fibre afférente unique issue de cette même région de la main.

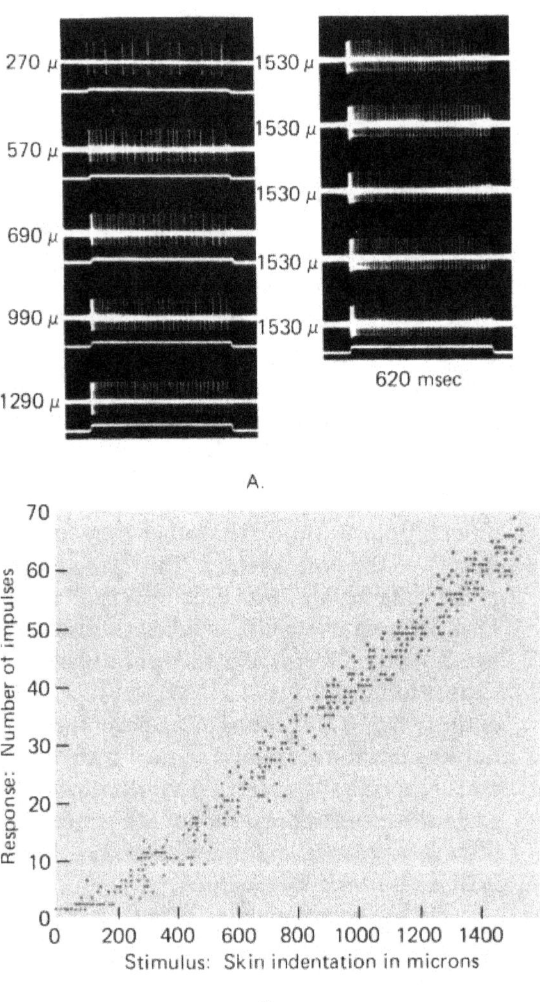

Figure 4-2 : *Codage périphérique de l'intensité.*
En haut : fréquence de décharge des potentiels d'action évoqués (tracés supérieurs) en fonction de l'amplitude du déplacement (en microns) imposé à la peau (tracé du bas).
En bas : graphique représentant les taux des décharges des influx (en abscisse) en fonction de l'intensité de la stimulation (en ordonnées).
D'après Mountcastle, 1967.

Cette relation est équivalente, en termes neurophysiologiques, à la relation que des psychologues de la fin du XIXᵉ siècle, notamment Heinz Heinrich Weber et Gustav Theodor Fechner, avaient déjà établie entre, d'une part, l'intensité d'une stimulation et, d'autre part, la grandeur de la sensation (subjective) que ce stimulus évoque. Depuis sa première formulation en 1860 par Fechner dans *Elemente der Psychophysik*, cette relation appelée « psychophysique » a fait l'objet de nombreuses études. Plusieurs fois révisée, exprimée sous diverses formes mathématiques, allant jusqu'à une théorie ambitieuse du comportement humain, elle illustre un chapitre particulièrement inventif de la psychologie expérimentale. On la retrouve toujours vivante, même si ces prétentions théoriques sont bien plus modestes, dans de nombreuses études non seulement de psychologie fondamentale, mais encore dans des recherches à visées cliniques, pour tester par exemple l'efficacité d'un médicament ou d'un procédé de rééducation sensorielle.

LA DURÉE ET L'ADAPTATION

Le temps que dure une stimulation est une information précieuse que les divers systèmes sensoriels sont capables de fournir avec une précision souvent étonnante. Nous en parlerons en détail à propos du codage propre aux diverses modalités car les mécanismes sont chaque fois différents. Néanmoins, et quelle que soit la modalité, il est essentiel de marquer nettement le début et la fin de la stimulation. Ces « tops de départ et d'arrivée » sont donnés par deux types de réponses distinctes, une réponse à l'établissement et une réponse à la cessation du stimulus, ce que l'on désigne par les termes en anglais *ON* et *OFF*, respectivement.

La mise en évidence de certaines propriétés d'adaptation des capteurs, le fait que leur réponse tende à diminuer au cours du temps, même si le stimulus est maintenu constant, permet de comprendre, jusqu'à un certain point, que le système nerveux soit particulièrement sensible au « changement ». Généralement, au bout d'un certain temps, si rien ne change au niveau du récepteur, celui-ci va cesser d'émettre des signaux. On dira qu'il s'adapte. Certains le feront très vite, et ne retiendront que le moment précis où il y a eu *modification* d'un aspect quelconque. Dans la plupart des cas, ne seront conservés, et même très souvent renforcés par des mécanismes d'interactions locales situés entre des capteurs voisins, que les aspects *dynamiques* de la stimulation : ce qui ne bouge pas dans le monde de nos stimulations est le plus souvent ignoré. La raison en est bien compréhensible : ce qui ne varie pas ne porte pas d'information.

La position ou réceptotopie

À l'intérieur d'une modalité sensorielle donnée, les relations anatomiques de proximité dans la répartition spatiale des capteurs à la périphérie et celle de leurs terminaisons dans les différents étages de la voie qui transporte les signaux d'une modalité sensorielle donnée sont strictement maintenues : par exemple, les informations issues des capteurs cutanés vont se distribuer à la surface du cortex somatique pariétal de telle sorte qu'une « carte », ayant la forme générale du corps y soit dessinée[15].

Les informations issues de capteurs voisins sur le corps (ou dans l'organe sensoriel) se retrouvent voisines sur la représentation corticale, avec cependant des déformations importantes, car plus les récepteurs sont nombreux à la périphérie, plus de territoire central leur sera consacré. Par exemple, sur le cortex pariétal, où l'on trouve la carte somatotopique, les zones de la tête, tout particulièrement la langue et les lèvres, seront en quelque sorte agrandies, les zones correspondant aux mains sont aussi plus étendues que celles qui correspondent aux pieds, car il y a davantage de récepteurs tactiles sur les doigts des mains que sur ceux des pieds. De même, les fibres optiques, issues de la rétine de chaque œil, dressent des « cartes rétiniennes » à la surface du cortex cérébral visuel situé dans le lobe occipital, mais les différentes zones rétiniennes, la rétine centrale dans laquelle l'acuité visuelle est la plus grande, et la rétine périphérique au niveau de laquelle l'acuité est la plus faible, n'occuperont pas les mêmes quantités de cortex cérébral dans leurs zones de projection respectives. On peut généraliser cette constatation : dans chaque cas, la dimension principale du stimulus adéquat sera représentée sous la forme de cartes et à chaque fois la représentation centrale sera d'autant plus importante que les récepteurs seront plus denses à la périphérie. Ces exemples sont bien connus ; ils suffisent, au moins jusqu'à un certain point, à rendre compte de ce que les psychologues appellent le « signe local » d'un stimulus, autrement dit la position dans l'espace que nous sommes en mesure d'attribuer, avec une précision souvent étonnante, à la source de la stimulation.

Forts de ces considérations générales sur le fonctionnement des systèmes sensoriels, nous pouvons commencer l'étude des modalités spécifiques, l'œil et la vision, l'oreille, l'audition et l'équilibre, les sensibilités somatiques et chimiques.

---

15. « Carte » dans un sens métaphorique, comme nous le dirons dans l'Épilogue.

CHAPITRE V

L'ŒIL ET LA VISION

Depuis l'Antiquité, l'œil et la vision ont suscité beaucoup d'intérêt chez les médecins, les philosophes, les physiciens et les astronomes. Ce n'est vraiment qu'à partir du XVIIᵉ siècle, avec la naissance d'une physiologie *mécaniciste* qu'une véritable théorie scientifique de la perception visuelle a vu le jour. Déjà Kepler avait montré, en 1604, que les rayons lumineux réfléchis par les objets formaient une *image* sur le fond de l'œil ; en outre, il établit que le cristallin fonctionnait comme une lentille convergente, et qu'il n'était pas, comme on le pensait jusqu'alors, l'organe spécifique au sein duquel naissait la sensation visuelle. « Les images qui se forment sur le fond de l'œil », pour prendre le titre du Discours cinquième de la *Dioptrique* de Descartes, si leur rôle demeurait mystérieux, n'en étaient pas moins essentielles à la vision. Toutefois, la découverte de l'image posait désormais un redoutable problème, impossible à esquiver : comment parvient-elle jusqu'au cerveau ? Comment peut-elle donner naissance à la sensation ? Quelle relation existe-t-il entre l'organisme qui perçoit et le monde perçu ? Ce sont d'abord les philosophes qui se sont efforcés de répondre à ces questions, et il a fallu attendre la seconde moitié du XIXᵉ siècle pour qu'une étude approfondie s'impose, associant, dans une démarche véritablement pluridisciplinaire, l'optique géométrique, la physique de la lumière, la chimie des pigments visuels, l'examen anatomique et physiologique du système nerveux, la psychologie expérimentale naissante et la neurologie. Aujourd'hui, plus d'un siècle après la parution de la monumentale *Optique physiologique*[1]

---

1. Nous utilisons la traduction en français de E. Javal et N. Th. Klein, 1867, revue par Helmholtz.

du véritable fondateur des sciences de la vision, Hermann von Helmholtz, on possède une quantité considérable d'informations dans tous ces domaines d'étude de la vision, domaines aujourd'hui élargis à de nouvelles disciplines, l'imagerie cérébrale, ou la biologie moléculaire, les mathématiques ou l'informatique, disciplines qui permettent de résoudre nombre de problèmes qui hier encore semblaient hors d'atteinte, touchant le statut des représentations des images mentales, ou celui du rôle joué par des structures bien délimitées du cerveau dans la vision des couleurs, la perception du mouvement ou la reconnaissance des objets.

Je diviserai ce chapitre en deux grandes parties : la première, consacrée au traitement rétinien nous permettra d'étudier les mécanismes de transduction du stimulus lumineux et le codage l'image oculaire en signaux nerveux ; la seconde, la façon dont le cerveau reçoit, traite et utilise les messages envoyés par les deux yeux pour construire la perception des objets et des événements du monde extérieur.

L'œil et la rétine des vertébrés

L'optique oculaire, composée de la cornée et du cristallin, forme du monde extérieur une image de qualité fort médiocre. Cette image bidimensionnelle (elle est dépourvue de profondeur) est mise au point de façon imparfaite sur les deux dimensions du fond de l'œil. Elle est renversée, considérablement réduite, brouillée à cause des mouvements incessants de l'œil, floue et terne à cause de multiples aberrations optiques, trouée en plein milieu d'une tache noire indistincte (la « tache aveugle »). Helmholtz remarquait déjà que si un fabriquant d'optique en polissait d'aussi mauvaise qualité, il ferait vite faillite. On pourrait s'étonner qu'avec un instrument aussi médiocre, on puisse y voir si bien. En fait, l'image n'est que le point de départ de toute une série de processus nerveux, de traitements pour employer le terme qui convient, destinés à construire une représentation stable, riche, dépourvue d'aberrations et sans lacune du monde visuel qui nous entoure.

Ce que traite le cerveau, ce qui nous permet de voir ce que nous voyons, n'a qu'une ressemblance lointaine avec l'image que forme l'œil. L'image peinte sur le fond de notre œil n'est pas simplement transférée au cerveau « point par point », transmise en quelque sorte comme une photocopie, pour brosser dans d'autres régions du système nerveux central, quelque part dans notre cerveau visuel, une autre image qu'il faudrait encore contempler et analyser point par point avant de l'expédier plus loin, où elle serait à nouveau explorée, et ainsi de suite, à l'infini, sans jamais pouvoir s'arrêter pour être utile à un comportement. Comment pourrait-on sur cette image *illisible* reconnaître un visage ou un crayon, déceler le passage au vert d'un feu de croisement, lire ces lignes, attraper une balle, etc. ? Pourtant, tout commence avec elle. Les propriétés physiques et géométriques de sa formation, aussi bien que les propriétés physiologiques de la surface sensible qui tapisse le fond de l'œil sur laquelle elle est peinte, la rétine, fixent les limites de ce que l'on peut voir.

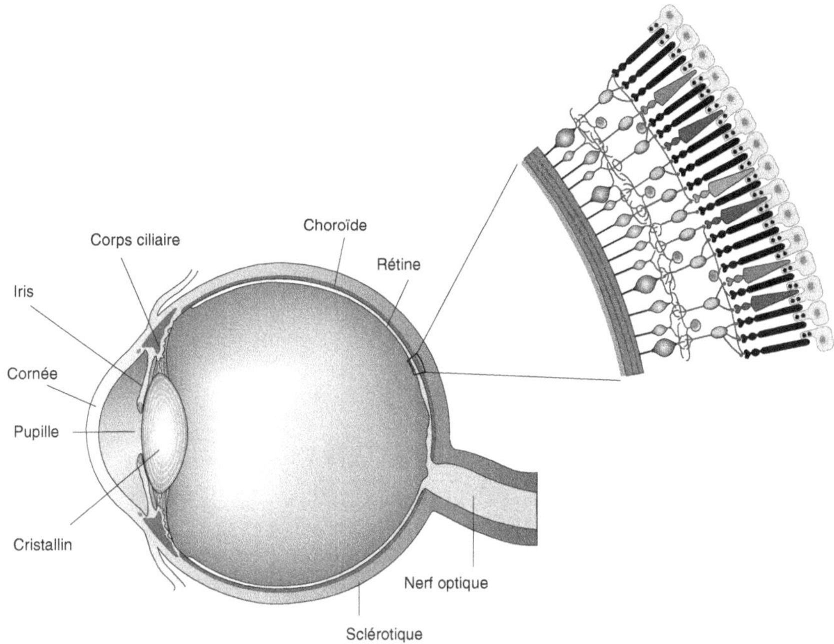

Figure 5-1 : *L'œil simple des vertébrés.*
Coupe schématique d'un œil, avec, en encart, disposition de la rétine. Remarquer que les photorécepteurs sont situés du côté de la sclérotique, ce qui a pour conséquence que la lumière doit traverser la totalité de la rétine pour pouvoir agir sur les pigments localisés à leur niveau.

La rétine est bien la pièce maîtresse du système par lequel débute la vision[2]. Elle se présente comme une fine membrane de moins d'un demi-millimètre d'épaisseur tapissant le fond de l'œil : en fait, c'est un morceau de système nerveux central, un bout du cerveau qui, à un stade très précoce du développement embryonnaire, s'est libéré des vésicules cérébrales antérieures pour aller à la périphérie du corps et se loger dans le globe oculaire. Comme tout tissu nerveux, elle est composée de neurones et de cellules gliales. Ces dernières remplissent de multiples fonctions non directement visuelles (Fig. 5-1).

---

2. Voir l'excellent ouvrage de R. W. Rodieck, intitulé *Les Premières Étapes de la vision*, 1998. Voir également le site http://webvisio.med.utah.edu/ créé et développé par Helga Kolb, Eduardo Fernandez et Ralph Nelson

Il existe cinq grandes classes de neurones rétiniens (Fig. 5-2). Trois transfèrent l'information selon une direction radiaire depuis les photorécepteurs (R), constituant l'étage d'entrée dans la rétine, jusqu'aux cellules ganglionnaires (G), constituant l'étage de sortie. Entre les deux, des cellules bipolaires (Bip) et, dans certains cas, des cellules amacrines (A), servent d'intermédiaires. Deux autres classes de neurones contribuent à cette transmission, en assurant des interactions latérales, au moyen des cellules horizontales (H), interposées entre les terminaisons des photorécepteurs et les dendrites des cellules bipolaires, et toute une famille de cellules amacrines (A), intercalées entre les axones des cellules bipolaires et les dendrites des cellules ganglionnaires, mais également connectées « en retour » sur les cellules bipolaires elles-mêmes.

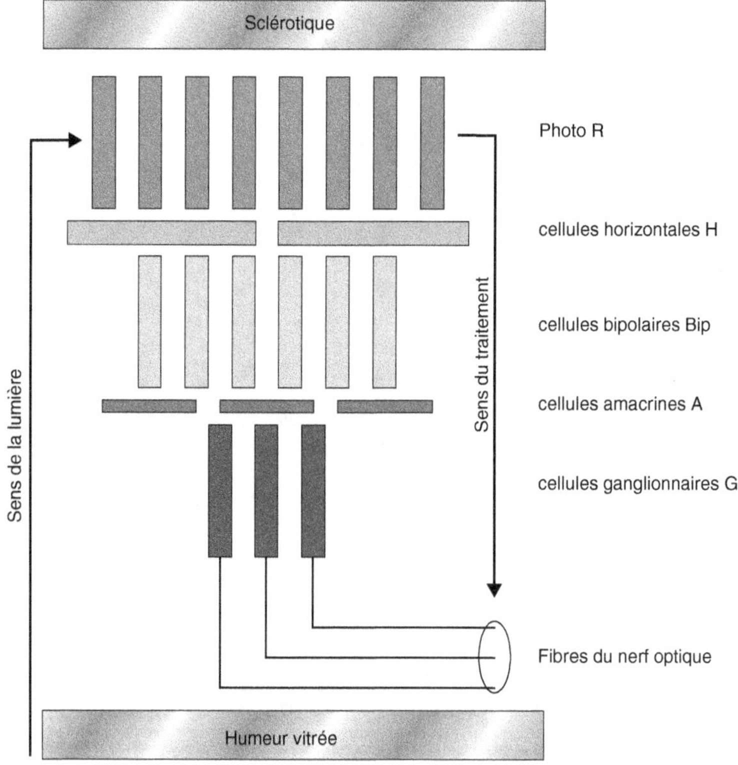

Figure 5-2 : *Schéma des connexions de la rétine.*

Les cellules rétiniennes sont disposées en couches superposées de corps cellulaires, dites couches nucléaires, au nombre de trois : couche nucléaire externe formée des photorécepteurs, couche nucléaire interne, avec les cellules horizontales, bipolaires et amacrines, et la couche des cellules ganglionnaires, et de contacts synaptiques, dites couches plexiformes, au nombre de deux : la couche plexiforme externe, où l'on trouve les connexions entre terminaisons axoniques des photorécepteurs, les dendrites des cellules bipolaires et les prolongements des cellules horizontales ; la couche plexiforme interne, où s'articulent les axones des cellules bipolaires avec les dendrites et axones des cellules amacrines et les dendrites des cellules ganglionnaires.

Dans l'œil, la rétine est disposée de telle sorte que la lumière, après avoir traversé la cornée, le cristallin et l'humeur vitrée, substance gélatineuse et diaphane, qui remplit le globe oculaire, doit encore en traverser toute l'épaisseur avant de pouvoir former une image tout au fond, dans le plan des cellules photoréceptrices, où auront lieu les interactions entre lumière et système nerveux.

L'axe optique touche le fond de l'œil en un point central autour duquel la rétine va présenter des particularités morphologiques remarquables. C'est en effet dans cette zone que son épaisseur sera la moindre.

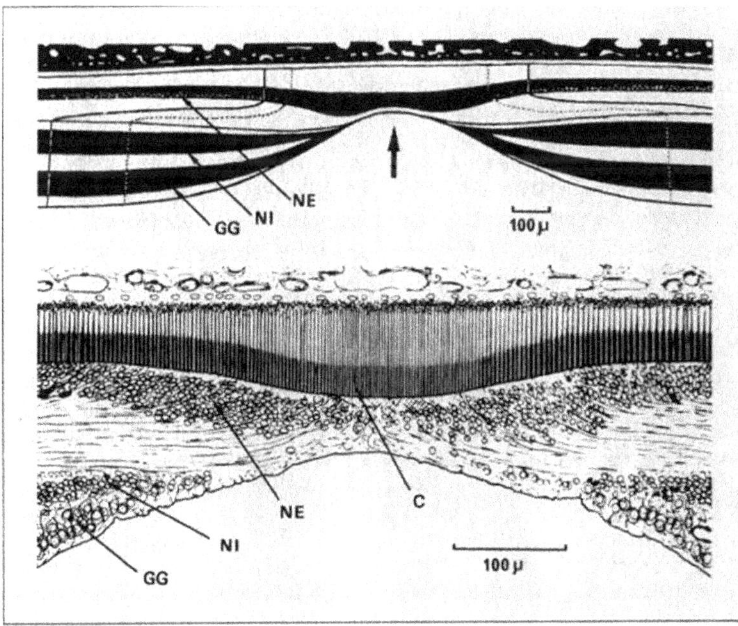

Figure 5-3 : *Fovea de la rétine humaine.*
Dans le diagramme du haut, on fait figurer en noir les couches nucléaires, externe (NE), interne (NI) et ganglionnaire (GG).
En bas : agrandissement de la fovea (remarquer la différence d'échelle). Au centre de la dépression ne subsiste que la couche nucléaire externe (NE). Remarquer la longueur et la finesse des cônes (C) du centre.
D'après Buser et Imbert, 1982.

La figure 5-3 montre bien que, au moins chez certaines espèces, notamment les primates, ou certains oiseaux de proie, tout se passe comme si le tissu rétinien s'effaçait devant les rayons de lumière, s'écartait du point où l'axe optique touche le fond de l'œil de telle sorte qu'ils puissent atteindre le plus directement possible les photorécepteurs. N'ayant pas à traverser toute l'épaisseur de la rétine, les probabilités d'absorption des photons par le tissu rétinien sont moindres, et du même coup la chance qu'ils atteignent le pigment visuel augmente. En outre, dans cette région, appelée *fovea*, qui signifie fossette, l'arrangement des connexions entre les photorécepteurs et les autres cellules rétiniennes, arrangement que nous allons décrire plus en détail un peu plus loin dans ce chapitre, présente également des particularités qui font de la fovea la zone rétinienne où l'acuité visuelle est la meilleure.

LES PHOTORÉCEPTEURS

Les deux classes de photorécepteurs des mammifères

Chez les mammifères, les photorécepteurs se répartissent en deux grandes classes que l'on désigne selon la forme de leur partie la plus distale, dite segment externe, en bâtonnets et en cônes (Fig. 5-4).

Cônes et bâtonnets diffèrent en nombre (dans une rétine humaine, on compte plus de 135 millions de bâtonnets pour seulement 5 à 6 millions de cônes) ; ils ne sont pas distribués uniformément sur la rétine : les cônes sont en grande majorité localisés dans la région centrale, à l'exception des cônes S (bleus) qui sont totalement absents du centre de la fovea [3] ; les bâtonnets dominent dans les régions périphériques, ils sont, comme les cônes bleus, absents dans le centre de la rétine. Les cônes, dont le seuil d'activation est élevé, sont responsables de la vision en plein jour (régime de vision dit photopique) et de la vision des couleurs. Les bâtonnets, au contraire sont d'une très grande sensibilité et fonctionnent lorsque l'intensité lumineuse est basse, dans la pénombre (régime dit scotopique).

Il y a déjà cent cinquante ans, Max Schultze avait proposé que les deux catégories distinctes de photorécepteurs des rétines de vertébrés formaient deux systèmes visuels aux propriétés différentes, un système scotopique avec les bâtonnets, un système photopique avec les cônes [4]. En fait cette idée, que l'*Optique physiologique* d'Helmholtz allait accréditer et répandre largement, est trompeuse. Il serait plus juste de parler, pour l'homme, d'une rétine quadruple, constituée d'un système de bâtonnets et de trois systèmes de cônes, sensibles, à cause des propriétés des pigments visuels qu'ils abritent, respectivement dans les grandes, moyennes et cour-

---

3. Curcio *et al.*, 1991.
4. Schultze, 1866.

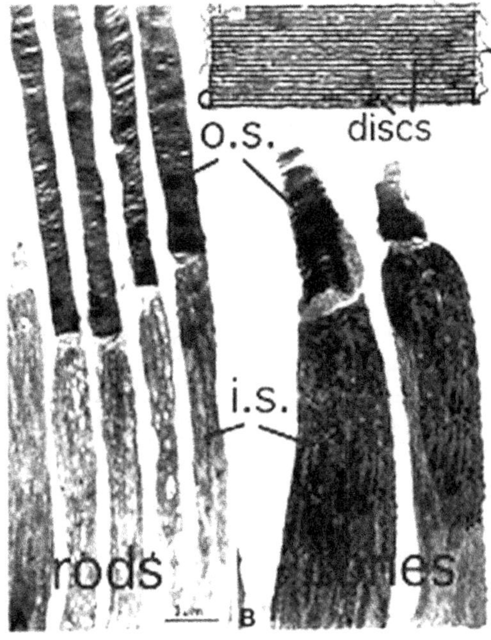

Figure 5-4 : *Cônes et bâtonnets.*
Microscopie électronique de bâtonnets et de cônes de primates, avec agrandissement
des disques des segments externes.
SE : segment externe ; SI : segment interne.
D'après http://webvision.med.utah.edu/index.html.

tes longueurs d'onde. On les appelle pour cela les cônes-L, les cônes-M et
les cônes-S (voir plus bas). La rétine des certains inframammaliens (de
certains oiseaux, poissons et reptiles) peut contenir jusqu'à cinq catégories de pigments, chacune présentant des propriétés distinctes. Les photorécepteurs abritent des pigments photosensibles, molécules qui vont assurer l'interaction entre le monde physique de la lumière et le monde
biologique des événements neuraux. Ces pigments ont des spectres
d'absorption différents : relativement étroits pour les cônes, larges et étendus sur la totalité du spectre visible pour les bâtonnets.

Répartition des photorécepteurs

Les bâtonnets, bien plus nombreux que les cônes[5], sont répartis sur
toute la surface rétinienne à l'exception du centre de la fovea, où ils sont

---

5. Selon Osterberg, 1935, il y aurait de 110 à 125 millions de bâtonnets, contre
6 400 000 cônes. Ces chiffres varient en fonction des méthodes utilisées pour le comp-
tage, selon les espèces étudiées, et selon les auteurs ; ils représentent néanmoins une
bonne estimation.

totalement absents. Leur densité moyenne est de 80 000 à 100 000 par mm^2, elle augmente rapidement, passe par un maximum (160 000 bât/mm^2) à environ 5 mm (18°) du centre, pour décliner ensuite régulièrement jusqu'à l'extrême périphéries (Fig. 5-5).

Il existe de nombreuses méthodes pour établir la distribution rétinienne propre des cônes S. En effet, leur morphologie est différente de celle des autres cônes ; ils diffèrent aussi par leurs réactions immuno-cytochimiques et réagissent spécifiquement à diverses techniques (l'hybridation *in situ*, l'emploi de marqueurs histochimiques, l'incorporation sélective de colorants, les méthodes psychophysiques). Je n'entrerai pas dans ces détails techniques. On a ainsi pu établir que les cônes S représentaient seulement 7 % de la population totale des cônes, et qu'ils étaient, chez les humains notamment, totalement absents d'une zone d'environ 20 minutes d'arc qui couvre le centre de la fovea.

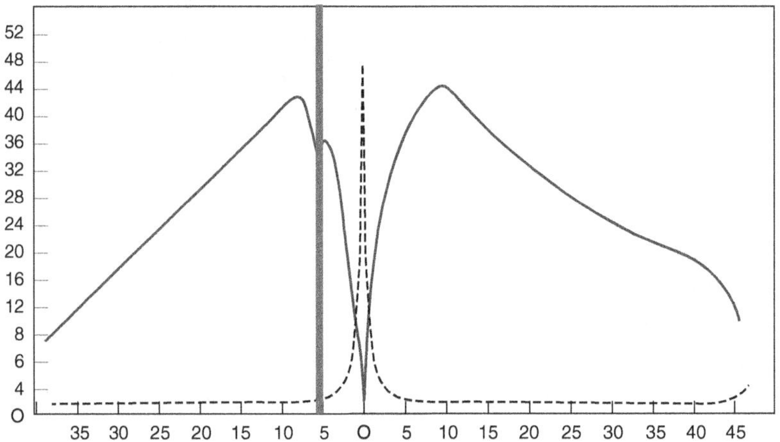

Figue 5-5 : *Répartition des cônes et des bâtonnets*
en fonction de l'excentricité.
Densité des bâtonnets (courbe pleine) et densité des cônes (courbe pointillée), en fonction de l'excentricité. Abscisses : degrés d'excentricité à partir de la fovea – vers la droite : côté temporal, vers la gauche : côté nasal ; ordonnées : nombre de photo-récepteurs en 10^3 par unité de surface de 0,0069 mm^2. La barre verticale à 5° d'excentricité du côté nasal représente le disque optique.
D'après Osterberg, 1935.

La répartition précise des cônes M et L est beaucoup plus difficile à mettre en évidence. Ils ne présentent en effet pas de différence morphologique entre eux et la grande similitude de leurs pigments a jusqu'ici rendu impossible de les marquer sélectivement. Diverses techniques, dont aucune n'avait pu être appliquée aux humains, ont cependant été développées ces dix dernières années. Toutes semblent bien indiquer que la répartition des cônes M et L est, comme celle des cônes S, aléatoire.

Une technique d'imagerie à haute résolution employée en astronomie a été récemment adaptée pour produire des images de la rétine humaine vivante[6]. Elle fait appel à une « optique adaptative », développée en astronomie[7] et destinée à surmonter le voile que les perturbations atmosphériques introduisent sur les images du ciel que l'on obtient à partir de télescopes basés au sol. Elle compense les turbulences atmosphériques à l'aide d'un miroir déformable piloté en temps réel par un système informatique. Il est ainsi possible d'obtenir des images d'objets célestes dont la qualité est proche des limites théoriques de l'instrument. Depuis la fin des années 1990, cette technique a été transposée à l'exploration de la rétine vivante en combinaison avec une technique développée, il y a déjà cinquante ans, par des chercheurs de Cambridge (Grande-Bretagne), Ferguson Campbell et William Rushton : la densitométrie de réflexion[8]. Cette méthode consiste à projeter au moyen d'un ophtalmoscope modifié un pinceau de lumière monochromatique sur la fovea et à recueillir pour l'analyse la fraction réfléchie. En combinant les deux techniques, et en s'entourant d'un luxe de précautions qu'il m'est impossible de résumer, Austin Roorda et David Williams[9], chercheurs américains, ont été en mesure de préciser la répartition des récepteurs en fonction des pigments qu'ils contiennent[10]. Ils confirment les premières études sur les rétines de primates[11], démontrent que les trois catégories de cônes sont bien réparties au hasard, que les cônes S sont effectivement absents du centre de la fovea, et précisent le nombre relatif des trois catégories de cônes, et quelques autres paramètres importants de la rétine humaine *in vivo*.

---

6. Liang *et al.*, 1997.

7. Badcock, 1953.

8. Campbell et Rushton, 1955 ; voir Imbert, 1976 pour une description détaillée de la densitométrie de réflexion.

9. Roorda et Williams, 1999.

10. Pour distinguer les cônes S des cônes L et M, les auteurs comparent les images quand les pigments sont totalement décolorés (après exposition à une lumière de 550 nm) aux images prises soit après adaptation à l'obscurité (5 minutes), soit exposé à une lumière qui décolore sélectivement un pigment. Étant donné que les cônes S absorbent peu alors que les cônes M et L absorbent beaucoup la lumière de 550 nm, les cônes S apparaîtront plus sombres alors que les cônes L et M apparaîtront plus brillants.
Pour distinguer les cônes L des cônes M on prend des images immédiatement après l'une des deux décolorations suivantes : une rétine adaptée à l'obscurité est exposée à une lumière de 650 nm qui décolore sélectivement des cônes L – on verra les cônes M –, ou à une lumière de 470 nm qui décolore sélectivement le pigment des cônes M – on verra les cônes L.

11. Mollon et Bowmaker, 1992 par microspectrophotométrie sur des rétines de primates *in vitro* ; voir Imbert, 1976 pour une description de la technique de microspectrophotométrie.

Structure générale des photorécepteurs

En dépit de nombreuses différences, de forme et de fonction (voir plus haut), les cônes et les bâtonnets ont la même architecture générale, ce qui nous permet de décrire un photorécepteur général à partir duquel les différences spécifiques entre les deux catégories apparaîtront plus clairement. Le photorécepteur est constitué de deux parties distinctes, mais en continuité l'une avec l'autre, reliées par un cil connecteur, étroit passage entre le segment externe et le segment interne.

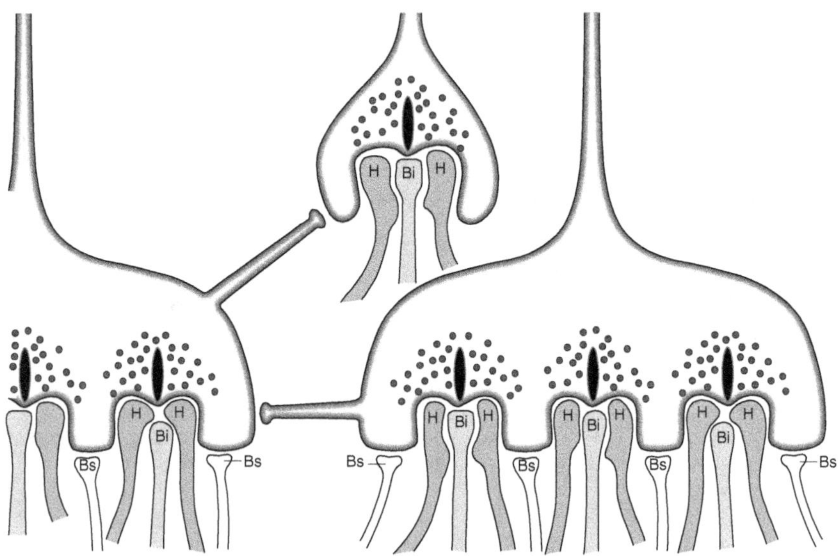

Figure 5-6 : *Représentation schématique des synapses
d'un bâtonnet et de deux cônes.*
La sphérule du bâtonnet est en haut, les pieds des cônes au premier plan. Les photorécepteurs sont interconnectés par des synapses électriques. Les synapses « à ruban » sont des invaginations à l'intérieur desquelles une terminaison dendritique d'une cellule bipolaire « invaginée » (Bi) occupe la position centrale, flanquée de deux terminaisons de cellules horizontales (H). On observe le même arrangement pour les bâtonnets et les cônes. Au niveau des pieds des cônes cependant, on remarque la présence de terminaisons dendritiques de cellules bipolaires superficielles (Bs) en dehors des synapses à ruban. Ce dernier type de connexion n'existe pas au niveau des sphérules des bâtonnets.

Le *segment interne* contient les organites indispensables au fonctionnement de toute cellule vivante, le noyau, les mitochondries, les corps de Nissl, l'appareil de Golgi, etc. Dans sa partie terminale, il présente les deux types de synapses dont nous avons parlé dans le chapitre III. Des synapses électriques, qui assurent des relations entre les photorécepteurs voisins, et des synapses chimiques, présynaptiques par rapport, d'une part, aux cellules bipolaires (Bip) et d'autre part, aux cellules horizontales (H) (Fig. 5-6).

Il convient ici de distinguer cônes et bâtonnets. Chez les premiers, la terminaison apparaît comme un pied aplati d'environ 50 à 60 microns de large. Au microscope électronique on y observe deux types de synapses chimiques, des synapses appelées « à ruban » et des synapses dites « superficielles » (voir figure 5-6). La membrane présynaptique d'une synapse à ruban a la forme d'une invagination à l'intérieur de laquelle viennent se loger trois éléments postsynaptiques, au centre, le dendrite d'une cellule bipolaire et, de part et d'autre, les terminaisons des cellules horizontales. Cet arrangement dans lequel une invagination présynaptique abrite trois éléments postsynaptiques porte le nom de triade. Les vésicules synaptiques se répartissent de part et d'autre d'une structure présynaptique, le ruban synaptique, matériel protéique dense de la matrice intracellulaire, que l'on trouve dans certaines synapses qui relient une même terminaison présynaptique à plusieurs éléments postsynaptiques.

Les synapses « superficielles », appelées ainsi parce qu'elles sont situées en dehors de la zone invaginée (voir figure 5-6), contactent uniquement des cellules bipolaires. Ces deux types de synapses chimiques, à ruban et superficielles, entrent en contact avec deux catégories distinctes de cellules bipolaires, comme nous le décrirons plus bas.

Pour les bâtonnets, la situation est plus simple. Alors que le pied d'un cône est grand et peut contenir jusqu'à quinze ou vingt synapses à ruban, le pied d'un bâtonnet est bien plus petit et se présente sous la forme d'une sphérule. Il n'y a pas de synapse superficielle et la sphérule ne comporte qu'une seule (rarement deux) synapse à ruban. Comme celle des cônes, l'invagination du bâtonnet est occupée par trois éléments postsynaptiques : latéralement, deux terminaisons de deux cellules horizontales, au centre, de deux à cinq terminaisons dendritiques de cellules bipolaires spécifiques des bâtonnets.

Toutes les synapses à ruban présentent, de part et d'autre du ruban, de nombreuses vésicules synaptiques rondes et claires contenant le neuromédiateur. Bien que des vésicules présynaptiques ne soient pas visibles au niveau des synapses superficielles, des arguments physiologiques permettent cependant de les considérer comme *chimiques* et libérant le même neuromédiateur que les synapses à ruban. Ce neuromédiateur de tous les photorécepteurs est bien connu, il s'agit du *glutamate*.

Le *segment externe* est formé de l'empilement de plusieurs centaines de lamelles (Fig. 5-6). Ces lamelles sont formées des repliements de la membrane plasmique qui enveloppe le photorécepteur. Toutefois, alors qu'au niveau des cônes il y a continuité entre la membrane plasmique et celle des lamelles, au niveau des bâtonnets, il y a indépendance complète : les lamelles se détachent de la membrane plasmique et forment des disques qui flottent librement à l'intérieur du segment externe. De nouveaux disques sont en permanence formés à la base du segment externe, et en permanence ils repoussent les plus anciens vers la pointe du segment externe, où régulièrement ils sont expulsés, par petits paquets de huit à trente disques à chaque fois, pour être finalement « digérés » par des enclaves spécialisées, les phagosomes, des cellules de l'épithélium pigmentaire qui tapisse la rétine. La durée de vie d'un disque est d'environ de deux semaines.

Dans les membranes des disques (ou sur la partie repliée à l'intérieur dans les segments externes des cônes), et uniquement sur elles, sont insérées les molécules de pigment visuel photosensibles. Étant donné qu'un seul segment externe de bâtonnet de rétine humaine contient environ 140 millions de molécules de pigment visuel, chaque bâtonnet doit en synthétiser environ 10 millions chaque jour. Cette synthèse est rythmée au cours d'un cycle journalier : pour les bâtonnets, elle passe par un maximum juste avant l'aube, de même, l'expulsion des « vieux » disques a lieu le matin, lorsque la vision passe d'une vision dominée par les bâtonnets (scotopique) à une vision dominée par les cônes (photopique). Au niveau des cônes, on peut observer un phénomène semblable simplement décalé dans le temps : la synthèse de nouvelles molécules de pigment a lieu au crépuscule et la perte des disques les plus anciens au même moment, lorsque la vision passe d'une vision dominée par les cônes à une vision dominée par les bâtonnets. L'existence d'un renouvellement des disques des photorécepteurs est connue de longue date[12], mais son extraordinaire vitesse n'est toujours pas parfaitement comprise, serait-ce que les segments externes sont particulièrement fragiles ? Serait-ce qu'un taux élevé de renouvellement préserve une bonne vision tout le long de la vie ? Se pourrait-il que les molécules de pigment se dénaturent spontanément, activant de façon continue les protéines G, ce qui à son tour réduirait de façon significative la sensibilité rétinienne ? Ces explications ne sont pas exclusives les unes des autres, tous ces facteurs peuvent jouer également.

La lumière : stimulus des photorécepteurs

L'être humain, mais c'est vrai également de tous les êtres vivants, n'est sensible que dans une petite fenêtre ouverte sur l'ensemble du spectre des radiations électromagnétiques créées par l'accélération d'une charge électrique et se propageant dans le vide à la vitesse d'environ 300 000 km/s. Les longueurs d'onde des radiations « visibles » sont en gros comprises entre 400 et 700 nm[13]. Les autres radiations, qui vont des

---

12. Young, 1971.

13. nm = nanomètre : le nanomètre, rappelons-le, est un millième de millionième de mètre, ou 10^{-9} m.

rayons gamma (dont la longueur d'onde est plus petite que le millio-nième de millionième de mètre, $< 10^{-12}$ m) aux ondes radio (pouvant dépasser les 10 mètres) ne sont pas visibles, soit parce qu'elles ne sont pas transmises par les milieux oculaires, soit parce qu'elles ne sont pas absorbées par les pigments visuels. Les radiations sont quantifiées en unités appelées *photons*, petits paquets (quanta) d'énergie, dépourvus de masse et de charge qui possèdent à la fois, selon le point de vue que l'on adopte, des propriétés ondulatoires ou des propriétés corpusculaires. L'énergie E d'un photon est directement liée à sa fréquence f, selon la formule E = hf, formule dans laquelle la constante h est une constante fondamentale de la physique, appelée constante de Planck[14].

À lui seul, le photorécepteur ignore la position le long du spectre visible de la lumière qui l'active. La réponse du photorécepteur ne dépend en effet que du nombre de molécules de pigment activées. Mais une molécule de pigment qui a absorbé un photon (et dont le rétinal est isomérisé[15]) agira exactement de la même façon que si elle avait attrapé un photon d'une autre fréquence : la réponse ne dépend que du nombre de photons absorbés et utilisés pour activer le rétinal et non de la distri-bution spectrale des photons. Ce principe, connu sous le nom de « prin-cipe d'univariance[16] », implique que la discrimination spectrale et la vision des couleurs se fassent à un niveau plus central que celui des photo-récepteurs eux-mêmes. Je reviendrai à plusieurs reprises dans ce chapi-tre sur les mécanismes qui assurent la comparaison des signaux issus des diverses catégories de photorécepteurs.

LES PIGMENTS VISUELS

Structure des pigments visuels

Les pigments visuels photosensibles résident dans les membranes des disques du segment externe des photorécepteurs. Ils appartiennent à la famille des récepteurs à sept hélices alpha couplés à la protéine G.

Ils sont tous bâtis sur le même plan. Deux entités, normalement liées entre elles, les composent. La première, le chromophore ou 11 *cis-*rétinal, est un aldéhyde dérivé de la vitamine A. Il est lié par une liaison covalente à la seconde moitié du récepteur, l'*opsine* (ou apoprotéine) dont les sept hélices alpha transmembranaires forment une espèce de tonneau qui enferme le rétinal attaché sur la septième hélice dans une position bien conservée au cours de l'évolution phylogénétique des pig-ments visuels.

---

14. Dont la valeur est égale à $6{,}626196.10^{-34}$ J.s.
15. Voir plus loin *Transduction*.
16. Rushton, 1972.

Au cours des vingt dernières années, une bonne centaine de pigments de vertébrés ont été caractérisés et leurs séquences d'acides aminés déterminées. Une étude détaillée de ce domaine dépasserait largement les limites de cet ouvrage. Disons seulement que tous les pigments jusqu'à présent étudiés entrent dans l'une des cinq familles distinctes suivantes[17] :

1. La famille M/LWS (pour *Mid and Long Wavelength Sensitive*). Cette famille de pigments, dont les maxima d'absorption se situent entre 521 et 575 nm, contient les pigments des cônes humains L (« rouge ») et M (« vert »).

2. La famille SWS1 (*Short Wavelength Sensitive type 1*) contient surtout des pigments dont les maxima d'absorption sont l'ultraviolet, entre 358 et 425 nm ; on y trouve aussi un pigment humain, le pigment S « bleu ».

3. La famille SWS2, ne semble pas exister dans les rétines humaines ; jusqu'à présent connue seulement chez de nombreux oiseaux, poissons, reptiles et amphibiens ; leurs maxima d'absorption sont entre 437 et 455 nm.

4. La famille RH1, contient pratiquement tous les pigments des bâtonnets de vertébrés. Les pigments RH1 des vertébrés terrestres présentent des maxima d'absorption autour de 500 nm, alors que ceux des poissons des grandes profondeurs se situent entre 470 et 490 nm.

5. La famille RH2, contient des pigments qui absorbent autour de 500 nm entre 466 et 511 nm ; cette famille se rencontre dans des photorécepteurs qui, du point de vue morphologique, paraissent aussi bien être des bâtonnets que des cônes.

Tous les vertébrés ne possèdent pas toutes les familles de pigments ; certains n'en comportent que deux, d'autres peuvent avoir les cinq. Les rétines de mammifères contiennent tout au plus les trois familles M/LWS, SWS1 et RH1. Généralement un photorécepteur donné ne contient qu'une seule catégorie de pigment.

Chez l'homme, deux pigments distincts de la famille M/LWS (rouge et vert) et un appartenant à la famille SWS1 (bleu) se trouvent dans les cônes. Cette discussion des diverses familles de pigments prend toute son importance lorsqu'on s'intéresse à la vision des couleurs, comme je le ferai plus loin.

Les approches psychophysiques et électrophysiologiques, déjà anciennes[18], avaient montré l'existence de trois types de cônes : les cônes L (L pour Longue longueur d'onde), encore appelés cônes *rouges*[19] car leur pig-

---

17. Voir l'excellente revue récente de Ebrey et Koutalos (2001).
18. On peut consulter pour les travaux anciens, Imbert, 1970 ; Imbert, 1976 ; Buser et Imbert, 1986 ; Imbert et Schonen, 1994.
19. Il est inutile d'insister sur le fait que les cônes n'ont pas de couleur ; cette expression trompeuse n'est utilisée que par facilité, il vaut toujours mieux parler de cônes L ou M ou S que de cônes rouges, verts ou bleus !

ment présente un pic d'absorption dans le rouge vers 558 nm, des cônes M (M pour moyenne longueur d'onde), ou cônes *verts*, dont le pigment présente un pic d'absorption dans le vert, avec un maximum de sensibilité vers 531 nm et des cônes S (S pour *Short* ou cônes *bleus*) dont le pic est situé vers 420 nm. Le pigment des bâtonnets a une courbe d'absorption étalée sur la totalité du spectre visible, avec un maximum de sensibilité à 500 nm.

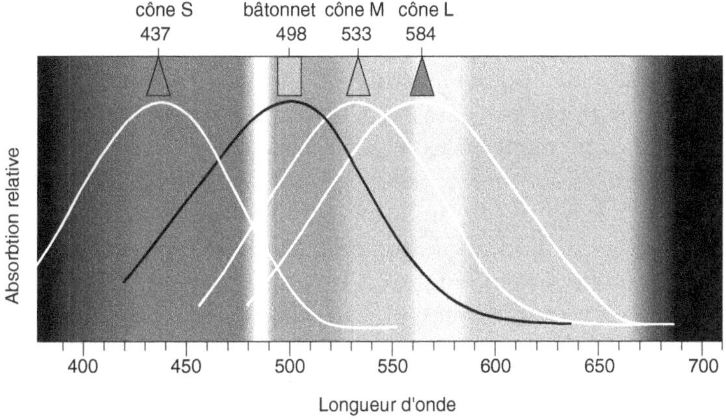

Figure 5-7 : *Les spectres des pigments.*
Remarquer la position le long du spectre de la lumière visible des maxima de sensibilité spectrale des trois types de cônes et des bâtonnets de la rétine de primate.

Génétique des pigments visuels

Les différentes opsines des pigments des cônes S, M et L et du pigment des bâtonnets sont encodées par quatre gènes distincts dont les noms officiels (adoptés par un comité de nomenclature) sont respectivement : BCP (*blue cone pigment*), GCP (*green cone pigment*) RCP (*red cone pigment*) et RHO (*rhodopsine*).

Les défauts génétiques de la vision des couleurs

Puisque la vision des couleurs dépend du nombre de catégories de cônes qui diffèrent dans leur sensibilité spectrale, et qu'en général ce nombre est trois, la vision des couleurs considérée comme « normale » dans l'espèce humaine notamment, est dite *trichromatique*. Les premières estimations plausibles des sensibilités spectrales des trois types de cônes datent de la fin du XIXe siècle. On les doit notamment à Arthur König, chercheur dans la lignée de Helmholtz qui, en comparant les courbes obtenues chez des sujets normaux et des sujets partiellement aveugles aux couleurs, est à l'origine de l'idée, qui sera développée par d'autres un peu plus tard, selon laquelle ces sujets partiellement aveugles aux couleurs seraient dépourvus d'une catégorie de pigment de cône.

Les gènes des pigments visuels

Ces gènes ont tous été identifiés et caractérisés. Une masse considérable de travaux leur est consacrée. Je ne peux dans ce qui suit qu'en donner un vague aperçu.

– Les gènes des pigments S et des pigments des bâtonnets forment deux catégories à part. Le premier est localisé sur le bras long du chromosome 7, le second sur celui du chromosome 3[20]. Comme il s'agit de chromosomes non sexuels, qui se présentent sous la forme d'une paire homologue, il y aura deux gènes pour coder le même pigment, un d'origine maternelle, l'autre d'origine paternelle. Les gènes du pigment S s'expriment uniquement dans les cônes S, et ceux du pigment des bâtonnets uniquement dans les bâtonnets ; comme les gènes portés sur des chromosomes homologues sont identiques, leurs produits de transcription seront semblables.

Lorsqu'une mutation affecte l'un des deux gènes, la moitié des pigments exprimés sera altérée. Toutes sortes de mutations peuvent exister, mais la plus courante est une mutation ponctuelle, c'est-à-dire qui porte sur un petit nombre de nucléotides adjacents, voire le plus souvent un seul (substitution d'un acide aminé par un autre). La plupart de ces mutations sont sans conséquences, mais d'autres peuvent occasionner des maladies plus ou moins graves. Une mutation courante concerne les gènes du pigment des bâtonnets, responsable d'une affection rétinienne relativement fréquente dont la transmission suit une forme autosomale dominante d'hérédité, la rétinite pigmentaire. On décrit aujourd'hui une centaine de mutations du gène des bâtonnets qui occasionnent la retinite pigmentaire et conduisent souvent à la cécité, la plupart du temps par destruction pure et simple des bâtonnets.

– Plus intéressants, du moins pour l'espèce humaine dotée d'une remarquable vision des couleurs, sont les gènes des pigments L et M des cônes, car ils sont localisés sur le chromosome sexuel X et seront donc transmis selon un mode d'hérédité liée au sexe.

Les gènes des pigments M et L résident sur le bras long du chromosome X, localisés en Xq28 ; en général le gène du pigment L n'existe qu'en une seule copie et précède sur la carte génétique une, deux ou trois (voire plus) copies du gène du pigment M, dont uniquement le premier, c'est-à-dire celui qui est le plus proche du gène L, sera transcrit. On ne connaît toujours pas la raison de l'existence de plusieurs copies des gènes M.

---

20. Respectivement entre 7q31.3 et 7q32 ; entre 3q21.3 et 3q24 ; voir Nathans *et al.*, 1986.

Les sujets normaux sont *trichromates*, ils possèdent les trois types de pigments des cônes et sont capables d'égaliser n'importe quelle lumière monochromatique avec un mélange approprié de trois lumières monochromatiques bien choisies en fonction des courbes de sensibilité spectrales des trois types de cônes. La perte d'un des pigments de cône, ce qui arrive dans certains troubles congénitaux, réduit la vision des couleurs dans le régime photopique à deux dimensions ; les sujets seront appelés *dichromates*. S'il ne reste qu'un seul pigment de cône, le sujet devient *monochromate*, et si les trois sont perdus, le sujet *achromate*, n'aura de vision que scotopique, c'est-à-dire basée sur les seuls bâtonnets.

Les formes les plus communes de défaut de vision des couleurs sont des formes héréditaires d'altération des gènes des pigments des cônes. Les altérations héritées qui affectent un seul pigment de cône sont désignées des termes génériques d'origine grecque, *protan* (*protos*, premier, *an*, négation), *deutan* (*deuteros*, second) et *tritan* (*tritos*, troisième), qui désignent respectivement, dans l'ordre de leur découverte[21], les défauts des pigments L, M et S. À ces termes génériques on ajoute le suffixe *anomalie* pour désigner un dysfonctionnement des pigments de cônes L (protanomalie), M (deutéranomalie) ou S (tritanomalie) ; de même, le suffixe *anopie*, marque l'absence de fonction des pigments L (protanopie), M (deutéranopie) et S (tritanopie).

Les pertes héréditaires de deux pigments de cône sont désignées par le terme de *monochromatisme* de cône[22], on distinguera le monochromatisme bleu de cône S (les gènes des cônes L et M sont affectés), le monochromatisme vert de cône M (les gènes des pigments S et L sont touchés) et le monochromatisme de rouge de cône L (les gènes des cônes S et M sont altérés). Les mutations qui provoquent la perte de fonction des trois gènes des pigments des cônes sont responsables des *achromatopsies* complètes encore appelées monochromatisme des bâtonnets.

Mais où se trouvent donc dans toutes ces anomalies le fameux daltonisme que nous connaissons tous ? Alors que les sujets « normaux », trichromates, sont capables de voir au moins sept teintes pures, le rouge, l'orange, le jaune, le vert, le cyan, le bleu et le violet, les protanopes et les deutéranopes, n'en distinguent que deux. John Dalton, brillant chimiste anglais du XVIIIe siècle décrit, en 1794, le défaut de vision des couleurs dont il est affecté de la façon suivante : « Dans le spectre solaire, trois couleurs [m']apparaissent : le jaune le bleu et le pourpre, [...] mon jaune comprend le rouge, l'orange, le jaune, et le vert des autres [observateurs], et mon bleu et pourpre coïncident avec les leurs[23]. » John Dalton était dichromate, probablement deutéranope, « aveugle » aux couleurs rouge

---

21. Voir Boring, 1942, pages 184 *sq.*
22. Pitt, 1944.
23. Cité par Boring, 1942, p. 184, et par Sharpe *et al.*, 1999, p. 28.

et verte. Il n'était pas encore *daltonien*, pas plus que Marx n'était marxiste, le terme de daltonisme n'apparaîtra en effet qu'une trentaine d'années plus tard.

LA TRANSDUCTION

L'élucidation des étapes d'activation de la transduction dans le système visuel est le grand succès de la biochimie moderne. Le messager responsable de la phototransduction est le GMPc, dont nous avons déjà décrit le rôle dans la transmission synaptique au chapitre III. Dans l'obscurité, le GMPc est lié à des canaux cationiques de la membrane plasmique du segment externe du photorécepteur et maintient de la sorte ces canaux dans un état « ouvert ». À travers ces canaux circulent des cations, ce qui génère un courant entrant, dit d'obscurité, qui maintient le photorécepteur à un niveau de dépolarisation partielle, de l'ordre de – 30 mV. Cette dépolarisation est stable dans l'obscurité, il convient de la comparer au – 75 mV qui caractérise le potentiel de repos d'un neurone ordinaire. Elle est suffisante pour permettre la libération en continu du neuromédiateur par les terminaisons du photorécepteur. Remarquons enfin qu'il existe dans l'obscurité un équilibre stable entre d'une part la synthèse de GMPc par une enzyme présente dans le cytoplasme du segment externe, la guanylate cyclase, et sa destruction par hydrolyse qui fait intervenir une autre enzyme, la phosphodiestérase GMPc-dépendante.

L'activation du photorécepteur

La lumière déclenche une cascade de réactions enzymatiques qui aboutit à la rupture de la liaison du GMPc avec les canaux de la membrane du segment externe. Plus précisément, les photons absorbés modifient la forme d'une composante du pigment sensible, le chromophore ou *rétinal*, le faisant passer d'une forme 11– *cis* à une forme – tout-*trans*. Cette transformation, appelée *photoisomérisation*, se fait en un temps extrêmement bref, de l'ordre de la picoseconde, c'est-à-dire 10^{-12} s. Quelques nanosecondes (10^{-9} s) plus tard, l'opsine elle-même commence à changer de forme, en particulier les sept hélices alpha disposées en rond s'écartent légèrement les unes des autres. Ce mouvement se poursuit, jusqu'à ce qu'apparaisse un produit intermédiaire, la *métarhodopsine II* qui est la forme active du pigment visuel. Ainsi activé, ce produit intermédiaire stimule une protéine de la famille des protéines G, la *transducine* (T). Cette dernière stimule l'activité d'une enzyme, la *phosphodiestérase GMP cyclique-dépendante* (PDE) qui finalement provoque l'hydrolyse du GMP-cyclique du cytoplasme. Le résultat global de cette cascade est que la concentration cytosolique en GMPc chute, en conséquence, les canaux GMPc-dépendants se ferment (Fig. 5-8).

La liaison étant rompue, les canaux se ferment et le courant dépolarisant cesse ; de la sorte, se développe une *hyperpolarisation*. Cette variation négative du potentiel constitue la réponse électrique du photorécepteur à la lumière, appelée *potentiel récepteur*, elle est comparable à un « potentiel postsynaptique d'inhibition (PPSI) ». Dans ce système équivalent à une synapse chimique inhibitrice, le « ligand » n'est autre que le chromophore activé, et le récepteur, l'opsine, est un récepteur couplé à une protéine G, dont le second messager est le GMPc. Toutefois, alors que la plupart des récepteurs couplés à la protéine G (RCPG) détectent la présence de ligands extracellulaires, c'est-à-dire des molécules du neurotransmetteur qui se déplacent librement dans l'espace intersynaptique, dans les photorécepteurs, la molécule activatrice du RCPG, l'équivalent du ligand, n'est autre que le rétinal. Celui-ci est lié par une liaison covalente, fragile certes mais suffisante pour le fixer au voisinage immédiat du second messager. Cet attachement est très précieux en ce sens qu'il réduit les délais qu'entraîne habituellement la diffusion du ligand dans la fente synaptique.

Une fois le rétinal activé par les photons, toutes les opérations qui suivent, et qui culminent dans le potentiel récepteur, sont purement chimiques et ne font plus intervenir la lumière proprement dite, ce sont des « réactions d'obscurité » comme l'avait déjà remarqué George Wald, prix Nobel de médecine en 1967 pour ses travaux sur la chimie des pigments visuels,

L'ensemble « rhodopsine-transducine-PDE-GMPc-canaux » constitue une remarquable chaîne d'amplification qui permet, à partir de la capture par une molécule de rhodopsine d'*un seul* photon[24], d'hydrolyser près d'un million de molécules de GMP cyclique, ce qui suffit à fermer une multitude de canaux nucléotides-dépendants de la membrane plasmique pour générer un potentiel récepteur dont l'amplitude sera significativement différente du bruit de fond créé par les variations spontanées du potentiel d'obscurité.

La restauration et l'adaptation

La désactivation de la réponse constitue un processus également très important. Il faut en effet que le photorécepteur, après avoir été activé par des photons, puisse restaurer rapidement son potentiel d'obscurité et être ainsi prêt à fonctionner à nouveau. C'est tout particulièrement important dans les conditions habituelles de vision où nous bougeons sans cesse notre regard pour le porter sur des régions de l'espace

---

24. Il faut remarquer que chaque photon qui arrive au niveau du photorécepteur n'est pas obligatoirement absorbé ; la probabilité avec laquelle il le sera est fonction de sa fréquence – ce qui définit le spectre d'absorption du pigment. Mais une fois réussie, la réaction d'isomérisation donne un signal non équivoque.

diversement illuminées. Pour stabiliser nos capacités visuelles, il faut que nos photorécepteurs *s'adaptent* continuellement et très rapidement à ces éclairages changeants[25].

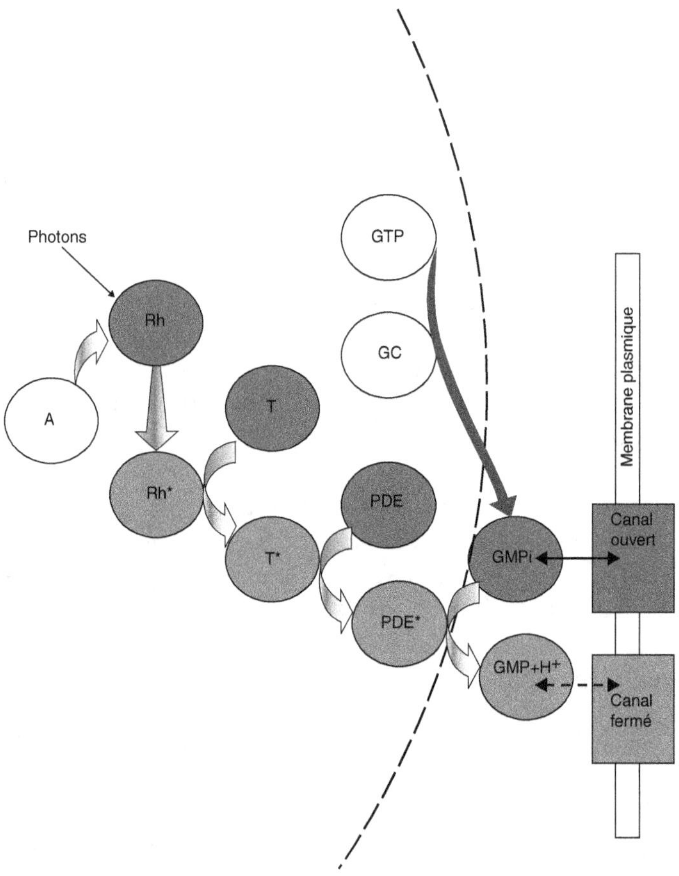

Figure 5-8 : *Cascade de transduction.*
Activation : le GMPc est synthétisées à partir du GTP par une guanylate cyclase (GC) et hydrolysé par une phosphodiestérase (PDE). La lumière enclenche une cascade conduisant à la stimulation de l'hydrolyse du GMPc et à la fermeture des canaux GMPc-dépendants.
Restauration : les molécules de pigment activé seront inactivées (phosphorylées) par une protéine kinase et par l'intervention d'une protéine appelée arrestine (A).

---

25. Il ne faut pas confondre cette adaptation avec l'*adaptation à l'obscurité*. Cette dernière intervient lorsque après avoir été ébloui ou après avoir séjourné quelque temps dans une ambiance lumineuse importante, on pénètre dans l'obscurité, comme lorsqu'on entre dans une pièce obscure en revenant de la plage. Il faut du temps, au moins 10 à 15 minutes, avant de commencer à y voir quelque chose, et ce n'est que progressivement que l'on commence à distinguer des formes vagues et sans couleur. Il s'agit dans ce cas d'un phénomène biochimique de régénération du pigment visuel épuisé par l'illumination.

En outre, la transducine inactivée par l'hydrolyse du lien GTP-GDP, cesse de stimuler la PDE, ramenant le taux d'hydrolyse du GMPc à son niveau original.
De plus, une rétroaction négative vient du Ca^{2+} qui opère en contrariant l'effet de la lumière et accélère de la sorte la récupération du photorécepteur. En effet, dans la lumière, la fermeture des canaux GMPc-dépendants réduit l'entrée de calcium sans en affecter la sortie à travers un échangeur ; il y a donc une diminution de la concentration de Ca^{2+} libre dans le cytosol, diminution qui déclenche une boucle de rétroaction négative responsable de l'adaptation. Cette rétroaction implique de multiples cibles du Ca^{2+} dans la cascade de phototransduction. En premier lieu, l'enzyme guanylate cyclase qui synthétise le GMPc est inhibée par le Ca^{2+}, de telle sorte que lorsque ce dernier décroît dans la lumière, l'activité enzymatique augmente, contrecarrant l'activité phosphodiestérase que la lumière stimule au contraire.
Ensuite, la basse concentration en Ca^{2+} peu diminuer l'activité phosphodiestérase activée par la lumière en facilitant la phosphorylation de la rhodopsine, ce qui a pour résultat de désactiver la rhodopsine. Finalement, le Ca^{2+} diminue l'affinité apparente des canaux GMPc-dépendants pour le GMPc, de telle sorte que, lorsqu'il chute à cause de la lumière, les canaux tendent à se réouvrir en dépit de la décroissance de la concentration en GMPc.
A : arrestine ; Rh : rhodopsine ; T : transducine ; GTP : guanosine triphosphate ; GMP : guanosine monophosphate ; GMPc : GMP cyclique ; GC : guanylate cyclase ; PDE : phosphodiestérase.

Étant donné la grande quantité d'enzymes mises en jeu dans la transduction et dans l'adaptation, il n'est pas surprenant que surviennent des mutations des gènes qui expriment ces protéines. Une fraction appréciable de maladies rétiniennes redoutables comporte de nombreuses formes héréditaires de pathologie de gravité variable mais toujours handicapantes, pouvant conduire à la cécité. Une bonne centaine de mutations plus ou moins ponctuelles de gènes des protéines qui interviennent dans les nombreuses étapes moléculaires de la vision sont responsables de rétinopathies qui touchent plus de 1,5 million de personnes dans le monde.

Dans ce domaine, des progrès remarquables ont eu lieu au cours des dernières années, profitant notamment de la mise au point de techniques d'ingénierie génétique qui permettent d'observer comment les phénomènes de transduction, de désactivation, et d'adaptation sont perturbés par la délétion, la surexpression ou la mutation de composantes spécifiques du dispositif transducteur.

Électrophysiologie des photorécepteurs

Des perfectionnements techniques ont permis, au cours des vingt dernières années, d'associer, dans une même approche, les études de biologie moléculaire et de biochimie que nous venons de résumer, et des explorations électrophysiologiques remarquables. Ces dernières permettent non seulement d'enregistrer, grâce à des microélectrodes intracellulaires, les variations du potentiel de membrane des photorécepteurs, mais aussi de mesurer, avec des techniques de patch-clamp, et des électrodes « à succion » (qui aspirent le segment externe dans la pointe d'une pipette), les courants qui circulent au niveau du segment externe. La réponse électrique d'un photorécepteur unique à la stimulation lumineuse a fait l'objet de très nombreux travaux.

Voyons sur un exemple simplifié d'un bâtonnet et de son pigment la rhodopsine, ce que l'électophysiologie nous apprend du décours temporel et des conséquences fonctionnelles des événements biochimiques que nous avons résumés plus haut. Dans l'obscurité, le courant d'obscurité est de l'ordre de 34 pA[26]. Ce courant est un courant cationique entrant au niveau du segment externe, équilibré par un mouvement sortant des ions K^+ au niveau du segment interne. Quand une molécule de pigment visuel est isomérisée par la capture d'un photon, les canaux GMPc-dépendants se ferment ce qui entraîne une diminution du courant d'obscurité de l'ordre de 2 % au pic de la réponse. Cette réduction de moins de 1 pA du courant entrant n'est pas compensée par une réduction concomitante du mouvement sortant des ions K^+ du segment interne, il y aura donc un déficit en charges positives, d'où la variation dans le sens d'une hyperpolarisation du potentiel transmembranaire. Cette variation est le potentiel récepteur, dont nous avons plus haut décrit les mécanismes, qui, dans cet exemple est de l'ordre de 1 mV. Ce photovoltage se développe pour atteindre son pic d'amplitude 200 ms après la photoisomérisation de la molécule de rhodopsine. Il revient progressivement en 450 ms à 10 % de sa valeur initiale.

Les bâtonnets sont plus sensibles et leurs réponses sont plus lentes que celles des cônes ; en outre, l'enregistrement dans les trois classes de cônes de rétines de primate montre que, si les pics des réponses sont bien situés dans les régions de maximum d'absorption des pigments qu'ils contiennent, leur cinétique rapide et leur faible sensibilité sont les mêmes quel que soit le type de cône.

À ce stade de notre description, on pourrait proposer que les photorécepteurs mesurent la quantité de lumière qui arrive, en un temps donné, au niveau de leur segment externe par des modifications de leur potentiel transmembranaire. Les photoisomérisations réduisent le courant d'obscurité et réduisent en conséquence la dépolarisation d'obscurité, ce qui, électrophysiologiquement, se traduit par le développement d'une hyperpolarisation dont l'amplitude sert de mesure au contenu en photons de la lumière de stimulation. Tous ces processus sont fortement non linéaires : le graphe qui relie l'intensité de la stimulation (c'est-à-dire le contenu énergétique du spot lumineux utilisé comme stimulus) à l'amplitude du potentiel récepteur a une allure sigmoïde. Il permet de définir un seuil absolu, intensité en deçà de laquelle il est impossible

---

26. Rappelons que le préfixe pico, p, divise l'unité devant laquelle il est placé par un billion (10^{-12}).

d'obtenir une variation significative du potentiel de membrane, et un seuil de saturation, valeur au-delà de laquelle le potentiel ne varie plus, le photorécepteur étant saturé. Entre les deux valeurs, le photorécepteur est un indicateur fiable et sensible de l'intensité lumineuse.

Dans l'obscurité, la dépolarisation stable et permanente ouvre les canaux calcium voltage-dépendants de la terminaison du photorécepteur. Le calcium pénètre donc dans la terminaison et enclenche la libération, elle-même stable et permanente, du neurotransmetteur utilisé par le récepteur : le glutamate. À l'inverse, dans la lumière, l'hyperpolarisation se traduit par une réduction du flux entrant de Ca^{2+} et donc par une *réduction* de la libération du neuromédiateur. C'est donc par une diminution de la quantité de neurotransmetteur libéré par les photorécepteurs en réponse à la stimulation lumineuse que la signalisation synaptique débute au niveau des premières synapses rétiniennes.

Ce résultat peut sembler paradoxal. C'est pourtant bien ainsi que les choses se passent : le photorécepteur est « excité » dans l'obscurité, autrement dit, il est en permanence dépolarisé en l'absence de lumière ; la simulation lumineuse l'« inhibe », autrement dit, le photorécepteur développe, en réponse à la stimulation, une variation négative de son potentiel de membrane, un potentiel récepteur, analogue à un potentiel postsynaptique d'inhibition (PPSI).

LES CIRCUITS RÉTINIENS

De la transduction à l'élaboration du message visuel

Lorsque nous avons abordé, dans le chapitre précédent, les mécanismes généraux de la transduction sensorielle, nous avons distingué le site *transducteur* où s'effectue la transformation du signal physique en un signal électrique transmembranaire, du site *générateur*, où seront engendrés les potentiels propagés nécessaires au transport de l'information sensorielle vers le système nerveux central. Nous avons également indiqué que ces deux sites pouvaient, dans certains cas, être situés dans des cellules différentes. Ce sera le cas dans la rétine : la transduction a lieu au niveau de l'étage d'entrée : les photorécepteurs, l'émission des influx aura lieu au niveau de l'étage de sortie : les cellules ganglionnaires. Mais entre ces deux étages des circuits intrarétiniens complexes sont interposés. Ces circuits servent à traiter les signaux échantillonnés « point par point » par de nombreux photorécepteurs régulièrement disposés sur la surface de la rétine, avant de les confier aux cellules ganglionnaires, beaucoup moins nombreuses, dont la mission essentielle sera de les convoyer jusqu'à des structures visuelles du cerveau où des traitements supplémentaires vont avoir lieu.

Que se passe-t-il entre les étages d'entrée et de sortie de la rétine ? Sachant que le nombre de photorécepteurs est plus de cent fois supérieur à celui des cellules ganglionnaires, l'idée s'impose d'un codage destiné à « compresser » l'image oculaire échantillonnée par les photorécepteurs avant de l'envoyer dans le nerf optique. L'idée de base est relativement simple. On doit considérer que chaque cellule ganglionnaire intègre l'activité d'un grand nombre de cellules photoréceptrices. Les photorécepteurs fonctionnellement reliés à une cellule ganglionnaire donnée sont répartis sur une surface de la mosaïque rétinienne, de forme approximativement circulaire et de taille variable selon leur position sur le fond de l'œil. Cette surface constitue le *champ récepteur*, c'est-à-dire la zone dans laquelle toute stimulation visuelle évoque une réponse au niveau de la cellule ganglionnaire dont on recueille l'activité. Mais cette dernière est en relation avec les photorécepteurs par l'intermédiaire des cellules bipolaires ; or ces dernières ne se contentent pas de transférer aux cellules ganglionnaires les signaux émis par les photorécepteurs, elles les traitent en les combinant avec ceux provenant des cellules horizontales et amacrines. Ces réseaux sont relativement complexes et leur description détaillée sortirait du cadre de cet ouvrage. Je me contenterai d'en donner le principe en décrivant les événements qui se passent à la sortie des cônes.

Les terminaisons synaptiques des photorécepteurs

Les terminaisons axoniques des photorécepteurs sont interconnectées par des synapses électriques qui assurent un couplage électrique entre deux éléments adjacents, couplage dont le rôle demeure obscur (voir figure 5-6). Plus fondamentales pour notre propos sont les synapses qu'entretiennent les photorécepteurs avec les cellules bipolaires et les cellules horizontales. Les terminaisons présynaptiques des cônes et des bâtonnets présentent une forme complexe, déjà vue, désignée du terme de « synapses à ruban ». La membrane plasmique est invaginée et la zone présynaptique présente un *ruban synaptique,* sorte de trait épais, dense aux électrons de la microscopie électronique. Ce type d'appareil n'a jusqu'à présent été trouvé que dans les neurones qui ne produisent pas de potentiels d'action, ce qui est précisément le cas des photorécepteurs (et, comme nous allons le voir, des cellules bipolaires) ; il servirait à rassembler les vésicules synaptiques pour les répartir près du site de libération dans l'invagination.

Trois éléments postsynaptiques coexistent à l'intérieur d'une même invagination, d'où le nom de « triade » donné à ce type de complexe synaptique (voir figure 5-7). L'élément central est un dendrite de cellule bipolaire, et les deux éléments latéraux les dendrites ou axones des cellules horizontales. Chez le primate, la terminaison des cônes (pédicules) possède entre 20 et 30 invaginations de ce type, celle des bâtonnets (sphérule), dont la taille est nettement plus petite, n'en comporte qu'une. En outre, les cônes possèdent un autre type de synapse chimique située en dehors de l'invagination que nous venons de décrire ; ces synapses superficielles n'existent pas au niveau des sphérules des bâtonnets.

LES CELLULES HORIZONTALES

Chez les primates, il existe au moins deux types de cellules horizontales. Le premier type (HI) a un champ dendritique de faible taille (15 microns de diamètre à la fovea, 80-100 microns à la périphérie). Ces dendrites contactent les cônes en occupant la position latérale de la triade. Leur axone unique s'étend latéralement dans la couche plexiforme externe, pour aller se terminer, un millimètre plus loin, sous forme d'une arborisation en éventail, dans les parties latérales des invaginations des bâtonnets. Les cellules horizontales du second type (HII) ont leurs dendrites contactant des cônes et des axones courts et tortueux connectant seulement des cônes.

Les cellules horizontales sont en permanence dépolarisées par le glutamate libéré dans l'obscurité par le photorécepteur ; quand le stimulus lumineux hyperpolarise le photorécepteur, la libération de glutamate est réduite, la dépolarisation de la cellule horizontale est en conséquence réduite, d'où l'hyperpolarisation. On dit que la synapse entre le photorécepteur et la cellule horizontale conserve le « signe » de la transmission synaptique.

Leur rôle fondamental est de collecter les réponses de nombreux photorécepteurs distribués sur une surface rétinienne d'étendue variable, son champ récepteur, et de modifier en conséquence la transmission synaptique entre un photorécepteur donné et la ou les cellules bipolaires qu'il contacte synaptiquement. Elles assurent un rétrocontrôle négatif sur la transmission entre le photorécepteur et la cellule bipolaire, exemple parmi beaucoup d'autres, d'une « inhibition latérale », mécanisme général qui s'exerce chaque fois que des réseaux de neurones doivent renforcer l'action dans un canal de transmission par rapport à l'activité dans un canal adjacent, en d'autres termes renforcer un contraste. Le GABA est le neuromédiateur impliqué dans ce contrôle inhibiteur. On sait qu'il est libéré par les cellules horizontales. Ainsi, à l'intérieur de l'invagination, les dendrites des cellules bipolaires sont donc exposés de façon continue à la fois au glutamate excitateur, libéré par les photorécepteurs, et au GABA inhibiteur, libéré par les cellules horizontales.

LES CELLULES BIPOLAIRES

Dans les rétines de tous les mammifères, on décrit deux grandes classes de cellules bipolaires : les bipolaires des bâtonnets et les bipolaires des cônes (chez l'homme, on distingue huit types de bipolaires de cônes mais un seul type de bipolaires de bâtonnets). Les cellules bipolaires des bâtonnets et des cônes reçoivent leurs signaux d'entrée des bâtonnets et des cônes respectivement, pour les transférer, au niveau de la couche plexiforme interne (CPI), aux cellules amacrines et aux cellules ganglionnaires.

Les bipolaires des cônes peuvent être subdivisées en deux catégories : celles qui connectent la terminaison du cône en pénétrant dans l'invagination pour occuper la position centrale de la synapse dite « invaginée » et celles qui établissent des contacts en surface, hors de l'invagination, et dites pour cela synapses superficielles ou « plates ».

À ces deux classes anatomiques de cellules bipolaires des cônes correspond une dichotomie fonctionnelle fondamentale entre deux classes de cellules bipolaires, les cellules bipolaires ON et les cellules bipolaires OFF. Les premières sont dépolarisées lorsque le stimulus lumineux est appliqué (ON) sur une région de la rétine contenant les photorécepteurs avec lesquels elles sont liées par des contacts synaptiques directs, les secondes sont hyperpolarisées dans ces mêmes conditions. Elles répondront donc par une dépolarisation lorsque cessera (OFF) le stimulus lumineux (Fig. 5-9).

L'origine de cette dichotomie en deux classes ON et OFF réside dans le type de contact synaptique que ces cellules bipolaires font avec les terminaisons des photorécepteurs. Ainsi, la cellule bipolaire qui connecte le photorécepteur au niveau de l'invagination répond à la stimulation lumineuse par une *dépolarisation* (inversant ainsi le signe de la polarisation présente dans le photorécepteur) ; cette réponse synaptique de dépolarisation provient de l'activation de récepteurs métabotropiques du glutamate. Ces cellules bipolaires dépolarisantes, ON, ont des récepteurs du glutamate sensibles à l'APB. D'un autre côté, la cellule bipolaire qui entre en contact avec le photorécepteur en dehors de l'invagination pour faire une synapse superficielle ou « plate » répond à la lumière comme le fait le photorécepteur, c'est-à-dire par une hyperpolarisation (elle conserve le signe de la polarisation présente dans le photorécepteur). Ces bipolaires hyperpolarisantes sont activées par des récepteurs ionotropiques AMPA-kainate du glutamate.

Les cellules bipolaires *hyperpolarisantes* (synapses « superficielles ») sont le point de départ de la voie OFF, les cellules bipolaires *dépolarisantes* (synapses « invaginées ») de la voie ON. Au niveau de la couche plexiforme interne, les connexions entre bipolaires et ganglionnaires ne sont qu'excitatrices. Toutes les cellules bipolaires libèrent du glutamate qui dépolarise les cellules ganglionnaires. Ces dernières pourront engendrer des potentiels d'action propagés dans le nerf optique. Il y aura donc, au niveau de la sortie de la rétine deux trajets visuels indépendants, un trajet ON et un trajet OFF. Cette dichotomie prend son origine au niveau des cellules bipolaires des cônes. Il n'en va pas de même dans la voie des bâtonnets. En effet, nous l'avons dit, il n'existe qu'une seule catégorie de

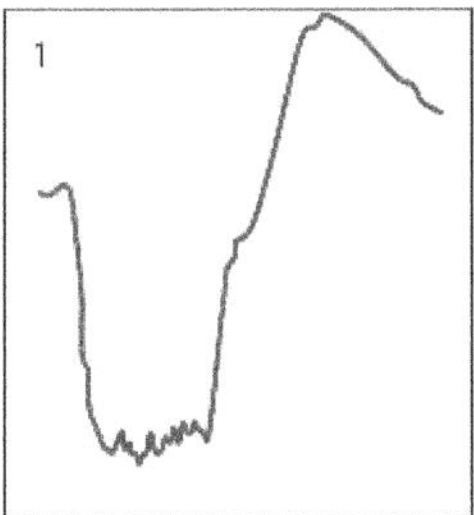

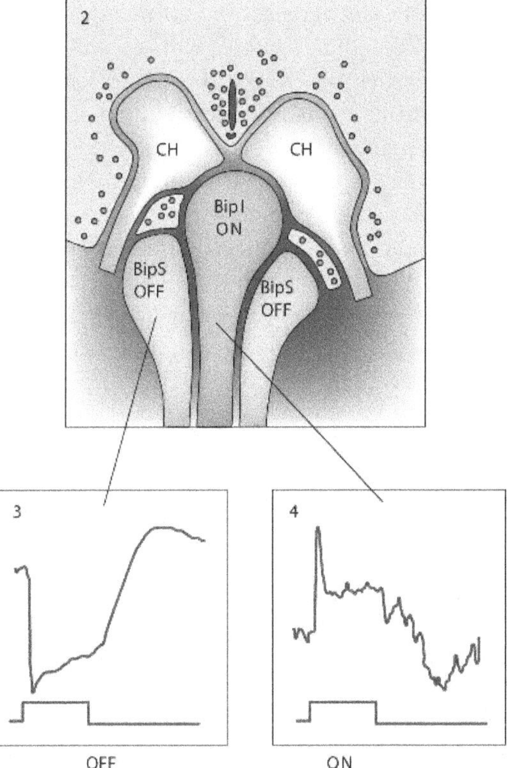

Figure 5-9 : *Origine des deux classes, ON et OFF, des cellules bipolaires.*
La synapse « à ruban » donne naissance à la classe des cellules bipolaires dépolarisées à ON, la synapse « superficielle » à la classe des bipolaires dépolarisées à OFF.

cellules bipolaires de bâtonnets, les bipolaires dépolarisantes invaginées. On pourrait penser que dans la voie des bâtonnets, seul existe le trajet ON. Néanmoins, les cellules bipolaires de bâtonnets n'entrent pas en contact direct avec les cellules ganglionnaires, une cellule amacrine particulière est interposée entre la terminaison axonique de la cellule bipolaire de bâtonnet et les dendrites des cellules ganglionnaires. Cette cellule amacrine intercalée dans le trajet des bâtonnets contribue à l'élaboration des deux voies de sortie de la rétine, la voie ON et la voie OFF, par un mécanisme qui est illustré dans la figure 5-10 et sur lequel je reviendrai un peu plus loin.

Le champ récepteur de la cellule bipolaire

Une cellule bipolaire recueille les signaux en provenance des photo-récepteurs de deux façons différentes. D'une part, *directement* par ses dendrites qui contactent les terminaisons des cônes (par des synapses invaginées et des synapses superficielles), et les terminaisons de bâton-nets (par des synapses invaginées) ; d'autre part, *indirectement*, par l'intermédiaire des cellules horizontales qui les mettent en relation avec des photorécepteurs situés à l'entour des premiers. L'ensemble de ces photorécepteurs constitue le champ récepteur de la cellule bipolaire ; il est ainsi subdivisé en deux zones, le centre et le pourtour, selon, respec-tivement, que la liaison est directe ou indirecte. Nous avons vu que les cellules horizontales assuraient un contrôle négatif sur les cellules bipo-laires[27], il en résulte que les influences synaptiques issues du pourtour contrecarrent les influences synaptiques issues du centre : centre et pourtour seront donc « antagonistes » ; en d'autres termes, si le centre est excitateur, le pourtour sera inhibiteur ; si le centre est inhibiteur, le pourtour sera excitateur. Cela revient à dire qu'une cellule bipolaire don-née est sensible à la différence dans la distribution des lumières entre le centre et le pourtour de son champ récepteur. Si un « événement visuel » (un incrément ou un décrément de lumière par exemple) présenté dans le centre, évoque une réponse ON, il évoquera une réponse OFF s'il est présenté dans son pourtour[28]. Et *vice versa*. Il en découle que si un *même* événement visuel est présenté *simultanément* dans le centre et dans le pourtour, les influences antagonistes vont se combiner de manière quasi algébrique : la cellule bipolaire ne répondra pas. Seule une « différence » entre ce qui se passe dans le centre et ce qui se passe dans le pourtour de son champ récepteur peut évoquer une réponse, c'est-à-dire une varia-tion du potentiel de membrane de la cellule bipolaire qui sert ainsi de mesure à un « contraste local ».

---

27. Ce contrôle s'exerce à l'intérieur de l'invagination soit *proactivement* par l'intermé-diaire de synapses entre les terminaisons des cellules horizontales et les dendrites des cellules bipolaires, soit *rétroactivement* par une influence en retour des cellules hori-zontales sur la terminaison du photorécepteur. Ces deux types de contrôles coexistent probablement.

28. On parle dans ce cas d'une cellule « centre-ON », étant sous-entendu qu'elle est obligatoirement « pourtour-OFF ». On a l'habitude de caractériser une cellule visuelle par le signe (+ pour ON ; – pour OFF) du centre de son champ récepteur.

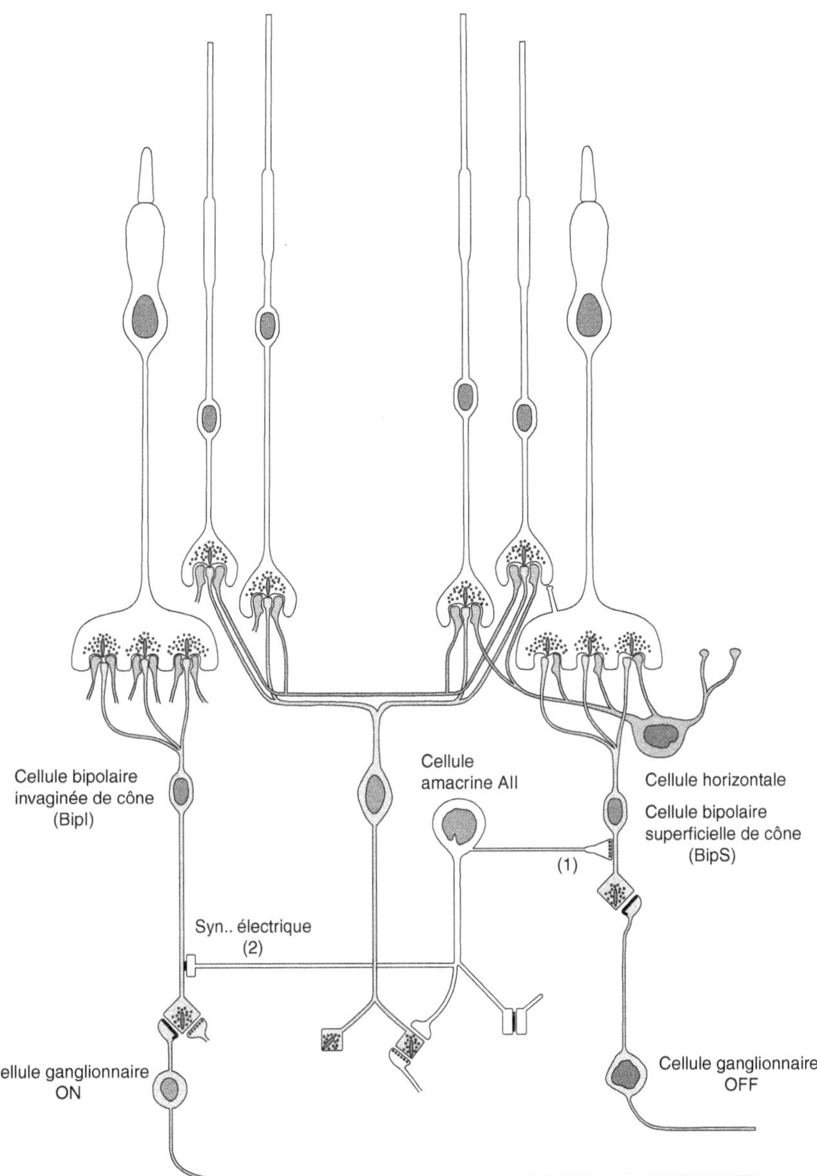

Figure 5-10 : *Trajet des cônes et trajet des bâtonnets.*
La cellule amacrine AII est un interneurone interposé entre les bâtonnets et les cellules ganglionnaires ; elle hyperpolarise le trajet OFF (par une synapse glycinergique) et dépolarise (par une synapse électrique) le trajet ON.
Voir texte pour détails.

Les traitements dans la couche plexiforme interne

Les axones des cellules bipolaires se terminent dans la couche plexiforme interne (CPI), zone constituée de multiples connexions synaptiques entre les terminaisons axoniques des cellules bipolaires, les terminaisons dendritiques des cellules ganglionnaires et de nombreuses terminaisons axoniques et dendritiques des cellules amacrines. Elle se subdivise en deux sous-couches, la sous-couche a, la plus distale, située en direction des photorécepteurs, et la sous-couche b, proximale, située du côté des cellules ganglionnaires.

Les deux trajets, ON et OFF, des cellules bipolaires des cônes se terminent respectivement dans la sous-couche b et la sous-couche a de la CPI. Les cellules bipolaires des bâtonnets, étant toutes dépolarisées à l'établissement de la stimulation lumineuse, se comportent comme des cellules ON et à ce titre se terminent dans la sous-couche b où elles contacteront, non les dendrites des cellules ganglionnaires, mais une cellule amacrine spéciale, l'amacrine AII, que j'ai déjà mentionnée et sur laquelle je vais revenir.

Les cellules amacrines

Dès la fin du XIXe siècle, Ramón y Cajal avait décrit une classe importante de cellules rétiniennes qu'il distinguait des cellules ganglionnaires et des cellules bipolaires. Parce qu'elles lui semblaient dépourvues d'axone, il les baptisa *amacrine*[29], nom qu'elles continuent à porter encore en dépit du fait que nous savons aujourd'hui qu'elles en possèdent un. Ces cellules forment un groupe de trente à quarante formes distinctes, dont on connaît mal les fonctions, sauf pour quelques-unes d'entre elles, notamment la cellule amacrine AII qui est l'intermédiaire entre les bipolaires des bâtonnets et les cellules ganglionnaires. Le glutamate que libère la cellule bipolaire, dépolarise la cellule amacrine AII ; cette dépolarisation dépolarise à son tour la terminaison présynaptique d'une bipolaire de cône ON, par l'intermédiaire d'une synapse électrique, ce qui contribue à renforcer l'effet excitateur sur la ganglionnaire ON ; simultanément, cette même cellule AII libère un neurotransmetteur inhibiteur, la glycine, sur la terminaison d'une bipolaire de cône OFF, ce qui contribue à renforcer l'effet inhibiteur sur la ganglionnaire OFF contactée.

Le trajet issu des bâtonnets vient ainsi s'accrocher sur le dos des deux trajets issus des cônes, si je peux me permettre cette image. Nous rencontrons ici l'idée selon laquelle le plan de base de la rétine des primates, et des mammifères plus généralement, est celui initialement dressé par l'architecture des cônes. Il n'y a pas lieu de trop s'en étonner, même si spontanément on pourrait penser que la voie des bâtonnets,

---

29. Du grec *a,-macro-inos* : privé d'une longue fibre.

bien plus nombreux que les cônes, est plus importante et, en conséquence, « originelle ». En effet, les premiers mammifères ont hérité leur
rétine riche en cônes des reptiliens, mais ont dû pour survivre adopter
un habitat souterrain et une vie nocturne ce qui n'a pas manqué de favo-
riser le développement d'un système visuel « scotopique ». Ce qui est
important, c'est que la sortie de la rétine par les cellules ganglionnaires
soit double : une voie ON et une voie OFF, la première mise en jeu par
des incréments de lumière, la seconde par des décréments.

LES CELLULES GANGLIONNAIRES

Les cellules ganglionnaires ont leur soma et leurs dendrites situés à
l'intérieur de la rétine, mais leurs axones en sortent et quittent l'œil, se
regroupent pour former le nerf optique et gagnent diverses zones du cerveau. Ce sont les premières cellules rétiniennes capables de générer des
potentiels d'action propagés[30].

À l'intérieur de la rétine, la propagation des signaux électriques est
passive. En effet, les cellules rétiniennes sont toutes, à l'exception des cellules ganglionnaires, de taille relativement petite. Il en découle que des
variations graduées et locales de potentiels peuvent se propager électro-
toniquement de la zone de réception dendritique ou somatique postsynaptique jusqu'à la zone présynaptique de la terminaison axonique : les
potentiels d'action propagés sont ici inutiles, des potentiels locaux suffisent amplement. On dit souvent, pour cette raison, que le traitement rétinien est analogique, voulant exprimer par là que les signaux véhiculés
entre les éléments rétiniens sont des variations continues de voltage et
non des impulsions électriques discrètes. Cela cesse d'être le cas, à partir
des cellules ganglionnaires. Dans ce cas, les axones sont très longs,
jusqu'à plusieurs centimètres, avant de se terminer dans des structures
cérébrales cibles, diencéphaliques ou mésencéphaliques, qu'ils connectent.
Pour qu'elle puisse acheminer sans atténuation leurs messages, il faut que
la cellule ganglionnaire les codent sous forme « numérique » de trains de
potentiels d'action tout-ou-rien ; le segment initial de l'axone de la cellule
ganglionnaire, est le véritable site générateur du message visuel, il est
doté des canaux Na^+ et K^+ voltage-dépendants, communs à tous les axones. Ainsi la rétine apparaît-elle globalement comme un dispositif
hybride, combinant des traitements analogiques et numériques.

Les champs récepteurs des cellules ganglionnaires

Le champ récepteur d'une cellule ganglionnaire ressemble beaucoup à celui des cellules bipolaires. En particulier, on y distingue une

---

30. À l'exception de certaines cellules amacrines qui émettent des potentiels d'action
abortifs.

zone centrale d'une zone de pourtour, correspondant au centre et au pourtour du champ récepteur des cellules bipolaires avec lesquelles la cellule ganglionnaire est en contact. Ici encore, les signaux véhiculés à partir du centre et du pourtour sont antagonistes : s'ils sont excitateurs au centre, ils seront inhibiteurs dans le pourtour. Et *vice versa*.

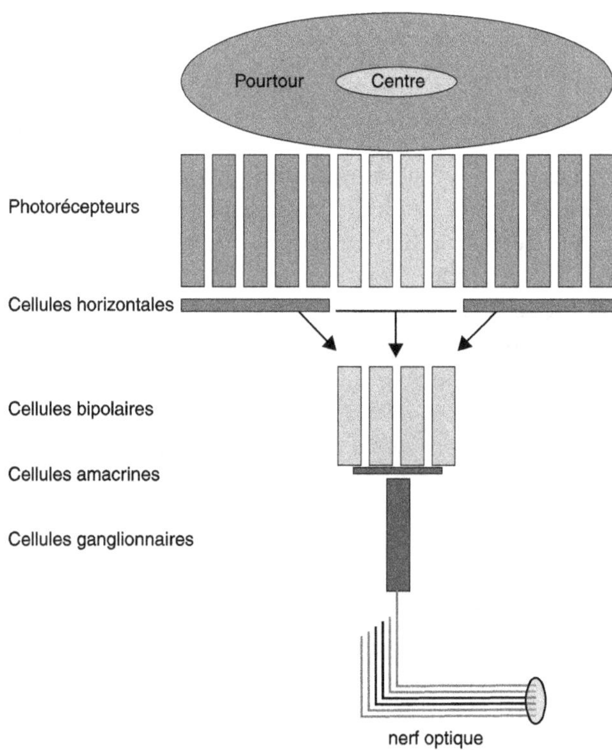

Figure 5-11 : *Le champ récepteur.*
Dans cette figure, l'organisation convergente de la rétine est schématisée : les photorécepteurs convergent sur les cellules bipolaires, soit directement à partir du « centre », soit par l'intermédiaire des cellules horizontales à partir du « pourtour ». À leur tour les cellules bipolaires convergent sur les cellules ganglionnaires (une seule est représentée sur ce schéma), les cellules amacrines établissant des contacts latéraux. L'ensemble des photorécepteurs situés dans le centre et le pourtour constitue le « champ récepteur » de la cellule ganglionnaire du schéma.

Taille et sélectivité des champs récepteurs

La taille du champ récepteur varie en fonction de la position sur la rétine de la cellule ganglionnaire. Très petite au niveau de la fovea, où il existe une voie quasi privée entre un petit nombre de cônes et une cellule ganglionnaire, elle augmente au fur et à mesure que l'on s'éloigne du centre de la rétine. Certaines cellules ganglionnaires peuvent ainsi intégrer des signaux issus de plusieurs centaines de milliers de bâtonnets situés dans la rétine périphérique. On comprend dès lors que l'on puisse passer de 140 millions de photorécepteurs à un peu plus de 1 million de fibres optiques.

Nous savons que dans la fovea, les cônes dominent, les voies correspondantes seront donc essentiellement des voies véhiculant des informations spectrales. Le principe de l'antagonisme fonctionnel entre le centre et le pourtour demeure, mais pour permettre de comparer les sorties des cônes de catégorie spécifique, L, M et S, il faut que les interactions soient elles-mêmes spécifiques, c'est-à-dire que les signaux ne soient pas mélangés dès leur sortie des cônes. C'est ce que la spécificité des différentes classes de cellules horizontales permet. Sans entrer dans des détails qui risqueraient de nous égarer, disons simplement qu'on décrit un contraste entre des signaux venant des cônes L ou M, contraste chromatique entre le rouge et le vert, et entre des signaux venant des cônes S et d'une somme de signaux L + M, contraste chromatique entre le bleu et la somme du rouge et du vert, c'est-à-dire le jaune. Sachant que chaque trajet des cônes est dédoublé en deux, un trajet ON et un trajet OFF, on arrive à décrire quatre oppositions spectrales élaborées par la rétine : L+/M– ; L–/M+ ; S+/ (L + M)– ; S–/(L + M)+. La structure anatomique des trois premiers trajets d'opposition spectrale est bien connue, celle du quatrième est encore incertaine.

Les cellules bipolaires de bâtonnets sont doublement inaptes au codage spectral, d'une part parce qu'une quantité impressionnante de bâtonnets convergent sur une seule bipolaire rendant ainsi très improbable une quelconque discrimination spectrale si elle était seulement possible, mais elle est en fait impossible puisque les bâtonnets fonctionnent sur toute l'étendue du spectre visible.

Le découpage de l'image oculaire
par les cellules ganglionnaires

Le champ récepteur des cellules ganglionnaires n'est pas uniquement construit par les cellules bipolaires, les cellules horizontales et la cellule amacrine AII, interneurone supplémentaire dans la voie des bâtonnets. Nous avons signalé le nombre important de différentes classes de cellules amacrines. Ces cellules libèrent essentiellement des neurotransmetteurs inhibiteurs, glycine et GABA, et assurent très probablement diverses fonctions de rétrocontrôle négatif dans l'activation des cellules ganglionnaires. Nous pouvons voir dans le schéma suivant (Fig. 5-12) le principe de ce contrôle exercé par les cellules amacrines, par l'intermédiaire de synapses dites « réciproques » et nous pouvons imaginer facilement comment il peut intervenir pour interrompre la transmission d'un signal qu'une cellule bipolaire adresse à une cellule ganglionnaire.

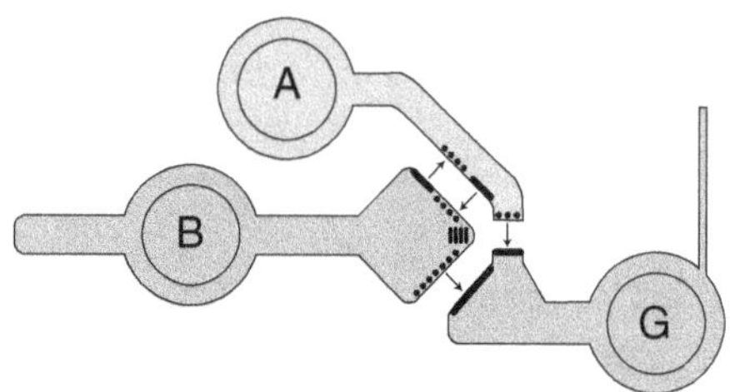

Figure 5-12 : *Synapses « réciproques » des cellules amacrines.*
Une cellule amacrine (A) reçoit des signaux synaptiques d'une cellule bipolaire (B) ;
elle est à la fois interneurone pour la cellule ganglionnaire (G) mais renvoie aussi un
signal sur la bipolaire qui la contacte.

On peut résumer ce que je viens de décrire de la façon suivante : trois grands types de « contrastes » sont mesurés par les cellules ganglionnaires. Tout d'abord, un *contraste de luminance,* qui traduit la différence dans la distribution spatiale à l'intérieur du champ récepteur de la lumière quelle que soit sa longueur d'onde. En second lieu, un *contraste spectral,* qui consiste à comparer les activités issues de plusieurs catégories de cônes différemment distribuées entre le centre et le pourtour du champ récepteur. Enfin, un *contraste temporel* qui sert à comparer la vitesse avec laquelle varient les illuminations du centre et du pourtour.

On comprend maintenant pourquoi le concept de champ récepteur est fondamental. Il permet de concevoir comment la rétine compacte l'image oculaire. En fait ce qui est envoyé au cerveau, ce ne sont pas des mesures « ponctuelles » sur la lumière présente à chaque point de l'image oculaire, il faudrait pour cela environ 140 millions de fibres optiques, mais des résultats de « traitements » effectuées sur des surfaces de plus ou moins grande taille de la mosaïque rétinienne convergeant sur un peu plus d'un million de cellules ganglionnaires.

Un aspect remarquable de l'organisation rétinienne est que ces trois types de contrastes que nous venons de mentionner sont mesurés par trois grandes catégories de cellules ganglionnaires distinctes par leur anatomie, leurs propriétés fonctionnelles, et leurs destinations dans le cerveau.

— Le *contraste de luminance* est mesuré par des cellules ganglionnaires de grande taille, cellules dites en *parasol* : leur champ récepteur est très étendu, ce qui fait que leur résolution spatiale est faible, mais leur résolution temporelle très grande, leur réponse est en effet « phasique », c'est-à-dire qu'elle n'apparaît que lorsque change le décours temporel du stimulus. Ces cellules combinent les signaux issus de toutes les catégories de photorécepteurs et ne sont donc pas sensibles au contraste spectral.

— Le *contraste spectral* entre le rouge et le vert est mesuré par des cellules plus petites, dites *naines,* dont le champ récepteur est de petite taille, et donc de résolution spatiale bonne. En revanche, ces cellules présentent des réponses qui durent autant de temps que dure la stimulation (on les appelle « toniques ») ; elles ont donc une mauvaise résolution temporelle.

— Le *contraste spectral* entre le bleu et le jaune est mesuré par des cellules ganglionnaires de petite taille, dont les champs récepteurs ne sont pas organisés en un centre et un pourtour antagonistes distincts (elles sont ON et OFF partout dans leur CR). Elles ont donc une très mauvaise résolution spatiale.

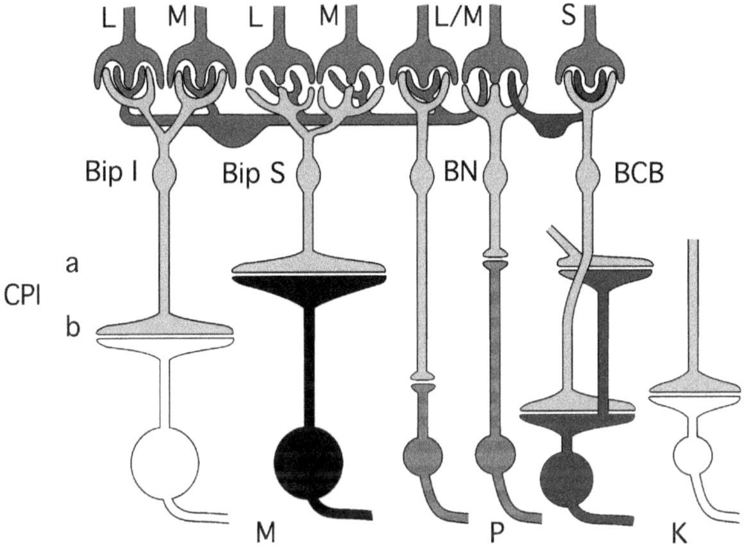

Figure 5-13 : *Les trois principales voies rétiniennes.*
Origine des trajets parallèles respectivement appelés magnocellulaire (M), parvocellulaire (P) et koniocellulaire (K).
L, M et S : cônes de sensibilité spectrale respectivement dans les grandes, moyennes et courtes longueurs d'onde ; BipI : bipolaire invaginée ; Bip S : bipolaire superficielle ; BN : bipolaire naine ; BCB : bipolaire de cône bleu ; CPI : couche plexiforme interne.

Ces trois catégories de cellules ganglionnaires sont à l'origine de trois trajets distincts dans le système visuel. Le premier est un trajet constitué de cellules visuelles de grande taille à l'origine d'un trajet visuel appelé pour cette raison le trajet M, pour magnocellulaire (du latin *magnus* qui signifie grand). Le second a pour origine des cellules ganglionnaires de petite taille et porte le nom de trajet P, P pour parvocellulaire (du latin *parvus*, « petit »), Le troisième trajet est spécial, défini non par la taille des cellules ganglionnaires qui sont à son origine, mais par l'aspect dispersé des terminaisons axoniques, on l'appelle le trajet K pour koniocellulaire (du grec *konis*, poussière).

Le tableau suivant résume cette classification.

	Trajet M magnocellulaire	Trajet P parvocellulaire	Trajet K koniocellulaire
Proportion	*3 %* *(chez le chat)*	50 % chat ; 70-80 % primate	?
Nom chat Primate	Cellule alpha α Cellule en *parasol*	Cellule bêta β Cellule *naine*	Cellule à double γ arborisation
Résolution spatiale	Mauvaise	Excellente Système *acuité*	Inexistante
Résolution chromatique	Inexistante	Entre le rouge et le vert ou le vert et le rouge (pour certaines d'entre elles)	Uniquement entre le bleu et le jaune (somme des signaux issus des cônes rouges et verts
Résolution temporelle	Excellente (très phasique)	Mauvaise (très tonique)	Mauvaise et variable
Sommation spatiale entre centre et pourtour	Non linéaire	Linéaire	Inexistante
Vitesse de conduction de l'axone	Grande 22 m/s (homme)	Lente 11 m/s (homme)	Très lente

Il ne faudrait cependant pas croire qu'il n'existe que ces trois catégories de cellules ganglionnaires dans la rétine de primate ; des travaux récents en dénombrent de 10 à 15 (voir Wassle, 2004 pour revue et Dacey *et al*, 2003 pour la description d'une nouvelle technique permettant d'identifier les cellules ganglionnaires).
On peut considérer, très approximativement, que l'image, avec ce que nous avons dit sur son extrême pauvreté « optique », passe à travers une série de trois filtres parallèles indépendants, les filtres M, P et K. Chacun ne retient qu'un aspect dominant : le premier, ce qui bouge dans l'image, le mouvement, le second pour partie, ce qui reste stable et de petite taille, qui peut servir à représenter la forme, et pour partie, la couleur, en opposant le rouge *au* vert. Enfin, le dernier filtre, le moins connu encore aujourd'hui, le contraste diffus à l'intérieur de son champ récepteur, entre le bleu et le jaune.

L'idée s'impose alors que l'image passe à travers un ensemble de cinq *filtres superposés*, qui opèrent en parallèle ; ces filtres, parce que la cellule ganglionnaire est capable d'extraire une composante particulière, un attribut de l'image optique, servent à séparer ce qui concerne la forme de ce qui concerne la couleur ou le mouvement, dans une portion de l'image optique vue par le champ récepteur de la cellule ganglionnaire en question. Chacun de ces attributs emprunte une classe de fibres particulières dans le nerf optique pour constituer des trajets séparés. Les attributs de forme sont essentiellement véhiculés par la voie P, ceux de couleur par la voie P et la voie K, ceux de mouvement par la voie M. Tout se passe comme si nous avions cinq systèmes visuels distincts susceptible de fonctionner de manière indépendante les uns des autres : le système M ON et M OFF, le système P ON et P OFF et le système K ON-OFF.

Nous allons voir dans la suite de ce chapitre ce que deviennent ces messages visuels, comment le cerveau les traite, les distribue dans diverses régions spécialisées, les stocke éventuellement et les combine pour commander divers aspects de la perception et des commandes motrices.

Au-delà de la rétine

À partir de la rétine, des mécanismes, relativement bien élucidés aujourd'hui, permettent le traitement des attributs primitifs de l'image oculaire. La position sur la rétine (et par là même dans l'espace, puisque l'œil forme une image du monde environnant sur la rétine), ainsi que des mesures de contrastes locaux sont mises en forme depuis les photorécepteurs jusqu'aux cellules de sortie de la rétine, puis acheminées par les fibres du nerf optique et distribuées dans diverses structures visuelles primaires.

Une des caractéristiques générales des systèmes sensoriels est la préservation, au niveau des zones de projection, de l'ordre topographique du dispositif périphérique de réception. C'est ainsi que les fibres rétiniennes vont dresser des cartes de la rétine qui seront préservées de relais en relais jusqu'au cortex cérébral, cartes dites *rétinotopiques*.

DESTINATION DES FIBRES RÉTINIENNES

Les trois principaux trajets partant de l'œil ont des destinées distinctes. Ils conduisent en parallèle les informations visuelles dans de nombreuses structures cibles, dont la principale (chez les primates) est le corps genouillé latéral (cGL). Ce noyau diencéphalique reçoit en effet près de 90 % des fibres optiques et joue un rôle déterminant dans la vision (les 10 % restant se distribuent pour la grande majorité dans un relais prémoteur, mésencéphalique, le colliculus supérieur, contrôlant essentiellement la motricité oculaire), enfin, une faible proportion se terminent dans diverses autres structures ; nous n'en parlerons pas dans ce chapitre.

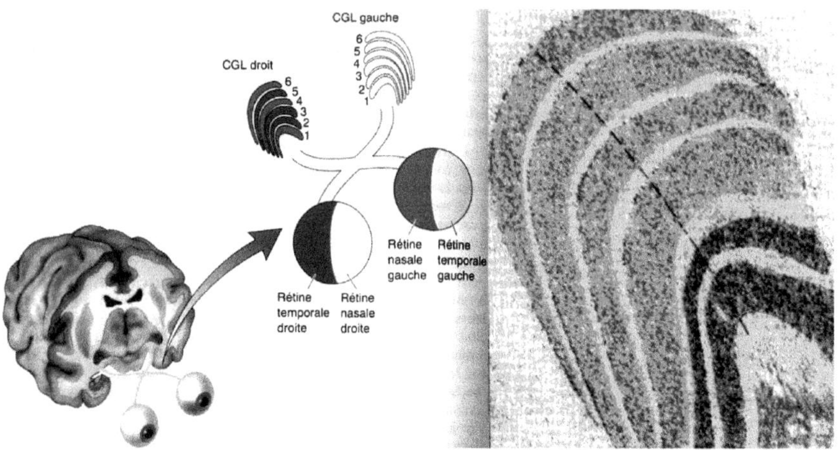

Figure 5-14 : *Le corps genouillé latéral*
et les projections des fibres rétiniennes.

À gauche : les fibres rétiniennes issues de la demi-rétine temporale de l'œil gauche
ne croisent pas au niveau du chiasma optique et innervent le corps genouillé latéral
CGL ipsilatéral ; celles qui sont issues de l'œil droit croisent et innervent le CGL
controlatéral.

À droite : coupe frontale du CGL montrant la structure laminaire du noyau : six couches de neurones sont superposées (séparées par des zones de fibres claires) pauvre
en neurones. Les deux plus ventrales (foncées) reçoivent les afférences M, les quatre
plus dorsales (plus claires) reçoivent les afférences P. Entre les couches, se terminent
les afférences K, non représentées sur ce dessin.

Les axones des cellules ganglionnaires se terminent dans le cGL en
respectant une double ségrégation : oculaire, selon l'œil d'origine d'une
part, fonctionnelle, selon la catégorie, M, P ou K, d'autre part.

Comme on le voit sur la figure précédente, les fibres issues de la
demi-rétine temporale de l'œil droit, qui ne croisent pas au niveau du
chiasma optique, se terminent alternativement dans les couches 2, 3 et
5 du cGL situé du côté droit ; celles issues de la demi-rétine controlatéralc dc l'œil gauche croisent au niveau du chiasma, et se terminent
dans les couches 1, 4 et 6 du même cGL droit. Ces fibres dressent dans
chacune des couches où elles se terminent une carte fidèle de la demi-
rétine dont elles proviennent. Or chacune ces deux demi-rétines est
conjuguée au demi-espace controlatéral, c'est-à-dire au demi-espace
gauche. Toutes ces cartes sont monoculaires, parfaitement en registre
les unes au-dessus des autres, de telle sorte que si on les traverse selon
une orientation normale (voir le pointillé sur la figure 5-14 droite) tous
les neurones rencontrés seront fonctionnellement conjugués à la même
zone de l'espace controlatéral alternativement « vu » par l'un ou l'autre
œil. Les axones de ces neurones quittent le cGL, empruntent les radia-

tions optiques et se terminent dans le cortex visuel primaire, encore appelé V1.

Nous savons que les fibres optiques qui quittent l'œil forment trois trajets distincts et parallèles dans le nerf optique. Ces systèmes séparés dès la sortie de la rétine, resteront séparés dans des couches distinctes du cGL. Le système M, magnocellulaire se terminera dans les deux couches les plus ventrales composées de grosses cellules, dites aussi magnocellulaires et représentées foncées dans la figure 5-14 droite. Le système P, parvocellulaire se terminera dans les quatre couches les plus superficielles (claires sur la figure 5-14), et le système K, koniocellulaire dans les zones dites intercalées, séparant les couches du cGL.

Cette double ségrégation, oculaire et fonctionnelle, est encore maintenue au niveau de l'organisation des terminaisons dans V1.

ORGANISATION ANATOMO-FONCTIONNELLE
DU CORTEX VISUEL PRIMAIRE

Le cortex cérébral – l'écorce grise qui enveloppe le cerveau – est composé de neurones de divers types, répartis dans plusieurs couches superposées, couches identifiées par la forme des neurones qu'elles abritent et par l'organisation des fibres afférentes qu'elles reçoivent et efférentes qu'elles émettent. Le schéma suivant (Fig. 5-15) illustre l'organisation des afférences au cortex V1..

La couche 4 reçoit l'essentiel des fibres issues du cGL. Elle est divisée en plusieurs sous-couches dont une, en particulier, la sous-couche 4C, est aussi subdivisée en deux partie, la sous-couche 4C *alpha* qui reçoit les afférences magnocellulaires, et la sous-couche 4C *bêta*, qui reçoit les afférences parvocellulaires. Les afférences koniocellulaires se terminent, quant à elles, dans des compartiments, appelés de façon imagée en anglais des « *blobs* », centrés au niveau des couches 1 et 2, et à un moindre degré dans les couches 5 et 6.

En outre (figure 5-15b), les fibres visuelles issues d'un œil et celles qui sont issues de l'autre se terminent dans des pièces de tissu cérébral que des techniques autoradiographiques permettent de visualiser comme des bandes transversales, que, pour des raisons historiques, on continue d'appeler colonnes de dominance oculaire (figure 5-15c).

Ainsi la double ségrégation, oculaire et fonctionnelle, présente au niveau du cGL, est maintenue au niveau du cortex V1, en toute rigueur dans la couche 4, avec un certain mélange de signaux binoculaires dans les autres couches corticales.

L'organisation des champs récepteurs des cellules visuelles présente une transformation importante au niveau du cortex primaire. Nous avons vu que celui des cellules rétiniennes avait une forme circulaire, avec un centre et un pourtour concentriques et antagonistes. Les neuro-

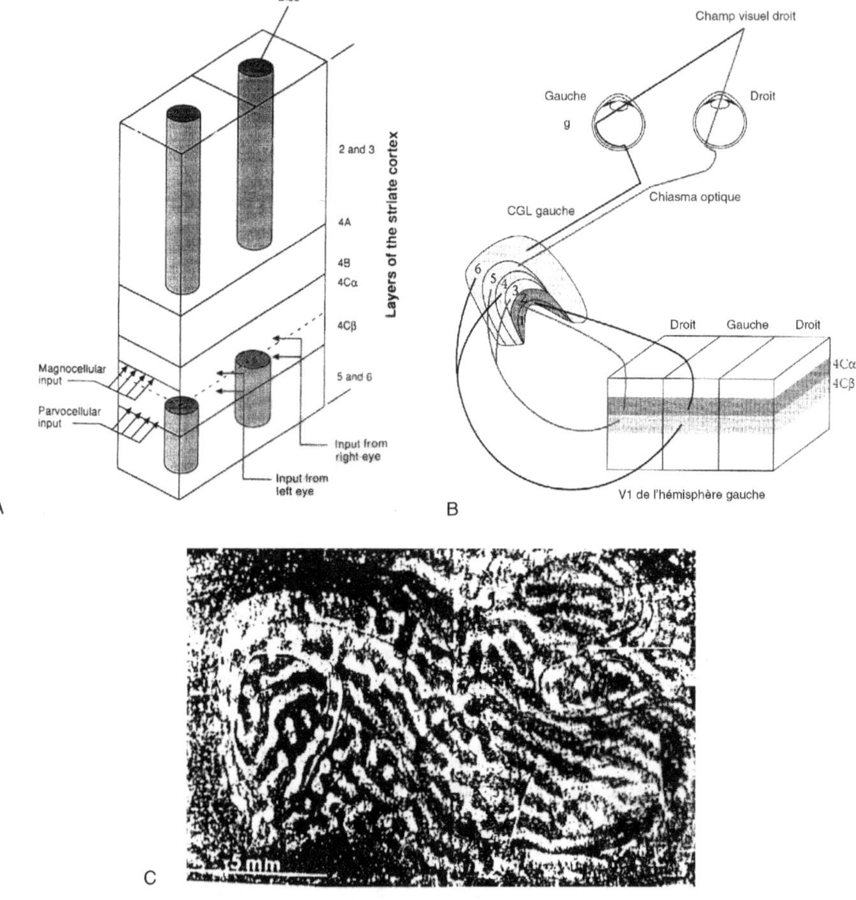

Figure 5-15 : *Cortex v1 voir Nancy 2.*
A : bloc de cortex visuel primaire (V1) : les entrées M et P se terminent dans des sous-couches différentes de la couche 4C ; les afférences issues respectivement de l'œil droit et de l'œil gauche se terminent dans des zones adjacentes. Les « blobs », qui reçoivent les afférences K, sont représentés comme des colonnes, traversant les couches 2-3 et 5-6.
B : schéma représentant la « double ségrégation », oculaire, par des bandes alternativement conjuguées à l'œil droit et à l'œil gauche, et fonctionnelle, les sous-couches 4Ca et 4Cb recevant respectivement les afférences M et P. Les afférences K ne sont pas représentées sur ce schéma.
C : coupe dans le plan de la couche 4, après marquage (par autoradiographie) des afférences issues d'un seul œil. On peut voir nettement les bandes de dominance oculaire. Voir textes pour explications.

nes du cGL ont des champs récepteurs organisés de même. Il n'en va pas ainsi au niveau de la plupart des neurones du cortex V1. En dehors des cellules qui reçoivent directement leurs signaux des cellules géniculées (dans la couche 4 et dans les blobs), et dont les CR sont le reflet des champs récepteurs des cellules géniculées, c'est-à-dire circulaires et concentriques, les neurones situés dans les couches 2/3 et 4/5, ont des CR rectilignes. Pour certaines cellules, dites simples, les zones antagonistes, ON et OFF, sont spatialement séparées, et la bordure entre les deux est un segment de droite, précisément orienté à l'intérieur du CR. Pour d'autres, dites complexes, ces zones ON et OFF sont superposées. Dans ce cas, le stimulus le plus efficace sera le mouvement d'un bord rectiligne se déplaçant selon une direction orthogonale à l'orientation principale du CR de la cellule en question. Mais, dans un cas comme dans l'autre, le point important est que la forme du CR est un quadrilatère, plus ou moins allongé, dont le grand axe présente une orientation précise. Ces neurones du cortex visuel primaire sont appelés, par commodité, « orientés », car ils sont en mesure de fournir une indication sur l'orientation d'un bord contrasté, qui généralement signale la présence, à l'intérieur de leur champ récepteur, d'un bord, limite d'un objet ou frontière entre la forme et le fond. Ces neurones sont sélectifs, ils répondent vigoureusement lorsque le stimulus rectiligne est correctement positionné dans le CR de la cellule, qui répondra de façon de moins en moins vigoureuse dès lors que cette orientation s'écarte de l'orientation préférée.

Cette découverte et ses implications pour une théorie des mécanismes neurologiques de la perception visuelle des formes ont valu à leurs auteurs, David Hubel et Torsten Wiesel, le prix Nobel de physiologie en 1981. Une particularité remarquable de ces neurones « orientés » du cortex visuel primaire, également mise en évidence par Hubel et Wiesel, est qu'ils apparaissent regroupés selon leur orientation préférée dans de petites pièces de tissu cortical, disposées de façon orthogonale par rapport à la surface du cortex. Ce groupement par orientations communes constitue ce qu'il est convenu d'appeler des « colonnes d'orientation », qui, à l'instar des colonnes de dominance oculaire dont elles sont totalement indépendantes, dessinent à travers le cortex visuel primaire des bandes étroites, sinueuses que des techniques récentes d'imagerie optique permettent de visualiser. Cette sélectivité à l'orientation est présente dès la naissance (chez le chat et le singe) ; néanmoins elle se développe, se diversifie et s'affine avec l'expérience visuelle.

On peut résumer l'organisation modulaire de l'aire visuelle primaire de la façon suivante :

• Il existe sur sa surface une représentation exacte du demi-champ de vision controlatéral, dressée à partir des fibres issues des deux yeux ; cette carte, dite rétinotopique, est donc globalement binoculaire, mais localement, notamment au niveau de la couche 4, elle est constituée de deux cartes monoculaires entrelacées, faite à partie de deux bandes adjacentes de dominances oculaires différentes.

• À cause de cet arrangement rétinotopique, une pièce de cortex, un module localisé, sera conjuguée à une zone circonscrite de l'espace visuel situé du côté opposé au cortex étudié. Ce module comprendra, outre les deux zones adjacentes des colonnes de dominance oculaire, un ensemble de colonnes d'orientation, représentant l'ensemble des orientations, horizontales, verticales et obliques, sur 360°.

• Par ailleurs, dans les blobs centrés sur les deux colonnes de dominance oculaire voisines, des neurones, non orientés, sont regroupés. Ces neurones sont mis en jeu directement par la voie K et indirectement, par la voie M relayée de la sous-couche 4C *alpha*. Ces neurones corticaux ont des CR circulaires et, nombre d'entre eux présentent un antagonisme chromatique entre le centre et le pourtour, certains mêmes présentent une double opposition, spatiale et chromatique.

Ce module, dont la forme est celle d'un cube de 2 mm^2 (voir figure 5-15A), possède donc la machinerie, en termes de connexions neurales, indispensable pour assurer aux neurones qu'il abrite toutes les interactions possibles entre les images fournies par chacun des deux yeux, permettant de la sorte la mesure des disparités rétiniennes nécessaires à la vision stéréoscopique. Il possède également le moyen d'analyser l'espace sur la mosaïque rétinienne auquel il est conjugué, selon toutes les orientations des segments de droite présents dans les images (les courbes peuvent toujours être « approchées » par des segments rectilignes tangents) ; ces neurones peuvent aussi traiter les mouvements locaux (direction et vitesse) dans cette portion de l'image et toutes les combinaisons par couples opposés de couleurs. C'est dire que les principaux attributs, déjà dissociés par le traitement rétinien, forme, mouvement, couleur, auxquels il faut ajouter l'intégration binoculaire, se retrouvent dans ce module, appelé, toujours suivant Hubel et Wiesel, « hypercolonne ». Ils gardent néanmoins, leur ségrégation anatomique et fonctionnelle dans des groupements de neurones distincts, couches, blobs, colonnes, à l'intérieur de chaque hypercolonne. Nous allons voir que cet arrangement joue un rôle fondamental dans la redistribution des informations visuelles sur chacun des attributs de l'image à de nombreuses autres aires visuelles qui poursuivront le traitement.

MULTIPLICITÉ DES AIRES VISUELLES

Depuis une vingtaine d'années, de nombreuses études anatomiques ont montré qu'à partir du cortex visuel primaire la distribution des informations visuelles, traitées dans ces petits modules, suivait des trajets précis pour aller se terminer dans un grand nombre d'aires visuelles distinctes. Est-ce à dire que le cortex visuel primaire forme des trajets parallèles, dont les destinations, dans les diverses aires corticales, resteraient séparées, à la manière dont les voies M, P et K de la rétine se terminent dans des cibles distinctes au niveau du corps genouillé latéral ? Des travaux récents semblent accréditer cette idée[31].

Les projections cortico-corticales ascendantes

Une bonne trentaine d'aires visuelles distinctes ont été mises en évidence dans le cortex cérébral du singe[32]. Ces régions diffèrent les unes des autres selon leur organisation anatomique fine et par le type de traitement que les neurones qui y sont localisés réalisent préférentiellement (mais non exclusivement) sur tel ou tel type d'attribut. Par exemple des cellules très sensibles au mouvement sont observées dans une aire associative particulière appelée MT (ou V5). Ces neurones sont susceptibles de combiner des informations sur le mouvement local et sur le mouvement global dans leur CR qui couvre une surface importante du champ visuel. De même, l'information spectrale, qui est représentée de façon discontinue dans les neurones non orientés situés dans les blobs de V1, sera envoyée vers V4, selon deux routes, l'une directe V1-V4, l'autre indirecte, V1-V4 *via* V2. En V4, les neurones mesurent la différence dans la composition spectrale de la lumière tombant sur une zone circonscrite de leur CR par rapport à celle couvrant une large zone du champ visuel, assurant ainsi une relative indépendance vis-à-vis de la composition spectrale de la lumière illuminant la totalité de la scène visible.

Ces aires sont différentes également par les déficits comportementaux que leur lésion entraîne. On peut comprendre dès lors que des atteintes limitées à certaines régions puissent entraîner des déficits visuels limités à certaines performances.

Les deux grands trajets visuels corticaux

Au début des années 1980, des neurobiologistes américains, notamment Mortimer Mihskin et Leslie Ungerleider, de l'Institut national de la santé, à Bethesda, ont réalisé une série d'expériences chez le singe macaque particulièrement suggestives à cet égard[33] (Fig. 5-16). Après avoir appris à un animal à reconnaître des objets sur la seule base de leur forme visuelle, les auteurs procèdent à l'élimination d'une région limitée du cortex cérébral située dans la partie inférieure du lobe *temporal*.

---

31. C'est ainsi que dans la couche 4B de V1, des neurones étoilés épineux qui reçoivent des afférences « pures » des couches M du cGL, *via* la couche 4C *alpha*, envoient leurs axones *directement* vers MT. Toutefois, dans cette même couche 4B, une autre catégorie de neurones, les neurones pyramidaux, reçoivent un mélange d'afférences M et P, *via* les sous-couches 4C *alpha* et 4C *bêta*, pour se terminer *indirectement* dans MT, après un relais dans V2 ou V3 (Yabuta *et al.*, 2001).
32. Voir revue dans Felleman et Van Essen, 1991.
33. Voir Ungerleider et Mishkin, 1982.

Après l'opération, l'animal n'est plus capable de reconnaître, parmi les objets présentés, celui ou ceux qu'il a déjà vus. Si, au lieu de reconnaître un objet sur la base de sa forme, on lui apprend à localiser des objets les uns par rapport aux autres, c'est l'élimination d'une zone limitée du cortex *pariétal* qui s'avérera dommageable. Le premier animal, porteur d'une lésion dans le cortex temporal est capable de réaliser l'opération que le second animal, porteur d'une lésion pariétale ne sait pas faire, ce dernier en revanche pourra sans difficulté reconnaître les objets que le premier ne reconnaît plus. Cette expérience très connue, et beaucoup discutée depuis, a conforté l'idée selon laquelle notre cerveau visuel était subdivisé en (au moins) deux grands systèmes, un spécialisé dans la reconnaissance des formes, répondant à la question : qu'est-ce que c'est ? l'autre spécialisé dans la localisation des objets, répondant à la question : où est-ce ? Aujourd'hui, ce schéma, sans être remis en question dans ses grandes lignes, s'est considérablement enrichi et renouvelé. Plutôt que de trajets du *quoi* et du *où*, on préfère aujourd'hui parler d'un trajet ventral, dirigé vers les régions temporales inférieures, spécialisé dans la reconnaissance des formes, de plus en plus spécialisé dans le type de formes susceptibles d'être identifiées (des figures géométriques, des visages) et qui serait la base neurologique de la *vision-pour-la-perception*, et d'un trajet dorsal, dirigé vers les régions du cortex pariétal, spécialisé dans le savoir que faire et comment le faire avec ce que l'on voit, c'est-à-dire la *vision-pour-l'action*[34].

L'idée de base, selon laquelle les différentes aires corticales seraient spécialisées dans le traitement d'un attribut donné, reste globalement valable, tout au moins généralement admise par la communauté des chercheurs du domaine. De nombreuses expérimentations chez le singe l'accréditent globalement même si elles insistent toujours sur le fait qu'il ne s'agit que d'une préférence et non d'une caractéristique exclusive.

Mises en évidence chez le primate non humain, on profite du développement des nouvelles techniques d'imagerie cérébrale, en particulier l'imagerie par résonance magnétique fonctionnelle (IRMf) ou par tomographie par émission de positons (TEP), pour les retrouver chez l'homme. La Planche 5, tirée d'une revue récente de Guy Orban[35], montre qu'il est possible de comparer les aires visuelles dans lesquelles des traitements précoces (V1, V2, V3) et des traitements plus élaborés (V4, MT, V3A) sont réalisés chez le singe (A et B) et chez l'homme (C). Ce travail, dont il n'est pas possible de discuter toutes les subtilités méthodologiques, offre la possibilité d'évaluer les ressemblances et les différences dans l'anatomie fonctionnelle de la vision, entre l'homme et le singe.

---

34. Goodale et Milner, 1992 ; Goodale et Westwood, 2004.
35. Orban *et al.*, 2004.

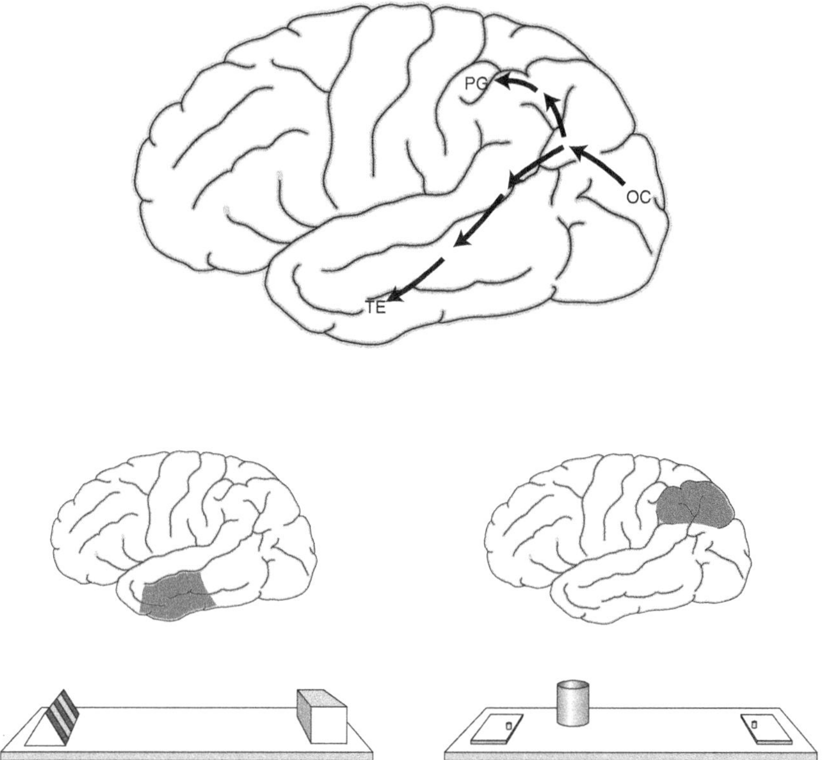

Figure 5-16 : *Expérience de Leslie Ungerleider et Mortimer Mishkin.*
En haut : représentation des deux routes visuelles issues du cortex occipital (OC) : la route dorsale destinée au cortex pariétal (PG) et la route ventrale destinée au cortex temporal inférieur (TE).
En bas : les deux tâches comportementales, à gauche de « reconnaissance », à droite de « localisation ».
Voir texte pour discussion.

Cette comparaison est particulièrement importante lorsqu'on sait que l'essentiel des résultats sur les bases neurales des fonctions cognitives, la vision, consciente et non consciente, la compréhension du langage, la mémorisation, l'imagerie mentale, la reconnaissance des formes, etc., est obtenu chez le singe grâce à des expérimentations combinant l'électrophysiologie, par nécessité invasive, et l'observation finement contrôlée d'un comportement, expérimentations qu'il est difficile pour des raisons évidentes d'envisager chez l'homme.

Les projections cortico-corticales descendantes

L'organisation anatomique des aires visuelles que nous venons d'évoquer, débutant au pôle occipital du cerveau, à partir de V1 (et de V2) pour aller, par la voie dorsale, vers les régions pariétales et, par la voie ventrale vers les régions inférotemporales, semble impliquer un modèle hiérarchique ascendant. Selon ce modèle, il y aurait une progression (en termes fonctionnels) des régions où les traitements portent sur des CR de petite taille et relativement simples jusqu'à des régions où les neurones présentent des CR de bien plus grande taille et très spécialisés dans le codage d'un trait visuel particulier. Ces derniers seulement interviendraient dans la vision consciente. Cette conception est séduisante par sa simplicité. Elle n'est pas complètement fausse, mais ne permet pas de comprendre le rôle que doivent jouer les innombrables connexions « en retour » qui relient les aires d'un certain niveau hiérarchique avec les aires d'un niveau inférieur.

On sait depuis longtemps que les projections en retour, issues de V1, représentent au moins 80 % de toutes les afférences au cGL, seulement 15 % proviennent de la rétine ; il en va de même au niveau de V1 : dans la couche 4, qui reçoit, rappelons-le, l'essentiel des afférences (excitatrices), la proportion de synapses en provenance du cGL n'est que de l'ordre de 5 %, le reste est donc intrinsèque à l'aire V1 elle-même ou des aires visuelles situées « en amont ». On sait également que les connexions en retour se font par des axones qui conduisent rapidement les influx ; en outre, V1 reçoit les informations relayées par les couches M du cGL avec 20 ms d'avance sur celles qui sont relayées par les couches P[36].

Aussi convient-il de réviser une conception strictement hiérarchique du traitement cortical de l'information visuelle. Aux influences ascendantes, il faut ajouter les influences descendantes, majeures en l'occurrence, et également des influences « latérales », qui opèrent à un même niveau hiérarchique. Un concept utile pour décrire ce type d'organisation a été proposé en 1945 par le neuropsychiatre américain, Warren McCulloch, sous le nom d'hétérarchie et mis au goût du jour par le biologiste Edward Wilson pour décrire les mécanismes de communication dans une colonie de fourmis ! Ce terme suggère des relations d'interdépendance, il permet la coexistence de plusieurs hiérarchies éventuellement conflictuelles ; l'architecture de l'ensemble peut être modifiée (dans la perception visuelle, par exemple, selon la tâche attentionnelle exigée du sujet). Tous les trajets parallèles qui caractérisent le système visuel des primates se chevauchent à la fois dans l'espace, nous l'avons déjà indiqué, et dans le temps. En effet des réponses dans les aires visuelles supé-

---

36. Bullier, 2001.

rieures (et même au-delà dans le cortex préfrontal ou le cortex prémoteur) peuvent être contemporaines, et même souvent précéder, les réponses en V1. Étant donné la très grande variabilité des latences des réponses dans les différentes régions du cerveau visuel, tout se passe comme si, dans un intervalle de 30-40 ms, tout arrivait partout quasiment en même temps.

L'activité spontanée comme préparation de la réponse évoquée

Dans les diverses aires du cortex cérébral, de V1 à l'aire motrice supplémentaire, la grande variabilité des latences des réponses à un stimulus visuel donné n'est pas uniquement, comme il serait naturel de le penser, la manifestation d'un « bruit » qu'une activité spontanée aléatoire introduirait dans le fonctionnement des neurones corticaux. En effet, visualisant l'activité des neurones par des changements de fluorescence de colorants injectés dans le cortex, colorants sensibles aux variations de voltage des neurones en activité, Grinvald et ses collaborateurs, de l'Institut Weismann en Israël, ont établi qu'elle représentait au contraire une dynamique inhérente au cortex visuel[37]. Cette dynamique évoluerait dans le temps en permutant spontanément d'un état d'activité neurale spécifique à un autre. Le plus remarquable est que ces états spécifiques intrinsèques et spontanés coïncident aux états spécifiques d'activité des neurones évoqués en réponse à un stimulus visuel particulier. Aujourd'hui, plusieurs études confirment et étendent cette découverte. Par exemple, Fiser et ses collaborateurs de l'Université de Rochester aux États-Unis[38] enregistrent, au moyen d'un faisceau de plusieurs microélectrodes, l'activité d'une population de neurones dans le cortex visuel d'un mammifère (le furet) éveillé, libre de regarder des scènes visuelles naturelles, à divers moments du développement postnatal de la sélectivité à l'orientation des neurones visuels de V1. Ils observent que la correspondance entre l'activité évoquée et la structure de la stimulation visuelle, faible chez le très jeune, s'améliore considérablement avec l'âge. Ils proposent que lors du codage sensoriel, l'activité évoquée dans le cortex primaire reflète principalement la modulation et le déclenchement par les signaux sensoriels d'un comportement dynamique intrinsèque, qui se mettrait en place au cours du développement, plutôt que l'encodage direct de la structure du signal d'entrée lui-même. Ainsi l'activité spontanée ne serait pas du bruit de fond sur lequel la réponse visuelle viendrait se superposer, mais une composante intégrale du traitement sensoriel.

---

37. Tsodyks *et al.*, 1999 ; Kenet *et al.*, 2003.
38. Fiser *et al.* 2004.

Ce que nous savons de la vision aujourd'hui permet-il de résoudre le paradoxe suivant : comment se fait-il que nous puissions voir si bien avec des images rétiniennes si pauvres ? On ne voit jamais un objet (ou un événement) que dans un certain contexte. Celui-ci est constitué non seulement de la scène globale dans laquelle l'objet vu est immergé, mais aussi de l'état dans lequel se trouve le cerveau de celui qui voit au moment où il voit. Ce contexte intérieur dépend de nombreux facteurs : de ce qui a été vu, jadis et naguère[39], de ce que l'on s'attend à voir, que l'on redoute de voir, de l'état de motivation, de vigilance, d'émotion de l'organisme percevant dans son ensemble, etc. Le cerveau n'est jamais au repos, il entretient en permanence un modèle du monde dans lequel il est engagé ; ce modèle est syntaxique, au sens où il existerait des règles qui associent les éléments sensoriels reçus, présents ou en leur absence, aux expressions comportementales élaborées ou simplement émises. Dès lors, on pourrait envisager comment, en dépit de la pauvreté du stimulus, la perception visuelle puisse être si riche : ce que la rétine fournit n'est que des amorces partielles d'une scène visuelle que le cerveau est en mesure de compléter par lui-même. Beaucoup de théoriciens ont insisté sur le fait que l'on ne voit que ce dont on peut faire quelque chose ; ce serait peut-être ce quelque chose à faire ou à contempler (la contemplation n'étant jamais qu'une action suspendue) qui donnerait au cerveau l'illusion qu'il voit alors que peut-être, tout simplement, il imagine.

La neuropsychologie visuelle

L'étude de la perception (ou de n'importe quelle compétence cognitive, le langage, l'action, la mémoire et l'apprentissage) chez des patients ayant souffert d'une lésion cérébrale, en général consécutive à un accident vasculaire cérébral mais pouvant aussi résulter d'un traumatisme ou d'une opération neurochirurgicale destinée à éliminer une tumeur, constitue un domaine de recherche particulièrement instructif sur les bases cérébrales de ces compétences cognitives. Dans ce chapitre, nous ne mentionnerons que quelques observations et résultats cliniques portant sur la modalité visuelle[40]. D'autres résultats neuropsychologiques seront signalés en leur temps à propos des autres modalités sensorielles.

---

39. Peut-être même dans des temps géologiques où ce que nous avons « vu » a pu être inscrit dans l'intimité de notre génome par quelque sélection avantageuse. Nous reviendrons sur cette idée.
40. Je recommande vivement l'ouvrage de Pierre Jacob et Marc Jeannerod, 2003.

LA LÉSION DU CORTEX OCCIPITAL : LA *BLINDSIGHT*

Larry Weiskrantz décrit le cas d'une jeune femme de 26 ans, DB, qui, à la suite d'une opération neurochirurgicale destinée à réduire une malformation artérioveineuse occipitale droite, présentait, comme il fallait s'y attendre, une hémianopie gauche[41]. En d'autres termes, elle était complètement aveugle dans la moitié gauche de son champ visuel. Cependant, de nombreuses capacités visuelles étaient encore préservées : pointer vers des stimulus, détecter du mouvement, discriminer l'orientation de réseaux composés de lignes, distinguer des formes simples, des X des O. Après la publication de ce cas en 1974, d'autres ont été décrits par différentes équipes. Il s'agit chaque fois de sujets aveugles dans une partie de leur champ visuel, mais capables cependant de discriminer, à l'intérieur du scotome, c'est-à-dire de la région aveugle, des formes, du mouvement, des orientations, de la couleur, du papillotement, autant de capacités préservées à des degrés variables selon les patients. La nature des verbalisations rapportées varie également beaucoup selon les sujets, certains prétendent seulement deviner sur la base d'aucune sensation subjective de quelque nature que ce soit, ils se considèrent comme totalement aveugles, d'autres disent ressentir une certaine sensation qui guiderait leur réponse, sensation qu'ils n'éprouvent cependant pas comme spécifiquement visuelle.

Les explications neurologiques de cette « vision aveugle » comme elle a été désignée depuis (*blindsight*) sont nombreuses et leur nature encore aujourd'hui discutée. Il existe deux possibilités principales qui pourraient rendre compte de cette préservation, la première serait que les performances visuelles résiduelles proviendraient de mécanismes sous-corticaux, la seconde de projections visuelles corticales, issues du même relais cérébral que celles destinées au cortex occipital, mais qui atteindraient directement les aires visuelles non primaires, en court-circuitant en quelque sorte le cortex visuel primaire. Ce que nous retiendrons, c'est que des capacités visuelles résiduelles, qui seraient profondément différentes de capacités normales affaiblies, peuvent être mises en évidence, en général dans des situations expérimentales contraignantes, chez des sujets en l'absence de toute conscience visuelle d'accès. La vision aveugle démontre que, contrairement à une intuition première, pour atteindre ou saisir un objet, il n'est pas besoin de le voir, au sens d'en avoir une pleine conscience visuelle.

------

41. Weiskrantz, 1986.

LA LÉSION DU TRAJET VENTRAL : LA PROSOPAGNOSIE

La prosopagnosie est un déficit affectant la reconnaissance des visages consécutif à une lésion cérébrale ; il est indépendant des altérations éventuelles dans la reconnaissance des objets, et ne dépend pas des traitements visuels précoces ou de la mémoire. La littérature sur ce sujet est abondante, nous retiendrons donc seulement le fait bien établi qu'il puisse y avoir une dissociation spectaculaire entre l'impossibilité de reconnaître explicitement un visage, et la preuve que, de façon tout à fait indirecte, détournée, le visage a été cependant tacitement reconnu. Cette reconnaissance tacite est démontrée par des mesures des variations cutanées de conductance, qui signent la mobilisation de phénomènes végétatifs ou émotionnels, par des mesures de temps de réaction et autres procédures destinées à tester indirectement la reconnaissance. Il est intéressant de remarquer que, selon le détecteur de mensonge, le corps a bien reconnu le visage, mais l'esprit non.

On pourrait multiplier les exemples, comme la perception inconsciente de stimulus négligés dans le cas de lésions pariétales droites entraînant une négligence unilatérale gauche, ou la lecture implicite dans l'alexie pure, trouble majeur de la lecture qui ne s'accompagne pas de déficits dans l'écriture. Une multitude de dissociations spectaculaires ont été décrites entre ce qu'un patient, souffrant d'une lésion cérébrale circonscrite, est capable de réaliser, sans en avoir la moindre idée, grâce à des capacités de percevoir, de mémoriser, de choisir et arranger l'information pertinente pour réaliser un geste, saisir un objet, éviter un obstacle, être ému par un visage familier. Autant de comportements qu'il exécute sans savoir comment, mais dont il aurait été pleinement conscient sans sa lésion cérébrale. On peut aller jusqu'à dire que toutes les compétences cognitives, y compris les compétences sémantiques, peuvent être, jusqu'à un certain point, réalisées sans que le sujet en ait conscience. Pourtant, si l'on retient qu'une représentation est consciente dans la mesure où, dans les termes de Ned Block, « elle est prête à un libre emploi dans le raisonnement, et le contrôle "rationnel" direct de l'action et du discours[42] », l'exemple de la vison aveugle semblerait indiquer qu'on puisse avoir un état conscient, disponible pour régler une action, sans en être conscient. Mais l'action exprimée par le patient dans la vision aveugle est-elle vraiment « contrôlée de façon rationnelle » ? Il est crucial de remarquer ici que pour mettre en évidence les capacités visuomotrices résiduelles, il faut *obliger* le sujet en l'astreignant à une situation expérimentale inhabituelle dans la vie courante, de choix forcé, il ne

---

42. C'est la définition de la « conscience d'accès » que Ned Block distingue de la « conscience phénoménale ». Je reviendrai sur cette distinction dans le dernier chapitre.

peut pas ne pas répondre. Dans le cas de la prosopagnosie, la reconnaissance tacite non plus ne guide pas rationnellement une action, tout au plus déclenche-t-elle une réaction végétative.

Le fait que l'on puisse faire quelque chose sans savoir qu'on le fait parce qu'il manque un morceau de cerveau ne signifie pas que le morceau en question est le corrélat recherché de la conscience perdue. Le cortex visuel primaire n'est certainement pas le corrélat de la conscience visuelle, il vaudrait mieux le rechercher du côté du lobe temporal. Mais l'activation du trajet ventral n'est pas suffisante pour éveiller la conscience, comme des expériences récentes de Stanislas Dehaene et ses collaborateurs d'Orsay l'ont démontré en combinant des expériences psycholinguistiques d'amorçage et des recueils d'activités métaboliques et électriques[43]. Ce serait moins l'activation des aires visuelles ventrales que la corrélation entre des activités situées dans ces aires visuelles et celles situées dans les régions frontales qui susciterait la prise de conscience. Nous retrouvons l'idée que la conscience résiderait non pas dans une zone corticale, mais dans la liaison dynamique, transitoire, entre des représentations neurales, assemblées de neurones elles-mêmes dynamiques, résidant dans des régions qui peuvent être éloignées les unes des autres. L'idée que la conscience visuelle dépendrait de corrélations entre les activités occipitale et frontale est très séduisante, elle invite à repenser les relations entre ce que l'on perçoit et ce que l'on fait.

LES LÉSIONS DU TRAJET DORSAL :
L'ATAXIE OPTIQUE ET LA NÉGLIGENCE UNILATÉRALE

La région pariétale destination de la voie dorsale, lorsqu'elle est atteinte, à la suite d'un accident vasculaire cérébral par exemple, affectera le sujet d'un trouble neurologique appelé ataxie optique. Tous les mécanismes moteurs sont préservés, le sujet est capable de se déplacer sans difficulté, ses gestes spontanés sont souples et bien coordonnés. Toutes ses capacités visuelles sont intactes, il reconnaît et identifie les objets présents dans son champ de vision. Seules sont touchées les actions qui requièrent une coordination visuo-motrice précise, un arrangement strict entre ce qui, d'une part, est vu et ce que, d'autre part, l'on est sensé faire avec ce que l'on voit. Par exemple introduire correctement une lettre dans la fente d'une boîte aux lettres. Ce simple geste demande d'abord que l'on transporte son bras et sa main d'une certaine région de l'espace vers la région où se trouve la boîte aux lettres. Contrairement à un sujet normal qui le réalise sans hésitation, le sujet au cortex pariétal lésé finira par y arriver mais après beaucoup d'hésitations, de corrections d'une trajectoire toute en zigzags. Ensuite, près du but, il faut tour-

____

43. Dehaene et Naccache, 2001.

ner son poignet d'un angle précis pour ajuster l'orientation de la lettre que l'on tient entre ses doigts à celle de la fente de la boîte. Alors que le sujet normal le fait sans même y penser, le sujet présentant une ataxie optique est incapable d'arriver, sinon après de nombreux essais infructueux. Cet exemple illustre bien ce que nous disions au début de ce chapitre : qu'il est quelque peu artificiel de séparer la perception de l'action.

La négligence unilatérale est un trouble qui ne manque pas de surprendre : le patient dont le lobe pariétal de l'hémisphère droit est lésé (souvent suite à un accident vasculaire cérébral) néglige entièrement tout ce qui se trouve à sa gauche. Non seulement il ne mange que ce qu'il y a dans la moitié droite de son assiette (de la purée ou des frites par exemple et non du potage, bien entendu !), mais il ignore également que la moitié gauche de son corps lui appartient en propre[44].

LA CONSTRUCTION DU PERCEPT

Le cerveau visuel (dont on sait qu'il occupe une place importante, plus de 60 % du cortex est occupé à traiter de signaux visuels) a pour tâche d'utiliser ces signaux pour construire véritablement ce que nous percevons tel que nous le percevons, ce que les psychologues appellent le « percept ». L'hypothèse selon laquelle les mécanismes de traitement visuel pourraient être compris téléologiquement comme des adaptations à des situations naturelles semble s'imposer aujourd'hui. Pour comprendre quelles sont les caractéristiques des stimuli qui sont encodés dans la décharge d'un neurone sensoriel, tâche qu'un grand physiologiste de Cambridge (Grande-Bretagne), Horace Barlow, assignait dès 1972 à la physiologie sensorielle, il ne suffit plus d'utiliser des stimuli simplifiés, taches ou spots de lumière, barres ou fentes lumineuses, réseaux contrastés stationnaires et en mouvement, ou plages monochromatiques. Il faut employer des stimulus ayant une pertinence perceptuelle dans l'environnement naturel, c'est-à-dire capables d'évoquer des comportements adaptés. Toutefois, étant donné la nature très fortement non linéaire des réponses neurales, il faut coupler cette présentation de stimulus *naturels* à des méthodes puissantes *d'analyse des données* recueillies, qui tiennent compte du fait que ces réponses sont bruitées et fortement non stationnaires. En faisant l'hypothèse que la transmission de l'information est optimisée, et en ayant « quantifié » la complexité des stimulus naturels utilisés, on pourra sans doute prédire, avec une bonne approximation, l'organisation structurale et fonctionnelle des champs récepteurs.

L'enregistrement des réponses évoquées dans des situations de *vision réelle* suscite de nouvelles considérations sur l'organisation des champs récepteurs. Sont ainsi mises en évidence, en particulier, la com-

---

44. Voir Cohen, 2004, p. 237 pour une description détaillée d'un tel trouble.

plexité et la dynamique des interactions facilitatrices et suppressives entre le centre du champ récepteur et les régions qui l'entourent, qui peuvent aller jusqu'à couvrir le champ visuel dans son entier, suscitant de nouvelles questions sur cet *au-delà du champ récepteur classique* et sur la contribution des effets de *contexte* sur la perception visuelle. Actuellement, le nombre d'expériences combinant l'exploration du cerveau humain en action par imagerie cérébrale et la psychologie expérimentale explosent littéralement, il est désormais possible d'étudier l'organisation fonctionnelle du système visuel chez l'homme engagé dans des tâches perceptuelles précises.

On peut dès lors mettre en relation les activités neurales et les performances psychophysiques, l'attention visuelle, la qualité subjective de l'expérience visuelle et rechercher les *corrélats neuraux de la conscience visuelle*. L'application de ces mêmes techniques d'imagerie fonctionnelle aux primates non humains, couplées à des enregistrements unitaires, ce qui est possible et couramment utilisé, chez le singe vigile, doit permettre de répondre à bon nombre de questions que les seules expériences chez l'homme ou chez le singe ne peuvent résoudre.

J'aurai l'occasion, dans le dernier chapitre, d'examiner quelques-unes de ces expériences dans le but de savoir si toutes leurs promesses ont été ou peuvent être tenues.

CHAPITRE VI

L'OREILLE, L'AUDITION, L'ÉQUILIBRE

L'oreille et l'audition

Entendre ne signifie pas seulement déceler des bruits, mais surtout *connaître* ce qu'ils veulent dire, ce qu'ils traduisent, un appel ou un danger, d'où ils viennent, quoi ou qui les produit, une avalanche qui roule, un blessé qui gémit, la vitesse à laquelle un train ou une auto s'approche ou s'éloigne. Les sons ne sont que des mouvements de l'air, de simples variations périodiques qui se propagent comme un front d'onde à la vitesse de trois cents mètres par seconde. Chez l'homme notamment, l'audition permet la communication par le langage parlé. Nous émettons des sons particuliers, dont certains sont des paroles, des mots, le plus souvent contenus dans un discours, qu'un interlocuteur, situé à une certaine distance, reçoit, directement ou indirectement, et que le système nerveux traduit en un message doté de sens.

Les ondes sonores qui se propagent dans l'air arrivent au niveau du pavillon de l'oreille qui, chez certaines espèces d'animaux, est suffisamment mobile pour être orienté à la façon d'une antenne parabolique, pour capter au mieux un son provenant d'un endroit précis. L'homme, dont les oreilles bougent peu, tourne sa tête : il tend l'oreille au bruit qu'il veut analyser. L'air est ensuite canalisé dans le canal auditif externe jusqu'à une membrane, la membrane tympanique, dont les vibrations vont entraîner des mouvements d'une chaîne de trois osselets articulés, ingénieusement assemblés, le marteau, l'enclume et l'étrier. Le repose-pieds de ce dernier s'appuie sur une deuxième membrane qui ferme un trou dans l'os du crâne appelé fenêtre ovale et lui transmet les vibrations du tympan. Les osselets jouent le rôle d'un levier ; ils transforment mécaniquement une vibration ample et faible au niveau du tympan en une vibration moins ample mais beaucoup plus forte au niveau de la membrane de la fenêtre ovale, de telle sorte que la pression exercée sur cette dernière soit suffisante pour mettre en mouvement le fluide qui remplit l'appareil auditif interne inclus dans l'os temporal.

Comme on peut le voir sur la figure 6-1, la partie interne de l'oreille, située dans l'os temporal, se présente comme une structure compliquée, qui porte bien son nom de labyrinthe osseux, faite de plusieurs cavités remplies de liquide. Ce réseau continu de canaux, d'ampoules et d'un limaçon enroulé comme une coquille d'escargot abrite en fait deux dispositifs sensoriels bien distincts. D'une part, le sens de l'équilibre et des mouvements absolus du corps formé des *organes otolithiques* et des *canaux semi-circulaires*, dont nous reparlerons plus loin et, d'autre part, la *cochlée*, ou limaçon osseux, organe de l'audition. Ces deux organes sensoriels partagent une histoire évolutive qui remonte à un ancêtre commun, leur parenté phylogénétique s'exprime notamment dans la structure et le fonctionnement des cellules réceptrices de ces deux systèmes, le système vestibulaire et le système auditif.

En particulier, elles sont toutes dotées, à l'extrémité la plus périphérique, d'un ensemble de cils, les *stéréocils*. Le nombre, la forme et la disposition précise de ces cils, implantés sur plusieurs rangées formant en général un V très écarté, diffèrent quelque peu entre les cellules ciliées de la cochlée et celles du vestibule (ainsi qu'entre les différentes cellules ciliées d'un même organe sensoriel). Dans les cellules ciliées vestibulaires, notamment, on observe, à la pointe du V, un cil particulier, le *kinocil*, qui n'a pas d'équivalent chez les cellules ciliées de l'appareil auditif. Toutefois, en dépit de ces différences, dont les conséquences fonctionnelles ne doivent pas être sous-estimées, beaucoup de ce que l'on connaît de leurs propriétés a été acquis sur l'une ou sur l'autre de ces cellules réceptrices.

LE SYSTÈME AUDITIF PÉRIPHÉRIQUE

La cochlée, organe récepteur de l'audition, a la forme d'un tube dont les parois osseuses s'enroulent sur deux tours 3/4 le long d'un axe conique, également osseux[1]. Le tube, rempli de liquide, est divisé par deux membranes en trois compartiments : la membrane de Reissner sépare la rampe vestibulaire du canal cochléaire, et la membrane basilaire sépare le canal cochléaire de la rampe tympanique.

---

1. Je recommande vivement le document mis sur Internet par le professeur Rémy Pujol de Montpellier : <http://www.iurc.montp.inserm.fr/cric/audition/start.htm>

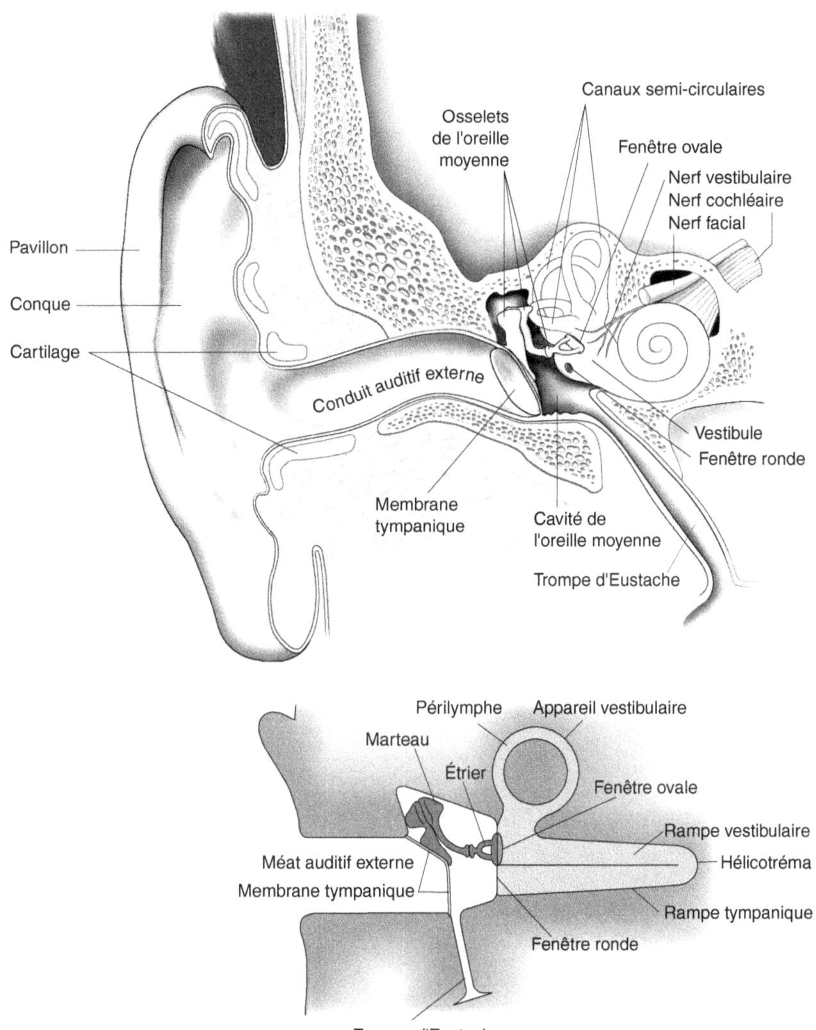

Figure 6-1 : *Appareil auditif humain.*
D'après Buser et Imbert, 1987a.

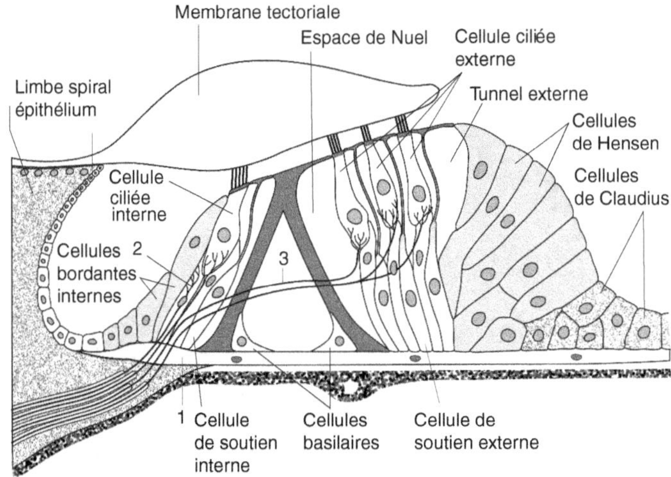

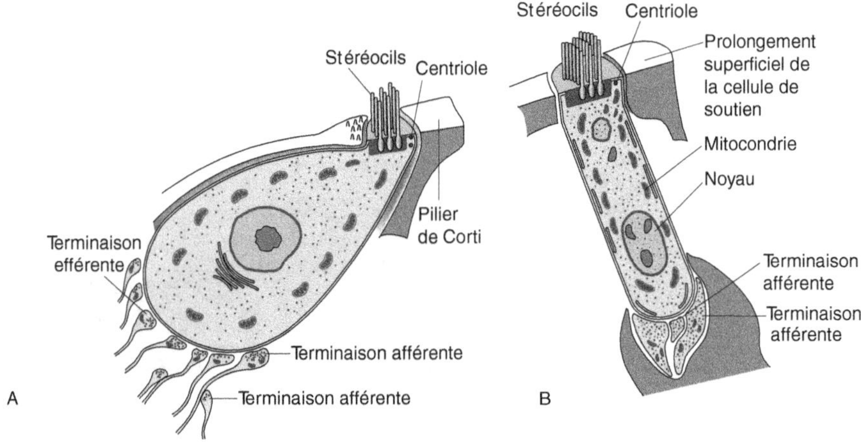

Figure 6-2 : *Coupe transversale de la cochlée.*
Le côté interne est à gauche ; (1) fibres nerveuses pénétrant par l'*habenula perforata* ; (2) fibres spirales internes ; (3) fibres du tunnel.
Cellules cochléaires ciliées, interne A et externe B
D'après Buser et Imbert, 1987a.

Le canal cochléaire constitue une rampe médiane fermée, la rampe vestibulaire et la rampe tympanique communiquent au contraire à leur apex ; à la base, la rampe vestibulaire est fermée par la membrane qui recouvre la fenêtre ovale, et la rampe tympanique est fermée par une membrane qui couvre une fenêtre dite ronde. La vibration transmise par l'étrier au niveau de la fenêtre ovale provoque un changement immédiat de pression qui se propage dans le liquide cochléaire, et déplace la membrane basilaire. La pression exercée sur la fenêtre ovale est relâchée dans l'oreille moyenne à l'extrémité de la rampe tympanique grâce à la flexibilité de la membrane qui ferme la fenêtre ronde. Sur la membrane basilaire est disposé l'organe de Corti qui contient les cellules réceptrices proprement dites, des piliers rigides appelés piliers de Corti, et plusieurs couches de cellules de soutien.

Les cellules réceptrices

Les cellules réceptrices sont insérées entre la membrane basilaire et une mince lame, dite réticulaire, soutenue par les piliers de Corti. Des faisceaux de cils se dressent à l'extrémité la plus externe des cellules réceptrices, traversent la lame réticulaire et pénètrent dans une couverture gélatineuse, la membrane tectoriale.

Ce sont les mouvements des stéréocils, baignant dans un fluide mis en mouvement par les vibrations mécaniques des ondes sonores, qui font que la cellule réceptrice de la cochlée engendre une série de signaux électriques qui seront transférés au cerveau par les fibres nerveuses du nerf acoustique sous forme de potentiels d'action propagés, représentant l'information acoustique. Le déplacement des stéréocils enclenche la *transduction*, c'est-à-dire la conversion des vibrations mécaniques en signaux électriques. Depuis les premières expériences conduites par A. James Hudspeth et David Corey dans les années 1975, il est désormais établi que la touffe de stéréocils fonctionne comme un interrupteur électrique : lorsqu'on déplace les cils dans une direction, des plus courts vers les plus longs, la cellule est excitée (dépolarisation de la membrane plasmique) ; elle est inhibée (hyperpolarisation de la membrane plasmique) lorsqu'on les déplace dans la direction opposée[2]. Ce système est remarquable. Tout d'abord par sa sensibilité : un déplacement, provoqué par une onde sonore très faible, au seuil absolu d'audition, est suffisant pour évoquer une réponse. Ce déplacement est minuscule par rapport à la longueur du cil, il équivaut à un mouvement d'environ 1 mm d'amplitude au sommet de la tour Eiffel ! Ensuite par sa rapidité : les réponses excitatrices et inhibitrices doivent alterner à une cadence très élevée pour pouvoir suivre les fréquences les plus hautes de l'audition humaine de l'ordre de vingt mille cycles par seconde, c'est-à-dire 20 battements

---

2. Hudspeth et Konishi, 2000 ; Pickles et Corey, 1992.

par milliseconde. Et encore, cette performance est modeste au regard de ce que l'on observe chez certains mammifères, les chauves-souris et les mammifères marins, qui peuvent suivre des fréquences allant jusqu'à deux cent mille cycles par seconde !

La cellule ciliée réalise de telles performances grâce à des mécanismes moléculaires qui permettent aux canaux ioniques d'être ouverts ou fermés, et par suite de dépolariser ou hyperpolariser la membrane, directement, mécaniquement, comme étiré par un ressort fixé à la pointe des cils, sans avoir à passer par des intermédiaires enzymatiques qui prennent du temps comme nous l'avons vu à propos des photorécepteurs, lenteur qui ne permettrait pas de suivre les fréquences élevées. On a pu mesurer les champs électriques au voisinage immédiat des cils et montrer ainsi que les canaux sensibles à l'étirement sont localisés à l'extrême pointe du cil, ce qui implique que le ressort capable d'ouvrir ces canaux y soit aussi fixé.

Les ressorts ont été visualisés par microscopie électronique : ce sont de fins filaments qui relient chaque stéréocil à son voisin plus grand. Cette disposition explique que la déflexion d'un cil d'un côté étire le ressort, alors que la déflexion opposée le relâche. Toutefois, si la déflexion du cil est maintenue constante pendant environ 100 ms, le canal ionique se referme spontanément. Cette « désensibilisation » vient du fait que l'autre extrémité de fixation du ressort glisse le long de la hampe du cil voisin, relâchant de la sorte la tension sur le filament-ressort permettant ainsi la fermeture des canaux ioniques de la pointe. Les mouvements du point de fixation permettent de régler très finement la sensibilité la tension sur chaque canal. Une protéine contractile que nous avons déjà rencontrée dans le cytosquelette des neurones, la myosine, a été mise en évidence au niveau des stéréocils ; elle serait donc impliquée dans ce phénomène.

Il existe deux types de cellules ciliées cochléaires, les cellules ciliées internes et les cellules ciliées externes (Fig. 6-2). Les premières, de forme ovoïde, sont alignées sur une rangée unique le long du tunnel de Corti qui longe la cochlée, les secondes, cylindriques, sont disposées sur trois ou quatre rangées parallèles. Les premières sont innervées par la *quasi*-totalité (> 95 %) des fibres afférentes, dont l'ensemble constitue le nerf acoustique. Ces fibres sont dites afférentes parce qu'elles transfèrent les signaux électriques générés par les cellules réceptrices à la périphérie vers les centres nerveux, d'abord les noyaux cochléaires dans le bulbe rachidien et de là, relayés dans diverses structures cérébrales, jusqu'au cortex cérébral. Il est généralement admis que si ce sont les cellules ciliées internes qui transportent les messages auditifs, le rôle des cellules ciliées externes n'est pas pour autant négligeable : il serait d'assurer un mécanisme d'amplification permettant au système auditif, notamment aux cellules ciliées internes, de détecter et traduire des stimuli dont l'énergie est très faible, voisine de celle du bruit thermique. En outre, nous l'avons déjà dit, le système auditif doit satisfaire à des exigences draconiennes de traitement dans le domaine temporel pour pouvoir analyser et résoudre efficacement les indices acoustiques. À la différence des autres cellules sensorielles, les cellules ciliées externes sont sujettes à des modulations *mécaniques*, leur dépolarisation entraîne un raccourcissement du corps cellulaire, ce qui a pour conséquence d'augmenter leur sensibilité aux stimuli vibratoires. Le mécanisme exact de cette amplification reste encore à élucider. Pour certains auteurs, l'électromotilité proviendrait de particules protéiques intramembranaires, les *prestines*, qui garnissent le plasmalemme basolatéral : lors d'une modification de la polarisation membranaire, ces particules se réorientent entraînant une contraction lors d'une dépolarisation et une élongation lors d'une hyperpolarisation. Pour d'autres, la base de l'amplification implique un mouvement actif des stéréocils. Le développement d'une préparation *in vitro* fonctionnelle, la production d'anticorps ou de drogues qui interféreraient sélectivement avec l'électromotilité ou les mouvements des cils, la création, grâce aux techniques d'ingénierie génétique, d'une souris qui ne peut exprimer le gène pour la prestine, permettra dans un très proche avenir de résoudre ces problèmes.

Atteintes auditives périphériques

L'amplificateur acoustique présente au moins un inconvénient majeur : les mécanismes d'amplification sont des consommateurs d'énergie très gourmands. Ils présentent donc une grande vulnérabilité métabolique, c'est-à-dire qu'ils se détériorent rapidement, ce qui entraîne une baisse importante de sensibilité dès que l'irrigation sanguine est compromise. La perte de cette fonction d'amplification cochléaire explique donc un aspect clé de la perte auditive neurosensorielle, à savoir les troubles d'audibilité observés chez la majorité des patients présentant cette pathologie (le patient entend les sons moins forts dans une région fréquentielle donnée, très souvent en haute fréquence au-delà de 1-2 kHz). La perte de l'amplificateur cochléaire engendre simultanément d'autres aspects moins connus mais tout aussi importants de la perte auditive. Par exemple, une perte de sélectivité fréquentielle (nous discriminons moins bien les sons en fréquence et les effets de masquage – ce qui se traduit par une gêne auditive produite par des bruits environnants amplifiés : le patient ne comprend plus les conversations en présence de bruit de fond) et ce qu'on désigne comme un recrutement de sonie (un inconfort auditif correspondant à un accroissement anormalement rapide du volume sonore perçu lorsque l'intensité des sons augmente : le patient se plaint du fait que les sons, lorsqu'ils sont audibles, lui « cassent les oreilles »).

L'amplificateur acoustique présente par ailleurs une remarquable sensibilité : lorsqu'il est mis en jeu dans des conditions normales, il a tendance à osciller, ce qui provoque l'apparition d'émission spontanée de sons. Aussi surprenant que cela puisse paraître, l'oreille elle-même produit donc des sons, c'est-à-dire génère spontanément des vibrations sonores ! La présence de ces émissions acoustiques spontanées, détectables et enregistrables grâce à un microphone extrêmement sensible que l'on insère dans le canal auditif, est signe de la bonne santé de la cochlée. Réciproquement, l'absence de ces émissions constitue un indicateur fiable d'une perte auditive neurosensorielle (la mesure de ces émissions est de fait préconisée chez les nourrissons, afin de pouvoir prendre en charge une surdité débutante aussi vite que possible). Toutefois, dans certains cas, ces émissions acoustiques pourraient être à l'origine de ces sifflements, bruits ou grésillements « fantômes » appelés acouphènes, et dont la présence entraîne une gêne considérable lorsqu'ils sont plus amples, plus fréquents et plus durables que les simples sifflements dans l'oreille. D'autres interprétations – plus neurales – de l'origine de l'acouphène existent. Les acouphènes pourraient, par exemple, être la conséquence centrale (au niveau du tronc cérébral ou du cortex) d'une lésion périphérique (c'est-à-dire cochléaire). Mais, même au vu de cette dernière hypothèse, les acouphènes restent le signe d'une anomalie cochléaire. Ils sont extrêmement difficiles à éliminer (un appareillage auditif peut parfois les réduire) et peuvent engendrer un handicap souvent bien plus sévère que la perte auditive en elle-même : de manière surprenante, nous tolérons moins bien un son provenant de l'« intérieur » de notre tête que de l'extérieur, au point qu'un générateur de bruit externe réglé afin de masquer l'acouphène est parfois envisagé comme stratégie de réhabilitation.

Le contrôle efférent

Le système auditif est doté de deux systèmes efférents[3] : un système efférent médian et un système efférent ispilatéral. Ce dernier se rétroprojette sur les neurones afférents du nerf acoustique. Sa fonction n'est pas encore clairement élucidée. La grande spécificité du système efférent médian (par rapport aux autres systèmes sensoriels) est certainement liée au fait qu'il se projette directement au niveau du récepteur, sur les cellules ciliées externes (modulant ainsi l'action de l'amplificateur cochléaire). Pour ce qui est de sa fonction (à savoir, son rôle dans la perception auditive), celle-ci reste encore un sujet de débat. Certains auteurs supposent que le système efférent médian jouerait un rôle dans la discri-

---

3. Rappelons qu'un système est dit *efférent* lorsqu'il quitte sa structure origine, et *afférent* par rapport à une structure cible ; en l'occurrence le système auditif efférent aura sa source dans le SNC et sa cible le dispositif périphérique.

mination d'intensité dans le bruit. Une contribution dans les processus de sélection attentionnelle n'est également pas à exclure.

AU NIVEAU DES NEURONES CENTRAUX

Toute l'information physique sur les sons qui arrivent à l'oreille, notamment leur intensité et leur fréquence, et que le cerveau auditif doit traiter pour en permettre la perception et leur donner un sens afin de les utiliser dans des comportements adaptés, sera représentée par les motifs de décharges des fibres du nerf auditif (NA) qui relient les cellules réceptrices de la cochlée (essentiellement les cellules ciliées internes) aux structures centrales.

Le codage de l'information acoustique au niveau des fibres du nerf auditif (NA) a une longue histoire. Depuis les travaux pionniers des années 1940 des neurophysiologistes de l'école de médecine de Harvard, Robert Galambos et Hallowell Davis puis de Nelson Kiang au Massachusetts Institute of Technology dans les années 1960, on sait désormais que la décharge des influx sur chaque fibre acoustique présente une courbe d'accord caractéristique. Pour chaque fréquence du son incident, on détermine une intensité seuil (le seuil étant défini comme la plus petite modification décelable du taux de décharge des influx). La courbe obtenue présente un minimum de l'intensité seuil, pour une fréquence dite caractéristique (FC), fréquence en dehors de laquelle il est plus élevé.

La relation entre la décharge sur les fibres du nerf acoustique et les mouvements impartis à la membrane basilaire par les sons a fait l'objet de nombreux travaux inaugurés à la fin des années 1920 par ceux de Georg von Békésy (1899-1972), physicien américain d'origine hongroise, émigré aux États-Unis en 1947 où il fonde le laboratoire de psycho-acoustique de l'Université Harvard et où il reçoit le prix Nobel de médecine en 1961. Les sons de différentes fréquences produisent des déformations de la membrane basilaire (MB) qui se propagent comme des ondes transversales (perpendiculaires au plan de la MB) de la base à l'apex de la cochlée. Cette onde change d'amplitude au cours de son déplacement, et, selon la fréquence, atteint son maximum plus ou moins tôt le long de la cochlée. Les fréquences élevées ont leur maximum près de la base, les fréquences basses près de l'apex. Ainsi, le stimulus maximum pour mettre en jeu les cellules ciliées se situera en un point cochléaire précis qui dépend de la fréquence. Tel est le mécanisme fondamental de la discrimination en fréquence – et donc en hauteur des sons ; tel est également celui de l'encodage (spatial) de la structure spectrale des sons complexes comme, par exemple, des voyelles, signaux de parole constitués de nombreuses harmoniques et de plusieurs formants (pics en fréquence). Nous pouvons remarquer ici un aspect important : ce mécanisme confère au système auditif un pouvoir d'analyse fréquentielle (on parle

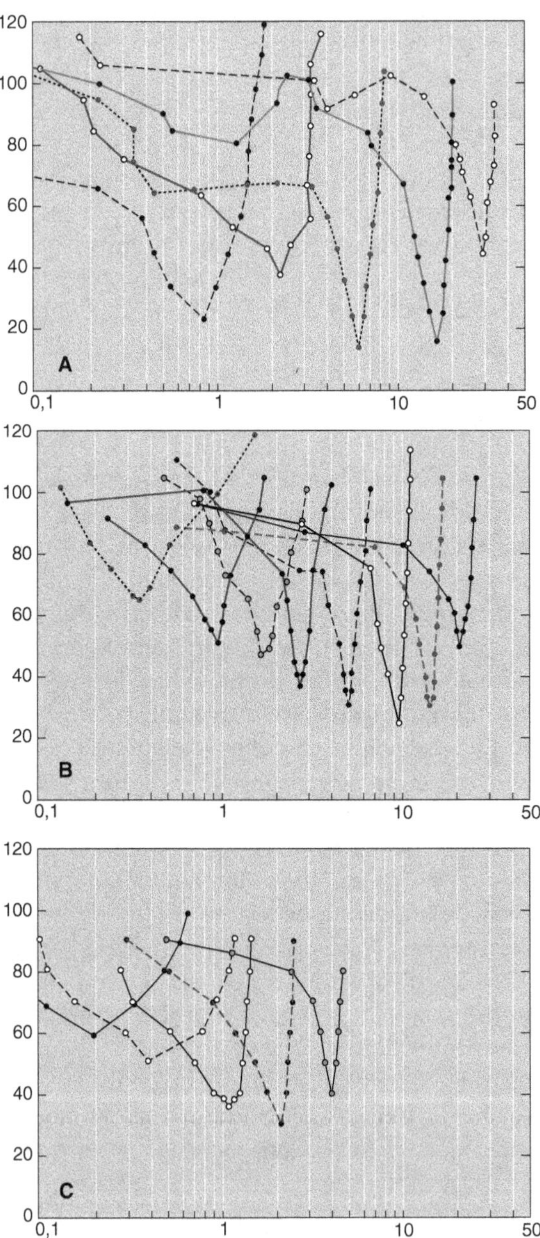

Figure 6-3 : *Courbes d'accord en fréquence.*
Enregistrements sur fibres isolées du nerf cochléaire du chat (*haut*), du cobaye (*milieu*) et du singe écureuil (*bas*).
En abscisses : Log de la fréquence en Hz ; en ordonnées : niveau sonore au seuil.
D'après Buser et Imbert, 1987a.

alors de sélectivité fréquentielle) que le musicien utilise lorsqu'il désire écouter séparément les harmoniques ou partiels d'un son musical. Sur le plan écologique, ce mécanisme peut s'avérer très utile lorsque l'auditeur doit détecter ou identifier un son (la voix de notre interlocuteur, par exemple) en présence d'autres sons concurrents (un bruit de fond, par exemple, ou encore la voix d'un autre locuteur parlant dans notre dos). Une certaine indépendance perceptive le long de l'axe fréquentiel (et donc, le long de la membrane basilaire) permet ainsi d'optimiser la détection des sons de l'environnement en séparant l'excitation liée au son cible – celui qui nous intéresse, de celle liée au son concurrent (souvent dénommé masque).

Le motif des décharges d'influx sur les fibres acoustiques permet de coder la structure temporelle fine des sons de fréquence basse (inférieure à 5-6 kHz environ) ; il permet également de coder, par l'émission d'influx « calés en phase » et dont les phases varient en fonction de la pression acoustique, les modulations temporelles lentes (comprises entre quelques hertz et quelques centaines de hertz) de l'amplitude des sons de haute fréquence. Bien que le mécanisme cochléaire de décomposition fréquentielle des sons cité plus haut joue un rôle crucial dans la perception mélodique et dans l'identification des sons de la parole, la détection centrale (au-delà du nerf acoustique) des informations temporelles véhiculées par la structure fine et les modulations des sons est vitale pour l'encodage et la reconnaissance des sons complexes comme la parole ou la musique. En effet, de nombreuses expériences psycho-acoustiques démontrent que l'intelligibilité de la parole dans le silence comme dans le bruit et la perception mélodique dépendent de la qualité de l'encodage de ces fluctuations acoustiques lentes et rapides des signaux.

La fréquence et l'intensité ne sont pas les seuls attributs d'un son que le cerveau doit traiter. Il doit aussi être en mesure de localiser sa source dans l'espace. Des études psycho-acoustiques démontrent que la localisation des sons sur le plan vertical repose sur des informations spectrales (des modifications du contenu fréquentiel des sons, tout particulièrement en haute fréquence, produites par le filtrage réalisé par le pavillon de l'oreille). La localisation des sons sur le plan horizontal repose principalement sur deux mécanismes distincts : aux basses fréquences (inférieures à 1,6 kHz), c'est la différence de phase et de temps d'arrivée entre les ondes qui parviennent aux deux cochlées qui est utilisée ; aux fréquences élevées (supérieures à 1,6 kHz), c'est la différence d'amplitude qui sera l'indice pertinent. Ces mêmes études révèlent toutefois que les sujets sont capables d'utiliser la différence de phase des modulations d'amplitude lente entre les ondes de haute fréquence qui arrivent aux deux cochlées. Lorsqu'elles sont mises en conflit, les informations de phase et de temps d'arrivée semblent jouer un rôle prédominant dans la localisation horizontale. Néanmoins, dans le cas d'une perte auditive d'origine cochléaire (qui, comme nous l'avons dit plus haut, affecte très souvent l'audibilité des hautes fréquences), l'accès aux informations de haute fréquence est réduit, voire aboli, et engendre des troubles de localisation sur le plan horizontal. Pour les mêmes raisons, la perte auditive d'origine cochléaire engendre des troubles de la localisation sur le plan vertical.

C'est dans le tronc cérébral, au niveau du *complexe olivaire supérieur*, que l'on trouve les premiers neurones qui reçoivent des messages issus des deux cochlées, par l'intermédiaire des corps trapézoïdes qui relient les complexes olivaires des deux côtés, et qui sont donc en mesure d'analyser ces différences dites *dichotiques*, c'est-à-dire entre les deux oreilles. Issues du complexe de l'olive supérieure, les afférences auditives, *via* le lemnisque médian, font un d'abord relais mésencéphalique dans le colliculus inférieur, puis diencéphalique dans le corps genouillé médian avant d'atteindre le cortex auditif primaire situé dans le lobe temporal du cortex cérébral.

Deux aspects principaux caractérisent ces structures auditives centrales et méritent d'être ici notés.

1. Tout d'abord, de même qu'il existe le long de la cochlée une représentation ordonnée en fréquence (rappelons que le codage des fré-

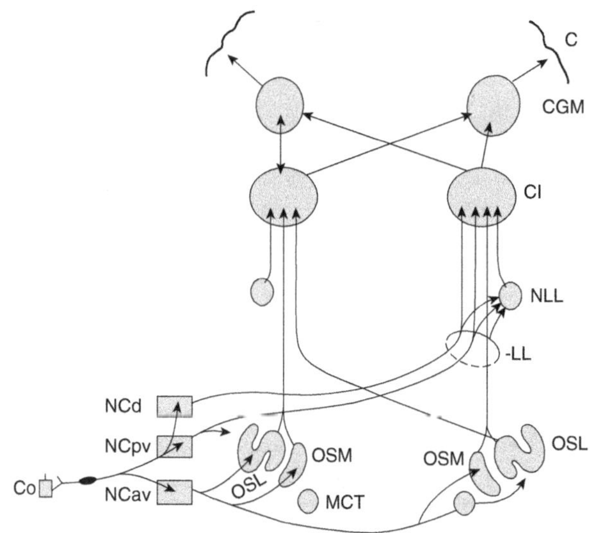

Figure 6-4 : *Voies auditives ascendantes dans le tronc cérébral.*
Co : cochlée ; NCav : noyau cochléaire antéro-ventral ; NCpv : postéro-ventral ; NCd : dorsal ; OSM : olive supérieure, noyau médian ; OSL : olive supérieure latérale ; MCT : noyau médian du corps trapézoïde ; LL : lemniscus lateralis ; NLL : noyau du LL ; CI : colliculus inférieur ; CGM : corps genouillé médian ; C : cortex acoustique. D'après Buser et Imbert, 1987a.

quences élevées se fait près de la base, celui des fréquences basses près de l'apex de la cochlée), de même les neurones du nerf acoustique se terminent dans les noyaux cochléaires de façon ordonnée de telle sorte qu'ils y dessinent une carte des fréquences caractéristiques. Cette organisation topographique est appelée *tonotopique* : elle caractérise les différents relais auditifs jusqu'au cortex cérébral. Cependant, la seule position sur la carte tonotopique ne suffit pas pour donner une représentation complète de l'information concernant la fréquence du son. Comme cela a été précisé plus haut, il faut que l'information de structure temporelle fine soit encodée dans les motifs de décharge des neurones.

2. Les réponses des fibres afférentes du nerf acoustique sont peu spécialisées (ces neurones diffèrent essentiellement par leur taux d'activité spontanée, leur seuil de décharge, et la position de la cellule ciliée à laquelle ils sont connectés).

Par contraste, les réponses neurales unitaires enregistrées dans les différents noyaux du tronc cérébral et dans le cortex auditif primaire et secondaire sont de plus en plus spécifiques, indiquant que les structures du tronc ne sont pas de simples relais sur le trajet des voies auditives ascendantes, mais des centres de traitement d'information extrêmement spécialisés dans les différents domaines que sont la fréquence, l'intensité, les modulations de fréquence et d'amplitude, les différences interaurales de temps et d'intensité, etc. Les mécanismes impliqués dans cette transformation de l'information n'ont pas encore été totalement clarifiés, mais ceux-ci semblent reposer sur les propriétés membranaires cellulaires (les constantes de temps du filtrage dendritique, par exemple), sur la connectique entre neurones (le degré de convergence des entrées d'un neurone, par exemple), sur la présence de connexions inhibitrices latérales ou retardées (par un ou plusieurs interneurones, par exemple), enfin sur la détection de coïncidences (un neurone ne répond que si ses entrées sont parfaitement synchrones).

Les enregistrements électrophysiologiques unitaires révèlent ainsi la présence de réponses neuronales sélectives : des neurones répondant à une valeur donnée d'un paramètre acoustique s'observent dans les différents noyaux du tronc, et la présence de cartes (à savoir, une représentation spatiale de ces réponses sélectives) pour chacun des attributs est dressée (notamment au niveau des colliculi inférieur et supérieur) : tonotopie (carte des fréquences), ampliotopie (cartes des amplitudes), périodotopie (cartes de modulations temporelles de l'amplitude), position dans l'espace, etc.

Une certaine plasticité a également été mise en évidence ces dernières années dans les réponses corticales enregistrées chez l'animal adulte. Ainsi, l'entraînement ou les besoins de la tâche demandée à l'animal affectent notablement la précision temporelle et la topographie des réponses neuronales unitaires dans les aires corticales auditives. Nul doute que cette plasticité joue un rôle fondamental dans le cas de lésions cochléaires et de perte auditive, et dans l'acclimatation observée sous prothèse (à savoir, l'amélioration très progressive de l'intelligibilité de la parole du patient malentendant dans les semaines suivant l'appareillage auditif).

Atteintes auditives centrales

Les troubles affectant le système auditif central (les noyaux du tronc cérébral et/ou les aires auditives corticales) sont encore mal caractérisés et mal compris aujourd'hui, et posent régulièrement au clinicien le triple problème du dépistage (les tests sont rares et peu spécifiques), de la prise en charge et de l'appareillage (les aides auditives traditionnelles ne compensent pas les pertes centrales). Une des raisons à l'origine du mauvais dépistage (par le clinicien, et parfois par le patient lui-même) est certainement liée à une représentation simpliste de ce qu'est une perte auditive (très souvent, la perte auditive est comprise uniquement en termes de « mauvaise audibilité »). Une autre raison est liée à la méconnaissance actuelle de l'architecture fonctionnelle du système auditif central. L'étude de ces troubles dits centraux fait néanmoins l'objet d'un regain d'intérêt aujourd'hui, à la suite de la démonstration récente de déficits auditifs souvent extrêmement précis (des troubles de discrimination auditive temporelle, par exemple) chez des adultes cérébrolésés ayant développé une aphasie, une agnosie verbale ou une amusie (des troubles spécifiques du traitement du langage ou de la musique causés par des lésions corticales faisant suite à un accident vasculaire cérébral, un traumatisme crânien ou une tumeur cérébrale, etc.), ainsi que chez des enfants présentant une dysphasie ou une dyslexie développementale (des enfants présentant respectivement des troubles de la production orale et des troubles de la lecture sans trouble auditif périphérique apparent).

Combattre les atteintes périphériques de l'audition

Des progrès considérables sont en passe d'être accomplis dans la connaissance des mécanismes génétiques, moléculaires et cellulaires qui sous-tendent la différenciation et le développement des cellules ciliées. Chez les mammifères, certains facteurs favorisant la régénération, la réparation ou la protection des cellules sensorielles de l'oreille interne commencent aussi à être identifiés et pourraient être exploités à des fins thérapeutiques. Aujourd'hui, grâce aux apports de la pharmacologie et de la biologie moléculaire, l'étude des voies intracellulaires et des groupes de gènes mobilisés lors de la régénération des cellules ciliées a débuté. Ces approches pourraient aboutir à la découverte de nouveaux types de signaux chimiques, capables de stimuler efficacement une régénération dans l'oreille interne des mammifères.

Les prothèses auditives et les implants cochléaires

Ces dernières années, des améliorations remarquables ont été réalisées dans le domaine des prothèses auditives numériques, des implants cochléaires et des implants du tronc cérébral. Le principe général de l'implant cochléaire, technique de réhabilitation réservée aux surdités totales bilatérales, consiste à court-circuiter la cochlée déficiente en stimulant directement et électriquement le nerf auditif du patient sourd. Le signal sonore est capté par un microphone, dont on a limité le seuil et numérisé le signal pour le soumettre à une décomposition fréquentielle sommaire. Le résultat de cette décomposition est ensuite compressé en amplitude, puis codé sous forme de trains d'impulsions électriques reproduisant les motifs des modulations temporelles d'amplitude lente du signal d'origine. Les informations de structure fine ne sont donc pas encodées dans les systèmes actuels, et l'information spectrale transmise au nerf acoustique est encore très grossière (les implants multicanaux codent les sons sur 15-30 bandes ou canaux fréquentiels, alors que la cochlée normale comporte 3 500 cellules ciliées internes). Cette technique n'en est pas à ses débuts : des dizaines de milliers de personnes ont été implantées de par le monde. Plusieurs résultats psycho-acoustiques attestent du fait que la nouvelle génération d'implants, dits multicanaux, fournit des bénéfices en intelligibilité bien supérieurs à ceux observés avec les implants initiaux dits monocanaux (implants ne réalisant aucune décomposition fréquentielle). Les capacités de communication sont nettement améliorées chez la plupart des adultes implantés avec ces dispositifs multicanaux, et des bénéfices psychologiques et sociaux sont observés chez la plupart des adultes implantés. Enfin, les meilleurs bénéfices sont obtenus chez les adultes sourds postlinguaux (des adultes ayant bénéficié d'une expérience auditive et linguistique avant la survenue de la surdité totale). D'une manière surprenante, des niveaux d'intelligibilité quasi parfaits (80-90 % de syllabes, mots ou phrases reconnus correctement sans lecture labiale !) peuvent être atteints dans le silence chez les patients implantés adultes postlinguaux. Ces excellents résultats ne doivent toutefois pas masquer le fait que la qualité du signal perçu par les sujets implantés est relativement fruste (le signal est parfois qualifié de « métallique » par les sujets implantés) et que l'intelligibilité dans le bruit (un cas d'écoute plus représentatif des situations quotidiennes) est considérablement dégradée, en raison de la pauvreté des informations spectrales et de structure temporelle fine. D'autres recherches démontrent qu'une amélioration limitée est observée chez les adultes sourds prélinguaux, mais ces derniers bénéficient malgré tout d'une connaissance satisfaisante des sons de l'environnement grâce à l'implant (les sons perçus pouvant jouer ainsi au moins une fonction d'alerte). Une variabilité interindividuelle substantielle (et non expliquée à ce jour) est constatée dans les performances des implantés de tout âge (les facteurs potentiels sont la durée de privation sensorielle, l'expérience linguistique préimplantation, et l'âge d'implantation). La conclusion est claire : à ce jour, les implants cochléaires ne sont pas appropriés pour tous et, à court terme, la recherche sur l'implant devra clarifier les facteurs de succès et d'échec de l'implantation.

Conformément aux données précédentes, les premiers résultats obtenus chez des enfants sourds implantés avec des dispositifs monocanaux indiquent une mauvaise intelligibilité et un mauvais développement du langage oral. Toutefois, une amélioration substantielle est constatée avec des dispositifs multicanaux développés depuis 1980. Les facteurs potentiels de cette amélioration reposent apparemment sur l'amélioration des implants et la diminution de l'âge d'implantation. Par conséquent, l'âge d'implantation, fixé à 24 mois en 1995 par exemple, descend à moins de 12 mois en 2004 ! Plusieurs études indiquent que les capacités linguistiques d'un enfant implanté à l'âge de 1 an sont supérieures à celles d'un enfant implanté à l'âge de 2 ans, ces dernières étant supérieures à celles obtenues par des enfants implantés à l'âge de 3 ans. Par ailleurs, une amélioration graduelle et substantielle des bénéfices est observée après implantation (en perception comme en production de la parole). Les seules limitations à une implantation précoce relèvent donc aujourd'hui de l'intervention chirurgicale à un âge aussi précoce et de la qualité du diagnostic précoce de la surdité. D'autres études indiquent que la vitesse de développement du langage est généralement plus lente chez les enfants sourds sévères. Cette vitesse peut être accélérée chez les enfants implantés cochléaires. Ainsi, une vitesse normale de développement du langage peut être atteinte chez des enfants sourds congénitaux à la condition que l'implantation ait lieu avant l'âge de 12 mois. Toutefois, un délai constant et qui ne sera pas rattrapé du développement linguistique est observé si l'implantation a lieu après l'âge de 12 mois. En conclusion : plus précoce est l'implantation, plus grands seront les bénéfices linguistiques.

L'oreille et l'équilibre

Le système vestibulaire est l'organe sensoriel de l'équilibre. Il abrite des capteurs qui mesurent les mouvements *absolus* de la tête et du corps dans l'espace. Deux structures distinctes le constituent : les *organes otolithiques* ou cavités vestibulaires encore appelées utricule et saccule, ainsi que trois *canaux semi-circulaires*. Chacun de ces organes a un épithélium sensoriel comportant des cellules réceptrices et des cellules de soutien (Fig. 6-5). Les canaux semi-circulaires des deux côtés présentent une symétrie en miroir et fonctionnent de concert pour donner des informations sur l'accélération linéaire au niveau de la tête ; l'épithélium sensoriel des cavités vestibulaires contient, en plus des cellules réceptrices analogues à celles des canaux, des cristaux de carbonate de calcium, les otolithes.

Ce sont les mouvements de l'endolymphe qui déplacent les stéréocils des cellules réceptrices. Celles-ci, comme nous l'avons déjà mentionné, ont de nombreuses parentés avec les cellules ciliées de la cochlée. Arrangées en touffe formant un V, elles possèdent, à la différence des cellules cochléaires, un cil particulier situé à la pointe du V, le *kinocil*, plus épais et plus long que les autres. Les forces efficaces pour mettre en jeu mécaniquement les cellules réceptrices sont généralement liées à des *accélérations*, linéaires dans le cas des otolithes, circulaires dans celui des canaux semi-circulaires, qui vont incliner les stéréocils par rapport à leur position normale.

Dans les cavités vestibulaires, utricule et saccule, étant donné que les otolithes résident dans une substance gélatineuse située au-dessus des stéréocils, c'est un mouvement de la tête selon l'axe vertical qui produira une déflexion des cils. Dans leur ensemble, les capteurs vestibulaires constituent une véritable centrale inertielle, permettant de mesurer les mouvements de rotation ou de translation sans avoir besoin de point d'appui ; ils utilisent la gravité comme référence verticale absolue pour donner une information sur l'inclinaison statique de la tête.

LA TRANSDUCTION VESTIBULAIRE

Les stéréocils sont relativement rigides, lors d'une déflexion, ils ne vont se plier qu'à leur base ; en outre, les cils adjacents sont maintenus liés entre eux par des filaments, de telle sorte que les cils vont glisser l'un contre l'autre quand le faisceau est incliné. La tension exercée sur les filaments liant les stéréocils va augmenter ou diminuer selon l'inclinaison de la touffe de cils. Ce changement de tension va directement influencer des canaux de transduction, les ouvrant ou les fermant. Cet arrangement est probablement à l'origine de la polarisation des cellules réceptrices vestibulaires, du même type que celle exhibée par les cellules ciliées de la cochlée : une inclinaison *vers* le kinocil entraîne une dépolarisation, une inclinaison dans la direction opposée, une hyperpolarisation. La touffe de stéréocils est immergée dans l'endolymphe dont la composition cationique est caractérisée par une forte concentration en K^+ (de l'ordre de 150 mmol/l) et une relativement faible concentration en Na^+ (2 mmol/l) ; la forte concentration en K^+ de l'endolymphe est activement maintenue grâce aux pompes ioniques dont sont pourvues les cellules sécrétrices. Étant donné cette forte concentration en K^+, l'endolymphe est positivement chargée (de l'ordre de 80 mV) par rapport à l'espace extracellulaire (qui par définition est à 0 mV) ; au potentiel de repos de

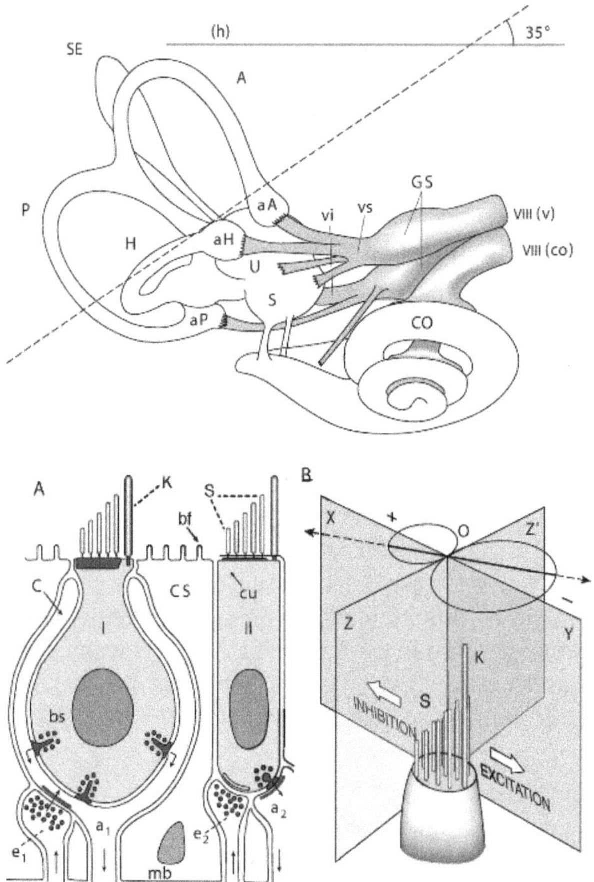

Figure 6-5 : *L'appareil vestibulaire.*
En haut : orientation générale de l'appareil vestibulaire par rapport au référentiel de l'espace : appareil droit du sujet humain ; A, P, H : canaux semi-circulaires vertical antérieur, vertical postérieur et horizontal ; aA, aP, aH : ampoules de ces trois canaux ; U : utricule ; S saccule ; GS : ganglion de Scarpa ; CO : cochlée ; SE : sac endolymphatique ; VIII : branches vestibulaire (v), vestibulaire supérieure (vs), vestibulaire inférieure (vi) et cochléaire (co) du nerf VIII. Le canal horizontal est incliné de 35° sur le plan horizontal (h). On suppose que le labyrinthe est vu d'un point situé un peu en avant, et un peu au-dessus de l'axe transversal horizontal bitemporal du crâne.
En bas : cellules réceptrices du labyrinthe.
A : détail de la couche des cellules réceptrices : type I « en bouteille » et type II « cylindrique » ; CS : cellule de soutien ; cu : zone cuticulaire ; bf : base filamenteuse d'une CS ; S : stéréocil ; K : kinocil ; e : axone efférent s'articulant sur une cellule de type I ; C : calice de la fibre afférente a_1 isssue de la cellule I ; bs : barre synaptique ; e_2 : efférent vers la cellule de type II ; a_2 : afférent issu de la cellule de type II ; mb : membrane basale
B : vue dans l'espace d'une cellule réceptrice ; K : kinocil ; S : stéréocil. L'excitation et l'inhibition se font dans le plan xoy.
D'après Buser et Imbert, 1982.

la cellule ciliée (d'environ – 60 mV), il y aura un gradient de 140 mV dirigé de l'endolymphe vers le soma de la cellule ciliée. Cette force va conduire les ions K$^+$ de l'endolymphe à travers les canaux de transduction ouverts sous l'effet de la traction exercée par les filaments de connexion entre les cils, vers l'intérieur de la cellule ciliée, même en l'absence d'un gradient de concentration. Le flux entrant de K$^+$ dans la cellule la dépolarise parce que, dans cet environnement ionique particulier, le potentiel d'équilibre du K$^+$ est positif.

Une micromanipulation expérimentale des stéréocils ou du kinocil montre que la transduction ne dépend que du seul déplacement des cils, déplacement dont l'amplitude est extrêmement faible, de l'ordre de grandeur d'une molécule. Nous avions déjà remarqué cette performance étonnante à propos des cellules ciliées de la cochlée. Le nombre de canaux de transduction est faible, il n'est que d'une à deux fois supérieur au nombre de stéréocils dans une touffe, en outre, au repos, environ 10 % de ces canaux sont ouverts ce qui explique que le potentiel de repos de la cellule ciliée soit de l'ordre de – 60 mV, c'est-à-dire relativement dépolarisé par rapport à un potentiel de repos standard.

Cette relative dépolarisation au repos explique que le neurotransmetteur, en l'occurrence le glutamate, est libéré continûment, libération qui sera soit augmentée par la dépolarisation (excitatrice), soit diminuée par l'hyperpolarisation (inhibitrice), variations de polarisation induites par un déplacement de la touffe de cils respectivement vers ou à l'opposé du kinocil. Il s'ensuit que la fréquence des potentiels d'action propagés sur la fibre afférente du nerf vestibulaire, de l'ordre de 90 par seconde au repos, augmentera ou diminuera respectivement.

LES PROJECTIONS CENTRALES
DES NEURONES VESTIBULAIRES

Les informations captées par les cellules vestibulaires sont transmises aux centres nerveux par l'intermédiaire de la huitième paire des nerfs crâniens qui transportent également les fibres afférentes de la cochlée. La majorité des afférences vestibulaires se terminent au niveau du tronc cérébral ipsilatéral, essentiellement dans les noyaux vestibulaires médian, supérieur, descendant et latéral. Les noyaux vestibulaires constituent une mosaïque de petits noyaux ayant chacun sa singularité anatomique et fonctionnelle. Dans certains, l'activité des neurones reflète assez fidèlement celle des cellules réceptrices, dans d'autres au contraire, elle est combinée avec des messages issus d'autres modalités sensorielles, notamment d'origine proprioceptive qui fournissent des informations sur la position relative des membres (voir plus loin), et d'origine visuelle. En particulier, les informations visuelles qui servent à la représentation de l'espace, notamment celles portant sur la direction et la vitesse des images qui défilent sur la rétine, regroupées sous le terme de « flux optique », convergent avec les signaux issus des canaux semi-circulaires.

C'est là probablement une des caractéristiques fondamentales du système vestibulaire que de rapidement perdre sa spécificité sensorielle et cela dès les toutes premières étapes centrales. En outre, il est certainement le système sensoriel pour lequel la séparation habituelle et scolaire entre le sensoriel et le moteur, montre toutes ses limites : il est quasiment impossible de séparer les traitements proprement sensoriels et perceptifs des contrôles moteurs, depuis la commande obligée de réflexes posturaux ou oculaires jusqu'à la stabilisation du regard sur une cible.

Je mentionnerai, en le simplifiant beaucoup, un exemple. Pendant la locomotion, la tête oscille sur le tronc et les images de l'environnement visuel glissent sur la rétine. Ce mouvement des images doit être minimisé sous peine d'interdire toute perception visuelle claire. Cette diminution sera réalisée par un réflexe rapide, dit « réflexe vestibulooculaire », qui met en route, avec un délai de 10-20 ms, des mouvements des yeux dans la direction opposée à celle de la tête, ce qui aura pour effet de stabiliser la direction dans laquelle on regarde. Toutes les composantes, horizontale, verticale, angulaire et linéaire des mouvements de la tête activent de façon cohérente une combinaison appropriée de muscles extra-oculaires. Les fibres afférentes d'une paire homologue de canaux semi-circulaires signalent la composante d'un mouvement de la tête situé dans son plan. Par exemple, les canaux horizontaux des côtés droit et gauche vont signaler un mouvement dans le plan horizontal.

Si la tête tourne vers la droite, les cellules ciliées du canal droit seront dépolarisées par le mouvement de cils entraîné par le déplacement plus lent de l'endolymphe vers le kinocil, celles du canal gauche seront déplacées en sens inverse et seront hyperpolarisées. Au niveau central, la différence dans le taux (la fréquence) des décharges asymétriques sera amplifiée grâce à des connexions commissurales qui relient les neurones canaliculaires centraux de part et d'autre de la ligne médiane. Ceci augmente la sensibilité aux petites accélérations, mais, ne manque pas, en cas d'une pathologie de symétrie, même minime, d'augmenter la sensation de déséquilibre.

TRAITEMENT CORTICAL
DE L'INFORMATION VESTIBULAIRE

On ne peut parler d'aire vestibulaire comme on parle d'une aire visuelle primaire, ou d'une aire somatique ou auditive primaire. Cela voudrait dire qu'il existe une aire corticale spécialisée dans le traitement spécifique des signaux issus du système vestibulaire périphérique. Ce ne saurait être le cas pour la bonne raison, comme nous l'avons déjà indiqué, que, dès le premier relais central, au niveau des noyaux vestibulaires, de nombreux messages venant d'autres modalités sensorielles se combinent avec ceux issus de l'appareil vestibulaire. S'il existe un système vestibulaire cortical, il ne peut être que multimodalitaire. On connaît des neurones qui répondent à la simulation des canaux semi-circulaires dans le cortex pariéto-insulaire du singe ; on sait aussi, grâce aux techniques d'imagerie cérébrale, que chez l'homme dans la région de l'insula, existe une aire équivalente à celle mise en évidence chez le singe. L'étude des interactions entre les divers indices polymodalitaires de mouvement fait l'objet de recherches actuelles intenses et prometteuses. Il ne fait aucun doute que le système vestibulaire joue un rôle essentiel dans la perception de l'espace, on sait que des performances perceptives visuelles typiques, reconnaître des lettres par exemple, peuvent être modulées par des informations issues des canaux semi-circulaires. On saisit là toute la richesse des interactions, le plus souvent coopératives, parfois compétitives, toujours très plastiques, entre les deux grandes sources d'information spatiale, la vision et les repérages spatiaux cinétiques ou statiques[4].

---

4. Je ne parlerai pas davantage du système vestibulaire dans ce chapitre, car le lecteur curieux des travaux sur l'équilibre et la perception du mouvement, sur les composantes émotionnelles et végétatives qui accompagnent son fonctionnement, trouvera dans l'ouvrage très complet d'Alain Berthoz, précisément intitulé *Le Sens du mouvement* (1997), tout ce qu'il peut espérer trouver pour comprendre l'importance de cette sensibilité.

CHAPITRE VII

SOMESTHÉSIE
ET SENSIBILITÉS CHIMIQUES

Les sensations somatiques se rapportent à notre propre corps, selon l'étymologie du mot d'origine grecque *soma*, qui veut dire corps. On doit à Sherrington la distinction classique entre les sensibilités *extéroceptive*, *proprioceptive* et *intéroceptive*, selon les régions du corps où elles recueillent des informations : à la surface cutanée externe, dans les organes musculo-squelettiques propres ou dans l'intimité des viscères. La sensibilité cutanée permet au corps de connaître son environnement proche, celui qui est au contact ou au voisinage immédiat de la surface de la peau, avec ses quatre modalités principales classiques : le tact, le chaud, le froid et la douleur cutanée. La sensibilité proprioceptive informe le système nerveux central sur les positions relatives des segments du corps dans l'espace, par exemple la position de l'avant-bras par rapport au bras, s'il est fléchi ou étendu ; sur la vitesse et la direction des mouvements effectués par les différents membres lors de l'exécution d'une action réflexe ou volontaire. Les sensibilités intéroceptives sont celles qui, douloureuses ou non, informent le système nerveux central de l'état de nos viscères ; le petit creux à l'estomac ou le pincement au cœur peuvent servir d'exemples.

Ces sensibilités sont caractérisées par une grande variété de récepteurs. Nous avons déjà évoqué quelques-uns des plus simples à propos de la transduction. Chez certains, ils sont constitués d'une terminaison nerveuse *libre* ; chez d'autres, ils sont caractérisés par la présence à leur extrémité d'un *corpuscule* dont la fonction essentielle est de filtrer les stimulus mécaniques selon une dimension particulière (fréquence d'une vibration, durée et amplitude d'une pression, direction d'un mouvement à la surface de la peau, etc.). Les plus sophistiqués sont sans conteste les *fuseaux neuro-musculaires*, insérés dans les muscles et dont l'organisation interne rivalise avec les dispositifs sensoriels les plus complexes.

Contrairement aux autres capteurs sensoriels qui sont regroupés dans une partie délimitée du corps – l'œil, l'oreille, la langue, le nez –, les récepteurs somatiques sont distribués, largement mais non uniformément, sur toutes les surfaces corporelles, dans tous les muscles et articulations, dans tous les viscères. Toutefois, comme pour la vision ou l'audition, la disposition de leur distribution à la périphérie corporelle est préservée dans leurs projections centrales, cette propriété *récepto-topique*, équivalente de la rétinotopie visuelle ou de la tonotopie auditive, est appelée somatotopie : elle conserve l'ordre topologique des informations somatiques de la périphérie au cerveau pour dresser des cartes du corps dans le lobe pariétal sur le cortex somatique primaire.

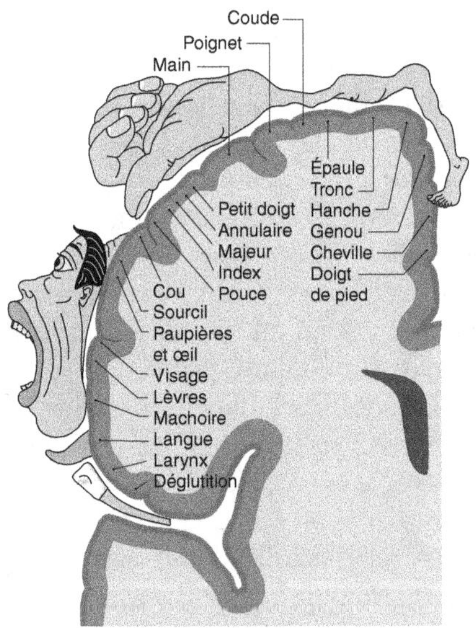

Figure 7-1 : *Carte somatotopique sur le cortex somatosensoriel.*
Coupe frontale au niveau du cortex somatosensoriel du gyrus postcentral. Dans chacune des régions indiquées, les neurones sont activés par la stimulation des différentes parties du corps représentées schématiquement sur la surface.
D'après Penfield et Rasmussen, 1952.

LA SENSIBILITÉ CUTANÉE

Chez l'animal comme chez l'homme, l'essentiel de nos connaissances sur ce système est aujourd'hui solidement acquis.

La peau glabre de la main de l'homme, dont les capacités tactiles sont certainement les plus remarquables, est innervée par quatre types de récepteurs. Les afférences à adaptation lente (SA1 : de l'anglais *slow adapting* de type 1) qui innervent les corpuscules de Merkel, les afférences à adaptation rapide (RA : *rapidly adapting*) qui se terminent sur les corpuscules de Meissner, les afférences aux corpuscules de Pacini (PC) très sensibles aux vibrations de haute fréquence et enfin les corpuscules de Ruffini innervés par des afférences à adaptation lente de type 2 (SA2) (voir Planche 5).

Des expériences qui combinent l'étude psychologique, ce que ressent le sujet, et l'analyse neurophysiologique, les signaux recueillis sur les fibres ou les neurones, fournissent un vaste corpus de données montrant que chaque type de récepteur est spécialisé dans une fonction perceptive tactile spécifique. Le système SA1 fournit une image neurale de haute définition de la structure spatiale des objets et des surfaces, qui sont à la base de la perception et de la reconnaissance tactile des formes et des textures. Le système RA fournit une représentation neurale de ce qui « bouge sur la main », et permet d'extraire des signaux critiques pour le contrôle de la saisie manuelle et sur la direction selon laquelle les objets se déplacent au contact de la peau. Le système PC donne des informations sur les vibrations transmises à la main par la saisie d'un objet, ce qui offre une connaissance « à distance » au moyen, par exemple, des outils tenus dans la main : les vibrations du manche d'un marteau donnent de précieuses indications sur la nature de la surface frappée. Enfin, le système SA2 élabore une image neurale de l'étirement global de la peau qui renseigne sur la conformation générale de la main. Cette extraction des différents attributs d'un stimulus tactile complexe par des systèmes anatomiques indépendants et leur ségrégation fonctionnelle dans des voies nerveuses distinctes suggère l'existence de modules nerveux spécialisés pour leur traitement. Il s'agit là d'une propriété générale des systèmes sensoriels. Nous avons déjà indiqué que le traitement des attributs de forme, de mouvement et de couleur d'un objet visuel était pris en charge par des sous-systèmes visuels différents, que les différentes composantes d'un mouvement de la tête et du corps sont extraits par des dispositifs spécifiques de l'oreille vestibulaire, de même pour les divers paramètres qui définissent un son complexe.

On peut ainsi penser que le stimulus adéquat est d'abord analysé en ses composantes élémentaires grâce à des capteurs spécialisés dans la réception d'une dimension donnée du stimulus. C'est ainsi qu'un objet tenu dans la main est d'abord analysé, fractionné en éléments distincts, selon la texture de la surface, sa finesse, sa rugosité, sa température, les déformations de la peau que le déplacement de l'objet entraîne, etc. Ces composantes seront recombinées en un tout pertinent qui permet la reconnaissance de ce qui est tenu dans la main. Le déplacement de la main sur l'objet assure la mise en jeu des différents capteurs, il permet de multiplier les occasions de les activer et fournit un maximum d'informations. Il est bien connu que, les yeux bandés, on identifie plus facilement un objet si l'on peut le palper, le parcourir activement du bout de ses doigts, le caresser de sa main.

Mais alors, s'il est ainsi bien établi que notre perception débute par une fragmentation poussée de l'objet à percevoir en ses différents attributs, comment la synthèse globale et cohérente de l'objet perçu sera-t-elle réalisée ? C'est là une question fondamentale qui concerne et déborde l'ensemble des perceptions sensorielles, le liage perceptif, sur laquelle nous reviendrons.

LES SENSIBILITÉS PROPRIOCEPTIVES

Les sensibilités proprioceptives proviennent de récepteurs situés dans les muscles et dans les articulations. Elles sont mises en jeu par l'appareil moteur lui-même et représentent donc la connaissance sensible que nous avons des mouvements de notre propre corps ou de notre posture lorsque nous somme immobiles.

Les informations issues des capteurs proprioceptifs servent en premier lieu à contrôler et à régler un certain nombre de paramètres des mouvements du corps.

Tout mouvement, si modeste soit-il, met en jeu un nombre souvent considérable de muscles et d'articulations. Regarder bouger votre petit doigt pour vous en persuader. Chaque segment corporel abrite un grand nombre de récepteurs. Pour pouvoir commander le moindre geste et l'exécuter de façon correcte, le cerveau doit traiter un grand nombre d'informations portant sur l'endroit du corps où se situe le membre mobilisé, l'amplitude de l'étirement de chacun des muscles qui le constituent, les synergistes comme les antagonistes, la vitesse avec laquelle ils changent de longueur, les tensions exercées sur les tendons, les modifications des angles articulaires, etc. Ces informations seront codées par des populations de capteurs spécifiques. Les *fuseaux neuro-musculaires*, organe le plus complexe de la sensibilité somatique, sont spécialisés dans la mesure de la longueur et de la vitesse d'étirement des muscles, les *organes de Golgi* dans celle de la tension exercée sur une attache tendineuse lors de la contraction musculaire, les récepteurs articulaires (au moins de trois types) dans l'angle articulaire, son amplitude, sa direction et sa vitesse.

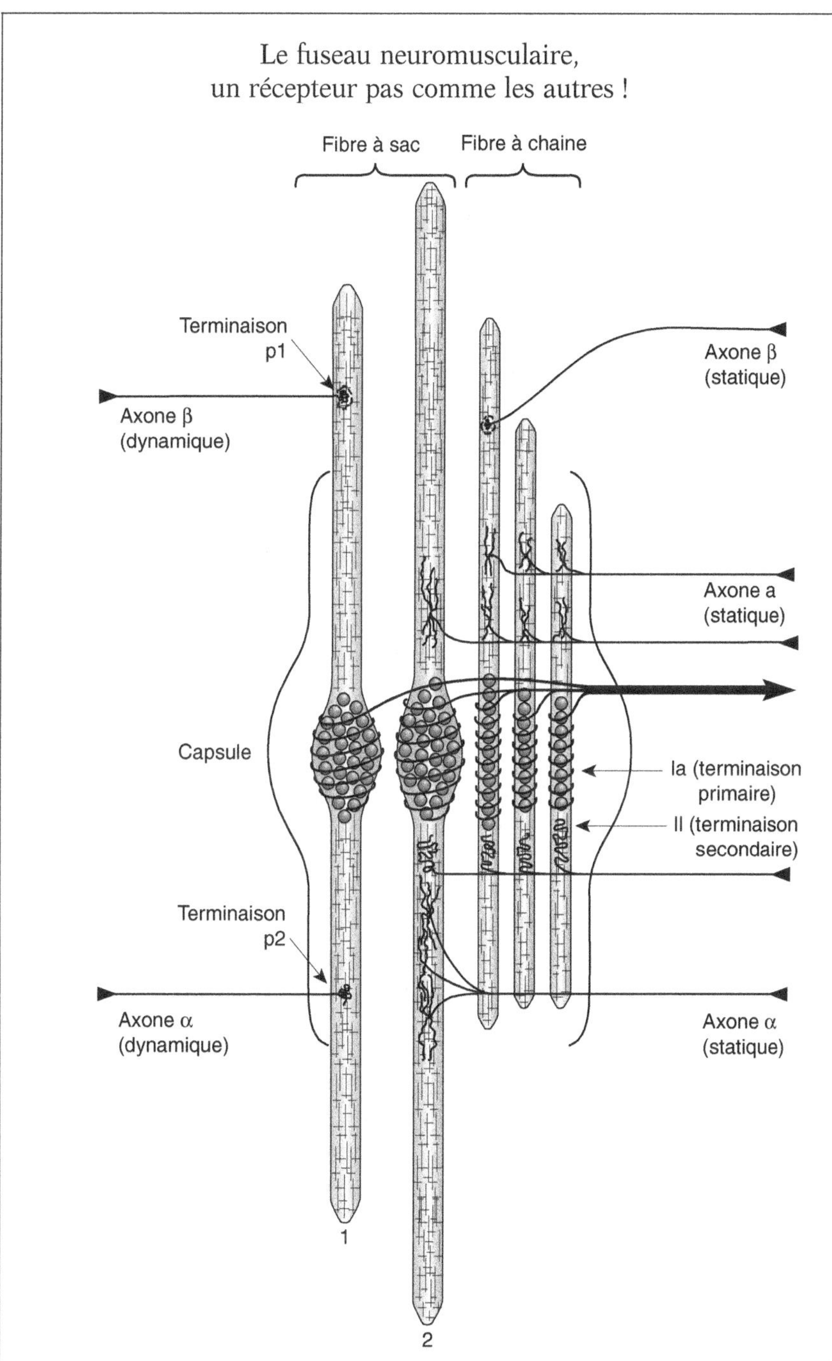

Figure 7-2 : *Le fuseau neuromusculaire.*

Le fuseau neuromusculaire (FNM) est un récepteur très sophistiqué spécialisé dans la détection des changements de longueur du muscle. On peut le considérer comme l'archétype du récepteur de la motricité. Il est composé de quatre à six fibres musculaires différentiées regroupées à l'intérieur d'un organe allongé en forme de fuseau, d'où son nom. De taille réduite, les FNM sont disposés en parallèle au milieu des fibres musculaires proprement dites, appelée *extrafusales*, celles dont la contraction produit la force mécanique appliquée au niveau des insertions tendineuses des articulations. Le nombre des FNM varie en fonction du rôle précis joué par le muscle qui les abrite, peu nombreux dans les muscles fessiers, ils abondent au contraire dans les muscles des doigts dont l'action doit être rapide et précise.

Selon la disposition des noyaux à l'intérieur des fibres, on distingue deux catégories de fibres *intrafusales* : les fibres à « chaîne nucléaire », où les noyaux sont alignés le long de la fibre et les fibres à « sac nucléaire » ; les noyaux sont dans ce cas regroupés au niveau de la région équatoriale où ils forment une espèce de sac. On distingue anatomiquement et fonctionnellement deux types de fibres à sac nucléaire : le type 1 et le type 2.

Les fibres intrafusales sont le support de deux types de fibres afférentes sensorielles : les fibres afférentes primaires (Ia), issues des fibres à sac nucléaire, et les fibres secondaires (II), originaires des fibres à chaîne. Les premières sont sensibles à la fois à la longueur (statique) et à la vitesse d'allongement (dynamique) du muscle ; les secondes codent essentiellement la longueur.

Ces deux types de fibres intrafusales reçoivent une innervation motrice à partir de deux types de motoneurones, respectivement appelés motoneurones *gamma* et *bêta*, pour les distinguer des motoneurones *alpha* qui innervent exclusivement les fibres extrafusales. Les motoneurones *gamma* se subdivisent à leur tour en deux groupes fonctionnellement distincts : les « gamma dynamiques » innervent seulement les fibres à sac 1 et dont l'action accroît la sensibilité à la vitesse d'étirement et les « gamma statiques » qui innervent à la fois les fibres à chaîne et les fibres à sac 2. Leur excitation augmente la sensibilité (statique) à la longueur et réduit la sensibilité (dynamique) à la vitesse d'étirement des récepteurs primaires. Les motoneurones *bêta* innervent à la fois les fibres intrafusales (à chaîne et à sac 2) et les fibres extrafusales[1]. Ils modulent la sensibilité des différents récepteurs de manière statique ou dynamique.

---

1. Laporte, 1979.

Les études analytiques du codage effectué par chacun de ces capteurs pris isolément ont fait l'objet de travaux remarquables et l'essentiel de leur fonctionnement est aujourd'hui fermement établi. Mais l'information pertinente sur le mouvement dans son ensemble sera codée par *l'ensemble* des populations des récepteurs impliqués. En ce qui concerne par exemple les fuseaux neuromusculaires, leur sensibilité est une grandeur « orientée », réglée non seulement en fonction de la longueur du muscle mais également de la direction du changement de longueur, soit un allongement, soit un raccourcissement. Il en va de même des autres récepteurs proprioceptifs. En outre, le codage d'une trajectoire complexe, servir au tennis ou ajuster un « drop » au rugby, qui se déploie dans toutes les directions de l'espace, ne pourra être effectué sur la base des données proprioceptives en provenance d'un seul muscle ou d'une seule articulation, mais sur une base *collective* impliquant, successivement ou simultanément, les sensibilités de nombreux muscles, souvent la totalité de notre corps. À chaque instant, chaque muscle, chaque articulation et tous les tendons fournissent des messages, des décharges de potentiels d'action. Le nombre et la fréquence de ces potentiels sont fonction de l'amplitude et du sens du mouvement. Il est dès lors possible de considérer ce message comme un *vecteur*, c'est-à-dire une grandeur orientée, symbolisée par une flèche dont la longueur est proportionnelle à l'amplitude et la pointe dirigée dans la direction du mouvement. La somme de ces vecteurs décrit de façon satisfaisante, à chaque instant, les paramètres de direction, de vitesse et d'amplitude d'un acte moteur.

Mais la proprioception ne se contente pas de fournir des informations sur le mouvement proprement dit. Sa fonction est plus large. En effet, tous les capteurs sensoriels sont portés par un organe capable de bouger, lui-même transporté par un corps mobile. Les yeux, les oreilles, le nez, le corps dans sa globalité peuvent être activement dirigés vers ou éloignés des sources de stimulation. Tous ces appareils sensoriels doivent tenir compte, dans leur capture de l'information, du fait qu'ils sont eux-mêmes en mouvement. La proprioception apporte ces informations. Quand on tourne la tête pour mieux voir, mieux entendre ou mieux sentir, quand on palpe un tissu ou qu'on claque sa langue pour goûter un bon vin, on met obligatoirement en jeu la sensibilité proprioceptive. Avec l'aide du système vestibulaire, qui peut également être considéré comme appartenant au domaine proprioceptif en fournissant un cadre référentiel spatial *absolu* au corps situé dans l'espace habituel (celui dans lequel la gravité agit), la sensibilité proprioceptive fournit à la connaissance visuelle, tactile, auditive ou chimique du monde dans lequel se trouve l'organisme et sur lequel il agit, un cadre spatial *relatif*, statique et dynamique, en permanence remis à jour. La sensibilité proprioceptive assure de la sorte des fonctions d'intégration de l'organisme à son espace d'action, elle contribue à la localisation spatiale des objets, à l'organisation de leur saisie, à la préparation, à l'exécution et au réglage « en ligne » d'une action dirigée dans le monde extérieur.

LA RÉALITÉ VIRTUELLE
ET LES ILLUSIONS DE MOUVEMENT

Connaissant les règles d'organisation de la sensibilité proprioceptive, il est possible d'évoquer, à l'aide de stimulations mécaniques adéquates, des « illusions » de mouvements complexes. Cette possibilité enrichit le monde des réalités virtuelles. Ce monde nous est familier grâce au développement des jeux vidéo. Généralement, ce sont les modalités visuelles et auditives qui sont expérimentalement traitées par des programmes d'ordinateur de telle sorte que nous ayons l'illusion d'être immergés dans un monde visuel et sonore complètement fictif. Des stimulations mécaniques vibratoires, appliquées au niveau des insertions musculaires, par exemple les vibrations d'un vibromasseur appliqué au niveau du coude ou du genou, stimulent de façon sélective les fuseaux neuromusculaires des muscles du bras ou de la jambe. Le sujet aura la sensation irrépressible d'un mouvement de flexion de l'avant-bras sur son bras, ou de l'extension de sa jambe. Il ressent ces mouvements *illusoires* exactement comme les actions réelles qu'ils miment. L'illusion peut aller très loin. Par exemple, si, sur la base de stimulations proprioceptives adéquates, on simule un enchaînement de mouvements formant un geste précis, celui de tracer une lettre, un chiffre ou un dessin géométrique, le sujet sera capable de reconnaître et d'identifier la lettre, le chiffre ou le dessin ainsi « virtuellement » tracé, à la condition bien entendu que les stimulations soient très précisément organisées en fréquence, appliquées aux muscles sollicités normalement dans l'exécution de ce geste et selon une séquence temporelle qui en respecte le déroulement normal. Il « sait » ce qu'il est en train de tracer ; pourtant il ne fait pas un geste ! On imagine dès lors combien l'illusion produite par la réalité virtuelle des jeux vidéo courants serait enrichie par l'introduction d'une réalité virtuelle de mouvement. Il y a là un enjeu économique considérable dans l'industrie des jeux sur ordinateur. Mais il y a surtout un enjeu immense pour la recherche fondamentale. Il devient possible d'étudier les mécanismes complexes qui gouvernent notre perception et notre action dans le monde réel le plus complexe possible, puisqu'il est concevable de contrôler avec précision, grâce aux ordinateurs, les différents paramètres de nos sensibilités et de créer ainsi des illusions sensorielles et motrices robustes. Qui plus est, ces dispositifs sont peu encombrants, ils peuvent être facilement installés sur un casque muni d'une visière et d'écouteurs, répartis dans des gants ou même dans une combinaison guère plus embarrassante que celle d'un plongeur sous-marin. Ils permettent alors d'étudier en laboratoire, notamment en mettant en œuvre des techniques d'imagerie cérébrale, ce qui se passe dans le cerveau d'un sujet plongé dans un monde virtuel aussi compliqué que le monde réel.

LES VOIES PÉRIPHÉRIQUES
ET LES TERMINAISONS CENTRALES
DE LA SENSIBILITÉ SOMATIQUE

Les informations somatosensorielles issues de la tête et du cou entrent dans le système nerveux par les nerfs crâniens, surtout les nerfs trijumeaux, (cinquième paire de nerfs crâniens, le nerf V), et à un moindre degré le nerf facial (le VII), le glossopharyngien (le IX) et le nerf vague (le X). Celles concernant le reste du corps entrent par les nerfs spinaux, échelonnés le long de la moelle épinière de la première à la sixième cervicale, de la première à la douzième thoracique, de la première à la cinquième lombaire et de la première sacrée à la cinquième.

Ces nerfs sont composés de fibres de divers calibres, les plus grosses innervent les propriocepteurs des muscles du squelette, viennent ensuite celles qui innervent les mécanorécepteurs de la peau ; enfin, les récepteurs de température, de douleur, et de démangeaisons sont pour leur part innervés par des fibres les plus fines, dont certaines sont dépourvues de myéline. Nous savons que les fibres nerveuses conduisent l'influx avec des vitesses d'autant plus grandes qu'elles sont plus grosses. Les plus rapides, pouvant atteindre des vitesses de l'ordre de 120 m/s, sont impliquées dans des commandes motrices réflexes organisées au niveau de la moelle elle-même, les plus lentes, dont la vitesse est inférieure à 1 m/s, véhiculent des informations moins urgentes, comme la température d'un bain ou une irritation de la peau.

Dans la moelle épinière, les neurones somatosensoriels s'articulent avec des cellules dont les axones vont se diriger vers le cerveau selon deux trajets principaux, la voie des colonnes dorsales, encore appelée *voie lemniscale*, parce qu'elle emprunte une structure désignée du nom de lemnisque médian, et la voie *spinothalamique* latérale. Le long de la première sont acheminées des informations tactiles cutanées et vibratoires, ainsi que des informations proprioceptives venant des membres. Les informations sur la douleur ou la température sont pour leur part véhiculées le long de la voie spinothalamique. Il existe une troisième voie, la voie *spinoréticulothalamique*, qui monte vers le cerveau par un trajet comportant de nombreuses synapses dans la moelle épinière et dans la formation réticulée. Nous ne détaillerons pas davantage l'anatomie des trajets des informations somatiques, il suffit de remarquer qu'elles vont se distribuer au niveau du cortex cérébral dans le lobe pariétal où l'on distingue plusieurs zones distinctes. La première et la plus importante est appelée aire somatosensorielle primaire SI, qui occupe le gyrus post-central, et qui reçoit le système lemniscal. En arrière, on décrit une aire somatosensorielle secondaire ou SII, qui reçoit, outre des fibres du système lemniscal, l'essentiel du trajet spinothalamique. Les projections du système spinoréticulothalmique sont plus diffuses.

Dans SI, et aussi dans SII, les informations somatiques sont cartographiées selon un arrangement strict, que nous avons déjà rencontré dans d'autres modalités sensorielles, qui dessinent sur la surface du cortex une représentation du corps dite *somatotopique*. Il est important de remarquer qu'en chaque point de la carte somatotopique, en chaque point de l'*homonculus*, plusieurs dimensions du stimulus somatosensoriel devront être représentées, notamment celles concernant la sensibilité superficielle, tactile, celles concernant la sensibilité profonde, proprioceptive. Ces deux catégories vont occuper des « colonnes », ainsi baptisées par Vernon Mountcastle qui les décrivit le premier, parce qu'elles occupent de petites pièces de tissu qui s'enfoncent à travers toute l'épaisseur du cortex. Cet arrangement en colonne se retrouve, comme nous l'avons indiqué, dans le cortex visuel et dans le cortex auditif.

La sensibilité à la douleur ou nociception

Tous les êtres vivants, lorsqu'ils sont excités par des stimulations qui peuvent endommager leurs tissus, réagissent par des mouvements coordonnés visant à éloigner la partie menacée du danger. Il était classique, dès le début du XXe siècle, de considérer ces réactions, dont la valeur adaptative est évidente, comme l'expression de « réflexes » (appelés généralement « défensifs » ou d'« évitement ») ayant pour origine des neurones sensoriels périphériques spécialisés dans la détection de stimulus de diverses modalités (mécanique, thermique ou chimique), capables d'abîmer éventuellement les tissus qui les abritent. Depuis Sherrington, on appelle ces récepteurs spécifiques des « nocicepteurs ». Leur existence est établie sans équivoque à la fin des années 1960 dans des expériences électrophysiologiques mettant en évidence des récepteurs sensoriels cutanés qui demeurent silencieux, c'est-à-dire qui n'émettent pas de potentiels propagés, tant que l'intensité de la stimulation ne menace pas l'intégrité du tissu dans lequel ils sont situés[2].

Dans la plupart des cas, la mise en jeu de ces récepteurs spécifiques est associée chez l'homme à une sensation douloureuse[3] que Sherrington

---

2. Burgess et Perl, 1967 ; Bessou et Perl, 1969.
3. Et chez l'animal à des manifestations comportementales qui nous invitent à penser qu'il « souffre ».

considérait, en bon dualiste cartésien, comme « l'accompagnement psychique des réflexes d'évitement [4] ». Mais la douleur est une expérience subjective bien plus complexe qu'un simple épiphénomène [5]. S'y mêlent des aspects cognitifs, émotionnels et motivationnels qui s'expriment en mobilisant de multiples régions du cerveau dont bon nombre ont été identifiées. Néanmoins, les théories neurobiologiques de la douleur oscillent encore entre deux positions opposées [6]. Selon la première, la douleur serait une sensation « à part entière » qui, à l'instar des autres modalités sensorielles, aurait pour point de départ des récepteurs spécifiques et des voies de projections centrales spécialisées. Cette position semble confortée par l'existence avérée des nocicepteurs que nous venons d'évoquer et s'accorde avec l'évolution phylogénétique du système nerveux vers une plus grande complexité puisqu'on trouve chez les invertébrés les plus modestes des mécanismes de transduction leur permettant de détecter, pour les éviter, des stimulus potentiellement dangereux. À l'opposé, la douleur serait un état global, intégré et éminemment modifiable, représenté par des motifs convergents d'activité nerveuse largement distribués dans l'ensemble du système somatosensoriel. Dans ce cadre, le physiologiste et psychologue canadien Ronald Melzack et le physiologiste britannique Patrick Wall, travaillant de concert au MIT, critiquent la notion selon laquelle l'expérience psychologique de la douleur résulterait de l'activité dans un trajet nociceptif conduisant « en ligne droite », en suivant, pourrait-on dire, des « étiquettes », les messages recueillis par des nocicepteurs spécifiques périphériques jusqu'à un « centre » cérébral de la douleur. Ils proposent en 1965 une thèse sur le « passage contrôlé de la douleur » (*gate control theory of pain*), selon laquelle le traitement de la douleur serait modulé par les centres nerveux : le cerveau n'est plus le récepteur passif des messages sensitifs douloureux d'origine somatique ou viscérale, mais un « interprète actif », capable de corriger, voire d'amplifier ou de supprimer, leur transmission et leur acheminement [7].

LES FORMES DE « DOULEUR »

Pour tenter d'y voir clair et naviguer au plus près de ces deux théories concurrentes : « spécificité » et « convergence », il convient de distinguer les formes principales de la douleur. Tout d'abord, lors de l'agression proprement dite, une douleur « aiguë » signale immédiatement le moment et l'endroit de l'attaque. Ce signal a une valeur adaptative indé-

---

4. Sherrington, 1906.
5. Pour une description des mécanismes neurologiques et de la pharmacologie de la douleur, je recommande l'ouvrage de Jean-Marie Besson, chez Odile Jacob, 1992.
6. Voir notamment Craig, 2003.
7. Melzack et Wall, 1965.

niable et son absence est dévastatrice[8]. Dans la situation normale, des fibres sensorielles afférentes primaires véhiculent des signaux décelés par des molécules spécialisées, canaux et récepteurs, impliquées dans la détection des alarmes, la génération et la transmission des messages douloureux. Plusieurs des gènes qui encodent ces molécules ont été récemment identifiés[9]. Faisant suite à cette phase aiguë, se développe une période « diffuse » de plus grande sensibilité, de telle sorte que la douleur sera évoquée par un stimulus qui, dans d'autres circonstances, aurait paru inoffensif. Ce phénomène désigné du nom d'*allodynie* assure une bonne protection non seulement de la zone lésée proprement dite, mais aussi de celle qui l'entoure[10]. Enfin, il existe des situations où la douleur ne répond pas à sa fonction d'alerte ; elle est alors une véritable « maladie » du système nerveux. C'est ainsi que bien longtemps après qu'un nerf a été lésé, on peut encore ressentir de vives douleurs spontanées, ou évoquées par des stimulations anodines. Il s'agit de douleurs dites « neuropathiques » qui résistent aux traitements généralement efficaces contre les douleurs « adaptées ». Elles sont généralement considérées comme provenant de changements à long terme dans le traitement central des messages nociceptifs par les neurones de la moelle épinière et du tronc cérébral. Beaucoup de ces changements sont souvent associés à l'induction de gènes, dont la mutation ou le dysfonctionnement peut affecter significativement l'incidence de ce type de douleur-maladie. Ainsi, les différentes formes de douleurs, aiguës, diffusent et neuropathiques, se situeraient le long d'un spectre allant du spécifique au convergent.

NEUROBIOLOGIE DE LA DOULEUR

Mais, quelle que soit sa position le long de ce spectre, les voies empruntées par les signaux de douleur débutent par des fibres sensorielles, prolongements « dendritiques »[11] de neurones bipolaires du système nerveux périphérique dont les corps cellulaires sont situés dans les ganglions des racines dorsales[12]. À la différence de la plupart des systèmes sensoriels, il n'existe pas de dispositif anatomique spécialisé, de véritable « appareil » récepteur anatomiquement individualisé, dans la détection des messages nociceptifs. Ceux-ci sont directement engendrés au niveau des terminaisons libres formant des arborisations dans les

---

8. On connaît des cas où, suite à une mutation qui peut porter sur un seul gène, le sujet présente une insensibilité congénitale à la douleur. On imagine aisément les terribles conséquences qu'entraîne une telle infirmité.
9. Voir revue dans Mogil, J. S. *et al.*, 2000.
10. Il faut distinguer l'*allodynie* (douleur provoquée par un stimulus non nociceptif) et l'*hyperalgésie* (sensibilité accrue à un stimulus nociceptif).
11. Voir chapitre IV, § *La génération d'un message sensoriel*.
12. Dans le ganglion trigéminal pour les fibres innervant la face.

tissus cutanés, musculaires, articulaires et viscéraux. Les axones de ces neurones sensoriels bipolaires entrent dans la moelle épinière et contactent des neurones de « second ordre », situés dans la corne dorsale qu'ils excitent en libérant du glutamate et des neuropeptides à leurs terminaisons.

Les fibres afférentes primaires qui véhiculent la sensibilité nociceptive sont toutes de petit diamètre ; certaines sont des fibres fines myélinisées, dites du groupe A *delta*, d'autres, la grande majorité, sont des fibres amyéliniques dites du groupe C[13]. Plus de 90 % de ces dernières sont spécialisées dans le transport de messages douloureux d'origine mécanique (des pressions sur la peau entraînant un dommage du tissu sous-jacent), thermique (des températures cutanées supérieures à 45 degrés centigrades) et chimique (par de nombreuses molécules endogènes ou exogènes)[14]. Les fibres A *delta* signaleraient une douleur aiguë, ponctuelle et rapide comme celle qui est provoquée par une piqûre d'aiguille, les fibres C, au contraire, une douleur plus diffuse, lente et inconfortable, du type de celle que provoque par exemple une brûlure. Bien que séduisante, cette distinction s'avère néanmoins insuffisante. En effet, il existe deux grandes classes de fibres amyéliniques C, mises en évidence par des méthodes histochimiques capable de révéler, chez des souris transgéniques, le répertoire complet des facteurs trophiques nécessaires, au cours du développement, à la survie des neurones sensoriels. On distingue ainsi deux populations de fibres afférentes amyéliniques. Une première, dite « peptidergique », qui exprime des neuropeptides, notamment la substance P et le CGRP (*calcitonin gene-related peptide*) ainsi que le récepteur tyrosine kinase (TrkA) du facteur de croissance nerveuse (NGF). Une seconde, formée de fibres qui ne libèrent pas la substance P et n'expriment pas le récepteur TrkA, mais le récepteur TrkB du facteur neurotrophique dérivé des cellules gliales ou GDNF (*glial cell line-derived neurotrophic factor*). Cette population est spécifiquement marquée par une lectine végétale, l'isolectine B4 ou IB4[15], four-

---

13. Les fibres A *delta* se distinguent par leur diamètre (1 à 5 microns) des fibres afférentes myélinisées cutanées (A *alpha* – A *bêta*) de plus gros calibre, qui véhiculent les sensibilités tactiles et proprioceptives. L'activation des fibres A *bêta* atténue la sensation de douleur transportée par les fibres A *delta* et C : après un coup violent, une piqûre ou une brûlure, on se frotte ou se gratte pour calmer la douleur. Voir plus bas.
14. Certaines afférences excitées par ces substances chimiques sont insensibles aux autres formes de stimulation douloureuse, thermique ou mécanique, elles sont considérées comme « silencieuses » et seulement recrutées dans certaines situations physiopathologiques.
15. Les lectines sont des protéines de diverses origines, végétale ou animale, qui ont la propriété de se lier spécifiquement avec des oligosaccharides, par exemple des glycoprotéines, et servent de la sorte à caractériser divers tissus. Les lectines végétales sont des agents de protection des plantes contre les insectes. La lectine IB4 est une isoforme des lectines extraites des graines d'une légumineuse africaine, la griffonia (*Badeiraea simplicifolia*).

nissant ainsi un moyen efficace de les identifier. Ces deux groupes de fibres amyéliniques ont des sites de terminaison distincts dans la moelle épinière : les axones des neurones « peptidergiques » se projettent dans la zone la plus périphérique de la corne dorsale et ceux des neurones IB4 dans la couche juste en-dessous qui contient essentiellement des interneurones spinaux locaux[16].

Par leur origine au cours du développement et leur sensibilité aux facteurs trophiques, leur distribution anatomique et leur expression de divers répertoires de neuromédiateurs, la dualité des fibres afférentes nociceptives amyéliniques semble bien indiquer un partage des rôles dans le traitement des stimulations capables d'évoquer de la douleur. Les afférences « peptidergiques » seraient responsables de celles qui accompagnent les réactions inflammatoires, les autres (IB4 positives) engendreraient des douleurs neuropathiques plus aiguës. Cette interprétation (qui reste à démontrer), tout en étant encore très simplificatrice, est néanmoins confortée par des résultats d'électrophysiologie[17].

Lorsque le corps subit une agression, par exemple à la suite d'une brûlure ou d'une coupure, ou encore lors d'une infection bactérienne ou virale, on observe une réaction complexe de défense, dite réaction inflammatoire, au cours de laquelle coopèrent activement le système immunitaire et le système nerveux périphérique. La destruction des tissus libère de nombreuses molécules qui augmentent la sensibilité à la douleur de afférences primaires en agissant sur les canaux qui tapissent la surface des terminaisons des fibres amyéliniques. Étant donné que les terminaisons des fibres afférentes amyéliniques « peptidergiques » libèrent elles-mêmes des peptides (la substance P, le CGRP ou de l'ATP) lorsqu'elles sont activées par des stimulations nociceptives, elles contribueront à renforcer la production de ces molécules algogènes, formant ce qu'on appelle communément la « soupe inflammatoire ». Je reviendrai plus bas sur ce phénomène, illustré dans la figure 7-3.

DIVERSITÉ DES RÉCEPTEURS DE LA NOCICEPTION

Les nocicepteurs ont la capacité de déceler un large éventail de stimuli nocifs, physiques ou chimiques. Ils sont pour cela équipés d'un riche catalogue de mécanismes de transduction leur permettant d'être activés par des stimuli de modalités différentes, chaleur, pression mécanique ou produits acides. Une étape importante dans la compréhension des mécanismes moléculaires de la transduction a été franchie par l'identification des principales molécules qui interviennent dans la détection des stimulations nocives, grâce à des techniques de criblage généti-

---

16. Snider et McMahon, 1998.
17. Voir Stucky et Lewin, 1999.

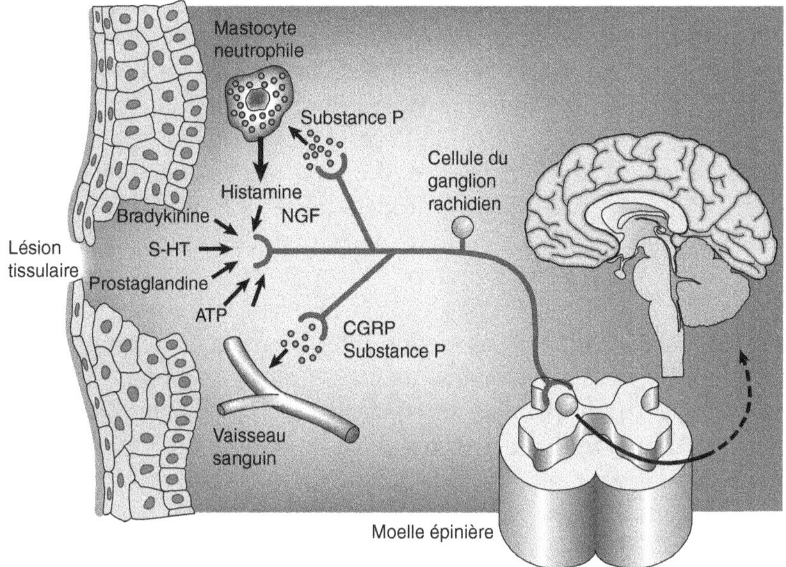

Figure 7-3 : *La « soupe inflammatoire ».*
La complexité moléculaire des afférences primaires nociceptives est illustrée par ses réponses aux médiateurs inflammatoires libérés au niveau de la lésion tissulaire. Certains facteurs, bradykinine, prostaglandines, sérotonine, ATP et neurotrophines, sont indiqués. Ils excitent les terminaisons ou abaissent leur seuil d'activation.
La mise en jeu des nocicepteurs permet non seulement d'adresser des messages de « douleur » à la moelle épinière et au-delà au cerveau, mais encore contribue au processus d'inflammation dit « neurogénique ». En effet, les fibres primaires ont également une fonction « efférente » en libérant des neurotransmetteurs, notamment la substance P et le peptide CGRP, ce qui provoque une vasodilatation et la libération de fluide et de protéines par le réseau capillaire ainsi que l'activation de cellules non nerveuses, comme les mastocytes et les neutrophiles, éléments qui contribuent à leur tour à la production des substances inflammatoires.
Voir texte pour détails.
D'après Julius et Basbaum, 2001.

que, de clonage et de caractérisation fonctionnelle. Le nématode *Caenorhabditis elegans*, la mouche *Drosophila* et le poisson zèbre exotique *Danio rerio* notamment ont permis de mettre en évidence deux grandes familles de canaux intervenant en ce domaine. Nous les avons déjà rencontrés au chapitre IV, il s'agit en effet des canaux TRP et des canaux ENaC/DEG.

Du piment rouge à la nociception thermique

Tout le monde a un jour éprouvé la forte impression de brûlure que l'on ressent lorsqu'on mange un plat trop pimenté. La molécule responsable de cette sensation piquante est contenue dans la chair et surtout le placenta (la tige de tissu blanchâtre qui porte les graines) des piments rouges du genre *Capsicum*, le chili ou jalapeño des Amériques, d'où son nom : la capsaïcine. David Julius, professeur de pharmacologie moléculaire à l'Université de Californie (San Francisco), intrigué par le caractère « chaud » de cette saveur, fait l'hypothèse que la capsaïcine aurait la propriété d'activer le même type de récepteur membranaire qu'un stimulus thermique. Avec son équipe, il identifie la protéine membranaire à laquelle se lie la capsaïcine et lui donne le nom de « récepteur vanilloïde ou VR1 » (*vanilloid receptor* de type 1) d'après sa composante chimique essentielle[18]. Ce récepteur appartient à la famille des canaux TRP d'abord identifiés dans la phototransduction chez la mouche drosophile[19]. Ce récepteur VR1 est activé par une température supérieure à 43 °C et par les acides. Ce dernier point est fondamental : ces récepteurs VR1 seraient les récepteurs *spécifiques* des stimulations caloriques dont l'activité pourrait être *modulée* par les protons. En effet, des résultats électrophysiologiques obtenus sur des préparations *in vitro* de neurones sensoriels en culture montrent que les fibres activées par la capsaïcine sont également activées par des élévations de température à partir de 43 degrés centigrades et montrent en outre que leur seuil d'activation peut être abaissé en milieu acide (pH ≤ 5) jusqu'à la valeur non nociceptive de 34 degrés centigrades. Ainsi, le rôle des récepteurs VR1 dans la thermosensibilité et la réponse nociceptive à l'acidité tissulaire est-il bien établi[20]. On peut comprendre dès lors que, dans la réaction inflammatoire ou dans l'ischémie (ou encore dans le cas d'un œdème, d'une infection locale ou d'une blessure), situations toujours accompagnées d'une acidose tissulaire locale, on puisse éprouver de la « douleur » à des températures modérées, le « coup de soleil » en est un bon exemple. Mais conclure de l'analyse des mécanismes moléculaires des réponses nociceptives des neurones *in vitro* à la douleur manifestée par un organisme *in vivo* est pour le moins audacieux. Cette conclusion est néanmoins confortée par la démonstration que des souris dont le gène codant pour le récepteur VR1 a été invalidé restent sereines dans des situations qui évoquent normalement chez leurs congénères normaux (VR1$^{+/+}$) des signes manifestes d'une souffrance intense[21]. Les tests destinés à évaluer la sensibilité à la douleur thermique, par exemple le temps passé sur une plaque chauffante ou l'indifférence au fait que la queue trempe dans de l'eau très chaude indi-

---

18. Caterina *et al.*, 1997.
19. Montell et Rubine, 1989. Voir également chapitre IV.
20. Signalons l'existence de deux autres canaux de type TRP thermosensibles : le canal VRL-1 activé par des températures supérieures à 50 °C et insensible à la capsaïcine (Caterina *et al.*, 1999), et le canal CMR-1 (*cold- and menthol sensitive receptor*), activé par des températures basses et sensible au menthol (McKemy *et al.*, 2002).
21. Caterina *et al.*, 2000 ; Davis *et al.*, 2000.

quent clairement que les souris VR1[-/-] résistent mieux aux températures élevées que les souris contrôles. Elles semblent moins « souffrir », mais peuvent néanmoins encore réagir de façon défensive à des températures élevées, ce qui suggère l'existence d'autres types de récepteurs à la température.

Les détecteurs des acides

L'acidose locale contribue-t-elle directement à l'apparition de la sensation de douleur et à l'hypersensibilité à la chaleur caractéristique de la réaction inflammatoire[22] ? On peut le penser, car en plus des récepteurs vanilloïdes, dont l'activité évoquée par la stimulation thermique est modulée par les protons, il existe des canaux spécifiques directement sensibles au pH du tissu. Découverts au début des années 1980[23], ils ont été clonés, notamment par Rainer Waldmann dans l'équipe dirigée par Michel Lazdunski à l'Institut de pharmacologie moléculaire et cellulaire de l'Université de Nice-Sophia Antipolis[24]. Ces récepteurs, dont on dénombre actuellement une demi-douzaine de formes, sont appelés ASIC, pour *acid sensing ion channels*. Ils sont équivalents aux canaux sodiques sensibles à l'amiloride[25] (ENaC) des membranes de certaines cellules qui servent au transport du sodium à travers la membrane, et aux canaux mécanosensibles (DEG), responsables du gonflement et de la dégénérescence cellulaire chez le nématode *Caenorhabditis elegans*[26]. La plupart des récepteurs ASIC sont localisés non seulement dans les neurones nocicepteurs des ganglions périphériques, mais sont aussi exprimés dans le système nerveux central[27], notamment au niveau du cortex cérébral, de l'hippocampe, du bulbe olfactif et du cervelet où, en modulant l'activité synaptique, ils joueraient un rôle dans l'apprentissage et la mémoire[28]. Leur double contribution, dans la détection des stimulus sensoriels nocifs et dans la plasticité synaptique, permet peut-être à cette famille de nocicepteurs de jouer un rôle crucial dans le passage de la douleur aiguë à la douleur chronique.

Les autres récepteurs aux agressions douloureuses

Non seulement les récepteurs et canaux activés par des stimulations nociceptives des fibres sensorielles A *delta* et C sont nombreux et divers comme nous venons de le voir, mais un riche répertoire de substances produites au voisinage même des tissus endommagés peut moduler et

---

22. Reeh et Steen, 1996.
23. Krishtal et Pidoplichko, 1980 ; *ibid.*, 1981.
24. Waldmann *et al.*, 1997a.
25. L'amiloride est un puissant diurétique, fréquemment utilisé dans les cas d'hypertension artérielle, qui inhibe la réabsorption du sodium par les cellules du tubule distal des reins. Voir Lingueglia *et al.*, 1996.
26. Voir chapitre IV, *Les récepteurs de la tension*.
27. Waldmann *et al.*, 1997b ; Chen *et al.*, 1998 ; Lingueglia *et al.*, 1997.
28. Krishtal, 2003.

sensibiliser leur activité. Ils sont ainsi en mesure de signaler non seulement la douleur aiguë immédiate, provoquée la plupart du temps par un stimulus précis, mécanique ou thermique, mais encore contribuer au développement d'une allodynie ou douleur persistante, lorsque la lésion tissulaire qui accompagne la blessure rend pénibles des stimulations qui, dans d'autres circonstances, sont inoffensives. L'allodynie peut provenir soit d'une sensibilisation de la transmission des messages douloureux le long des voies centrales à partir de la moelle épinière (sensibilisation centrale), soit d'un abaissement du seuil d'activation des nocicepteurs eux-mêmes (sensibilisation périphérique). C'est cette dernière qui est la règle lors de la réaction inflammatoire qui, comme nous l'avons dit plus haut, mitonne une « soupe » particulièrement riche en ingrédients divers, spécifiquement détectés par un riche répertoire de nocicepteurs chémosensibles.

Notamment, la lésion des tissus entraîne la synthèse de facteurs de croissance nerveuse (NGF) qui d'une part stimule la dégranulation des mastocytes[29], libérant ainsi de l'histamine et de la sérotonine (entre autres), et, d'autre part, se liant aux récepteurs TrkA présents dans les terminaisons des fibres C « peptidergiques » suscite la libération périphérique[30] (et centrale) des neuropeptides, substance P et CGRP. Nous savions déjà que l'adénosine triphosphate (ATP) était bien davantage qu'une simple réserve énergétique de la cellule, et qu'elle était un véritable neurotransmetteur[31]. Libérée par des vésicules mais aussi par la lyse cellulaire que suscite la lésion tissulaire, l'ATP se lie et active une forme de récepteurs purinergiques ionotropiques, les P2X3, exprimés dans les neurones sensoriels. La bradykinine, hormone peptidique, connue comme un neurotransmetteur aux multiples fonctions régulatrices du système vasculaire, cardiovasculaire et rénal, participe aussi à la « soupe inflammatoire » et active des récepteurs spécifiques des terminaisons des fibres sensorielles nociceptives.

Certaines substances de la soupe inflammatoire, par exemple les protons, l'ATP et la sérotonine, activent directement les terminaisons primaires afférentes au moyen de canaux ligand-dépendants spécifiques. D'autres, les prostaglandines et la bradykinine notamment (mais aussi la sérotonine dans une certaine mesure), agissent indirectement : reconnues par des récepteurs spécifiques, elles activent des protéines kinases (C et A) qui à leur tour activent en les phosphorylant des canaux sodium

---

29. Les mastocytes sont une variété de globules blancs qui, lorsqu'ils éclatent brusquement (dégranulation), libèrent des substances à l'origine d'une augmentation de la perméabilité des veinules.
30. La libération périphérique provient d'un « réflexe d'axone » : le signal afférent, arrivé à un embranchement, est dédoublé, l'un emprunte une branche qui revient vers la périphérie, l'autre continue son chemin vers les centres. Voir figure 7-3.
31. Voir chapitre III.

propres aux terminaisons nociceptives[32], d'où l'augmentation d'amplitude du courant entrant (dépolarisant) et la réduction concomitante du seuil d'excitabilité des terminaisons.

L'abondance des substances mises en jeu par les agressions périphériques et la grande diversité des réactions moléculaires qu'elles suscitent rendent vain l'espoir de découvrir une « molécule miracle » unique et suffisante pour contrer la douleur. C'est certainement la raison pour laquelle le clinicien s'empresse de traiter le plus rapidement possible, souvent par des corticostéroïdes, les premiers signes d'inflammation afin d'éviter l'entretien de la douleur et son passage à la chronicité.

DE LA MOELLE AU CERVEAU :
LES VOIES DE LA DOULEUR

Lorsqu'une stimulation agressive touche la peau, atteint un muscle, une articulation ou des viscères, et qu'elle est susceptible d'y provoquer des dommages, toute l'information que le système nerveux central utilise non seulement pour engendrer des réactions appropriées d'évitement, mais aussi pour évoquer des sensations de douleur est contenue dans la volée afférente qui part des nocicepteurs de la périphérie pour se terminer dans le cortex cérébral. La figure 7-4 résume très schématiquement la façon dont on peut se représenter aujourd'hui l'architecture fonctionnelle des trajets de la douleur de la périphérie à la moelle, le tronc cérébral, le thalamus et le cortex. Ces trajets sont multiples et complexes, certains aboutissent aux aires somatosensorielles du cortex cérébral (SI et SII) où les attributs de la sensibilité nociceptive (modalité, durée, intensité, localisation) sont traités, d'autres atteignent le cortex frontal et le système limbique (cortex cingulaire, cortex insulaire, amygdala) où sont élaborées les composantes émotionnelles et motivationnelles qui transforment la sensibilité nociceptive en sensation douloureuse. Les études en imagerie cérébrale ont toutes montré de fortes activations dans ces zones cérébrales.

Savoir ce que peuvent ressentir des individus différents confrontés à la même agression physique est très difficile. La perception de la douleur est en effet modulée par de nombreux facteurs, certains propres à la personne elle-même, à son éducation ou à ses convictions, d'autres liés à son statut social ou au contexte momentané dans lequel elle fait l'expérience du stimulus nocif. Du point de vue psychophysiologique, les influences modulatrices résultent de mécanismes inhibiteurs exercés au niveau des structures spinales et supraspinales. Nous

---

32. Ces canaux sont appelés canaux Na^+ TTXr, parce que résistant à la tétrodotoxine TTX, pour les distinguer des canaux Na^+ TTX, sensibles à la TTX qui interviennent dans la conduction des potentiels d'action propagés. Voir chapitre III.

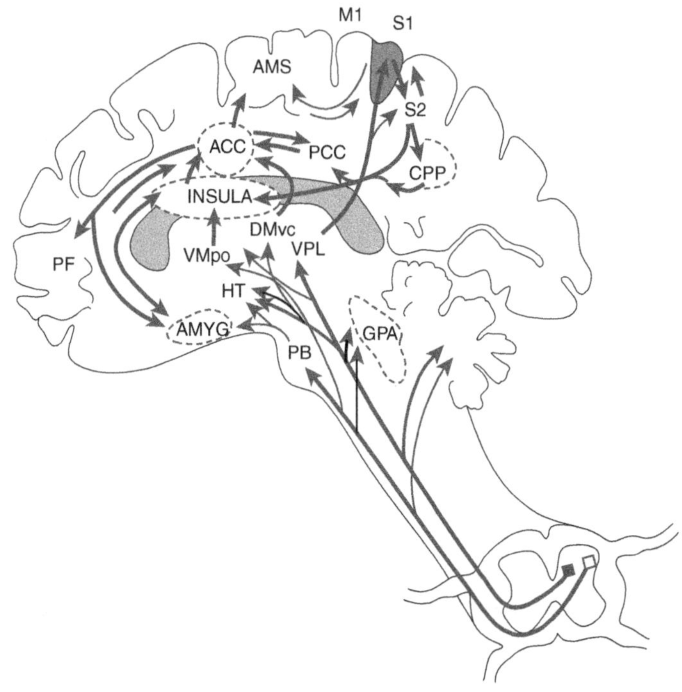

Figure 7-4 : *Les voies centrales de la douleur.*
GPA : substance grise périacqueductale
PB : noyau parabrachial
VMpo : complexe nucléaire postérieur du noyau ventromédian du thalamus
DMvc : complexe ventrocaudal du noyau dorso-médian du thalamus
VPL : noyau ventro-postéro-latéral du thalamus
CCA : cortex cingulaire antérieur
CCP : cortex cingulaire postérieur
HT = HT : hypothalamus
S1 et S2 = S1 et S2 : cortex somatosensoriel primaire S1 et S2
PPC = CPP : cortex pariétal postérieur
SMA = AMS : aire motrice supplémentaire
AMYG = AMYG : amygdala
PF = PF : cortex préfrontal
D'après Price, 2000.

avons plus haut mentionné la théorie du « passage contrôlé de la douleur » (*gate control theory of pain*). Dans sa version de 1965, cette théorie postulait l'existence d'un interneurone inhibiteur, situé dès l'entrée
dans la moelle épinière, mis en jeu par les fibres somatosensorielles de
gros calibre (A *alpha* et A *bêta*), capable de réduire jusqu'à la supprimer
l'activité des neurones nociceptifs excités par les fibres afférentes nociceptives de petit diamètre (A *delta* et C). Pour accommoder de nouveaux résultats expérimentaux, Patrick Wall a proposé en 1978 une

nouvelle version de son modèle en postulant l'existence d'une seconde famille d'interneurones inhibiteurs, activés par les afférences A *delta* et C elles-mêmes[33]. Ces deux catégories d'interneurones sont soumises à des influences descendantes, notamment en provenance du bulbe et du mésencéphale.

La dimension affective de la douleur, son caractère variable allant du déplaisant à l'insupportable, ainsi que les émotions que l'anticipation des souffrances susceptibles d'advenir provoque traduisent le caractère global de cette sensation. Les signaux nociceptifs envahissent en effet de nombreuses régions du système nerveux en empruntant divers trajets périphériques, dont certains sont « en série », d'autres « en parallèle » qui participent tous, à divers degrés et à divers moment, à l'élaboration de la sensation douloureuse[34]. En outre, les signaux venant de la périphérie ne sont pas simplement transmis le long d'un trajet prédéterminé ; à chaque étape, ils changent les propriétés des neurones qui les reçoivent. À la sensibilisation périphérique dont nous avons déjà parlé, il faut ajouter une sensibilisation centrale. Par exemple, le glutamate, libéré par les fibres afférentes nociceptives, déclenche non seulement une douleur aiguë *via* des récepteurs AMPA, mais enclenche également des effets durables par l'intermédiaire de récepteurs NMDA. Le mécanisme impliqué n'est pas sans évoquer un mécanisme dont nous reparlerons à propos des bases cellulaires de la mémoire : la potentialisation à long terme ou LTP (*long term potentiation*)[35].

Il n'est donc pas étonnant que toutes les tentatives pour localiser un « centre de la douleur » aient échoué. Si on cherche dans le système nerveux des neurones capables de répondre à un stimulus douloureux appliqué à la périphérie, on en trouvera, même chez l'animal anesthésié, presque partout, dans de nombreux noyaux du thalamus, dans diverses aires corticales et même dans l'hypothalamus. Des sujets humains éprouvant et rapportant des douleurs quasiment identiques présentent, en imagerie cérébrale fonctionnelle, des motifs d'activation différents. Cette situation est-elle propre à la sensation douloureuse ? On peut en douter. L'aspect qualitatif, subjectif, personnel, de la sensation douloureuse, le « ce que ça fait que d'avoir mal », n'est pas plus « localisable » dans le cerveau que n'importe quelle autre qualité consciente. Je reviendrai sur cette affirmation au chapitre XI.

---

33. Wall, 1978.
34. Price, 2000.
35. Voir chapitre IX.

Les sensibilités chimiques

Des goûts et des odeurs, on ne discute pas. Pourtant notre existence en est remplie. Ce que nous aimons avoir dans notre assiette ou notre verre, celui, celle ou ceux avec qui nous partageons un court instant ou toute une vie, la légère euphorie qu'évoque le parfum d'une vieille prune ou la grimace et la reculade de celle d'un œuf pourri, sont tous des comportements, souvent non conscients, qui guident notre vie, souvent plus sûrement que les réflexions que notre cortex cérébral nous permet d'élaborer. Ce que la langue et le nez nous font connaître du monde que nous habitons forme les sensibilités et les sensations chimiques principales, le goût et l'odorat, dont le point de départ est la capacité de reconnaître des molécules chimiques. Cette capacité est « primitive » dans le sens où on la trouve chez toutes les espèces animales où elle est affectée d'une grande valeur éthologique, dans la mesure où elle évoque des réponses robustes et où elle est apparue bien avant le premier et le plus simple des cortex.

Les sensibilités chimiques principales, l'odorat et le goût, concernent les récepteurs capables de reconnaître des molécules chimiques[36]. Leur étude, longtemps somnolente, a été brusquement réveillée en 1991 par la découverte d'un très grand nombre de gènes, dont beaucoup aujourd'hui sont clonés, impliqués dans l'expression des récepteurs olfactifs (RO) par Linda B. Buck et Richard Axel, lauréats du prix Nobel de physiologie et médecine en 2004. La famille des gènes des récepteurs olfactifs est certainement la plus grande jamais observée dans le génome des vertébrés. Cette découverte a surpris et enthousiasmé les chercheurs, il s'est ensuivi une forte recrudescence des travaux qui ont été étendus aux récepteurs du goût. Ainsi, au cours des deux dernières années, des récepteurs de l'amer, de la saveur « umami » du glutamate et du goût sucré ont été décrits *quasi* simultanément par plusieurs équipes.

La sensibilité olfactive

LES RÉCEPTEURS OLFACTIFS

La souris possède environ 1 300 gènes, dont un millier sont fonctionnels, codant différentes sortes de récepteurs olfactifs (RO). L'homme n'en a que 350 de fonctionnels qui lui permettent néanmoins de détecter

---

36. Principales, car il existe à travers toutes les espèces depuis les bactéries de nombreux récepteurs à diverses molécules chimiques. L'olfaction et la gustation sont cependant, chez les mammifères, les plus habituelles. Les deux principales revues utilisées pour la rédaction de ce chapitre sont : Menini *et al.*, 2003, et Lledo *et al.*, 2005. Voir également les ouvrages d'André Holley (1999 et 2006) publiés chez Odile Jacob.

et de discriminer un répertoire impressionnant de molécules odorantes, comme nous aurons l'occasion de le discuter un peu plus loin. Les récepteurs olfactifs appartiennent à la superfamille des protéines à sept domaines transmembranaires couplées à des protéines G dont le fonctionnement est très ubiquitaire. Leur séquence d'acides aminés, notamment des troisième, quatrième et cinquième segments transmembranaires, forme la région de liaison aux molécules odorantes.

Les récepteurs olfactifs ont une localisation singulière. On peut voir dans le schéma résumant l'organisation du système olfactif (Fig. 7-5) que le neurone sensoriel est une cellule bipolaire de l'épithélium olfactif qui tapisse la cavité nasale. Son unique dendrite se termine par un petit renflement où sont plantés 10 à 20 cils immergés dans le mucus nasal, sécrété par des glandes particulières (les glandes tubulo-alvéolaires de Bowman). Le corps cellulaire occupe le tiers moyen de l'épithélium olfactif et le pôle axonal, toujours amyélinique dans cette modalité sensorielle, pénètre dans la profondeur de l'épithélium où sont situées les cellules basales. Les axones très fins (leur diamètre ne dépasse pas 0,2 micron de diamètre) se regroupent en faisceaux comportant une dizaine d'axones, passent des petits trous percés dans la partie osseuse (la plaque cribiforme de l'os ethmoïde), pour se terminer dans le bulbe olfactif.

Les récepteurs sont insérés dans les membranes des cils et leur activation par une molécule odorante enclenche la cascade de transductions.

La transduction dans les récepteurs olfactifs

Au niveau du cil, la liaison de la molécule odorante avec le récepteur olfactif provoque, par l'intermédiaire d'une adénylate cyclase activée par une protéine G, la production d'un nucléotide cyclique, l'AMPc, qui ouvre directement les canaux ioniques de la membrane plasmique. Les ions Na^+ et Ca^{2+} entrent dans la cellule ; le Ca^{2+} intracellulaire ouvre à son tour des canaux Cl^- *-calcium-dépendants*, entraînant la sortie des ions Cl^- qui ont normalement une concentration élevée dans les neurones sensoriels olfactifs. Le résultat net de ces mouvements ioniques sera une dépolarisation du neurone sensoriel, qui se propage passivement jusqu'au soma pour générer au niveau de l'axone un potentiel d'action propagé jusqu'au niveau des glomérules du bulbe olfactif.

Cette cascade de transductions a des conséquences analogues à celles que nous avons décrites à propos de la phototransduction. Tout d'abord, elle permet une amplification du signal électrique produit par la liaison d'une seule molécule d'odorant à son récepteur, telle que son amplitude suffise à initier la suite des événements bioélectriques de la membrane du neurone sensoriel jusqu'à la génération d'un potentiel d'action[37]. Ensuite,

---

37. Menini *et al.*, 1995.

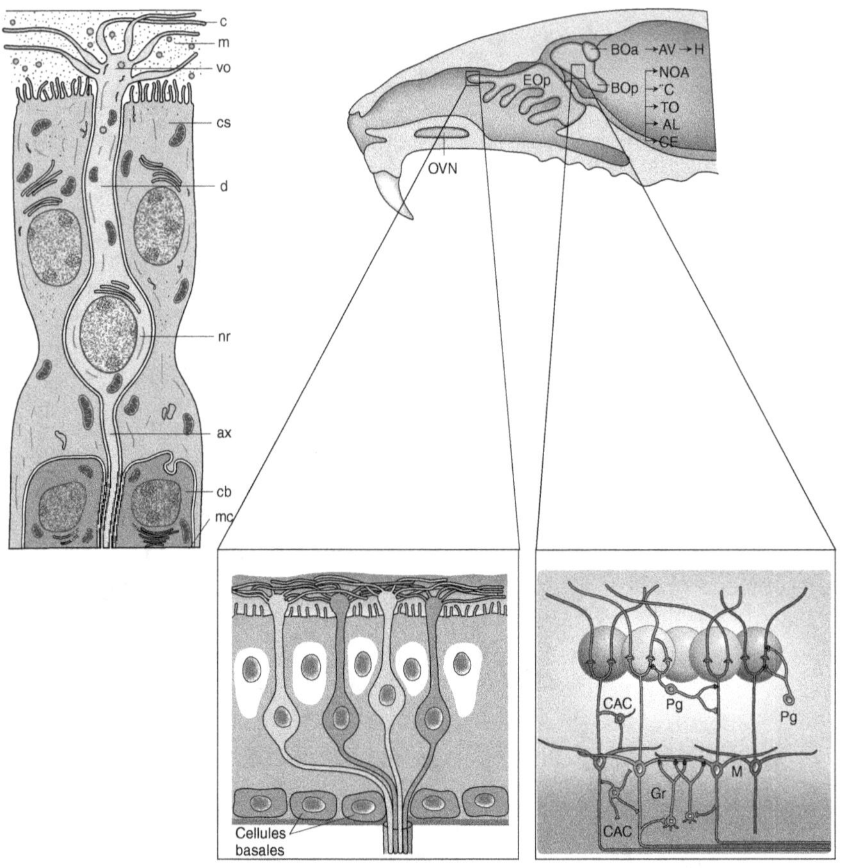

Figure 7-5 : *Organisation du système olfactif et récepteur olfactif.*
En haut : coupe schématisée d'une tête de rat. Le système olfactif principal, le système accessoire. Les pliures de l'épithélium olfactif principal (EOp) accroissent la surface sensible. Les axones des neurones sensoriels dans l'EOp se projettent dans le bulbe olfactif principal (BOp) ; les axones des neurones sensoriels de l'organe voméronasal (OVN) se projettent sur le bulbe olfactif accessoire (BOa). Les informations en provenance des phéromones sont dirigées vers l'amygdala voméronasale (AV) avant d'atteindre des noyaux spécifiques dans l'hypothalamus (H). Les projections issues du BOp sont destinées au cortex olfactif primaire qui comprend le noyau olfactif antérieur (NOA), le cortex piriforme (¨C), le tubercule olfactif (TO), la partie latérale de l'amygdala corticale (AL), le cortex entorhinal (CE).
Encart de gauche : l'épithélium olfactif, avec ses trois types principaux de cellules. Noter que les cellules basales sont des cellules souches chez l'adulte. *Encart de droite* : circuit du bulbe olfactif principal. Les neurones sensoriels olfactifs qui expriment le même gène de récepteur odorant envoient leurs axones sur une cellule glomérulaire (Gl) dans le bulbe olfactif. Quatre populations de neurones sensoriels exprimant chacun un gène de récepteur odorant différent sont représentées par les *différents gris*. Leurs axones convergent sur des cellules glomérulaires spécifiques, où ils font des synapses avec les dendrites d'interneurones locaux (neurones périglomérulaires, Pg)

et des neurones de second ordre (cellules mitrales, M). Les dendrites latéraux des cellules mitrales contactent les dendrites apicaux des cellules granulaires (Gr). Les cellules à axones courts (CAC) sont des interneurones bulbaires qui contactent à la fois les dendrites apicaux et latéraux des cellules mitrales.
D'après Lledo *et al.*, 2005.
Sur la gauche sont représentés trois types de cellules de l'épithélium olfactif ; nr : neurorécepteur ; cs : cellule de soutien ; cb : cellule basale ; ax : axone ; c : cil olfactif ; d : dendrite ; m : mucus ; mc : membrane basale ; vo : vésicule olfactive
D'après Buser et Imbert, 1982.

l'adaptation physiologique aux odorants, le fait que la réponse diminue progressivement en présence continue de l'odorant, démarre au niveau du processus de transduction lui-même. En effet, la réponse initiale d'un neurone sensoriel à un stimulus odorant est suivie d'une période au cours de laquelle sa capacité de répondre à nouveau se trouve réduite. Le Ca^{2+}, en combinaison avec la calmoduline, serait responsable de cette adaptation à l'odorant grâce à un feedback négatif qui désensibiliserait les canaux AMPc-dépendants. Cette séquence d'événements n'est pas sans rappeler ce que nous avons décrit au niveau du photorécepteur, à la différence que l'AMPc remplace ici le GMPc. Il y a aussi une autre différence qu'il faut mentionner. En plus d'un rôle dans l'adaptation par l'effet de rétroaction négative, le Ca^{2+}, dans la cellule olfactive, a un effet positif, en effet en ouvrant les canaux Cl-calcium-dépendants, il amplifie le potentiel récepteur.

Spécificité des odorants

Il est désormais bien établi qu'un seul odorant peut activer plusieurs types de récepteurs ; de plus, tous les récepteurs étudiés jusqu'ici peuvent être activés par plusieurs odorants différents[38].

Néanmoins, un odorant donné n'active qu'une unique combinaison de récepteurs. Ainsi, la famille des récepteurs olfactifs est engagée dans un codage « combinatoire », dont le grand avantage est de donner au système olfactif une capacité de reconnaître un répertoire énorme d'odeurs[39]. Ces résultats confirment que dans ce domaine comme dans celui du goût dont nous parlerons plus loin, la notion d'un codage par « lignes étiquetées » ne peut être ; des électrophysiologistes, comme André Holley de Lyon, l'avaient déjà soupçonné.

Projection des axones des cellules sensorielles olfactives

Chaque cellule olfactive se termine sur deux unités synaptiques discrètes, appelées glomérules, « stéréotypiquement » arrangées dans les deux bulbes olfactifs symétriques. Les axones des cellules qui expriment

---

38. Krautwurst *et al.*, 1998 ; Malnic *et al.*, 1999 ; Zhao *et al.*, 1998.
39. Buck, 2000.

le même récepteur d'odorant convergent, sur les mêmes glomérules. Cette convergence a été démontrée expérimentalement au niveau d'un axone unique en utilisant des souris transgéniques chez lesquelles l'expression d'un gène de récepteur odorant donné avait été liée à l'expression d'une protéine fluorescente verte. Seuls les axones, et seulement ceux-là, des neurones exprimant ce gène de récepteur particulier convergent vers leurs glomérules cibles[40].

Les neurones récepteurs olfactifs (RO) présentent un cycle de renouvellement rapide de quelques semaines seulement, il faut donc que l'organisation structurale du système olfactif s'accommode de ces changements fréquents pour se reconstituer périodiquement, ceci est rendu possible parce que chaque type de RO participe à ce processus de ciblage précis des glomérules[41]

De nombreuses analyses fonctionnelles, au moyen de diverses techniques (par exemple, l'imagerie intrinsèque, les indicateurs de calcium, les colorations voltage-dépendantes, la résonance magnétique) ont toutes montré que la stimulation évoquée par un odorant donné active plusieurs glomérules, suggérant un codage combinatoire semblable à celui observé pour les récepteurs eux-mêmes. Néanmoins, il est fermement établi que l'information sur les odeurs est spatialement représentée dans le bulbe olfactif[42]. Cependant, cette carte est grossière et semble organisée de manière hiérarchique.

Le traitement dans les glomérules

Dans le bulbe olfactif, un traitement complexe peut avoir lieu. Chaque glomérule contient les axones de milliers de cellules réceptrices (qui expriment toutes le même odorant) ainsi que les dendrites d'environ une cinquantaine de cellules mitrales, principales cellules de sortie du bulbe olfactif. Ces cellules mitrales sont activées par les cellules réceptrices, mais reçoivent également des afférences d'interneurones locaux, les cellules périglomérulaires et les cellules granulaires[43].

Les terminaisons des axones des RO forment des synapses excitatrices glutamatergiques (rapides par des récepteurs AMPA et lentes par des récepteurs NMDA), avec les dendrites apicaux des cellules mitrales et avec les interneurones périglomérulaires. Des mécanismes adéquats assurent une transmission fiable à partir des cellules réceptrices, permettant d'amplifier les signaux extrêmement faibles des cellules réceptrices à leur seuil d'activation par des stimulus odorants. La circuiterie intra-glomérulaire, étant relativement simple, en rend possible une

---

40. Mombaerts 1999 ; Treloar *et al.*, 2002.
41. Reed, 2003.
42. Bozza et Mombaerts, 2001 ; Kauer, 2002 ; Korsching, 2002 ; Mori *et al.*, 1999.
43. Lowe, 2003 ; Schoppa et Urban, 2003, Lledo *et al.*, 2005.

analyse détaillée qu'il m'est impossible de détailler de ces quelques pages[44].

LE TRAJET VERS LE CORTEX OLFACTIF

Qu'il me suffise de dire que les signaux olfactifs, synaptiquement intégrés dans les glomérules, sont relayés par les axones des cellules mitrales aux neurones pyramidaux du cortex cérébral. Les régions olfactives cérébrales sont composées de plusieurs aires distinctes. Des études anatomiques classiques et des analyses génétiques récentes indiquent que l'organisation topologique de l'information sur les odeurs que l'on observait au niveau du bulbe olfactif est perdue au niveau cortical. Les cellules olfactives semblent se disperser dans de multiples petits paquets de cellules corticales. Une étude récente a permis de suivre visuellement les signaux issus des cellules réceptrices, exprimant un récepteur odorant donné. Une lectine végétale est utilisée comme traceur. Cette lectine, une fois exprimée dans les neurones sensoriels est transportée par les axones jusqu'au bulbe, pour être ensuite transférée, après avoir traversé les synapses glomérulaires, jusqu'au cortex. La construction de souris transgéniques chez qui la lectine est exprimée dans les seuls neurones sensoriels exprimant un récepteur odorant donné permet de visualiser, par des méthodes histochimiques, les neurones du cortex olfactif qui reçoivent leurs afférences de cette catégorie particulière de récepteur odorant. Deux récepteurs d'odorant, exprimés dans les zones distantes l'une de l'autre dans l'épithélium olfactif, ont révélé que les neurones marqués se trouvent dans les zones distinctes de l'épithélium, ce qui confirme encore l'organisation topographique déjà mentionnée ; enfin, les cellules mitrales, transportant des afférences de l'un ou de l'autre odorant, forment des synapses dans la plupart des aires olfactives et sont organisées en paquets circonscrits.

En outre, en comparant les localisations de ces paquets de neurones marqués chez différents animaux, on se rend compte qu'il existe une carte stéréotypée des afférences olfactives sur le cortex olfactif, carte néanmoins grossière parce que les paquets issus des différents afférents olfactifs se chevauchent largement[45].

LE « MYSTÈRE » DE L'OLFACTION HUMAINE

Dans un article[46] récent, Gordon Shepherd, du département de neurobiologie de l'Université de Yale, soulève et s'efforce de résoudre le

---

44. Je renvoie le lecteur curieux à l'excellente revue que Pierre-Marie Lledo, Gilles Gheusi et Jean-Didier Vincent viennent de publier dans les *Physiological Reviews*, 2005.
45. Zou *et al.*, 2001.
46. Shepherd, 2004.

paradoxe suivant. Les primates, et tout particulièrement l'espèce humaine, sont réputés être très « visuels » et très peu « olfactifs ». D'ailleurs des études génétiques[47] montrent que des rongeurs aux primates, il y a une réduction progressive et importante des gènes des récepteurs olfactifs, passant de 1 300 à 350. Une conclusion semble donc s'imposer ; le déclin de l'odorat chez l'homme est directement corrélé au déclin de sa sensibilité olfactive.

Pourtant, des études comportementales ont clairement établi que les primates, y compris l'homme, ne sont pas d'aussi mauvais « nez » qu'on veut bien le dire. Des études de l'olfaction chez l'homme montrent qu'au seuil de détection, les sujets humains ont des performances non seulement comparables à celles des autres primates, mais surtout comparables et même supérieures à celles des autres mammifères. Utilisant comme stimulus olfactif des aldéhydes à chaîne droite (aldéhydes aliphatiques), Laska et ses collaborateurs (2000) ont montré que les chiens sont peut-être meilleurs pour la détection des odeurs des composés à chaînes courtes, mais les humains sont aussi bons, sinon meilleurs, avec des composées à chaîne longue. Surtout, les humains font significativement mieux que les rats. On sait bien que les amateurs de vin sont bien souvent plus fiables que la chromatographie gazeuse pour analyser les arômes d'un grand cru, et que les « grands nez » de chez Lanvin ou Chanel analysent les parfums en étant capables de distinguer une à une les multiples essences dont ils sont composés.

L'homme ne serait pas ce mauvais « renifleur », ce malheureux « microsmate » qu'on prétend. D'où le mystère, selon ses propres termes, que Gordon Shepherd entend discuter : réconcilier le petit nombre de récepteurs avec la remarquable capacité perceptive. La solution qu'il propose me semble non seulement élégante, mais avoir des implications importantes pour la compréhension des relations qu'entretiennent les gènes avec le comportement et, plus généralement, les compétences cognitives.

Tout d'abord, le nez de l'homme ne ressemble pas à celui d'une souris ou d'un chien. Chez pratiquement tous les mammifères, à l'exception des primates, les cavités nasales sont pourvues à leur entrée d'un filtre, en forme de replis recouverts d'une membrane respiratoire ; cette sorte de turbine est un véritable « air conditionneur » biologique[48], dont la triple fonction est de nettoyer, réchauffer et humidifier l'air entrant. C'est un filtre efficace qui interdit l'entrée dans les cavités nasales aux particules nocives et infectieuses, émises par des matières fécales, des animaux en décomposition, des plantes nuisibles, des gaz d'échappement, que les bêtes à quatre pattes ne peuvent s'empêcher de flairer. Tout en proté-

---

47. Rouquier *et al.*, 2000 ; Gilad *et al.*, 2004.
48. Negus, 1958.

geant la muqueuse olfactive d'agressions diverses, le filtre néanmoins absorbe beaucoup de molécules et prive de la sorte l'épithélium olfactif de nombreuses odeurs. Mais les grandes narines et le riche répertoire de gènes de récepteurs olfactifs de la plupart des quadrupèdes compensent cet obstacle à une bonne détection des odeurs.

L'homme quant à lui (et les primates non humains aussi jusqu'à un certain degré) a moins besoin de filtrer sévèrement l'air entrant. Sa position debout l'éloigne des odeurs les plus nuisibles ; de la sorte, la pression de sélection qui s'exerce sur les gènes des récepteurs olfactifs est moins forte que chez les quadrupèdes, en conséquence de quoi ils seront moins nombreux. Moins nombreux, mais en nombre suffisant pour permettre les belles performances que nous venons de décrire. Pourquoi ? Il faut savoir que, chez le rat, l'élimination de 80 % de la couche glomérulaire ne réduit en rien les capacités de détection et de discrimination olfactives[49]. Si avec 20 % de ses glomérules (et des gènes des récepteurs olfactifs correspondants), le rat peut atteindre des performances normalement rendues possibles par 1 100 gènes, il n'est pas étonnant que les 350 gènes de l'homme suffisent amplement pour réaliser les mêmes performances.

L'homme présente également une autre caractéristique anatomique intéressante. Chez lui, les molécules olfactives peuvent atteindre les récepteurs olfactifs par une autre route que celle qui passe directement par le nez. Une route, dite rétro-nasale, part du fond de la cavité orale, passe par le naso-pharynx, pour retourner vers la cavité nasale. C'est la voie qu'utilisent les gourmets, et nous savons pour l'avoir souvent éprouvé, que ce sont ces « odeurs de bouche », combinées avec des sensations gustatives et somatosensorielles, formant un complexe multisensoriel désigné par le mot *flaveur*, qui déterminent essentiellement le caractère hédonique, plaisant ou désagréable de ce que mangeons ou buvons. Il y a deux millions d'années que l'homme fait cuire ses aliments ; depuis dix mille ans, avec la domestication des animaux, la culture des plantes, l'utilisation des épices, le régime devient de plus en plus savoureux et parfumé ; si l'on ajoute à cela que, vers la même époque, l'homme commence à parler, alors on peut comprendre que la cuisine préparée puisse être considérée comme une marque distinctive de l'humain[50].

Les régions cérébrales centrales qui traitent l'information olfactive sont beaucoup plus importantes que ce que l'on imagine habituellement. Elles comportent le cortex olfactif, le tubercule olfactif, le cortex entorhinal, des zones de l'amygdala, de l'hypothalamus, du thalamus médiodorsal, de cortex orbito-frontal médial et latéral, d'une partie de l'insula[51]. Ces régions procèdent à l'analyse de tâches de relativement bas

---

49. Bisulko et Slotnick, 2003.
50. Wrangham et Conklin-Brittain, 2003.
51. Voir Neville et Haberly *in* Shepherd, 2004.

niveau de détection et de discrimination des odeurs. Les tâches plus complexes requièrent l'intervention des lobes temporal et frontal dans la mesure où l'on fait appel à la mémoire indispensable à la comparaison des odeurs. Gordon Shepherd fait l'hypothèse que ces régions permettent aux humains de donner plus de poids cognitif à la discrimination olfactive, la réduction du répertoire des gènes des récepteurs olfactifs est ainsi compensée par un plus riche répertoire de mécanismes cérébraux plus élevés. Pour apprécier les odeurs de cuisine, il faut de grandes capacités de traitement cérébral.

Ici vient une remarque fondamentale. L'existence d'« images olfactives » virtuelles formées de divers motifs d'activité glomérulaire évoqués par différentes odeurs a déjà été suggérée. Ces images olfactives fourniraient un moyen de discriminer les odeurs, un peu à la manière où les images visuelles permettent de distinguer des motifs visuels différents. Il est vrai que les humains sont particulièrement doués pour discriminer et reconnaître des visages, et qu'ils sont aussi aptes à discriminer et reconnaître des images olfactives (rappelez-vous l'épisode de la pervenche chez Jean-Jacques Rousseau ou la fameuse madeleine de Marcel Proust). Mais, de la même façon qu'il est très difficile de décrire avec des mots un visage, il est très difficile de décrire une odeur. Reconnaître un visage d'après sa description est une tâche ardue. Reconnaître un vin est aussi difficile et demande un long apprentissage. L'œnologue regarde la couleur de sa « robe », renifle pour savoir s'il a du « pif », compare les odeurs directes senties par le nez aux odeurs rétro-nasales après l'avoir fait rouler dans sa bouche, et bien d'autres manœuvres qui semblent ésotériques au néophyte. À chacune des étapes, il y a des mots précis pour caractériser un parfum ou une saveur. Le lexique du vin est déjà à lui seul un vrai régal. Ce n'est qu'à l'issue d'un processus analytique complexe, cognitivement très demandant, où chaque étape peut être verbalisée[52], que le spécialiste reconnaîtra le vin dégusté et s'aventurera éventuellement à lui donner un nom.

Ce travail cognitif est largement indépendant du nombre de gènes des récepteurs olfactifs ! Gordon Shepherd propose l'analogie suivante : le rat et le chat possèdent de 17 000 à 20 000 fibres dans le nerf acoustique ; l'homme en possède de 25 000 à 30 000. Cette différence très modeste ne peut servir de base pour comprendre les différences considérables dans le traitement des signaux acoustiques entre l'homme d'une part et le rat ou le chat d'autre part. C'est le cerveau humain, avec son développement cortical considérable, qui permet d'effectuer sur des entrées auditives modestes, le traitement des signaux acoustiques propres à la parole et au langage.

On peut penser qu'il en va de même pour l'olfaction chez l'homme. C'est la raison pour laquelle de nombreuses études sont très activement

---

52. J'aurais tendance à dire *doit* être verbalisée.

menées actuellement chez l'homme, grâce en particulier au développement des techniques d'imagerie cérébrale.

LES ACTIVATIONS CÉRÉBRALES PAR LA STIMULATION OLFACTIVE

Les méthodes d'imagerie cérébrale PET-scan et IRMf sont mises à profit pour étudier la distribution des activations cérébrales induites par des stimulations olfactives (et, dans certains cas, gustatives). Elles ont confirmé l'implication d'aires déjà découvertes par des travaux de neuro-anatomie et de neurophysiologie effectués chez des primates, ainsi que d'observations neurologiques et neuropsychologiques chez l'homme cérébrolésé. Ainsi, le rôle joué par le cortex frontal orbitaire dans le traitement de l'information olfactive apparaît clairement. Une particularité de son activation est qu'elle est dissymétrique, indiquant peut-être une certaine latéralisation du traitement. Certains travaux ont abordé les différences régionales d'activation selon les tâches olfactives qu'on demande au sujet d'exécuter : simple détection, identification, jugement de familiarité sur l'odeur. Ce que nous avons déjà dit sur les traitements « haut niveau », faisant intervenir la mémoire, est confirmé et montre en effet des activations importantes dans toutes les zones déjà mentionnées, notamment les cortex pariétal et frontaux. En outre, l'activation de l'amygdala signe sans doute la dimension émotionnelle des stimulus olfactifs. Il est peut-être encore trop tôt pour tirer des conclusions solides de ces travaux, ils ont pourtant tendance à montrer une implication inégale des deux hémisphères dans le traitement émotionnel des odeurs, selon le plaisir qu'elles suscitent. On peut prévoir que ce genre de recherches est appelé à se développer dans la mesure où les odeurs ont comme caractéristique de lier étroitement les dimensions cognitive et affective des messages sensoriels.

LE SYSTÈME VOMÉRONASAL

Nous venons de voir que, chez les mammifères, y compris l'homme, de nombreux comportements, souvent fort sophistiqués, dépendent d'indices olfactifs. Néanmoins l'olfaction, telle que nous venons de la considérer jusqu'à présent, était prise dans son sens usuel qui concerne généralement le monde des odeurs ordinaires que le sujet, animal ou humain, peut sentir, c'est-à-dire percevoir (plus ou moins) consciemment. Il est pourtant un autre monde d'« odeurs » insoupçonné, qui échappe à la conscience claire, celui des phéromones.

Tout d'abord décrites chez les insectes, les phéromones sont des molécules chimiques, émises par des membres d'une même espèce. Elles fournissent des indices sur le statut social et reproductif de celui qui libère la molécule et provoquent chez celui qui la détecte des comportements, social et sexuel, innés ainsi que des modifications endocriniennes, notamment de la sphère génésique, généralement avantageux du point de vue sélectif.

La plupart des mammifères ont un système chémosensoriel spécialement dédié à la réception de phéromones. Les neurones récepteurs de ces signaux sont localisés dans l'organe voméronasal (OVN), situé dans une capsule cartilagineuse de la surface médiane du septum nasal.

Les neurones récepteurs transportent les signaux des phéromones directement au bulbe olfactif accessoire qui, à son tour, se projette massivement sur deux structures relais, l'amygdala médiane, et une zone de la strie terminale, avant d'atteindre les aires hypothalamiques impliquées principalement dans des comportements socialement et sexuellement motivés, par exemple la recherche par les mâles de partenaires sexuels et l'agression maternelle *post-partum*.

Le système olfactif et le système de l'organe voméronasal sont totalement distincts : chez les mammifères, des lésions anatomiques du premier provoquent une anosmie, c'est-à-dire une perte spécifique de la sensibilité aux odeurs, sans affecter les conduites sexuelles, alors que la lésion du second provoque de sévères déficits des comportements reproductifs. Ces déficits sont difficiles à interpréter, car ils ne sont pas absolument tranchés. C'est ainsi que la section du nerf du système voméronasal ne provoque aucun trouble du comportement sexuel chez 40 % des hamsters mâles, ceux qui sont épargnés sont ou bien déjà en couple avec des femelles fertiles, ou bien riches d'une certaine expérience sexuelle.

Il a fallu attendre le clonage et la caractérisation des gènes des récepteurs aux phéromones pour commencer à comprendre ces bizarreries comportementales qui suivent l'élimination anatomique de l'organe voméronasal. Le séquençage et l'analyse des gènes clonés ont révélé l'existence de deux superfamilles d'environ 168 et 200 gènes exprimés dans l'OVN qui encodent des récepteurs *couplés aux protéines-G* (GPCR) de deux grandes familles, les V1R et les V2R, distinctes des principales familles de récepteurs olfactifs. La souris, nous l'avons vu plus haut, possède plus de mille récepteurs olfactifs, mais n'en a environ que trois cents dans l'OVN. En outre, ces deux ensembles de récepteurs ne se ressemblent pas, et leurs mécanismes d'activation sont très différents[53].

L'élimination du groupe de gènes V1R, à la différence de la lésion anatomique du OVN, ne produit pas d'effets sur la réponse intéressée que le mâle généralement donne aux vocalisations ultrasonores des

---

53. Une autre famille de gènes est exprimée dans OVN qui exprime des molécules de la classe Ib du complexe majeur d'histocompatibilité ; Ishii *et al.*, 2003 ; Loconto *et al.*, 2003.

femelles. On n'observe pas de carence dans son comportement agressif, de même le niveau de testostérone, qui habituellement change en présence de femelles, n'est pas non plus affecté. Néanmoins, quelques fantaisies apparaissent. Des mâles sexuellement naïfs s'accouplent indistinctement avec des femelles ou avec des mâles. Toutefois, avec la répétition et l'expérience, le choix des mâles diminue, celui des femelles augmente. Les mâles dont les gènes VR ont été éliminés présentent une totale indifférence tant à l'égard des femelles que des mâles, indifférence qui ne s'affaiblit pas avec l'expérience sexuelle. Les femelles mutantes ont, quant à elles, un comportement maternel normal avec leurs petits, mais ne manifestent que très peu d'agressivité à l'égard d'un mâle étranger, un peu trop curieux, s'approchant de son nid. Ainsi, les comportements reproductifs ne sont pas purement et simplement éliminés chez ces souris mutantes, ils sont seulement révisés « à la baisse » : les femelles sont plus lentes pour agresser le visiteur imprudent, les mâles ne sont guère brillants dans leur ardeur sexuelle. Tout cela, en dépit d'un niveau de testostérone normal.

Il semble clair que les déficits provoqués par la lésion génétique sont moins complets que ceux qui sont provoqués par des lésions anatomiques. Les deux procédures réduisent, sans l'éliminer entièrement, le comportement copulatoire, ce qui est déficitaire c'est la capacité d'engager une activité sexuelle ; de même, l'agressivité *post-partum* n'est pas définitivement éliminée, ni par la lésion complète du OVN ni par la délétion des gènes V1R. Dans les deux cas, la souris est plus lente à éveiller sa combativité. Néanmoins, quelques minutes après le début de l'interaction avec l'importun, ces souris lentes ne seront pas moins batailleuses que les souris contrôles. Ici aussi, c'est la capacité d'engager le comportement qui est déficitaire. Ces exemples donnent une belle démonstration d'une dissection génétique des multiples composantes d'un comportement complexe.

Une découverte récente est encore plus stupéfiante. Elle vient de la comparaison des phénotypes de souris porteuses de lésions anatomiques complètes de l'OVN et de souris dont les récepteurs ont été inactivés à la suite de la délétion du gène encodant le canal cationique TRP2[54]. Chez les mutants TRP2[-/-], l'agression des mâles entre eux, et l'agression des femelles *post-partum* sont totalement éliminées. Les mâles s'accouplent aux mâles autant qu'aux femelles et leur indifférence au sexe ne faiblit pas, pas plus qu'ils ne répondent aux invitations ultrasonores des femelles. Ici, à la différence de l'élimination d'un groupe de gènes V1R décrite plus haut, l'expérience ne fait rien à l'affaire.

Le mâle mutant est incapable d'entretenir des hiérarchies sociales avec les autres mâles, ils continueront à les marquer d'urine comme s'ils

---

54. Leypold *et al.*, 2002 ; Stowers *et al.*, 2002.

étaient des femelles ; pourtant, s'il est attaqué, il saura se défendre, mais n'attaquera jamais le premier, pas davantage qu'il ne prendra l'initiative d'un acte sexuel approprié. Il semble bien que toutes les conduites de base peuvent en fin de compte s'exprimer normalement, mais ce qui manque fondamentalement c'est la possibilité de discerner clairement les différences sexuelles, chacun des sexes est incapable de déterminer l'identité sexuelle d'un membre de sexe opposé. Les mutants TRP2$^{-/-}$ sont de véritablement *aveugles au sexe*, en dépit du fait que leur niveau d'hormone sexuelle est parfaitement normal. Les expériences de ce type renouvellent complètement notre façon d'envisager le rôle des gènes dans l'expression des comportements. Le fait que les mutants TRP2$^{-/-}$ puissent avoir une motivation normale, mais échouent à engager et à conclure un comportement spécifique à leur sexe, suggère que l'organe voméronasal pourrait influencer, précocement[55], le développement du dimorphisme comportemental caractéristique du sexe, sans pour autant contrôler strictement les conduites propres à chaque sexe.

La sensibilité gustative

DESCRIPTION DU SYSTÈME GUSTATIF DES MAMMIFÈRES

Chez les mammifères, les cellules réceptrices du goût sont localisées dans des unités morphologiques particulières appelées les bourgeons du goût (BG). Distribués dans la cavité orale, principalement sur la langue. Chez l'homme, les deux tiers des BG sont localisés au niveau de trois types de papilles distinctes de la langue (fungiforme, foliée et circumvellaire), le tiers restant se trouve dans le palais et l'épiglotte. Les BG sont tous semblables quelle que soit leur localisation dans la cavité orale. Ils comportent de cinquante à cent cellules individuelles rassemblées dans une sphère de 20 à 40 microns de diamètre et de 40 à 60 microns de long.

Selon leur localisation dans la cavité orale, les fibres nerveuses entrant dans le bourgeon ont leur origine dans trois paires de nerfs crâniens : le VII ou facial, le IX ou glossopharyngien et le X ou vague. Une branche du nerf VII, la *chorda tympani*, et le nerf grand pétreux innervent les deux tiers antérieurs de la langue et de palais respectivement. Le glossopharyngien innerve les papilles foliées et circumvellaires de la langue postérieure, et le nerf laryngé supérieur, une branche du nerf X,

---

55. Contrairement à l'élimination chirurgicale de l'OVN qui se pratique chez l'adulte, les souris mutantes TRP2$^{-/-}$ sont privées de signaux émis par l'organe dès avant le début d'une période critique du développement où se met en place le dimorphisme sexuel.

innerve les bourgeons de l'épiglotte. Ces fibres nerveuses afférentes pénètrent à l'intérieur des bourgeons, et transportent les informations gustatives vers le cerveau. En revanche, il y a des fibres du nerf trijumeau, Ve paire de nerfs crâniens, qui entourent les bourgeons sans y pénétrer et qui servent de terminaisons sensorielles libres véhiculant au cerveau des signaux thermiques ou tactiles. On voit ainsi qu'au niveau périphérique, plusieurs modalités sensorielles peuvent se combiner pour enrichir la détection des saveurs proprement dites.

Chez les mammifères, les stimulus gustatifs sont détectés par des cellules réceptrices sans axones. Ces cellules établissent des synapses avec les fibres des neurones afférents, qui, à leur tour, vont se projeter sur un seul noyau médullaire.

La mouche aussi est un excellent gourmet. Elle offre un matériel d'étude génétique privilégié. Il est possible qu'une fois encore elle vienne à notre secours pour nous fournir des enseignements précieux sur les mécanismes de base de la gustation. Chez la mouche, les goûts sont détectés par des neurones sensoriels situés dans les *sensilles*, où ils cohabitent avec des neurones mécano-sensibles. On trouve des neurones sensibles aux différentes classes de goût, sucré, salé, etc. Les sensilles du goût couvrent de larges régions du corps et leurs neurones se projettent sur des centres gustatifs situés le long de la corde nerveuse.

Le centre principal se trouve dans le ganglion sous-œsophagien. Il est la cible de l'organe gustatif dominant, le *labellum*. Il faut en outre remarquer que, chez la mouche, les neurones sensoriels dédiés à la détection des phéromones ne sont pas regroupés dans un organe équivalent à l'organe voméronasal des mammifères, mais se trouvent également distribués sur les pattes antérieures des mâles, en compagnie des neurones du goût. On voit donc à quel point les systèmes gustatif et détecteur de phéromones peuvent être différents chez les mammifères et les mouches. Pourtant, est-ce encore vrai des récepteurs eux-mêmes et de leur distribution ?

Outre l'anatomie, une autre différence semble nous interdire de comparer mouches et mammifères. Chez ces derniers, la discrimination gustative engage cinq familles de récepteurs, alors qu'une seule suffit à la mouche drosophile.

L'homme, en particulier, peut discriminer cinq modalités gustatives distinctes : le doux, l'aigre-acide, le salé, l'amer, et l'umami, le goût de quelques acides aminés comme le glutamate monosodique et l'aspartate. De récentes études fonctionnelles ont établi que le goût du doux est rendu possible par une petite famille de trois récepteurs couplés à des protéines-G, ces familles sont appelées récepteurs T1Rs (T pour *taste*). On les trouve exprimées exclusivement dans un sous-ensemble de cellules du goût des bourgeons de divers endroits de la langue. Si l'on s'accorde à reconnaître que la détection du doux se fait par des récepteurs

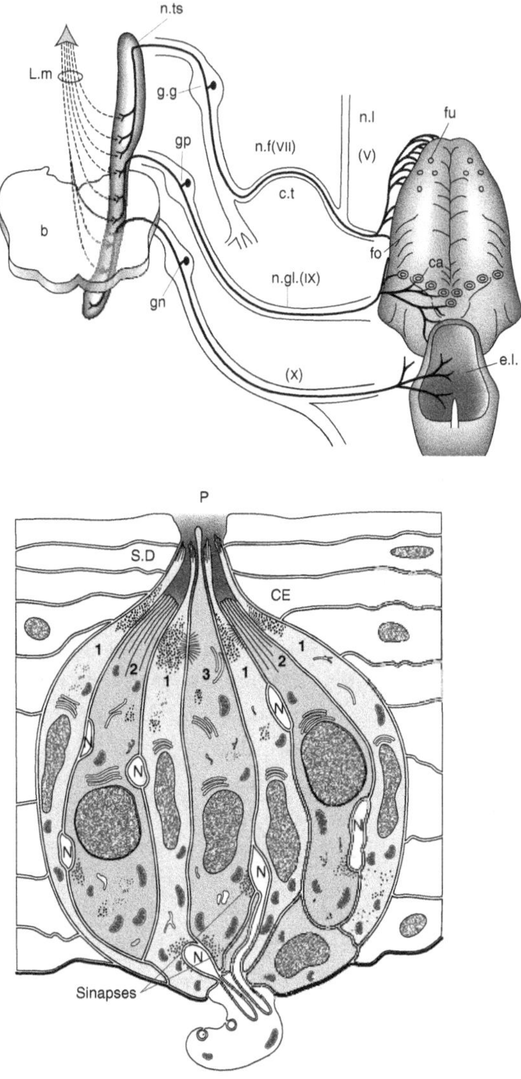

Figure 7-6 : *Schéma de l'appareil gustatif.*
En haut : innervation de la langue et de la région périlinguale chez l'homme. Papilles de la langue fu : fungiforme ; fo : foliée ; ca : caliciforme. Épiglotte du pharynx et du larynx (e.l) ; n.l : branche linguale du trijumeau (V) ; c.t : chorde du tympan ; n.f : nerf facial (VII) ; g.g : ganglion genouillé ; n.ts : noyau du tractus solitaire ; n.gl : nerf glossopharyngien (IX) et son ganglion pétreux (gp) ; (X), nerf vague avec son ganglion noueux (gn) ; Lm : lemnisque médian ; b : bulbe.
En bas : bourgeon du goût d'une papille foliée de lapin. Les cellules de type 3 sont considérées comme cellules réceptrices, les cellules 1 comme cellules de soutien. Les cellules de type 2 ne forment pas de synapses. Les cellules de type 4 joueraient un rôle dans le remplacement des cellules du bourgeon. S : cellule de Schwann ; P : pore ; SD : substance dense ; CE : cellules épithéliales
D'après Buser et Imbert, 1982.

T1Rs couplés à des protéines G, il n'en va pas de même pour la détection de l'umami, saveur provenant essentiellement de l'acide aminé glutamate ; le récepteur de ce stimulus gustatif serait une forme tronquée d'un récepteur métabotropique du glutamate (le mGluR4).

Toutes ces différences entre les systèmes gustatifs de l'insecte et du mammifère ne doivent pas nous empêcher d'être frappés par quelques similitudes. Tout d'abord, ce sont les mêmes classes principales de goût que l'on trouve chez la mouche, la souris ou même l'homme, tous les goûts se répartissent dans quelques classes semblables. Ensuite, à la fois les insectes et les mammifères ont des cellules réceptrices accordées à des stimuli qui entrent dans l'une ou l'autre de ces deux grandes catégories de motivations : ils sont soit attractifs, soit répulsifs. De plus, le nombre de récepteurs exprimés chez le *labellum* de l'insecte et la langue du mammifère est le même. Enfin, beaucoup plus de cellules réceptrices sont dédiées aux ligands répulsifs qu'aux ligands attractifs.

On peut penser ces parallèles entre insectes et mammifères en termes d'une commune origine, mais on peut également les envisager comme traduisant des contraintes évolutives cruciales et valables pour tous les êtres vivants, présidant ainsi à l'élaboration des systèmes de détection du goût.

CHAPITRE VIII

SE MOUVOIR ET AGIR

Introduction

Grâce à ses appareils sensoriels, le cerveau reçoit, conserve, transforme et traite de l'information recueillie sur le monde extérieur et à l'intérieur du corps. Cette information, une fois comparée à celle déjà acquise et placée dans un contexte à chaque instant révisé, le cerveau l'utilise pour déclencher des réactions végétatives, frissonner de peur ou rougir de plaisir, pour élaborer des actions, attraper un ballon ou signer une lettre, pour construire des représentations mentales[1], échafauder un plan ou se remémorer ses vacances en contemplant une photographie. C'est ainsi du moins que procède le nôtre. Est-ce vrai aussi des animaux plus simples, dont le système nerveux ne contient qu'un nombre limité de cellules nerveuses ? En un sens oui, car pour tout organisme, du plus primitif au plus complexe, répondre de la façon la plus appropriée aux événements qui l'assaillent est essentiel à sa survie.

Modèles simples et moins simples : les automatismes

Pour de « petits cerveaux[2] », l'événement une fois détecté est transféré le plus rapidement possible, sans traitement additionnel, à un dispositif de réponse *quasi* automatique. Cette action *réflexe* est particulièrement efficace. D'une part, le petit cerveau ne retient, sans hésiter, qu'un

---

1. Le statut de ces représentations sera abordé dans le dernier chapitre.
2. La notion de « petit cerveau » ne cesse de me poser problème, nous l'avons déjà rencontrée et nous la rencontrerons encore.

nombre restreint d'événements, ceux-là seulement qui doivent absolument être détectés sous peine de conséquences fatales ; d'autre part, il utilise au mieux les capacités limitées de traitement que son petit nombre de neurones lui confère. Ces organismes primitifs sont des espèces d'automates. Leur comportement instinctif est exhibé de façon rigide et quelles que soient les conséquences – qui peuvent même, dans certaines conditions, être néfastes.

Cette caricature sent sa réflexologie très XIXe siècle. Nous nous doutons bien que ces « espèces d'automates » sont des constructions abstraites et idéologiques et qu'un cerveau, si « petit » soit-il, est déjà pourvu de mécanismes de traitement et de contrôle qui rendent « complexe » la moindre de ses actions. Néanmoins, nous pouvons nous en contenter comme d'un point de départ.

L'automatisme obstiné n'est pas l'apanage des petites bêtes. Nous n'y échappons pas nous-mêmes, comme nous aurons l'occasion de le dire à plusieurs reprises dans cet ouvrage. Nous en avons déjà vu un bel exemple à propos de la grenouille opérée par Roger W. Sperry. Elle s'obstine à essayer de saisir des proies du côté opposé où elles se trouvent en réalité. Le câblage entre l'œil et la région du cerveau qui élabore et exécute la commande motrice, le toit optique[3], conduit de façon automatique à la réaction de capture de la proie. Cette réaction est incontrôlée, elle est même incontrôlable, comme le montre sa persistance après le « recâblage » entre l'œil et le toit optique, en dépit de son impuissance à satisfaire l'animal. Il s'agit d'un réflexe inscrit dans un circuit inerte.

Nikolaas Tinbergen, spécialiste hollandais du comportement animal, lauréat du prix Nobel de médecine qu'il a partagé en 1973 avec Konrad Lorenz et Karl von Frisch, rapporte un cas apparemment étrange, mais assez répandu. Il s'agit d'une mouette (*Larus argentatus*) dont on a déplacé les œufs dans son nid. Elle continue néanmoins à couver la place vide, comme si de rien n'était, ignorant superbement les œufs bien visibles placés juste à côté. N'avons-nous pas, enfants, essayé de décourager une fourmi en la délestant de sa brindille qu'elle charge à nouveau, autant de fois que nous la dépouillons, jusqu'à ce que, plus obstinée que nous, elle nous dissuade de poursuivre ce petit jeu cruel mais instructif ? Nous l'avons déjà dit, les *Souvenirs entomologiques* de Jean-Henri Fabre[4] sont remplis d'exemples montrant :

---

3. Le toit optique est la principale région du cerveau des inframammaliens qui reçoit directement les fibres des nerfs optiques et traite les informations visuelles en les transformant en commandes motrices. Situé dans le mésencéphale, le toit optique est appelé chez les mammifères le colliculus supérieur.

4. Jean-Henri Fabre (1823-1915), grand naturaliste et félibre provençal, admiré de Darwin qui le qualifie d'« observateur inimitable », de Maeterlinck, de Bergson, de Mallarmé, et de bien d'autres, il publie ses *Souvenirs entomologiques* en 1879. Souvent réédités, ils firent l'objet de morceaux choisis, notamment *La Vie des insectes* (1989).

« L'impuissance psychique de l'insecte devant l'accidentel » qui fait preuve « d'une obstination invincible dans l'acte commencé ». Dans tous ces exemples, le traitement de l'information nerveuse, entre les entrées sensorielles et les sorties motrices, est réduit à sa plus simple expression : ou bien les signaux *passent,* ou bien ils *ne passent pas.* Et, s'ils passent, ils ne sont pas, ou très peu, remaniés dans les circuits intercalés. Une telle automaticité est très avantageuse : la réponse est bien adaptée aux situations qui normalement (c'est-à-dire formées des événements et des objets naturels les plus probables) la déclenchent ; elle est rapide et efficace. Il y a toutefois un prix à payer. Nous avons vu la grenouille, la mouette ou la fourmi persister dans leur attitude avec une obstination qui peut leur être funeste. Pourtant, un cerveau, qu'il soit de grenouille, de mouette ou de fourmi, est déjà fort complexe. Qu'on mesure cette complexité en nombre de connexions synaptiques ou en nombre de gènes s'exprimant dans le système nerveux, la différence avec un cerveau de mammifère, voire d'un primate, bien que réelle, n'est pas telle qu'elle explique à elle seule l'entêtement de la grenouille, l'obstination de l'insecte, ou l'indifférence de la mouette. Ce qui compte, ce n'est pas que le cerveau soit « simple » ou « complexe », c'est que l'ensemble que forment l'organisme, son cerveau et le monde qu'il habite soit ajusté de la meilleure façon possible. Un simple exemple illustrera ce point. Les cellules de la rétine de la grenouille sont organisées de telle sorte qu'elles détectent uniquement les stimuli en mouvement dans leurs champs récepteurs. Elle attrape les mouches en plein vol avec la sûreté qu'on lui connaît, mais elle mourra de faim entourée de mouches immobiles, mortes ou anesthésiées. Si elle périt, ce n'est pas parce que son cerveau est trop simple, mais parce qu'il est construit[5] pour ne détecter que les signaux qui ont une pertinence biologique dans son monde de grenouille, les prédateurs mobiles et les proies agitées[6].

Cerveaux complexes : la souplesse et l'adaptation

Nous pouvons nous *adapter* à des situations nouvelles, fluctuantes, voire totalement imprévisibles. Avec plus ou moins de bonheur, avec plus ou moins de peine. Est-ce parce que nous prenons le temps de *réfléchir,* pour chercher la meilleure solution, pour changer de tactique, contourner l'obstacle, abandonner carrément la partie ? Serait-ce parce que nous sommes plus « intelligents[7] » ? Certes, l'intelligence est souvent caractérisée par la « flexibilité », ou la souplesse ou la plasticité, qui est

---

5. Qu'il *s'est* construit, les puristes diront parce qu'il a été sélectionné.
6. On sait aujourd'hui que l'éthologie des grenouilles n'est pas aussi simplette, mais cela ne change rien à notre argument.
7. L'intelligence fait l'objet d'un développement dans le dernier chapitre.

précisément la qualité de ce qui peut s'adapter[8]. Cependant, réfléchir rend parfois difficile, pour celui-là même qui réfléchit, le choix, dans un temps raisonnable, de l'issue la meilleure. À trop réfléchir, on risque l'inaction[9]. Les liens entre les entrées sensorielles et les sorties motrices s'allongent au fur et à mesure que nous grimpons à l'arbre phylogénétique. Des réseaux de neurones intermédiaires, de plus en plus nombreux, sont ainsi interposés entre l'entrée et la sortie. Chez les invertébrés comme chez les vertébrés.

Il nous plaît de penser que notre cerveau est particulièrement compliqué, le plus compliqué de tous, et le plus complexe dans son fonctionnement. On peut estimer que celui qui possède un tel cerveau est mieux équipé pour gérer l'incertain. Plus le monde est complexe, plus il oblige à choisir entre de nombreuses options qui, à première vue, sont toutes aussi vraisemblables les unes que les autres ; il faut donc faire preuve d'intelligence pour évaluer les diverses issues avant de se décider pour l'une plutôt que pour l'autre. Selon l'examen des circonstances, selon le temps disponible pour y répondre et selon notre humeur, qui peut nous faire voir un verre à moitié vide ou à moitié plein, nous aurons à opter pour une stratégie. Il s'agit de bien choisir ; c'est souvent une question vitale : doit-on fuir devant ce qui semble un prédateur, mais qui s'avère n'être qu'une ombre, ou s'assurer qu'il s'agit bien d'une ombre au risque d'être assailli ? Être capable d'envisager un enchaînement de circonstances plus ou moins compliquées, de prévoir les conséquences d'une action et de « modéliser » une situation confuse pour anticiper son dénouement exige un cerveau capable de procéder autrement que de façon purement automatique.

SORTIR DU SYSTÈME NERVEUX CENTRAL

De même qu'on « entre » dans le système nerveux central (cerveau et moelle épinière) par les nerfs *afférents*, on en « sort » par des fibres *efférentes* regroupées dans des nerfs crâniens ou des nerfs spinaux. C'est le système nerveux périphérique (SNP) qui sert d'interface entre le système nerveux central et, d'un côté, l'ensemble des capteurs sensoriels placés à l'*entrée* et, de l'autre côté, la périphérie des commandes de *sortie*. Le SNP se partage à son tour en deux divisions, le SNP somatique et le SNP viscéral. Les fibres efférentes de la division somatique du SNC sont les axones de neurones situés soit dans des zones circonscrites du tronc cérébral, soit dans la partie ventrale (antérieure) de la moelle épinière. Les premiers forment les nerfs crâniens et innervent divers territoires de

---

8. Nous rencontrerons souvent de telles définitions circulaires. J'y reviendrai dans le dernier chapitre.
9. Voir Alain Berthoz, *La Décision*, Odile Jacob, 2003.

la tête, les seconds sortent de la moelle épinière par les racines ventrales pour former le contingent moteur des nerfs spinaux et se terminer au niveau des fibres musculaires *striées*, responsables des mouvements du corps (d'où le nom de « somatique » de ce sous-système). Les fibres efférentes du SNP viscéral (ou végétatif) innervent les tissus du « milieu intérieur » : les viscères, les glandes exocrines et endocrines, et la vasomotricité ; elles innervent donc toutes les fibres musculaires *lisses* et exercent un contrôle homéostatique dans pratiquement toutes les régions du corps, l'œil, les glandes lacrymales et salivaires, les bronches, le cœur, le foie, l'estomac, le pancréas, les intestins, la vessie les organes reproducteurs. Ce système est aussi appelé système nerveux autonome (SNA), car le contrôle qu'il exerce sur les cibles qu'il innerve échappe, généralement, à la délibération consciente.

LE SYSTÈME NERVEUX AUTONOME

Le système nerveux autonome est constitué de deux parties complémentaires, la partie sympathique, en gros productrice d'énergie, et la partie parasympathique, en gros restauratrice d'énergie.

Les fibres musculaires sont responsables des *mouvements*, aussi bien ceux de nos organes internes que les mouvements corporels externes. On distingue deux sortes de fibres musculaires, les *lisses* et les *striées*. Les mouvements des organes internes sont assurés par des fibres musculaires lisses et des fibres striées cardiaques. Les corps cellulaires des neurones moteurs de la musculature lisse se trouvent à l'extérieur du SNC dans les ganglions autonomes. Ces neurones sont commandés par des neurones dits *préganglionnaires* dont les somas sont localisés dans le SNC, tronc cérébral ou moelle épinière, tout comme les neurones moteurs de la division somatique. Alors que les neurones moteurs somatiques exercent une action synaptique directe sur les fibres musculaires striées, les neurones moteurs préganglionnaires de la sphère autonome exercent une action indirecte sur la musculature lisse des organes internes, *via* une synapse ganglionnaire supplémentaire. Les deux divisions, sympathique et parasympathique, du SNA, qui différent beaucoup dans leur organisation anatomique et neurochimique comme on peut s'en rendre compte ci-dessous, coopèrent habituellement de façon remarquablement équilibrée. Néanmoins, tous les organes ne sont pas innervés par les deux divisions. C'est ainsi que les vaisseaux sanguins cutanés et les glandes sudoripares ne reçoivent que des fibres sympathiques, alors que les glandes lacrymales ne sont commandées que par les fibres parasympathiques. Pourtant, la plupart des autres tissus sont doublement innervés.

Le SNA contrôle de nombreux mécanismes *végétatifs*, comme la contraction des vaisseaux sanguins, la motilité de l'estomac, l'état des sphincters, le diamètre de la pupille, le rythme cardiaque, etc. Bien que ces réactions végétatives ne soient pas cérébrales au sens strict du terme, en ce sens qu'elles échappent généralement au contrôle volontaire, il fallait néanmoins les mentionner, car elles accompagnent souvent, en tant que signe d'émotion, de nombreuses activités réputées propres au cerveau, la reconnaissance d'un visage, la mémorisation d'un événement, l'évocation ou la dissimulation d'un épisode que nous jugeons convenable ou méprisable. Si un acte cognitif peut susciter une émotion, une émotion à son tour peut altérer une opération cognitive, ainsi on se souvient mieux quand ce qu'on a à apprendre est associé à une émotion : si on se souvient bien de ce qui nous a été agréable, des souvenirs déplaisants, ou franchement détestables, peuvent néanmoins rester très vivaces. L'important, c'est la coloration émotionnelle associée à l'opération cognitive.

Les mouvements corporels externes – marcher, jouer au ballon, parler, écrire et dessiner ou simplement se tenir debout – font intervenir trois partenaires. Le système nerveux central tout d'abord, bien évidemment, qui joue le rôle de « commandant en chef » de toute la motricité ; ensuite, le système « muscle et squelette » qui fournit au corps dans son ensemble les moyens de rester ferme et groupé et à ses membres (doigts, bras, jambes, tête et yeux) de bouger ou de se déplacer harmonieusement. Enfin, l'espace extérieur, théâtre des opérations, meublé d'objets qu'il faut saisir, d'obstacles qu'il faut éviter, toujours soumis à la pesanteur contre laquelle le corps doit en permanence lutter pour garder sa cohésion.

Le système musculo-squelettique

Comme son nom l'indique, ce système est constitué des muscles et du squelette. Ce dernier est formé d'éléments rigides, les os, pouvant bouger les uns par rapport aux autres au niveau des articulations. La musculature du corps et des membres est constituée de muscles squelettiques, enveloppés de tissu conjonctif, prolongés à leurs extrémités par des tendons qui servent à les fixer aux éléments rigides du squelette, les os. Le caractère souple et élastique des muscles assure un minimum de cohésion à l'ensemble du squelette autour des articulations. Mais ce minimum à lui seul est très insuffisant : il faut maintenir fermement la position relative des membres et du corps. Il faut notamment que le corps ne s'affaisse pas sur le sol. Or la force de la pesanteur, toujours présente[10], est telle qu'il faut maintenir activement une certaine contraction musculaire de base, un certain *tonus*, pour immobiliser les articulations et rigidifier le squelette dans la posture de référence, la station debout.

---

10. Sauf dans les navettes spatiales, dans lesquelles nous avons finalement peu l'occasion de nous trouver.

La voie finale commune

Dans les conditions normales et naturelles, dites *physiologiques*, les muscles ne se contractent que lorsque des signaux nerveux, véhiculés par les fibres efférentes motrices, déclenchent la transmission synaptique excitatrice au niveau des plaques motrices des fibres musculaires striées. Rappelons qu'il s'agit de synapses chimiques dont le neuromédiateur est l'acétylcholine (ACh), dont les récepteurs sont des récepteurs-canaux nicotiniques et dont l'action postsynaptique est excitatrice : une dépolarisation transsynaptique se propage à la totalité de la fibre musculaire et déclenche les mécanismes moléculaires de la contraction.

À l'origine des fibres efférentes motrices se trouvent les neurones moteurs, appelés *motoneurones alpha* (pour les distinguer des motoneurones *gamma* dont nous parlerons plus bas), groupés dans la corne ventrale de la moelle épinière et dont les axones empruntent pour en sortir la racine ventrale. Les motoneurones destinés à un muscle forment une population circonscrite et chacun contacte par son arborisation terminale un nombre variable, souvent élevé, de fibres musculaires[11]. Seuls les motoneurones commandent la contraction des muscles du squelette ; ils représentent ce que Sherrington, en 1906, définissait comme formant la « voie finale commune ».

LES SIGNAUX DE LA COMMANDE MOTRICE : POSTURE ET MOUVEMENT

Selon le type de message nerveux adressé par le SNC, un ensemble, plus ou moins important, de fibres musculaires se contractent, de façon plus ou moins synchrone. Cette contraction développe des forces qui s'appliquent au niveau des points d'insertion du muscle sur le squelette. Lorsque la contraction est simultanée sur l'ensemble des muscles qui participent à une articulation, (on parle de ce cas de cocontraction des muscles périarticulaires), elle permet d'immobiliser cette articulation dans une position stable, assurant activement la rigidité articulaire nécessaire pour garder, en dépit des forces extérieures, une posture immobile.

Si, au contraire, il s'agit d'effectuer un mouvement, c'est-à-dire de déplacer l'un par rapport à l'autre plusieurs segments corporels (ou l'ensemble du corps), il faudra rompre la fixation articulaire pour permettre à un segment de bouger par rapport à l'autre, autour de son articulation. Un simple geste mobilise de nombreux muscles. Il faudra notamment que plusieurs se contractent de concert pour assurer la

---

11. L'ensemble des fibres musculaires contactées par les terminaisons d'un seul motoneurone est appelé « unité motrice ».

flexion (on parle de flexion quand les deux segments se rapprochent) et plusieurs autres pour déclencher l'extension (on parle d'extension quand les deux segments s'éloignent). C'est par une extension de la jambe que nous frappons du pied, par une flexion du bras que nous soulevons un poids. L'ensemble des muscles qui concourent à une même action s'appelle des *synergistes*, ceux qui s'y opposent des *antagonistes*.

Cette brève description doit nous faire prendre la mesure des difficultés innombrables que doit résoudre le système nerveux central pour contrôler l'ensemble de la motricité. Essayons toutefois d'en comprendre les mécanismes de base.

Le maintien du tonus postural

La posture assure deux fonctions principales. En premier lieu, une fonction antigravitaire qui consiste à s'opposer continuellement à la force de la pesanteur, et à maintenir le corps en équilibre en gardant, ou en ramenant constamment, son centre de gravité au centre de la surface d'appui au sol. En second lieu, la posture sert aussi à calculer dynamiquement la position dans l'espace du corps ou de certains segments corporels (la tête, le tronc ou les avant-bras) pour anticiper un nouveau cadre de référence lorsque des mouvements seront ou auront été réalisés dans l'espace extérieur, quand par exemple on tend la main vers une cible.

Le corps doit s'opposer à l'action de la pesanteur ; pour cela, doivent être maintenus à un certain degré de contraction les muscles extenseurs des membres postérieurs, des jambes (et des bras, n'oublions pas que nous ne sommes pas nombreux à marcher debout ! Chez les quadrupèdes, que nous avons été il n'y a pas si longtemps, les bras s'opposent aussi à la pesanteur, et nous en gardons le souvenir *phylogénétique* !), du dos, du cou et même du masséter (celui qui bloque serrées les mâchoires !). Le mécanisme responsable du maintien de ce tonus postural est basé sur l'existence de boucles réflexes.

LA RÉALISATION D'UN MOUVEMENT SIMPLE

Dans le cas très simple de la flexion du bras, il y a au moins cinq muscles principaux qui doivent être mobilisés : trois pour la flexion (le *brachialis*, le *biceps*, et le *coraco-brachialis*) et deux pour l'extension (le *triceps* et l'*anconeus*).

Un ordre cohérent doit donc être adressé à tous ces muscles selon une séquence temporelle précise afin que le geste se déroule harmonieusement. Cet ordre doit tenir compte d'une foule de paramètres : de la masse et de l'inertie du membre à déplacer, de facteurs externes, comme la position de départ, les obstacles éventuellement rencontrés lors de l'exécution du mouvement, la charge portée par la main (s'il y en a une) et qui sera déplacée par le déroulement du geste, la vitesse avec laquelle le mouvement doit être exécuté. Cette commande doit en outre tenir compte de la structure de l'environnement extérieur dans lequel le geste est réalisé, (dans l'air calme, dans le vent, dans un courant d'eau), sur la position du corps au moment de déclencher l'action (couché, débout, sur une plate-forme en mouvement continu, qui démarre brusquement, qui s'arrête de façon inopinée). Tous ces paramètres sont captés et mesurés par des récepteurs sensoriels spécifiques que nous connaissons déjà.

Replaçons ces capteurs sensoriels dans le contexte d'un mouvement : les récepteurs cutanés pour mesurer la vitesse de l'air déplacé par le bras, les récepteurs musculaires pour connaître la longueur instantanée et la vitesse avec laquelle change de longueur de chacune des fibres musculaires composant chacun des muscles impliqués dans le geste, les récepteurs tendineux pour apprécier la tension produite par la contraction du muscle lui-même sur ses attaches tendineuses, les récepteurs articulaires pour connaître le sens et la direction de l'ouverture articulaire, il faudra aussi tenir compte de toutes les autres informations disponibles visuelles, auditives, vestibulaires, olfactives... pour connaître de façon dynamique la topographie de l'espace dans lequel le geste se déploie et le corps se déplace. Tout cela est extraordinairement compliqué ; et pourtant, la « commande » est étonnamment précise. Toute sa structure logique est déjà complètement organisée au niveau de l'ensemble des motoneurones à l'origine de toutes les fibres motrices innervant l'ensemble des muscles mobilisés dans le geste.

Si fléchir son bas est déjà si compliqué, qu'en sera-t-il de marcher ou de voler, de nager ou de ramper ?

Le générateur spinal de la locomotion

Marcher implique d'alterner, d'un côté à l'autre, et d'enchaîner, selon un rythme précis, flexions et extensions. On sait qu'il existe dans la moelle épinière elle-même des circuits de neurones dont l'activité engendre et entretient la locomotion. Un animal qui normalement se déplace à quatre pattes, mais dont la moelle épinière est sectionnée, la libérant ainsi du contrôle que le cerveau situé à son extrémité antérieure exerce normalement, bouge encore ses membres selon un rythme et une coordination semblables à ceux de la locomotion du quadrupède qui, entier, dans sa vie de tous les jours si je puis dire, marche, trotte ou galope. De nombreuses expériences ont solidement établi l'existence d'un centre locomoteur spinal ; toutefois, son organisation fonctionnelle reste encore discutée. Ici aussi, le recours à un organisme « simple », sur lequel on peut combiner une description détaillée du comportement à des analyses électrophysiologiques et pharmacologiques poussées, s'avère particulièrement fécond. C'est ainsi que, depuis environ vingt ans, le physiologiste de Stockholm, Sten Grillner, et à sa suite de nombreux chercheurs étudient le générateur de la nage chez la lamproie.

La lamproie est un animal très ancien qui a divergé des autres vertébrés il y a quelque 450 millions d'années, avant même que ne se forme l'embranchement des poissons modernes. Elle appartient à un groupe de vertébrés très primitifs (les agnathes), qui ne possèdent pas de mâchoires. Elle est également dépourvue d'écailles, de nageoires paires et de colonne vertébrale osseuse. Elle se déplace dans l'eau comme une anguille : une onde de contraction des muscles latéraux descend le long de son corps, de la tête à la queue. À la contraction des muscles d'une zone du corps correspond le relâchement des muscles du segment opposé. Des vagues de contractions et d'extensions passent ainsi plus ou moins vite de la tête vers la queue et propulsent l'animal vers l'avant à des vitesses différentes (une onde inverse allant de la queue à vers la tête permet la « marche arrière »). Nous savons que les muscles se contractent sous l'influence de motoneurones. Ces derniers constituent la voie de sortie (la voie finale commune que nous connaissons déjà) d'un circuit spinal « local » composé de neurones interconnectés par des liaisons synaptiques excitatrices et inhibitrices ; ils réalisent un réseau dont le fonctionnement autonome génère la locomotion. Pour cette raison, on l'a appelé « générateur spinal de la locomotion ». Il suffit pour en comprendre le fonctionnement d'examiner attentivement le schéma (Fig. 8-1) et de lire l'encadré qui résume ces travaux.

Des mécanismes analogues à ceux que nous venons de décrire chez la lamproie existent chez tous les vertébrés. Bouger, que ce soit en nageant ou rampant, en volant ou marchant, est nécessaire ; il n'est donc pas surprenant que des réseaux de neurones aient été sélectionnés au cours de l'évolution pour permettre à tous les animaux de se déplacer, et qu'un « circuit câblé » de la locomotion ait été ainsi « inventé » et « conservé » à travers l'histoire des espèces.

L'existence d'un « centre locomoteur spinal » chez tous les vertébrés est désormais clairement établie ; dès le tournant du XIXᵉ siècle, les physiologistes britanniques, sir Charles S. Sherrington et T. Graham Brown, observent que le chat *décérébré* dont la moelle épinière a été isolée du cerveau produit encore des mouvements alternés des membres locomoteurs. À la fin des années 1960, des chercheurs russes de l'Académie de Moscou, Grigori N. Orlovski et Mark L. Shik, montrent qu'on peut déclencher des mouvements rythmiques de locomotion chez un chat décérébré, lorsqu'on stimule électriquement une zone circonscrite du tronc cérébral située en dessous de la section. La stimulation de cette zone locomotrice mésencéphalique produit les synergies locomotrices spinales nécessaires aux poissons pour nager,

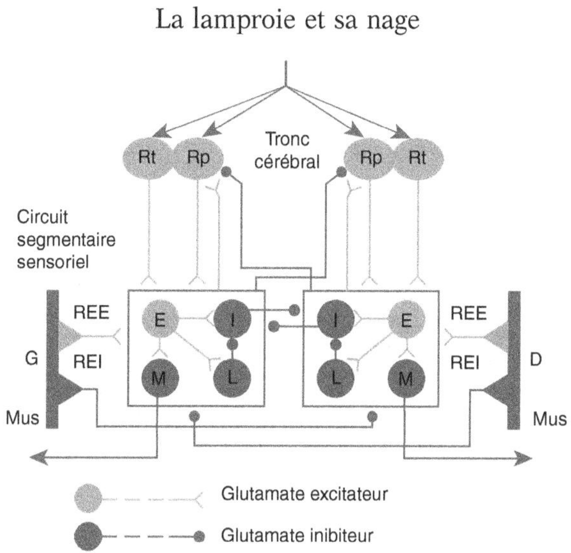

Figure 8-1 : *Le générateur de la nage chez la lamproie.*
Rt et Rp : neurones toniques et phasiques du tronc cérébral. Dans les carrés
sont réunis les neurones constituant les circuits segmentaires gauche (G) et
droit (D). Les cercles E, I, L et M représentent non pas un, mais tout un
ensemble de neurones, excitateurs E, inhibiteurs I, latéraux L et des motoneurones, M. De part et d'autre, les muscles Mus. Et les récepteurs à l'étirement
excitateurs REE et inhibiteurs REI.
D'après Grillner, 1995.

Les neurones du tronc cérébral TC, lorsqu'ils sont excités, libèrent un neurotransmetteur, le glutamate, qui excite l'ensemble des
neurones E, I, L et M, situés dans un circuit segmentaire, représenté
dans ce schéma par des carrés. Supposons que le circuit G soit ainsi
excité par des signaux issus de neurones du tronc cérébral gauche. Les
neurones E, qui libèrent du glutamate, activent à leur tour des neurones du circuit qu'ils contactent, notamment les motoneurones M dont
les axones constituent la « sortie » de la moelle et innervent, pour les
activer et entraîner leur contraction, les muscles de la nage du côté
gauche de l'animal. Mais les neurones E excitent en même temps les
neurones I, qui sont des interneurones inhibiteurs, utilisant la glycine
comme neuromédiateur, et qui sortent du circuit G, croisent la ligne
médiane, et vont inhiber la totalité des neurones du circuit situé de
l'autre côté (le circuit D). Ainsi, lorsqu'un segment musculaire du
côté gauche se contracte, le segment du côté opposé est activement
relâché. Toutefois, les neurones L sont également excités par les
neurones E. Ils sont aussi des interneurones inhibiteurs qui restent,

à la différence des précédents, localisés dans un circuit donné et inhibent, par des synapses utilisant également la glycine, les inter-neurones inhibiteurs I. Le résultat de cette inhibition d'inhibition sera de lever l'inhibition du circuit D qui pourra dès lors être activé et produire la contraction des muscles du côté droit.

Lorsque les muscles du côté gauche se contractent, les récep-teurs à l'étirement, qui chez la lamproie sont situés dans la moelle elle-même et non dans les muscles, ne sont plus activés, ceux qui sont situés dans le côté opposé le sont au contraire. Il y a deux catégories de récepteurs à l'étirement : ceux qui excitent le circuit générateur situé du même côté (REE, représentés grisé sur le schéma), ceux qui inhibent le circuit du côté opposé (REI foncé). Ainsi, lorsque le côté G est contracté, les récepteurs à l'étirement du côté D sont étirés, ce qui entraîne l'inhibition du circuit G par les REI et donc l'interruption de la contraction, en même temps que l'excitation des neurones du circuit D par les REE et donc permet la contraction des muscles du côté droit.

Sur toute la longueur de la moelle épinière, il existe une cen-taine de circuits de ce type, chacun contenant environ 1 000 neuro-nes des différentes classes décrites ; avant que le cycle soit terminé à un étage, l'excitation passe à l'étage suivant et ainsi de suite jusqu'au bout. Étant donné qu'il y a environ 100 circuits alignés, le temps d'un cycle segmentaire sera environ 1/100ᵉ du temps total mis par la vague de propagation pour atteindre l'extrémité de l'ani-mal. En réduisant le temps d'un cycle segmentaire (en maintenant et en augmentant l'activation par les neurones du tronc cérébral par exemple), on accroît la fréquence de l'ondulation et donc la vitesse avec laquelle la lamproie se déplace.

La genèse du rythme est assurée localement par des circuits spi-naux qui fonctionnent pour l'essentiel de façon autonome. Autono-mie relative néanmoins car ces circuits envoient aussi des messages au cerveau sur le type et le régime des activités qu'ils sont en train de générer. Ces messages s'y combinent avec des informations fournies par d'autres systèmes sensoriels, la vision ou l'équilibre notamment, pour les modifier et les adapter aux conditions externes dans lesquel-les ils se déroulent, éviter un obstacle se diriger vers une proie.

Les mécanismes cellulaires et biochimiques qui assurent cette souplesse ne sont pas encore totalement élucidés ; mais le point essentiel que nous devons retenir est que le cerveau de la lamproie est capable de se décharger sur des circuits spinaux de la tâche d'avoir à contrôler dans le détail tout ce qui doit se passer à dis-tance pour se mouvoir avec efficacité, rapidité et flexibilité.

aux oiseaux pour voler et aux amphibiens et mammifères pour ramper et marcher[12].

Le cerveau délègue à la moelle le soin d'exécuter automatiquement des mouvements alternés, tout en se réservant pour d'autres tâches, par exemple, changer le rythme, basculer d'un côté à l'autre de façon asymétrique pour changer de direction et se diriger vers une destination précise et choisie à l'avance, tout en évitant des obstacles et en prenant des raccourcis.

LA SÉLECTION, L'INITIATION ET LA GESTION
D'UNE ACTION MOTRICE COMPLEXE

Jusqu'à présent, nous avons essentiellement envisagé des mouvements simples, comme l'extension de la jambe ou la flexion du bras, rythmiques comme la nage ou la locomotion spinales, ou globaux comme l'ajustement postural. On a longtemps pensé qu'il suffisait d'enchaîner des mouvements simples et singuliers les uns aux autres de façon cohérente pour réaliser une action complexe, montrer du doigt ou atteindre de la main, attraper un objet, se diriger vers un but, manier un tournevis et même jouer du violon. Cette idée, séduisante par sa simplicité, ne peut expliquer de nombreuses observations cliniques, et ne résiste pas davantage à l'exploration expérimentale. La relation entre le mouvement, bouger un segment corporel, et l'action, déployer un geste, est beaucoup plus qu'une simple concaténation de réactions élémentaires. L'exécution du moindre acte volontaire, aussi simple qu'on puisse l'imaginer, comme toucher de son index le bout de son nez, requiert, avant même d'être exécuté, de maîtriser une foule de variables. Recueillies par plusieurs systèmes sensoriel, visuel, proprioceptif, tactile, ces informations doivent permettre à mon cerveau de planifier la trajectoire du bras, de la main et de l'index qui tienne compte du chemin à parcourir pour aller de l'endroit où se trouve ma main, dans ma poche ou sur le volant de ma voiture, jusqu'au bout de mon nez ; auditives également pour comprendre la consigne si quelqu'un me demande d'exécuter ce geste, mon médecin ou un gendarme sur le bord de la route.

---

12. Il est admis aujourd'hui que la moelle épinière du chat présente quatre centres locomoteurs, un par membre. Il en va certainement de même de tous les quadrupèdes, y compris les primates dont l'homme. Ces quatre centres locomoteurs sont couplés entre eux de diverses manières, ce qui permet au cheval par exemple d'aller au pas et au trot lorsqu'ils sont couplés en diagonale, au galop par un couplage transversal et à l'amble avec un couplage longitudinal (chez l'homme qui marche au pas, le couplage est diagonal : on avance le bras gauche quand on jette en avant la jambe droite ; on peut aussi marcher à l'amble et avancer simultanément le bras et la jambe du même côté). Même s'il reste toujours de nombreux détails à élucider, l'existence de centres spinaux de la locomotion est définitivement acquise et globalement comprise.

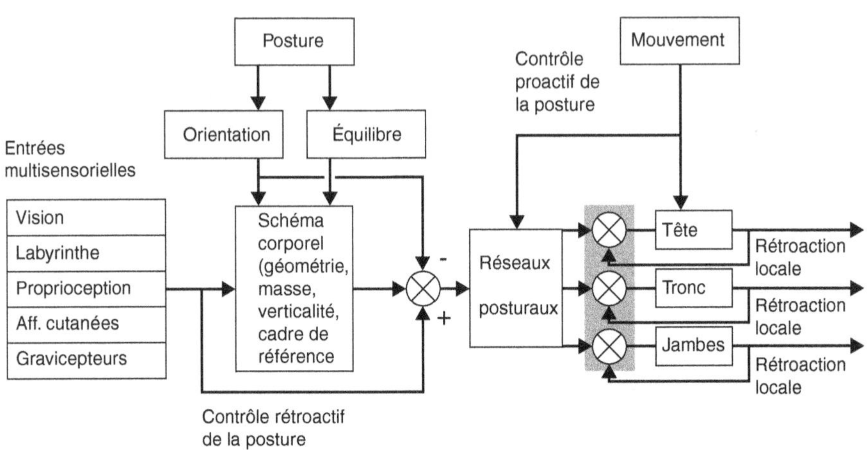

L'analyse des messages élaborés pour choisir une action, définir ce qu'il faut faire, et savoir comment s'y prendre, régler les paramètres des mouvements et de leur succession, mettre en route la stratégie adoptée et en contrôler le déroulement fait l'objet d'innombrables travaux. Des ouvrages par dizaines, des colloques pluriannuels, de nombreux journaux spécialisés sont consacrés à ce sujet dont l'importance pour la clinique humaine est considérable. S'imaginer pourvoir décrire cette foule de travaux en quelques pages sans en trahir la complexité serait la preuve d'une ignorance présomptueuse. C'est donc sans aucune illusion que je me risque néanmoins à survoler un paysage qui, de la hauteur où je me situe, s'il est très insuffisant dans ses détails reste néanmoins instructif dans sa généralité.

Le schéma suivant (Fig. 8-2), adapté de Jacques Paillard[13], doit nous permettre de nous orienter dans ce labyrinthe cérébral qui va de l'intention, de la planification à l'initiation, du contrôle à l'exécution d'un geste. On peut voir sur le diagramme les principaux partenaires : le cortex cérébral, les ganglions de la base, le cervelet, le tronc cérébral, enfin la moelle épinière elle-même.

Le cortex cérébral moteur

LES AIRES CORTICALES DE LA MOTRICITÉ

Nous avons mentionné, au chapitre premier, que Frisch et Hitzig avaient été les premiers à définir sur la surface du cortex du chien, le *cor-*

---

13. Paillard, 1982.

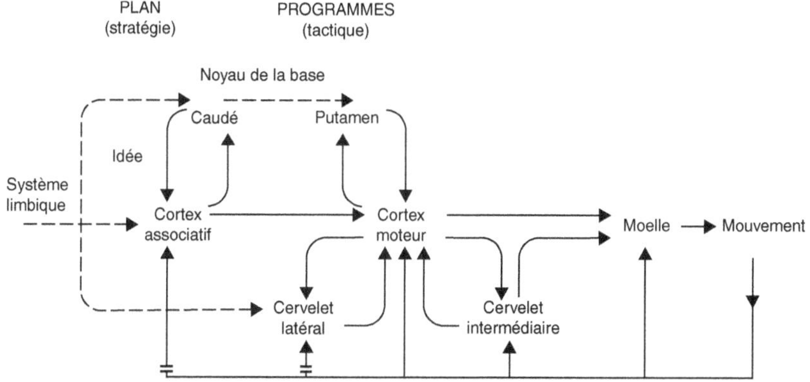

Figure 8-2 : *Opérations associées à la préparation
et à l'exécution du mouvement.*
Les structures nerveuses intervenant dans ces deux phases sont indiquées.
D'après Paillard, 1983.

tex moteur, région dont la stimulation électrique évoquait des mouvements limités à certaines parties du corps. Confirmée peu de temps après par David Ferrier chez le singe, la localisation du cortex moteur chez l'homme a été précisée dans les années 1950 par Wilder Penfield[14] et T. Rasmussen[15]. La stimulation électrique appliquée localement en divers points du cortex cérébral est la méthode de choix dans la définition du cortex moteur : est moteur un cortex « électriquement excitable », c'est-à-dire dont la stimulation électrique provoque la contraction d'un muscle isolé ou le mouvement d'un membre. À la fin des années 1940 et au début des années 1950, Clinton N. Woolsey et ses collaborateurs ont systématiquement exploré le cortex moteur électriquement excitable chez diverses espèces de mammifères, fixant pour de nombreuses années la conception standard et les limites classiques du cortex moteur[16].

On peut voir sur la figure 8-3 que le cortex moteur occupe le gyrus précentral, en avant du sillon central. La stimulation électrique (de faible

---

14. Neurochirurgien d'origine américaine, devenu canadien en 1928, Wilder Penfield a séjourné à Oxford pendant la Première Guerre mondiale. Très influencé par Sherrington, « je voyais par ses yeux et comprenais que le système nerveux était le grand champ inexploré, [...] une contrée vierge dans laquelle le mystère de l'esprit de l'homme pourrait être un jour expliqué », il est ainsi farouchement déterminé à associer la recherche fondamentale, l'exploration clinique et les interventions neurochirurgicales. Après avoir refusé de flatteuses propositions aux États-Unis, il décide d'aller au Canada, où son projet d'Institut pluridisciplinaire est bien accueilli. Il fonde en 1934, grâce à une subvention de la Fondation Rockefeller de plus de 1 200 000 dollars de l'époque, le fameux Institut de neurologie de Montréal (MNI), toujours célèbre aujourd'hui.
15. Penfield et Rasmaussen, 1952.
16. Woolsey *et al.*, 1952.

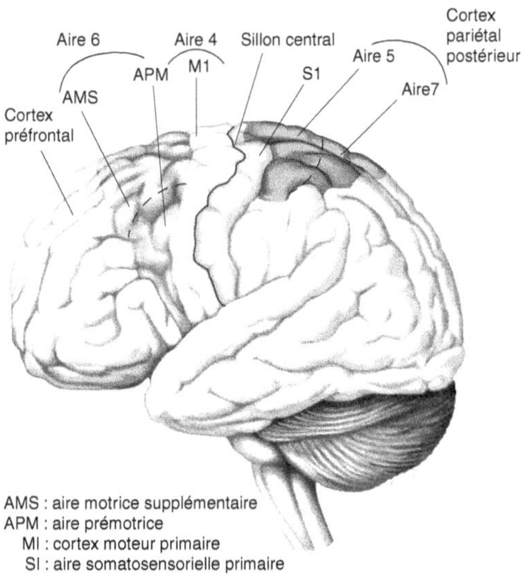

Figure 8-3 : *Aires impliquées dans la planification
et l'exécution du mouvement.*
AMS : aire motrice supplémentaire.
APM : aire motrice postérieure.
S1 : aire somatosensorielle primaire.

intensité et de courte durée) en divers points provoque des contractions musculaires très localisées dans des segments corporels opposés à l'hémisphère stimulé ; une sorte de carte motrice, un homoncule moteur, analogue à la carte somatotopique du cortex somatique primaire, peut ainsi être dessinée.

Traditionnellement, le cortex moteur correspond à une zone qui, dans la nomenclature cytoarchitectonique de Brodmann comprend les aires 4 et 6, zones dont la caractéristique cytoarchitectonique essentielle est d'être dépourvue, dans sa quatrième couche, des petites cellules granulaires qui caractérisent au contraire les zones corticales postérieures, notamment sensorielles. La totalité de l'aire 4 forme le cortex moteur primaire M1 proprement dit ; une grande partie de l'aire 6, notamment celle située sur la face médiane de l'hémisphère, formerait une seconde aire motrice, appelée aire motrice supplémentaire (AMS) ; quant au reste de l'aire 6, situé sur le versant dorsal et latéral de l'hémisphère, il constitue le cortex prémoteur dorsal et ventral (PMd-PMv). Aujourd'hui, on tient pour trop simpliste l'idée selon laquelle l'aire motrice primaire serait cet ensemble homogène constitué par l'ensemble du cortex frontal agranulaire[17]. Tout d'abord l'aire 4 de Brodmann est fonctionnellement distincte

---

17. Rizzolatti, Luppino et Matelli, 1998 ; Luppino et Rizzolatti, 2000.

de l'aire 6 ; ensuite, cette dernière est très hétérogène, formée de plusieurs zones anatomiquement différentes avec des motifs de connexions efférentes et afférentes propres à chacune d'entre elles, leur conférant des propriétés physiologiques dissemblables qui enrichissent considérablement notre compréhension de l'acte moteur dans toute sa complexité, de l'intention d'agir, à la planification du geste et son exécution.

Le tractus pyramidal

Comme toutes les aires du cortex cérébral, les aires motrices sont constituées de six couches cellulaires superposées. Les cellules pyramidales de la couche 5 ont de longs axones qui empruntent la capsule interne, traversent le mésencéphale, pour se regrouper dans les pédoncules cérébraux. Au niveau du pont, les fibres corticales se subdivisent en faisceaux plus petits pour émerger de la surface ventrale du bulbe sous la forme d'un faisceau triangulaire, baptisé pour cela *tractus pyramidal*. La grande majorité des fibres corticospinales croisent au niveau de la jonction bulbospinale pour descendre le long de la partie latérale de la moelle épinière où elles se terminent à différents niveaux des segments médullaires[18].

Les régions motrices à l'origine des fibres pyramidales comprennent non seulement le cortex primaire proprement dit, longtemps considéré comme seule origine de ce tractus[19], mais aussi la plupart des aires prémotrices[20] qui correspondent, comme nous l'avons dit et comme nous allons le détailler, à des subdivisions de l'aire 6 de Brodmann. Il existe également des efférences du cortex pariétal. Nous les mentionnerons en temps utile.

Terminaisons des fibres efférentes du cortex moteur

Toutes les subdivisions du cortex moteur envoient des fibres corticospinales ; selon leur origine précise dans les diverses parcelles du cortex moteur et prémoteur, elles vont se terminer à divers niveaux dans la moelle épinière. Les axones des neurones efférents de l'aire 4 (il s'agit essentiellement, mais pas exclusivement, des cellules pyramidales géantes ou cellules de *Betz*, caractéristiques du cortex moteur primaire) sont les seuls à pouvoir éventuellement entrer en contact synaptique direct avec les motoneurones de la corne antérieure de la moelle épinière. Ils sont ainsi en mesure d'assurer l'exécution directe, rapide et précise d'une commande motrice cérébrale. Les axones des neurones efférents de la plupart des divisions de l'aire 6 (à l'exception des zones les plus rostrales – voir plus loin) participent également au faisceau corticospinal, descendent dans la moelle épinière, ne s'articulent pas avec les motoneurones

---

18. He *et al.*, 1993 ; He *et al.*, 1995.
19. Sessle et Wiesendanger, 1982.
20. He *et al.*, 1993.

mais avec des circuits de neurones intercalés, formant de circuits intra-médullaires. Ils peuvent ainsi influencer, mais seulement de façon indirecte, les motoneurones.

Les projections corticales dans la moelle épinière témoignent de l'implication du cortex moteur dans l'exécution des mouvements soit directement, à partir de l'aire 4, soit indirectement, à partir de l'aire 6, en influençant des circuits locaux. En résumé, l'aire 4 réglerait l'exécution fine, précise et rapide des mouvements, alors que les autres aires prémotrices, dont il faut dire aussi qu'elles se projettent pour la plupart d'entre elles sur le cortex moteur primaire, détermineraient le cadre global du mouvement.

Les aires prémotrices les plus rostrales sont organisées de façon radicalement différente en n'étant connectées ni à la moelle épinière ni à l'aire 4. Elles ne contrôlent donc que très indirectement, au travers notamment de leurs connexions avec des circuits du tronc cérébral, des mouvements globaux, en particulier les réactions dites d'orientation qui visent à diriger les yeux, la tête, le tronc, éventuellement tout le corps, de telle sorte qu'il puisse faire face avec efficacité à des situations sensorielles inopinées, brusques, situations qui généralement signalent une urgence et commandent une action rapide, de fuite, d'attaque ou de saisie d'une proie.

Organisation détaillée des aires prémotrices

J'adopterai, dans ce qui suit, la description et la nomenclature proposée par le groupe de chercheurs réunis à l'Université de Parme autour de Giacomo Rizzolatti[21], tout en faisant mention, chaque fois que nécessaire, aux terminologies traditionnelles, plus descriptives, employées par d'autres groupes de chercheurs[22]. Ces questions de terminologie sont importantes car les régions étudiées dans l'une ou l'autre de ces descriptions ne correspondent pas toujours entre elles de façon évidente et surtout ne respectent que grossièrement les limites cytoarchitectoniques établies par Brodmann. Il y a souvent un risque de confusion lorsqu'on se propose de faire un résumé synthétique.

Topographiquement, on peut distinguer au sein de l'aire 6 trois grandes zones : une zone située sur la face médiane de l'hémisphère, une zone dorsale et une zone ventrale. Dans chacune de ces zones, des différences plus subtiles permettent de séparer encore des aires fonctionnellement distinctes (Fig. 8-4).

---

21. Luppino et Rizzolatti, 2000.
22. Voir notamment Wise *et al.*, 1997.

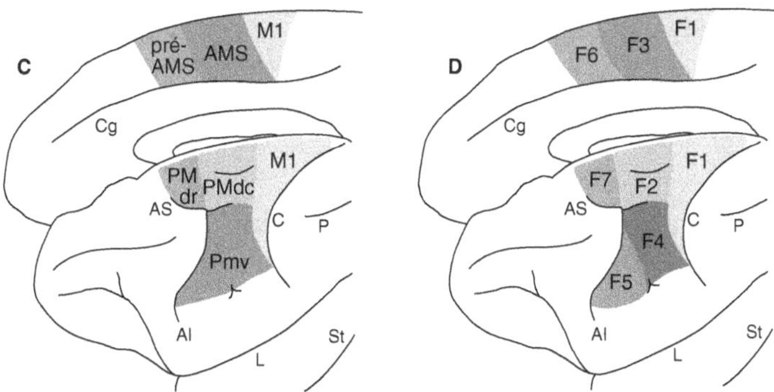

Figure 8-4 : *Cortex frontal agranulaire du singe.*
À *gauche* : subdivisions fonctionnelles.
À *droite* : cartes de Mateli *et al.*, 1985 ; 1991.
C : sulcus central ; Cg : sulcus cingulaire ; F1 – F7 : aires frontales agranulaires ; IP : sulcus intrapariétal ; L : fissure latérale ; M1 cortex moteur primaire ; P : sulcus principal ; PMd : cortex prémoteur dorsal (c : caudal-r : rostal-v : ventral) ; AMS : aire motrice supplémentaire ; ST : sulcus temporal supérieur.
D'après Luppino *et al.*, 2000.

Sur la face médiane de l'aire 6

Depuis que Woolsey, en 1952, l'avait identifié par la stimulation électrique relativement grossière appliquées à la surface du cortex, il était généralement admis que la région prolongeant le cortex moteur primaire sur la face médiane de l'hémisphère constituait une aire motrice supplémentaire. Son rôle aurait été de collaborer étroitement avec le cortex moteur primaire (M1 ou F1) dans l'exécution des mouvements. Des voix discordantes s'élevaient cependant pour attribuer à cette zone corticale un rôle dans des processus d'un niveau plus élevé, processus d'élaboration du geste qui précéderaient l'exécution proprement dite du mouvement. C'est l'application systématique de microstimulations électriques intracorticales qui mit fin à ces incertitudes en montrant que cette zone est en fait double. Sur la face médiane, l'aire 6 est en effet constituée de deux aires singulières : en arrière, l'aire motrice supplémentaire proprement dite, ou AMS *propre*, encore appelée F3 ; immédiatement en avant, l'aire F6 ou aire *pré*AMS.

L'aire F3, dont la stimulation d'intensité très faible évoque des mouvements distribués en différents endroits du corps, interviendrait essentiellement dans l'ajustement postural qui précède un mouvement volontaire. L'aire F6, plus rostrale, demande, pour être électriquement excitée, des stimulations de plus forte intensité ; dans ces conditions, seront évoqués des mouvements lents et complexes, en particulier au niveau des membres supérieurs. En outre, les neurones de F3 et de F6 se distinguent également dans leurs activités évoquées enregistrées par des microélectrodes. Alors que les décharges des neurones de F3 sont augmentées par des stimulations somatosensorielles, cutanées ou proprioceptives, celles des neurones de F6 le sont plus spécifiquement par des stimulus visuels complexes, par exemple des objets qui s'approchent pour entrer dans l'espace de préhension de l'animal.

Chez l'homme également, des techniques d'imagerie cérébrale montrent que l'aire motrice supplémentaire située sur la face interne de l'hémisphère est double comme chez le singe et présenterait une AMS *propre* activée pendant l'exécution de diverses tâches motrices et une *pré-AMS* activée par des tâches motrices plus complexes.

Dans la zone dorsale de l'aire 6

Sur la partie dorsale de la convexité hémisphérique, l'aire prémotrice dorsale (PMd), se subdivise également en deux zones distinctes, l'une caudale PMdc, F2, l'autre rostrale PMdr, F7. L'analyse physiologique de l'aire F2, longtemps regardée comme faisant partie du cortex moteur primaire (Woolsey, par exemple, l'incluait purement et simplement dans M1), a porté essentiellement sur les propriétés motrices de ses neurones, au détriment de leurs réponses sensorielles, restées largement inexplorées. Pourtant, cette partie caudale du PMd reçoit du cortex pariétal, notamment du lobule pariétal supérieur (SPL, dans la nomenclature en anglais) des signaux visuels, issus notamment de la voie visuelle dorsale dont on sait qu'ils servent à guider les relations visuomotrices. Au cours de la dernière décennie, de nouvelles techniques anatomiques et de nombreuses expériences électrophysiologiques chez le singe vigile ont contribué à parcelliser le cortex pariétal tout comme est parcellarisé le cortex frontal, ce qui n'a pas manqué de susciter de nouvelles idées sur les relations entre la vue et l'action.

La région la plus rostrale du cortex prémoteur dorsal (PMdr) est appelée par Luppino et Rizzolatti l'aire F7 ; elle est surtout occupée par une zone dite « champ oculofrontal supplémentaire » (en anglais SEF, *supplementary eye field*), zone dont la microstimulation électrique entraîne des mouvements oculaires. Cette zone oculomotrice complète et supervise la représentation corticale de la motricité oculaire primaire. Elle adresse en effet de nombreuses connexions corticocorticales à la zone qui intervient directement dans l'exécution proprement dite de mouvements oculaires essentiels chez certains animaux, notamment les primates, les saccades oculaires. Cette zone oculomotrice primaire est située sur la frontière entre le cortex prémoteur et le cortex préfrontal, elle est identifiée comme le « champ oculomoteur frontal », plus souvent désignée par l'acronyme FEF de son nom en anglais (*frontal eye field*), dont je reparlerai bientôt.

Dans la zone ventrale de l'aire 6

Le territoire ventral de l'aire cytoarchitectonique 6 de Brodmann, souvent appelé cortex prémoteur ventral (PMv), est subdivisé par Rizzolatti et ses collaborateurs en deux aires distinctes : F4 et F5. Ces deux aires sont électriquement excitables et contiennent des représentations motrices, somatotopiquement organisées respectivement, des mouvements du bras, du tronc et de la face dans F4, de la main et de la bouche dans F5. Ces deux zones prémotrices participent à la formation du tractus corticospinal et reçoivent leurs afférences corticales principalement des régions situées dans le sillon intrapariétal.

Connexions afférentes au cortex moteur

Le lobe pariétal n'est pas la seule source de signaux parvenant au cortex moteur. Les zones cérébrales du lobe préfrontal y contribuent largement.

Le lobe préfrontal est par excellence le cortex associatif du lobe frontal ; il est constitué d'un ensemble d'aires corticales qui couvrent la zone la plus antérieure des lobes frontaux.

Classiquement, on distingue trois régions principales, respectivement appelées, le cortex préfrontal latéral (Fig. 8-5A), la zone médiane (Fig. 8-5B) et le cortex orbitaire (Fig. 8-5C). Les régions orbitaires et la zone médiane sont impliquées dans le comportement émotionnel, quant à la zone latérale, particulièrement développée chez l'homme, elle est considérée comme fournissant le support cognitif à l'organisation temporelle du comportement, de la parole et du raisonnement. Ces régions corticales sont très fortement connectées, généralement de façon réciproque, avec de nombreuses structures cérébrales : le noyau dorsomédian du thalamus (connexion préférentielle qui sert généralement à définir le cortex préfrontal), le tronc cérébral, les ganglions de la base (voir plus bas), le système limbique dont il sera question plus loin.

Le cortex préfrontal est apparu tardivement dans la phylogenèse. Surtout développé chez les primates, particulièrement chez l'homme où il représente le quart de la surface totale du cortex cérébral, il est la zone du cerveau la plus étroitement associée aux fonctions cognitives élaborées, fonctions qui exigent de la mémoire et des capacités de planification pour exécuter tous les comportements volontaires dirigés vers un but. C'est la raison pour laquelle je reparlerai du rôle fonctionnel de cette zone importante pour les fonctions cognitives dites exécutives, dans les chapitres suivants.

Organisation fonctionnelle des aires motrices

La commande motrice

On ne comprend que depuis peu le rôle exact que jouent les différentes aires motrices dans la commande d'une action finalisée. On savait depuis longtemps cependant, grâce à la stimulation électrique dont nous

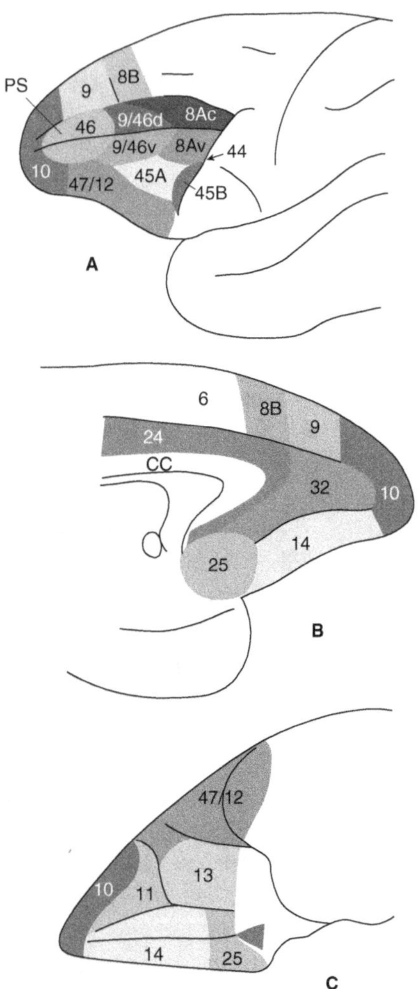

Figure 8-5 : *Cartes cytoarchitectoniques du cortex frontal du singe.*
A : vue latérale ; B : vue médiane ; C : vue inférieure.
CC : corps calleux ; PS : sulcus principal.
D'après Pétrides et Pandya, 1994 modifié par Fuster, 2001.

avons déjà parlé, qu'elles pouvaient déclencher un mouvement précis, ou
même la contraction limitée à un muscle donné. C'est d'ailleurs cette
propriété qui a permis d'établir des cartes détaillées du corps dans les
aires motrices. Cette représentation somatotopique motrice suggère
naturellement que le contrôle cortical soit exercé ponctuellement sur un
muscle singulier, ou, tout au plus, sur un groupe restreint de muscles
participant de concert au niveau d'une articulation précise. L'idée, bien
plus riche et prometteuse, selon laquelle c'est le geste complexe, dans

toute sa globalité, par exemple déployer son bras pour atteindre une cible située en un point quelconque de l'espace, qui est codé par le cortex moteur dans son ensemble, est relativement récente. Déchiffrer ce code n'est pas une mince affaire ; beaucoup de travail expérimental et théorique y est consacré. Le code serait donné par le motif des décharges d'une population relativement importante de neurones du cortex, motif destiné à l'ensemble des motoneurones du bras, exécuté de façon séquentielle, soumis à des contrôles adaptatifs lors des différentes étapes de son acheminement. Ce motif représenterait[23] la « commande » du geste.

Avant d'entrer dans le détail de l'organisation fonctionnelle des aires motrices et prémotrices, il me faut au préalable décrire la méthodologie employée pour mettre en évidence les relations entre, d'une part, les décharges des neurones isolés dans ces différentes parcelles corticales et, d'autre part, la signification vitale ou psychologique qui s'exprime dans un comportement sensorimoteur.

Les expériences combinées

L'idée qu'il existerait une commande « holistique » du geste a été introduite par Vernon Mountcastle, de l'Université Johns Hopkins de Baltimore à partir d'une étude, publiée en 1975, sur le rôle du cortex pariétal postérieur dans le contrôle moteur du mouvement du bras dans l'espace extracorporel du singe vigile exécutant un geste précis. Vernon Mountcastle et ses collègues ont développé une approche expérimentale puissante appelée à jouer un rôle majeur dans toutes les études qui visent à établir des relations précises entre des activités cellulaires unitaires et des comportements complexes. Ces expériences, dites *combinées*[24], consistent à enregistrer les potentiels d'action d'un neurone isolé dans une zone cérébrale donnée pendant que l'animal exécute un comportement appris[25]. L'expérimentateur enseigne tout d'abord à l'animal, le plus souvent un singe macaque[26], à faire quelque chose de précis, pousser un levier, tirer une manette, pointer vers une cible, saisir un objet, déplacer son regard, ne pas le déplacer, etc. Chaque fois qu'il réalise ce que l'expérimentateur attend de lui, il est récompensé par l'obtention d'un peu de jus de fruit. Quand il sait bien ce qu'il doit faire, qu'il a par-

---

23. La notion de « représentation » par des motifs d'activité neuronale sera discutée dans le dernier chapitre.
24. Il faut signaler que c'est en 1958 que Jasper, Ricci et Doane ont décrit les premiers cette préparation qui permet d'enregistrer l'activité neuronale isolée par une microélectrode chez un singe vigile en train d'exécuter une tâche apprise.
25. Un comportement spontané également, mais il est alors plus difficile d'établir des relations temporelles entre activité cellulaire et les différentes étapes du comportement exhibé.
26. Les singes macaques, espèce la plus étudiée et donc la mieux connue du point de vue anatomique, physiologique et comportemental, sont élevés dans des centres spécialisés en vue de l'expérimentation animale et sont utilisés dans des conditions donnant toutes les garanties d'une expérimentation « éthique ».

faitement compris les instructions, en un mot quand il est bien « conditionné », il subit une opération chirurgicale (effectuée dans les meilleures conditions possibles et dans le strict respect des règles éthiques régissant l'expérimentation animale[27]). Cette intervention consiste à permettre, une fois l'animal complètement remis, d'introduire (manœuvre totalement indolore), au moyen d'un dispositif implanté à demeure sur son crâne, une microélectrode au voisinage immédiat d'un neurone situé dans une zone précise de son cerveau. L'expérimentateur est ainsi en mesure d'étudier les corrélations entre les décharges des neurones et les paramètres du comportement qu'il peut modifier à loisir (changer les délais, retarder l'exécution, rendre la tâche plus difficile, introduire des ambiguïtés). Le choix de la région cérébrale à explorer est guidé par des hypothèses généralement suggérées par des observations cliniques. C'est ainsi que si l'on s'intéresse à la mémoire, on ira explorer de préférence le lobe frontal, à la reconnaissance des objets, les régions inféro-temporales, au traitement somatosensoriel et à l'attention spatiale les zones pariétales, etc. La clinique en effet nous enseigne que des lésions cérébrales localisées, frontale, inféro-temporale ou pariétale affectent respectivement les fonctions mnésiques, la connaissance visuelle ou l'attention dirigée.

Le contrôle cortical de la motricité volontaire

Ces expériences combinées apportent une riche moisson de résultats sur le rôle joué par les différentes aires précentrales dans le contrôle d'un acte moteur volontaire. Au niveau du cortex moteur primaire (M1 de Woolsey ou F1 de Luppino et Rizzolatti, 2000), chaque cellule pyramidale particulière, selon sa position à l'intérieur d'une zone corticale topographiquement déterminée, contribue à déterminer la force développée par un muscle. Edward Evarts, de l'Institut national de la santé de Bethesda (Maryland) aux États-Unis, en apporte la première démonstration dans une série d'articles publiés à la fin des années 1960. Notamment, dans un article de 1969, un singe est entraîné à maintenir une manette dans une position fixe et déterminée. Pour cela, son poignet doit être retenu immobile pour empêcher la manette de venir au contact de l'une ou de l'autre des butées qui limitent l'amplitude de son déplacement. Il lui faudra donc exercer une flexion ou une extension de son poignet pour contrecarrer l'introduction d'une charge variable appliquée, au hasard, au déplacement, dans un sens ou dans l'autre, de la manette. Le maintien de la manette entre les deux butées permet au singe d'obtenir une récompense sous forme d'un peu de jus de fruit qu'il apprécie particulièrement. Edward Evarts enregistre les variations des décharges d'activité évoquée que présentent les neurones pyramidaux en fonction

---

27. Faute de quoi les résultats ne sont pas acceptés pour publication par les bonnes revues scientifiques.

des charges introduites. Il montre de la sorte que pendant le maintien d'une position donnée, la variation de la fréquence des décharges des neurones pyramidaux du cortex moteur est directement fonction du degré de contraction *isométrique*, c'est-à-dire sans changement de longueur, des muscles impliqués dans le maintien figé de l'articulation et non au mouvement du poignet lui-même. Pourtant, la force est par définition un « vecteur », muni d'une direction et d'une grandeur : au niveau du poignet, par exemple, la force peut être dirigée dans n'importe laquelle des trois dimensions de l'espace.

En 1982, le chercheur américain Apostolos Georgopoulos et ses collaborateurs de l'école de médecine de l'Université du Minnesota à Minneapolis enregistrent l'activité de neurones du cortex moteur pendant que le singe réalise un mouvement de pointage dans un plan, avec comme hypothèse de travail que le paramètre important à retenir est la direction *globale* du geste dans l'espace et non les mouvements individuels exécutés aux différentes articulations. Pendant le temps de réaction (TR), c'est-à-dire celui qui sépare l'apparition du signal indiquant le geste à exécuter de son exécution effective, l'activité des cellules passe par un maximum lorsque le mouvement est effectué selon un certain trajet dans l'espace ; cependant, il décroît régulièrement avec des mouvements qui suivent des directions qui s'écartent de plus en plus de la « direction préférée ». Il est ainsi possible de tracer des « courbes d'accord », en traçant le graphe du taux de réponse du neurone en fonction de la direction du geste. L'amplitude du mouvement est également codée par la fréquence des décharges[28], cependant, dans ce cas, la variation de fréquence a lieu après le temps de réaction, pendant l'exécution proprement dite du geste. On a de bonnes raisons de considérer que si le cortex moteur participe bien à la planification de la direction du mouvement, il reçoit aussi des signaux en retour sur l'amplitude de celui-ci lorsqu'il est effectué. En outre, le taux le plus élevé des fréquences des décharges code toujours la même direction préférée d'un geste quelle que soit son amplitude, ce qui semble bien indiquer qu'au niveau du cortex moteur direction et amplitude sont des processus indépendants. Il est important de noter que la vitesse du geste est également un paramètre important codé par les neurones du cortex moteur[29]. Il semble dès lors bien établi que les relations entre l'activité d'un neurone *individuel* du cortex moteur et un mouvement *global* sont dominées par des paramètres de direction et de vitesse, alors que les paramètres les plus étroitement liés à la force, qui se traduisent par des accélérations, n'ont que des effets mineurs[30].

---

28. Fu *et al.*, 1993.
29. La vitesse serait ici équivalente à l'amplitude instantanée, c'est-à-dire à l'amplitude dans une courte fenêtre de temps de l'ordre de 10 ou 20 ms.
30. Georgopoulos, 1999.

Du point de vue des fonctions qu'il est supposé remplir, un neurone n'est jamais isolé. C'est toute une population de cellules, et non chacune d'entre elles prises individuellement, qui mobilise les muscles de telle sorte que le membre puisse être commandé comme un tout dirigé vers l'objectif à atteindre, selon une direction déterminée. On peut donc considérer que ce qui commande la forme globale du geste est la somme pondérée des activités des neurones individuels appartenant à la population concernée par l'exécution d'un geste donné. Généralement, on peut assigner à chaque neurone un « vecteur » dont la longueur sera proportionnelle à l'activité du neurone (et en conséquence à la fonction qu'il exerce sur les muscles) et dont l'« orientation » correspondra à la direction préférée ; on fait la somme de tous ces vecteurs individuels pour former un vecteur de population[31]. Cette somme vectorielle « prédit » correctement la direction du geste. Pour appliquer cette méthode, il est nécessaire que certaines conditions soient remplies[32], ce qui ne manque pas de soulever souvent des débats sur la légitimité même de son emploi ; néanmoins elle fournit un moyen efficace de modéliser un réseau de neurones biologiquement crédible. Ce mode de codage, dit *par population*, serait très largement utilisé par le système nerveux, non seulement dans la sphère motrice, mais aussi dans le domaine du traitement des informations sensorielles ou le choix d'un comportement[33].

Au niveau des aires prémotrices, les expériences combinées fournissent également une riche moisson de résultats, dont je choisis d'extraire quelques exemples significatifs qui touchent aux mouvements oculaires et aux relations visuo-manuelles.

Le champ oculomoteur frontal

La frontière antérieure délimitant le cortex prémoteur est marquée par le sillon arqué (*sulcus arcuatus*), en avant duquel commence le cortex préfrontal dont je reparlerai surtout dans le chapitre sur la mémoire et celui sur la connaissance de soi. Sur ce sillon, notamment dans sa profondeur et sur sa rive rostrale, on connaît depuis longtemps une zone dont la stimulation électrique provoque sélectivement des mouvements oculaires. En 1969 déjà, Robinson et Fuch décrivent des mouvements des yeux évo-

---

31. Ceci équivaut mathématiquement à trouver la fonction cosinus qui s'adapte le mieux au motif des activités évoquées en fonction de la distribution d'un paramètre du stimulus (l'orientation du geste en l'occurrence) et en utilisant la position du pic du cosinus comme l'estimation de la direction. Ceci est simple mathématiquement, mais n'est pas forcément la meilleure solution Voir Deneve *et al.*, 2001.
32. Lewis et Kristan, 1998.
33. Voir à titre d'exemples : A. Pasupathy et Ch. E. Connors (2002), pour un exemple récent appliqué au codage de la forme par les neurones visuels de l'aire V4 ; Rainer W. Friedrich et Mark Stopfer (2001) dans le système olfactif ; Sheila Niremberg et Peter E. Latham (1998) dans la rétine ; Ramus S. Petersen, Stefano Panzeri et Matthew E. Diamond (2002) dans le cortex somatosensoriel ; William B. Kristan et Brian K. Shaw (1997) dans le choix des comportements.

qués par la stimulation électrique de cette zone appelée champ oculomoteur frontal (FEF ou *Frontal Eye Field*, selon sa dénomination en anglais). Ces mouvements sont rapides, et, pour un point de stimulation donné sur le cortex, leur amplitude et leur direction seront toujours les mêmes quelle que soit la position initiale de l'œil dans l'orbite. On dit qu'ils sont « rétino-centrés » : le cadre de référence utilisé pour décrire l'espace dans lequel le mouvement se déploie prend le centre de la rétine pour origine de ses coordonnées. Une certaine organisation topographique est également décrite : la stimulation des zones les plus ventrolatérales provoque de petites saccades, alors que celle des zones dorsomédianes en évoque de grandes ; en outre, des trains de quelques stimulations répétitives en un site cortical donné suscitent des mouvements « en escalier » : à une première saccade succède une seconde, puis une troisième, etc. chaque saccade interrompue par une courte pause, le long d'un trajet essentiellement rectiligne. Ces résultats sont désormais classiques ; ils ont été amplement confirmés par de nombreuses expériences qui enrichirent notre connaissance de ce champ oculomoteur frontal, tant chez le singe, par des expériences d'électrophysiologie, que chez l'homme où des techniques d'imagerie cérébrale permettent de les mettre en évidence dans des protocoles expérimentaux exigeants. Le champ oculomoteur frontal, ou FEF, est essentiellement destiné à commander cette grande catégorie de mouvements oculaires appelés saccades.

Les mouvements oculaires et le cortex frontal

On distingue en gros cinq catégories de mouvements oculaires : le réflexe vestibulo-oculaire, le réflexe optocinétique, la poursuite lente, la vergence, enfin la saccade (on pourrait ajouter le maintien de la fixation du regard, voir plus bas). Tous ces mouvements ont fait l'objet de recherches anatomiques et physiologiques intenses. Chaque type possède sa propre machinerie neuronale relativement bien circonscrite[34]. Néanmoins, plus récemment, une meilleure compréhension des circuits oculomoteurs a émergé indiquant que certaines structures centrales, notamment le champ oculomoteur frontal, intervenaient dans le contrôle intégré de plusieurs de ces mouvements, en particulier la saccade, la poursuite lente et même la vergence[35].

Les saccades sont des mouvements rapides (leur vitesse peut atteindre 800° d'angle visuel par seconde), généralement réputées balistiques, c'est-à-dire qu'une fois enclenchées, rien ne semble plus pouvoir les arrêter (il faudrait cependant nuancer cette dernière affirmation, juste seulement en première approximation, suffisante pour notre propos). Ce sont des mouvements « obligés », au sens où ils sont impulsifs comme,

---

34. Voir pour une description classique Büttner-Ennever, 1989.
35. Voir Tian et Lynch, 1996 ; et la revue de Büttner-Ennever et Horn, 1997.

lorsqu'une lumière se mettant à clignoter dans la périphérie de notre vision, nous ne pouvons nous empêcher, sauf effort particulier, de tourner notre regard dans sa direction.

La poursuite continue permet de suivre avec précision le déplacement d'un objet de petite taille à vitesse lente selon une trajectoire lisse dans un plan perpendiculaire à la direction du regard, plan dit fronto-parallèle. Il faut pour maintenir cette poursuite que la direction et la vitesse de l'objet visuel soient précisément calculées afin de commander la transformation visuo-motrice la plus adéquate au but recherché, qui est de continuer à suivre du regard, en dépit de petites variations de vitesse et de direction de la cible. En outre, une interaction avec le système vestibulaire s'impose pour que la poursuite ne soit pas perturbée par des mouvements de la tête : il faut donc intégrer des informations (dynamique et statique) sur la position de la tête dans l'espace au dispositif de commande de la poursuite lente. Enfin, un objet intéressant (n'est-il pas forcément intéressant puisque nous le suivons du regard ?) ne reste pas prisonnier du seul plan frontoparallèle, il se déplace en général dans l'espace tridimensionnel. Pour le suivre, il faut que les mouvements conjugués de poursuite dans le plan frontoparallèle soient combinés avec de mouvements non conjugués qui déplacent les deux yeux dans des directions divergentes ou convergentes, le but ultime de la poursuite étant de fixer l'image de l'objet cible sur une même région de la rétine, la rétine centrale ou fovea des primates. En outre, avant que le regard n'adhère à un objet mobile, il faut qu'il soit rapidement amené dessus pour métaphoriquement le capturer ; c'est généralement le rôle de la saccade de permettre cette fixation, saccade suivie d'une poursuite si la cible bouge, ou d'un maintien actif si elle demeure immobile.

Le champ oculomoteur frontal est un excellent candidat pour l'évocation combinée de ces diverses actions oculomotrices, saccades, poursuite et vergence. On a d'abord considéré qu'il n'exerçait son contrôle que sur les saccades, mais on vient de voir qu'il joue aussi un rôle dans le maintien de la fixation du regard sur une cible et dans la poursuite lente[36]. Conformément à ce que j'appelle l'axiome bernardien selon lequel la mise en évidence de fonctions différentes invite le physiologiste à rechercher des structures morphologiques également différentes, et *vice versa*, on doit s'attendre à ce que le FEF soit divisé deux parties distinctes, indépendantes, l'une contrôlant les saccades, l'autre, la poursuite. C'est bien le cas, l'activité des neurones de la partie rostrale est liée aux saccades, celle des neurones situés en arrière, la poursuite. Chez l'homme également, il est possible de distinguer par l'imagerie cérébrale en IRM fonctionnelle un double FEF contrôlant séparément saccades et poursuite[37].

---

36. Dias *et al.*, 1995.
37. Petit *et al.*, 1997.

Si on compare le champ oculomoteur frontal (FEF) avec le champ oculofrontal supplémentaire (SEF) d'intéressantes différences apparaissent. Tout d'abord, la stimulation électrique de SEF, si elle évoque bien des mouvements oculaires, comme nous l'avons dit plus haut, déplace le regard vers une zone de l'espace défini dans des coordonnées dont le centre est fixé par rapport au crâne. Par exemple, lorsque la tête est inclinée selon un axe vertical, la zone de terminaison de la saccade évoquée par la stimulation électrique d'un point sur le SEF sera également déplacée de telle sorte qu'elle garde la même position dans l'espace par rapport à la tête que celle qu'elle avait avant qu'on ne l'incline. On dit que, dans ce cas, le cadre de référence où se déploient les saccades est *cranio-centré*, pour le distinguer du cadre *rétino-centré* des saccades évoquées par la stimulation de FEF.

Bien d'autres différences existent entre ces deux zones oculomotrices frontales, les traiter en détail m'amènerait trop loin, qu'il me suffise de dire pour bien les contraster que FEF génère des commandes motrices qui suffisent à sélectionner une cible et initier la saccade, alors que SEF, sans être impliqué dans cette commande primaire, interviendrait pour en surveiller le déroulement et s'assurer que les actions produites atteignent bien l'effet escompté. Le FEF serait l'exécutant, le SEF le moniteur.

Le cortex prémoteur : rôle des aires F4 et F5

Comme F2, l'aire F4 a d'abord été considérée, notamment à la suite de Woolsey, comme faisant partie du cortex moteur primaire M1. La stimulation électrique de l'aire F4 révèle une représentation somatotopique des mouvements du bras, de la nuque et de la face. Du point de vue des réponses évoquées, de nombreux neurones de cette région sont activés lors de l'exécution d'une action spécifique, notamment lorsque le bras est porté à la bouche ou dirigé vers des zones particulières du corps ou de l'espace. La moitié de ces neurones sont en outre activés par des stimulations sensorielles appartenant à deux modalités différentes, tactile et visuelle. Une particularité notable bien mise en évidence par Giacomo Rizzolatti et ses collaborateurs est la concordance remarquable des positions respectives des champs récepteurs (CR) dans les deux modalités sensorielles. Ainsi, pour un neurone activé à la fois par un objet visuel et par un stimulus tactile, le CR visuel est localisé dans l'espace proche qui surplombe directement la zone cutanée où est situé le CR tactile ; cet arrangement permet de comprendre que la réponse visuelle est souvent sélective pour des objets visuels qui se déplacent en direction du CR tactile.

Les neurones qui se trouvent dans la zone du cortex prémoteur ventral, appelée F5, interviennent dans la préhension et la manipulation des objets. Plus spécifiquement, ils ne sont activés que lorsqu'une action est volontairement dirigée vers un objet pour l'atteindre, le saisir, éventuellement le lacérer ou le porter à la bouche. Pour être efficace, cette action doit être exécutée dans sa globalité, la simple production de l'une ou l'autre des différentes composantes individuelles des mouvements qui composent ce geste laissera cette famille de neurone inactive. En outre, la manière plus ou moins délicate de saisir l'objet, entre le pouce et l'index, du bout de tous les doigts ou à pleine main, sera elle-même sélectivement représentée dans l'activité de genres différents de cette famille de neurones. La grande majorité des neurones du F5 sont non seulement actifs en accompagnement de la saisie manuelle, mais répondent aussi à la stimulation visuelle.

Certains d'entre eux, que Giacomo Rizzolatti a appelés « canoniques », sont excités à la seule présentation d'un objet tridimensionnel, même si on n'a pas préalablement appris au singe à s'en emparer. La simple « vue » de cet objet, pour peu qu'il soit « saisissable », c'est-à-dire si sa taille et son orientation sont compatibles avec une saisie manuelle, suffit à activer le neurone en question en dehors de tout contexte d'action spécifique.

C'est avec les autres neurones visuomoteurs de F5 que Giacomo Rizzolatti et ses collaborateurs ont fait une des découvertes les plus fascinantes de ces dix dernières années : les *neurones miroirs*[38]. Ces neurones accompagnent de leur décharge d'activité la commande motrice, tout comme les neurones canoniques dont nous venons de parler : comme eux, ils sont activés lorsque le singe saisit de sa main un objet pour en faire quelque chose. Ils sont différents néanmoins des neurones canoniques par leurs propriétés visuelles. Que le singe puisse « voir » un objet saisissable ne suffit plus comme précédemment à les activer. Il faut dans ce cas que le singe « observe » quelqu'un, l'expérimentateur ou un autre singe, en train de faire le type de geste qui, s'il le réalisait lui-même, serait accompagné d'activité.

La fonction de ces neurones serait, selon ces auteurs, de représenter une action sous une forme « abstraite », c'est-à-dire indépendante de la modalité qui suscite leur décharge, qu'elle soit motrice ou sensorielle[39]. Ces neurones miroirs établissent un lien entre l'« émetteur » du geste, celui qui le fait, et le « receveur », celui qui voit l'autre faire le geste ou qui entend le bruit que fait l'action elle-même. Ils servent ainsi au receveur à imiter l'action de l'autre, et, en conséquence, à pouvoir reconnaître et comprendre ce que l'autre est en train de faire.

De nombreux arguments convaincants font de l'aire F5 du singe l'homologue de l'aire de Broca chez l'homme, qui joue un rôle éminent dans le langage et dont la lésion produit une forme d'aphasie dans laquelle la production de la parole est touchée au premier chef. Cette

---

38. Gallese, Fadiga, Fogassi et Rizzolatti, 1996.
39. La vision n'est pas la seule modalité sensorielle efficace, l'audition l'est aussi : le « bruit » que fait une action lorsqu'elle est accomplie par un autre suffit dans certains cas.

homologie a même suggéré à certains auteurs l'existence d'un lien entre la compréhension des gestes que quelqu'un d'autre effectue, et la compréhension linguistique : en se rappelant la formule *verum ipsum factum* de Giambattista Vico (1710), on pourrait dire, en généralisant cette analogie, non seulement que l'on sait ce que l'on fait en le faisant, mais surtout que l'on sait ce que l'autre fait quand on peut faire soi-même, ne serait-ce que dans sa tête, ce qu'on voit (ou entend) qu'il fait ; c'est la même idée que l'on retrouve dans la *théorie motrice de la compréhension du langage*, selon laquelle on comprend ce que l'autre dit quand on peut le dire soi-même, sans pour autant avoir à le proférer (nous reviendrons plus loin sur cet aspect).

CONCLUSION INTERMÉDIAIRE
SUR LE CORTEX MOTEUR

Le cortex moteur est loin d'être l'exécutant passif des ordres moteurs que les régions associatives du cortex pariétal postérieur et des lobes frontaux auraient au préalable organisé. Il est vrai néanmoins que la représentation de la position d'un membre dans l'espace, celle de la localisation d'une cible, celle enfin des actions motrices qu'il est possible d'effectuer s'expriment sous la forme de motifs des décharges de l'activité des neurones situés essentiellement dans les diverses zones du cortex pariétal associatif. Il est également incontestable que, à l'opposé, l'activité des neurones répartis dans les aires précentrales traduit plus spécifiquement l'ensemble des processus impliqués dans la sélection et l'exécution des actions motrices proprement dites. Mais au lieu de fonctionner de façon séquentielle et hiérarchique, du type : le cortex pariétal prépare l'action, le cortex moteur la réalise, les deux aires corticales sont étroitement associées pour former un véritable système intégré.

Le cortex associatif pariétal postérieur correspond aux aires 5 et 7 de Brodmann. Il consiste en une mosaïque d'aires fonctionnellement distinctes. Chacune reçoit des informations sensorielles déterminées, généralement visuelles sur la taille, l'orientation et la distance des objets extérieurs proches, ou tactiles sur les membres qu'il faut mobiliser pour agir spécifiquement sur l'objet en question, le désigner, l'atteindre, le saisir par exemple. Le cortex pariétal postérieur semble être ainsi en mesure d'assurer les transformations nécessaires pour accommoder les actions à entreprendre aux caractéristiques propres des objets. Ce serait son côté « pragmatique ». Le cortex pariétal postérieur et le cortex prémoteur sont interconnectés de façon réciproque par un réseau dense de fibres cortico-corticales. Étant donné que la plupart du temps les propriétés des neurones situés aux deux bouts de ces connexions, les neurones de l'aire AIP et de F5, ou ceux de VIP et F4 par exemple, sont très semblables, on est tenté de penser que, sur le versant sensoriel, les neurones pariétaux incorporent des caractéristiques motrices, et que sur le versant moteur, les neurones prémoteurs préservent les attributs sensoriels. La distinction scolaire entre le sensoriel et le moteur montre encore une fois son insuffisance flagrante.

Les deux administrations générales de la motricité volontaire

Les aires motrices du cortex cérébral sont, pourrait-on dire, globalement administrées par deux structures importantes. L'une assurerait la stabilisation indispensable à l'exécution de tout acte moteur, l'autre contrôlerait en ligne son déroulement dynamique. Les ganglions de la base se chargeraient de la première, le cervelet de la seconde. Nous verrons néanmoins plus loin que la situation est plus compliquée.

LA GESTION DE LA MOTRICITÉ
PAR LES GANGLIONS DE LA BASE

On donne le nom de *ganglions de la base* à un ensemble volumineux de neurones distribués dans plusieurs noyaux distincts du télencéphale. Collectivement, ils forment un réseau intriqué d'interconnexions excitatrices et inhibitrices dont l'importance dans la gestion de la motricité, au sens large du terme, est attestée par les conséquences neurologiques graves que son dysfonctionnement entraîne. Leur atteinte est en effet à l'origine de nombreux troubles moteurs qui se traduisent par une hyper- ou une hypoactivité motrice. La plus répandue est probablement la maladie de Parkinson.

La maladie de Parkinson
La maladie de Parkinson doit son nom à un neurologue londonien, sir James Parkinson, qui, dès 1817, regroupe un certain nombre de troubles moteurs apparentés pour en faire une entité neuropathologique (sémiologique) à part entière. Les symptômes moteurs cardinaux sont le tremblement, la rigidité, la bradykinésie ou l'akinésie, accompagnés le plus souvent de troubles de la posture et de l'équilibre. Le tremblement, fait de contractions alternatives des agonistes et des antagonistes, involontaire, est surtout manifeste au repos. Il commence par les extrémités (doigts, bras et jambes, pouvant aller jusqu'à toucher la tête, les lèvres ou la langue) pour décroître ou cesser complètement lors d'un mouvement actif. La rigidité parkinsonienne est un raidissement des muscles squelettiques dû à un accroissement du tonus musculaire. La bradykinésie est le trouble majeur de la maladie de Parkinson. Elle se traduit

par une lenteur anormale, pouvant aller jusqu'à l'incapacité d'initier et d'exécuter des mouvements (akinésie) ou de modifier une activité motrice en cours. Une grande pauvreté des mouvements spontanés (hypokinésie), des expressions faciales figées, et des gestes brusquement suspendus, une parole lente, sourde et monotone (dysarthrie) caractérisent les malades parkinsoniens. Ces troubles moteurs sont généralement accompagnés d'anormalités posturales (symptômes axiaux), posture courbée, démarche à petits pas, interrompus de brusques accélérations (festination) ; démarrage difficile avec piétinement sur place (enrayage cinétique), l'instabilité posturale entraîne des chutes fréquentes. La démence est une complication tardive qui touche de 10 à 20 % de la population des parkinsoniens (c'est-à-dire deux fois plus que dans la population générale). Elle est toujours de mauvais augure et souvent un pronostic fatal. On en connaît encore mal les causes ; on trouve, notamment dans le lobe temporal de ces patients, des lésions (plaques et corps de Lewy, dont nous reparlerons plus loin) qui indiquent la maladie d'Alzheimer, sans toutefois se confondre avec elle. Je reviendrai sur ces troubles cognitifs.

La maladie de Parkinson est très répandue. Elle affecte en gros une personne sur mille dans la population générale et en touche une sur cent chez les plus de 60 ans[40]. Elle s'installe insidieusement, généralement en commençant d'un côté du corps, pour mener progressivement, en une dizaine d'années, à un état de complète incapacité. Elle est le trouble de la motricité par excellence. Les signes moteurs que je viens de décrire brièvement traduisent un dysfonctionnement d'une structure importante de la motricité, les ganglions de la base. Ce ne sera qu'après avoir décrit la physiopathologie des troubles moteurs de la maladie de Parkinson que j'aborderai son étiologie, c'est-à-dire ses causes environnementales et génétiques. C'est certainement en comprenant les mécanismes moléculaires et cellulaires des causes de cette maladie que l'on peut espérer en venir vraiment à bout. Jusqu'à présent, la plupart des thérapies employées, même les plus efficaces, portent sur l'expression comportementale de la maladie, les troubles moteurs particulièrement invalidants, sans s'attaquer véritablement à ses causes.

La description des processus physiologiques des ganglions de la base, dont les anomalies s'expriment dans le dérèglement pathologique du parkinsonien, et d'autres pathologies de la motricité, a une grande valeur heuristique pour la compréhension de l'organisation normale de la commande des mouvements volontaires et de ses contrôles.

---

40. En Europe, la prévalence est de 1,6 % chez les > 65 ans ; en France, environ 100 000 personnes sont touchées, avec 8 000 nouveaux cas tous les ans. De nombreux sites sur Internet y sont consacrés.

Les ganglions de la base

On donne le nom de ganglions de la base (GGB) à quatre groupes principaux de neurones qui occupent, comme leur nom l'indique, la base du cerveau : striatum, pallidum, noyau subthalamique et substance noire (Fig. 8-6). On distingue un striatum dorsal, lui-même subdivisé en putamen (Put) et noyau caudé (CD), d'un striatum ventral, constitué essentiellement du noyau accumbens ; le pallidum ou *globus pallidus* (GP), lui-même partagé en GP externe (GPe) et DP interne (GPi)[41] ; la *substantia nigra* (SN), située dans le mésencéphale, que l'on distingue en SNc *pars compacta*, et la SNr *pars reticulata* ; enfin, situés au niveau diencéphalique, le *noyau subthalamique* (NST) est aussi, pour des raisons de connexions, inclus dans les GGB.

Le néostriatum (NC et Put) et le noyau subthalamique (NST) sont les deux principales stations d'entrée des informations dans les GGB. Ces régions reçoivent des afférences excitatrices directes (glutamatergiques) du

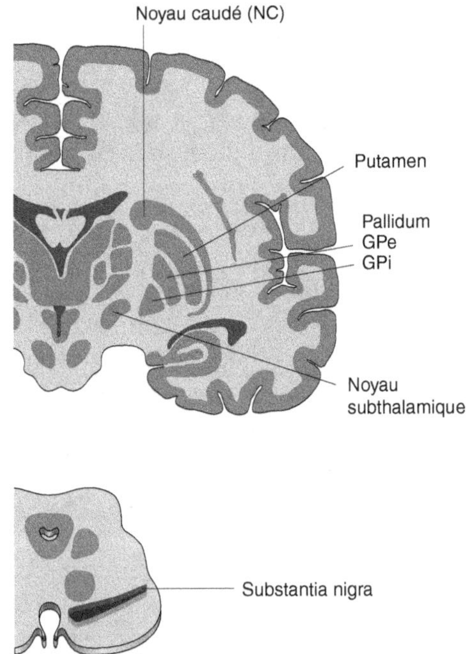

Figure 8-6 : *Organisation des ganglions de la base.*
Voir texte pour détails.

---

41. Le *globus pallidus* est la partie phylogénétiquement la plus ancienne, appelée pour cette raison *paléo*striatum ; il représente en quelque sorte le précurseur du striatum proprement dit, qu'il est préférable de désigner du terme de *néo*striatum. Celui-ci est relativement récent dans l'histoire évolutive puisqu'il n'apparaît que chez les reptiliens. Il forme la plus grande partie du corpus striatum des mammifères.

cortex cérébral, des structures limbiques[42] et du thalamus[43] ; elles reçoivent en outre des entrées « modulatrices » en provenance de la SNc (qui libère de la dopamine, comme nous le verrons en détail plus loin), ainsi que des noyaux modulateurs du tronc cérébral[44] (noyau du raphé dorsal, qui libère de la sérotonine, locus cœruleus qui libère de la noradrénaline). Les stations d'entrée néostriatales relaient, directement ou indirectement, les signaux ainsi reçus aux noyaux principaux de sortie, qui sont le GPi[45] et la *substantia nigra pars reticulata*. Ces noyaux de sortie ont des efférences directes inhibitrices (GABAergiques) vers le thalamus, le mésencéphale et le bulbe. Le thalamus, à son tour, adresse des afférences excitatrices aux régions corticales et limbiques d'où provenaient les entrées aux GGB.

Garrett Alexander, Mahlong DeLong et Peter Strick, dans une revue importante[46], ont été les premiers à systématiser et à comprendre l'importance des circuits formés par les ganglions de la base et les relais thalamocorticaux. Ils décrivent cinq circuits principaux qui partent de régions corticales et reviennent au cortex cérébral. Chacun reçoit ces afférences de plusieurs régions corticales, distinctes mais fonctionnellement liées ; les signaux entrent et traversent des portions spécifiques des ganglions de la base, puis en sortent pour, après avoir transité par un relais spécifique du thalamus, revenir sur l'une des aires corticales parmi celles qui ont fourni l'entrée au circuit (Fig. 8-7). Tous les circuits sont séparés les uns des autres pour fonctionner en parallèle et former ainsi des « boucles » partiellement fermées.

Des cinq circuits décrits par Alexander et ses collaborateurs[47], le circuit « sensorimoteur » est certainement le plus pertinent pour comprendre la physiopathologie des mouvements.

---

42. Les structures « limbiques » – amygdala, hippocampe, régions parahippocampiques, cortex entorhinal et périrhinal – sont abordées dans le chapitre IX car elles ont un rôle essentiel dans les mécanismes de la mémoire, des émotions et de la motivation.

43. Notamment des noyaux de la ligne médiane et des noyaux intralaminaires.

44. Il existe dans le tronc cérébral, une série de « noyaux », discrets, dont les projections très étendues libèrent des « neuromodulateurs ».

45. Porte le nom de noyau entopédonculaire chez le rongeur, animal modèle pour de nombreuses études anatomiques et physiologiques.

46. Alexander *et al.*, 1986.

47. Les cinq circuits en question sont tous cortico-GGB-thalamo-corticaux, la boucle se fermant sur les cortex moteur, oculomoteur, préfrontal dorsolatéral, orbitofrontal latéral et cingulaire antérieur ; il existe néanmoins des circuits en boucle fermée qui impliquent des structures sous-corticales de contrôle moteur (par exemple le colliculus supérieur qui joue un rôle majeur dans la motricité oculaire, le colliculus inférieur, la substance grise périacqueductale, l'aire cunéiforme et le complexe parabrachial, auxquels il faut ajouter divers noyaux réticulaires du pont et du rhombencéphale). Pour les boucles sous-corticales, les noyaux du thalamus (dits intralaminaires et ceux situés sur la ligne médiane du thalamus) servent d'interface d'entrée aux GGB, à l'inverse de ce qui se passe pour les boucles corticales où d'autres noyaux du thalamus, notamment situés sur les parties ventro-latérales ou antérieures, noyaux dits du « thalamus moteur », servent d'interface de sortie.

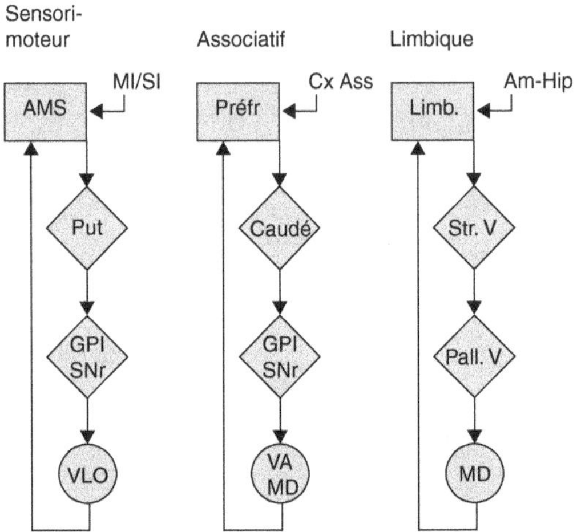

Figure 8-7 : *Trois boucles selon Alexander.*
Alexander *et al.*, 1986.
Voir texte.

Cette boucle part du cortex moteur M1, des aires prémotrices dorsales (PMd), de l'aire motrice supplémentaire (AMS), ainsi que de l'aire somatosensorielle primaire. Ces régions corticales envoient, selon un arrangement somatotopique relativement précis, des axones glutamatergiques excitateurs dans le putamen postérolatéral, où ils font synapses avec des neurones épineux de projection GABAergiques. Ces derniers adressent leurs axones aux noyaux de sortie des ganglions de la base : le segment interne du globus pallidus (GPi) et la substantia nigra, pars reticulata (SNr).

Deux voies principales relient le striatum à la sortie GPi/SNr (voir Fig. 8-7*bis*). Une voie « directe » qui établit une connexion inhibitrice monosynaptique. Les neurones GABAergiques du striatum, qui sont à l'origine de cette voie directe, ont des récepteurs dopaminergiques du type D1 et expriment, colocalisés avec le GABA, des neuropeptides, substance P et dynorphine[48]. Les neurones du striatum qui sont à l'origine de la voie « indirecte » ont, pour leur part, des récepteurs de la dopamine du type D2 et expriment, outre le GABA, le peptide enképhaline. Ces neurones envoient leurs axones GABAergiques au segment externe du globus pallidus (GPe). Ce noyau exerce une action inhibitrice (elle-même encore GABAergique) sur la sortie des GGB, le GPi et la SNr. En outre, le GPe est en relation, par une connexion réciproque formant une boucle de rétroaction, avec le noyau subthalamique (NST) qu'il inhibe, mais dont il reçoit des signaux excitateurs. Le NST est en effet formé de neurones

---

48. Gerfen, 1992.

dont le neurotransmetteur est l'acide glutamique, et dont les afférences excitatrices sont adressées aux deux sorties des GGB : le GPi et la SNr, ainsi que sur d'autres noyaux du tronc cérébral, notamment la substance noire *compacta* (SNc). Le NST reçoit des afférences excitatrices d'origine corticale, selon une voie que certains appellent « hyperdirecte ».

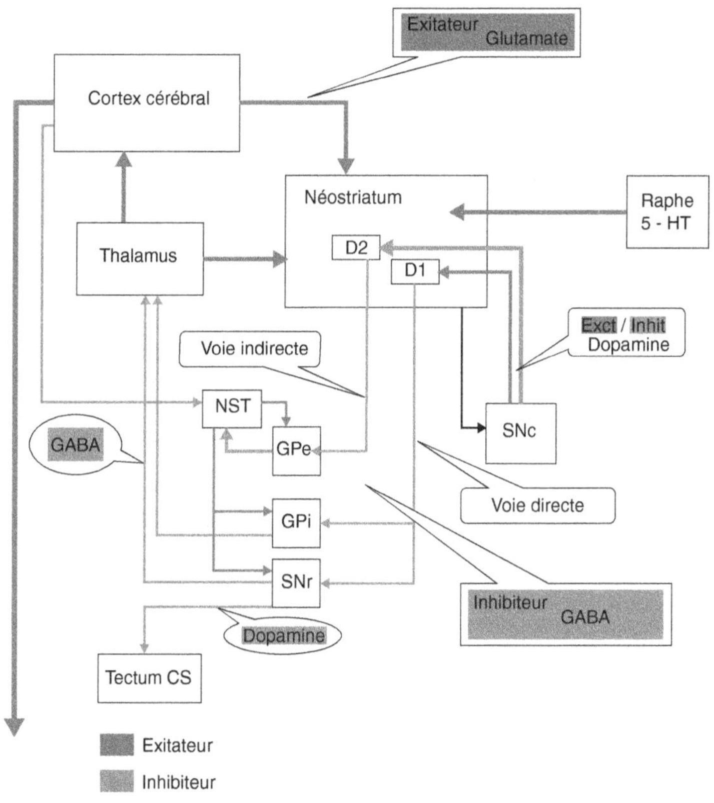

Figure 8-7*bis* : *Diagramme :*
Entrées et sorties du striatum.

Tous les signaux traités par les ganglions de la base sortent par le GPi et la SNr. Cette sortie est inhibitrice (GABAergique), elle est dirigée vers les noyaux thalamiques dits « moteurs », situés dans la partie ventrale et latérale ou ventrale et antérieure du thalamus (noyaux VL et VA), dont les neurones glutamatergiques, excitateurs, de projection sont adressés aux régions corticales motrices. Le résultat de cette organisation sera qu'une augmentation de l'activité dans le trajet direct va inhiber les neurones inhibiteurs de sortie, de la sorte, les signaux émis par les neurones de sortie vont diminuer jusqu'à marquer une pause. Cette

pause des décharges désinhibe tous les neurones thalamo-corticaux excitateurs cibles[49]. À l'inverse, l'activité dans le trajet indirect conduit à une
augmentation de l'excitation des neurones du noyau subthalamique et
un accroissement de l'inhibition exercée par la sortie GPi/SNr sur ces
cibles. Les ganglions de la base exercent donc en permanence un double
contrôle, en désinhibant ou en inhibant des neurones moteurs, c'est-à-
dire *in fine* en autorisant ou en interdisant l'exécution d'un acte moteur
par les structures motrices, le cortex moteur ou le colliculus supérieur
par exemple.

Il n'est pas facile de s'y retrouver dans ces circuits excitateurs et
inhibiteurs et la circuiterie complexe des ganglions de la base. J'en suis
bien conscient et le diagramme de la figure 8-7*bis* demande beaucoup
d'attention pour être compris.

Mais l'incidence des troubles neurologiques de la motricité est telle
que j'image volontiers tout lecteur prêt à faire l'effort nécessaire pour en
comprendre les mécanismes. Je vais donc essayer de présenter, au risque
de quelques redites, un modèle imparfait, certainement trop simpliste au
goût de certains, mais utile pour comprendre le rôle des ganglions de la
base dans la gestion des mouvements.

Tour d'abord, l'existence de deux voies, l'une directe, l'autre indirecte, entre l'entrée et la sortie des GGB, invite à penser qu'un fonctionnement bien équilibré de l'une *et* de l'autre doit être assuré au risque de graves perturbations. Le striatum reçoit une innervation
dopaminergique importante de la part des neurones de la substantia
nigra compacta (voie dite nigrostriatale) et également d'autres sources
dopaminergiques mésencéphaliques (notamment l'aire tegmentale ventrale, ATV encore appelée groupe A10). Or les neurones à l'origine des
deux voies des GGB ont des récepteurs dopaminergiques différents.
Les récepteurs D1, présents sur les neurones de la voie directe sont
couplés à des protéines G qui activent le second message (l'adénylate
cyclase), alors que les récepteurs D2, de la voie indirecte, sont couplés
à des protéines G qui l'inhibent. Cette régulation différente par des
récepteurs dopaminergiques distincts des voies de sortie des GGB est
fondamentale. Aujourd'hui, l'accord est unanime sur l'idée selon
laquelle la circuiterie interne des ganglions de la base (avec ses interneurones striataux modulateurs, avec ses nombreuses boucles locales
dont nous n'avons pas parlé, à l'exception de la boucle NST-GPe, pour
ne pas alourdir notre exposé) et la régulation dopaminergique nigro-

---

49. Ce phénomène est commun à toutes les boucles qui passent par les GGB : la
pause désinhibe également les neurones moteurs situés dans des structures sous-
corticales, par exemple les neurones du colliculus supérieur. Ce mécanisme est fondamental dans la gestion des saccades oculaires. Chevallier et Deniau, 1990.

striatale de ce système complexe sont déterminants dans le maintien de la stabilité des commandes motrices et que toute anomalie de ce système se traduit par des désordres de la motricité.

Nous pouvons maintenant revenir aux troubles spécifiques de la motricité, en commençant par la maladie de Parkinson, et en l'opposant à d'autres pathologies des systèmes moteurs.

Retour au Parkinson

Il est amplement établi que la dégénérescence des neurones dopaminergiques nigrostriés est un indice anatomo-pathologique majeur de la maladie de Parkinson. D'où une perte du contrôle différentiel sur les neurones inhibiteurs GABAergiques du striatum. Comme nous l'avons signalé plus haut, la dopamine exerce une action excitatrice ou inhibitrice selon son récepteur dopaminergique. Cette influence peut s'exercer sur des récepteurs présynaptiques localisés sur les terminaisons cortico-striatales glutamatergiques, dans ce cas, l'activation de ces récepteurs réduira la libération de glutamate des terminaisons excitatrices corticales. La dopamine agit aussi directement sur des récepteurs postsynaptiques localisés sur les neurones GABAergiques striataux de projection. Dans ce cas, elle aura un double effet selon les récepteurs impliqués : une inhibition par les récepteurs D2 présents sur les neurones, trajet indirect, et une excitation par les récepteurs D1 localisés sur le trajet direct. Le résultat net se traduira d'une part, par une diminution de l'inhibition (donc une activation) exercée par les neurones de projection de la voie indirecte sur le GPe, lesquels, à leur tour, et ainsi libérés de l'influence inhibitrice du striatum, seront fortement activés. Ce qui se traduira par une augmentation de l'inhibition qu'ils exercent sur les neurones de sortie des ganglions de la base (du GPi et de la SNr). Cette inhibition accrue s'exerce également en parallèle sur les neurones excitateurs du NST qui ne pourront donc plus exciter autant les neurones de sortie du GPi/SNr. Toutes ces influences concourent à réduire considérablement les influences inhibitrices des ganglions de la base. En effet, la DA de la voie nigrostriée inhibe les neurones de la voie indirecte (par les récepteurs D2) et excite ceux de la voie directe (par les récepteurs D1), une perte des neurones DA se traduit donc simultanément par une diminution de l'inhibition (donc une activation), sur le trajet indirect et par une diminution de l'activation (donc une inhibition) sur le trajet direct.

En résumé (Fig. 8-8) :

• L'inhibition réduite dans le trajet indirect entraîne séquentiellement une activation (par désinhibition) des neurones du GPe, ce qui aura deux conséquences : une surinhibition des neurones GPi/SNr et une inhibition des neurones du NST et donc une diminution de l'excitation sur les neurones GPi/SNr. La sortie inhibitrice sera donc renforcée.

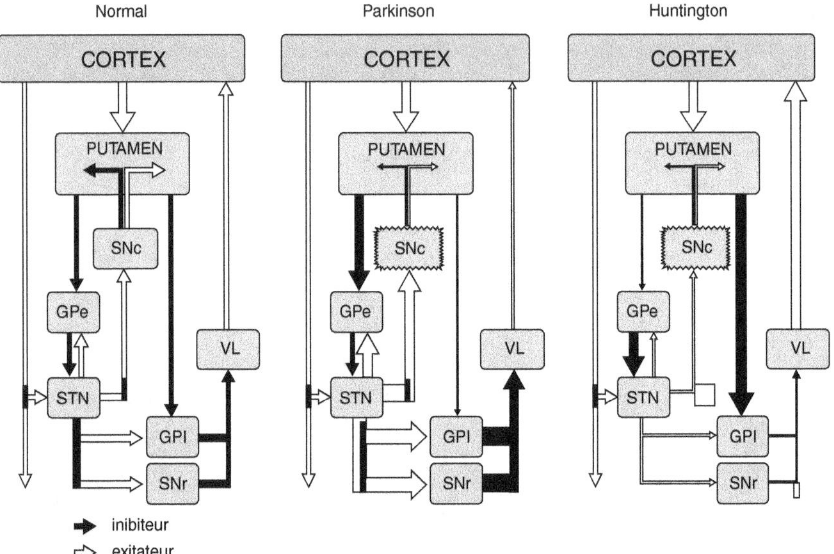

Figure 8-8 : *Les boucles normales dans le Parkinson
et dans la maladie de Huntington.*
Résumé des principales connexions des circuits moteurs des ganglions de la base.
Dans l'état normal, le putamen reçoit ses afférences des aires motrices et somatosensorielles et communique avec le GPi/Snr par un trajet inhibiteur direct et par un trajet indirect (qui passe par le GPe et le STN). La dopamine module l'activité striatale,
essentiellement en inhibant le trajet indirect et en facilitant le trajet direct. Dans la
maladie de Parkinson, la déficience en dopamine entraîne une activité inhibitrice
exagérée du putamen sur le GPe et une désinhibition du STN. À son tour, l'hyperactivité du STN en vertu de son action glutamatergique produit une excitation excessive sur les neurones du GPi/SNr, ce qui inhibe encore davantage les centres
thalamo-corticaux (VL) et les centres moteurs du tronc cérébral. Dans le Huntington,
l'hypoactivité du STN entraîne la désinhibition que le GPi exerce sur les projections
thalamocorticales.
D'après Obeso *et al.*, 2002.

• L'activation réduite dans le trajet direct entraîne une réduction de
son influence inhibitrice sur les neurones de sortie GPi/SNr, lesquels
étant de la sorte désinhibés auront une activité inhibitrice accrue. La
sortie inhibitrice sera donc renforcée.

Les deux événements vont dans le même sens : le résultat net est
bien une levée de tous les processus capables de freiner l'activité des
neurones de sortie (GPi/SNr) des ganglions de la base, ce qui entraîne
ipso facto une amplification *excessive* de la commande inhibitrice qui
normalement s'exerce sur les systèmes prémoteurs thalamo-corticaux et
du tronc cérébral.

Les ganglions de la base apparaissent comme un système dynamique non linéaire composé de multiples « boucles » dont le moindre dérèglement enclenche des comportements oscillatoires, qui s'expriment par les tremblements. L'hyperinhibition exercée sur les structures de commande motrice rend compte aussi de ce désordre sévère caractéristique de la maladie de Parkinson : le ralentissement considérable (bradykinésie), voire l'incapacité virtuelle (akinésie) d'initier et d'exécuter un mouvement ou d'en modifier le cours ainsi que la pauvreté des mouvements spontanés (hypokinésie). À l'opposé du ralentissement et de l'appauvrissement moteurs du parkinsonien, on décrit des accélérations et des exagérations des gestes – des dyskinésies – qui résultent aussi d'un fonctionnement défectueux des ganglions de la base.

LES DYSKINÉSIES

La chorée de Huntington

La maladie de Huntington est une maladie neurodégénérative héréditaire (elle se transmet selon le mode autosomique dominant). Rare (elle touche en France une personne sur cinq mille), elle débute tardivement chez l'adulte (indistinctement homme ou femme, âgés de 30 à 40 ans[50]). La maladie se manifeste tout d'abord par des troubles de l'humeur, un état dépressif, puis par des mouvements brusques, involontaires, saccadés, généralement désignés du terme de « choréiques » (le terme chorégraphie a la même étymologie), avant que des altérations graves des fonctions intellectuelles, une perte d'autonomie et une véritable démence ne conduisent à une grabatisation et à une mort certaine. La maladie de Huntington se développe sur environ une quinzaine d'années et son issue est fatale. On connaît depuis 1993 le gène responsable[51] : localisé sur le chromosome 4 (au *locus* 4p16.3), sa mutation est une expansion d'un trinucléotide répété (CAG). Il présente un produit de transcription qui exprime une protéine, la huntingtine, que l'on trouve dans de nombreux tissus en de nombreux endroits, mais dont la fonction n'est pas encore aujourd'hui totalement élucidée. L'identification du gène responsable de la maladie rend possible son diagnostic prénatal. Après avoir analysé les chromosomes et identifié dans une famille à risque les individus qui ont une grande probabilité de développer la maladie, le conseil génétique permet aux familles concernées de prendre une décision. La maladie se manifeste par une perte importante de neurones dans le striatum, notamment des neurones de projection qui disparaissent progressivement selon une séquence temporelle définie. Il semble

---

50. Moins de 10 % sont des formes juvéniles qui débutent à moins de 20 ans.
51. Voir notamment *The Huntington's Disease Collaborative Research Group*, 1993.

bien établi que cette mort neuronale est due à un mécanisme d'excito-toxicité par les récepteurs NMDA.

À ce jour, tous les traitements sont restés purement symptomatiques (des neuroleptiques pour apaiser l'agitation excessive, des anti-dépresseurs au besoin pour éviter des tentatives de suicide), mais rien n'est en mesure d'arrêter une mort annoncée.

C'est le désordre moteur qui retiendra notre attention, car, ici encore, un dysfonctionnement des ganglions de la base est invoqué pour rendre compte des mouvements anormaux des patients qui souffrent de cette maladie.

À l'opposé de ce que l'on voit dans la maladie de Parkinson, les dys-kinésies choréiques semblent provenir d'une cascade qui se termine par une diminution, et non une augmentation, du contrôle inhibiteur exercé par les ganglions de la base (Fig. 8-8). Cette cascade commence par une réduction de l'activité inhibitrice des projections striatales sur le GPe. Le contrôle dopaminergique par les récepteurs D2 de la voie indirecte est défectueux, ce qui détermine une diminution de l'inhibition GABAergi-que sur les neurones de projection du GPe, ce qui a pour résultat de les désinhiber, ce qui revient à les exciter. Ces derniers, ainsi excessivement activés, vont à leur tour surinhiber les neurones du noyau subthala-mique, lesquels ne vont plus pouvoir exercer leur action facilitatrice sur la sortie GPi/SNr des GGB. Or cette sortie, nous le savons, exerce une action inhibitrice soutenue sur des structures motrices intermédiaires, dans le thalamus et le tronc cérébral, action modératrice qui veille en permanence sur le trafic excitateur qui transite au travers de ces cibles, thalamus moteur (noyaux VA et VL), colliculus supérieur ou autres noyaux moteurs du tronc cérébral. Libérées de ce contrôle modérateur, ces structures motrices vont pouvoir s'exprimer sans retenue dans des mouvements spontanés, brusques, involontaires.

L'hémiballisme

Les dyskinésies ne sont pas l'apanage de la maladie de Huntington. De nombreuses atteintes neurologiques en produisent également. C'est ainsi qu'une lésion, généralement d'origine vasculaire, affectant le noyau subthalamique, entraîne une diminution de l'activation des neurones de sortie, GPi/SNr, qui seront alors dominés par des influences inhibitrices en provenance de la voie directe. Dans ce cas également le contrôle inhi-biteur exercé par les neurones de sortie des GGB sur les structures motrices sera levé. L'accident vasculaire touche le plus souvent le noyau subthalamique d'un seul hémisphère, d'où l'apparition de mouvements involontaires, extrêmement brusques, amples et violents de la moitié du corps associant des mouvements de projection et de torsion des mem-bres et mobilisant habituellement le seul membre supérieur. Cette forme de dyskinésie porte le nom d'hémiballisme.

Les tics et les TOC

De nombreux tics, moteurs et vocaux, qui s'installent généralement avant l'âge de 18 ans, touchent près de 2 % de la population d'adolescents, quatre fois plus chez les garçons que chez les filles. Très divers dans leurs expressions comportementales et dans la gravité du handicap qu'ils infligent à ceux qui en souffrent, allant de brefs raclements de gorge ou de discrets reniflements à de véritables cris et gestes involontaires, ils sont regroupés sous le terme de syndrome de Tourette, du nom du médecin parisien Georges Gilles de la Tourette, qui en 1885 en fait une entité neurologique. Dans un certain nombre de cas, les tics peuvent être associés à des troubles neuropsychiatriques bien plus invalidants, en particulier les TOC ou troubles obsessionnels compulsifs, ou encore à des déficits de l'attention avec hyperactivité (ADHD pour *attention deficit hyperactivity disorder*), ou enfin des attaques de panique.

Contrairement aux maladies de Parkinson et de Huntington, aucune dégénérescence neuronale n'a pu encore être mise clairement en évidence. Pourtant, des études en imagerie cérébrale fonctionnelle[52] ont montré des altérations dans des aires corticales spécifiques qui appartiennent essentiellement au système limbique : le cortex orbito-frontal (OF), le cortex cingulaire antérieur (CA), le cortex préfrontal médio-caudal (PFm), ensemble qui se « boucle » avec le noyau caudé, pour former ce qu'on pourrait appeler la « boucle des TOC ». Une hypothèse séduisante par son pouvoir de synthèse est depuis quelques années élaborée principalement par Ann Graybiel et ses colaborateurs. Ann Graybiel avait déjà montré[53] que le striatum n'était pas la structure homogène que l'on pensait. Des méthodes histochimiques appropriées montrent qu'il est en fait constitué d'une mosaïque de deux grands compartiments partiellement distincts, des *striosomes* enrobés dans une *matrice* étendue. Grâce à des techniques de marquage par des molécules transportées de façon rétrograde injectées respectivement dans les striosomes ou dans la matrice, il apparaît que ces deux compartiments envoient des fibres à des destinations différentes : les neurones du striosome envoient leurs axones vers les neurones dopaminergiques de la SNc[54], alors que ceux issus de la matrice projettent sur le GPe, le GPi ou la SNr. Les afférences à ces deux compartiments sont aussi différentes : d'une part, les aires corticales que nous venons de mentionner (liées au système limbique) et, d'autre part, l'amygdala baso-

---

52. Voir notamment Graybiel et Rauch, 2000 ; Leckman et Riddle, 2000 ; Saka et Graybiel, 2003 ; Chamberlain *et al.*, 2005 ; Singer, 2005. Notons que Laplane *et al.*, 1989 avaient déjà montré l'existence de lésions focales dans le striatum et sa cible pallidale.
53. Graybiel et Ragsdale, 1978.
54. Ils peuvent avoir ainsi un effet important dans la régulation de la libération de la dopamine de la voie nigrostriatale.

latérale forment ensemble la principale entrée dans les striosomes, alors que l'information issue du néocortex est destinée à la matrice. Cette division du striatum entre striosome et matrice montre l'existence de canaux séparés pour traiter les deux grandes catégories d'informations indispensables à la gestion des mouvements : les informations « analytiques motrices » issues du cortex cérébral sensorimoteur, et les informations liées aux émotions et à la motivation, fournies principalement par le système limbique.

Plusieurs possibilités existent qui pourraient expliquer de façon satisfaisante des troubles neuropsychiatriques moteurs observés dans le syndrome de Tourette et dans les troubles obsessionnels compulsifs. Les premiers relèveraient principalement d'une atteinte de la « boucle motrice » qui passe par la matrice, les seconds d'une atteinte de la « boucle des TOC » qui passe par les striosomes[55], boucle qui serait à la fois motrice et cognitive ce qui rendrait compte du caractère neuropsychiatrique caractéristique des TOC, qui sont à la fois des répétitions d'actions (les compulsions) et des répétitions de pensées (les obsessions).

La question importante, qui n'est toujours pas élucidée aujourd'hui, est celle de l'origine de l'atteinte. Sa localisation corticale reste incertaine et spéculative, bien que des analyses en imagerie volumétrique montrent que le cortex préfrontal est significativement plus grand chez les enfants présentant des tics chroniques que chez les sujets sains contrôles. De nombreuses observations accréditent l'idée que ces troubles sont familiaux et qu'il y aurait au moins une prédisposition génétique. Néanmoins, plus récemment, une vieille idée refait surface et gagne de plus en plus de poids : les TOC et les troubles associés proviendraient d'une infection à streptocoques (*streptococcus pyogene*) qui donnerait une maladie auto-immune touchant préférentiellement les neurones du striatum. Tout un groupe de maladies pédopsychiatriques sont aujourd'hui rassemblées sous la bannière PANDAS, acronyme qui veut dire *pediatric auto-immune neuropsychiatric disorders associated with strep*. Cependant, ce concept, forgé à partir d'une analogie tirée d'une maladie neurologique auto-immune attestée – la chorée de Syndehams –, est loin d'être généralement admis, aucune étude épidémiologique convaincante n'ayant été à ce jour fournie.

---

55. On sait, par de multiples expérimentations, chez le singe notamment, qu'ils sont liés aux systèmes de récompense dont les neurones sont fortement activés lorsque l'animal fait des gestes stéréotypés en réponse à des agonistes de la dopamine.

CONCLUSION PARTIELLE SUR LA GESTION DE LA MOTRICITÉ PAR LES GANGLIONS DE LA BASE

Le système qui relie le cortex cérébral aux ganglions de la base, puis au thalamus pour revenir au cortex est un magnifique exemple où des boucles de rétroaction multiples, parallèles, partiellement séparées concourent à la commande adaptative des comportements moteurs. Les ganglions de la base sont au cœur d'un servomécanisme délicat servant d'une part à la détection d'indices pertinents dans l'environnement, d'autre part à la sélection des circuits moteurs les plus aptes à réaliser le comportement le mieux adapté, en fonction de la situation présente, de son contexte, mais également en fonction de l'expérience passée. Le principe de son fonctionnement est d'adresser des signaux de commande, positifs ou négatifs, aux structures indispensables à l'expression d'un mouvement. Ces signaux exercent toujours une influence inhibitrice de base sur des stations motrices où transitent des messages excitateurs. Une augmentation de cette influence freine l'exécution, une diminution la libère. Ce dosage subtil est en grande partie, mais pas uniquement, contrôlé par la dopamine du trajet nigrostriatal et l'antagonisme des récepteurs dopaminergiques D1/D2 des neurones de projection GABAergiques striataux.

La description d'Alexander et de ses collaborateurs des boucles cortico-ganglions de la base-corticale, révisée et considérablement enrichie, reste fondamentalement correcte, depuis maintenant vingt ans. En déterminant les multiples partenaires cellulaires et en identifiant les neuromédiateurs et récepteurs impliqués, ces travaux fournissent des éléments solides pour cibler les molécules les plus efficaces sur le plan clinique, tant pour réduire les déficits moteurs que pour atténuer les atteintes cognitives. Pourtant, il faudra bien s'attaquer aux causes, à l'étiologie de la maladie, pour espérer dépasser les traitements qui restent encore, malgré leur efficacité, purement symptomatiques.

L'étiologie de la maladie de Parkinson

La maladie de Parkinson est un bel exemple des progrès spectaculaires réalisés au cours des dernières années dans la compréhension des causes d'une maladie neurologique complexe. La contribution relative des facteurs génétiques et des facteurs environnementaux a longtemps été l'objet de débats passionnés et qui sont aujourd'hui en passe d'être réconciliés.

Le caractère peu convaincant des premières études épidémiologiques, associé à la découverte d'une neurotoxine[56] qui provoque la destruction

---

56. En 1982, des toxicomanes développent une maladie de Parkinson permanente, après s'être administrés par intraveineuse une drogue opiacée de synthèse, une « héroïne synthétique », contaminée avec MPTP, Langston *et al.*, 1983.

sélective des neurones dopaminergiques, a milité jusqu'à récemment en faveur de facteurs essentiellement exogènes responsables de la maladie de Parkinson. Cette neurotoxine en effet, la MPTP (1-méthyl-4–phényl-1,2,3,6-tétrahydropyridine), provoque les symptômes moteurs caractéristiques du Parkinson et entraîne une destruction[57] sélective des neurones dopaminergiques de la *substantia nigra*. Elle offre ainsi la possibilité de développer un modèle animal de la maladie de Parkinson, et donc un outil précieux pour la recherche, en provoquant chez le singe un certain nombre de signes approchants ceux de la maladie proprement dite. Elle ne mime cependant pas fidèlement tous les aspects cliniques et pathologiques des diverses formes de Parkinson, et en ce sens, elle est insuffisante et ne peut être envisagée que comme un modèle biologique approximatif. Elle a toutefois l'avantage d'attirer l'attention sur la possibilité que cette maladie puisse avoir pour origine une agression externe, venant de l'environnement, d'autant que d'autres substances toxiques, répandues dans le milieu, comme le pesticide d'origine végétale, la roténone[58], ou l'herbicide paraquat[59], largement utilisés en agriculture, ont été aussi mises en cause[60].

Pourtant, l'intervention de facteurs génétiques a récemment de nouveau été mise en avant. Approximativement de 5 à 10 % des patients affectés par la maladie de Parkinson ont en effet une histoire familiale dans laquelle on rencontre des parents parkinsoniens. Dans tous les cas répertoriés de ce type de Parkinson appelé familial, on peut observer une transmission héréditaire de forme autosomale, dominante ou récessive. Le premier gène responsable d'une de ces formes familiales a été découvert en 1997 par Polymeropoulos et ses collaborateurs[61]. Étudiant une famille parkinsonienne, ces auteurs identifient sur le bras long du chromosome humain 4 (*locus* 4q21-q23) une mutation d'un gène qui code pour la protéine α-synucléine[62].

---

57. La destruction provient d'une inhibition du complexe I de la chaîne respiratoire mitochondriale par le métabolite toxique MPP+ du MPTP.

58. La roténone est une molécule d'origine végétale dont les propriétés insecticides ont été reconnues depuis fort longtemps. Elle agit au niveau des mécanismes de la respiration cellulaire du mitochondriome en se liant à la NADH-déhydrogénase ce qui bloque le complexe 1 de la chaîne respiratoire, comme le MPP+.

59. Le paraquat autorisé dans l'Union européenne par la Commision européenne est interdit en Suède depuis 1983. Très utilisé, avec son associé le diquat, il arrive au septième rang des produits phytosanitaires sous diverses appellations commerciales (Giror, Gramoxone, Reglex, Speeder, Suzaxone...). Comme il est très toxique, de nombreuses associations écologiques militent pour son interdiction. L'intoxication aiguë par le paraquat (heureusement rare en France) est responsable d'une cytolyse hépatique, d'une insuffisance rénale tubulaire majeure et surtout d'une insuffisance respiratoire par fibrose pulmonaire conduisant à la mort.

60. McCormack *et al.*, 2002.

61. Polymeropoulos *et al.*, 1997.

62. Je suis l'usage qui consiste à franciser les noms des protéines, mais je garde en revanche le nom original (généralement en anglais) pour désigner les gènes que j'écris en italique.

Tout d'abord décrite comme une composante moléculaire importante des terminaisons présynaptiques[63] (où elles jouent certainement un rôle dans la plasticité synaptique[64]), l'α-synucléine est très représentée dans le cerveau. Une mutation du gène qui contrôle son expression entraîne une oligomérisation importante de la protéine qui constitue alors la composante principale des inclusions intracytoplasmiques filamenteuses, appelées corps de Lewy, marque anatomopathologique caractéristique de la maladie de Parkinson, et dont la surexpression peut entraîner la mort cellulaire, d'où sa probable intervention dans la pathogenèse de la maladie de Parkinson.

Plusieurs gènes, aujourd'hui clairement identifiés et bien caractérisés, sont tenus pour responsables des formes familiales de la maladie de Parkinson. Le premier, dont je viens de parler, le gène *α-synuclein*, dont la mutation (généralement une mutation *non-sens*, dans laquelle un codon spécifiant un acide aminé est remplacé par un codon qui en spécifie un autre) est la cause d'une forme de Parkinson de transmission autosomale *dominante*, désignée par son acronyme anglais AD-PD (pour *autosomal dominant Parkinson disease*), caractérisée par la présence de corps de Lewy. Ensuite, découvert un an après[65], le gène *parkin* dont la mutation (généralement une *délétion*) est la cause d'une forme autosomale *récessive* de Parkinson juvénile, appelé AR-JP (pour *autosomal recessive juvenile Parkinson*). Cette forme est la plus courante du Parkinson familial, mais contrairement à la précédente (AD-PD) et au Parkinson habituel (idiopathique), l'AR-JP se manifeste chez des patients jeunes de moins de 40 ans et n'est pas accompagnée de corps de Lewy.

Chez l'homme, le gène *parkin* exprime normalement une protéine qui agit comme une composante importante de la voie de dégradation[66] ubiquitine/protéasome[67]. Chez le patient AR-JP, la protéine parkine fonctionnelle est perdue et avec elle est également perdue sa capacité de diriger l'α-synucléine endommagée par la mutation de son gène vers le protéasome 26S, véritable machine à tuer les protéines abîmées, pour y être dégradée, d'où son accumulation sous la forme de corps de Lewy. Une forme d'interaction entre parkine et α-synucléine est ainsi mise en évidence, interaction qui suggère un mécanisme commun aux formes héréditaires de la maladie de Parkinson.

Tout d'abord, il faut remarquer que des études menées sur diverses préparations (culture de cellules de neuroblastome humain, de souris ou

---

63. Chez *Torpedo californica* par Maroteaux *et al.* en 1988.
64. On trouve en abondance une forme homologue dans les circuits d'apprentissage du chant chez certaines espèces d'oiseaux chanteurs, les oscines, canaris ou pinsons, surexprimée pendant la période sensible d'apprentissage. George *et al.*, 1995.
65. Kitada *et al.*, 1998.
66. Voir chapitre II, *L'élimination et la stabilisation synaptique*.
67. Shimura *et al.*, 2000.

de mouches transgéniques) dans lesquelles l'*α-synuclein* est surexprimée, semblent bien indiquer que cette surexpression entraîne la destruction de cellules dopaminergiques, sans que l'on connaisse encore les causes exactes et les mécanismes moléculaires de cette disparition[68]. On a démontré néanmoins que la surexpression de l'*α-synuclein* non mutée chez la souris et les mouches est par elle-même toxique et que la protéine α-synucléine s'accumule, sans pour autant s'agréger sous la forme de corps de Lewy. Cette absence de corps de Lewy, nous l'avons mentionnée, est caractéristique de la maladie de Parkinson de type AR-JP, liée à la mutation du gène *parkin*. Un accroissement de la fonction normale de l'*α-synuclein* conduit donc à la toxicité cellulaire, ce qui montre qu'elle joue un rôle important dans la viabilité des neurones dopaminergiques, et ouvre la possibilité que des altérations dans sa fonction modifient la vulnérabilité des neurones dopaminergiques aux toxines environnementales

En second lieu, la construction de souris chez lesquelles l'expression du gène *α-synuclein* a été sélectivement abolie a mis en évidence, *in vitro* et *in vivo*, une résistance spécifique des neurones dopaminergiques aux effets toxiques de MPP+ et MPTP. Cette résistance provient du fait que la toxine serait, en l'absence d'α-synucléine, incapable d'inhiber le complexe I mitochondrial : dans ces conditions, l'activité du protéasome ne serait pas réduite et la mort cellulaire serait ainsi évitée. Récemment, Annika Haywood et Brian Stavely ont montré, sur des drosophiles trangéniques spécialement développées pour fournir un modèle biologique d'une forme de Parkinson, que la coexpression des gènes *parkin* et *α-synuclein* dans les neurones dopaminergiques supprime la mort cellulaire prématurée induite par l'expression de l'*α-synuclein*. De nombreuses autres études montrent de façon convaincante que la toxicité du MPP+, associée à la réduction de l'activité du protéasome lorsque le gène *α-synuclein* est exprimé, est notablement réduite si le gène *parkin* est surexprimé.

Le nombre d'études de génétique et de biologie moléculaire portant sur les diverses formes de maladie de Parkinson croît à une vitesse vertigineuse. Ces dix dernières années, une douzaine de gènes dont une mutation[69] est responsable d'une forme ou d'une autre de la maladie de Parkinson ont été identifiés. Je ne serais pas étonné si, au moment de la publication de cet ouvrage, de nouveaux gènes, de nouveaux mécanismes d'action, de nouvelles interactions étaient découverts et viennent bouleverser profondément le tableau que je me suis efforcé de brosser maladroitement. L'extraordinaire vitalité des recherches vient du désir de développer des thérapies plus efficaces.

---

68. Steece-Collier *et al.*, 2002.
69. Un même gène peut être l'objet de mutations diverses.

Les traitements de la maladie de Parkinson

Dans la maladie de Parkinson, la reconnaissance du déficit en dopamine par destruction des neurones de la voie nigrostriatale a rapidement conduit à utiliser son précurseur, la L-DOPA, dans le traitement des désordres moteurs qui signent la maladie et la rendent particulièrement invalidante. Jusqu'à ce jour, cette drogue s'est avérée la plus efficace dans les traitements symptomatiques du Parkinson. Dans 90 % des cas, les patients répondent de façon satisfaisante : tous les symptômes, bradykinésie en premier lieu, la rigidité ensuite, les tremblements enfin disparaissent ou diminuent. Mais la thérapie par la L-DOPA, surtout dans son utilisation à long terme, a toutefois de fâcheux effets secondaires, hallucinations et confusion mentale, notamment chez les patients qui commencent à développer une démence. Après plusieurs années de traitement, la maladie semble échapper plus ou moins définitivement à la L-DOPA, et des dyskinésies, provenant certainement d'un surdosage et d'une sensibilisation progressive de dénervation des récepteurs dopaminergiques, apparaissent. Ces dyskinésies médicamenteuses le plus souvent régressent en maintenant constant le niveau plasmatique de L-DOPA (par infusion intraveineuse) et par des drogues antiparkinsoniennes (l'amantadine par exemple) qui ont pour effet, en autres, de bloquer les récepteurs NMDA des neurones striataux.

Dans certains cas, le Parkinson est résistant au traitement par la L-DOPA. Une neurochirurgie, très utilisée dans les années 1950, puis détrônée par la pharmacologie, peut être appliquée. En effet, l'établissement d'atlas précis des structures cérébrales sous-corticales et l'amélioration des techniques stéréotaxiques de placement des outils chirurgicaux et des électrodes de lésion permettent d'éliminer des structures anatomiques circonscrites, sans provoquer de dégâts sur les structures avoisinantes. Il est ainsi possible de léser exactement la région postéroventrale du pallidum interne, par exemple, dont on sait que l'activité est exacerbée par la perte des neurones dopaminergiques striataux, et dont on peut penser que la suppression améliorera les troubles moteurs. Elle permet aussi de placer à demeure des électrodes de stimulation électrique, à travers lesquelles on peut appliquer en permanence des impulsions électriques brèves à une fréquence de l'ordre de cent cinquante par seconde. Ce traitement[70], appliqué au noyau subthalamique chez le singe rendu parkinsonien par le MPTP et chez l'homme, s'avère efficace. Les troubles moteurs sont spectaculairement éliminés pendant tout le temps (plusieurs années chez l'homme) où la stimulation est appliquée. Cette technique, développée depuis plus d'une dizaine d'années à Grenoble dans le groupe dirigé par Alim-Louis

---

70. Limousin *et al.*, 1995.

Benabid[71], agit probablement en rendant silencieux certains neurones, notamment du noyau subthalamique, tout en induisant des activités oscillatoires dans certains autres[72].

Tous ces traitements sont symptomatiques. La recherche aujourd'hui emprunte de nouvelles voies ouvertes par les découvertes spectaculaires rapportées plus haut. Donnons quelques aperçus rapides. Sur le modèle animal MPTP du Parkinson, on recherchera des drogues qui préviennent l'apparition des troubles. Par exemple, étant donné que l'agrégation de l'α-synucléine semble être associée au dysfonctionnement conduisant à la dégénérescence neuronale, on cherchera des agents qui protègent ou bloquent la formation d'oligomères et/ou de fibrilles. Autre exemple. Un facteur de croissance, le GDNF (pour *glial derived nerve growth factor*) joue un rôle majeur dans les neurones dopaminergiques : chez le singe, il renforce leur survie et les restaure après agression par le MPTP[73]. Mais, chez l'homme, son administration dans les ventricules latéraux entraîne des effets secondaires qui en interdisent l'emploi. Il faut donc rechercher une autre voie d'administration, plus ciblée directement dans le striatum soit au moyen de vecteurs viraux[74], soit par des microcathéters pilotés par ordinateur. Enfin, c'est l'emploi de cellules souches embryonnaires[75], qui peuvent se développer spontanément en cellules dopaminergiques et restaurer les fonctions cérébrales et un comportement normal chez un modèle animal (le rat), qui est une des plus prometteuses thérapies en dépit des difficultés techniques qu'elle soulève et des problèmes éthiques qu'elle pose.

CONCLUSIONS SUR LES GANGLIONS DE LA BASE

Si j'ai beaucoup insisté sur les ganglions de la base et sur les désordres moteurs que leur dysfonctionnement entraîne, c'est parce qu'ils offrent un exemple remarquable où la collaboration d'approches diverses, cliniques et fondamentales, donne toute la mesure de son efficacité. De plus, comme nous aurons l'occasion de le développer plus loin, la dopamine est fortement impliquée dans tous les comportements pour lesquels la récompense, ce qui fait plaisir par excellence, joue un rôle majeur. Les actions qui s'accompagnent de récompense, celles qui procurent du plaisir, ou qui ont pour motivation principale d'en rechercher, seront élaborées dans les boucles où sont insérés les ganglions de la

---

71. Limousin *et al.*, 1998
72. Garcia *et al.*, 2005
73. Kordover *et al.*, 2000.
74. Molécule d'acide nucléique dans laquelle il est possible d'insérer des fragments d'acide nucléique étranger, pour ensuite les introduire et les maintenir dans une cellule hôte.
75. Björklund *et al.*, 2002.

base. Nous reviendrons plus en détail sur ces aspects dans le chapitre suivant sur l'apprentissage.

LE CERVELET

Le cervelet est une entité cérébrale branchée « en parallèle » sur les grands trajets sensoriels et moteurs qui circulent dans les deux sens des entrées sensorielles aux sorties motrices. Il se rattache au pont par les pédoncules cérébelleux à travers lesquels entrent et sortent des faisceaux de fibres. Le cervelet, dont nous ne donnerons qu'une description réduite, est constitué de deux parties principales. Un cortex proprement dit, considérablement froissé en une multitude de plis, ou *folia* qui le font ressembler à du cortex cérébral (cervelet est d'ailleurs le diminutif de cerveau) et, en dessous, une substance blanche constituée de fibres myélinisées afférentes et efférentes.

Traditionnellement considéré comme une structure aux fonctions essentiellement motrices, de nombreuses études en font aujourd'hui une région cérébrale aux rôles multiples. Il intervient dans l'apprentissage des habiletés, dans l'acquisition des informations sensorielles, dans la résolution de problèmes, dans la détection des erreurs, le raisonnement, le langage, les émotions, bref, il ne contrôle pas seulement les commandes motrices, mais il intervient dans de nombreux aspects « cognitifs » qui tous, semble-t-il, demandent des synchronisations précises pour que soit assuré un fonctionnement correct.

Les circuits du cortex cérébelleux

Le cortex cérébelleux présente un arrangement uniforme que Ramón y Cajal[76] comparait à un cristal : son élément de base est la cellule de *Purkinje*, appelée ainsi en l'honneur d'un anatomiste tchèque Johannes Evangelista Purkinje[77] (1787-1869) (Fig. 8-9). Cette cellule est remarquable par son arborisation dendritique en espalier dont les ramifications initiales (proximales) sont relativement lisses, mais dont les ramifications distales sont recouvertes d'épines dendritiques. La cellule de Purkinje possède un axone myélinisé qui descend du cortex cérébelleux pour faire synapse avec les neurones des noyaux profonds du cervelet et certains noyaux du tronc cérébral. Ces cellules sont GABAergiques ; elles inhibent les neurones qu'elles contactent et représentent l'unique sortie du cortex cérébelleux. Les autres cellules du cortex cérébelleux sont des interneurones, c'est-à-dire des neurones dont le domaine d'intervention reste circonscrit au cervelet, plus précisément cantonné au

---

76. Cajal, 1911.
77. Il faut prononcer son nom *purquinié*. Nous avons déjà rencontré la cellule de Purkinje dans le chapitre premier.

cortex. Les cellules *granulaires*, de loin les plus nombreuses, sont situées juste en dessous de la couche des cellules de Purkinje. Elles ont des dendrites de petite taille et des axones fins et longs qui montent à travers l'épaisseur du cortex pour se diviser en deux branches, formant un T. Chaque branche court ensuite latéralement dans le plan du cortex ; l'ensemble de ces axones des cellules granulaires forme les *fibres parallèles* qui traversent les plans des dendrites des cellules de Purkinje et y établissent, en passant, des contacts glutamatergiques excitateurs avec les dendrites des cellules de Purkinje et avec les deux autres catégories d'interneurones. Ces derniers sont des interneurones inhibiteurs, il s'agit, d'une part, des cellules de *Golgi* qui fournissent une rétroaction inhibitrice sur les cellules granulaires, et les cellules *étoilées et en paniers* qui fournissent un signal inhibiteur ascendant sur les cellules de Purkinje. Les corps cellulaires des cellules de *Golgi* sont dispersés au voisinage des cellules *granulaires* qu'elles contactent par leurs axones, et les *cellules étoilées* et *en paniers* sont localisées au-dessus du soma des cellules de Purkinje. Les premières ont le GABA et la glycine comme transmetteurs, les secondes seulement le GABA.

Les afférences du cervelet sont de deux sortes. Des axones fins s'élèvent dans le cortex et se subdivisent en de multiples branches pour s'agripper comme une vigne vierge aux dendrites des cellules de Purkinje, d'où leur nom de *fibres grimpantes*. Ces fibres grimpantes ont pour origine des neurones situés au niveau pontique, les neurones de l'olive inférieure qui reçoivent leurs afférences du tronc cérébral et de la formation réticulée. Cette voie est très puissante, chaque fibre grimpante forme des synapses multiples sur les dendrites proximaux d'une cellule de Purkinje et ainsi en excite fortement une et une seule. Cette relation (« une fibre grimpante pour une cellule de Purkinje ») donne naissance à des réponses excitatrices, parmi les plus fortes de tout le système nerveux, qui apparaissent sous la forme de bouffées brusques appelées « réponses complexes ».

L'autre système afférent est constitué des fibres *moussues* qui tirent leur nom de l'aspect en massue de leur terminaison synaptique sur les dendrites des cellules *granulaires*. Les fibres moussues, issues du tronc cérébral et de la moelle épinière, n'influencent la cellule de Purkinje que de façon indirecte, par l'intermédiaire des cellules granulaires et de leurs axones, les fibres parallèles. La relation n'est plus dans ce cas « un pour un », comme précédemment, mais « des centaines de milliers pour un » ; chez l'homme par exemple, près d'un million de fibres parallèles entrent en contact avec chaque cellule de Purkinje, ce qui suscite en permanence une multitude de potentiels synaptiques, émis avec une fréquence qui varie entre cinquante et cent par seconde, appelés réponses « simples ».

La cellule de Purkinje reçoit de la sorte au moins deux types de signaux capables, l'un d'évoquer des réponses simples, l'autre des répon-

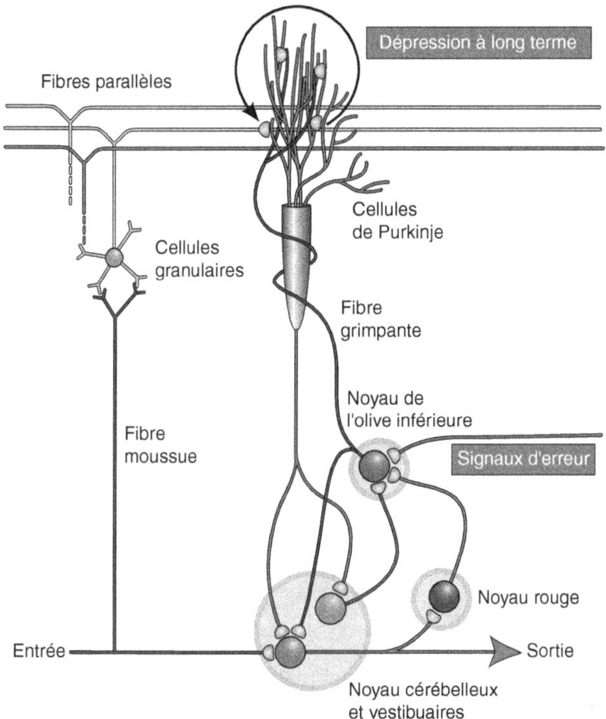

Figure 8-9 : *Circuits de base du cervelet.*
Voir texte pour détails.
D'après Ito, 2002.

ses complexes ; la coïncidence de ces deux types de décharges est essentielle, elle suggère l'idée que la cellule de Purkinje jouerait le rôle d'un détecteur d'erreur entre des informations issues des fibres grimpantes et celles transmises par les fibres moussues[78].

Les efférences du cervelet

Nous l'avons dit, la seule sortie du cortex cérébelleux se fait par les axones des cellules de Purkinje. À l'exception de certains qui se dirigent directement sur des noyaux vestibulaires du tronc cérébral, les autres connectent les noyaux cérébelleux profonds (le noyau fastigial, les noyaux interposés et le noyau dentelé). Les neurones de ces divers noyaux, inhibés par leurs afférences des cellules de Purkinje, envoient leurs axones en direction ascendante vers le thalamus, et de là vers le cortex cérébral, frontal, pariétal et temporal, et en direction descendante, vers des structures sensori-motrices du tronc cérébral et de la moelle épinière.

---

78. Ito, 1982.

Le rôle du cervelet

Traditionnellement, le rôle du cervelet a été inféré d'observations consécutives à son ablation chez l'animal. Les grands savants fondateurs des sciences du cerveau, les Rolando (1790), Flourens (1824) et surtout Luciani (1890), ont tous montré que le cervelet était impliqué dans le maintien de la posture et dans le contrôle du mouvement. Des études ultérieures menées chez l'homme par Babinski (1909), André-Thomas (1911) et particulièrement Holmes (1917, 1922 et 1939) ont largement confirmé ces observations. Tous ces auteurs étaient en outre d'accord pour dire que le cervelet ne jouait aucun rôle dans la sensation[79], dans la perception, l'attention, la mémoire l'apprentissage, le langage, bref, dans toutes les activités cognitives. On ne lui reconnaissait qu'un rôle dans le contrôle de la motricité, notamment dans le contrôle fin, puisqu'une lésion cérébelleuse focale importante n'entraînait souvent que des déficits relativement mineurs de la coordination et surtout parce que les mouvements composés, les gestes complexes étaient plus affectés que les mouvements simples. Jusqu'à récemment, la neurologie traditionnelle enseignait que le cervelet facilitait le contrôle fin et la coordination du mouvement.

Sir Charles Sherrington appelait le cervelet « le ganglion céphalique en chef du système proprioceptif ». En effet, il reçoit des messages de toutes les modalités sensorielles imaginables : les fuseaux neuromusculaires, les récepteurs tendineux de Golgi, les récepteurs articulaires et les récepteurs cutanés, les systèmes vestibulaire, auditif et visuel. En outre, ces informations sensorielles ne représentent qu'une faible partie de toutes les informations qu'il reçoit : chez l'homme, le cortex cérébral dans sa *quasi*-totalité, les aires motrices comme les aires associatives, fournit un contingent important d'informations convoyées par les nombreuses projections qui partent du cortex, sont relayées par les noyaux du pont et atteignent le cervelet. Il en va de même des générateurs spinaux de la locomotion, dont nous avons discuté plus haut le fonctionnement prémoteur qui, bien que dépourvus de fonction sensorielle, adressent néanmoins des informations au cervelet par des voies spino-cérébelleuses. Ainsi certains physiologistes pensent encore que le cervelet se contente de recevoir des informations de multiples régions du système nerveux pour les canaliser sur des générateurs moteurs intermédiaires. Le schéma « classique » qui persiste encore dans l'esprit de beaucoup pourrait être résumé de la façon suivante : toutes les informations qui arrivent au cervelet sont d'abord traitées dans des réseaux corticaux d'une régularité géométrique remarquable, puis le message ainsi élaboré est transmis,

---

79. À l'exception de la discrimination des poids qui requiert que l'on fasse un mouvement.

sous forme d'une commande inhibitrice, aux neurones des noyaux profonds. Ces derniers vont à leur tour influencer de nombreuses régions cérébrales motrices, en renvoyant notamment des informations vers les aires motrices du cortex cérébral, tout particulièrement l'aire motrice primaire, M1 ou aire 4. Le rôle du cervelet se réduirait donc à utiliser l'information sensorielle pour optimiser les opérations motrices.

En fait, la situation est bien plus complexe.

Aujourd'hui, plusieurs hypothèses sont proposées pour définir de façon détaillée les fonctions du cervelet. Pour certains, le cervelet servirait à la correction des erreurs dans l'exécution d'un mouvement. Recevant, par la voie cortico-ponto-cérébelleuse, une « copie » de la commande envoyée par le cortex moteur aux motoneurones, recevant également, au fur et à mesure du déroulement du mouvement, des informations en retour de la périphérie sensorielle du membre actionné, il occuperait une position stratégique privilégiée pour détecter d'éventuelles erreurs d'exécution. Il renverrait alors aux aires motrices, *via* une voie cérébello-thalamo-corticale, des signaux pour les corriger. Pour d'autres, le cervelet jouerait essentiellement le rôle d'une « horloge centrale » qui donnerait la base temps nécessaire pour la synchronisation précise des différentes séquences d'un mouvement. Ces interprétations ne sont pas incompatibles entre elles, elles suscitent aujourd'hui d'intenses recherches, je me contenterai de quelques exemples qui enrichissent l'image que l'on se fait aujourd'hui du rôle du cervelet.

Le cervelet dans la coordination des mouvements de la main et des yeux

Nous sommes en permanence appelés à devoir coordonner les mouvements de divers segments de notre corps, les bras, les mains, les yeux, la tête, les jambes : pour écrire et dessiner, monter sur une marche, déplacer un objet, attraper une balle, lacer ses chaussures, sans parler de jouer au ping-pong. Il y a des situations où la coordination entre les mouvements de deux effecteurs indépendants, la main gauche et la main droite par exemple, semble d'emblée satisfaisante et obtenue sans effort particulier, sans avoir à pratiquer. En revanche, et les enfants le savent bien, eux qui s'en amusent à la récréation, se taper sur la tête avec une main et se frotter le ventre avec l'autre ne se réussit pas du premier coup. Ils savent bien aussi qu'avec un peu de pratique, ce n'est pas si difficile. Les pianistes ou les violonistes, les musiciens en général ne sont pas les seuls à devoir apprendre à contrôler chaque main indépendamment l'une de l'autre, de nombreuses activités de la vie courante le demandent aussi.

Si le cervelet est depuis longtemps considéré comme la région cérébrale particulièrement spécialisée dans la coordination des mouvements, ce n'est que depuis peu que l'on a pu montrer son intervention dans l'apprentissage de cette coordination. Chris Miall et ses collaborateurs du laboratoire de physiologie de l'Université d'Oxford ont apporté la première démonstration directe du rôle du cervelet dans l'apprentissage de la coordination entre l'œil et la main. Des sujets humains sont appelés à suivre des yeux une cible qui se déplace sur un écran d'ordinateur alors que simultanément ils manipulent une manette qui contrôle un curseur. La tâche consiste à suivre des yeux la cible mobile, un cercle, et à stabiliser le curseur sur une croix placée sur l'écran en déplaçant de la main la manette. Dans certaines conditions, le sujet doit suivre des yeux uniquement, dans d'autres, il doit seulement maintenir le curseur sur la croix. Dans d'autres conditions, le sujet doit réaliser les deux tâches simultanément. Ce protocole permet de varier le degré de coordination entre les yeux et la main. Les trajectoires de la cible suivie du regard et du curseur déplacé par la manette peuvent être identiques, ce qui permet un maximum de coopération entre les deux systèmes de contrôle, du regard et de la main. Elles peuvent aussi être totalement indépendantes, ce qui ne manque pas de créer des interférences entre les deux systèmes de contrôle. Enfin, on peut introduire divers décalages temporels entre les deux trajectoires, de façon à rendre la tâche plus ou moins facile. Comme on pouvait s'y attendre, la performance varie en fonction de la difficulté de la tâche.

Un protocole d'imagerie par résonance magnétique cérébrale fonctionnelle est ensuite employé pour déterminer les zones cérébrales activées lors des mouvements des yeux ou lors des mouvements de la main. Des résultats attendus sont bien obtenus : avec les seuls mouvements de la main, les zones corticales motrices sont actives, les zones oculomotrices le sont dans la situation de poursuite oculaire seule. Les résultats les plus novateurs sont obtenus quand les deux tâches sont combinées. De nombreuses régions sont actives, notamment dans des zones que l'on ne pouvait prévoir par la simple sommation des activés obtenues dans l'une et dans des conditions. C'est le cas notamment dans le cervelet, ce qui n'est pas vraiment surprenant étant donné que de multiples travaux théoriques et expérimentaux, en particulier neurophysiologiques, désignaient déjà le cervelet comme la structure susceptible d'assurer la régulation et la commande des coordinations entre divers effecteurs moteurs, en particulier la main et l'œil. L'intérêt de ce travail réside essentiellement dans la mise en évidence que le degré d'activation est fonction de la difficulté de l'épreuve. Dans certaines régions du cervelet, en particulier dans les zones postérieures des hémisphères cérébelleux, l'activité est directement corrélée avec la difficulté : elle décroît lorsque le délai temporel augmente, c'est-à-dire lorsque la tâche devient plus difficile et qu'elle est moins réussie. En d'autres termes, meilleure est la performance, plus forte est l'activité.

Ce résultat peut surprendre, et même sembler paradoxal. On pourrait s'attendre à ce que l'activité augmente de façon monotone au fur et à mesure que la tâche devient de plus en plus exigeante. Il s'explique néanmoins et prend au contraire tout son sens si on considère que l'accroissement ou la diminution d'activation des signaux d'activation traduisent respectivement la sélection ou au contraire la dé-selection de ce que certains auteurs ont appelé des « modèles internes du cervelet[80] ». Ces modèles internes sont des représentations d'états sensorimoteurs qui peuvent être utiles soit pour prédire les conséquences sensorielles des plans moteurs (modèles proactifs) à partir de « copies efférentes » issues des commandes motrices, soit pour calculer la commande motrice nécessaire pour produire un résultat sensoriel désiré, (modèles inverses). Des mouvements rapides et précis des membres ne peuvent être exécutés sur la seule base d'un contrôle rétroactif. En effet, les systèmes biologiques de boucles de rétroaction sont très lents, il faut de 150 à 250 ms de délai pour qu'un contrôle visuel puisse s'exercer sur le mouvement du bras ; en outre, ils ont un faible gain, à cause notamment des propriétés viscoélastiques des muscles. Il faut donc faire appel à d'autres mécanismes. Selon l'hypothèse de modèle interne, le cerveau a besoin d'acquérir – il s'agira d'un apprentissage moteur – un modèle dynamique interne de l'objet à contrôler, moyennant quoi la commande motrice pourra alors être exécutée « en série », d'une manière purement proactive.

Ces concepts, développés par les roboticiens, ont été amplement confortés par de nombreuses expériences comportementales et neurophysiologiques. Ils seraient engendrés par le cervelet[81] à titre d'hypothèses que l'expérience sensorimotrice viendrait vérifier. L'expérience acquise par entraînement permet de construire des modèles suffisamment fidèles et précis pour décrire les relations sensorimotrices que l'organisme entretient avec le monde réel. Dans le cas des expériences de Chris Miall décrites plus haut, l'épreuve dans laquelle l'œil et la main suivent des trajectoires synchrones sélectionne des « modèles internes » déjà bien établis, car cette situation est celle que l'on rencontre le plus fréquemment dans la vie courante où les mouvements des yeux et ceux de la main se suivent généralement. La « sélection » de ce modèle, qui autorise la meilleure performance, se traduirait par une activation importante ; en revanche, la désynchronisation produite par l'introduction de délais temporels progressifs entre les deux trajectoires, entraîne une diminution correspondante de l'activation. Lorsque les deux trajectoires seront totalement indépendantes, aucun modèle ne pourra être sélectionné, pour la bonne raison qu'il n'y en a pas qui corresponde à

---

80. Wolpert, 1998,a et b.
81. Ito, 1970 ; 2001.

cette situation inédite. L'activation tombe alors à son minimum, et, corrélativement, la performance sera la plus mauvaise.

Il est intéressant de noter que ce concept de modèle interne peut être étendu de la simple commande motrice au domaine des activités cognitives. Nous l'avons déjà mentionné, le cervelet n'est plus aujourd'hui considéré comme une entité dont l'unique fonction serait motrice. De récentes études en imagerie cérébrale notamment montrent qu'il intervient aussi dans la mémoire, l'apprentissage et le langage[82]. J'aurai l'occasion de revenir sur ces aspects cognitifs dans les chapitres suivants.

CONCLUSION : L'APPRENTISSAGE MOTEUR, RENFORCEMENT ET CORRECTION DES ERREURS

Nous avons appris, et nous apprenons en permanence, une grande variété de gestes complexes : tenir un crayon, monter à vélo, faire du ski. Ils sont composés d'une séquence précise et fixe de mouvements élémentaires qu'il faut apprendre les uns après les autres. Au début, leur apprentissage est laborieux ; il faut faire très attention à chaque composante individuellement ; ensuite, avec la pratique, l'acte devient plus facile, pour être finalement automatisé et réalisé sans aucun effort apparent. On peut alors l'exécuter plus rapidement, plus sûrement ; il est même possible d'en apprendre un nouveau tout en exécutant celui qu'on vient d'apprendre, puis un troisième quand le second est appris, ainsi de suite. Ce que l'on apprend dans ces situations, ce sont des procédés, d'où le nom de « mémoire procédurale » qu'on leur donne[83]. Les actions élémentaires, une fois apprises, sont combinées dans des séquences dont l'ensemble forme le geste complexe que nous exécutons harmonieusement pour atteindre un but, ne pas tomber de bicyclette par exemple.

Nous avons vu plus haut dans ce chapitre comment les aires des cortex frontal, préfrontal et fronto-pariétal intervenaient dans l'élaboration et l'exécution des commandes motrices. Ajoutons que lorsqu'un singe apprend à faire différents mouvements dans un ordre donné, de nombreux neurones de l'aire motrice supplémentaire (AMS) émettent spécifiquement des potentiels d'action lors des phases de transition entre les mouvements et non pendant la réalisation des mouvements eux-mêmes ; dans l'aire préAMS, certains seront actifs non aux transitions, mais à l'arrangement ordonné de ces transitions, ce qui représente un degré supplémentaire de contrôle. C'est donc ensemble que les aires AMS et préAMS travaillent à la production des mouvements arrangés

____

82. Desmond et Fiez, 1998.
83. Voir chapitre suivant.

selon un ordre séquentiel précis[84]. Mais il s'agit jusqu'ici de la production des actes moteurs.

Le travail coopératif entre diverses aires corticales peut être à la base d'associations, plus ou moins durables, entre divers aspects de la commande d'un geste. Dans l'exemple précédent, l'ordre des mouvements individuels, traité dans l'aire préAMS, est associé aux transitions d'un mouvement à l'autre, traitées dans l'aire AMS. Il s'agit d'une forme d'apprentissage associatif direct, appelé non supervisé, qui se développera quel que soit le résultat obtenu, qu'il soit correct ou non par exemple. À la condition toutefois qu'il existe des connexions réciproques entre les aires corticales concernées, ce qui est le cas dans notre exemple, et qu'il existe aussi des mécanismes qui renforcent l'efficacité de la transmission synaptique[85]. Néanmoins, il est plus intéressant (sur le plan biologique comme sur le plan psychologique) que le geste soit « correct », en d'autres termes qu'il fasse ce que l'individu voulait qu'il fît. Aussi faut-il faire appel à des « apprentissages supervisés » dans lesquels un élément extérieur, dénommé pour faire simple superviseur ou maître, vient « notifier » la valeur du résultat : « correct à conserver, meilleur que le précédent à améliorer, incorrect à corriger ».

On peut distinguer deux grands types de supervision. Dans le premier type, la recommandation prend la forme : « Bravo, voici pour ta peine une récompense », ce qui ne manque pas d'encourager à poursuivre. Dans le second type, le superviseur n'est pas satisfait du résultat obtenu et demande que l'erreur commise soit corrigée. Dans les deux cas, la performance s'améliore. Il a récemment été mis en évidence que la première forme d'apprentissage supervisé fait intervenir les ganglions de la base, la seconde le cervelet.

Nous savons que les ganglions de la base sont inclus dans des boucles cortico-corticales qui président aux commandes sensorimotrices. Il est par ailleurs établi que l'ensemble des systèmes dopaminergiques joue un rôle décisif dans les mécanismes neurobiologiques qui sous-tendent la motivation (voir chapitre suivant). En entrant dans la boucle des ganglions de la base, les signaux sensorimoteurs corticaux de la commande motrice vont pouvoir ainsi acquérir une « valeur de récompense ». Cette récompense augmente la probabilité de la réponse motrice qui lui est associée.

Wolfram Schultz[86], de l'Université de Fribourg, étudie les mécanismes neurobiologiques de la motivation chez le singe. Il enregistre l'activité des neurones dopaminergiques de la substance noire *pars compacta*

---

84. Tanji, 1996.
85. Le mécanisme synaptique évoqué est dit « hebbien » : la liaison synaptique entre deux éléments est renforcée si les deux éléments sont actifs en même temps. Nous discuterons ce mécanisme dans le chapitre suivant.
86. Schultz *et al.*, 2000.

et de l'aire tegmentale ventrale (ATV) chez des singes entraînés à faire des tâches dont la réalisation s'accompagne ou non d'une récompense. Dans une tâche de type Go/NoGo, on présente à l'animal un stimulus visuel ; selon le stimulus, l'animal doit répondre en tirant un levier (Go) ou doit au contraire s'abstenir de répondre (NoGo). Lorsqu'il exécute correctement la tâche, il est récompensé par un peu de jus de fruit. Au début du conditionnement des animaux, les neurones dopaminergiques s'activent à chaque fois que la récompense est donnée, c'est-à-dire quand la tâche est correctement terminée. Néanmoins, au fur et à mesure que l'animal apprend, les neurones dopaminergiques commencent à répondre dès la présentation du stimulus conditionnel visuel et cessent de répondre lorsque la récompense est administrée. Ceci signifie que l'activité des neurones dopaminergiques n'indique pas seulement qu'une récompense bien réelle est présente, ils anticipent en quelque sorte une récompense future. Toute erreur dans cette anticipation se traduirait par un « signal d'erreur » qui, sous la forme d'une modification de l'activité des neurones dopaminergiques nigrostriés, serait introduit dans le circuit moteur de la boucle cortico-corticale qui passe par les ganglions de la base.

Les boucles cortico-corticales, qui passent par les ganglions de la base, sont doublées par des boucles cortico-corticales qui passent par le cervelet[87]. Ces dernières serviraient, tout comme les premières, de « superviseur » à l'apprentissage moteur[88]. L'idée selon laquelle le cervelet exercerait un tel contrôle sur l'apprentissage moteur n'est pas nouvelle. Elle remonte aux travaux anciens de David Marr[89] et de James Albus[90]. Le double système d'afférence, par les fibres moussues et par les fibres grimpantes (voir plus haut), permettrait au cortex cérébelleux d'exercer un contrôle adaptatif sur les actions motrices que je peux essayer de résumer de la façon suivante. La fibre grimpante véhiculerait un message d'erreur lorsque la performance motrice est inappropriée. Ce message provoquerait une diminution stable de l'efficacité synaptique des signaux excitateurs véhiculés, au même moment (la coïncidence temporelle est ici cruciale), par les fibres parallèles sur les cellules de Purkinje. Cette diminution stable est appelée « dépression à long terme ». On sait que la cellule de Purkinje est inhibitrice. Cette inhibition est déclenchée par les afférences excitatrices des fibres parallèles, elle

---

87. Middleton et Strick, 2000, utilisant des techniques neuro-anatomiques de transport transneuronal d'un virus (herpès), montrent que les ganglions de la base et le cervelet forment des boucles cortico-corticales multiples indépendates et parallèles qui passent par le thalamus pour atteindre des cibles corticales qui ne sont pas seulement motrices, mais aussi pariétales et temporales.
88. Doya, 2000.
89. Marr, 1969. Chercheur au MIT est l'auteur de l'ouvrage important, *Vision*, publié après sa disparition prématurée en 1982.
90. Albus, 1971, est chercheur au laboratoire Intelligent Systems Division du National Institute of Standards & Technomogy dans le Maryland.

sera donc réduite, ce qui facilitera l'exécution motrice, puisqu'elle échappe ainsi momentanément à la modulation inhibitrice de la cellule de Purkinje. L'action peut ainsi devenir de plus en plus précise. Ce schéma fonctionnel a été amplement démontré sur une activité réflexe particulière, le réflexe vestibulo-oculaire qui a pour fonction de stabiliser le regard sur une cible lorsque la tête bouge (Fig. 8-10).

Le recours à des « modèles internes », tels que nous les avons vus plus haut, permet d'améliorer considérablement la commande motrice. Or, nous l'avons dit, ces modèles internes doivent être acquis. Un apprentissage supervisé, ayant la commande motrice comme entrée et la sortie sensorielle comme signal du superviseur, semble bien convenir à cet effet. Les deux types de supervision que j'ai tenté de résumer, par les ganglions de la base et par le cervelet, pourraient incarner[91] les deux

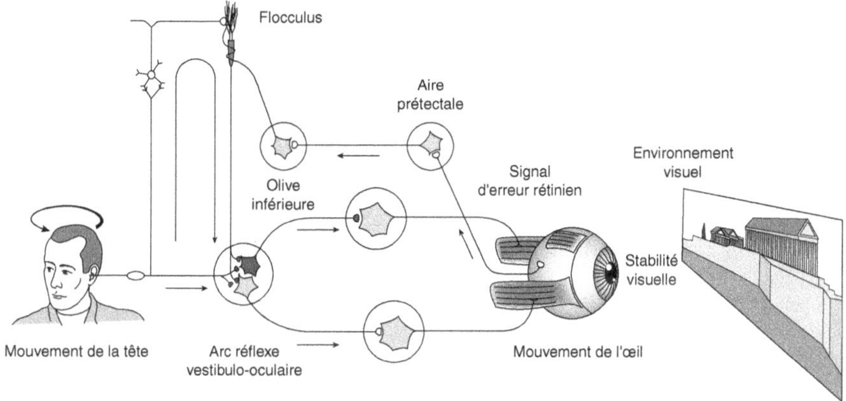

Figure 8-10 : *Le réflexe vestibulo-oculaire.*
Le mouvement de la tête stimule le labyrinthe ce qui entraîne un mouvement des yeux par la mise en jeu des noyaux vestibulaires et oculomoteurs III et VI.
Lorsque le mouvement de l'œil ne permet pas de fixer le regard, un signal d'erreur est envoyé à l'aire prétectale puis à l'olive inférieure qui contacte la cellule de Purkinje par les fibres grimpantes. La cellule de Purkinje reçoit aussi un message sur le déplacement de la tête par des signaux labyrinthiques qui arrivent par les fibres moussues, les cellules granulaires et les fibres parallèles.
L'efficacité synaptique de la synapse fibre parallèle-cellule de Purkinje est réduite sous l'effet du message rétinien par un mécanisme de dépression à long terme (LTD), voir figure 8-9. La réponse de la cellule de Purkinje au message afférent sera donc réduite, ce qui va réduire l'inhibition qu'elle exerce sur l'arc vestibulo-oculaire qui sera en conséquence facilité.
D'après Ito, 1982.

---

91. Si je me laisse aller à une faiblesse que je condamne par ailleurs, faire parler les neurones comme des êtres psychologiques, c'est que le genre adopté ici, essayer d'exposer simplement et succinctement des choses compliquées, m'y invite. C'est une facilité, mais, je ne suis pas victime du « sophisme méréologique » que discutent Bennett et Hacker, 2003 qui consiste à prendre la partie pour le tout.

« maîtres » qui, pour des raisons différentes, la motivation pour le premier, la précision pour le second, s'efforcent d'améliorer la performance.

Les deux boucles cortico-corticales de supervision forment des circuits indépendants qui ne sont pas pour autant redondants. En effet, il s'agit bien chaque fois d'une séquence motrice bien définie qui est apprise, mais elle le sera dans des systèmes de coordonnées différents et avec des vitesses et des précisions d'exécution différentes. Les rétroactions dans les deux boucles sont absolument indispensables et complémentaires à l'apprentissage, leur spécialisation porte non sur ce qu'il faut apprendre, mais sur comment il faut l'apprendre.

En outre, il est certainement très utile de pouvoir extraire les attributs les plus pertinents pour la tâche à réaliser à partir des données sensorielles brutes qui arrivent au cortex. Ces attributs, précisément parce qu'ils sont essentiels, seront présents en même temps en plusieurs régions corticales, et leur extraction sera assurée par des mécanismes qui renforcent l'efficacité de la transmission synaptique entre des signaux synchrones.

Je reviendrai sur les mécanismes de la plasticité synaptique dans la partie spécialement consacrée à l'apprentissage du prochain chapitre.

CHAPITRE IX

APPRENDRE ET SE SOUVENIR

C'est parce que nous nous souvenons que nous sommes ce que nous sommes. Ma mémoire est ce qui m'appartient en propre, ce qui me rend unique ; et mes souvenirs ne sont qu'à moi. Ce que j'ai appris m'a formé tel que je suis, moi et pas un autre. Sur un court de tennis, mon service n'appartient qu'à moi, même s'il fait toujours sourire mon partenaire habituel. J'ai exercé ma main et mon regard à dessiner dans mon style, qui est ce qu'il est, mais c'est le mien. J'ai acquis une foule de connaissances qui transforment ma façon de voir le monde et colorent mes opinions d'une façon toute personnelle. Tout cela est bien connu. Si nous ne pouvions rien apprendre ni nous souvenir de quoi que ce soit, nous ne pourrions agir que de façon purement réflexe et stéréotypée. On comprend aisément que l'on puisse éprouver une immense compassion à l'égard de tous ceux qui, à cause d'une maladie, d'un accident, ou simplement parce qu'ils vieillissent, perdent la mémoire.

Dans ce chapitre, nous aborderons l'apprentissage et la mémoire du point de vue de la psychologie expérimentale, des neurosciences cognitives et de la neurobiologie moléculaire. Si la démarche « réductionniste » est riche en résultats prometteurs, notamment en ce qu'elle permet de mieux expliquer les mécanismes qui opèrent normalement et les maladies neurodégénératives de la mémoire, il est néanmoins clair que seule la description à un niveau supérieur est en mesure de fournir un cadre cohérent sans lequel les données plus élémentaires, qu'elles soient cellulaires ou moléculaires, ne peuvent avoir une quelconque pertinence.

QUELQUES DÉFINITIONS

Lorsque nous utilisons au quotidien les termes d'apprentissage et de mémoire, nous opérons une distinction, que nous aurons à réviser, mais qui nous servira de point de départ pour explorer ce domaine important des sciences du cerveau.

L'apprentissage a le plus souvent un caractère intentionnel et délibératif, volontaire, parfois opiniâtre, souvent imposé. Apprendre par cœur les verbes irréguliers de la langue anglaise ne va pas sans peine, tout comme apprendre à conduire une voiture ou à respecter les bonnes manières. Il faut s'entraîner durement, répéter souvent, s'obstiner même. Se souvenir d'un événement ou d'un épisode dont nous avons été le protagoniste, au contraire, n'a généralement pas ce caractère calculé ni contraignant. C'est, la plupart du temps, sans effort et comme spontanément qu'un souvenir ressurgit devant nos yeux sans que nous ayons la moindre impression d'avoir dû l'apprendre. Je sais ce que j'ai pris hier matin au petit déjeuner sans avoir eu l'intention, à ce moment, de retenir délibérément ce qui se trouvait sur la table. Je me souviens parfaitement de ce que je faisais au moment de l'attentat du 11 septembre 2001 à New York, et même, étant donné mon âge, je me rappelle ce que je faisais le 22 novembre 1963.

Les psychologues et les neurologues ont depuis longtemps cherché à définir, de façon plus ou moins formelle, l'apprentissage et la mémoire. Leurs nombreuses théories divergent. Néanmoins, on peut supposer que la plupart des spécialistes seraient d'avis (même si j'en entends déjà certains protester à grands cris) de retenir, au moins provisoirement, les définitions opératoires suivantes.

L'apprentissage est « l'action d'apprendre un métier » ; c'est aussi « les premiers essais que l'on fait en quelque matière ». Ces définitions du Littré nous suffiront pour l'instant ; elles indiquent un aspect important : l'apprentissage consiste à acquérir des « connaissances » ou des « habiletés », généralement en « agissant », c'est-à-dire en entrant en interaction avec l'entourage, souvent avec l'aide d'un maître, de telle sorte que la réalisation d'une tâche particulière en soit modifiée, souvent améliorée, en tout cas réformée, en gagnant par exemple en efficacité, précision et vitesse.

La mémoire, toujours selon Littré, est « la faculté de conserver et de rappeler des états de conscience passés (sensations, sentiments, idées, connaissance...) ». Cette définition est fallacieuse dans la mesure où elle fait appel à des états de conscience, sans que l'on sache encore de quoi ces états seraient faits ni à quoi ils pourraient servir (voir dernier chapitre). L'*Encyclopaedia universalis* propose : « La mémoire est la propriété de conserver et de restituer des informations. » Voilà qui est mieux, encore que ce soit trop général pour rendre compte des nombreux aspects que la mémoire humaine peut adopter. Il est vrai que, dans le langage ordinaire ou littéraire, le terme de mémoire évoque un « magasin » dans lequel des « connaissances », activement apprises, comme la table de multiplications ou le maniement d'un outil, ou simplement éprouvées, souvent à notre insu, comme un souvenir d'enfance, seraient conservées, pendant des périodes plus ou moins longues, pour être rappelées et utilisées de façon explicite, ou à nouveau disponibles de façon implicite, comme si elles surgissaient apparemment sans motif, exprès ou parce qu'un « hasard les aurait fait lever des bas-fonds de ma mémoire », selon l'heureuse expression de Roger Martin du Gard.

Apprentissage et mémoire sont étroitement associés ; ils constituent un immense domaine auquel contribuent la narration romanesque, l'expérimentation psychologique, les observations cliniques, les neurosciences, l'intelligence artificielle. La philosophie aussi d'ailleurs, car sans mémoire que serions-nous ? Sera-t-il possible de tirer de cette masse d'enseignements et de résultats une vision cohérente, capable de concilier la madeleine de Proust et la phosphorylation des protéines ? J'en doute fort, mais je voudrais essayer de donner, à défaut d'une vision cohérente, une description méthodique des diverses formes de mémoires et des différents mécanismes regroupés sous le terme d'apprentissage.

La mémoire

Toute théorie psychologique digne d'intérêt se doit de fournir une explication de la mémoire.
Sigmund FREUD, *Naissance de la psychanalyse*

DE MULTIPLES MÉMOIRES

On sait depuis longtemps que se souvenir de son grand-père, savoir que Londres est la capitale de la Grande-Bretagne, pouvoir se tenir à vélo ne relèvent pas des mêmes opérations, même si toutes font appel à une forme ou à une autre de mémoire ; depuis longtemps aussi, on sait qu'après un accident ou simplement une émotion forte, des souvenirs particuliers peuvent être sélectivement épargnés et que d'autres s'effacent plus vite. Depuis longtemps enfin, on se doute que la mémoire est nécessairement une modification dans le cerveau (voir chapitre premier).

Notre cerveau abriterait plusieurs types de mémoires. Les psychologues sont en général d'accord pour en distinguer deux grandes catégories. Une mémoire à court terme (MCT), qui retient, pendant un temps généralement bref, une quantité limitée d'informations. Une mémoire à long terme (MLT), souvent considérée comme un vaste dépôt où les informations retenues sont emmagasinées pour de longues périodes. Dans cette mémoire à long terme on distingue généralement plusieurs sous-groupes : épisodique, sémantique, de familiarité, procédurale et mémoire affective. Avant de détailler ces différentes catégories, mentionnons qu'il est souvent utile de séparer la mémoire en deux grandes classes : la mémoire explicite et la mémoire implicite. Les exemples familiers qui suivent doivent nous permettre de saisir cette première distinction.

Il nous suffit de presque rien, simplement de le vouloir, pour, sans effort particulier, nous remémorer ce sympathique personnage à la chemise bariolée et aux moustaches à la gauloise avec qui l'on a échangé quelques mots dans l'ascenseur de l'hôtel où nous séjournions lors de notre dernier voyage en Catalogne. Cette « tranche de vie » est explicitement mémorisée. Elle restera plus ou moins inchangée pendant de longues périodes[1]. En revanche, un alpiniste chevronné peut parfaitement ignorer comment il a réussi à gravir tel ressaut délicat aux prises inversées lors d'une fameuse course en Oisans. Il savait comment procéder exactement dans cette situation, il l'avait appris et il l'a fait sans avoir à se remémorer explicitement l'enchaînement précis des gestes indispensables pour franchir ce passage particulièrement difficile.

Le premier exemple porte sur un épisode nettement marqué, un moment vécu et précisément daté de son propre passé, qu'il est possible de ramener explicitement à la surface de sa mémoire ; le second concerne des habiletés motrices, souvent apprises au prix d'un entraînement intensif, mais que l'on exécute, une fois apprises, sans y réfléchir et dont la mémoire pour cette raison reste implicite.

Dans tous les cas, apprentissage et mémoire se subdivisent en phases distinctes, sur lesquelles je reviendrai plus loin à plusieurs reprises (Fig. 9-1). À ce stade, il me suffit de dire qu'à l'*encodage*, qui concerne la forme sous laquelle les faits ou les événements sont saisis pour pouvoir être ensuite stockés, fait suite la *consolidation* (dont nous reparlerons plus loin et au cours de laquelle l'amygdale joue un rôle important). Il s'agit du processus grâce auquel la trace mnésique ainsi entreposée est en mesure de persister. Cette persistance n'est toutefois pas inaltérable ; solide ou fragile, elle est susceptible d'être profondément modifiée sous l'effet de nombreuses influences, notamment les conditions affectives dans lesquelles les événements ont été mémorisés. Une dernière phase enfin, le *rappel* ou *récupération*, désigne les divers mécanismes complexes servant à l'actualisation de la trace, sa réactivation.

---

1. Elle changera peut-être chaque fois que nous le mémoriserons après un nouveau rappel. Voir plus loin la notion de reconsolidation.

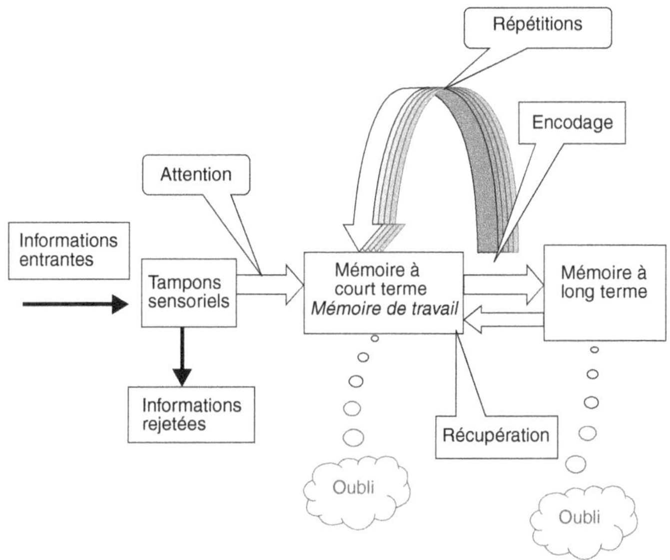

Figure 9-1 : *Les différentes formes de mémoires.*
Voir texte pour détails.

LA MÉMOIRE À COURT TERME

Déjà, le psychologue canadien Donald Hebb, dans son ouvrage classique de 1949, *The Organisation of Behavior*, suggérait de distinguer une mémoire durable, qui impliquait des modifications structurales du cerveau, et une mémoire transitoire, laquelle ne nécessitait que des modifications fonctionnelles éphémères de l'activité électrique des neurones. En 1969, Richard Atkinson, professeur de psychologie à l'Université de Stanford (États-Unis), et son élève Richard Shiffrin proposent un modèle de stockage multiple qui influencera durablement toutes les théories de la mémoire humaine qui vont, sur ce schéma de base, se multiplier et se diversifier jusqu'à aujourd'hui[2]. Selon ce modèle, l'information sensorielle, brièvement déposée, pendant quelques centaines de millisecondes, dans un « tampon sensoriel » (TS), passe par une antichambre, la mémoire à court terme (MCT) où elle peut rester une dizaine de secondes, avant d'entrer dans la mémoire à long terme (MLT). Les passages d'un dépôt à l'autre sont contrôlés par des « traitements », notamment l'attention et la répétition. Dans ce modèle, la MCT ne se cantonne pas à alimenter la MLT ; c'est aussi un espace de travail pour de nombreuses autres activités complexes, comme le raisonnement et la compréhension. Ce ne sera néanmoins que dans les années 1970 que ce concept de

---

2. Atkinson et Shiffrin, 1968.

« mémoire de travail » sera développé, grâce notamment à de nombreuses observations neuropsychologiques qui obligeront les psychologues à enrichir leurs modèles et les neurologues à raffiner leurs observations.

Nous savons que la mémoire à court terme se dissipe rapidement. C'est la raison pour laquelle on s'efforce d'exécuter une tâche le plus rapidement possible. Ainsi se dépêche-t-on de faire un numéro de téléphone dès qu'on l'a sur le bout des doigts, sachant que si on attend ne serait-ce que quelques secondes on l'oubliera. Nous savons également que la mémoire à court terme a une capacité limitée. C'est pourquoi, toujours avec le même exemple du numéro de téléphone, on regroupe les chiffres en petits blocs de deux ou trois, plus faciles à retenir qu'une seule longue chaîne.

La mémoire de travail

Pour éviter d'oublier quelque chose d'important, nous utilisons couramment de petites feuilles de papier adhésif, des Post-it, que nous collons un peu partout ; ils permettent de noter un rendez-vous qu'il ne faut pas manquer, le nom d'une personne à contacter d'urgence, des produits qu'il faut acheter. Le cerveau utilise un système analogue, que le psychologue britannique Alan Baddeley, dans les années 1970, a appelé la « mémoire de travail [3] ». Elle nous permet de maintenir temporairement une petite quantité d'information intacte en vue de l'utiliser « en ligne » dans divers traitements cognitifs en cours. Pour donner une idée de cette mémoire de travail, indiquons qu'elle intervient dans un nombre important de situations que l'on rencontre à tout bout de champ. Notamment, lorsque nous faisons deux choses à la fois, parler et conduire une voiture, écrire et écouter de la musique, ou lorsque nous calculons mentalement le prix en francs d'un article affiché en euros, lorsque nous circulons dans les allées d'un supermarché pour remplir notre chariot de façon systématique, lorsque nous cherchons nos lunettes dans une des multiples poches de notre veste. Bref, à chaque instant de notre vie quotidienne, puisque nous ne pouvons faire quoi que ce soit de sensé sans tenir compte de ce que nous sommes en train de faire ni de la raison pour laquelle nous le faisons, il est essentiel que l'information ainsi maintenue soit parfaitement fidèle. C'est pourquoi la capacité de ce type de mémoire est très limitée en quantité et ne persiste qu'un temps très court.

La mémoire de travail est donc métaphoriquement une sorte de calepin ou mieux encore d'ardoise sur laquelle on inscrit, pour un certain temps, ce qu'il faut retenir pour traiter correctement une information. Puis, dès qu'elle est traitée, on l'efface et on recommence avec une nouvelle. Par exemple, pour comprendre un énoncé, entendu ou lu, il faut garder en mémoire chaque mot depuis le début jusqu'à la fin de la

---

3. Baddeley et Hitch, 1974.

phrase. Une fois qu'il est compris, on efface les mots dont la phrase était composée et on recommence avec la suivante, puis de proche en proche jusqu'au bout du paragraphe, et ainsi de suite jusqu'à la fin du texte ou du discours.

Dans sa version originale, proposée en 1974 par Alan Baddeley et Graham Hitch, la mémoire de travail consiste en un ensemble de trois sous-systèmes (Fig. 9-2). Le plus central, appelé le « système exécutif central », ou « administrateur central », contrôle l'ensemble. Il est notamment responsable de la commande attentionnelle qui supervise la marche cohérente de la mémoire de travail. Ce concept tire son origine du « système de contrôle attentionnel » (connu sous le nom de SAS pour *supervisory activation system*) suggéré par le psychologue américain Don Norman et le neuropsychologue britannique Tim Shallice en 1980[4]. Cet administrateur central entre en interaction avec la mémoire à long terme (voir plus loin) qui lui fait suite, et avec les interfaces d'entrée, les tampons d'information sensorielle que nous avons évoquées plus haut, et de sortie, l'action, ce en vue de quoi l'information est utilisée. C'est lui qui détermine les différences individuelles dans de nombreuses compétences cognitives, de la compréhension d'un texte écrit à l'apprentissage des mathématiques. Nous en reparlerons à propos de l'intelligence dans le dernier chapitre.

Deux autres composantes sont asservies à l'administrateur central ; elles servent chacune de bloc-notes pour conserver l'information pendant un temps limité. Ce modèle a été essentiellement élaboré pour rendre compte de différences dans le traitement du langage saisi dans sa modalité auditive-verbale ou dans le traitement d'informations présentées dans la modalité visuelle et spatiale. La composante auditive-verbale de la trace mnésique des mots entendus s'efface rapidement en quelques secondes. Pour pouvoir comprendre un énoncé composé de plusieurs mots, il ne faut pas les oublier au fur et à mesure qu'ils entrent dans la mémoire de travail, il faut les y maintenir pendant un certain temps ; c'est le rôle de la « boucle phonologique » (*phonological loop)* qui, par répétition articulatoire, éventuellement subvocale (les mots ne sont pas prononcés à voix haute), *garde en mémoire* les mots entendus. La vitesse avec laquelle les éléments à retenir peuvent être articulés et répétés est cruciale ; c'est elle notamment qui expliquerait les différences individuelles dans l'accomplissement des tâches qui visent à mesurer l'« empan mnésique », c'est-à-dire la quantité d'éléments retenus. Le « bloc-notes visuel » (*visuospatial sketchpad*) sur lequel est inscrite l'information visuelle est également révisé, rafraîchit par une boucle de réécriture. Ce « scribe interne » est lui-même décomposable en une composante passive, qui retient le matériel visuel comme la forme ou la couleur, et une

---

4. Norman et Shallice, 1980.

composante active, qui retient l'information dynamique sur le mouvement et la disposition relative des objets dans l'espace. Ce module permet de conserver une forme visuelle suffisamment longtemps en mémoire pour pouvoir par exemple l'explorer mentalement, la faire « tourner dans sa tête ». Ces deux types de traitements sont caractérisés et mesurés au moyen de tests spécifiques couramment employés en psychologie cognitive et en neuropsychologie.

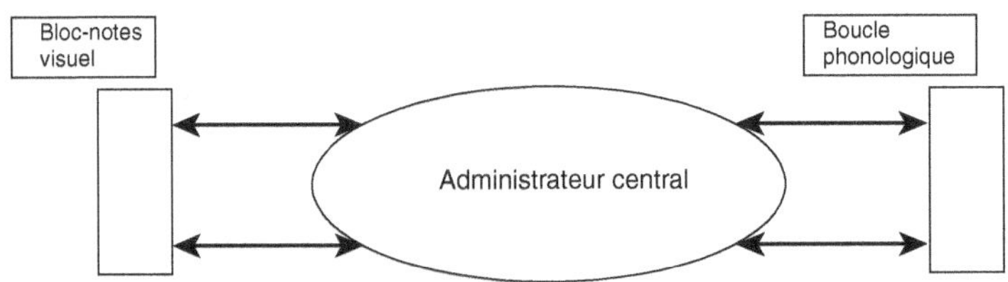

Figure 9-2 : *La mémoire de travail.*
D'après Baddeley et Hitch, 1974.
Voir texte pour détails.

Ce modèle a aujourd'hui plus de trente ans, mais il se porte encore bien. Il reste relativement solide et fournit aux différentes branches des sciences cognitives un cadre explicatif à l'intérieur duquel des résultats empiriques disparates de psychologie cognitive et de neuropsychologie, de neuroscience chez l'animal et d'imagerie cérébrale chez l'homme, viennent s'articuler de façon cohérente. Néanmoins, d'autres modèles ont été proposés[5], et Alan Baddeley lui-même a ajouté une quatrième composante à son modèle. Il l'appelle le dépôt ou tampon épisodique (*episodic buffer*), dépôt temporaire dans lequel des informations de plusieurs sources peuvent être intégrées[6]. L'administrateur central le contrôle ; il est responsable du liage d'informations disparates en un événement cohérent qu'il peut récupérer pour les rendre conscients ou pour les traiter et les modifier. Il peut modifier le contenu du dépôt épisodique en dirigeant l'attention sur une source particulière d'information, que celle-ci vienne de la périphérie sensorielle ou d'une autre composante de la mémoire de travail, ou même extraite de la mémoire à long terme. De la sorte, le dépôt épisodique peut créer de nouvelles représentations de l'environnement, ce qui ne manque pas de faciliter la résolution de certains problèmes cognitifs. Ce dépôt est appelé épisodique parce qu'il conserve des événements, qui ne sont autres que des agrégats d'informations reliées dans l'espace et étendues dans le temps, alors que les deux autres composantes esclaves, la boucle phonologique et le bloc-

---

5. Voir Miyake *et al.*, 2000.
6. Baddeley, 1992, 1996.

notes visuel, ne gardent que des items simples, des chiffres, des lettres, des mots, des figures, des positions dans l'espace. Il ne faut pas confondre ce dépôt épisodique avec la mémoire épisodique que le psychologue canadien Endel Tulving a décrit en 1972 : la mémoire épisodique est une forme de mémoire à long terme que nous avons déjà évoquée plus haut et que nous étudierons plus loin, alors que le dépôt épisodique est à court terme et qu'il est préservé chez des patients amnésiques dont la mémoire à long terme est sévèrement touchée.

Localisations cérébrales de la mémoire de travail

Le modèle à composantes multiples de la mémoire de travail rend compte de façon satisfaisante d'observations neuropsychologiques rassemblées sur des patients *cérébrolésés* et de résultats d'imagerie cérébrale obtenus chez des sujets sains.

Les lobes frontaux jouent un rôle éminent, mais pas exclusif, dans le fonctionnement de l'administrateur central[7]. Très fortement relié aux aires motrices et prémotrices, le cortex préfrontal permet de planifier l'action et de coordonner les comportements en fonction des tâches à réaliser et des informations reçues en temps réel. La plupart du temps, les patients souffrant de lésions des régions préfrontales souffrent, en dehors des troubles proprement dits de la mémoire de travail, de désordres d'un ensemble de fonctions regroupées sous le terme de « fonctions exécutives », perte d'attention, manque d'initiative, désorganisation temporelle, au point qu'ils semblent atteints de confusion mentale.

Les zones pariétales et pariéto-occipitales paraissent intervenir respectivement dans la boucle phonologique et le scribe interne. Par exemple, des patients ayant une lésion du cortex pariétal inférieur gauche présentent un déficit spécifique de leur mémoire à court terme auditive-verbale. La localisation dans le cortex pariétal inférieur gauche d'une lésion associée à un déficit de la boucle phonologique est confirmée, chez le sujet sain, par les techniques d'imagerie cérébrale. Des études comportementales suggèrent en outre que la boucle phonologique aurait deux composantes, l'une consacrée au stockage de la mémoire auditive proprement dit, l'autre au processus de répétition subvocale qui permet de rafraîchir en permanence ce stockage par nature fugace[8].

En revanche, les patients présentant un déficit marqué pour des tâches de mémoire à court terme dans la sphère visuo-spatiale sont porteurs de lésions postérieures de l'hémisphère droit. Cette spécialisation hémisphérique ainsi mise en évidence par ces études, les patients défici-

---

7. Voir Baddeley, 2002 ; Shallice, 2002.
8. L'imagerie cérébrale confirme cette dissociation à l'intérieur même de la boucle phonologique, le stockage semble en effet associé aux régions pariétales inférieures gauches (aire 44 de Brodmann), et la répétition de mots cibles, même si aucun son n'est proféré, aux aires 6 et 40 de Brodmann.

taires dans les tâches de mémoire à court terme dans la sphère auditive-verbale présentent des lésions dans l'hémisphère gauche, alors que ceux déficitaires dans des tâches visuo-spatiales présentent des lésions dans l'hémisphère droit, ne doit pas nous surprendre compte tenu de ce que nous apprendrons de l'organisation cérébrale du langage et des fonctions visuo-spatiales au chapitre suivant.

Mécanismes neurophysiologiques de la mémoire à court terme

On sait relativement peu de choses sur les mécanismes neurobiologiques de la mémoire à court terme. Les données les plus directes portent sur le singe dans des expériences combinées[9] mettant en jeu un test classique de mémoire à court terme. Par exemple, on apprend à un singe à résoudre une tâche standardisée, appelée généralement selon son acronyme anglais DNMS ou DMS (voir encadré « Les tâches de DNMS et DMSD »). Elle consiste à choisir un objet nouveau pour l'apparier, après un certain délai, à un échantillon, présenté auparavant.

L'animal est récompensé par une friandise s'il choisit la forme qu'il a vue auparavant, ou au contraire, celle qui est nouvelle, selon le protocole choisi. Pour cela, il devra « conserver en mémoire » la forme qui lui a été présentée dans la phase de mémorisation pour pouvoir la reconnaître dans la seconde phase, ou bien au contraire pour reconnaître que celle qu'on lui présente n'est pas celle qu'il a déjà vue et désigner correctement celle qu'on lui demande de retenir. Pendant toute la durée de l'épreuve, il est possible d'enregistrer en continu l'activité d'un neurone isolé grâce à une microélectrode insérée dans le cortex cérébral. Cette méthode a permis de mettre en évidence l'existence de neurones qui émettent de façon continue des décharges de potentiels d'action une fois le stimulus échantillon disparu et avant que la réponse ne soit possible ou permise[10]. De façon significative, ces expériences montrent que cette activité maintenue pendant la phase de mémorisation peut s'étendre sur plusieurs dizaines de secondes, jusqu'à deux ou trois minutes. Cette décharge de potentiels d'action des neurones préfrontaux est essentielle pour que le singe fasse avec précision le bon choix, elle est absente lorsque le stimulus ne demande pas de prévoir une action ou lorsque le singe est simplement en train d'attendre une récompense. Un événement inopiné survenant pendant la période de délai le fait échouer. Lorsqu'elle est absente, le singe a tendance à se tromper. Toutes ces propriétés font qu'il est tentant de considérer ces cellules comme des « cellules de

---

9. Rappelons que nous avons défini les *expériences combinées* comme associant des enregistrements électrophysiologiques à des comportements appris, témoins d'une certaine compétence cognitive.
10. Fuster et Alexander, 1971 ; Kubota et Niki, 1971.

Les tâches de DNMS et de DMS

Dans ce genre d'épreuve, on présente à un sujet, humain ou animal, un stimulus, appelé échantillon (*sample* en anglais) pris parmi un ensemble d'objets d'une même catégorie, ayant des formes diverses (des carrés, des cubes, des cercles, des trapèzes, etc.), ou des couleurs différentes (vert, rouge, bleu, etc.). Ce stimulus peut éventuellement être un objet tridimensionnel, un jouet posé sur une table, ou sa représentation (photo ou dessin), présenté sur un écran d'ordinateur. Pour certaines tâches visant à analyser la mémoire spatiale, il peut se réduire à une marque, un rond lumineux, située en un endroit précis de l'écran. Avec des sujets humains, on utilise souvent une carte à jouer prise dans un jeu. Le sujet doit mémoriser le stimulus échantillon (ou sa position dans l'espace) qui lui est présenté dans cette première phase dite de mémorisation. Après un certain délai pendant lequel aucun stimulus n'est présenté et dont la durée, variable, est fixée par l'expérimentateur, on présente au sujet deux stimuli, l'échantillon déjà vu (le *sample*), plus un autre stimuli, différent de l'échantillon et appartenant à l'ensemble des stimuli de même catégorie utilisés dans cette épreuve. Pour l'étude de la mémoire spatiale, on présente deux marques, l'une dans la position initiale, l'autre ailleurs.

La tâche du sujet consiste à indiquer, par une réponse verbale ou par un geste appris, lequel des deux stimuli est celui qui ne correspond pas à l'échantillon (non-appariement à l'échantillon, en anglais *non-matching to sample*, NMS) ou celui qui correspond à l'échantillon (appariement à l'échantillon, *matching to sample*, MS). Comme la réponse est retardée (*delayed*) par le délai introduit entre la présentation initiale de mémorisation et la phase de test, on appelle cette épreuve, respectivement, DNMS ou DMS. On entraîne généralement les animaux avec des délais courts que l'on allonge progressivement pour faire travailler de plus en plus la mémoire. Il existe sur ce schéma de principe plusieurs variantes de cette épreuve.

mémoire[11] ». Dans la région du *sulcus* principal, une psychologue américaine, prématurément disparue en 2003, Patricia Goldman-Rakic et ses collaborateurs[12] observent que les décharges des neurones de cette région oculomotrice préfrontale augmentent pendant la période de délai en fonction de l'endroit où un stimulus visuel a été préalablement pré-

---

11. Fuster, 2001.
12. Funahashi *et al.* 1989.

senté ; l'activité de ce même neurone décroît au contraire lorsqu'il est présenté dans une position diamétralement opposée.

Les résultats de Patricia Goldman-Rakic prennent tout leur sens dans le cadre du modèle de la mémoire de travail proposé par Alan Baddeley : les neurones en question formeraient la base cellulaire du bloc-notes visuel. Nous avons vu que la mémoire de travail n'était pas seulement en amont de la mémoire à long terme, elle intervient également en aval dans la récupération d'éléments plus anciens pour les intégrer à des éléments récents afin de commander au mieux une action finalisée en cours. Elle ramène sur le devant de la scène mentale des événements disparus de la scène sensible, et assure ainsi une continuité à la fois dans l'espace et dans le temps entre les expériences passées et le présent. Elle est fondamentale non seulement pour la compréhension et la construction des énoncés linguistiques, mais pour toutes les fonctions cognitives, calculer, raisonner, éviter les distractions, envisager l'avenir.

Les mécanismes cellulaires spécifiques de la mémoire à court terme ne sont pas encore totalement élucidés. Plusieurs possibilités existent. On pourrait imaginer des circuits de neurones interconnectés de telle sorte qu'une activité « en boucle récurrente » assure, pendant la phase de mémorisation, l'entretien de la décharge de ces neurones mnésiques dans le lobe frontal. Nous savons qu'un tel mécanisme avait déjà été proposé par Donald Hebb dès 1949. Plus récemment, un modèle théorique dit « connexionniste », constitué d'un réseau de neurones artificiels totalement interconnectés, entraîné à résoudre des tâches d'appariement retardé, a permis de mettre en évidence des unités (dites cachées) dont le comportement ressemble beaucoup à celui des neurones préfrontaux de la mémoire de travail. Cette façon de concevoir les processus d'apprentissage et de mémorisation tend aujourd'hui à être la façon la plus largement acceptée. Ces processus mobilisent des réseaux de neurones largement distribués dans des zones étendues du cerveau, s'étendant des zones préfrontales vers les régions pariétales et temporales.

Toutes les études disponibles à ce jour, observations neurologiques, électrophysiologie chez le singe vigile, imagerie cérébrale fonctionnelle, incitent à considérer le cortex préfrontal, comme le niveau le plus élevé de la hiérarchie corticale. Particulièrement développé dans l'espèce humaine, il est spécialement dédié à la représentation et à l'exécution des actions. Sa lésion entraîne des désordres bien connus des neurologues[13] : l'incapacité d'élaborer des plans, d'exécuter des séquences d'actions, incapacité qui s'étend aux fonctions linguistiques de la parole et de la lecture, au raisonnement et à toutes les compétences que l'on considère comme situées au cœur des fonctions cognitives supérieures. Alan Baddeley a

---

13. Luria, 1966.

regroupé l'ensemble de ces manifestations sous le nom de « syndrome dysexécutif[14] », qui est souvent accompagné de troubles sévères de l'attention[15]. J'aurai l'occasion de revenir sur le cortex préfrontal.

LA MÉMORISATION DANS DES RÉSEAUX DE NEURONES INTERCONNECTÉS

Le psychologue américain Karl Lashley soutenait, en 1929, l'idée qu'aucune fonction d'apprentissage et de mémoire n'était, à proprement parler, localisée dans une zone particulière du cortex cérébral[16]. Cette idée était tirée d'expériences portant sur les effets de lésions corticales sur l'apprentissage et la mémoire chez le rat. Pour Lashley, la réduction de ces fonctions consécutive aux lésions ne dépendait que de la quantité de tissu extirpé et non de la localisation exacte de la lésion. Cette conclusion, bien qu'erronée sous cette forme abrupte et sommaire, est néanmoins grosse d'une idée féconde que l'on trouve aujourd'hui à la base de nombreuses théories de l'apprentissage et de la mémoire. Karl Lashley consacra sa vie scientifique à la « recherche de l'engramme » (1950), pour arriver à la conclusion que le problème n'était pas, comme il aimait à le dire, de trouver où la trace mnésique pouvait être localisée, mais où elle ne pouvait l'être.

Un élève de Karl Lashley, le psychologue canadien Donald O. Hebb, publie en 1949 un livre dont nous avons déjà parlé et dont l'influence fut considérable : *L'Organisation du comportement*, dans lequel il développe une théorie du comportement qui se veut entièrement basée sur la physiologie du système nerveux alors disponible. Donald Hebb en retient deux idées principales : la première est qu'il existe, au niveau du cortex cérébral, une activité maintenue après que le stimulus qui l'a évoquée a disparu (ce qui fut confirmé par la suite, voir plus haut), la seconde est que l'on dispose de nouvelles connaissances sur la nature de la transmission synaptique dans le système nerveux central. Combinant ces deux idées, Hebb propose une théorie de l'apprentissage : la stimulation répétée de récepteurs spécifiques entraîne la formation progressive d'« assemblées cellulaires ». Celles-ci opèrent comme un système fermé en boucle, comme un circuit réverbérant, qui maintient présent dans le système nerveux un stimulus extérieur disparu et fournit ainsi un substrat simple à des représentations, comme des idées ou des images. La contribution essentielle de la théorie de Hebb, toujours vivante aujourd'hui, réside dans sa formalisation de l'apprentissage : apprendre revient à modifier les connexions synaptiques entre neurones liés au sein

---

14. Baddeley, 1986.
15. Shallice, 1982.
16. Lashley, 1929.

d'une assemblée cellulaire. Nous verrons que l'efficacité de la transmission synaptique est modifiée avec l'apprentissage et que cette modification résulte d'associations temporelles strictes entre des entrées synaptiques distinctes. Les synapses dont l'efficacité est modifiée par l'association temporelle entre des entrées distinctes sont appelées « hebbiennes » et l'apprentissage qui en résulte sera de même dit hebbien, c'est-à-dire fondé sur un mécanisme local, fortement interactif, dépendant du temps ; l'efficacité de la transmission synaptique est accrue en fonction de coïncidences entre les activités présynaptiques et les activités postsynaptiques. En 1949, au moment où cette théorie est proposée, aucune donnée physiologique ne permettait de l'étayer, mais des résultats plus récents ont apporté un mécanisme cellulaire susceptible de donner à l'apprentissage hebbien une base expérimentale solide. On peut en effet invoquer un mécanisme, appelé la potentialisation à long terme (voir plus loin), bien décrit en plusieurs endroits du système nerveux et capable de modifier durablement l'efficacité avec laquelle les synapses transmettent leurs signaux[17].

La mémoire à court terme et la synchronie cérébrale

Nous verrons un peu plus loin que la potentialisation à long terme est un phénomène local, limité au niveau de la synapse. Au contraire, les neurones reliés entre eux par des synapses modifiables peuvent être distribués dans des régions très distantes les unes des autres ; pour qu'ils puissent intervenir dans la mémorisation, il faut les faire participer à une même « assemblée cellulaire ». Pour cela, on peut faire appel à la propriété qu'ont certains neurones, situés dans des zones distantes les unes des autres, d'entrer en synchronie, de se mettre, en quelque sorte, à résonner à l'unisson. Un tel mécanisme, invoqué pour rendre compte du liage des divers attributs de la perception visuelle, permettrait d'associer des informations issues de différents sous-systèmes de la mémoire de travail. Nous savons que la mémoire de travail n'est pas un tout unitaire. La psychologie et la neuropsychologie nous apprennent qu'elle rassemble diverses composantes éloignées les unes des autres, réparties dans pratiquement la totalité de la surface corticale, le cortex préfrontal, le cortex inférotemporal et les régions corticales postérieures notamment. La synchronisation rendrait solidaires pendant un court laps de temps ces diverses zones largement distribuées dans le cerveau. Dans ces conditions, la mémoire de travail n'est pas une entité anatomique distincte, même si les nombreux arguments que nous venons de passer en

---

17. On décrit également, dans d'autres systèmes, une diminution durable de l'efficacité synaptique ; nous avons évoqué dans le précédent chapitre cette « dépression à long terme » à propos de l'apprentissage moteur dans le cervelet.

revue accréditent l'idée qu'elle est un dispositif singulier étroitement associé au cortex préfrontal. Elle est un nœud dans un vaste réseau. C'est la raison pour laquelle il ne peut y avoir dans le cerveau un endroit précis dont on pourrait dire : ici réside la mémoire de travail. Le mieux qu'on puisse espérer est de pouvoir dire : tel ou tel aspect de tel ou tel type de mémoire, dans telle ou telle circonstance, est associé à telle région du cerveau plutôt qu'à telle autre.

LA MÉMOIRE À LONG TERME

La mémoire à long terme est également un « système fonctionnel », fractionnable en sous-ensembles distincts (Fig. 9-3). Comme la mémoire à court terme, elle est largement répartie dans divers secteurs du cerveau. En outre, elle remplit différentes fonctions que nos petites histoires de l'introduction à ce chapitre voulaient illustrer. Le schéma suivant résume les différentes formes de mémoire à long terme.

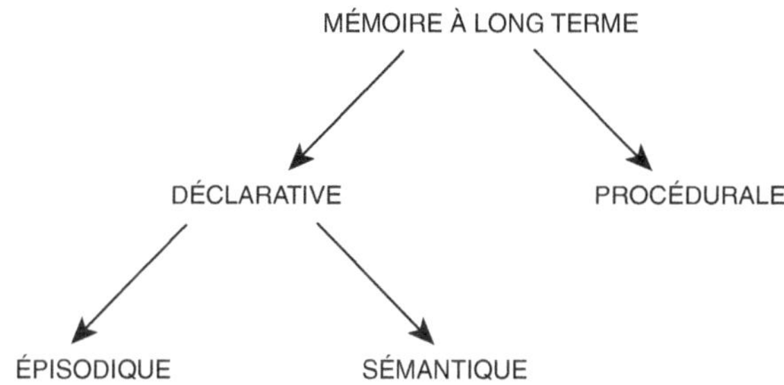

Figure 9-3 : *Les systèmes de mémoire à long terme.* Voir texte pour détails.

La mémoire déclarative, souvent qualifiée d'explicite (voir plus haut), se subdivise en mémoire épisodique et mémoire sémantique. D'autres distinctions seront encore introduites dans le cours de ce chapitre.

La mémoire épisodique

On doit au psychologue canadien Endel Tulving l'introduction, en 1972, de la locution *mémoire épisodique,* brièvement décrite plus haut : elle ramène sur le devant de notre scène mentale quelque chose du passé[18]. Le moustachu catalan est bien là devant moi, comme si quelqu'un brandissait devant mes yeux une photo instantanée. J'ai à ma disposition une multitude de mémoires de ce type. Heureusement, beaucoup de ce qui nous arrive à chaque instant de la journée ne fait même pas l'objet d'une mise en mémoire. En effet, nous l'avons dit, l'attention

18. Tulving, 1972 ; 2002.

filtre et rejette en permanence une foule d'événements qui néanmoins touchent nos organes des sens et pénètrent dans notre système nerveux pour y jouer un rôle qui peut échapper à la conscience claire, mais qui n'entrent jamais dans notre mémoire et n'ont pas de ce fait à être oubliés. Au contraire, certains événements sont véritablement oubliés parce qu'ils se sont effacés de la mémoire à court terme, avant même d'atteindre la mémoire à long terme. Il s'agit alors d'un oubli authentique, que rien ne pourra plus ultérieurement rattraper. En revanche, il existe des faits ou des événements qui, une fois entrés dans la mémoire à long terme, puis apparemment oubliés, peuvent ressurgir à l'occasion d'un indice, soit rencontré par hasard, soit fourni par quelqu'un au cours d'une conversation : « Tu te souviens de ce bonhomme dans l'ascenseur à Barcelone... Ah oui, je l'avais complètement oublié ! » Le souvenir revient alors, même s'il faut parfois faire un effort pour le ramener explicitement à la mémoire. Dans ce cas, ce qui est en cause, c'est moins le souvenir lui-même, en tant qu'épisode gardé en mémoire, que sa récupération, son rappel, qui fait défaut. La mémoire est bien là, mais je n'y ai pas accès.

Nous l'avons indiqué au début de ce chapitre : c'est parce que nous nous souvenons que nous sommes ce que nous sommes. Le souvenir et sa remémoration comportent un élément crucial. Quand nous évoquons un événement passé, nous nous déplaçons dans le temps. Nous voyageons en quelque sorte jusqu'au lieu et au moment où nous l'avons vécu initialement. Si je me souviens de « l'homme dans l'ascenseur à Barcelone », je me rappelle non seulement le *quoi* ou le *qui*, l'homme à la chemise bariolée et à la moustache gauloise, le *où*, un ascenseur à Barcelone, et le *quand*, le printemps 2001, mais aussi, et c'est probablement le phénomène le plus intéressant, que c'était à moi, Michel, l'auteur de ces lignes, le même (en plus jeune) que celui que je suis aujourd'hui, à qui cet épisode banal est arrivé. Ce type d'expérience serait ainsi au fondement de la conscience de soi. Mais nous anticipons sur une discussion qui viendra en son temps (dernier chapitre). Indiquons toutefois, qu'Endel Tulving introduit une distinction importante entre la conscience *autonoétique*, ou conscience du souvenir que notre remontée dans le temps rend accessible, et la conscience *noétique* qui est celle de ce dont nous avons l'expérience présente. Cette distinction réapparaîtra sous diverses formes dans les discussions sur la conscience dont nous reparlerons dans le dernier chapitre.

Le cerveau et la mémoire épisodique

La mémoire épisodique peut être complètement abolie. Des lésions de certaines structures cérébrales provoquent une atteinte neuropsychologique majeure connue sous le nom d'*amnésie globale*. Le patient ne peut se rappeler ce qu'il a pris à son dernier déjeuner, il a même oublié qu'il y a eu un déjeuner ; dans sa propre maison, qu'il habite depuis des

lustres, il ne sait pas où sont rangées ses affaires, même les plus familiè-
res. S'il peut sans difficulté recopier un dessin compliqué, il ne pourra, après seulement quelques minutes, le reproduire de mémoire, même grossièrement esquissé. Il existe, dans la littérature consacrée à la mémoire, une description d'un cas très célèbre, un cas d'école doit-on dire, étudié par de nombreux chercheurs depuis une cinquantaine d'années. Le 23 août 1953, un neurochirurgien américain William Beecher Scoville est amené à opérer un jeune patient âgé de 27 ans souffrant d'une épilepsie du lobe temporal particulièrement sévère. L'opération a consisté à éliminer bilatéralement le lobe temporal médian (LTM). Les crises d'épilepsie, sans complètement disparaître, se firent beaucoup plus rares. En ce sens, l'opération fut un succès. Mais le patient a présenté, tout de suite après l'intervention, « un trouble très grave de sa mémoire récente » pour reprendre les termes mêmes du neurochirurgien qui venait de l'opérer. En 1957, un article célèbre, cité près de deux mille fois depuis sa parution, est publié par William Scoville et Brenda Milner, psychologue d'origine britannique au Montreal Neurological Institue (MNI). Cet article a pour titre : « Perte de la mémoire récente après lésion hippocampique bilatérale[19] ». On y trouve une description détaillée de l'amnésie globale dite *antérograde*, c'est-à-dire de la perte de mémoire à partir du moment où le LTM a été éliminé, c'est-à-dire depuis l'opération. Le patient mondialement connu sous le nom de H. M., aujourd'hui (en 2006) âgé de 78 ans, ne se souvient de rien. Depuis son opération, H. M. a été le sujet de plus d'une centaine de programmes de recherches, tout d'abord à l'Institut neurologique de Montréal, ensuite, à partir de 1966, à l'Institut technologique du Massachusetts (MIT) de Cambridge (États-Unis) où, entouré de l'affection et de la reconnaissance de nombreux chercheurs, il finit ses jours sans savoir combien grande (et combien méritée) est sa renommée.

L'amnésie antérograde de H. M. est globale : sa mémoire est perdue quel que soit le test utilisé pour la révéler (rappel libre ou avec un indice, reconnaissance par oui ou par non, reconnaissance à choix multiples, etc.), le type de stimuli employé (des mots, des chiffres, des paragraphes, des visages, des formes, des ritournelles, des événements historiques ou fameux, publics ou privés...) ou la catégorie sensorielle à travers laquelle l'information lui est présentée (visuelle, auditive, somato-sensorielle).

H. M. est un homme dont le quotient intellectuel se situe au-dessus de la moyenne et dont les capacités perceptives sont normales. Il n'a pas de trouble de l'attention, sa mémoire à court terme, évaluée dans des tâches verbales et des tâches non verbales, est préservée. Son langage est normal, il peut comprendre et produire des phrases relativement complexes d'un point de vue syntaxique, il apprécie les plaisanteries, même

---

19. Scoville et Milner, 1957.

les plus subtiles. Il peut ainsi entretenir une conversation « normale » avec un interlocuteur ; mais quelques minutes après, lorsqu'on reprend la conversation avec lui, on s'aperçoit, et c'est là une expérience très éprouvante pour l'interlocuteur, qu'il ne se souvient de rien : sa mémoire de travail est intacte, mais rien n'est passé dans le long terme.

Parfois, mais ce n'est pas toujours le cas, le patient amnésique ne peut se souvenir de ce qui lui est arrivé avant l'opération ou avant l'accident cérébral qui l'a ainsi privé de son passé ; on parle dans ce cas d'amnésie rétrograde pour la distinguer de l'amnésie antérograde, que nous venons de décrire. En réalité, H. M. présente les deux formes d'amnésie, l'amnésie antérograde, qui est globale, et une amnésie rétrograde qui reste partielle. En effet, il garde vivace la mémoire des événements qui lui sont arrivés jusqu'à l'âge de 16 ans, mais il est amnésique pour les événements qu'il a vécus au cours des onze années qui ont précédé son opération.

H. M. présente encore une caractéristique remarquable : alors qu'il ne peut mémoriser ce qui lui arrive, il garde cependant trace de ce qu'il fait. Voici un exemple. L'apprentissage d'une habileté sensorimotrice est souvent étudié en psychologie expérimentale au moyen d'une épreuve dite du « dessin dans le miroir ». Cette tâche consiste à dessiner une figure en ne voyant sa main et le crayon qu'elle tient, ainsi que le dessin que le sujet est en train de réaliser et le modèle à suivre, que par l'intermédiaire d'un miroir qui renverse la totalité de la scène. Les sujets normaux sont au début très maladroits, ils sont lents, hésitants, ils doivent constamment corriger leur tracé. Cependant, ils s'améliorent progressivement avec l'entraînement. H. M. n'est pas différent. Lui aussi s'améliore avec l'entraînement. Pourtant, d'une séance à l'autre, il ne garde aucune mémoire *déclarative* de la séance précédente, pas même le vague sentiment d'une familiarité. Il ignore complètement qu'il a déjà fait cet exercice. Pour lui chaque séance est une séance nouvelle, les précédentes sont complètement « oubliées ». Malgré tout, à chaque nouvelle répétition de la tâche, on se rend compte que ses gestes ont acquis de la précision et de la rapidité.

La principale leçon qu'on retiendra de l'étude de H. M. et de nombreux autres patients amnésiques est que les structures du lobe temporal médian (LTM), celles enlevées par l'opération chirurgicale, et tout particulièrement l'hippocampe (dont nous reparlerons plus loin) sont cruciales pour la mémoire épisodique à long terme : elles assurent la mémorisation consciente (déclarative) des faits et des événements. En général ces patients conservent intacte leur mémoire à court terme et leur mémoire procédurale, ainsi que suffisamment de mémoire sémantique pour pouvoir faire des mots croisés ou entretenir une conversation sensée. On mesure leur total isolement dans le temps, lorsqu'au lendemain d'une conversation intéressante, on s'aperçoit qu'il faut tout reprendre à zéro. H. M., depuis cinquante ans, vit dans un perpétuel présent. « À ce moment précis tout me semble clair, mais qu'est-il arrivé juste avant ? C'est ce qui me préoccupe, c'est comme si je m'éveillais d'un songe ; simplement, je ne me souviens pas », déclare-t-il[20].

La mémoire sémantique

La mémoire sémantique est un vaste entrepôt où serait conservée toute la connaissance que nous avons des « faits sur le monde ». Cette connaissance est indépendante du moment et de l'endroit où elle a été acquise ; les mots, les concepts, les règles et les idées abstraites, les personnages fameux, les monuments célèbres se trouvent rangés dans une sorte d'encyclopédie générale dont l'organisation est telle que la récupération d'une information donnée soit facile et rapide. Nous savons qu'un violon est un instrument de musique, que Madrid est la capitale de l'Espagne, que les gènes sont des fragments d'ADN, que Pétain est un personnage historique[21], etc., mais nous ne savons ni où ni quand exactement nous avons appris tout cela.

L'étude neuropsychologique de patients amnésiques présentant des lésions situées dans le cortex temporal antérieur révèle les étonnantes potentialités de structuration et de stockage de la mémoire sémantique. C'est ainsi que certains patients ont encore une connaissance globale d'un concept, par exemple, que « tigre » est le nom d'un animal, mais ils ignorent toutefois que le tigre est un animal exotique, qu'il a une robe rayée, qu'il est très dangereux ; ils sont même prêts à admettre qu'il ferait un bon animal de compagnie ! Ces observations, souvent paradoxales, suscitent de nombreux modèles sur la façon dont la mémoire sémantique est organisée. Depuis longtemps, on avait remarqué l'existence de dissociations spécifiques, portant sur des catégories sémantiques distinctes. L'étude la plus approfondie de ce genre de dissociation est probablement celle qui a été publiée en 1984, par deux neuropsychologues britanniques, Elisabeth Warrington et Tim Shallice, travaillant à cette époque au National Hospital de Londres. Ces auteurs décrivent le cas de quatre patients qui, à la suite d'une encéphalite herpétique, maladie qui touche plus spécialement les lobes temporaux médians, présentent un trouble surprenant : ils ont de sérieux problèmes pour comprendre le sens des mots portant sur des êtres vivants, alors qu'ils n'ont aucune difficulté à comprendre ceux qui se rapportent à des objets inanimés. La catégorie « vivant » et la catégorie « inanimé » sont parfaitement séparées, relevant de champs sémantiques totalement disjoints,

---

20. Cité par Corkin, 2002.
21. Je peux me souvenir de l'avoir vu de mes propres yeux ; il s'agira alors d'un épisode, qui peut coexister dans ma mémoire avec « Pétain », parmi les personnages historiques.

l'une peut être atteinte par une lésion qui laisse l'autre intacte. Une abondante littérature porte sur ces altérations catégorielles de la mémoire sémantique[22]. De nombreux arguments, tirés d'expérimentations électrophysiologiques chez l'animal conscient ou d'imagerie cérébrale fonctionnelle chez l'homme viennent conforter cette hypothèse.

Mémoire sémantique et mémoire épisodique

Une idée semble s'imposer : la mémoire sémantique dépendrait de la mémoire épisodique. Il paraît naturel de penser que, pour accumuler de nouveaux faits, de nouveaux mots, de nouveaux concepts, dans sa mémoire sémantique, il faut, au préalable, les avoir acquis au moyen de sa mémoire épisodique. On peut cependant en douter. Une forme d'amnésie particulière, l'amnésie développementale, consécutive à une lésion provoquée par un manque d'oxygène à la naissance ou au cours de la première année de vie, a été décrite par une équipe de Londres[23]. Les enfants qui souffrent de ce type d'amnésie présentent une dissociation entre mémoire épisodique et mémoire sémantique. Ils ne gardent aucun souvenir de ce qui leur arrive personnellement, leur mémoire épisodique est très sévèrement endommagée, pourtant, ils vont à l'école normalement, où ils réussissent très bien à apprendre de nouveaux mots, de nouveaux concepts et à acquérir de nouvelles connaissances de faits généraux, ce qui atteste d'une mémoire sémantique préservée. L'examen du cerveau de ces enfants en imagerie cérébrale par résonance magnétique fonctionnelle (IRMf) indique que l'hippocampe est bien endommagé, ce à quoi l'on pouvait s'attendre, étant donné le déficit, mais que les régions voisines du lobe temporal médian sont intactes, ce qui pourrait expliquer la préservation d'une mémoire sémantique.

Une dissociation inverse, curieuse et paradoxale, est également décrite : le sujet se souvient d'un éléphant vu la veille au zoo, mais n'a aucune idée de ce que peut bien être un éléphant. L'interprétation de ce genre de dissociation au sein même de la mémoire déclarative est l'objet de nombreuses discussions, qu'il ne nous est pas possible de résumer même sommairement ; nous retiendrons seulement qu'elles confortent l'idée selon laquelle les différentes composantes de la mémoire sont probablement assurées par le fonctionnement de différentes régions du cerveau, idée qui sera renforcée par l'examen de la mémoire procédurale.

La mémoire procédurale

Savoir ce qu'est une bicyclette est une chose ; savoir en faire en est une autre. Il faut apprendre, insister malgré les chutes, s'entraîner régulièrement. Il en va ainsi de beaucoup d'habiletés sensorimotrices, qu'elles

---

22. Voir Shallice, 1988 (1995 pour la traduction française).
23. Vargha-Khadel *et al.*, 1997.

soient sportives ou non. Il faut beaucoup pratiquer son instrument de musique pour en jouer correctement, manier son pinceau pour bien peindre, se raser souvent pour ne pas se couper, répéter plusieurs fois pour apprendre par cœur sa leçon. Apprendre ici consiste essentiellement à améliorer sa performance par la pratique. Pour cela, il faut faire, refaire et refaire encore, en corrigeant chaque essai jusqu'à ce que le but assigné, par soi-même ou par quelqu'un d'autre, un maître ou un instructeur, soit atteint. Cent fois sur le métier... Le but visé, ou même chacune des étapes qui y mènent, est déjà en lui-même une récompense. Ce type d'apprentissage peut donc être considéré comme une procédure associative entre, d'une part, une habileté et, d'autre part, une récompense, celle-ci étant la simple réussite, ou les félicitations d'un superviseur, les encouragements des proches, un prix d'excellence. L'habileté peut être sensorimotrice, comme dans les exemples donnés. Elle peut être cognitive. Tout étudiant sait que plus il résoudra de problèmes d'un certain type, plus il lui sera facile d'arriver à la solution de problèmes voisins et de réussir à son examen, un bon marin ou un vieux paysan, parce qu'ils ont « de l'expérience », savent prévoir le temps à partir d'indices que le profane ne perçoit même pas. Une fois acquise, l'habileté motrice ou cognitive devient une habitude, une seconde nature, elle n'a plus besoin d'être récompensée, et n'est plus oubliée. Même après de nombreuses années sans pratiquer la natation, si on a su un jour nager, on ne se noiera pas si par hasard on tombe à l'eau. Ne dit-on pas que savoir monter à bicyclette ou skier ne s'oublie pas ?

Il est remarquable que des patients amnésiques apprennent de nouvelles habiletés sans pouvoir se souvenir qu'ils les ont apprises. Essayons d'apprendre à lire « à l'envers » (de droite à gauche en commençant par le mot de droite) par exemple la courte phrase : *revih'l diorf sért taif li tnemelarènèg*. Il faut pour y arriver correctement un certain temps, mais quand on a réussi, on pourra facilement lire à l'envers n'importe quelle nouvelle phrase, sans avoir à passer à chaque fois par une pénible période d'apprentissage. On a acquis une nouvelle aptitude : lire à l'envers. Les patients amnésiques, tels que H. M., présentent la même maîtrise qui s'améliore aussi avec la répétition, toutefois ils ne se souviendront pas de l'avoir apprise, ils ne garderont aucune trace des séances laborieuses d'entraînement qui ont précédé. Nous retrouvons ici la distinction déjà rencontrée entre la mémoire implicite et la mémoire explicite : notre patient sans mémoire explicite a néanmoins une mémoire implicite de l'expertise acquise. Nous avons déjà rencontré ce type de mémoire procédurale lorsque nous avons étudié l'apprentissage moteur.

En clinique neuropsychologique, on s'efforce généralement de vérifier le principe fondamental de la « double dissociation ». Nous le retrouvons dans l'étude de la mémoire : alors que la mémoire déclarative, épisodique ou sémantique, est profondément affectée par une lésion du lobe temporal médian, incluant les régions hippocampiques et les zones adjacentes, la mémoire procédurale, non touchée par ces lésions, sera sensible en revanche à des atteintes des régions dont on a vu qu'elles jouaient un rôle éminent dans la régulation motrice, notamment les ganglions de la base, ainsi que le cervelet mais dont les dommages n'affectent pas la mémoire déclarative. Il n'est donc pas étonnant qu'on observe fréquemment des déficits de la mémoire procédurale dans la maladie de Parkinson ou dans celle de Huntington dont on sait qu'elles proviennent d'atteintes des ganglions de la base.

Une première conclusion s'impose : la mémoire, sans autre qualification, n'existe pas. Il existe différents « systèmes » de mémoire, chacun spécialisé dans un type de traitement, et, comme la « double dissociation » le suggère, chacun associé au fonctionnement d'une partie définie du cerveau. La mémoire à court terme est touchée par des lésions limitées à diverses zones largement réparties sur la surface du cortex cérébral, la mémoire à long terme déclarative, par des lésions des régions du lobe temporal médian incluant l'hippocampe et les zones adjacentes, la mémoire à long terme procédurale les ganglions de la base et le cervelet.

Un exemple de mémoire déclarative : la mémoire spatiale

Il est fermement établi aujourd'hui que l'hippocampe (Fig. 9-4) et les régions voisines dites parahippocampiques, situées dans le lobe temporal, jouent un rôle crucial dans la mémoire déclarative.

Dans un domaine de connaissance particulier, on forme une mémoire déclarative en unissant dans une même représentation une série de mémoires épisodiques, en synthétisant en quelque sorte des épisodes distincts ayant entre eux un « air de famille ». Je me souviens de ma grand-mère à l'époque de mes vacances dans son village, de ma tante qui nous y rejoignait parfois, de mon père le jour de mon bac, de ma mère en train de me réconforter enfant, etc. À partir de tous ces épisodes disparates, je construis une connaissance générale de ce qu'est « ma famille ». De la même façon, je construis « mon Paris » en agrégeant divers lieux familiers, le square en bas de chez moi, le café du coin, le musée où je vais souvent, mon cinéma préféré, mon lieu de travail, etc. Je dresse ainsi la carte de ma ville. Nous savons, grâce en particulier à H. M., que les structures cérébrales situées dans le lobe temporal médian, dont l'hippocampe, sont cruciales pour assurer la mémorisation *déclarative* à long terme des faits et des événements. On sait depuis aussi que des lésions de l'hippocampe produisent chez tous les mammifères des déficits sévères de la mémoire spatiale.

Il y a une trentaine d'années, John O'Keefe, du University College de Londres, et son collaborateur John Dostrovsky décrivent dans l'hippo-

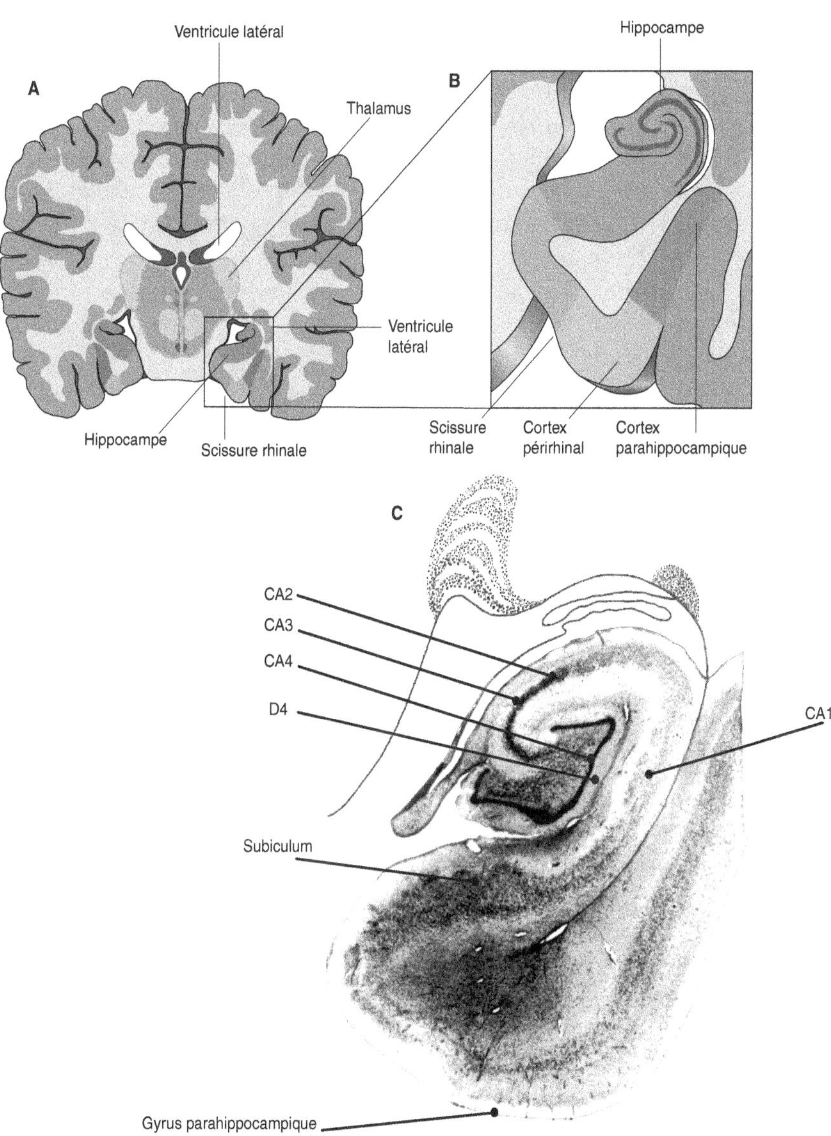

Figure 9-4 : *L'hippocampe.*
A : coupe du cerveau permettant de situer l'hippocampe représenté schématiquement
en *B*, avec les structures corticales du lobe médian – cortex, périrhinal, cortex para-
hippocampique.
C : coupe histologique à travers l'hippocampe ; au-dessus est dessiné le corps
genouillé latéral avec ses six couches caractéristiques.
DG : dentatus gyrus.
CA1 à CA4 : champs 1 à 4 de l'hippocampe (corne d'Ammon).

campe du rat des neurones qui déchargent spécifiquement lorsque l'animal occupe une place particulière dans son environnement familier, ou encore lorsqu'il passe à travers une zone donnée de son milieu[24]. Ces cellules, appelées « cellules de lieu » (*place cells*), sont nombreuses dans l'hippocampe, leur activité augmente lorsque l'animal « entre » dans une zone donnée (*place field*), et diminue lorsqu'il s'en éloigne, quelle que soit la direction prise par l'animal pour entrer ou sortir de sa zone de décharge, elles indiquent un endroit, une « place », relativement précis dans l'environnement. La Planche 6 illustre huit cellules hippocampiques différentes qui déchargent chacune lorsque l'animal occupe une position différente à l'intérieur d'une arène circulaire.

Ces cellules sont des cellules pyramidales situées dans les régions CA1 et CA3 de l'hippocampe, formant la sortie de l'hippocampe en direction du *subiculum* pour se diriger, au-delà, vers diverses régions corticales.

Dans différents environnements, un même neurone de l'hippocampe peut être enrôlé dans le codage de lieux différents ; il participe de la sorte à plusieurs cartes spatiales. Ainsi, quand un animal est placé dans un environnement nouveau, en quelques minutes, une représentation interne de cet environnement va pouvoir être dressée, grâce aux décharges coordonnées des cellules de lieu. Cette carte, appelée par John O'Keefe et Lynn Nadel « carte cognitive[25] » sera stable pendant plusieurs jours ; le même motif de réponse sera exprimé chaque fois que l'animal sera placé dans ce même environnement. S'il est maintenant introduit dans une nouvelle arène, une nouvelle carte sera dressée, également en quelques minutes, en recrutant des cellules dont certaines participaient à la première carte et d'autres étaient silencieuses. En 1985, Jim Rank, de l'université d'État de New York, décrit une population de neurones dont les propriétés sont complémentaires de celles des cellules de lieu : les « cellules d'orientation » qui sont actives uniquement lorsque l'animal dirige sa tête dans une direction spécifique, indépendamment de la place qu'il occupe dans l'arène. Comme pour les cellules de lieu, les cellules d'orientation utilisent des indices visuels et restent stables, pendant un certain temps, lorsque ces indices sont retirés. Cellules de lieu et cellules d'orientation sont fonctionnellement couplées et concourent à dresser une carte cognitive de l'environnement. Cette carte peut servir également à représenter des caractéristiques de nature non spatiale. Par exemple, un neurone qui code une place donnée peut être aussi activé par une odeur particulière, ou par un son qui a acquis une signification distinctive, en étroite relation avec le lieu représenté. C'est dire toute la complexité du codage neural. Pour espérer mieux le comprendre, il faudra

---

24. O'Keefe et Dostrowsky, 1971.
25. O'Keefe et Nadel, 1978.

développer de nouvelles approches permettant d'enregistrer l'activité simultanée de neurones disséminés dans de larges populations cellulaires, et pour en démonter les mécanismes, on devra associer ces analyses électrophysiologiques et comportementales aux nouveaux outils qu'offre la transgenèse chez la souris. Ce type de développements peut apporter des avancées spectaculaires. Nous en évoquerons quelques-uns plus loin.

L'apprentissage

LA MÉMOIRE ET LES RÉFLEXES CONDITIONNÉS

En 1903, au quatorzième congrès mondial de médecine de Madrid, le grand savant russe Ivan Petrovitch Pavlov (1849-1936) présente une communication intitulée : « Psychologie expérimentale et psychopathologie chez l'animal ». Auteur de travaux remarquables sur les mécanismes physiologiques de la digestion, qui lui valurent d'obtenir le prix Nobel de médecine de 1904, Pavlov décrit le phénomène qui lui amènera une immense renommée, toujours actuelle : les réflexes conditionnés. Tout le monde connaît le « chien de Pavlov » : quand un chien est mis en présence de nourriture, il se met à saliver, pour pouvoir l'avaler, et commencer à la digérer. Si, à la présentation de nourriture, on associe un stimulus initialement neutre, le fameux son de clochette, après un certain nombre d'associations et à condition que le son de la cloche précède ou chevauche un peu la présentation de nourriture, le chien se mettra à baver abondamment avant même que la nourriture n'arrive. Ce conditionnement associatif est à la base de notre conception naturelle des liens de causalité qui se tressent entre les événements du monde quotidien.

Depuis que Pavlov a décrit ce type de conditionnement, de nombreuses variantes ont été développées et une autre forme de conditionnement a été décrite. Le psychologue américain Burrhus Frederic Skinner montre qu'il existe une autre façon d'apprendre, un autre procédé pour acquérir des informations sur son environnement. Un organisme quelconque est constamment en train d'opérer sur son milieu, ce qui la plupart du temps signifie simplement qu'il est constamment en train d'aller et venir, de faire ceci ou cela, ouvrir ou fermer une porte, appuyer sur un bouton, etc. Ce faisant, il rencontre certains stimuli, que Skinner appelle des renforçateurs. Ces renforçateurs ont pour effet d'augmenter la probabilité d'apparition du comportement qui les avait suscités. Ce processus, à la suite de Skinner, est appelé « conditionnement opérant » : soit un animal dans sa cage, il fait toutes sortes de choses, occasionnellement une action particulière a une conséquence heureuse ; cette conséquence va amener l'animal à répéter ce comportement par la suite. Imaginons un pigeon. Il est enfermé dans une boîte spéciale, dite précisément boîte

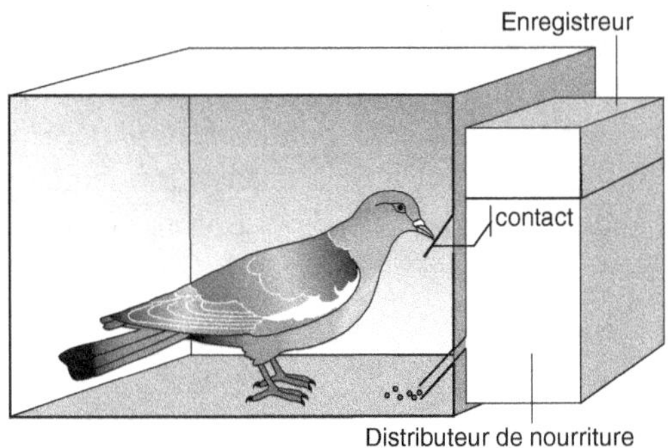

Figure 9-5 : *Boîte de Skinner.*

de Skinner (Fig. 9-5), qui possède sur un côté une pastille qui lorsqu'on presse dessus actionne un dispositif qui libère dans la cage une petite quantité de graines. Au départ, le pigeon donne des coups de bec un peu partout sur les parois de la cage. Par hasard, un coup de bec tombe pile sur la pastille, le mécanisme est alors enclenché, et la graine délivrée. Chaque fois que le pigeon tape sur la pastille, il reçoit de la nourriture. L'animal aura tendance à frapper de plus en plus fréquemment sur la pastille. Dans la terminologie de Skinner, la nourriture est le renforçateur, le coup de bec, l'opérant. Et l'on pourrait énoncer la loi du conditionnement opérant sous la forme : tout comportement suivi d'un renforcement aura sa probabilité de réapparition augmentée si l'issue est heureuse, ou diminuée si l'issue est fâcheuse.

Le conditionnement classique (pavlovien) et le conditionnement opérant (skinnérien) sont les deux formes canoniques de l'apprentissage que les psychologues appellent « associatif ». Ce qu'il faut apprendre, dans un cas comme dans l'autre, c'est à associer un stimulus, habituellement un événement sensoriel, quelque chose que l'on entend, que l'on voit ou que l'on touche, sent ou goûte, avec une réponse, généralement motrice. Apprendre revient ici à modifier son comportement sur la base d'une expérience acquise de façon systématique (Pavlov) ou par « essais et erreurs » (Skinner).

HABITUATION ET SENSIBILISATION

Les conditionnements que nous venons de décrire servent de procédures expérimentales bien contrôlées pour analyser l'apprentissage associatif. Cependant, d'autres formes de modifications durables du comportement existent. Très utilisées pour l'exploration des mécanismes cellulaires qui les sous-tendent, ils diffèrent des apprentissages associatifs en ce qu'ils ne résultent pas d'une association mais proviennent simplement de la simple répétition monotone d'un même stimulus. L'*habituation* traduit la diminution progressive d'une réponse évoquée par la répétition régulière d'un stimulus. Si, après habituation, le stimulus répété, celui pour lequel l'animal s'est habitué, est remplacé par un nouveau stimulus ou, plus simplement, si le stimulus initial est légèrement modifié dans une de ses caractéristiques, la fréquence de répétition, l'intensité, la couleur de l'image projetée, la fréquence du son émis, la réponse initiale reparaît brusquement. Les psychologues désignent cette réapparition du terme de « déshabituation » et s'en servent pour mettre en évidence qu'un organisme, un animal des plus simple ou un bébé humain avant qu'il ne parle, a bien détecté le changement, qu'il a bien été capable de discriminer un attribut sensoriel particulier, la hauteur d'un son ou la longueur d'onde d'une lumière, par exemple.

L'habituation est bien un apprentissage. Et l'apprentissage est indissociable de la mémoire. On peut expliciter cette assertion en résumant le processus de la façon suivante. Un stimulus est présenté pour la première fois, il active un processus à court terme et se dissipe rapidement. Ce stimulus est répété à intervalles réguliers, la répétition à l'identique permet d'en former une trace mnésique durable. À chaque répétition, le stimulus est comparé avec la trace conservée en mémoire, si les deux sont identiques, la réponse disparaît progressivement. Un apprentissage a bien eu lieu : l'organisme a appris à ne pas tenir compte du stimulus en question, il a appris qu'il était sans conséquence fâcheuse. Un tel processus n'est possible que parce que le stimulus initial ne présentait pas de réel danger : qu'il s'agisse d'un nématode ou d'un mammifère, il ne requiert qu'une réponse partielle et non une réaction globale destinée à assurer la survie de l'animal, une fuite éperdue par exemple. Il peut ainsi ignorer ce qui lui arrive précisément parce qu'il a appris que ce qui lui arrive est inoffensif (c'est d'ailleurs parce qu'il est inoffensif que le stimulus peut être répété).

Supposons que survienne alors un stimulus inhabituel, le plus souvent intense (parfois même douloureux). Celui-ci va provoquer l'apparition de réponses exacerbées à des stimulations pour lesquelles l'organisme avait appris à ne plus répondre. Mais alors que la « déshabituation » se traduisait par la réapparition spécifique de la réponse au stimulus répété, la « *sensibilisation* » (tel est en effet le nom donné à cette réaction) porte au contraire indistinctement sur tous les stimuli, même les plus inoffensifs, auxquels l'organisme s'était déjà habitué. Cette sensibilisation éveille et exagère en quelque sorte la sensibilité dans son ensemble, met l'organisme en état d'alerte maximum. Sa valeur adaptative est claire, elle permet de mobiliser toutes les ressources sensorielles pour déceler avec efficacité le moindre signe pouvant s'avérer dangereux dès lors qu'une situation d'urgence a été signalée par le stimulus inopiné. Si toutefois ce stimulus de sensibilisation ne cause aucun dommage, l'organisme cesse rapidement d'y répondre : le processus de sensibilisation peut à son tour être habitué. À trop crier au loup…

Le conditionnement, l'habituation et la sensibilisation sont les formes principales, canoniques pourrait-on dire, de l'apprentissage. Nous verrons qu'on peut les étudier sur un modèle biologique « réduit », l'aplysie, ou escargot de mer, ce qui a permis à Eric Kandel, neurobiologiste américain de l'Université Columbia à New York, d'obtenir un prix Nobel de médecine en 2000. Depuis longtemps les psychologues les ont codifiés, en élaborant des procédures expérimentales strictement contrôlées qui permettent d'isoler et d'analyser les différentes phases de l'apprentissage, depuis le moment où l'organisme est confronté à une situation nouvelle qui enclenche une réponse, jusqu'au moment où l'organisme anticipe la situation à venir et, en avance, modifie son comportement pour y faire face. D'autres formes d'apprentissage existent qui n'entrent pas directement dans ce schéma. Un exemple particulièrement spectaculaire est probablement celui que les éthologistes désignent du nom d'empreinte.

L'EMPREINTE

Il s'agit d'un apprentissage particulièrement rapide et d'une mémoire étonnante. La préférence marquée par l'oisillon pour ses parents constitue un sujet de recherche très actif parmi les éthologistes. Rendue célèbre par Konrad Lorenz, qui en a donné une description très vivante, l'empreinte est le terme choisi pour désigner l'attachement, quasi instantané, de l'oisillon, à peine sorti de sa coquille, à sa mère ou à ses congénères de la même portée. Konrad Lorenz a notamment montré qu'en l'absence de ses compagnons naturels, l'oisillon se met à suivre une grande variété de « subrogées tutrices », à vrai dire n'importe quelle forme animée ou inanimée pourvu qu'elle soit la première offerte à la vue de l'oisillon. L'image de Konrad Lorenz adopté par des jeunes oies qui le suivent docilement a fait le tour du monde

Gabriel Horn, neurobiologiste de Cambridge (Grande-Bretagne), a montré que l'empreinte dépendait bien des activités synaptiques localisées au niveau des connexions entre neurones regroupés au sein de structures définies, formant des circuits particuliers dédiés à cette fonction mnésique[26]. Il a également montré que des influences diverses, notamment hormonales, impliquant la mise en jeu de zones cérébrales éventuellement éloignées, imposaient des contraintes externes modifiant la circulation des signaux nerveux à l'intérieur même du circuit

---

26. Horn, 1998 ; 2004 ; Horn *et al.*, 2001.

pour en changer ainsi la fonction. Cette notion est d'une grande généralité : un réseau particulier de neurones anatomiquement liés par des interconnexions *fixes* peut cependant assurer diverses fonctions selon que les activités synaptiques sont *modulées*, renforcées ou déprimées, sous l'influence d'un neuromédiateur ou d'une hormone, aiguillant ainsi la circulation des messages selon des parcours différents, chaque parcours assurant une opération particulière. Ainsi les réseaux de neurones sont des entités dynamiques pouvant être « reconfigurées » ou « recâblées » sous l'influence d'une classe particulière de transmetteurs, des hormones ou des neuropeptides, souvent appelés neuromodulateurs. Ces modulateurs, qui sont copieusement ou parcimonieusement libérés dans la zone cérébrale qui abrite le circuit, modifient, plus ou moins durablement, les propriétés synaptiques des neurones individuels qui le composent ; elles y redessinent des trajets changeant de la sorte les fonctions qu'il contrôle.

APPRENDRE À AVOIR PEUR ;
LES ÉMOTIONS ET LA MÉMOIRE

On peut comprendre alors que les émotions, que l'on ne peut éprouver ni exprimer sans une forte mise en jeu du système nerveux autonome, grand pourvoyeur d'hormones et de neuropeptides, interfèrent fortement avec la mémoire. Nous la savons en effet multiple, hétérogène, composée de réseaux neuronaux distincts spécialisés dans l'encodage, le stockage et la récupération de l'information apprise, sa consolidation ; il est dès lors compréhensible que l'une ou l'autre, ou plusieurs à la fois, de ces composantes puisse être renforcée ou au contraire affaiblie par une émotion. Il est d'ailleurs bien connu qu'un événement fortement chargé d'émotion est plus facilement et plus durablement mémorisé[27].

De toutes nos émotions, la peur est certainement celle à qui le cerveau consacre le plus de place. Charles Darwin, le premier à avoir analysé scientifiquement les émotions, note dans son livre classique *L'Expression des émotions chez l'homme et les animaux* (1872), que pratiquement tous les animaux, les oiseaux, les rats, les singes et l'homme, se comportent de façon très semblable face à un danger : ils s'immobilisent, leur respiration se fait courte et rapide, le cœur s'emballe. Nous savons aujourd'hui que le système nerveux sympathique est recruté, il libère des hormones du stress, notamment l'adrénaline : toutes les ressources corporelles sont mobilisées pour déclencher la fuite. Puisque la frayeur se manifeste pratiquement inchangée, tellement stéréotypée, chez de nombreuses espèces animales, beaucoup de recherches ont été conduites non

---

27. Christianson, 1992.

seulement sur les mécanismes capables de l'évoquer, mais aussi sur ceux qui permettent d'apprendre à avoir peur.

L'apprentissage de la peur n'est rien d'autre qu'une forme du conditionnement classique. Il associe la présentation répétée d'un stimulus conditionnel neutre, une image ou un objet apaisants, avec un stimulus inconditionnel, comme un choc électrique traumatisant jusqu'à ce que la peur s'installe dès la présentation de l'image ou de l'objet. Chez l'homme, l'exemple le plus célèbre de conditionnement de la peur est certainement celui que John Watson, le père du behaviorisme américain, et sa collaboratrice Rosalie Rayner infligèrent au petit Albert, un enfant de 11 mois. Comme tous les bébés, Albert est effrayé par un bruit soudain et intense ; comme tous les bébés, Albert n'a aucune aversion particulière pour les rats blancs. Lorsque ceux-ci s'approchent et que le petit Albert fait mine de les saisir, Watson et Rayner, cachés derrière le berceau de l'enfant, assènent un grand coup de marteau sur une barre de fer. Après seulement sept de ces associations, le petit Albert poussait des cris de terreur à la seule vue des innocents rats blancs.

Aujourd'hui, les temps ont heureusement changé et des comités d'éthique veillent à la bonne conduite des expérimentateurs. C'est donc aux rats de laboratoire plutôt qu'aux enfants qu'on enseigne la frayeur. Apprendre à avoir peur et se souvenir de ce qui autrefois a pu représenter un réel danger a une utilité biologique évidente. Des millions d'années de sélection naturelle ont probablement fixé au plus profond de notre cerveau la peur des serpents, des araignées, ou simplement de l'obscurité, on pourrait imaginer qu'une « mémoire d'espèce » en garde le souvenir ancestral.

Il est vrai cependant que dans l'espèce humaine, si la peur est bien utile, elle peut devenir gênante, dans la timidité, le manque d'assurance et de confiance en soi. Elle devient un véritable handicap dans l'anxiété ou l'agoraphobie. L'étude de la peur apprise peut aider à mieux comprendre les phobies spécifiques, les attaques de panique et les crises d'angoisse qu'éprouvent certaines victimes d'agressions traumatisantes. On peut même essayer de les traiter en mettant en œuvre des procédés, appris dans les laboratoires, de conditionnement, d'habituation ou de désensibilisation, en présentant au sujet phobique systématiquement et dans des situations qu'il sait par ailleurs sans aucun danger, le stimulus dont il a horreur, des araignées, une foule, prendre un avion ou un ascenseur. Au début il réagira violemment, mais progressivement, sa peur acquise s'estompera d'elle-même par habituation.

LE COMPLEXE AMYGDALIEN ET LE CIRCUIT
DE L'APPRENTISSAGE DE LA PEUR

Le professeur à l'Université de New York Joseph LeDoux, soutient, dans *Le Cerveau des émotions,* que le système cérébral responsable de l'apprentissage de la peur et du comportement de défense qu'il orchestre, le corps comme pétrifié, les sueurs froides, l'accélération du rythme cardiaque, jusqu'au relâchement des sphincters, est constitué d'un ensemble de processus implicites, complètement différents de ceux qui nous permettent d'apprendre à identifier les personnes, reconnaître les objets et juger des situations[28]. Au cœur de ce système, il place l'*amygdale*.

L'*amygdale* tire son nom de sa forme en amande (du latin *amygdalum*, « amande »). C'est un ensemble de neurones situé dans la profondeur du lobe temporal qui reçoit des signaux du monde extérieur par l'intermédiaire de ses connexions avec le thalamus et les cortex sensoriels et qui se projette dans des zones de l'hypothalamus et du tronc cérébral où s'élaborent les messages endocriniens et autonomes responsables des manifestations corporelles de la panique.

L'amygdale est au centre du système cérébral qui contrôle la peur et assure son apprentissage[30]. Pouvant recevoir des signaux sensoriels sur des objets ou des événements potentiellement dangereux et se projetant sur des zones du cerveau connues pour contrôler les réponses de frayeur, en particulier l'hypothalamus latéral, l'amygdale occupe une position stratégique pour apprendre à avoir peur de quelque chose de particulier. Elle est en effet bien placée pour combiner en un tout cohérent les informations sur ce qu'il y a à craindre. Ces informations sont amenées par plusieurs routes indépendantes, issues du thalamus sensoriel, du cortex sensoriel primaire et, *via* l'hippocampe, des aires corticales associatives. Le fait que le thalamus sensoriel, qui est un relais situé entre les organes des sens et le cortex cérébral primaire, ait des connexions directes avec l'amygdale, fait que celle-ci puisse être activée en même temps que le cortex primaire et avant le cortex associatif. Un tel arrangement permet de comprendre que l'émotion puisse être exprimée corporellement avant même que nous ayons pu seulement reconnaître ce à quoi nous réagissions. La pleine reconnaissance de l'objet effrayant et la sensation de saisissement qui l'accompagne demandent plus de temps. Le sentiment vient après l'émotion et l'accompagne, il vient l'enrichir de l'ensemble des expériences emmagasinées dans notre mémoire, colorer nos impressions sensibles immédiates, nourrir notre imagination et nos fantaisies, orienter notre pensée, influencer nos raisonnements, lier enfin ce qui nous appartient en propre pour faire que nous sommes ce que nous sommes.

---

28. LeDoux, 2005.
29. Klüver et Bucy, 1937.
30. McGaugh, J., 2004

Le syndrome de Klüver-Bucy

À l'Université de Chicago, le 7 décembre 1936, un neurochirurgien américain, Paul Bucy, collaborateur du psychologue d'origine allemande Heinrich Klüver, opère un singe rhésus, une femelle appelée Aurora, particulièrement vicieuse et agressive[29]. L'élimination du lobe temporal transforme de façon spectaculaire l'animal. De sauvage Aurora devient domestiquée, docile jusqu'à l'apathie. Cette transformation, retrouvée chez tous les singes subissant l'élimination du lobe temporal (une lobectomie temporale) est connue sous le nom de syndrome de Klüver-Bucy. Ce syndrome comporte, outre la docilité, la cécité psychique et l'hypermétamorphose qui fait que les animaux, bien que pouvant voir les objets, n'en reconnaissent plus le sens, ils sont aveugles à leur signification ; ils courent dans tous les sens, touchent tous les objets qu'ils rencontrent, surtout les petits, les examinent tous en les portant à leur bouche. En outre, les animaux opérés présentent des troubles du comportement sexuel, exhibitionnisme et masturbation, et une hyperactivité indifféremment hétéro et homosexuelle. Mais ce sont les troubles émotionnels qui retiendront le plus notre attention ici. Les singes qui présentent le syndrome de Klüver-Bucy n'ont plus peur de rien, ils sont, comme par un coup de baguette magique, apprivoisés, se laissent aborder et caresser par l'homme. Plus important encore, ils sont incapables d'apprendre à avoir peur. Agressés par un serpent, ils s'approchent de nouveau pour l'examiner au lieu de s'en éloigner rapidement comme le fait tout singe normal (et tout homme également). Il convient de remarquer que la lobectomie temporale est étendue. Outre le cortex temporal (responsable sans doute de la cécité psychique), elle touche de nombreuses structures sous-corticales du lobe temporal. Il n'est donc pas étonnant qu'elle porte sur des aspects distincts comme la reconnaissance visuelle, une oralité exagérée et une sexualité débridée ainsi que sur l'expérience et l'expression des émotions, particulièrement de la peur. C'est très certainement la destruction de l'amygdale qui est responsable des troubles de l'émotion.

LES MÉCANISMES MOLÉCULAIRES DE L'ACQUISITION ET DU STOCKAGE MNÉSIQUES

Depuis maintenant une bonne trentaine d'années, le neurobiologiste américain Eric Kandel poursuit avec une logique « réductionniste radicale », selon ses propres termes, l'étude des bases moléculaires de l'apprentissage et du stockage en mémoire[31]. Partant de l'idée que si des formes élémentaires de l'apprentissage et de la mémoire sont similaires chez tous les animaux dotés d'un système nerveux évolué, on doit trouver des éléments cellulaires et moléculaires caractéristiques communs conservés chez des animaux réputés simples, comme les invertébrés. Cette stratégie s'est avérée fructueuse. Elle se résume en quatre points :

1. définir un comportement simple qui puisse être modifié par apprentissage et qui donne naissance à une mémoire, c'est-à-dire un stockage mnésique (*memory storage*) ;

2. identifier les neurones qui participent au réseau de commande de ce comportement ;

3. dans ce réseau, localiser les éléments critiques et leurs interconnexions qui ont été modifiées par l'apprentissage et la mise en mémoire ;

4. analyser, d'abord au niveau cellulaire puis au niveau moléculaire, les changements apparus dans ces sites en réponse à l'apprentissage et au stockage en mémoire.

Son modèle biologique de prédilection, l'aplysie, offre de nombreux avantages (Fig. 9-6A). Son système nerveux ne comporte en effet que vingt mille neurones (ce qui est très peu comparé au milliard du cerveau humain), la plupart sont de grande taille (on peut en voir certains à l'œil nu), il est facile de les identifier individuellement dans les différents ganglions où ils sont regroupés. Il est dès lors possible d'enregistrer leur activité électrophysiologique pendant plusieurs heures et de revenir, d'un jour à l'autre, enregistrer le même neurone. Les circuits nerveux qui commandent certains comportements ont été identifiés, notamment le circuit responsable d'un réflexe défensif : la contraction de la branchie qui suit la stimulation mécanique (une légère tape) appliquée au niveau du siphon[32]. Ce réflexe est semblable au réflexe par lequel la main est rapidement éloignée d'une surface brûlante.

Tout comme le comportement défensif observé chez de nombreuses espèces, et que nous avons déjà décrit plus haut, celui de l'aplysie, peut être modifié par trois formes différentes d'apprentissage : l'habituation, la sensibilisation et le conditionnement classique.

L'habituation est une forme d'apprentissage dans laquelle l'animal apprend à négliger (voir plus haut) un stimulus tactile de faible intensité appliqué à la surface du siphon lorsque celui-ci est donné de façon répétitive et monotone. Après quelques répétitions, la contraction de l'ouïe et du siphon n'est plus observée et tout se passe comme si l'animal ignorait

---

31. Voir notamment sa conférence Nobel sur le site de l'Institut Nobel (http://nobelprize.org/index.html) et son article de 2001. Voir également le livre récent *Posologie de la mémoire*, de Georges Chapouthier chez Odile Jacob, 2006.
32. L'aplysie, mollusque gastéropode, autrement dit un estomac sur pied, possède une branchie unique très repliée. Le courant respiratoire pénètre par la partie antérieure, s'écoule sur la surface de la branchie pour sortir par le siphon situé à l'arrière.

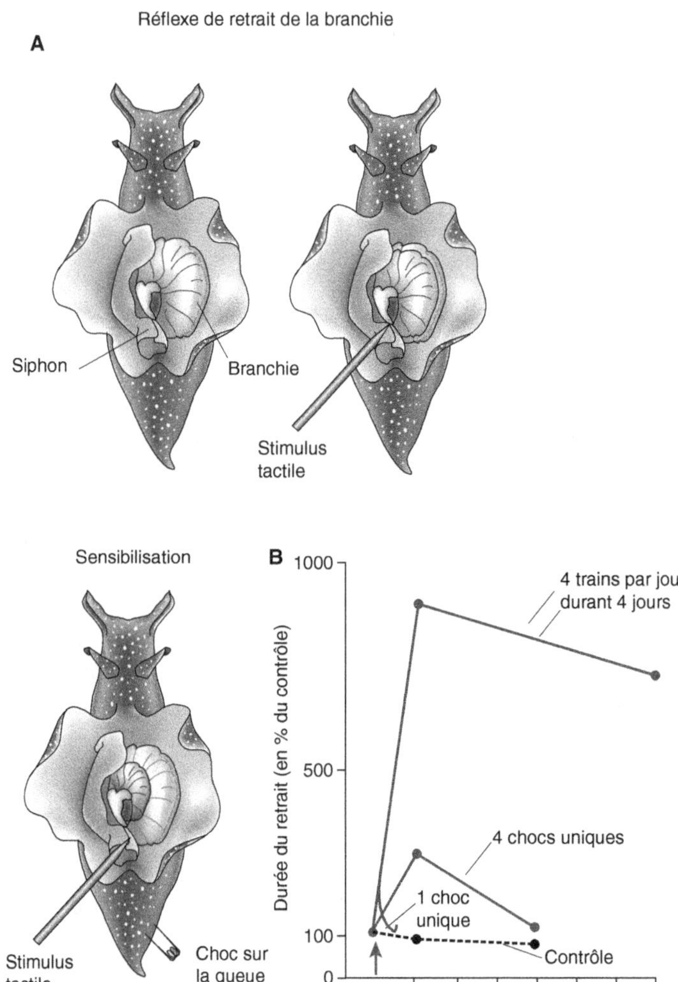

Figure 9-6 : *Un exemple d'apprentissage simple.*
En haut : vue dorsale d'une aplysie permettant de voir la branchie, organe respiratoire de l'animal. Un léger contact appliqué au moyen d'une fine baguette au niveau du siphon entraîne la contraction et le retrait de la branchie.
En bas : sensibilisation du réflexe de la contraction de la branchie par application d'un stimulus nocif (électrique) appliqué sur une autre région du corps, la queue par exemple, amplifie le réflexe du siphon et de la branchie.
B : Des répétitions espacées convertissent la mémoire à court terme en une mémoire à long terme. Avant la période de sensibilisation, un léger contact sur le siphon ne provoque qu'un faible et bref réflexe de retrait du siphon et de la branchie. À la suite d'un choc unique et nocif de sensibilisation sur la queue, le même contact léger produit une réponse réflexe de retrait bien plus forte, amplification qui dure au moins une heure. Davantage de chocs sur la queue augmente la taille et la durée de la réponse.

totalement le stimulus. Dans la sensibilisation au contraire, l'animal reçoit un stimulus intense sur la tête ou sur la queue, il contracte vivement ouïe et siphon, et renforce toutes ses défenses réflexes en répondant à une stimulation, même anodine, appliquée au siphon. Comme dans les autres espèces, chez l'aplysie, la sensibilisation présente deux phases, une forme éphémère mesurée en minutes et une forme durable mesurée en jours. La conversion du court terme en long terme requiert la répétition régulière. L'animal « se souvient » du choc et la durée de cette mémoire est fonction du nombre de répétitions de l'expérience fâcheuse : un seul choc donne naissance à une mémoire qui ne dure que quelques minutes, alors que quatre ou cinq chocs répétitifs donnent naissance à une mémoire qui dure des jours (Fig. 9-6B). Comme pourrait le dire Eric Kandel, même chez les escargots, c'est en forgeant qu'on devient forgeron !

Le circuit nerveux de ce comportement se trouve dans le ganglion abdominal où résident vingt-quatre neurones sensoriels mécanorécepteurs qui innervent la peau du siphon et font des contacts monosynaptiques avec six neurones moteurs de l'ouïe. Les neurones sensoriels font aussi des contacts indirects avec les cellules motrices par l'intermédiaire de petits groupes d'interneurones excitateurs et inhibiteurs. Ce circuit est fixe, il se retrouve à l'identique chez toutes les aplysies et la question se pose donc de savoir quels sont les mécanismes qu'un réseau câblé de façon aussi rigide et invariante peut mettre en œuvre pour exhiber des comportements aussi changeants et modifiables. Nous connaissons bien sûr la réponse : la plasticité synaptique.

Kandel distingue deux types de circuits de neurones qui soustendent le comportement et l'apprentissage ; des trajets de commande, constitués de neurones disposés « en série », contrôlant directement la réaction comportementale, et des trajets de modulation, dans lesquels des connexions « en parallèle » peuvent modifier la transmission dans le trajet de commande. Il y aurait dès lors deux façons d'altérer l'efficacité avec laquelle une synapse transmet ses messages. La modification pourrait provenir soit d'un changement des activités pré- et postsynaptiques au niveau de la synapse du circuit en série (modification homosynaptique), soit d'un contrôle exercé par un ou plusieurs interneurones modulateurs du circuit en parallèle agissant sur les neurones pré- ou postsynaptiques (ou sur les deux à la fois), pour influencer l'efficacité de la transmission synaptique (modification hétérosynaptique). L'habituation serait une modification homosynaptique, localisée au niveau de la synapse entre le neurone sensoriel et le neurone moteur, la sensibilisation, une modification hétérosynaptique mettent en jeu des interneurones qui, pour l'essentiel, libèrent de la sérotonine.

La facilitation à court terme

Dans l'habituation, le potentiel postsynaptique d'excitation (PPSE) évoqué dans le neurone moteur par la stimulation du neurone sensoriel diminue progressivement au fur et à mesure de la répétition régulière de la stimulation inoffensive ; cette dépression à court terme est *homosynaptique*, son origine est présynaptique, elle révèle que la quantité de neuromédiateur libéré par le neurone sensoriel, le glutamate, est progressivement réduite. À l'inverse, dans la sensibilisation, qui fait suite à un choc violent sur la tête ou la queue, les interneurones modulateurs mobilisés par cette stimulation offensive vont induire à court terme une facilitation *hétérosynaptique* de la transmission entre le neurone sensoriel et le neurone moteur, l'amplitude du PPSE évoqué dans le neurone moteur augmente, augmentation qui traduit une amplification de la libération du transmetteur par le neurone présynaptique sensoriel.

La sensibilisation requiert une série de réactions séquentielles semblables à celles de la signalisation AMPc-dépendante : la stimulation des trajets de modulation recrutés pendant la facilitation hétérosynaptique entraîne une libération de sérotonine (principalement) qui active des récepteurs sur la membrane postsynaptique du neurone sensoriel qui à son tour active une enzyme membranaire, l'adénylate cyclase, qui convertit l'ATP en un second messager, l'AMP cyclique. L'AMPc, à son tour, recrute une protéine kinase AMPc-dépendante, la PKA, en se liant à ses sous-unités régulatrices ce qui, du même coup, libère les sous-unités catalytiques. Ces dernières vont pouvoir ainsi phosphoryler divers substrats, notamment des canaux K^+ (réduisant le courant potassique) et Ca^{2+} (augmentant le courant calcique) ainsi que la machinerie moléculaire de l'exocytose du neurone sensoriel, ce qui explique l'augmentation de la libération du neurotransmetteur.

L'application directe de sérotonine au niveau des neurones sensoriels, ou l'injection d'AMPc dans ces neurones entraînent aussi la facilitation ; en outre, un inhibiteur spécifique de la PKA bloque l'action de la sérotonine. La preuve est ainsi faite que la PKA joue un rôle crucial dans la facilitation présynaptique à court terme.

En 1973, Arnold Kriegstein, alors étudiant dans le laboratoire d'Eric Kandel, réussit à élever des larves d'aplysies[33]. Il obtient ainsi des animaux très jeunes à partir desquels il peut extraire des neurones déterminés pour les mettre en culture. De la sorte, dans des cultures comportant un neurone sensoriel unique entrant en contact stable et fonctionnel avec un neurone moteur unique, il est possible d'analyser en détail la

---

33. Kriegstein, Castelluci et Kandel, 1974.

plasticité synaptique à court et à long terme et d'étudier la modulation de cette plasticité par la sérotonine.

Dans cette préparation « réduite », l'application directe de sérotonine sur le neurone sensoriel provoque un accroissement de son excitabilité et un allongement de la durée des potentiels d'action qu'il émet. Nous venons de voir que cet effet est obtenu par la réduction des courants spécifiques K[+]. Le canal K[+] dont il est ici question a été identifié, sur cette préparation, grâce à la technique électrophysiologique de patch-clamp[34] en configuration *inside-out*. Il s'agit d'un canal K[+] appelé de type S, signifiant par là qu'il peut être modulé par l'AMPc, second messager de la sérotonine[35]. Plus récemment, il a été montré que la sérotonine agissait aussi sur les canaux K[+] de rectification retardée ce qui rend compte de l'allongement de la durée du potentiel d'action.

Ainsi, en résumé, la sérotonine conduit à un accroissement de l'AMPc présynaptique, qui active la PKA et conduit à un renforcement de l'efficacité synaptique à travers la combinaison de deux facteurs : en agissant sur le canal K[+] de type S, d'où l'augmentation d'excitabilité, et en agissant aussi sur le canal K[+] de rectification retardée pour l'élargissement du potentiel d'action.

La facilitation à long terme

Une application unique de sérotonine produit une facilitation à court terme : un accroissement de la taille du PPSE du neurone moteur produit par le neurone sensoriel qui dure quelques minutes et qui ne dépend pas de la synthèse de nouvelles protéines ; au contraire, la répétition de cinq applications de sérotonine produit une facilitation qui persiste au moins vingt-quatre heures. Cette forme à long terme de modification synaptique requiert la production d'ARN messagers et la synthèse de nouvelles protéines, elle implique la croissance et le remodelage de nouvelles connexions synaptiques entre le neurone sensoriel et le neurone moteur. Mais il faut, pour ce faire, que la synapse *parle* au noyau.

Dès lors se pose la question de savoir quels seront les gènes activés pour assurer la transition du court terme au long terme, en d'autres termes, comment la synapse communique-t-elle avec le noyau ? La PKA joue un rôle éminent non seulement dans la plasticité à court terme, comme nous venons de le voir, mais aussi dans la plasticité à long terme. En effet, les inhibiteurs de la PKA bloquent les deux formes de facilitation.

---

34. Voir chapitre III, « Les récepteurs canaux ». Il s'agit ici d'un patch dans la configuration *inside-out*, c'est-à-dire dans laquelle la face intracellulaire est du côté du milieu externe permettant de la sorte d'étudier le rôle de facteurs agissant sur la face intracellulaire de la membrane.
35. Siegelbaum *et al.*, 1982.

Eric Kandel et ses collaborateurs[36] étudient la localisation subcellulaire de la sous-unité catalytique de la PKA après qu'elle a été libérée de sa liaison à la sous-unité régulatrice sous l'action de l'AMPc. Avec une unique bouffée de sérotonine, qui produit une facilitation à court terme, cette unité reste localisée dans le cytoplasme, mais cinq bouffées régulières (qui simulent cinq chocs réguliers sur la queue) activent la PKA qui à son tour recrute une autre protéine kinase, la MAPK (*mitogen activated protein kinase*[37]). Ces deux protéines kinases sont translocalisées dans le noyau où elles activent une cascade transcriptionnelle qui commence par le facteur de transcription CREB[38]. Ce facteur de transcription se fixe sur des sites spécifiques de l'ADN au niveau des promoteurs de certains gènes pour en réguler l'expression. Ces derniers forment une importante catégorie de gènes dits « gènes précoces » qui sont rapidement, mais brièvement, activés après l'activation neuronale. Certains d'entre eux s'expriment dans des protéines qui agissent directement au niveau de la synapse, d'autres agissent au niveau du noyau pour coder des facteurs de transcription nucléaires qui vont modifier l'expression de gènes effecteurs plus tardifs.

Les protéines CREB existent sous plusieurs formes, certaines sont activatrices, d'autres répressives, elles fonctionnent donc comme des commutateurs de transcription, les unes favorisant, les autres réduisant l'expression de certains gènes. Ainsi, pendant le stockage dans la mémoire à long terme une cascade étroitement contrôlée d'activation de gènes facilitateurs de mémoire et d'inactivation de gènes suppresseurs de mémoire est enclenchée. L'équilibre entre ces deux formes opposées est sans aucun doute crucial pour l'expression comportementale de la mémoire à long terme.

Ces expériences ont révélé un aspect paradoxal qui n'a pas manqué d'éveiller l'attention d'Eric Kandel. Un seul neurone sensoriel fait de multiples contacts sur différents neurones moteurs, mais l'application de sérotonine entraîne une amplification de la facilitation à court terme qui reste limitée à la seule branche du neurone sensoriel exposé à la bouffée de neurotransmetteur ; dans les autres branches, la transmission synaptique n'est pas facilitée. Que l'effet facilitateur soit ainsi circonscrit à une seule synapse se comprend aisément dans le cas de la facilitation à court terme qui ne requiert que des modifications de protéines déjà présentes. Mais qu'en sera-t-il de la facilitation à long terme obtenue par une série de cinq bouffées de neurotransmetteur, dont on vient de voir qu'elle réclame un dialogue avec le noyau et la synthèse d'ARN messagers. Or les ARN messagers nouvellement synthétisés nécessaires à la production

---

36. Bacskai *et al.*, 1993.
37. Montarolo *et al.*, 1986.
38. CREB pour *cAMP-responsive element binding protein*, ainsi appelée parce qu'elle se lie (*binding*) avec l'élément qui répond à l'AMP-cyclique, CRE.

des nouvelles protéines indispensables à la formation des mémoires seront distribués dans toutes les branches axoniques du neurone. Il faut donc envisager la possibilité que la sérotonine ait pu marquer d'une étiquette spécifique la branche exposée au neurotransmetteur de telle sorte que seule la synapse ainsi dûment « étiquetée » puisse utiliser les nouveaux ARN messagers. Quelle est la nature moléculaire de cette étiquette ? On connaît (dans d'autres contextes biologiques) l'existence d'une protéine de liaison capable d'activer les ARN messagers « dormants », les préparant en quelque sorte à être traduits en de nouvelles protéines[39]. Cette protéine, la CPEB (pour *cytoplasmic polyadenylation element binding protein*), est présente en faible quantité au niveau des dendrites. Néanmoins, l'activité nerveuse permet d'en multiplier des copies dans les terminaisons ainsi stimulées. Elle pourrait bien être l'étiquette recherchée responsable de la spécificité synaptique de la facilitation, d'autant que le blocage sélectif de cette protéine entraîne la disparition des modifications cellulaires qui sous-tendent la mémoire à long terme. Mais l'affaire n'en reste pas là. En effet, généralement, les protéines se dégradent au bout de quelques heures. Comment la protéine CPEB, marqueur probable de la mémoire à long terme, peut-elle continuer à retenir des modifications dans les terminaisons nerveuses, aussi longtemps que dure cette mémoire qui, nous le savons, persiste très longtemps ? Kausik Si, un stagiaire postdoctoral dans le laboratoire d'Eric Kandel, découvre que la protéine CPEB trouvée dans les neurones différait notablement de celle trouvée dans d'autres types de cellules. Normalement, la protéine CPEB, comme nous venons de le signaler, présente des sites de phosphorylation qui activent les ARN messagers, pourtant les protéines CPEB des neurones de diverses espèces, les escargots, les mouches ou les mammifères, ne présentent pas de tels sites. Elles présentent au contraire un domaine fonctionnel étrange, qui les font ressembler à des prions. Les prions sont des protéines anormalement repliées, de très mauvaise réputation, qui se perpétuent elles-mêmes et sont génétiquement transmises. On les sait responsables de plusieurs maladies neurodégénératives chez l'homme, le kuru, la maladie de Creuzfeldt-Jacob, le syndrome de Gerstmann-Straüssler-Scheinker et l'insomnie fatale familiale, et chez les animaux, le « *scrapie* » ou « tremblante » des moutons et chèvres et l'encéphalopathie spongiforme bovine ou maladie de la « vache folle », signalée pour la première fois en 1986. Pourtant, les prions peuvent être inoffensifs, ils ne méritent pas tous la mauvaise réputation qui leur est généralement faite[40]. En particulier, les protéines CPEB des neurones qui se convertiraient en prions, se perpétuant d'eux-mêmes, ce qui est le stigmate redoutable des prions, au

---

39. Richter, 2001.
40. Couzin, 2002.

niveau des synapses pour former des mémoires à long terme. Cette interprétation est encore spéculative, mais si elle s'avère exacte, elle ouvrira un nouveau chapitre de la théorie moléculaire de la mémoire[41].

Rien ne semble devoir arrêter la démarche « réductionniste » d'Eric Kandel. Depuis le début des années 1990, il aborde le problème de la mémoire explicite ou déclarative qui fait appel à la remémorisation consciente des personnes, des endroits, des objets et des événements et pour laquelle l'hippocampe, enfoui dans le lobe temporal médian, est indispensable (voir plus haut). L'aplysie, si elle continue à être un modèle de choix pour l'étude des mécanismes moléculaires de ce qui fixe la mémoire sensorimotrice procédurale à long terme, comme en témoignent ses travaux plus récents sur la protéine CPEB que nous venons tout juste d'évoquer, ne peut être enrôlée pour comprendre la mémoire déclarative explicite qui exige, comme nous l'avons vu plus haut, l'existence d'une formation hippocampique que l'on trouve chez les mammifères, y compris la souris. La souris remplacera donc désormais l'aplysie et l'hippocampe le ganglion abdominal.

LA POTENTIALISATION À LONG TERME (LTP)

En 1973, Timothy Bliss, aujourd'hui directeur à l'Institut des neurosciences cognitives de l'Université de Londres, et Terje Lømo, neurobiologiste norvégien, publient une expérience qui fournit la première description détaillée d'un mécanisme durable de modification synaptique. Ils montrent, chez le lapin anesthésié, qu'une brève stimulation électrique répétitive portée sur une voie afférente à l'hippocampe, la *voie perforante*, provoque une augmentation de longue durée de l'efficacité de la transmission synaptique, de telle sorte que les neurones cibles, situés dans le *gyrus dentatus*, répondront par une activité accrue à toute sollicitation ultérieure.

Ce phénomène est aujourd'hui étudié habituellement sur des tranches d'hippocampe, maintenues *in vitro*. On peut ainsi guider *de visu* l'insertion d'électrodes de stimulation au niveau d'une afférence déterminée et implanter une microélectrode dans les neurones cibles pour enregistrer leurs réponses postsynaptiques. Classiquement, on stimule les fibres collatérales de Schaffer et on enregistre les potentiels postsynaptiques des cellules pyramidales du champ CA1. Une expérience typique consiste à appliquer un stimulus bref sur un groupe de fibres présynaptiques et à mesurer l'amplitude du PPSE recueilli dans un neurone. Après s'être assuré que la réponse obtenue était stable, on applique pendant une durée de l'ordre de la seconde, une stimulation appelée « tétanique », c'est-à-dire consistant en une brève rafale de chocs électriques

---

41. Si *et al.*, 2003a, 2003b.

brefs à la fréquence d'environ cent par seconde. Cette tétanisation induit une augmentation de l'amplitude du PPSE par rapport au contrôle qui peut durer plusieurs heures dans ce type de préparation *in vitro*[42]. En outre, cette l'amplification durable du PPSE ainsi mise en évidence reste limitée aux synapses directement activées par la stimulation tétanique. Ce phénomène est appelé « potentialisation à long terme », plus connu chez les neurobiologistes par son acronyme anglais LTP (*long term potentiation*). Après tétanisation, la même activité afférente produit un PPSE de plus grande amplitude qu'avant alors que les propriétés membranaires et le potentiel de repos du neurone postsynaptique ne sont pas modifiés. On peut donc en conclure que la LTP traduit une augmentation de l'efficacité synaptique. Un phénomène « en miroir » a été décrit : une diminution progressive de l'efficacité synaptique à la suite d'une stimulation répétitive à basse fréquece. Nous avons déjà mentionné cette forme de plasticité, appelée dépression à long terme ou LTD (*long-term depression*) à propos de l'apprentissage moteur dans le cervelet ; nous n'y reviendrons pas ici.

Cette plasticité synaptique est aujourd'hui décrite au niveau de nombreuses synapses excitatrices, dans de nombreuses régions du cerveau, le cortex cérébral, le cervelet, ainsi que des régions sous-corticales, notamment l'amygdale. Depuis 2003, plus de cinq cents articles sont publiés tous les ans sur la LTP qui apparaît comme le candidat le mieux placé pour expliquer les mécanismes élémentaires de la phase d'acquisition et de stockage de la mémoire explicite (déclarative) ; elle serait enfin le support neural de l'engramme que les psychologues et les neurobiologistes recherchent depuis si longtemps. Il existe diverses formes de LTP, mais la mieux connue est certainement celle que les collatérales de Schaffer induisent sur les cellules pyramidales du champ hippocampique CA1. Dans ce cas, le facteur décisif réside dans le fait que le neurotransmetteur libéré par les afférences est le glutamate, et qu'au niveau des neurones postsynaptiques (CA1), des récepteurs AMPA et NMDA sont colocalisés[43]. L'activation des récepteurs AMPA induit un courant entrant qui dépolarise la membrane postsynaptique. Cette dépolarisation peut à partir d'une certaine amplitude suffire à lever le blocage exercé sur les canaux NMDA par les ions Mg^+. Ainsi, le récepteur NMDA ne peut être activé que lorsque le neurone présynaptique et le neurone postsynaptique sont *simultanément* dépolarisés. Mais tout ce qui peut dépolariser la membrane postsynaptique au moment précis qui coïncide avec la libération présynaptique du neurotransmetteur contribue à l'activation des récepteurs NMDA. Par

---

42. Elle peut durer plusieurs jours ou semaines lorsque le phénomène est étudié *in vivo*, chez l'animal non anesthésié en préparation chronique ; dans ce cas, l'animal porte deux électrodes implantées à demeure, l'une pour la stimulation, l'autre pour l'enregistrement des potentiels extracellulaires.
43. Voir chapitre III, « Les récepteurs du glutamate ».

exemple, les dépolarisations provoquées par plusieurs synapses excitatrices qui convergent sur un même neurone postsynaptique peuvent se sommer et permettre une activation plus importante des canaux NMDA. Ou encore, la stimulation répétitive, à la condition que sa cadence soit assez élevée (tétanique), peut entraîner la fusion des PPSE individuels et dépolariser suffisamment la membrane postsynaptique pour expulser les ions Mg^+ qui bloquent les récepteurs NMDA.

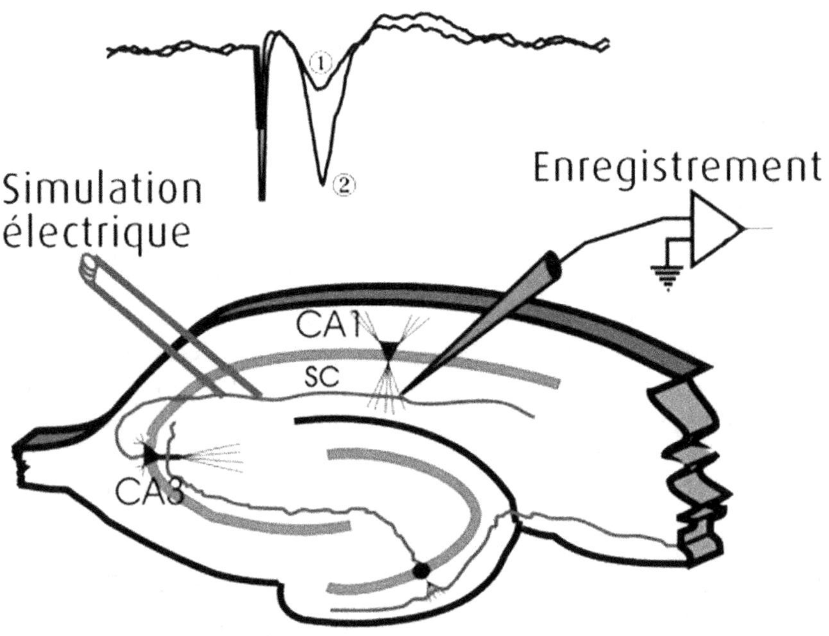

Figure 9-7 : *La LTP.*
En haut : enregistrement au niveau de la collatérale de Schaffer ① avant « tétanisation », ② après.
En bas : coupe schématique de l'hippocampe et dispositif expérimental pour mettre en évidence la LTP.
Sc : collatérale de Schaffer.

Les ions Ca^{2+} entrent alors massivement dans le neurone postsynaptique et déclenchent une cascade d'événements qui accroît l'efficacité de la conduction synaptique[44]. Cette étape est l'événement initial de la plasticité synaptique qui devra se prolonger par une série de réactions moléculaires complexes pour permettre des transformations persistantes au niveau des connexions synaptiques. Nous avons déjà vu à propos de la sensibilisation à long terme comment le calcium peut activer un ensem-

---

44. Bliss et Collingridge, 1993.

ble de protéines, en particulier des kinases, qui vont à leur tour activer d'autres protéines, et traduire le signal d'induction en changement durable des connexions synaptiques.

Dans le cas de la sensibilisation, qu'elle soit à court ou à long terme, le mécanisme principal est essentiellement localisé au niveau présynaptique et porte sur l'amplification de la libération du neurotransmetteur. Dans le cas de la LTP, la situation se complique. Il y a bien des mécanismes présynaptiques ; en effet, l'utilisation d'un marqueur fluorescent de l'activité présynaptique a récemment apporté la preuve directe d'une augmentation de la libération de neurotransmetteur au niveau des synapses hippocampiques du champ CA1 au cours de la première heure de potentialisation[45]. Mais rien ne prouve que cette amplification persiste au-delà. Il faut donc se tourner vers des mécanismes postsynaptiques pour comprendre la LTP. Nous savons que les deux types principaux de récepteurs du glutamate des synapses hippocampiques sont les récepteurs AMPA et NMDA. Nous avons vu[46] que le nombre de molécules de récepteurs AMPA pouvait varier en fonction de l'histoire de la synapse, il est négligeable dans les synapses dites « silencieuses[47] », faible dans les synapses déprimées, important dans les synapses fortement actives. Il y aurait là un mécanisme d'insertion de ces récepteurs dans la membrane postsynaptique destiné à accroître leur accessibilité[48].

UTILISATION DES SOURIS TRANSGÉNIQUES

En combinant les approches génétiques, biochimiques, pharmacologiques et de la physiologie *in vivo* et *in vitro*, associées à des études du comportement, il est possible d'identifier la plupart des partenaires élémentaires qui interviennent à tous les niveaux et à chacune des étapes du développement de l'apprentissage et de la mémoire, en précisant les structures cérébrales, en allant même jusqu'aux types cellulaires, impliquées. Le ciblage d'un gène dans des cellules souches embryonnaires permet la production de souris qui présentent une délétion d'un gène d'intérêt prédéfini. Cette technique puissante permet d'analyser les bases moléculaires et cellulaires de certains comportements[49].

Eric Kandel avait montré que, chez l'aplysie, la mémoire à long terme apparaissait d'autant plus durable que la stimulation était répétée plus longtemps. Il montre qu'il en va de même pour la LTP[50] : la

---

45. Zakharenko *et al.*, 2001.
46. Voir chapitre II, « L'induction des synapses ».
47. Les synapses excitatrices qui ne contiennent que des récepteurs NMDA ne fonctionneront que lorsqu'elles contiendront des récepteurs AMPA.
48. Lüsher, 1999 ; Shi, *et al.*, 1999.
49. Capecchi, 1989 ; 1994.
50. Frey *et al.*, 1993 ; Nguyen *et al.*, 1994.

phase précoce obtenue avec un train unique de stimulations ne dure que de une à trois heures. Au contraire, des trains répétés de stimulations évoquent une phase tardive, qui persiste jusqu'à huit heures dans des préparations *in vitro* (des tranches d'hippocampe) et plusieurs jours *in vivo*, et qui ressemble fort à la facilitation à long terme de l'aplysie. Comme cette dernière, elle nécessiterait l'instauration d'un dialogue entre la synapse de la cellule pyramidale et son noyau. Pour explorer cette hypothèse, les auteurs produisent une souris transgénique[51] chez qui la protéine kinase A (PKA) des régions antérieures du cerveau est inactivée. Sur cet animal, ils montrent que non seulement la phase tardive de la LTP dans le champ hippocampique CA1 est réduite, mais surtout que cette réduction s'accompagne d'un déficit comportemental caractéristique de la mémoire *déclarative* à long terme dont on sait qu'elle dépend de l'hippocampe. Nous avons déjà mentionné[52] les « cellules de lieu », abondantes dans cette structure, qui servent à coder, sous forme de cartes cognitives, l'espace extrapersonnel de l'animal. Chez la souris normale, ces cartes demeurent stables pendant des jours et des semaines, au contraire de la souris transgénique dont l'activité de la protéine kinase A a été éliminée. Cette dernière, bien qu'encore capable de former une nouvelle carte cognitive, ne peut la stabiliser au-delà d'une heure. Passé ce délai, elle est à nouveau « naïve » : replacée dans son arène initiale, elle reforme une carte comme si cet environnement lui était étranger.

L'augmentation de la concentration intracellulaire de calcium, active une cascade de signalisations qui implique une bonne douzaine de molécules. Ces voies de signalisation intra- et intercellulaires, ainsi que les molécules qui sont impliquées dans ces innombrables trafics, sont aujourd'hui l'objet de recherches intenses qui mobilisent toutes les techniques et méthodes qui, après plus de « vingt ans d'interventions délibérées sur le génome de la souris[53] », offrent des possibilités insoupçonnées hier encore d'en démêler les mécanismes.

L'influx de calcium va activer notamment une protéine kinase, présente en grande quantité au niveau de la densité postsynaptique[54], la calmoduline kinase ou CaMKII (pour *calcium/calmoduline-dependent protein kinase*, dont il existe plus de trente isoformes identifiées). Cette kinase, activée par le calcium cytoplasmique fixé à la protéine calmodu-

---

51. Abel *et al.*, 1997 ; Mayford *et al.*, 1996. Cette souris, dite R (AB), exprime une forme mutée de la sous-unité régulatrice de la PKA qui inhibe son activité enzymatique.
52. Voir plus haut « Un exemple de mémoire déclarative : la mémoire spatiale ».
53. Voir l'article de Charles Babinet et Michel Cohen-Tannoudji, portant ce titre, dans *Médecine/Science*, 2000.
54. Voir chapitre III, « Étapes postsynaptiques de la transmission ».

line (CaM[55]), a la propriété remarquable de pouvoir se phosphoryler elle-même, autophosphorylation persistante qui peut servir de mémoire moléculaire de l'activité récente de la synapse[56]. La calmoduline kinase II a plusieurs douzaines de substrats, la plupart situés dans la densité post-synaptique, ce qui suggère fortement son intervention dans les mécanismes de plasticité synaptique. Une des cibles de la calmoduline kinase II est le récepteur glutamatergique de type AMPA. Non seulement cette kinase augmente directement la conductance du canal AMPA[57], mais encore elle peut fournir aux synapses « silencieuses » les récepteurs AMPA dont elles sont initialement dépourvues[58].

En introduisant une mutation ponctuelle dans le gène de la CaMKII qui bloque l'autophosphorylation sans affecter l'activation par la CaM, Alcino Silva et ses collaborateurs de l'Université de Californie-Los Angeles[59] montrent que la LTP dépendante des récepteurs NMDA, testée dans le champ CA1 sur des tranches d'hippocampe, est supprimée. Ils montrent en outre, au niveau du comportement spatial, que ces souris transgéniques présentent des déficits importants de sa mémoire spatiale testée dans la piscine de Morris. Ce test, un des plus utilisés pour étudier la mémoire spatiale, est illustré ci-contre.

Lorsque l'expression de la CaMKII est seulement réduite de moitié, chez des souris hétérozygotes, l'apprentissage dans la piscine de Morris est normal et sa mémoire persiste pendant les deux ou trois premiers jours après l'entraînement, mais s'efface et se détériore fortement de dix à cinquante jours plus tard[60] (voir encadré « La piscine de Morris »).

Une méthode d'ingénierie génétique, encore plus puissante, permet d'introduire des modifications génétiques (activation ou délétion) dans des gènes spécifiques de cellules postmitotiques et non plus, comme dans la méthode utilisée jusqu'alors, dans des cellules souches embryonnaires[61]. Le gène invalidé affecte une catégorie donnée de neurones dans une région circonscrite du système nerveux[62]. Cette « seconde génération

---

55. Nous avons vu au chapitre III que la concentration interne en calcium libre était maintenue à un niveau très faible ; tout le calcium est soit séquestré dans le réticulum endoplasmique, soit lié à des protéines comme la calmoduline.
56. Lisman et Goldring, 1988a ; 1988b.
57. Barria *et al.*, 1997 ; Derkach *et al.*, 1999.
58. Shi *et al.*, 1999 ; Shi *et al.*, 2001.
59. Giese *et al.*, 1998.
60. Frankland *et al.*, 2001.
61. L'interprétation du comportement de souris où un gène ciblé a été invalidé dans toutes les cellules où ce gène est exprimé est discutable dans la mesure où elle tend à minimiser le rôle de l'arrière-fond génétique des lignées parentales. Voir Gerlai, 1996.
62. La méthode à laquelle je fais ici allusion est dite Cre/*loxP* ; elle consiste à utiliser une protéine de 38kDa, Cre, identifiée chez un virus bactérien (le bactériophage P1). Cette protéine agit lorsqu'elle reconnaît dans un segment d'ADN une séquence de 34 paires de bases, appelée *loxP*. Elle induit alors la délétion du segment d'ADN situé entre deux sites *loxP* (s'ils sont orientés dans le même sens). On croise des souris por-

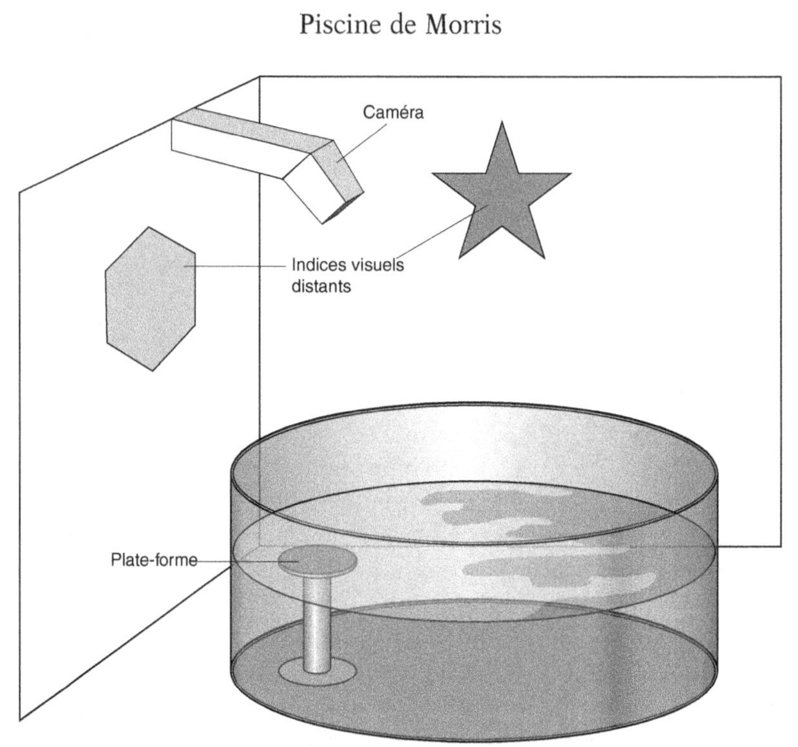

Dans un bassin rempli d'un liquide, rendu opaque par l'ajout de poudre de lait ou de peinture blanche, le rongeur doit nager et trouver une plate-forme immergée de quelques millimètres, et donc invisible depuis la surface, sur laquelle il pourra se reposer, ce qui constitue un « renforcement positif » ou sa récompense. Il apprend à repérer cette plate-forme à partir d'indices visuels situés à l'entour de la piscine. Son comportement est suivi par une caméra vidéo et quantifié (temps mis pour trouver la plate-forme, distance totale parcourue, temps passé dans la zone de la plate-forme, etc.). Richard Morris, professeur de neuroscience à l'Université d'Édimbourg (Grande-Bretagne), l'inventeur de ce test, a montré que des rats, dont l'hippocampe avait été traité avec un antagoniste des récepteurs NMDA, l'APV (D-2-amino-phosphonovalérate), n'étaient plus capables de localiser la plate-forme, apportant ainsi la preuve que ce type de récepteurs et la LTP qu'ils commandent sont impliqués dans au moins ce type d'apprentissage et de mémoire que le test met en évidence.

d'invalidation de gènes[63] » a permis, par exemple, d'éliminer le gène de la sous-unité NR1 du récepteur NMDA[64] des cellules pyramidales du champ hippocampique CA1, ce qui abolit tous les récepteurs NMDA des seuls neurones de cette zone de l'hippocampe. Avec de telles souris, désignées « CA1-*NR1*-KO », pour indiquer que le gène de la sous-unité NR1 des cellules pyramidales du champ hippocampique CA1 à été invalidé, c'est-à-dire mis « *knock out* », de nombreuses analyses ont été menées par Susumu Tonegawa, prix Nobel de médecine de 1987 pour ses travaux sur la formation de la diversité des anticorps, et ses collaborateurs de l'Institut Picower sur l'apprentissage et la mémoire du MIT. Ces expériences montrent que l'apprentissage spatial est impossible chez la souris CA1-*NR1*-KO : dans la piscine de Morris, elles sont incapables d'apprendre à retrouver la plate-forme immergée, alors qu'elles s'y dirigent sans difficulté lorsqu'elle est visible. En outre, les cellules de lieu, dont l'ensemble forme une représentation neurale de l'espace environnant, présentent aussi de sévères anomalies. Enfin, l'induction *in vitro* de la LTP est bloquée au niveau des synapses entre les collatérales de Schäffer et les neurones CA1, comme sont absents les PPSE enregistrés à ce même niveau par la technique de *patch-clamp* de la cellule entière.

Cet ensemble cohérent de données est complété par la construction d'une lignée de souris dans laquelle le gène de la sous-unité NR1 est invalidé dans les cellules du champ CA3 (souris CA3-*NR1*-KO). Des expériences[65], *in vivo* et *in vitro*, confirment un modèle théorique déjà ancien[66] selon lequel le réseau en boucles récurrentes, caractéristique des cellules pyramidales du champ CA3, servirait à l'acquisition rapide d'informations sur des événements singuliers, qui n'arrivent qu'une fois mais que l'on mémorise cependant. Dans le test de la piscine de Morris, les souris CA3-*NR1*-KO apprennent, comme le font les souris normales, à utiliser des repères externes pour localiser la plate-forme immergée. Si on les teste dans une piscine où toutes les balises externes sont présentes ou n'ont pas été modifiées, elles se dirigeront vers la plate-forme cachée comme le font les souris normales, et comme sont en revanche incapa-

---

teuses d'un allèle dans lequel deux sites loxP encadrent le gène ciblé, celui auquel on s'intéresse, avec des souris issues d'une lignée transgénique dans laquelle l'expression du transgène Cre est limitée à un tissu spécifique à l'aide d'un promoteur bien choisi. La protéine Cre n'agira donc qu'au sein de ce tissu particulier, et dans certaines cellules uniquement, en excisant le gène encadré par les sites *loxP*. On peut raffiner la méthode en contrôlant l'induction non seulement dans l'espace mais aussi dans le temps. Voir Babinet et Cohen-Tannoudji, 2000.
63. Selon le titre d'un article de Wilson et Tonegawa, 1997.
64. Des sept sous-unités identifiées du récepteur NMDA : NR1, NR2A à D, NR3A et B, seule la sous-unité NR1 est indispensable à la formation d'un récepteur fonctionnel, son élimination équivaut donc à l'élimination fonctionnelle du récepteur dans son ensemble.
65. Nakasawa *et al.*, 2002.
66. Marr, 1971.

bles de le faire les souris CA1-*NR1*-KO. Toutefois, après avoir enlevé ou seulement altéré certains indices, ces souris ne sauront plus se diriger correctement pour retrouver leur abri. Contrairement aux souris normales qui « complètent » l'information manquante pour naviguer correctement, les souris CA3-*NR1*-KO en sont incapables : ce qui leur manque, ce n'est ni la mémorisation ni le rappel, mais la capacité de récupérer à partir d'informations partielles une carte utile pour se déplacer sans hésitations.

En résumé, les récepteurs NMDA des cellules pyramidales du champ CA1 sont nécessaires à l'acquisition d'une mémoire des références spatiales, ceux des cellules pyramidales de CA3 ne le sont pas, mais sont en revanche indispensables à l'acquisition rapide d'une information non répétée, ce qui est le propre de la « mémoire épisodique ». Le champ CA3, en raison de ses connexions « en boucles » offre un mécanisme adéquat au rappel des mémoires associatives en complétant les motifs manquants des décharges nerveuses. En effet, nous avons déjà mentionné l'idée centrale de la théorie que Donald Hebb avait proposée dès 1949 et qui constitue encore aujourd'hui le cœur de la plupart des formalisations de l'apprentissage : apprendre revient à modifier les connexions synaptiques entre neurones *liés au sein d'une assemblée cellulaire*. C'est cette assemblée qui « apprend », les modifications locales au niveau des synapses ne servent qu'à configurer le réseau pour que son activité puisse représenter l'objet à mémoriser.

Nous le disions au début de ce chapitre, la mémoire n'est pas « unique », on peut la fractionner en différentes composantes qu'il est possible de délimiter dans diverses structures distinctes, au sein desquelles des mécanismes spécifiques sont à l'œuvre et dont on peut, de proche en proche et grâce aux progrès des technologies biologiques, disséquer les dispositifs moléculaires. Il est clair que la plasticité synaptique dans des réseaux du système nerveux central est au cœur de l'apprentissage et de la mémoire, et il est fortement probable que le mécanisme physiologique de base en est la LTP. Chaque fois, semble-t-il, qu'on touche à son déroulement normal, on touche également à une composante du comportement de mémoire, notamment dans la phase initiale d'acquisition d'une trace mnésique. Néanmoins, à considérer le nombre impressionnant de partenaires moléculaires qui interviennent dans la LTP, ou doit être prêt à compléter, voire réviser, le schéma classique selon lequel l'influx de Ca^{2+} par les canaux NMDA active une CaMKII qui amplifie la transmission en phosphorylant des récepteurs AMPA. Ce schéma est semble-t-il trop simpliste. En effet, l'élimination des sites de phosphorylation de la sous-unité GluR1 des récepteurs AMPA[67] réduit bien la LTP (NMDA-dépendante) dans CA1, mais ne l'élimine pas complètement. En outre,

---

67. Lee *et al.*, 2003.

cette suppression des sous-unités GluR1 affecte la rétention de la carte spatiale dont se sert la souris pour nager directement vers la plate-forme dans la piscine de Morris, mais n'empêche pas son acquisition.

Chez les souris CA3-*NR1*-KO la détérioration de la LTP apparaît au niveau des synapes entre les collétérales récurrentes des cellules de CA3 et non aux synapses entre les fibres moussues et les cellules pyramidales de CA3 dont la LTP a été montrée indépendante de l'activation des récepteurs NMDA[68] et dépourvue du caractère d'associativité[69] caractéristique de l'activation NMDA-dépendante des cellules de CA1. Cette forme de LTP serait essentiellement présynaptique et dépendrait de récepteurs de type kainate par le glutamate endogène.

La LTP est certainement plus compliquée que ce que nous venons de résumer. Il faut essentiellement retenir qu'elle n'est pas un processus unitaire, que les mécanismes qui la sous-tendent dépendent des synapses et des circuits particuliers dans lesquels ces synapses opèrent, mais si nous avons tellement insisté sur ce phénomène, c'est parce qu'il est très probablement le mécanisme fondamental des modifications cérébrales liées à l'expérience, que ce soit dans les diverses formes d'apprentissage ou au cours du développement, comme nous l'avions déjà indiqué dans le chapitre II ; La LTP, en effet, sous ces différentes formes, présente les trois propriétés spécifiques que doit présenter toute trace mnésique : la *spécificité* : de tous les trajets qui convergent sur une cellule, seul celui qui est actif sera potentialisé ; l'*associativité* : le fait qu'un ensemble d'afférences peut interagir avec un autre si les deux sont actifs en même temps, condition nécessaire à toute forme d'apprentissage associatif et au conditionnement ; la *persistance* : les modifications induites au niveau du génome peuvent être de très longue durée.

L'engramme, que désespérait de trouver Karl Lashley, aurait-il été enfin découvert ? La situation n'est pas aussi simple qu'il y paraît et de nombreuses discussions continuent à faire rage. La distance séparant la LTP, comme mécanisme de modification d'efficacité synaptique et le comportement, comme indication que quelque chose a été mémorisé, n'est toujours pas complètement franchie. Il est possible que la LTP ne soit pas le fin mot de l'apprentissage et de la mémoire. Nous avons vu dans le chapitre VIII que la dépression à long terme (LTD) participait, dans le cervelet notamment, à de l'apprentissage procédural, et par conséquent à une forme de mémoire. Il se pourrait, comme nous le laissent présager des résultats de modélisation par réseaux de neurones, qu'un circuit est d'autant plus capable de stocker des informations qu'il possède des synapses susceptibles à la fois de potentialisation et de dépression.

---

68. Harris et Cotman, 1986 ; Zalutsky et Nicoll, 1990.
69. Langdon *et al.*, 1995.

Quoi qu'il en soit, à l'heure actuelle, il n'est pas possible d'être totalement sceptique : la LTP joue bien un rôle, quoi qu'on en ait, dans l'apprentissage et la mémoire.

LA CONSOLIDATION

Après que l'information à mémoriser a été enregistrée, un processus neural entre en jeu pour l'entreposer de façon permanente. Ce processus, appelé consolidation, est révélé par l'amnésie rétrograde (AR) qui montre en effet que ce qui est appris n'est pas instantanément fixé de façon permanente, que ce qui a été acquis dans une certaine période précédant la lésion est perdu. On avait remarqué depuis longtemps qu'une information fraîchement apprise pouvait être effacée par une plus récente encore, ce qui suggère que le processus présidant aux mémoires nouvellement apprises reste fragile pendant un moment. La clinique humaine, et de très nombreuses expériences chez l'animal ont permis de préciser la durée et le décours de cette forme d'amnésie, ainsi que les régions cérébrales impliquées. Depuis l'étude princeps de Scoville et Milner de 1957 (voir plus haut, on se souvient que H. M., en plus de son amnésie antérograde spectaculaire, présente aussi une amnésie rétrograde portant sur les onze années précédant son opération), une conception standard de la consolidation a prévalu jusqu'à une dizaine d'années[70]. Selon ce modèle, l'information d'abord enregistrée dans le néocortex est « liée » pour former une trace mnésique dans l'hippocampe et les structures avoisinantes du lobe temporal médian et du diencéphale. Ce liage initial crée une trace mnésique, c'est-à-dire un circuit dédié à une mémoire particulière, d'un événement (épisodique) ou d'un fait (sémantique) ; il est construit en quelques secondes ou en quelques minutes et constitue une première phase de consolidation temporaire. Ce ne sera qu'après que pourra commencer véritablement la consolidation destinée à perdurer pendant de longues périodes. Le « système de mémoire », selon la terminologie de Scoville et Milner, comprend outre l'hippocampe proprement dit (corne d'Ammon et gyrus dentatus), le cortex entorhinal (aire 28 de Brodmann), le cortex périrhinal (aires 35 et 36), et le gyrus parahippocampique (aires TH et TF). Ce système est nécessaire au stockage et au rappel de la trace mnésique, mais sa contribution propre diminue au fur et à mesure que procède le processus de consolidation, jusqu'au moment où le néocortex suffit à lui seul à maintenir la trace et à assurer son rappel. Ce modèle se rapporte à la mémoire déclarative dans son ensemble. Néanmoins, un certain nombre de résultats neuropsychologiques tendent à montrer que les deux volets de la mémoire déclarative, épisodique et sémantique, se comportent de façon

---

70. Voir sur le modèle standard de la consolidation Squire, 1992 ; 2004.

fondamentalement différente lors de l'amnésie rétrograde après lésions du lobe temporal médian et qu'il conviendrait d'introduire de plus subtils distinguos dans le « système de mémoire ». C'est ainsi que des sujets souffrant d'une pathologie hippocampique sélective peuvent avoir une mémoire épisodique fortement déficiente avec une mémoire sémantique apparemment intacte. Malheureusement, il n'a pas encore été possible d'appliquer le test de la double dissociation pour préciser davantage les zones du système de mémoire sélectivement impliquées dans les différentes formes de mémoire déclarative que la description clinique continue d'enrichir de fines distinctions.

Des études récentes d'imagerie cérébrale fonctionnelle ont amené certains auteurs à minimiser le rôle joué par l'hippocampe proprement dit dans l'apprentissage et la mémoire au profit des régions associées du lobe temporal médian, de diverses aires néocorticales, et même du cervelet. L'utilisation de la caméra à positons permet de distinguer les processus de mémoire épisodique de ceux de mémoire sémantique, et de séparer l'acquisition et l'encodage de l'information de sa récupération. Dans une expérience type, on présente aux sujets des mots ou des visages, puis plus tard, on teste leur mémoire à de tels événements. Des variations du flux sanguin cérébral local, corrélées avec l'activité neurale, sont mesurées pendant les différentes phases de l'expérimentation. Plusieurs aires corticales et régions sous-corticales sont ainsi mises en jeu selon les tâches présentées aux sujets et selon les procédures de recueil et de traitement des données. On observe notamment une activation différentielle du cortex préfrontal gauche pendant l'acquisition et du cortex préfrontal droit pendant le rappel de l'information épisodique[71].

Lorsqu'on évoque un souvenir consolidé, celui-ci après qu'il a été rappelé et éventuellement utilisé, n'est pas renvoyé dans son dépôt permanent tel qu'il était auparavant, comme on remise un outil dans sa boîte. Il doit être reconsolidé *de novo*, c'est-à-dire qu'il peut subir à nouveau des modifications, être sujet à des interférences, être modulé par des signaux végétatifs. Reconsolider revient à réorganiser sa mémoire pour tenir compte de la situation et des besoins actuels qui sont forcément différents de ceux présents lors de la première consolidation. Il faut voir là une cause possible de la reconstruction fréquente de nos souvenirs, reconstruction si profonde qu'elle peut aller jusqu'à fabriquer des souvenirs inédits.

---

71. Ce motif d'activation est appelé HERA (pour *hemispheric encoding/retrieval asymetry*) Voir Fletcher *et al.*, 1995 ; Haxby *et al.*, 1996 ; Nyberg *et al.*, 1996.

LES MALADIES NEURODÉGÉNÉRATIVES
DE LA MÉMOIRE

Non seulement la mémoire décline avec l'âge, mais de nombreuses conditions neurologiques distinctes sont capables de la détériorer sévèrement : l'accident vasculaire cérébral, l'infection virale, le traumatisme crânien, l'alcoolisme prolongé, l'épilepsie et la démence.

Pourtant, une des causes les plus fréquentes d'une perte sévère de la mémoire est une forme de démence qui touche de 5 à 8 % de la population des plus de 65 ans et près de 20 % chez les octogénaires. La maladie d'Alzheimer est certainement celle que le public connaît le mieux, car elle pose un véritable problème de société. Les sujets atteints de cette maladie finissent en effet par perdre toute autonomie. Or on dénombre en France près de 600 000 cas, et 140 000 viennent s'y ajouter tous les ans, chiffre qui va doubler en 2020. Se pose donc déjà avec acuité le problème de la prise en charge de ces patients.

La caractéristique de la maladie d'Alzheimer est l'accumulation, dans l'ensemble du cortex cérébral, d'un peptide composé d'une quarantaine d'acides aminés et appelé amyloïde qui, ne pouvant être dégradé par l'organisme, se dépose pour former des « plaques séniles ». L'apparition de problèmes dans l'acquisition de nouvelles mémoires est un des premiers signes chez ce type de patient. Il devient répétitif, demande sans cesse : « Quel jour sommes-nous ? » Il oublie ses rendez-vous, les appels téléphoniques ou d'éteindre le gaz après avoir réchauffé son repas. Nous savons déjà que les structures du lobe temporal médian, notamment l'hippocampe, le cortex périrhinal et le cortex entorhinal jouent un rôle essentiel dans l'acquisition de nouvelles informations, et c'est précisément dans ces zones que le patient présente des lésions[72]. Avec l'extension des lésions vers le cortex associatif apparaissent des déficits plus cognitifs, des anomalies du langage, des difficultés dans la reconnaissance visuelle des objets et des personnes, des erreurs de jugement et des troubles psycho-comportementaux. Ces aggravations conduisent à une perte complète d'autonomie du patient.

L'imagerie cérébrale a permis de mettre en évidence qu'une des régions présentant les signes les plus précoces d'un dysfonctionnement corrélé avec la maladie d'Alzheimer n'est autre que le cortex cingulaire antérieur qui participe au réseau neuronal impliqué dans la mémoire épisodique[73]. À l'opposé de la mémoire épisodique qui est la cible principale de la maladie d'Alzheimer, la mémoire sémantique est préféren-

---

72. Braak et Braak, 1991.
73. Nestor *et al.*, 2002.

tiellement affectée dans un autre type de démence, la version temporale de la démence frontotemporale. Dans ce cas, les patients ne trouvent pas leurs mots ni ne comprennent ce qu'on leur dit. Par exemple, si on demande : « À quoi ressemblent des lunettes ? », le dément frontotemporal répondra : « Lunettes, qu'est-ce que c'est ? » En revanche, sa mémoire épisodique n'est pas touchée, il ne se perd jamais en route, il retrouve même ses lunettes s'il en a besoin, en dépit du fait qu'il ne sait plus ce que signifie le mot « lunettes ». Sa mémoire de travail est normale, et tout son savoir-faire visuel est intact. Comment peut-il trouver ses lunettes, en ignorant ce que sont des lunettes ? Nous avons déjà rencontré (voir plus haut *Mémoire sémantique et mémoire épisodique*) ce genre de paradoxe qu'une dissociation entre mémoire épisodique et mémoire sémantique ne manque pas de produire. Dans sa version frontale, la démence frontotemporale se traduit par des changements marqués dans la personnalité du patient (désinhibition, égoïsme accru, il ne s'intéresse pas aux autres, dépense sans compter et traite avec désinvolture les questions financières). La mémoire non plus n'est pas épargnée : dans un lot d'images, il reconnaît celles qu'il a déjà vues auparavant, qui lui sont donc familières ; en revanche, si on répartit ces images en deux paquets, il ne peut dire à partir duquel, l'image, qui lui est familière, a été initialement tirée. Il a perdu ce que Daniel Schacter[74] a appelé la mémoire de la « source » qui dépend, chez le sujet normal, d'interactions entre les régions frontales et les régions du lobe temporal médian.

L'idée selon laquelle les différents types de démences, non seulement la démence d'Alzheimer, mais aussi la maladie de Pick, les démences frontotemporales dont nous venons de parler, les démences à corps de Lewy souvent associées à la maladie de Parkinson (voir chapitre VIII), les démences artériopathiques, affectent de façon spécifique les différentes formes de mémoire ne doit pas être transformée en dogme intouchable. Étant donné le caractère relativement diffus des lésions, de leur expansion variable, de leur association à d'autres anomalies, il est difficile d'établir des corrélations fermes. Néanmoins, quelques pistes semblent se dégager comme nous venons de le montrer : toutes les études sur les maladies dégénératives de la mémoire illustrent encore, s'il en était besoin, qu'elle n'est pas un tout indissociable, mais au contraire un système complexe dont le fonctionnement normal requiert de multiples interactions entre des circuits de neurones distribués dans de nombreuses zones cérébrales circonscrites, le lobe temporal médian n'étant qu'une composante, critique il est vrai, parmi bien d'autres.

---

74. Schacter *et al.*, 1991.

CONCLUSIONS :

QUEL AVENIR POUR LA MÉMOIRE ?

On peut penser que les spectaculaires avancées des technologies biologiques, des méthodes d'imagerie cérébrale et des expériences et modèles de psychologie cognitive fourniront de meilleurs instruments non seulement pour diagnostiquer le plus précocement possible les pathologies de la mémoire, mais pour en cibler plus spécifiquement les structures anatomiques et fonctionnelles. Ainsi pourrait-on développer des thérapeutiques plus efficaces, que les anticholinestérasiques purement symptomatiques et d'efficacité modeste, utilisés jusqu'à présent.

Mais, s'il devient possible d'améliorer par des médicaments bien ciblés des mémoires affaiblies par une pathologie, la tentation sera grande d'utiliser ces mêmes drogues pour développer une mémoire, somme toute normale, mais dont on ne serait pas pleinement satisfait. Ce n'est pas anodin, car à développer la mémoire, on risque d'affaiblir la capacité d'oublier et on pourrait être alors submergé de mémoires parasites, comme ce fameux « mnémoniste » que le neuropsychologue russe Alexandre Luria a décrit[75] qui pouvait réciter, à l'endroit ou à l'envers, ou à partir d'une page quelconque, un épais annuaire lu une seule fois quelques années auparavant. Sa mémoire était sans limites, ni en capacité ni en durée : tout ce qu'il rencontrait se gravait définitivement dans son esprit. En revanche, son intelligence était faible. D'ailleurs, comment aurait-il pu accéder à un concept s'il ne pouvait oublier le moindre détail de chaque objet, comment aurait-il pu abstraire des nombreux chiens qu'il a pu rencontrer, le « chien » qui n'est ni Sultan, ni Médor, ni aucun autre mais tous à la fois ? Sans pouvoir « catégoriser », comment pourrait-il raisonner ? Il est bon de pouvoir oublier, comme le disait Georges Perec : « La mémoire est une maladie dont l'oubli est le remède. » Pourtant, on n'oublie pas toujours ce qu'on voudrait. Je ne résiste pas ici au plaisir de citer Balthasar Gracian[76] qui, dans *L'Homme de cour* de 1647, nous dit : « C'est un bonheur plutôt qu'un art. Les choses qu'il vaut mieux oublier sont celles dont on se souvient le mieux. La mémoire n'a pas seulement l'invincibilité de manquer au besoin, mais encore l'impertinence de venir souvent à contretemps : dans tout ce qui doit faire de la peine, elle est prodigue, et dans tout ce qui pourrait donner du plaisir, elle est stérile. Quelquefois le remède du mal consiste à oublier, et l'on oublie le remède. Il faut donc accoutumer la mémoire à prendre un autre train, puisqu'il dépend d'elle de donner un paradis ou un enfer. J'excepte ceux qui vivent contents, car en l'état de leur inno-

---

75. Luria, 1995.
76. Maxime CCLXII.

cence, ils jouissent de la félicité des idiots. » Rien ne dit que nous ayons vraiment besoin d'une mémoire plus vaste. Louis Lambert, à la prodigieuse mémoire, meurt fou, Ireneo Funes, qui « avait appris sans effort l'anglais, le français, le portugais, le latin », accablé par l'impossibilité d'oublier, « n'était pas très capable de penser ». L'autodidacte qui a « tout lu à la bibliothèque dans l'ordre alphabétique » finit aussi très mal[77].

Aujourd'hui, avons-nous encore besoin des arts de la Mémoire, inventés, nous dit-on, bien avant Hésiode et Homère, par le poète Simonide ? Invité à faire le panégyrique de son hote Scopas, un noble de Thessalie, il est saisi, au beau milieu de son poème, par un trou de mémoire[78] ; il s'en sort en faisant l'éloge impromptu de Castor et Pollux. Scopas, furieux, ne lui donne que la moitié de la rémunération convenue et lui recommande de réclamer le reste aux dieux jumeaux. Un messager vient alors prévenir Simonide que deux jeunes gens le demandent dehors. Il sort, ne trouve personne, s'apprête à revenir dans la villa. Sans raison apparente, le toit s'écroule ensevelissant tous les convives. Les familles essaient de retrouver les leurs, mais le désastre est tel que personne ne peut être identifié. Alors, Simonide, estimant avoir été bien payé, aide les familles des défunts à retrouver leurs proches : se rappelant la place que chacun occupait avant le désastre, il pourra identifier les cadavres et permettre aux familles de leur assurer une sépulture honorable. Cette aventure « suggéra au poète le principe de l'art de la mémoire[79] » qui s'appuie sur une mnémotechnique consistant à déposer des « images », si possible actives (*imagines agentes*), c'est-à-dire fortement chargées d'émotion, dans des « lieux » familiers, des palais célèbres, un quartier fréquenté[80]. La remémorisation consistera à parcourir ces lieux selon un itinéraire précis pour y retrouver, dans l'ordre, les images qu'on y a déposées[81]. De toutes les idées qui président à l'art de la mémoire, deux doivent retenir notre attention, car elles anticipent deux aspects importants que nous avons soulignés dans ce chapitre. La première est que, pour mémoriser, il faut « organiser » : les images (les idées, les faits, les arguments, les personnages) que l'on veut conserver en mémoire le seront d'autant mieux qu'elles seront arrangées naturelle-

---

77. H. de Balzac, *Louis Lambert* ; J. L. Borges, *Fictions* ; J.-P. Sartre, *La Nausée*.
78. Selon l'interprétation de Louis Marin, 1987.
79. Yates, F. 1966, 1975 pour la traduction en français.
80. « ... et je viendrai à ces larges campagnes, et à ces vastes palais de ma mémoire où sont renfermés les trésors de ce nombre infini d'images qui y sont entrées par les portes de mes sens. » Saint Augustin, *Confessions*, X, 8.
81. « Aussi, pour exercer cette faculté du cerveau, doit-on, sur les conseils de Simonide, choisir en pensée des lieux distincts, se former des images des choses qu'on veut retenir, puis ranger ces images dans les divers lieux. Alors l'ordre des lieux conserve l'ordre des choses ; les images rappellent les choses elles-mêmes. Les lieux sont les tablettes de cire sur lesquelles on écrit, les images sont les lettres qu'on y trace. » Ciceron, *De Oratore*, II, LXXXVI.

ment et ordonnées avec logique. La psychologie cognitive et la neuropsychologie de la mémoire, ainsi que l'intelligence artificielle fournissent de nombreux exemples de cette structuration des données en mémoire. La seconde idée porte sur le rôle que joue l'espace. Cela ne doit pas nous étonner compte tenu de ce que nous avons dit du rôle de l'hippocampe ; peut-être se souvenir revient-il à se promener dans un paysage mental, peuplé d'images vives que l'on découvre une à une et dont les apparitions successives servent de fil conducteur à une histoire qu'on se raconte.

Aujourd'hui, l'écriture, le livre et Internet réduisent la charge qui pèse sur la mémoire. On n'a plus besoin désormais, comme Gargantua au début de la Renaissance, d'un Ponocratès pour nous faire répéter huit fois par jour nos leçons : le livre est toujours disponible pour suppléer à notre mémoire. Pourtant, Platon déjà, dans *Phèdre*, rapporte cette fable d'un roi d'Égypte qui refusa l'écriture sous prétexte qu'en se fiant au texte, la mémoire de l'homme risquait de dépérir. Jusqu'à la fin du Moyen Âge, le livre était manuscrit, donc rare (cher et réservé à l'élite ecclésiastique). Une bonne mémoire était donc indispensable à qui voulait penser. Mais avec l'apparition de l'imprimerie et la diffusion du livre, chacun put disposer d'une « mémoire externe » et l'on commença alors à opposer l'intelligence à la mémoire, discréditée parce qu'encombrée de détails inutiles qui ne peuvent qu'entraver le jugement. Montaigne : « Une tête bien faite vaut mieux qu'une tête bien pleine [...], les mémoires excellentes se joignent volontiers aux jugements débiles [...], savoir par cœur n'est pas savoir. » C'est en raisonnant qu'on apprend et non en se gavant d'un savoir prêt à porter. La triste vie du mnémoniste décrit par Alexandre Luria, le morne destin de Funès ou de Louis Lambert nous montrent bien que l'hypertrophie de la mémoire empêche de penser. Mais son absence totale n'est pas moins délétère : La dépossession progressive de la mémoire interne au profit de la mémoire externe, sous quelque forme qu'elle se présente, annonce une « époque de têtes vides ». L'hypermnésie informatique nous guette. Est-il encore possible de raisonner lorsqu'à la requête « chien », Google nous donne en 0,24 seconde 7 480 000 réponses ! Ne jamais oublier d'oublier.

CHAPITRE X

COMMUNIQUER ET PARLER

On se pose souvent la question : les animaux parlent-ils ? La danse des abeilles n'est-elle pas leur « langage » ? Les dauphins (ou les chiens, les chevaux, les chats, etc.) ne comprennent-ils pas ce qu'on leur dit ? Les singes, mieux encore les anthropoïdes ne sont-ils pas capables d'apprendre des listes de mots ou de symboles pour les combiner entre eux afin de désigner un objet ou une action ? Il ne fait aucun doute que les animaux les plus divers sont capables de manifester, par un comportement très explicite, leur « état d'esprit », quand ils éprouvent de la joie, de la déception, de l'effroi, de la douleur, ou même leurs intentions, agressives ou amicales. Tout comme nous, ils sont capables de « communiquer ».

Mais « parler » comme nous pouvons le faire se réduit-il à « communiquer » ? Nous voudrions dans ce chapitre mettre en parallèle, pour en dévoiler les contrastes et en rechercher les similitudes, la communication animale et la communication linguistique.

La communication animale

LA COMMUNICATION ANIMALE, FABRIQUE DE LA VIE SOCIALE

On parle de communication lorsqu'il est possible de montrer que le comportement d'un individu – l'émetteur – affecte celui d'un autre individu – le récepteur ; les « signaux » sont les moyens par lesquels ces effets sont obtenus. Chaque espèce animale possède un répertoire plus ou moins étendu de signaux qui jouent un rôle important dans sa vie sociale et que les éthologistes, spécialistes du comportement animal, appellent des *déclencheurs sociaux*.

Chez les espèces dont le système nerveux est réputé simple, la communication semble réduite à sa plus simple expression. Chez les insectes par exemple, on admet généralement que des signaux, des substances chimiques appelées phéromones, sécrétées en quantité infinitésimale par un individu, déclenchent chez un autre, le plus souvent de la même espèce, un comportement en général sexuel. Ce système de communication serait purement automatique, non modifiable par l'expérience, ne s'apprendrait pas et ne tolérerait aucune fluctuation.

C'est oublier que les invertébrés fournissent d'excellents modèles de compétences comportementales que l'on considérait récemment encore comme propres aux vertébrés supérieurs, l'apprentissage et la mémoire représentent de bons exemples comme nous l'avons vu au chapitre IX. De même, les insectes, dont le succès évolutif est attesté par leur présence dans tous les habitats, sont capables de traiter de façon adéquate[1] l'ensemble des problèmes écologiques posés par ces milieux multiples et changeants[2].

La danse des abeilles

L'exemple classique de communication d'une information objective, c'est-à-dire qui n'est pas seulement la manifestation publique d'un état interne, émotionnel notamment, propre au sujet qui émet les signaux, est celui des abeilles, dont Karl von Frisch a montré la richesse de son répertoire de signalisation. De retour à la ruche, l'abeille, *Apis mellifera*, indique à ses congénères la direction et la distance d'une source de nectar en exécutant une « danse » dont chaque figure est un « code » spatial précis (Fig. 10-1). La découverte de la signification de cette danse a valu à son auteur, le prix Nobel de médecine en 1973. Des mouvements répétitifs dessinent une sorte de 8 aplati : si le plan dans lequel la danse est effectuée est horizontal, la partie rectiligne du 8 indique la direction dans laquelle se trouve la nourriture. Si elle est exécutée à l'intérieur de la ruche dans un plan vertical, le code est plus subtil : l'angle entre la verticale (selon la gravité) et l'axe rectiligne du 8 de la danse est le même que celui qui existe entre la direction de la source et celle du soleil. Dans la partie rectiligne de son déplacement, l'abeille agite son abdomen, ce qui produit des sons. La fréquence de l'agitation, comme celle des sons qui l'accompagne, est proportionnelle à la distance à laquelle se trouve la source.

---

1. Faut-il dire intelligente ? Nous y reviendrons au chapitre XI.
2. Giurfa, 2004.

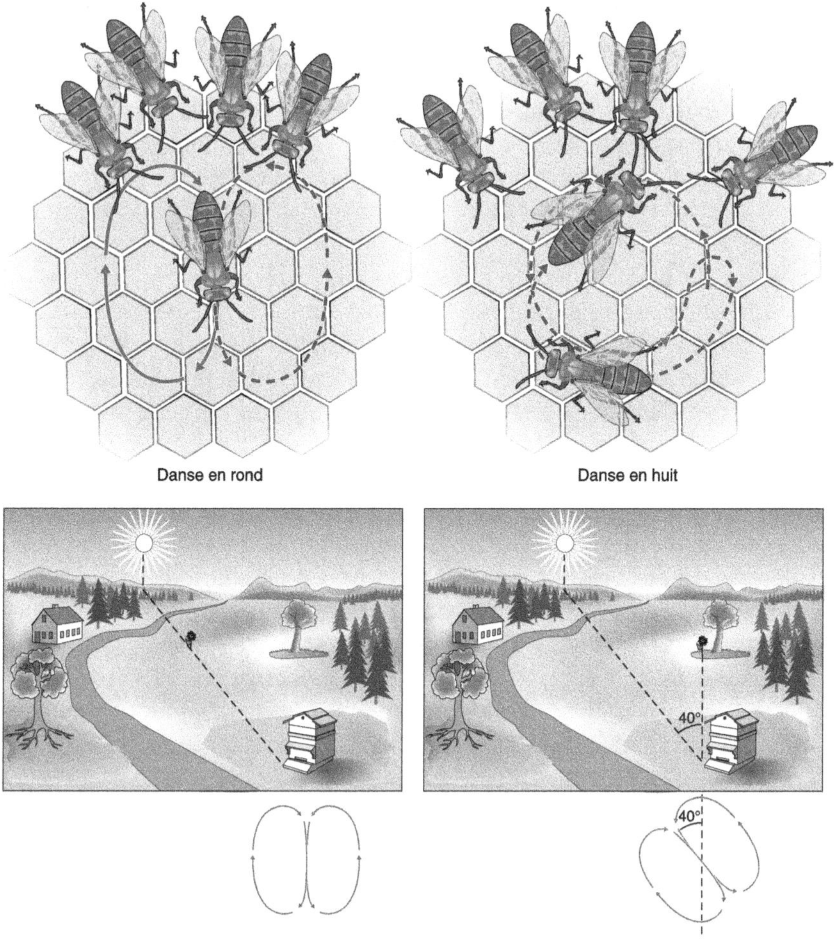

Figure 10-1 : *La danse des abeilles.*

Ainsi, les abeilles communiquent bien des informations sur le monde extérieur. Est-ce vraiment un langage pour autant, au sens où nous l'entendons pour la communication humaine ? Les abeilles utilisent un « code », très subtil certes, mais rigide et fini (comme se doit de l'être tout code qui se respecte) pour n'indiquer rien d'autre que la direction et la distance à laquelle se trouve la source de nourriture. Karl von Frisch a d'ailleurs intitulé la conférence qu'il a prononcée lors de la cérémonie de remise du prix Nobel : « Décoder le langage des abeilles ». C'est le verbe « décoder » qui est ici important et problématique, car il est quelque peu contradictoire avec le nom auquel il s'applique. En effet, comme nous le verrons plus loin, communiquer, au sens linguistique du terme, par la parole proférée dans une langue naturelle, comme tous les êtres humains le font depuis leur enfance, n'a strictement rien à voir avec le décryptage d'un code. Néanmoins, certaines études plus récentes montrent que les abeilles ne se cantonnent pas à de simples automatismes rigides, qu'elles manifestent une certaine souplesse dans leur comportement, qu'elles sont capables de faire des catégorisations visuelles, d'apprendre des règles et de tenir compte du contexte dans lequel elles se trouvent. Autant d'opérations qui montrent leur flexibilité cognitive[3], mais qui ne font pas de leur danse un langage (sinon métaphoriquement).

Les cris d'alarme et le chant des oiseaux

À l'inverse, les cris d'alarme sont un exemple où des signaux traduisent et annoncent publiquement un état émotionnel propre à l'individu qui le ressent. Ils renseignent du même coup des individus situés à l'entour d'un danger extérieur potentiel, ce qui leur confère une valeur « sociale » attestée par le fait que, chez les animaux, oiseaux ou mammifères, le cri n'est généralement pas poussé si l'individu est seul et non en groupe. Chez les passereaux, l'oiseau qui décèle un prédateur, un faucon par exemple, produit un cri d'alarme distinct de ses vocalisations habituelles : une note brève à haute fréquence. Ce cri, difficile à localiser à cause de ses caractéristiques physiques, est commun à plusieurs espèces voisines d'oiseaux, comme si une même pression sélective avait conduit à une évolution convergente : quand ils entendent ce cri, tous les oiseaux qui sont les proies des mêmes prédateurs s'enfuient pour se mettre à l'abri. Certains ont même plusieurs cris d'alarme, chacun utilisé pour signaler une espèce différente de prédateur.

Chez certaines espèces d'oiseaux, les moyens de communication vocale s'enrichissent et présentent des variations pour former de véritables « dialectes » se transmettant entre des individus proches partageant un même territoire. Il s'agit dans ce cas d'un vrai apprentissage vocal : l'animal apprend bel et bien à chanter. Seuls quelques groupes zoologiques en sont capables, à savoir trois espèces de mammifères (les humains, bien entendu, les chauves-souris et les cétacés) et trois espèces d'oiseaux (les perroquets, les oiseaux-mouches et les oiseaux chanteurs).

Il convient ici de distinguer l'apprentissage vocal proprement dit du simple apprentissage auditif. Un chien apprend à s'asseoir quand on lui dit « assis », à se coucher quand on lui ordonne « couché » ; il « comprend » le mot ; autrement dit, il est capable d'associer à un mot prononcé par son maître à l'action spécifique que ce dernier attend de lui. Il saisit ainsi la signification d'un son qu'il ne peut lui-même produire. Du moins, je pense, spontanément et avec le sens commun si peu critique qui caractérise tous les « amis des bêtes », qu'il saisit ainsi la signification, alors qu'il ne s'agit certainement que d'un simple conditionnement associatif, qui permet en général à l'homme de se faire obéir des che-

---

3. Menzel et Giurfa, 2001.

vaux, des éléphants, des chats (plus difficilement) et autres animaux. Néanmoins, l'apprentissage auditif permet aussi à un animal de s'instruire de lui-même, et d'apprendre par exemple à utiliser, dans certaines occasions et à bon escient, des sons qui figurent dans son répertoire inné : c'est le cas du singe à longue queue (*Cercopithecus aethiops*), plus connu sous le nom de singe vert ou vervet, dont nous reparlerons plus loin. Lorsqu'il est encore très jeune, il pousse spontanément des cris à la vue de n'importe quel gros animal, mais il apprend, en suivant l'exemple de ses congénères semble-t-il, à perfectionner ses cris spontanés pour les réserver à ses seuls prédateurs, les transformant ainsi en véritables cris d'alarme spécifiques. Ici encore, il s'agit d'une forme de conditionnement (voir chapitre IX). À l'inverse, « apprendre à chanter » permet d'imiter des sons qui n'appartiennent pas naturellement à son propre répertoire inné. On a tous des amis qui imitent très bien le cochon, et l'on connaît des perroquets qui peuvent se faire passer pour des employés des postes. L'espèce humaine réussit magnifiquement à ce jeu et les oiseaux chanteurs aussi.

L'oiseau chanteur le plus étudié est une sorte de pinson originaire d'Australie et du Timor, le diamant mandarin (*Taeniopygia guttata*, en anglais *zebra finch*). Il est facile à élever, son développement est rapide, ce qui en fait un matériel biologique de choix pour des études en laboratoire, permettant d'associer toutes les approches de la neurobiologie, de la neurogénétique et de la neuroéthologie.

Dans le télencéphale de ces oiseaux chanteurs, deux sous-systèmes sont enrôlés dans le traitement auditif et la plasticité sensorielle et motrice du chant (Fig. 10-2). Le premier forme les régions primaire et secondaire du télencéphale auditif. Le *champ L* qui reçoit ses afférences du thalamus auditif, il est l'équivalent du cortex auditif primaire des mammifères ; les noyaux *NCM* et *cM*, analogues approximatifs de l'aire auditive secondaire[4]. On ne doit pas être surpris de ce que les enregistrements des activités évoquées des neurones du champ L et du noyau cM montrent une préférence marquée pour les chants produits par des congénères, qui sont les objets sonores les plus fréquents dans leur environnement acoustique[5]. Le second système, on ne le trouve que chez les oiseaux chanteurs. C'est le « système du chant[6] », qui comprend un réseau de noyaux spécialisés dans le chant, son apprentissage et sa production ; ils formeraient un système analogue aux aires spécialisée du langage chez l'homme (que nous étudierons plus loin), et joueraient un rôle essentiel dans la reconnaissance de chants spécifiques et dans l'orga-

---

4. Voir chapitre VI.
5. Il s'agit bien d'*objets sonores*, puisque les chants des oiseaux chanteurs présentent des configurations mélodique et rythmique spécifiques.
6. Vates *et al.*, 1996.

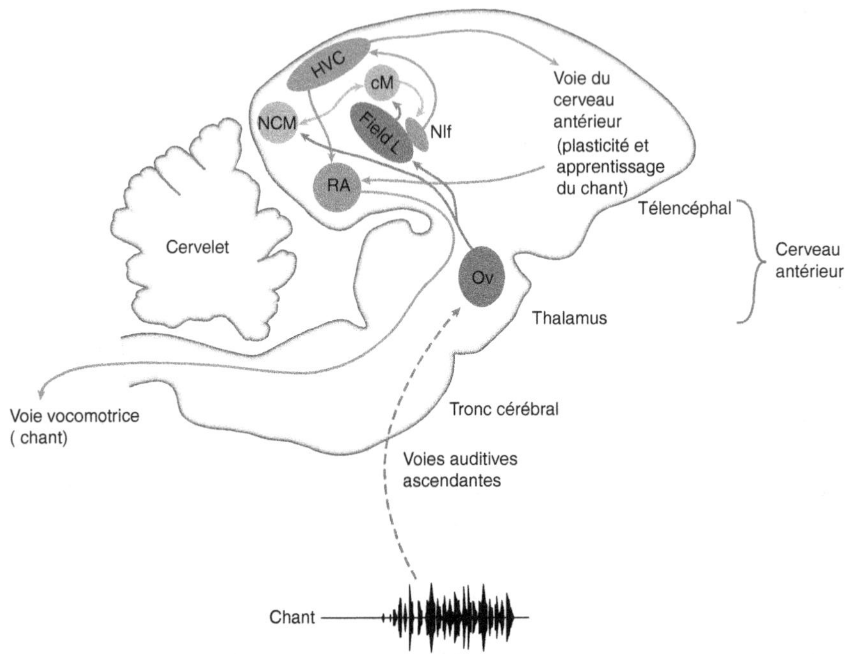

Figure 10-2 : *Schéma du cerveau d'un oiseau chanteur.*

nisation des ritournelles. De ces noyaux spécialisés, le noyau télencéphalique HVC est le plus important : il reçoit ses afférences auditives primaire et secondaire, mais ce qui le rend particulièrement intéressant est qu'il possède des neurones qui déchargent uniquement lorsque l'oiseau joue, « en playback » pourrait-on dire, son propre chant (ce qui constitue en soi un stimulus complexe particulier, un objet sonore, appelé BOS pour *Bird's Own Song*). L'activité de ces neurones sensibles aux BOS fournirait un « signal d'erreur » capable de modifier la production du chant dès qu'un désaccord serait détecté entre ce que l'oiseau entend de son propre chant et le chant qu'il cherche à produire à partir d'un motif mémorisé. Ce mécanisme en boucle de rétroaction voco-acoustique[7] est certainement essentiel pour l'apprentissage du chant et pour son maintien en mémoire (songez à la boucle phonologique, décrite dans le chapitre IX). La production proprement dite des motifs mélodiques des chants s'élabore à partir du noyau HVC qui module l'activité d'une zone prémotrice, le noyau dit robuste de l'arcopallium, (RA), dont les efférences sont directement dirigées sur des noyaux moteurs des muscles de la syrinx, organe de production vocale chez l'oiseau.

---

7. Mooney, 2000, introduit le terme de BOS (*Bird's Own Song*) pour désigner ce stimulus particulier que représente le propre chant de l'oiseau.

Ce sont généralement les oiseaux mâles qui chantent. Ce faisant, ils signalent leur présence, leur identité et surtout leur maturité sexuelle. En effet, l'activité des noyaux qui contrôlent les chants est régulée par le niveau de testostérone circulante. Leurs chants, souvent coordonnés à des exhibitions visuelles, les parades, servent à provoquer d'autres oiseaux dans de véritables compétitions acoustiques, dont l'issue est généralement d'attirer l'attention et l'intérêt d'une femelle, le plus souvent silencieuse, sensible aux charmes d'un mâle, c'est-à-dire aux indices qui témoignent de sa puissance à lui assurer la meilleure progéniture. Tous ces comportements vocaux supposent une grande plasticité auditive permettant aux chanteurs d'apprendre rapidement à distinguer un chant nouveau d'une rengaine familière, à s'adapter à un contexte social particulier et à produire des variations sur un thème donné dont la structure de base est génétiquement programmée. Comme les humains, ils utilisent la perception de leurs propres productions sonores pour apprendre à chanter. Faute de pouvoir tout analyser de ce comportement de signalisation vocale particulièrement sophistiqué, et qui occupe des centaines de chercheurs de par le monde, retenons essentiellement que le mécanisme de rétroaction vocale auditive qui permet à l'oiseau d'apprendre à chanter joue aussi un rôle fondamental dans la production et la perception de la parole chez l'homme. À ce titre, il dévoile probablement un mécanisme psycholinguistique fondamental que l'espèce humaine partage avec les oiseaux chanteurs, allez savoir pourquoi[8].

La communication amoureuse chez la rainette Tungara

Michael Ryan, neuroéthologiste de l'Université d'Austin (Texas), a étudié de façon systématique la communication vocale chez une espèce de grenouille d'Amérique centrale (Panama), la rainette Tungara (*Physalaemus pustulosus*)[9]. Les mâles émettent un appel constitué d'un son de 200 à 300 ms de durée d'une fréquence d'environ 700 Hz, qui ressemble à peu près à « ou-aïe-ne ». Cet appel simple peut être suivi de un à six éclats brefs, en crécelle, des « tcheuks », de 20 à 30 ms et de fréquence bien plus élevée, de l'ordre de 2,5 Hz. Généralement, seul l'appel simple suffit à attirer les femelles, mais les mâles y ajoutent les « tcheucks » dès qu'ils sont en compétition avec d'autres mâles. Ces tcheucks sont d'une fréquence d'autant plus basse (dans la gamme de leurs fréquences habituelles) que le mâle est plus gros (son larynx est alors plus large), et les femelles préfèrent les gros parce qu'étant généralement de plus grande taille que les mâles, elles ont intérêt à s'accoupler avec de partenaires de taille équivalente pour assurer le succès de leur copulation.

---

8. Pour cela, le cadre de la théorie de l'évolution s'avère pertinent.
9. Voir Ryan, 1985 ; Ryan *et al.*, 2001. Ryan et Rand, 2003.

Il faut savoir que les batraciens, à la différence des autres vertébrés, ont deux oreilles internes sensibles aux sons aériens, la papille amphibienne (PA), très sensible aux fréquences inférieures à 1 500 Hz, et la papille basilaire (PB), très sensible aux sons de plus haute fréquence[10]. Comme chez tous les batraciens, la PB traite les sons de hautes fréquences ; chez la rainette Tungara, des propriétés de filtrage spécifiques à cette espèce confèrent à leur papille basilaire de meilleures réponses aux tcheucks relativement les plus graves. Si donc les femelles les préfèrent, ce ne sera que parce qu'ils s'accordent mieux à leur organe périphérique. En faisant ce « choix », qui n'en est pas un, puisqu'il est entièrement déterminé par la mécanique de son oreille interne (pour bien marquer cet aspect « mécanique » on parlera de *phonotaxie* de la femelle), elles gagnent un avantage reproductif. Quant aux mâles, bien que l'appel simple suffise, ils doivent le compléter par des tcheucks dès qu'ils sont en situation de compétition avec d'autres mâles. Mais alors un danger surgit.

Au-dessus de la mare, une chauve-souris « à lèvres frangées », *Trachops cirrhosus*, prédateur des grenouilles, veille. Dès qu'elle entend l'appel de la rainette, elle plonge pour s'en saisir. Pour le mâle Tungara, appeler une partenaire peut lui coûter cher car, ce faisant, il avertit aussi le prédateur. On pourrait imaginer que, dans un premier temps, la pression sélective a favorisé les appels simples dont les propriétés acoustiques rendent plus difficile leur localisation spatiale, mais qui suffisent néanmoins à attirer une femelle quand il n'y a qu'un seul mâle. Mais dès qu'ils sont plusieurs, ceux dont les appels simples sont suivis de tcheucks seront favorisés, et le seront d'autant plus que leurs tcheucks seront plus graves : l'appel des mâles semble avoir donc évolué, d'une part, pour communiquer à la femelle le plus possible d'informations sur sa taille, afin de surpasser ses rivaux, d'autre part, aux chauves-souris le moins possible d'informations sur sa position de crainte de les alerter et de guider leur plongeon.

La tentation est grande de décrire la scène « comme si nous y étions », en termes d'intention, de désir et de crainte. Le peut-on vraiment ? Le mâle a-t-il l'intention, en envoyant un message vocal, de repousser ses rivaux et d'attirer les femelles ? On serait tenté de l'admettre si l'on admet que tout comportement est par définition finalisé et qu'il n'est mis en œuvre que pour obtenir un résultat escompté. Ne faudrait-il pas alors aller jusqu'à dire qu'il a, « derrière la tête », un plan et qu'il évalue les conséquences de ses actions ? Continuons sur cette voie. Son appel est-il couronné de succès parce que les femelles avoisinantes comparent les informations portées par les différents appels qu'elles reçoivent, choisissent les plus graves parce qu'elles savent bien

---

10. La grenouille est le premier vertébré à posséder des cordes vocales et dont les vocalisations sont latéralisées à gauche, Bauer, 1993.

qu'ils sont émis par les plus gros individus et fixent ainsi leur choix sur l'heureux élu. Peut-on décrire dans la même veine le comportement de la chauve-souris ? La grenouille mâle ne cherche pas à communiquer avec son prédateur, elle lui transmet pourtant de façon fortuite une information par un mécanisme qui a évolué pour de tout autres raisons, mais dont il tirera profit. Faut-il en conclure que la chauve-souris qui entend l'appel amoureux de la grenouille comprend qu'il y a là une bonne occasion à saisir ?

N'est-on pas au contraire en présence d'un pur spectacle de « machines cartésiennes » qui font semblant de penser, pendant que nous croyons qu'elles pensent. Ne sont-elle pas comme le *joueur de flûte traversière*, habile interprète d'une douzaine de morceaux de musique ou le *canard mécanique digérant* qui non seulement bat des ailes, mais peut manger et digérer des graines, preuve s'il en est qu'il est « bien vivant », de simples automates qui, à la différence de ceux de Vaucanson, sont le produit de l'évolution : la fonction des tcheucks est de permettre aux femelles de s'accoupler à des mâles adéquats, parce que l'accouplement (réussi du point de vue reproductif) est la raison d'être des tcheucks. Le *parce que* renvoie ici à une explication en termes de théorie évolutive[11], dont le maître mot est la tendance à renforcer le pouvoir de survie.

Acceptable, à la rigueur, à un niveau évolutif global, l'explication fonctionnelle devrait être écartée quand on arrive au niveau local des causes proximales où il faudrait tout expliquer en termes de stimuli, les tcheucks, et de réponses, la phonotaxie des femelles, le plongeon des chauves-souris. Une telle réduction mécaniste behavioriste, est aujourd'hui refusée par la plupart des spécialistes de l'étude des comportements animaux[12]. Mais si on est prêt à doter nos cousins les primates et la plupart des animaux familiers, d'un riche répertoire d'états d'esprit, pourquoi le refuser aux abeilles ou aux grenouilles ? Inversement, si ces dernières sont de simples machines bien réglées par la sélection naturelle, pourquoi n'en irait-il pas de même de nos lointains cousins[13] ?

Pourquoi parader ?

Pour de nombreux auteurs, un signal n'est un signal de communication que si l'émetteur a l'« intention » d'influencer le récepteur. Cette notion d'intentionnalité est difficile à définir, nous en reparlerons plus loin ; on peut cependant essayer de la déterminer indirectement en considérant que l'émetteur contrôle bien le comportement du récepteur s'il altère son propre comportement d'émetteur afin d'augmenter l'efficacité

---

11. Voir Wright, 1976 et Wachbroit, 1994 : la fonction de X est Z (i) ssi Z est la conséquence (le résultat) de l'existence de X, et (ii) X existe parce qu'il résulte en Z. *Cf.* également Hempel, 1965 ; Nagel, 1977.
12. Vauclair et Kreutzer, 2004.
13. Ou de nous-mêmes ? Nous y reviendrons plus loin.

du signal émis et par là même les chances de transmettre son message. Ainsi, l'émetteur répond à tout décalage entre ce que le récepteur est en train de faire et ce que l'émetteur aurait voulu qu'il fît. Toutefois, si le comportement de signalisation de l'émetteur était gouverné par le décalage entre la situation présente et le but recherché, on devrait s'attendre à ce que l'intensité de la signalisation diminue au fur et à mesure que le récepteur se rapproche du but que l'émetteur lui assigne. Or c'est bien souvent le contraire que les éthologistes observent[14], ce qui les amène à postuler qu'un signal est un signal de communication s'il a été spécialement sélectionné au cours de l'évolution pour influencer efficacement les autres membres de l'espèce, et non pour seulement obtenir un succès momentané, conjoncturel ou aléatoire. Ce serait la raison pour laquelle ce comportement de signalisation apparaîtra généralement comme stéréotypé. La parade nuptiale du pigeon est un bon exemple d'un tel rituel. Mais les parades sont ne sont pas toujours aussi spectaculaires qu'une splendide roue de paon. Des mouvements très subtils ou d'imperceptibles variations de posture, des mines discrètes ou un coup d'œil furtif peuvent avoir des effets, souvent cumulatifs et retardés, considérables. En outre, l'effet d'un signe particulier varie beaucoup selon le contexte dans lequel il est émis. C'est ainsi que, chez un oiseau mâle défendant son territoire, une certaine vocalisation, émise par un autre mâle, déclenchera un comportement agressif, alors que si elle est produite par un oisillon affamé, elle l'incitera au contraire à lui fournir de la nourriture.

D'une manière générale, lorsque les animaux communiquent, ils utilisent des signaux concrets, des odeurs, des sons, des mimiques, qui non seulement révèlent leur présence, mais également précisent leur identité et leur état émotionnel. Les éthologistes américains Dorothy Cheney et Robert Seyfarth, du département d'anthropologie de l'Université de Californie à Los Angeles, ont fait entendre à trois femelles adultes de singes cercopithèques (*Cercopithecus aethiops*), vivant en liberté au parc d'Amboseli au Kenya, le cri enregistré sur bande magnétique d'un jeune dont la mère se trouvait parmi les trois. Dans la plupart des cas, la mère en question regardait le haut-parleur plus longtemps que les deux autres femelles, ce qui laisse supposer qu'elle reconnaissait sa propre progéniture à partir des appels enregistrés. Mais l'observation la plus remarquable est que les deux autres femelles regardaient bien souvent la mère avant même que celle-ci ne manifestât qu'elle avait reconnu l'appel de son enfant. Tout se passe comme si ces singes sont capables de classer les individus selon leur filiation, en fonction de leur lignée maternelle[15].

---

14. Hinde, 1974.
15. Cheney et Seyfarth, 1988 ; Cheney et Seyfarth, 1990.

LA COMMUNICATION SUR CE QUI SE PASSE
DANS LE MONDE

Personne ne doute que la plupart des animaux savent envoyer des messages sur un sujet les concernant directement ou concernant les relations sociales qui les lient les uns aux autres à l'intérieur d'un même groupe ou d'une même espèce. Les exemples précédents en témoignent. Il est également bien connu que chez l'homme, et déjà chez le très jeune enfant, la voix et le visage sont capables d'exprimer une grande variété d'états émotionnels. Chez le chimpanzé aussi, l'agressivité, la peur, l'humeur enjouée ou triste, l'excitation sexuelle, la soumission, la frustration, avec toutes sortes de nuances et de gradations, forment un riche répertoire de mimiques et d'expressions faciales. En revanche, la capacité à communiquer des informations objectives portant sur le monde extérieur est plus problématique. Néanmoins, de nombreux exemples, pris notamment dans l'ensemble des primates, indiquent qu'ils possèdent des systèmes sophistiqués leur permettant d'indiquer clairement ce qui se passe dans le monde extérieur.

Le singe vervet, que nous avons déjà rencontré plus haut, est une proie pour trois types de prédateurs : des léopards, des aigles et des pythons. Il pousse des cris d'alarme distincts pour chacun de ces prédateurs[16]. À la vue d'un léopard, son cri déclenche chez les autres singes une fuite dans les arbres ; s'il repère un aigle, l'alarme les incite à regarder en l'air et à s'abriter dans des buissons ; enfin, le cri poussé par la présence d'un serpent les fera tous se redresser et regarder attentivement l'herbe autour d'eux. Tout se passe « comme si » chacun des trois cris différents voulait dire respectivement : « Je vois un léopard », « je vois un aigle », ou « je vois un serpent ».

Mais ces cris sont-ils différents parce qu'ils se réfèrent à des objets différents ou parce que ces objets évoquent chez l'émetteur des états émotionnels différents qui se traduisent dans des cris distincts ? Dans le premier cas, le cri désignerait un objet particulier, ou bien une certaine situation objective du monde extérieur indépendamment de l'état d'esprit du locuteur. Dans le second cas, le cri ne serait que l'expression corporelle d'un état subjectif. Dans le premier cas, il y aurait véritablement intention de « communiquer », c'est-à-dire de fournir un renseignement sur quelque chose ; dans le second, la communication serait dérivée et fortuite. Cette dichotomie entre une communication « affective » et une communication « référentielle » est souvent invoquée pour caractériser la différence entre communication animale et communication langagière humaine. Il ne faudrait cependant pas considérer qu'elles

---

16. Cheney et Seyfarth, 1990.

s'excluent mutuellement. Après tout, comme le remarque David Premack[17], pionnier de l'étude du « langage » chez les chimpanzés, pousser un cri d'admiration devant des fraises peut avoir la même fonction référentielle que le mot « fraise », dans la mesure où le cri est émis de façon prévisible par la vue des fraises et non par tout autre objet.

Les chimpanzés, qui possèdent, nous dit-on, une grande intelligence[18], sont capables d'acquérir des connaissances sur le monde à partir du comportement d'un compagnon « informé ». Emil W. Menzel, de l'Université Stony Brook de New York place, dans un enclos relativement grand, six individus[19]. Cinq d'entre eux sont maintenus enfermés dans une cage, et peuvent voir le sixième libre de se déplacer dans l'enclos. Ils peuvent aussi voir un expérimentateur montrer à ce dernier un objet intéressant et attractif, une friandise par exemple. L'expérimentateur place ensuite cet objet derrière la cage, dans un endroit caché à la vue des cinq animaux enfermés, mais pas du sixième qui se déplace librement dans l'enclos. Une fois « informé », ce singe est mis dans la cage avec ses compagnons. Après quelques minutes, le groupe dans son ensemble est libéré dans l'enclos. Dans la grande majorité des cas, le groupe se dirige immédiatement vers l'objet attractif caché. Si souvent l'« informateur » arrive bien le premier sur la source, on ne peut cependant pas décrire le comportement des autres comme étant simplement « entraînés » par celui-ci : très souvent un animal « ignorant » le précède, regarde de temps en temps en arrière pour savoir quelle direction prend l'informateur et se précipite ensuite en avant de celui-ci, à la recherche de l'endroit où l'objet pourrait bien être caché. Cet animal ne porte pas tellement son attention sur l'informateur en tant que tel ou sur des signaux particuliers qu'il pourrait émettre, mais sur le fait qu'*il y a quelque chose là-bas, en avant du groupe, et que ce quelque chose est probablement la source dans l'environnement de l'excitation du « leader » et la destination de son déplacement*. Si, au lieu d'une friandise, un serpent a été caché, les suiveurs manifestent beaucoup de prudence et de crainte en approchant de la source.

Cet exemple et toute une série d'expériences ingénieuses analogues menées par les mêmes auteurs montrent bien à quel point peuvent être subtils les moyens de communication mis en œuvre par les singes supérieurs. Ces moyens sont en tout point comparables à ceux que l'homme serait amené à utiliser dans des situations comparables. Déjà Darwin, en 1872, reconnaissait que l'homme était doté d'un vaste répertoire de gestes qui jouent un rôle essentiel dans la vie sociale. Ces gestes sont des

---

17. Premack, 1972.
18. Je prends ici intelligence de façon non critique, comme un terme qui ne pose pas de problème majeur, mais voir chapitre XI.
19. Menzel, 1978.

mouvements ou des postures du corps, des expressions du regard qui signalent des intentions ou des états d'esprit, des mimiques qui suggèrent des appréciations ou des humeurs ou évoquent des ordres. Ils constituent ce que nous appelons couramment le « langage du corps », lequel exerce une fonction importante de contrôle, souvent insoupçonnée, des réactions des autres dans de très nombreuses situations sociales. Certains de ces gestes sont conventionnels ; leur répartition géographique et leur empreinte sociale indiquent qu'ils suivent des traditions culturelles ou expriment des idiosyncrasies individuelles. Toutefois, leur forme générale semble universelle. Ils apparaissent toujours sur la base de comportements innés : le rire, le sourire, les pleurs, les expressions d'étonnement, de peur, de dubitation se trouvent tous en effet dans, sinon toutes, du moins la plupart des cultures étudiées jusqu'ici. Ils se développent indépendamment de toute imitation puisqu'ils apparaissent chez les enfants aveugles et sourds de naissance[20]. On peut donc raisonnablement penser qu'ils résultent d'une évolution biologique puisqu'on en retrouve les prémices dans de nombreux mouvements observés chez les primates non humains. Un aspect important de la communication non verbale chez l'homme est qu'elle apparaît exclusivement dans un contexte qui englobe tout à la fois la communication linguistique et les conventions sociales ou culturelles. Cela laisserait supposer qu'elle serait en quelque sorte une prémice à la communication linguistique. La question importante qu'il reste donc à aborder est celle de la communication linguistique qui, chez l'homme, dépasse largement le « langage des gestes ». Si je parle à quelqu'un, c'est que je crois pouvoir par ma parole, d'une façon ou d'une autre, l'influencer, changer son « état d'esprit » et éventuellement modifier son comportement[21]. Mais lui parlerais-je vraiment si je ne le savais doté, comme moi, d'un « état esprit » ? Cette capacité de tenir compte de ce que l'autre pense, de lui attribuer des états mentaux, a été décrite par David Premack et Guy Woodruff[22] sous le nom de « théorie de l'esprit ». Le terme de « théorie » est ici employé parce que l'esprit de l'autre ne peut être atteint que par une inférence, alors que par introspection nous pouvons avoir (ou nous pensons avoir) un accès direct à notre propre esprit[23]. On n'a jamais vu un primate non humain se mettre à vocaliser parce qu'il s'aperçoit que celui qui lui fait face ne sait pas ce qu'il aurait besoin de savoir[24].

---

20. Eibl-Eibesfeldt, 1972.
21. Dans ses *Essais de linguistique générale* (1963 pour sa traduction en français), le grand linguiste d'origine russe Roman Jakobson appela, « conative » cette fonction du langage, orientée vers le destinataire du message en vue de l'influencer, l'inciter ou le convaincre.
22. Premack et Woodruff, 1978.
23. Le glissement de la locution « état d'esprit » au terme « esprit » indique assez le malaise que j'éprouve à employer de façon non critique ces expressions.
24. Seyfarth et Cheney, 2003.

La communication linguistique

Sans entrer dans les détails que nous reprendrons plus bas, énumérons simplement les traits principaux qui font d'un système un véritable système de communication symbolique. La *sémanticité*, grossièrement définie comme le lien associatif entre les signaux et les traits caractéristiques du monde ; l'*arbitraire* des symboles, qui signifie que le symbole qui est utilisé pour représenter ne ressemble pas physiquement à ce qu'il représente (de là, la grande diversité des langues, y compris des langues des signes comme l'ASL (American Sign Language), la LSF (langue des signes en français) ou la LSQ (langue des signes en québécois) ; la *productivité*, ou possibilité de créer un nombre infini d'énoncés à partir d'un nombre fini d'unités de sens et l'*ouverture* qui traduit la capacité d'élaborer aisément et librement de nouveaux messages ; le caractère *discret* des signaux du répertoire de communication ; la *référence* à des événements éloignés dans le temps et l'espace ; enfin, l'*apprentissage*, le fait que le système de communication puisse être appris. On peut aussi ajouter la « double articulation », notion introduite par André Martinet pour distinguer entre les unités distinctives (les phonèmes) et les unités signifiantes (les monèmes)[25]. La plupart de ces caractéristiques peuvent être trouvées, en association plus ou moins complète, chez certains animaux, il n'existe cependant pas de langage animal qui incorpore, comme le fait le langage humain, toutes ces caractéristiques à la fois, ils sont tous incomplets. En outre, et là est certainement le point le plus important, la capacité de communiquer sur le système de communication lui-même, est propre au langage humain : les êtres humains « sont capables de construire non seulement des *descriptions*, c'est-à-dire des représentations d'états de choses, mais aussi des *interprétations*, c'est-à-dire des représentations de représentations[26] ».

QUI PARLE ?

Dans les années 1970 et 1980, de nombreuses expériences ont été tentées pour enseigner à des singes supérieurs l'utilisation du langage humain. Toutes ces études ont montré que les chimpanzés peuvent apprendre à utiliser un certain nombre de symboles, ils peuvent même en combiner un petit nombre entre eux pour désigner un objet ou une action. Un problème crucial demeure cependant, celui de la relation entre le symbole et son référent : qu'ont véritablement appris ces chimpanzés savants ? Il est bien établi qu'ils sont sensibles à la situation de

---

25. Martinet, 1960.
26. Sperber, 1996.

communication établie par l'expérimentateur. Mais peut-être font-ils les signes que l'expérimentateur attend d'eux parce qu'ils ont simplement appris qu'en faisant ainsi ils obtiendront une récompense ou tout simplement un résultat. Ils adopteraient une stratégie simple, par exemple : « Fais n'importe quoi, gesticule, jusqu'à ce que l'expérimentateur termine la séance. » Ou, de façon plus subtile : « Dans une situation de communication à propos de nourriture, fais n'importe quel signe que tu as appris à associer à : manger, boire, banane, encore, doux, s'il te plaît, assez. » Il ne fait guère de doute que les chimpanzés ne vont pas au-delà d'un stade relativement fruste de maîtrise d'un langage, stade qui semblerait, selon les estimations les plus optimistes des partisans les plus convaincus que les chimpanzés peuvent parler, correspondre en gros chez l'enfant humain à un stade atteint entre les âges de 2 et 3 ans. Mais le bébé humain, dès le début du développement du langage, est sensible au contexte langagier dans lequel il baigne, il montre, par ses pleurs ou ses sourires, qu'il distingue la parole des bruits environnants et que, même à l'âge où il n'utilise que des mots isolés, ceux-ci sont toujours immergés dans du babillage et dans une gestuelle complexe : à 10 mois, il accompagne le mot prononcé d'un geste de pointage, et, à 1 an, il regarde dans la direction ainsi pointée. Les enfants ont une propension naturelle, innée, à développer un système de communication structuré, notamment, mais pas uniquement, par des règles syntaxiques[27].

Le langage humain

Il faudrait beaucoup plus de place que celle dont nous disposons et surtout davantage de compétence dans le domaine de la linguistique pour aborder, même de façon superficielle, le problème de la nature de la communication langagière chez l'homme. Il suffit de remarquer que le langage humain est un système ouvert, « génératif », permettant de produire (et de comprendre) un nombre infini d'énoncés significatifs à partir d'un nombre fini de mots (en moyenne, le vocabulaire usuel d'un adulte se situe entre cinquante mille et cent mille mots) et de règles combinatoires. On appelle *syntaxe* l'ensemble des règles qui permettent de saisir le sens d'une phrase à partir du sens des mots qui la composent et du contexte « pragmatique » dans lequel la phrase est énoncée. Ces règles servent à générer une infinité d'expressions, qui ont un sens et qui sont compréhensibles pour quelqu'un qui connaît la langue, chaque expression ayant sa forme sonore (phonétique et phonologique), sa signification, et ses propriétés structurales associées (l'ordre des mots dans la phrase par exemple). Cette capacité *grammaticale* est très différente de la capacité que nous avons décrite chez le primate, qui se borne à utiliser un stock limité de symboles péniblement acquis à la suite d'un entraîne-

---

27. Boysson-Bardies, 1996 (réédition 2004).

ment prolongé sous la direction attentive d'un maître. Les enfants humains apprennent à parler de façon spontanée, pour peu qu'ils soient immergés dans un environnement langagier ; néanmoins, faute de pouvoir s'exercer, leur capacité de parler s'appauvrit et finit par disparaître complètement[28]. Le fait que les enfants humains arrivent à parler couramment, à maîtriser et à s'approprier les structures complexes et hautement spécifiques qui caractérisent universellement toutes les langues particulières étudiées jusqu'ici, suggère fortement que les structures *grammaticales*[29], qui rendent possible une faculté de langage sont déjà là au moment où l'enfant se met à parler. Elles sont *innées* et n'attendent qu'une occasion pour se manifester. En outre, elles se développeront complètement en dépit d'une expérience langagière parcellaire ; en effet, les exemples de langage que l'enfant rencontre dans son milieu sont insuffisants par rapport à la richesse du langage qu'il va acquérir. Selon le linguiste américain du Massachusetts Institute of Technology Noam Chomsky : « La tâche de l'enfant qui apprend une langue consiste uniquement à choisir, parmi la classe des grammaires compatibles avec les lois de la grammaire universelle, celle qui est compatible avec les données limitées et imparfaites auxquelles il est confronté. C'est dire encore une fois que l'acquisition d'une langue n'est pas un processus direct, allant des données linguistiques à la grammaire, et que notre subtilité à comprendre les choses va bien au-delà de ce qu'enseigne l'expérience[30]. »

À cette question fondamentale de savoir comment apparaît et se développe la capacité langagière humaine, deux grandes classes de réponses ont été données, illustrées par un débat fameux qui eut lieu du 10 au 13 octobre 1975 dans l'abbaye de Royaumont près de Paris, mais qui garde encore, malgré ses trente ans d'âge, beaucoup de sa pertinence[31]. La discussion a eut lieu entre Jean Piaget, psychologue suisse dont l'influence sur la psychologie du développement de l'enfant demeure considérable et Noam Chomsky, le linguiste américain qui mit un terme définitif à la thèse behavioriste, défendue par Frederic Skinner, selon laquelle le « comportement verbal » ne saurait être qu'un apprentissage opérant. Ce fut la seule et unique rencontre entre ces deux grand représentants de positions sans doute inconciliables, l'innéisme chomskyen et le constructivisme piagétien, pôles structurants à partir desquels s'articulent les théories du développement du langage

---

28. L'émigré qui ne parle que la langue du pays d'adoption peut finir par oublier sa propre langue maternelle ; ce phénomène d'atrophie de la langue maternelle chez des individus qui ne la pratiquent plus est appelé « attrition » et fait l'objet de nombreuses recherches. Voir Schmid *et al.*, 2004.
29. *Grammatical* doit être entendu dans ce contexte comme le système abstrait de règles qui rend possible l'existence des « grammaires » que nous apprenons sur le banc des écoles.
30. Chomsky, 1977, p. 185.
31. Piattelli Palmarini, 1979, 1994.

(et plus généralement du développement de toute compétence cognitive). Dans le modèle de Piaget, le langage est progressivement édifié par l'interaction continue avec un environnement solidement structuré. Selon cette conception, l'interaction avec l'environnement langagier *instruit* progressivement l'enfant qui construit de la sorte son système syntaxique en l'enrichissant et le corrigeant pour le faire coller le mieux possible au système auquel il est exposé. Pour Chomsky, au contraire, la faculté de langage, avec les propriétés fondamentales d'une grammaire universelle, appartient au patrimoine génétique de l'espèce humaine, de telle sorte que l'enfant possède en venant au monde le cadre général de la grammaire qu'il doit construire et celle à laquelle il est exposé parmi toutes les langues possibles. Le langage est un « organe mental », inscrit dans son cerveau. Comme n'importe quel organe physique, il est « déterminé par les propriétés propres à l'espèce et génétiquement déterminées ».

L'interaction avec l'environnement est, dans les deux conceptions, nécessaire pour « déclencher le développement ». Pour Piaget, l'expérience est *instructive* en ce sens que les mots et les phrases que l'enfant entend lui fournissent les éléments de construction de son propre « parler » ; celui-ci va se normaliser, étape après étape, en suivant des *stades*, grâce à deux mécanismes qui jouent un rôle central dans toute la théorie psychologique piagétienne. D'un côté, par l'*assimilation* de nouveaux sons de la langue entendue dans son environnement langagier et, d'un autre, par l'*accommodation* dans leur production par la parole en révisant et corrigeant constamment les expressions proférées en fonction des réactions d'encouragement ou de réprimande de ses interlocuteurs, au premier chef desquels, bien entendu, se trouvent les parents. Pour Chomsky au contraire, qui pensait en avoir fini depuis vingt ans avec ce genre d'argument, l'expérience permet tout au plus de *sélectionner* parmi des possibilités déjà présentes dans le cerveau celles qui seront fixées par l'interaction avec l'environnement. Ce sont les contraintes sur la structure générale des langues humaines qui sont innées, c'est-à-dire présentes dès la naissance, et même avant celle-ci.

Nous retrouvons ici encore un modèle, formalisé il y a déjà plus de trente ans par Jean-Pierre Changeux[32], de développement du cerveau et de ses capacités que nous avons déjà évoqué au chapitre II. Les leçons tirées de l'expérience vécue, c'est-à-dire réellement *utilisée* dans une interaction toujours active entre l'organisme et son environnement, physique, social ou langagier, fixent les paramètres de fonctionnement du cerveau dont les connaissances de base viennent de son histoire évolutive.

---

32. Changeux *et al.*, 1973.

C'est bien du côté du cerveau qu'il faut rechercher les structures requises pour comprendre les capacités langagières[33]. La découverte par Pierre Paul Broca en 1861 (voir chapitre premier) d'une zone cérébrale, située, selon l'expression consacrée, au « pied de la troisième circonvolution frontale de l'hémisphère gauche », comme étant le « siège de la faculté du langage articulé », marque la naissance de l'histoire des neurosciences du langage, qui commença par l'étude de l'aphasie, c'est-à-dire un ensemble des troubles de la faculté du langage articulé déterminé par une lésion cérébrale circonscrite.

LES APHASIES
ET LA NEUROPSYCHOLOGIE DU LANGAGE

Depuis qu'elles ont débuté, il y a près de cent cinquante ans, toutes les études visant à mettre en relation des lésions cérébrales plus ou moins focales et des troubles du langage ont fait apparaître clairement un aspect fondamental. Ce n'est jamais le langage dans sa globalité qui est atteint, mais toujours l'une ou l'autre (ou un petit nombre) de ses composantes élémentaires. La question se pose dès lors de savoir quelles sont les régions du cerveau déterminantes pour l'expression des différentes composantes du langage.

Une distinction fondamentale est apparue à la fin du XIXe siècle, entre l'aphasie dite de Broca et celle dite de Wernicke. L'aphasie de Broca n'est autre que celle décrite par Broca lui-même à propos de Leborgne, son patient de Bicêtre (voir chapitre premier). Leborgne n'a aucun problème pour comprendre ce qu'on lui dit. En revanche, il a beaucoup de mal pour produire du langage articulé ; avec beaucoup d'efforts, il peut arriver à sortir la syllabe *tan,* qu'il répète généralement plusieurs fois, *tan tan tan*[34]. Dans certaines formes moins graves, décrites dans les années qui suivirent cette première description, le patient qui présente ce type d'aphasie peut *presque* parler, mais ses phrases, prononcées lentement et péniblement, ont une construction syntaxique tout à fait anormale : les éléments grammaticaux, comme les déterminants définis (le, la, les), les déterminants possessifs (mon, ton, son), ainsi que les petits mots fonctionnels que les linguistes aujourd'hui rassemblent, avec les déterminants, dans une classe dite « fermée » de mots grammaticaux (par exemple en français, les prépositions, les articles, les conjonctions de subordination et les flexions verbales) sont majoritairement omis dans

---

33. Je renvoi le lecteur à l'ouvrage récent du Traité des sciences cognitives *Cerveau et langage*, édité par Olivier Etard et Nathalie Tzourio-Mazoyer, Paris, 2003.
34. Sous l'emprise d'une émotion, Leborgne pouvait jurer : « Sacré nom de D... ! » Les points de suspension sont de Broca lui-même. Je remercie François Michel d'avoir attiré mon attention sur ce détail.

les langues romanes[35]. Le sujet ne s'appuie avec confiance que sur les mots dits de la classe « ouverte », comme les noms et, dans une moindre mesure, les verbes ; ces derniers apparaissant souvent sous leur forme nominalisée (l'infinitif en français, le gérondif en anglais). Ainsi, au lieu de dire : « Le chien, dort arbre peuplier », il dira par exemple : « Chien endormi ombre peuplier. » Le cerveau de Leborgne, mort le 17 avril 1861, présente à l'autopsie un « ramollissement » de la plus grande partie du lobe frontal de l'hémisphère gauche, avec notamment une destruction de la substance cérébrale du lobe frontal qui ménage une cavité, remplie de sérosité, capable de loger un œuf de poule (voir la figure 1-3 du chapitre premier). Ce ramollissement est très étendu : il va jusqu'aux limites antérieures du lobe pariétal et aux limites supérieures du lobe temporal, il pénètre en profondeur jusqu'au lobule de l'insula et au noyau extraventriculaire du corps strié (ce qui explique la paralysie des deux membres du côté droit, voir chapitre VIII). Broca, nous l'avons vu dans le chapitre premier, confirme en 1865 la localisation du langage articulé et établit le principe d'une dominance (ou, préfère-t-on dire aujourd'hui, spécialisation) de l'hémisphère gauche pour cette faculté.

L'aphasie de Wernicke tire son nom de celui qui l'aurait le premier mise en évidence[36], le neurologue allemand Carl Wernicke (1848-1905) qui, à l'âge de 26 ans, a publié une monographie *Le Syndrome aphasique*, dans laquelle il décrit une forme d'aphasie très différente de celle publiée plus tôt par Broca. Dans ce cas, on observe un déficit sévère de la compréhension. Chez ce patient, la parole est rapide, sans effort, il n'y a pas d'omission des mots de la classe fermée, la phrase semble globalement normale. Néanmoins, en y regardant de plus près, on s'aperçoit qu'il fait de fréquentes erreurs dans le choix des mots ou dans la justesse de leur utilisation « j'ai époustouflé le tapis » au lieu d'épousseter par exemple. Dans les cas les plus sévères, sa parole peut devenir un véritable jargon totalement incompréhensible. Ici, c'est la structure phonémique du langage qui est touchée plus que son expression : « J'ai épousseté le tapis » deviendra par exemple « j'ai étépoussé le pitas[37] ».

Les caractéristiques cliniques de ces deux formes d'aphasie permirent à l'époque, de les considérer comme respectivement motrice et sensorielle. Cette distinction s'imposait naturellement à la fin du XIXe siècle, puisqu'elle était directement calquée sur la distinction que l'expérimentation animale

---

35. Dans d'autres langues, en hébreu par exemple, il ne sont pas « omis », mais remplacés par des substituts. Voir Menn et Obler, 1989 ; Nespoulous, 1999.

36. Ce n'est pas tout à fait juste : l'histoire des aphasies est bien plus complexe, et la synthèse que Wernicke présente en 1874 n'est pas aussi nouvelle qu'on a souvent prétendu. Nous renvoyons le lecteur intéressé aux nombreux écrits sur ce sujet du neuropsychologue Henry Hécaen, disparu en 1983.

37. Notons qu'à côté d'un « jargon phonémique », on décrit aussi un « jargon sémantique ».

venait d'établir, entre les sphères corticales motrice et sensorielle (voir chapitre premier). En outre, ces aphasies diffèrent également par les zones cérébrales responsables de leur manifestation : l'aphasie de Broca implique la partie postérieure du lobe frontal (proche de la zone corticale motrice) de l'hémisphère gauche, alors que celle de Wernicke est localisée dans le lobe temporal (région sensorielle), toujours de l'hémisphère gauche (Fig. 10-3). Dès lors, sur la base de la connaissance, encore sommaire, de l'anatomie fonctionnelle du cerveau, on interprétait l'aphasie de Broca comme une aphasie *motrice*, celle de Wernicke, comme une aphasie *sensorielle*.

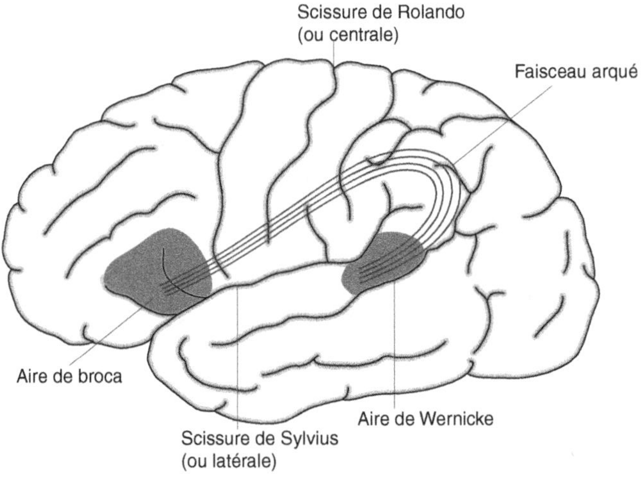

Figure 10-3 : *Aires de Broca et de Wernicke.*

Carl Wernicke figure parmi les premiers à avoir proposé un modèle théorique cohérent pour rendre compte du fonctionnement cérébral du langage. S'appuyant sur la conception, rappelée plus haut, selon laquelle le cortex situé en avant du sillon de Rolando a des fonctions motrices, et celui qui est situé en arrière des fonctions sensorielles, il envisage l'existence de deux « centres du langage ». Le premier, déjà identifié par Broca, serait le lieu où des « images motrices de la parole » seraient déposées, le second, qu'il place dans le gyrus temporal supérieur (GTS), servirait au stockage des « images acoustiques des mots ». Le terme « image » est ici important, il annonce le concept, largement utilisé aujourd'hui, de « représentation[38] ». En effet, selon Wernicke les impres-

---

38. La notion de représentation est certes plus ancienne, mais la psychologie cognitive contemporaine en a précisé le statut : la représentation mentale en tant que « correspondant cognitif individuel des réalités externes expérimentées par un sujet ». Voir les différentes entrées « Représentation » dans le *Vocabulaire de sciences cognitives*, Houdé *et al.*, 1998.

sions reçues par les cellules des deux zones cérébrales du langage laissent des *traces* qui y seront conservées sous forme d'images. S'il parle d'images, c'est parce qu'il fait sienne l'idée (déjà avancée par Lichtheim[39]) selon laquelle l'enfant apprend à parler en reproduisant par imitation purement réflexe le mot ou la syllabe qu'il vient d'entendre, ce qui suppose l'existence d'une « trace mnésique » de ce qu'on vient de percevoir. Cette association provoque à son tour l'activation synchrone des images sensorielles et motrices des deux centres, coïncidence[40] qui favorisera leur association directe au moyen de fibres cortico-corticales qui passent par l'insula et forment le faisceau arqué. Ajoutons encore que, pour Wernicke, les images, acoustiques ou motrices, sont distinctes des concepts. Ces derniers sont la synthèse totale de toutes les images sensorielles mémorisées correspondant à la perception de l'objet, synthèse qui fait appel à l'activité de l'écorce cérébrale dans son ensemble. Cela veut dire que, pour qu'on comprenne le sens d'un mot, il doit se former une association entre, d'une part, l'image acoustique de ce mot et, d'autre part, toutes les images sensorielles qui ensemble représentent le concept lui-même. Dans l'expression, le concept de l'objet éveille l'image motrice du mot, alors que, dans la compréhension, l'image acoustique d'un mot connu éveille le concept de l'objet[41]. Ainsi, des connexions doivent relier les deux centres du langage, mais elles doivent aussi les mettre en relation avec les systèmes de représentation conceptuelle, largement distribués dans le cortex cérébral.

Wernicke, sur la base de considérations purement théoriques, postulait l'existence de plusieurs types d'aphasie, selon le trajet sur lequel une lésion peut avoir lieu. Ainsi, une lésion sur le trajet reliant les deux centres du langage, chacun étant quant à lui parfaitement « normal », altère le passage de la réception à l'expression et interdit au patient présentant ce type d'aphasie, dite de *conduction*, de « répéter » le mot qu'il vient d'entendre, même s'il en a parfaitement compris le sens et même s'il peut le dire « spontanément ». Si les fibres de projections, efférentes ou afférentes, sont lésées, il en résultera respectivement soit une « aphasie motrice sous-corticale » se traduisant, en clinique, par un *mutisme pur*, soit une aphasie sensorielle sous-corticale, telle qu'on peut la rencontrer dans les cas de *surdité verbale pure*. Mais la lésion peut briser

---

39. Lichtheim, 1885 ; voir sur ce sujet Ombredane, 1951, et Hécaen et Lanteri-Laura, 1977.

40. Le lecteur sera peut-être sensible ici à l'idée que Hebb défendra quelque soixante-dix ans plus tard. Évitons néanmoins tout anachronisme !

41. Qu'en est-il des mots abstraits, sans référent concret, qui font appel à un métalangage ? La « justice » ou la « république » par exemple sont définis par rapport à d'autres mots, « respect », « droit », « équité » ou « organisation politique », « mandat », « élection », eux-mêmes abstraits. Bien entendu, les mots abstraits peuvent dans certaines situations éveiller des « images symboliques », une balance ou une Marianne. Ce n'est cependant pas toujours le cas.

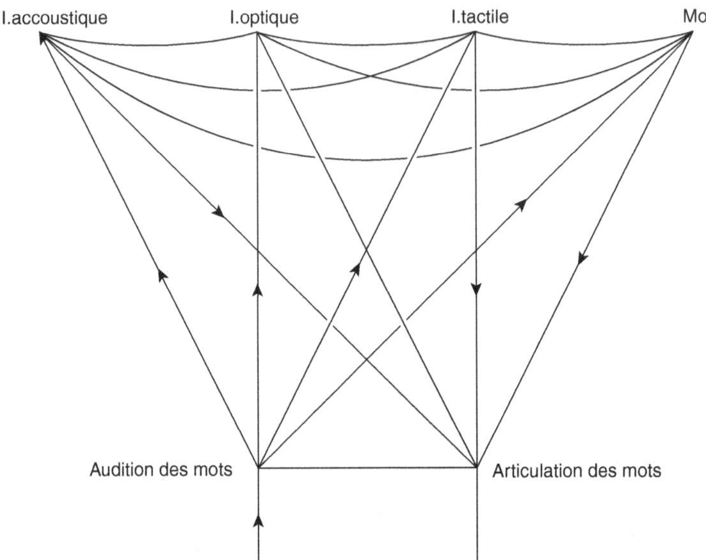

Figure 10-4 : *Schéma à deux étages de Wernicke.*

n'importe laquelle des flèches du schéma à deux étages (Fig. 10-4), entraînant des aphasies qu'il appela « transcorticales » et que la clinique s'est efforcée, avec des succès mitigés, de découvrir.

Comme en témoigne le sous-titre de son mémoire de 1874, « une étude psychologique sur la base de l'anatomie[42] », les idées de Wernicke sont en plein accord avec les idées dominantes de la psychologie associationiste du moment et avec le développement d'une neuro-anatomie cartographiant le cortex cérébral et traçant les voies nerveuses avec de plus en plus de précision. Elles ont ouvert sur de nombreuses propositions qui apparaissent sous la forme de schémas associationnistes et de diagrammes de plus en plus compliqués, de moins en moins fondées sur l'anatomie, inaugurant la période de « fabricants de schémas[43] ».

La conception de Wernicke est bientôt battue en brèche. Le neurologue « iconoclaste[44] » Pierre Marie s'oppose en 1906, dans un réquisitoire sévère, qui fit grand bruit à son époque[45], *Révision de la question de l'aphasie* (voir chapitre premier : « L'âge d'or des localisations cérébrales »), au dogme des images mentales et à l'utilisation de schémas, pour préconiser un retour à la « vieille méthode « anatomoclinique »,

---

42. *Der aphasische Symptomkomplex : eine psychologische Studie auf anatomischer Basis.*
43. Selon l'expression que Shallice, 1995, emprunte à Head, 1926.
44. L'expression est de Henry Head, 1926.
45. S'il fit grand bruit en France, c'est par son attaque brutale de Broca, gloire nationale, plus que par celle de Wernicke, savant allemand.

qui, judicieusement appliquée n'a jamais induit personne en erreur[46] ». Pierre Marie ne pouvait ignorer *Matière et Mémoire*, dont la première édition date de 1896, ouvrage dans lequel Henri Bergson s'élève avec vigueur contre la doctrine des images mentales et contre les schémas associationnistes[47].

Quoi qu'il en soit[48], Wernicke et son modèle classique de l'aphasie sont négligés ou ignorés pendant toute la première moitié du XXe siècle, jusqu'à ce qu'un neurologue américain, Norman Geschwind (1926-1984) décrive, dans les années 1960, un « syndrome de déconnexion chez les animaux et chez l'homme[49] ». Il s'agit de troubles liés davantage à la rupture de connexions entre des centres plutôt qu'à des effets résultant de leurs lésions proprement dites. La fabrication des schémas reprend alors de plus belle et culmine dans la psychologie cognitive naissante par ce que l'on appelle parfois, par dérision, de *boxologie*, abus de diagrammes dans lesquels de multiples petites boîtes (*boxes* en anglais) sont censées contenir des pièces élémentaires de fonctions cognitives. Mais c'est au moment même où on redécouvre les vertus du modèle classique de Wernicke-Geschwind que des critiques sérieuses voient le jour. Ces critiques attaquent simultanément sur trois fronts : clinique, linguistique et anatomique.

Tout d'abord le syndrome aphasique déborde largement le cadre classique ; il comprend un nombre variable de symptômes diversement regroupés, ce qui suggère une architecture anatomique et fonctionnelle du langage plus compliquée que celle simplement exigée par le modèle classique. Ensuite il est devenu de plus en plus évident que la division du langage en deux composantes principales, la production et la compréhension, était bien trop rudimentaire. En 1957, Noam Chomsky publie *Les Structures syntaxiques*[50]. Dès lors, de nombreux neuropsychologues s'emploient à analyser et décrire les troubles aphasiques en tenant compte des grands sous-systèmes : phonologie, syntaxe, sémantique que les linguistes décrivent ; ils prennent également conscience que ces sous-systèmes eux-mêmes ne sont pas monolithiques, ce qui complique grandement la recherche de relations entre les différentes composantes du langage et les lésions cérébrales qui leur sont associées. Il ne faudrait pas croire que cette préoccupation n'est apparue que dans les années 1960. Déjà, entre les deux guerres mondiales, des cliniciens, sensibles aux formes des erreurs verbales des malades aphasiques, s'étaient souciés de classer les différents types d'aphasie selon divers aspects de l'acte linguis-

---

46. Voir Ombredane, *op. cit.*, p. 142.
47. Ombredane, *op. cit.*, chapitre VIII ; Missa, *op. cit.*, chapitre V.
48. L'histoire de l'effacement des doctrines associationnistes devant les conceptions unitaires (holistiques) du début de XXe siècle mériterait un ouvrage à elle seule.
49. Geschwind, 1965.
50. Chomsky, 1957.

tique, phonétique, syntaxique ou sémantique[51]. Néanmoins, la recherche de correspondances entre des troubles spécifiques du langage et des lésions circonscrites dans le cerveau était évidemment entravée par l'absence de méthodes permettant d'établir avec précision de telles correspondances, la seule disponible étant alors l'examen *post mortem* de cerveaux d'aphasiques, porteurs de lésions le plus souvent étendues et toujours variables selon les individus. En outre, la méthode anatomoclinique, du fait des insuffisances que nous venons de signaler, favorisait un climat *antilocalisationniste* ; tout comme la psychologie de la forme, surtout influente sur les neurologues allemands[52] et la philosophie de Bergson[53]. Enfin, on se rendit compte que l'aphasie de Broca n'était pas due à une lésion de l'aire de Broca, pas plus que celle de Wernicke de l'aire de Wernicke, et que l'aphasie de conduction n'avait rien à voir avec un syndrome de déconnexion[54]. En outre, de nombreuses régions, corticales et sous-corticales, situées parfois loin des zones classiques de Broca et de Wernicke, interviennent dans le traitement du langage[55]. La situation devenait inextricable !

ORGANISATION ANATOMIQUE ET FONCTIONNELLE
DES ACTIVITÉS LANGAGIÈRES

Aujourd'hui, grâce au développement des méthodes d'imagerie cérébrale (dont nous reparlerons au chapitre suivant), il est possible d'étudier chez le sujet sain, comme chez celui qui est porteur d'une lésion cérébrale, la distribution des aires cérébrales activées au cours de différentes tâches qui mettent en jeu la faculté de langage. Ce domaine de recherche est actuellement très actif[56] ; de nombreux résultats sont publiés pratiquement tous les jours. Sans bouleverser radicalement les

---

51. Il faut citer l'ouvrage influant de sir Henry Head de 1926 (soit en 29 BC !).
52. Voir notamment le fameux « cas Sch. » décrit par Kurt Goldstein et Adhemar Gelb en 1918. Ce cas a été littéralement « fabriqué ». En juin 1915, un jeune soldat de 23 ans, Johann Schneider, est blessé par un éclat de mine. Il est envoyé à l'hôpital militaire de Francfort pour réhabilitation où il est examiné par K. Goldstein et A. Gelb. Commence alors entre le patient (Sch.), le médecin (KG) et le psychologue (AG) une véritable collaboration, le patient satisfaisant avec complaisance aux questions, théoriquement orientées de Goldstein et Gelb. Schneider avait compris qu'en allant dans le sens voulu (inconsciemment ?) par ses examinateurs, il devenait « précieux » et pouvait ainsi éviter de retourner au front. Goldstein et Gelb étaient ravis de confirmer leur théorie. Si ce cas est célèbre, c'est parce qu'il est très souvent cité, et s'il est si souvent cité, c'est parce que, long, difficile et, qui plus est, de langue allemande, il n'est jamais lu ! Goldenberg, 2002.
53. Voir Missa, 1993.
54. Voir respectivement : Mohr *et al.*, 1978 ; Bogen et Bogen, 1976 ; Anderson *et al.*, 1999.
55. Dronkers *et al.*, 2004, a et b ; Damasio *et al.*, 2004
56. La meilleure introduction (en français) à l'apport de l'imagerie cérébrale en psychologie cognitive est fournie par Houdé *et al.*, 2002.

données acquises par l'étude des patients cérébrolésés, les techniques d'imagerie[57] par tomographie par émission de positons (TEP) et par résonance magnétique fonctionnelle (IRMf), combinées avec des analyses neurolinguistiques détaillées, ont apporté de nombreux détails qui permettent de préciser le rôle des aires cérébrales du langage.

Supposons que l'on cherche à déterminer la capacité qu'ont les sujets normaux de détecter des « anomalies syntaxiques ». On leur présente deux ensembles d'énoncés, dans l'un, les phrases présentent une certaine irrégularité (toujours détectée), dans l'autre, elles sont correctement formées[58]. On va comparer les images obtenues (par la TEP ou, plus couramment aujourd'hui, par l'IRMf) dans ces deux situations, la première dite « tâche d'intérêt » (puisqu'on s'intéresse à la détection des anomalies syntaxiques), par rapport à la seconde, dite « tâche de référence », pour déterminer les régions cérébrales actives lorsque l'anomalie est détectée par rapport aux régions qui ne le sont pas lorsqu'il n'y a pas d'anomalie. Deux méthodes sont couramment employées pour mettre en évidence ces « activations liées à une tâche ». La première, appelée par soustraction ou « par différence », consiste à soustraire l'activation présente sur les images cérébrales prises lors de la tâche d'intérêt de l'activation présente lors de la tâche de référence : toutes les régions qui montrent une activation après soustraction seront considérées comme impliquées dans le traitement des énoncés anormaux. On perçoit immédiatement un grand nombre de problèmes méthodologiques redoutables, entre autres : qu'est-ce qu'une *bonne* tâche de référence ? sachant qu'il n'existe pas d'état mental indifférent et qu'une différence peut venir soit d'une suractivation lors de la tâche d'intérêt soit d'une désactivation lors de la tâche de référence. Beaucoup d'astuces sont déployées pour minimiser ces difficultés sans toutefois jamais les éliminer complètement. La seconde méthode, utilisable seulement dans l'IRMf, est appelée « à réponse évoquée » (en anglais *event related*), elle consiste à synchroniser la présentation d'un stimulus et le recueil de l'image, à faire la moyenne des réponses obtenues à chaque stimulus en séparant les époques de stimulation d'intérêt de celles de références. La présentation des stimuli expérimentaux et contrôles est distribuée au hasard ce qui ne permet pas au sujet d'adopter une stratégie de réponse pour une catégorie particulière de stimulus.

---

57. Voir « Imagerie cérébrale », chapitre XI.
58. Dans une tâche de jugement de grammaticalité, ce qui est mis en évidence c'est davantage la compétence abstraite du sujet plutôt que sa performance réelle dans la compréhension en temps réel du message ; généralement, les « patients agrammatiques » ont de bonnes performances dans le jugement grammatical. Cette distinction est fondamentale dans l'interprétation des résultats d'imagerie cérébrale.

L'AIRE DE BROCA N'EST PLUS CE QU'ELLE ÉTAIT

Classiquement, l'aire de Broca couvre le gyrus frontal inférieur de l'hémisphère gauche, ce que Broca appelait le « pied de la troisième circonvolution frontale gauche ». Anatomiquement, cette région est composite du point de vue cytoarchitectonique, elle est formée de deux aires principales : vers l'arrière, une partie operculaire (*pars opercularis*) qui correspond à l'aire 44 de Brodmann (BA44) et, dans sa zone moyenne-antérieure, l'aire BA45 qui forme la partie triangulaire (*pars triangularis*). Anatomiquement, l'aire BA44 paraît asymétrique : elle est plus grande dans l'hémisphère gauche que dans l'hémisphère droit, ce qui va de pair avec la latéralisation gauche du langage établie par Broca en 1865. En revanche, l'aire BA45 semble bien symétrique.

On peut élargir l'aire de Broca jusqu'à la branche orbitaire du gyrus frontal inférieur où se trouve l'aire BA47 (*pars orbitalis*), qui, bien que ne faisant pas partie de l'aire de Broca, au sens strict du terme, intervient néanmoins dans l'analyse et l'expression des émotions qui accompagnent le langage (le traitement des émotions par l'aire BA47 se fait dans l'hémisphère droit, l'aire 47 de l'hémisphère gauche est concernée par le rappel en ligne des connaissances sémantiques à partir de la mémoire à long terme[59]). Pour certains auteurs, l'insula antérieure de l'hémisphère gauche et la substance blanche sous-jacente[60] peuvent être aussi considérées comme des extensions de l'aire de Broca.

L'aire de Broca, limitée au gyrus frontal inférieur gauche, n'est pas seulement impliquée dans la production motrice, articulatoire, du langage comme les études classiques le laissaient penser naguère encore. Elle intervient également dans des tâches « perceptives », comme la simple écoute de liste de mots ou de textes[61] et dans des tâches considérées comme essentiellement « sémantiques », par exemple décider, d'un geste convenu de la main, si un mot présenté visuellement est concret ou abstrait. Ici, il n'est aucunement demandé au sujet de « parler », d'articuler à haute voix des mots. L'idée que ces méthodes d'imagerie cérébrale permettent de se faire de l'aire de Broca est aujourd'hui bien plus riche que celle naguère proposée par les études anatomocliniques classiques.

L'aire de Broca n'est plus ce qu'elle était ; elle est activée dans des tâches qui impliquent du traitement phonologique, des décisions sémantiques, et des mécanismes sous-tendant la compréhension des phrases et

59. Wagner, 2001.
60. Voir Etard et Tzourio-Mazoyer, *in* Houdé *et al.*, *op. cit.*, p. 448.
61. Mazoyer *et al.*, 1993 ; Poldrack *et al.*, 1999.

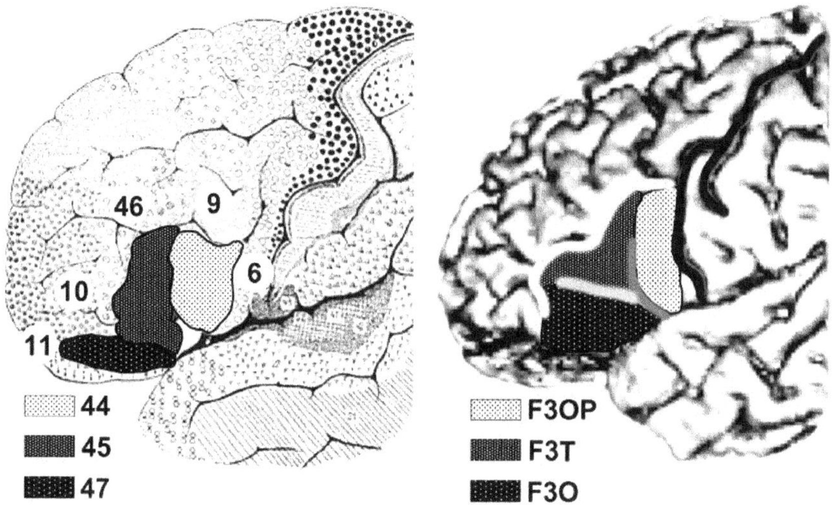

Figure 10-5 : *Cytoarchitectonie des aires du lobe frontal.*
À gauche sont représentées les aires cytoarchitectoniques issues de la classification élaborée par Brodmann en 1909. En ce qui concerne les aires plus spécifiquement dédiées au langage, on note les aires BA 44, BA 45 et BA 47 contenues en partie dans le gyrus frontal inférieur. À droite est représentée une face latérale de la face externe de l'hémisphère gauche sur laquelle sont répertoriées les régions macroscopiques du gyrus frontal inférieur (F3) homologues aux aires BA 44, BA 45 et BA 47, c'est-à-dire respectivement la partie operculaire (F3OP), la partie triangulaire (F3T) et la partie orbitaire (F3O). En noir est tracé le sillon précentral, en blanc le sillon frontal inférieur, en gris clair, le rameau horizontal de la scissure de Sylvius et en gris foncé le rameau vertical de cette scissure.
Nathalie Tzourio-Mazoyer, GIN UMR6194-CEA-CNRS, Caen.

même des discours[62]. Elle interviendrait *avant* la production motrice proprement dite de la parole, notamment dans la sélection d'une réponse verbale parmi plusieurs possibles. Comme nous le verrons plus loin, les études destinées au départ à mettre en évidence, dans les régions temporales, les aspects le plus directement liés à la réception de la parole (suivant en cela le schéma hérité des années qui ont précédé l'apport de l'imagerie cérébrale fonctionnelle) ont la plupart de temps révélé des activations dans les régions frontales, souvent débordant l'aire de Broca proprement dite, allant même jusqu'à mobiliser des aires situées dans l'hémisphère droit.

Au sein du gyrus frontal inférieur, l'IRMf montre l'existence de zones cérébrales circonscrites qui répondent à des aspects spécifiques du langage. C'est ainsi que, pour résumer (de façon trop cavalière sans doute) une énorme quantité de travail expérimental, on pourrait dire que linguistes,

---

62. Tzourio-Mazoyer *et al.*, 1998.

psycholinguistes et « imageurs », bref tous ceux qui s'intéressent au traitement cérébral du langage par le gyrus frontal inférieur sont tous d'accord pour considérer que l'aire BA44 est plus impliquée dans le traitement phonologique et dans l'intégration de la structure syntaxique des phrases, que l'aire BA45 (et aussi BA47) qui interviendrait davantage dans les aspects sémantiques. L'activation du gyrus frontal inférieur dans des tâches phonologiques semble secondaire par rapport à l'activation que ce même traitement évoque dans les régions temporales. Cette activation indiquerait des actions ou gestes de répétition articulatoire, éventuellement subvocale, et représenterait la boucle phonologique de la mémoire de travail décrite par Alan Baddeley et que nous avons étudiée au chapitre précédent.

TRAITEMENT AUDITIF DE LA PAROLE NATURELLE

Les acousticiens décrivent avec beaucoup de précisions les caractéristiques physiques, spectrales et temporelles des sons propres au langage ; de leur côté, les psychophysiciens déterminent l'importance relative des différentes classes d'indices acoustiques intervenant dans la compréhension de la parole naturelle ; ensemble, ils proposent des théories explicites qui rendent compte de la façon dont les percepts élémentaires des sons du langage, les phonèmes, peuvent être élaborés à partir des indices acoustiques. Ces progrès ont permis le développement de dispositifs de plus en plus performants de synthèse de la parole et de conversion automatique du langage parlé en texte écrit. Cependant, combinés aux méthodes d'imagerie cérébrale, ils ont également permis, au cours de la dernière décennie, de localiser dans le cortex cérébral les aires impliquées dans le traitement de la parole naturelle.

Jusqu'à l'apparition des techniques d'imagerie cérébrale, le modèle anatomique standard n'était autre que celui de Carl Wernicke : il faisait de la partie *postérieure* du gyrus temporal supérieur, adjacente au cortex auditif, le centre auditif verbal. Il faut aujourd'hui réviser profondément cette notion.

La compréhension de la parole naturelle, c'est-à-dire ce que l'on entend et qui veut dire quelque chose, fait intervenir plusieurs niveaux de traitement auditif. Tout d'abord un traitement acoustique « en ligne » de la structure spectrale et temporelle du stimulus acoustique proprement dit, accompagné d'une reconnaissance, généralement rapide et sans effort particulier, des indices phonétiques et des caractéristiques des sons propres au langage. Ensuite, une analyse syntaxique suivie d'un accès à l'information sémantique et à sa récupération, doivent avoir lieu pour parachever la compréhension. À la condition d'avoir un bon protocole expérimental de psycholinguistique, il est possible de séparer ces différents niveaux de profondeur de traitement et d'associer chacun d'eux à l'activation d'une région cérébrale spécifique.

En 1992, deux études sont publiées qui abordent directement ce problème.

Le neuropsychologue de l'université de Montréal Robert Zatorre compare l'activation cérébrale (mesurée par la TEP) chez des sujets à qui l'on fait entendre des voyelles ou des bruits artificiels, dont la complexité est analogue à celle des voyelles. Dans les deux cas, et comme l'on pouvait s'y attendre, les aires auditives primaires des deux hémisphères sont activées ; en revanche, seule l'écoute des syllabes, et non celle des bruits artificiels, active, des deux côtés, le gyrus temporal supérieur. Dans la région primaire, l'écoute passive des voyelles ne produit pas une activation différente de celle que produit le bruit artificiel de même propriété acoustique. En revanche, lorsqu'une décision phonétique est requise (dans ce cas, le sujet doit décider si les deux voyelles présentées en succession se terminent ou non par le même phonème : big-bag ou tig-lat par exemple), un large foyer apparaît dans une région de l'aire de Broca de l'hémisphère gauche. Cette zone est depuis longtemps associée à l'aphasie non fluente et aux désordres articulatoires. Selon Robert Zatorre, pour pouvoir émettre un jugement phonétique, les sujets doivent accéder à une représentation articulatoire impliquant les circuits neuraux inclus dans l'aire de Broca, ce qui est en accord avec la « théorie motrice de la perception de la parole[63] », d'après laquelle le décodage phonétique dépend de l'accès à l'information sur les gestes articulatoires associés à un son de la parole.

Jean-François Démonet[64], de l'université de Toulouse, a été parmi les tout premiers à utiliser un protocole d'activation susceptible de séparer clairement le traitement phonologique du traitement sémantique. Avec ses collaborateurs, il détermine par la TEP les régions cérébrales activées dans trois tâches distinctes :

1. une *tâche de référence*, dans laquelle les sujets doivent détecter un son plus aigu que les autres d'une série des sons purs identiques ;

2. une *tâche phonologique*, dans laquelle les sujets doivent vérifier l'organisation phonémique séquentielle de « non-mots ». Les non-mots sont des groupes de syllabes formant un mot « possible », qu'il soit prononçable ou non, mais qui n'existe pas dans le lexique de la langue en question, *matagla*, par exemple en français. La tâche consiste à détecter un phonème donné lorsqu'il est précédé d'un autre phonème donné ; par exemple : détecter le phonème /g/ s'il est précédé du phonème /t/, ce qui est le cas dans l'exemple du non-mot choisi, *matagla* ;

3. une *tâche lexico-sémantique* dans laquelle les sujets doivent décider si un couple de mots, un nom concret et un adjectif abstrait répondent à un double critère demandé par l'expérimentateur. Le nom

---

63. Liberman *et al.*, 1967 ; Liberman et Mattingly, 1989.
64. Démonet *et al.*, 1992.

concret, en l'occurrence un nom d'animal, se rapporte soit à un animal de grande taille, soit à un animal de petite taille, l'adjectif doit évoquer un sentiment soit positif, soit négatif. L'expérimentateur demande, par exemple, d'indiquer les couples formés du nom d'un animal de petite (ou de grande) taille, et d'un adjectif positif (ou négatif). Par exemple repérer les couples « animal grand et adjectif positif », comme cheval-aimable (et non souris-gentille), ou « animal petit et adjectif négatif », comme araignée-repoussante (et non vache-paisible)[65].

La méthode de soustraction par rapport à la tâche de référence, montre que le traitement phonologique est associé à une activation surtout présente dans l'aire de Wernicke, c'est-à-dire dans le gyrus temporal supérieur de l'hémisphère gauche et, dans une moindre mesure, dans l'aire de Broca du même côté ainsi que dans les régions temporales supérieures de l'hémisphère droit. Le traitement lexico-sémantique, quant à lui, est associé à des activations qui touchent, outre les régions temporales supérieures déjà activées par la tâche phonologique, le gyrus temporal, moyen et inférieur, de l'hémisphère gauche, la région pariétale inférieure gauche et de la région préfrontale supérieure toujours de l'hémisphère gauche. La méthode de soustraction entre la tâche phonologique et la tâche lexico-sémantique, destinée à isoler le traitement lexico-sémantique de la contribution phonologique, ne met pas en évidence de différence dans l'aire de Broca et les aires temporales supérieures ; en revanche les aires d'association multimodales frontale, pariétale et temporale ne sont activées que dans la tâche lexico-sémantique suggérant de la sorte qu'elles font parties d'un vaste réseau cérébral dédié au traitement lexico-sémantique du langage. Voir Planche 7.

Cette étude est importante en ce qu'elle montre que deux niveaux de profondeur différents dans le traitement de la parole, phonologique et sémantique, sont associés à des activités situées dans des zones cérébrales distinctes. Elle ne répond cependant pas à la question de savoir s'il existe des aires spéciales qui traiteraient de façon exclusive les sons du langage. On pourrait s'y attendre étant donné la grande complexité propre aux sons de la parole, l'importance de celle-ci dans la communication humaine, ainsi que la rapidité, la facilité et la sûreté avec lesquelles les sujets humains traitent les mots de leur langue. De nombreuses études[66] en imagerie cérébrale fonctionnelle s'efforcent de répondre à cette question en séparant le traitement des sons spécifiques de la

---

65. Cette étude ayant été conduite en anglais avec des sujets anglophones, les exemples donnés ne sont pas ceux utilisés par les auteurs ; qu'ils pardonnent mon interprétation !

66. Voir notamment : Mummery *et al.*, 1999, Belin *et al.*, 2000 ; Binder *et al.*, 2000 ; Scott *et al.*, 2000 ; Vouloumanos *et al.*, 2001 ; Jancke *et al.*, 2002 ; Crinion *et al.*, 2003 ; Davis et Johnsrude, 2003 ; Joanisse et Gati, 2003 ; Narain *et al.*, 2003 ; Specht et Reul, 2003 ; Thierry *et al.*, 2003.

parole du traitement acoustique des sons non linguistiques de même complexité.

Anne-Lise Giraud, dans un travail récent[67] réalisé à l'Université Johann Wolfgang Goethe de Francfort-sur-le-Main en Allemagne, se propose d'identifier les zones cérébrales intervenant spécifiquement dans la compréhension de la parole, indépendamment des différences dans les propriétés physiques des stimulations employés. Elle sépare les trois composantes principales du traitement de la parole : la composante purement sensorielle (acoustique), les traitements spécifiques de l'audition des sons du langage (phonologiques), et la compréhension proprement dite des mots (sémantique) en utilisant dans les différentes tâches des stimulus identiques ; c'est là que réside toute l'originalité et la valeur de ce travail. Quand on présente à un sujet, l'enveloppe du spectre d'un mot, celle-ci apparaît, dans un premier temps, comme un bruit sans signification. Mais, après avoir été associée quelque temps au mot dont elle est l'enveloppe, elle devient aussi intelligible que le mot lui-même. Elle est alors pleinement perçue comme un mot. En comparant les activations obtenues par les seules enveloppes, il est possible de mettre en évidence les activations spécifiques évoquées lorsqu'elle est devenue intelligible, équivalente au mot dont elle est extraite, par rapport à ce qu'elle était avant association, parfaitement incompréhensible et perçue comme un bruit. Il est même possible de fabriquer des enveloppes qui, en dépit de multiples associations aux mots dont elles proviennent, ne seront jamais comprises comme des mots. Forte de cette méthodologie exigeante, Anne-Lise Giraud a pu ainsi identifier le substrat neural de la compréhension de la parole sans risquer que les résultats obtenus ne soient rendus incertains par des propriétés acoustiques communes aux sons linguistiques et aux sons non linguistiques. Elle montre que les régions activées par la compréhension de la parole sont situées bilatéralement dans les régions temporales moyenne (aire BA21 de Brodmann) et inférieure (aire BA38 et 38/21), alors que le traitement des caractéristiques acoustiques apparaissait dans les régions temporales plus dorsales, incluant le sillon temporal supérieur. L'aire de Wernicke, c'est-à-dire le gyrus temporal supérieur de l'hémisphère gauche, répond, comme on s'y attendait, à la complexité acoustique des stimuli, notamment leur structure temporelle, mais n'est pas spécialisée de façon exclusive dans le traitement des sons du langage ; elle évalue cependant la possibilité que des sons puissent être compréhensibles et concourt de la sorte à l'intelligibilité des mots. Enfin, lorsque le sujet recherche activement des indices phonologiques dans des sons non linguistiques, son attention à des traits phonologiques recrute la zone dorsale de l'aire de Broca (BA44).

---

67. Giraud *et al.*, 2004.

LES RÉSEAUX DU LANGAGE

Résumons l'organisation anatomo-fonctionnelle des régions requises pour l'analyse du langage. Sous sa forme verbale (auditive), un flot continu de sons est transformé, sans effort apparent et de façon tout à fait involontaire, en des mots, puis des suites de mots, des phrases grammaticalement organisées, enfin en des énoncés doués de signification. Plusieurs étapes de traitement sont nécessaires, pour d'abord trier et extraire l'information propre aux sons du langage, pour ensuite les appliquer et les confronter à des représentations mémorisées, et pour enfin les combiner pour en tirer la signification. Quelles sont les régions cérébrales dont on peut montrer l'activation dans des tâches linguistiques, ou dont la lésion accompagne systématiquement des symptômes aphasiques ? Et tout d'abord, existe-t-il vraiment un hémisphère expert en langage ?

La spécialisation hémisphérique

La dominance de l'hémisphère gauche pour les fonctions du langage est un acquis particulièrement solide et vénérable de la neuropsychologie du langage. Après que Marc Dax, son fils Gustave et Broca[68] ont montré que des lésions de l'hémisphère gauche étaient responsables des troubles du langage, le dogme généralement admis était que cet hémisphère « dominait » (sous-entendre : l'hémisphère droit) dans les activités liées au langage. Broca reconnaissait que chez les individus gauchers, l'hémisphère dont la lésion entraînait une aphasie était l'hémisphère droit ; il a même proposé une « règle », connue comme la « règle de Broca », associant la préférence manuelle et la dominance hémisphérique pour le langage. Malheureusement cette soi-disant règle, prise sans autre qualification, est inexacte, comme l'a bien montré Henri Hécaen[69] qui préféra parler d'« hémisphère majeur chez le droitier homogène ».

En 1968, un argument anatomique venait pourtant conforter la thèse d'une asymétrie cérébrale pour les fonctions du langage. N. Geschwind et W. Levitsky, de l'Université Harvard, mesurent, sur une centaine de cerveaux *post mortem*, la surface d'une structure, le *planum temporale*, située dans le lobe temporal (Fig. 10-6). Ils montrent qu'elle est, dans 65 % des cas, plus grande du côté gauche que du côté droit, et qu'elle est toujours inclue dans la lésion cérébrale qui occasionne une aphasie de

---

68. Voir chapitre premier. Il y eut une vive et vaine discussion de priorité. S'il est peut-être vrai qu'Éric le Rouge a débarqué avec ses Vikings en Amérique au XIe siècle, après Christophe Colomb, il n'a plus jamais été besoin de la découvrir ! Broca : « Nous parlons avec l'hémisphère gauche », 1865, p. 344.
69. Hécaen et Lanteri-Laura, 1977, p 243. Voir également Hécaen et Sauguet, 1971 ; Hécaen *et al.*, 1981.

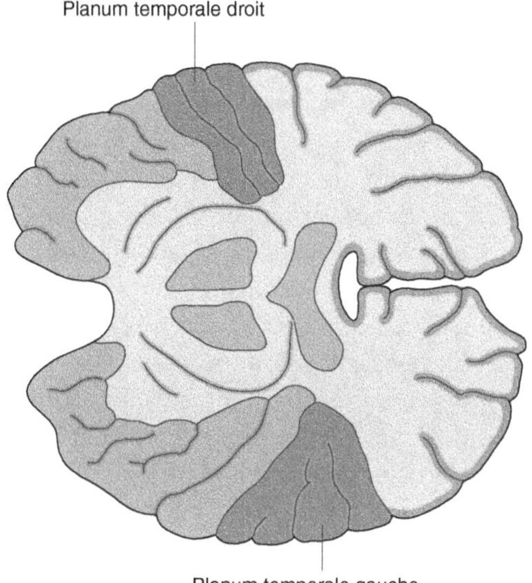

Figure 10-6 : *Le planum temporale.*

Wernicke. Selon eux, le *planum temporale* serait la preuve anatomique de la spécialisation hémisphérique gauche pour le langage.

Mais l'histoire ne s'arrête pas là[70]. Après notamment les études en imagerie cérébrale que nous avons rapportées plus haut, nous concevons facilement que l'on puisse se faire aujourd'hui une idée beaucoup plus nuancée de cette question. La « spécialisation hémisphérique », comme il est préférable de l'appeler désormais, est une disposition complexe qui touche bien d'autres fonctions « symboliques » que celles qui sont propres au langage ; la spécialisation n'est pas l'apanage de l'hémisphère gauche, le droit n'est plus « mineur », il peut être également spécialisé, mais dans d'autres fonctions, la perception de la musique ou les activités spatiales par exemple (voir Planche 8). Mais, même dans les activités langagières, il joue un rôle « majeur » dès qu'on dépasse le simple niveau de la compréhension des mots uniques ou du sens littéral d'une phrase. Des tâches dans lesquelles sont testés les « actes de parole indirecte[71] », le sens figuré, la métaphore, l'ironie, le contexte « pragmatique » de l'acte linguistique, quand « on fait quelque chose avec des mots[72] », la prosodie, la compréhension d'un texte ou d'un calembour activent toutes l'hémisphère droit.

---

70. Voir la revue récente de Josse et Tzourio-Mazoyer, 2004.
71. Par exemple : à la question : « As-tu l'heure ? », on répond en donnant l'heure et non par un simple oui ou non ; voir Searle, 1968.
72. Pour reprendre le titre d'un ouvrage important de John Austin, 1962.

Les sous-systèmes de la mémoire et les réseaux du langage

C'est donc un réseau neuronal, largement distribué sur les deux hémisphère qui, en fonction de ce qui est en jeu dans l'expression de la faculté du langage, prend en charge tel ou tel aspect de l'acte linguistique complet (voir Planche 9). Il n'est pas question de développer davantage les études en imagerie cérébrale qui s'efforcent d'associer à un aspect du traitement linguistique les activations cérébrales associées. Les quelques exemples que nous en avons donnés plus haut suffisent, me semble-t-il, pour donner un aperçu de la virtuosité des méthodologies mises en œuvre, de l'abondance des résultats obtenus et de leur pertinence. Essayons plutôt de les envisager selon un modèle qui associe une théorie linguistique cohérente et ce que l'on sait de l'organisation fonctionnelle et anatomique de la mémoire humaine[73] (voir chapitre IX). Après tout, celle-ci comme celle-là ne caractérisent-elles pas, dans ce qu'elles ont de plus achevé, ce qui nous fait proprement humain ? Ne peut-on s'attendre dès lors à ce qu'elles travaillent de concert ?

Les propriétés spécifiques du langage humain, ce que Noam Chomsky appelle la faculté de langage (FL), reposent sur deux capacités[74]. D'une part, sur l'existence d'un « lexique mental » mémorisé, et d'autre part, sur une disposition combinatoire de notre organe mental, la « grammaire mentale ». Le lexique mental est une réserve dans laquelle sont entreposés des noms, des verbes, des adjectifs, des particules, ainsi que des temps, des flexions et même des structures linguistiques complexes, des phrases ou des énoncés « idiomatiques » dont la signification ne peut être facilement dérivée de ses constituants (« porter le chapeau », « manger sa cravate », par exemple). La grammaire mentale rend compte des régularités du langage : des règles précises déterminent l'arrangement des formes lexicales et les combine dans des représentations complexes dont il est possible de saisir la signification, même si elles n'ont jamais été rencontrées auparavant. Par exemple, en entendant la phrase : « Jacques riproladait le matagla », nous savons que Jacques, il n'y a guère, exerçait une action sur une chose. Je sais que cette phrase veut dire quelque chose, il y a un verbe à l'imparfait, un déterminant, l'article défini masculin et un substantif masculin singulier ; elle est bien construite (en français) même si je ne sais pas ce à quoi *riproladait* ou *matagla* font référence car je n'en ai pas trace dans mon lexique mental. Cette capacité, appelée « computationnelle », parce qu'elle organise des séquences de « mots » dans un ordre et selon une hiérarchie fixés comme dans un calcul, permet l'extraordinaire productivité et créativité du langage humain. Généralement l'apprentissage et

---

73. Voir notamment Ullman, 2004.
74. Chomsky, 1965 ; Pinker, 1994 (1999 pour la traduction française, Odile Jacob).

l'emploi de ces règles grammaticales se font de façon non consciente (implicite).

D'un autre côté, nous avons vu au chapitre précédent, que la mémoire n'était pas un tout unique, que l'on pouvait distinguer plusieurs systèmes, notamment, dans la mémoire à long terme, une mémoire déclarative, distincte d'une mémoire procédurale. La psychologie cognitive et la clinique neuropsychologique montrent que ces systèmes sont essentiellement indépendants (même s'ils sont synchroniquement en interaction chez le sujet normal) et que des lésions dans des régions cérébrales distinctes entraînent des déficits spécifiques de l'une ou l'autre forme de mémoire.

Un spécialiste des neurosciences cognitives du langage de l'Université Georgetown à Washington, Michael T. Ullman[75], a imaginé, dès 1997, un modèle, qu'il a appelé, à la suite d'Anderson[76], « déclaratif-procédural », en mettant en évidence la contribution des circuits de mémoire à la faculté de langage. Le système de la « grammaire mentale » serait composé d'un réseau comprenant des structures corticales frontales, les ganglions de la base, ainsi que des régions du cortex pariétal et du cervelet, régions dont nous avons vu qu'elles intervenaient dans l'apprentissage et l'exécution d'habiletés motrices, notamment celles qui font appel à des séquence temporellement organisées. Le « lexique mental », dans lequel sont déposées en mémoire les connaissances spécifiques sur les mots, serait essentiellement sous la dépendance du lobe temporal dans lequel sont stockées les informations sur les faits et les événements. Les mots, les concepts, les règles abstraites sont en quelque sorte des « faits », les énoncés idiomatiques, les métaphores, les calembours, des « événements ».

Ce modèle a une valeur heuristique indéniable. Il permet de replacer de nombreux troubles du langage dans un cadre neurologique plus large. Par exemple les troubles spécifiques du langage (dysphasies) peuvent être vus comme des désordres portant surtout sur la mémoire de travail (voir chapitre IX) ; la difficulté pour trouver ses mots, caractéristique de l'aphasie de Wernicke et de la maladie d'Alzheimer, est associée à des lésions qui touchent toujours les lobes temporaux et pariétaux (mais peuvent avoir des extensions vers les régions frontales et les ganglions de la base). La même logique peut s'appliquer au langage du parkinsonien, de l'aphasique de Broca ou du patient affecté par la maladie de Huntington. Pour M. Ullman toutes les données neuropsychologiques sur les différents déficits du langage s'ajustent étroitement à ce que l'on sait, tant sur le plan anatomique que fonctionnel, du fractionnement de la mémoire en sous-systèmes spécifiques.

---

75. Ullman *et al.*, 1997.
76. Anderson, 1983.

Le développement du langage

Le fonctionnement du langage requiert la mise en jeu d'un vaste réseau neuronal et mobilise de nombreuses ressources cognitives, de mémoire, de sélection, de planification, de décision. Comment et quand l'enfant acquiert-il le langage[77] ? Nous avons déjà évoqué cette question au début de ce chapitre. L'enfant n'apprend pas plus à parler qu'il n'apprend à marcher. Si rien ne vient l'en empêcher, à l'âge où son système nerveux et sa charpente squeletto-musculaire lui autoriseront de marcher, il marchera. Il en va de même pour parler. L'enfant acquiert le langage parce que les structures d'une « grammaire universelle » sont déjà là, elles font partie du génome de l'espèce humaine. Il s'agit d'en « fixer les paramètres » sur la base d'une expérience linguistique particulière ; apprendre à parler revient à sélectionner parmi les diverses options engendrées par son esprit, celles qui collent le mieux à son expérience et à écarter toutes les autres. « Apprendre en oubliant[78] », selon le slogan lancé par Jacques Mehler dès 1974 et développé avec Emmanuel Dupoux en 1990, à propos de l'acquisition du système phonologique. Comme nous allons le voir, tout le monde ne partage pas ce point de vue.

On savait que lorsqu'on présente à un sujet humain des sons syllabiques qui passent graduellement d'une catégorie, par exemple « bat » à une autre, par exemple « pat », la perception était « catégorielle » : le sujet n'entend d'abord que « bat », puis brusquement, il entend « pat ». Une *frontière phonétique* est franchie : d'un côté il entend bat, de l'autre pat, même si la différence physique de part et d'autre de la frontière est moindre que celle qui sépare un bat d'un autre bat ou un pat d'un autre pat : les paires situées du même côté de la frontière ne peuvent être discriminées. Ce phénomène est spécifique à la langue : par exemple, les Japonais ne peuvent discriminer la frontière phonétique dans la série /ra-la/, ce que les Américains ou les Européens font sans aucune difficulté. L'enfant est-il capable, comme l'adulte, de segmenter le langage en unités élémentaires ? À partir de quel âge ? Cette capacité est-elle présente dès la naissance ?

Mais comment peut-on interroger des nourrissons ? Ici, l'expérience du behavioriste tant abhorré mais qui sait interroger des rats et des pigeons s'avère utile. Au début des années 1970, le psycholinguiste de l'Université Brown de Providence (États-Unis) Peter Eimas (1934-2005) conçoit une méthode permettant de tester la capacité discriminative des nourrissons[79]. Cette méthode, appelée « succion non nutritive » met en jeu le phénomène d'habituation et de déshabituation dont nous avons parlé dans le chapitre précédent. Chaque fois que le bébé tire sur la

---

77. On trouvera une excellente revue de question sur l'acquisition du langage dans Jusczyk, 1997.
78. Mehler, 1974 ; Mehler et Dupoux, 1990.
79. Eimas *et al.*, 1971.

tétine d'un biberon, il entend une syllabe. Le biberon en question a été modifié, il ne délivre pas de lait (d'où l'appellation *non nutritive*), mais la dépression que la succion produit dans la tétine, fournit un signal enregistrable (voir Planche 10). Se rendant compte que c'est lui qui, par sa succion, déclenche l'émission de la syllabe, le nourrisson sera « intéressé » et tendra à tirer sur la tétine de plus en plus. Mais si la syllabe reste inchangée, au bout d'un certain temps, le phénomène d'habituation s'installe et le taux de succion diminue ; si, en changeant alors de syllabe, le taux de succion augmente à nouveau (déshabituation), on pourra en conclure que le bébé a perçu le changement et discriminé la nouvelle syllabe de la précédente[80]. Avec cette technique, Peter Eimas et ses collaborateurs montrent que le nourrisson discrimine non seulement les syllabes /pa/ et /ba/, mais toutes les unités phonétiques de toutes les langues. Pour Peter Eimas, cette capacité révèle l'existence de « détecteurs de traits phonétiques » innés : le nouveau-né est doté des mécanismes neurologiques qui lui permettent de répondre à tous les contrastes phonétiques rencontrés dans toutes les langues du monde[81]. Voir Planche 10.

Pourtant, il faudra réviser, au moins partiellement, cette conclusion. En effet, Patricia Kuhl, de l'Université de Washington, a montré que les animaux, les chinchillas et les macaques, plaçaient la « frontière phonétique » entre deux syllabes à l'endroit précis où les sujets anglophones adultes la plaçaient[82] ! Patricia Kuhl propose une solution qui s'écarte des solutions standard proposées par beaucoup de spécialistes du domaine. Selon elle, la segmentation des unités phonétiques que les enfants montrent à la naissance serait une capacité discriminative du système auditif, capacité qui n'est pas spécifique de la faculté du langage, puisque l'animal dépourvu de langage la possède. L'audition, par sa grande sensibilité, fournirait un ensemble de frontières psychophysiques *naturelles*, fondées sur des propriétés acoustiques simples que les humains partageraient avec certains animaux. L'enfant ne serait donc pas le grammairien inné de Chomsky. Il apprendrait à parler[83].

---

80. On peut parfaitement décrire ce comportement comme le ferait un behavioriste bon teint, sans faire appel à l'intérêt (un état mental) qui occuperait l'esprit du bébé. La conclusion sera strictement la même : le bébé discrimine. Il est sans doute plus convenable de croire, avec la maman sûrement, que le bébé pense.
81. Eimas, 1971.
82. Kuhl et Miller, 1975 ; Kuhl et Padden, 1982.
83. Non pas selon le mécanisme qu'avait proposé Skinner dans son *Verbal Behavior*, mécanisme qui n'a pas résisté à la critique dévastatrice de Chomsky, mais selon une modalité de l'apprentissage qui commencerait par la simple exposition au langage permettant à l'enfant d'exploiter les régularités statistiques qui s'y trouvent pour identifier les unités de base de la parole parlée autour de lui. Il « découvrirait » littéralement les règles syntaxiques utilisées dans sa communauté linguistique et apprendrait à les utiliser. Le représentant actuel probablement le plus anti-innéiste (en ce qui concerne la syntaxe) est sans doute Michael Tomasello qui défend une théorie constructiviste : le langage serait fondé sur l'apprentissage social. Voir Tomasello, 2000.

Qu'il s'agisse de la sensibilité auditive générale que le sujet humain partage avec certains animaux ou de capacités linguistiques spécifiques propres à son espèce, il n'en demeure pas moins vrai que les nourrissons possèdent d'emblée un large répertoire de distinctions segmentales de sorte que chaque nouveau-né serait bien le « phonéticien universel [...], capable de distinguer les langues sur la base de leurs propriétés segmentales[84] ». À la naissance, tous les enfants du monde sont sensibles par exemple à la distinction entre /l/ et /r/. Pourtant, après quelques mois, le petit Japonais aura oublié cette différence, écartée parce qu'elle n'a pas cours dans l'environnement langagier japonais.

Ainsi, le nourrisson « apprend » sa langue maternelle avant même de parler. Dès les premiers mois, il préfère les sons du langage aux bruits et manifeste des signes de latéralisation hémisphérique pour la parole et la musique[85]. Des études récentes en imagerie cérébrale (IRMf) indiquent que les bébés de 3 mois, endormis ou éveillés, à qui l'on présente des sons du langage, traitent la parole naturelle (il s'agit de vingt secondes d'une histoire enregistrée par une voie féminine) dans leur hémisphère gauche, et lorsqu'ils sont bien éveillés dans le cortex préfrontal de l'hémisphère droit, dans les mêmes régions cérébrales que celles qui traitent le langage chez le sujet adulte, notamment le gyrus temporal gauche et le gyrus angulaire (voir plus haut[86]). On savait déjà depuis longtemps, grâce à la technique de la « succion non nutritive », que les nourrissons préféraient la voix de leur mère et que dès 4 jours, les petits Français distinguaient le russe du français et préféraient le français[87].

Très tôt, les productions vocales des enfants reflètent l'influence de la langue à laquelle ils sont exposés : les babillages des enfants algériens, britanniques, cantonnais ou français diffèrent entre eux comme sont différentes les langues parlées autour d'eux[88]. C'est au cours de sa première année que l'enfant perd son statut de « phonéticien universel » pour se spécialiser dans sa langue maternelle. Dans une étude brillante, Janet Werker[89] a fait écouter à des bébés anglophones des contrastes qui n'existent pas en anglais, mais sont présents en hindi, langue parlée de l'Inde du Nord, ou dans une langue parlée au Canada, le nthlakampx[90]. Ces contrastes sont perçus par les enfants anglophones âgés de 8 mois, moins bien discriminés à 10 mois et plus du tout à 1 an ; ce serait donc

---

84. Halle, 2004
85. Entus, 1977 ; Bertoncini *et al.*, 1989.
86. Dehaene-Lambertz *et al.*, 2002.
87. Mehler *et al.*, 1978 ; Mehler *et al.*, 1988 ; Dehaene-Lambertz et Houston, 1998.
88. Voir l'excellente revue de cette question dans livre de Bénédicte de Boysson-Bardies (2004, première édition 1996).
89. Werker et Tees, 1984.
90. Respectivement, le contraste dentale-rétroflexe des occlusives et le contraste éjectives vélaire *versus* uvulaire.

vers 10 mois qu'ils perdent leur sensibilité à des contrastes de consonnes[91] auxquels ils ne sont pas exposés, d'où la surdité phonologique du petit Japonais que nous avons mentionnée plus haut. Vers les 10 mois, le bébé se spécialise pour entendre sa langue maternelle, au moment même où il commence à la produire, tout semble donc indiquer que ces deux aspects du développement sont les deux faces d'un même phénomène.

Nous avons évoqué au début de ce chapitre les deux pôles opposés autour desquels les théories du développement du langage sont structurées[92]. D'un côté, le cerveau humain serait génétiquement doté d'une « grammaire universelle » sans laquelle le nouveau-né ne pourrait acquérir le langage : l'enfant humain aurait l'« instinct du langage[93] » et sélectionnerait, dans une « grammaire universelle », les paramètres à fixer, par exemple certains contrastes phonétiques, pour pouvoir parler la langue qui a cours dans sa communauté linguistique[94]. À l'autre extrémité, le cerveau immature est totalement incompétent. Il doit « découvrir », selon l'expression de Patricia Kuhl, la langue que les gens de sa communauté emploient pour communiquer entre eux ; une aptitude linguistique se développera alors progressivement par des interactions continuelles avec un environnement solidement structuré, riche en régularités statistiques sur les sons d'une langue donnée. Ici, l'interaction avec l'environnement langagier ne sert pas à fixer les paramètres d'une grammaire universelle pour la conduire et la réduire progressivement à une grammaire particulière, mais au contraire à construire et enrichir graduellement, à partir de rien de linguistique, un système grammatical qui colle de mieux en mieux avec celui dans lequel il est plongé. Ce qui pose problème ici, c'est la clause : *à partir de rien de linguistique*.

Les nombreuses expériences de psycholinguistique et d'imagerie cérébrale chez le nourrisson, dont nous n'avons pu ne donner qu'un aperçu succinct, montrent que des structures adaptées à la perception et à la production du langage sont présentes dès la naissance, peut-être même avant. Ces résultats sont en faveur de l'idée selon laquelle les réseaux du langage seraient soumis à des contraintes génétiques fortes. Mais il faut du temps pour que le cerveau parvienne à sa maturité linguistique. Pendant cette période, il y aura des interactions complexes

---

91. La surdité pour les contrastes de voyelles se situerait plus tôt, vers les 6 mois. *Cf.* Khul *et al.*, 1992.
92. Plus généralement de tout développement neural et cognitif.
93. Selon le titre de l'ouvrage de Steven Pinker (1994), *L'Instinct du langage*, 1999 pour la traduction française chez Odile Jacob.
94. On remarquera que j'utilise ici (très librement !) la célèbre distinction introduite par Ferdinand de Saussure entre la faculté de langage et la langue ; il faut apprendre la seconde, mais la première est innée.

entre, d'une part, les mécanismes génétiquement contrôlés de maturation des différentes zones cérébrales du langage et, d'autre part, des mécanismes qui résultent des échanges avec l'environnement linguistique.

SEUL L'HOMME PARLE

Nous avons cherché dans ce chapitre à « mettre en parallèle, pour en dévoiler les contrastes et en rechercher les similitudes, la communication animale et la communication linguistique ». Il est clair, semble-t-il, que jamais un chimpanzé n'a pu « apprendre à parler », pour la bonne raison qu'on n'apprend pas à « parler », comme nous le pensons avec Chomsky et que, même s'il « parlait », nous ne pourrions, d'accord sur ce point avec Wittgenstein, le comprendre, pour la bonne raison que la signification linguistique est tissée dans ce qui fait la « forme humaine de la vie[95] » dont les singes, et les lions, sont exclus. Buffon a pu dire : « Le singe parlant eût rendu muette d'étonnement l'espèce humaine entière, et l'aurait séduite au point que le philosophe aurait grand peine à démontrer qu'avec tous ces beaux attributs humains le singe n'en était pas moins une bête. Il est donc heureux pour notre intelligence que la nature ait séparé et placé dans deux espèces très différentes l'imitation de la parole et celle de nos gestes[96]. » Tous les chimpanzés auxquels on a voulu enseigner à manipuler des symboles ou à utiliser le langage des signes, utilisé aux États-Unis par les malentendants[97], l'ASL ou *American Sign Language*, n'ont jamais manifesté que des capacités très limitées, sans commune mesure avec les capacités linguistiques manifestées par les enfants de 2 ou 3 ans, enfants avec lesquels ils ont été parfois élevés.

Certes, le singe ne parle pas, mais ne peut-on trouver, dans l'organisation anatomique et fonctionnelle de son cerveau, des caractéristiques qui annonceraient les circuits du langage que l'imagerie cérébrale identifie dans le cerveau humain ? Rien n'interdit que la communication verbale ne soit en quelque sorte « préparée » chez nos proches cousins. Des homologies sont décrites entre l'aire F5 du singe, dont nous vu qu'elle abritait les neurones miroirs et les aires BA44 et BA45 qui forment chez l'homme l'aire de Broca. Un lien étroit entre le système miroir et le développement de la communication verbale a été récemment proposé[98] et suscite actuellement beaucoup de discussions.

95. Voir Wittgenstein, *Recherches philosophiques* : « Si un lion pouvait parler, nous ne pourrions le comprendre. »
96. Selon Buffon, cité, sans référence, par Pomerol, le traducteur de Lange, en note de sa traduction *Histoire du matérialisme*, 1910, tome I, p. 351.
97. Ils ont été nombreux entre 1966 et 1983, citons les plus célèbres : Washoe, Loulis, Moja, Dar, Tatu, Sarah, Kanzi et même Nim Chimpsky ; à partir du milieu des années 1980, la plupart de ces projets ont été abandonnés. Voir Sebeok et Sebeok (éd.), 1980.
98. Arbib, 2005 ; Rizzolatti et Craighero, 2004.

On peut concevoir aussi, compte tenu de ce que l'on connaît du cortex auditif des primates (voir chapitre VI), que, chez l'homme, à partir du cortex auditif primaire, deux voies de traitement prennent naissance. Une voie *ventrale*, équivalente de la route auditive ventrale du *Quoi* décrite chez le macaque[99], qui implique le lobe temporal supérieur, et serait spécialisée dans le traitement et l'identification des objets auditifs complexes, notamment les sons du langage, et les vocalisations spécifiques de certaines espèces de singes dont nous avons parlé plus haut. Une seconde voie qui monte vers les régions postérieures, équivalente de la route auditive dorsale du *Où* du singe, qui serait davantage engagée dans l'analyse spatiale de l'information auditive.

Ainsi, le système antérieur semble crucial pour traiter les signaux acoustico-phonétiques avant de les adresser à des zones où se trouvent les représentations lexicales, alors que le système postérieur semble traiter les représentations motrices, articulatoires et même les gesticulations qui accompagnent dans l'espace extérieur les actes de parole. On a pu en effet décrire une superposition remarquable des aires activées par la perception auditive de la parole et par la perception visuelle des signes du langage « signé » utilisé par les malentendants. Ces aires comprennent non seulement les régions frontales inférieures, ou aires de Broca qui, comme nous l'avons indiqué plus haut, sont surtout impliquées dans le traitement des aspects perceptifs du langage (en vue notamment de sélectionner une réponse verbale), mais aussi des régions temporales supérieures dont on sait qu'elles sont spécialisées dans le traitement des mots que le sujet perçoit auditivement. Chez les sourds de naissance, utilisant le langage des signes, et non chez les malentendants tardifs, bien qu'utilisant également le même langage des signes, les signes, à la condition qu'il s'agisse bien des signes du langage et non d'une gesticulation quelconque, activent le cortex auditif secondaire, alors qu'aucune stimulation acoustique n'est délivrée dans ces situations langagières[100].

Seul l'homme parle... et pas seulement pour communiquer avec d'autres ; il faut encore insister sur ce point. Répétons-le pour terminer ce chapitre : une caractéristique du langage humain est d'être « ouvert », autrement dit capable de produire à partir d'un ensemble discret d'éléments *recombinables* une infinité de phrases bien formées, jamais entendues ou rencontrées auparavant, néanmoins parfaitement compréhensibles par celui qui parle et comprend la langue naturelle dans laquelle elles sont énoncées, notamment sa langue maternelle. Le calcul logique, les *computations*, pour adopter un terme courant dans la littérature des sciences cognitives d'aujourd'hui, mis en œuvre pour créer à partir d'un nombre fini d'éléments du langage, les *mots*, des énoncés, des *phrases*, et

---

99. Rauschecker, 1998 ; Rauschecker et Tian, 2000.
100. Voir les beaux travaux d'Ursula Bellugi, notamment Bellugi *et al.*, 1989 ; 1993.

des *significations* en nombre infini, implique une propriété qui n'a jamais été trouvée chez les animaux, même nos plus proches cousins, les anthropoïdes. Si la plupart des organismes sont capables de faire des calculs statistiques simples, évaluer par exemple des probabilités conditionnelles qui portent sur des dépendances locales, « si A, alors B », aucun, en revanche, en dehors de l'espèce *Homo sapiens*, ne peut arriver à une étape plus complexe requerant la mise en œuvre d'une boucle logique supplémentaire, qui permet de résoudre des situations telles que « si A, alors, B ; si A donne N, alors B, donne N ». Cette propriété de *récursivité* rend possible l'existence d'une syntaxe au sens strict du terme, elle libère la faculté de langage de sa fonction de communication, lui permet de représenter une infinité d'objets et d'événements du monde, et ouvre l'accès à la créativité. Notre façon de communiquer des informations, sur nos états internes, sur ce qui se passe dans le monde, n'est pas fondamentalement différente de celle des autres animaux ; en revanche, le langage, dans sa fonction représentative, est bien, jusqu'à preuve du contraire, le propre de l'espèce humaine, comme le dit Chomsky : « Le langage sert, essentiellement, à l'expression de la pensée. »

CHAPITRE XI

CONNAÎTRE ET SE CONNAÎTRE

*Des mots comme esprit, pensée, raison, intelligence, etc.,
sont autant de vases fissurés, de mauvais instruments,
de conducteurs mal isolés. Comment raisonner avec
eux ? Comment combiner ?*

Paul VALÉRY, Cahier VIII

À la question de savoir à quoi sert le cerveau, la réponse la plus souvent donnée est sans doute : à réfléchir, évidemment. Ou quelque chose d'approchant : à penser, à raisonner ou à connaître, à se souvenir, à juger et à apprécier, à décider et à agir. La réussite dans l'une ou l'autre ou, mieux encore, dans plusieurs de ces capacités est généralement considérée comme une preuve d'« intelligence ». À plusieurs reprises, nous avons dans cet ouvrage étudié les conditions neurobiologiques qui permettent l'expression d'un certain nombre de ces fonctions ou capacités présumées « intelligentes », la perception et l'action, la mémoire et l'apprentissage, la communication et le langage ; nous avons même évoqué l'idée selon laquelle l'intelligence serait corrélée à la taille du cerveau ou à sa complexité. Pourtant, nous sommes toujours bien embarrassés pour répondre à la question : qu'est-ce donc que l'intelligence ? Saint Augustin éprouvait le même embarras à propos du temps : « Si personne ne me le demande, je le sais bien ; mais si on me le demande, et que j'entreprenne de l'expliquer, je trouve que je l'ignore[1]. »

De quoi parle-t-on quand on parle d'intelligence ? Pierre Janet (1859-1947), philosophe, médecin et psychologue, avait bien vu la difficulté de cette question : « À chaque instant tout le monde parle de l'intelligence et on semble comprendre de quoi il s'agit, mais il est vraiment très difficile de préciser. Un maître d'école, un professeur nous diront facilement : "Cet enfant est très paresseux, il ne sait pas grand-chose,

---

1. Saint Augustin, *Confessions*, Livre 11, chapitre XIV.

mais cela s'arrangera, car il est très intelligent." Et ils diront d'un autre : "C'est un bon petit garçon, plein de bonne volonté, il travaille, il apprend beaucoup, il est un puits de science ; mais que voulez-vous qu'on en fasse, il est si peu intelligent." Sans doute ces paroles nous donnent déjà une petite indication au moins négative ; pour ces professeurs, ne rien savoir n'empêche pas d'être intelligent, savoir beaucoup, être un puits de science n'empêche pas d'être bête ; mais si nous demandons au professeur : "À quoi voyez-vous que celui-là est intelligent et que celui-ci est bête ?", il ne nous répondra rien de précis et nous sentirons le vague de cette notion populaire de l'intelligence[2]. »

LE QUOTIENT INTELLECTUEL

Ce n'est probablement pas un hasard si Pierre Janet, dans son style imagé, en appelle à un maître d'école pour nous faire sentir tout le vague de la notion d'intelligence. Avec la loi du 28 mars 1882, l'enseignement primaire est rendu gratuit et obligatoire pour les garçons et les filles âgés de 6 à 13 ans. On ne tarda pas à s'apercevoir que certains enfants avaient des difficultés pour suivre une scolarité normale. À la demande de l'État, Alfred Binet, psychologue, physiologiste et pédagogue, et son collègue Théodore Simon mettent alors au point des « tests » pour identifier les enfants à problèmes[3]. Les enfants « anormaux d'hospice », que Binet connaissait bien pour les avoir fréquentés dans la colonie de Perray-Vaucluse ou les hospices de Sainte-Anne et de la Salpêtrière, et aussi des enfants simplement inadaptés au système de l'école primaire et réclamant un enseignement spécialisé dans des « classes de perfectionnement ». La première ouvrira d'ailleurs en 1907 avec le soutien de la Commission ministérielle pour les anormaux[4]. Binet et Simon établissent des questionnaires dont les « scores » permettent de dire si un enfant est en avance ou en retard par rapport à une population « contrôle » d'enfants d'âge comparable. Le psychologue allemand Wilhelm Stern remarque qu'avoir un an d'avance est plus significatif à l'âge de 5 ans qu'à celui de 10 ; il propose donc de standardiser les mesures sur un grand nombre d'individus de différentes classes d'âges et de multiplier par 100 le rapport entre l'âge mental et l'âge chronologique. Il baptise cette mesure de l'intelligence « quotient intellectuel » (QI), nom qui est resté jusqu'à aujourd'hui, même si les méthodes pour l'évaluer ont changé. L'échelle dite de Binet-Simon de 1916 sera en effet modifiée et étendue à plusieurs reprises, notamment par Lewis Terman, de l'Université Stanford, et par David Wechsler, qui

---

2. Janet, 1935.
3. Binet et Simon, 1905.
4. Binet, 1907.

l'adapte d'abord aux besoins d'orientation des recrues de l'armée américaine en 1919, puis à diverses autres populations (adultes, enfants, malades mentaux) pour en faire l'instrument standard de la mesure de l'intelligence.

Le QI est facile à administrer ; il peut rendre incontestablement de nombreux services en orientation pédagogique ou en psychiatrie. Est-il pour autant une mesure suffisamment robuste pour réduire un concept aussi vaste et complexe que l'intelligence à une simple note ? Alfred Binet ne le pensait pas. Dans *La Mesure en psychologie individuelle* (1898), il écrit : « Je pense que la mensuration psychologique et pédagogique n'est pas une mensuration véritable, c'est tout simplement un classement. » Ailleurs encore : « Mon test n'est pas une machine qui donne notre poids imprimé sur un ticket comme une bascule de gare. »

Aujourd'hui, les tests de QI se présentent sous plusieurs formes standardisées, beaucoup sont issus de l'échelle de Wechsler déjà mentionnée[5]. Ils servent tous à évaluer diverses capacités à résoudre des problèmes et des tâches relevant de domaines différents : visuospatiaux (compléter un dessin ou détecter des similarités et des différences dans des configurations géométriques), logiques (faire des inférences), verbaux (compléter une liste de mots ou trouver l'intrus sur une liste donnée), etc. Généralement, on tient aussi compte de la rapidité et de la précision avec lesquelles les informations sont traitées. Un vaste corpus de données *psychométriques* a ainsi été recueilli dont l'analyse statistique montre qu'il existe une forte corrélation entre les scores obtenus aux différentes épreuves : si un sujet réussit bien à un test, il a tendance à bien réussir également à tous les autres. Le statisticien britannique Charles Spearman (1863-1945) a le premier remarqué cette propriété qu'il appelle le « facteur g », pour facteur d'intelligence générale[6]. Tout au long du XXᵉ siècle, de nombreuses études se sont efforcées de classer les différentes formes d'intelligence ; certains auteurs, dont Spearman lui-même[7], insistent sur le rôle du facteur g, d'autres en appellent à des facteurs plus spécifiques, comme la mémoire, la compréhension verbale ou la familiarité avec les nombres[8]. En 1940, le très « fameux » psychologue sir Cyril Burt propose que les capacités mentales soient organisées de façon hiérarchique, idée qui s'impose à la plupart des psychologues à partir des

---

5. Citons le WAIS (*Wechsler Adult Inteligence Scale*) 1968, et sa version révisée en 1988, le WAIS-R, leWPPSI-R (*Wechsler Pre-school and Primary Scale of Intelligence*) de 1995 pour les enfants de 2 ans 9 mois à 7 ans et le WISC (*Wechsler Intelligence scale for Children*) pour les enfants de 6 à 16 ans 9 mois.
6. Sperman, 1904.
7. Spearman, 1927.
8. Citons notamment : Thurstone, 1938.

années 1990[9]. En effet, aujourd'hui, tout le monde s'accorde à reconnaître que l'« intelligence », tout au moins la forme d'intelligence qui permet de raisonner et de résoudre des problèmes, l'intelligence analytique, techniquement appelée « intelligence fluide », est correctement décrite comme un ensemble de facteurs organisés de façon hiérarchique avec le facteur g à son sommet[10].

Une polémique particulièrement vive est ouverte en 1994 par la publication d'un grand succès de librairie, *The Bell Curve* (« la courbe en cloche » ; jamais traduit en français). Cet ouvrage, écrit par le psychologue de Harvard Richard Herrnstein et le chercheur en sciences politiques de l'American Enterprise Institute[11] Charles Murray, fait scandale. Les auteurs prétendent en effet que les différences dans les QI moyens observés entre les Blancs et les Noirs américains sont le résultat de causes qui tiennent non seulement à des différences d'origine sociale et d'éducation, mais aussi à des facteurs génétiques héréditaires[12]. Or affirmer le caractère inné de certaines composantes de l'esprit humain est considéré par beaucoup non comme une hypothèse qui pourrait s'avérer incorrecte, mais comme une idée politiquement inconvenante et franchement immorale[13]. On peut en effet voir dans les thèses affichées par *The Bell Curve* une tentative idéologique, fondée sur des arguments scientifiques peu solides, dont le but serait de montrer l'inanité des politiques sociales, mises en place à partir des années 1950-1960, destinées à éliminer toute discrimination basée sur la race, la couleur de peau, la religion, le genre ou l'origine nationale, bref tous les efforts entrepris depuis plus de trente ans d'action des mouvements de droits civiques aux États-Unis[14].

---

9. Sir Cyril Burt est « fameux » pour avoir été accusé, cinq ans après sa disparition en 1971, de fraude par le correspondant médical du journal *London Sunday Times*. Pour Oliver Gillie, à la suite d'une longue et minutieuse enquête, sir Cyril aurait inventé des résultats en faveur de sa thèse selon laquelle l'intelligence serait essentiellement héréditaire. Cette « affaire » fit grand bruit en son temps.

10. Plomin, 1999.

11. L'American Enterprise Institute est une organisation privée fondée en 1943 dédiée à la recherche et à la formation sur des problèmes de gouvernement, d'économie et de politique sociale. Elle défend les principes du capitalisme démocratique américain. On peut consulter son site < http://www.aei.org/about/>

12. Faut-il rappeler qu'il ne s'agit pas ici d'un pléonasme ; je crois me souvenir d'une boutade de François Jacob : « Le sexe est génétique mais pas héréditaire, alors que la fortune est héréditaire mais pas génétique. »

13. Voir Gould, 1981, 1997 pour la traduction française, et Pinker, 2002, 2005 pour la traduction française. On pourrait également citer les travaux de Jerome Kagan, professeur de psychologie à l'Université Harvard qui défend l'idée du rôle décisif de l'éducation parentale dans le développement de l'enfant. Voir notamment Kagan, 2000a et 2000b.

14. Charles Murray, en bon porte-parole des néoconservateurs, avait déjà publié en 1984 *Losing Ground American Social Policy, 1950-1980* (New York Basic Books), livre dans lequel il affirme que la politique sociale américaine connue sous le nom d'*Affirmative Action* coûte beaucoup d'argent pour rien.

Pour fournir des éléments de réflexion « objectifs », un comité d'experts, d'horizons et de sensibilités divers, présidé par le psychologue de l'Université Emory à Atlanta, Ulric Neisser, est réuni en 1994 par l'Association américaine de psychologie pour s'entendre sur le sens et l'extension du concept d'intelligence[15]. Le rapport réaffirme que les individus diffèrent bien les uns des autres par leur capacité à comprendre des idées complexes, à s'adapter efficacement à leur environnement, à apprendre par expérience, à raisonner pour surmonter des obstacles. Il montre que si les différences peuvent être importantes, elles diffèrent néanmoins selon les individus, selon les moments, selon les critères employés. Il confirme enfin que les résultats à divers tests sont fortement corrélés entre eux. L'étude statistique par analyse factorielle, technique dans laquelle on établit une mesure composite pondérée, qui résume ce qu'ont en commun les résultats obtenus aux divers tests, permet d'obtenir la capacité cognitive générale (g). Ce facteur résulte d'un petit nombre de sous-facteurs (non indépendants) qui sont autant de capacités plus spécifiques. Selon le comité d'experts, ces faits sont indiscutables. Mais la signification du facteur *g* demeure problématique. Que mesure-t-il réellement ? La principale critique porte sur l'idée que fonder l'intelligence exclusivement sur des résultats obtenus à des tests revient à ignorer de nombreux aspects importants des capacités mentales. La créativité, la sensibilité émotionnelle, la finesse dans la perception des relations sociales, ne sont pas « mesurées » par la plupart des tests de quotient intellectuel ; sans compter que les conditions de passation d'un test, le trac, le fait de se sentir « jugé » ou sous influence pèsent sur les performances. Ainsi, certains auteurs en viennent à récuser toute tentative de classement purement psychométrique. Howard Gardner notamment, professeur à l'Université Harvard, défend une conception plus riche, qu'il appelle des « intelligences multiples », selon laquelle, à côté des capacités spatiales, linguistiques, logiques et mathématiques mesurées par le quotient intellectuel, existeraient bien d'autres formes d'intelligence : musicale, corporelle-kinesthésique, intrapersonnelle et interpersonnelle, notamment, trop complexes pour être évaluées par un simple QI[16]. Des lésions cérébrales qui entraînent des déficits spécifiques d'un type d'intelligence tout en laissant intacts les autres (évalué par des tests verbaux *versus* visuospatiaux par exemple) confortent ce « recadrage » de l'intelligence[17].

Cependant, en dépit de ces critiques légitimes, le facteur g présente de nombreux avantages. Il nous dit quelque chose d'important sur certaines différences significatives dans l'intelligence humaine : qu'elles peu-

---

15. Neisser *et al.*, 1996. On peut consulter le rapport sur le site : <http://www.lrainc.com/swtaboo/taboos/apa_01.html>
16. Gardner, 1983 (1997 pour la traduction française ; on peut se rapporter aux autres ouvrages de cet auteur publiés également chez Odile Jacob en 1999 et 2001).
17. Gardner, 2000.

vent « mesurer » avec une bonne précision, qu'elles demeurent relativement stables tout le long de la vie d'un individu, qu'elles ont une certaine valeur prédictive sur la réussite scolaire ou professionnelle, enfin, qu'elles sont en grande partie héritées[18].

Ce dernier point, nous l'avons déjà évoqué, soulève les passions les plus extrêmes, surtout lorsqu'il est invoqué pour conclure qu'il est inutile d'agir sur l'environnement social, puisque le facteur g (et le QI avec lequel il est fortement corrélé) est « inaltérable ». Il s'agit là d'un véritable sophisme. Il est vrai que de très nombreuses études montrent qu'environ la moitié de la variabilité des scores obtenus aux tests d'intelligence provient de facteurs génétiques : « héritabilité » est le terme technique employé par les spécialistes de la génétique des populations pour caractériser la fraction de la variabilité phénotypique totale d'une population due aux effets additifs des gènes. Mais héritabilité ne veut pas dire inéluctabilité : en effet, l'environnement détermine l'impact relatif des variations génétiques. Par exemple, une étude portant sur 320 paires de jumeaux nés dans les années 1960 et testés à l'âge de 7 ans montre que les facteurs environnementaux ont un impact plus important sur le QI des enfants de familles pauvres que sur celui des enfants issus d'un milieu socioéconomique plus élevé. L'héritabilité du QI est de 0,1 (sur une échelle allant de 0 à 1) pour les enfants les moins favorisés, alors qu'il est de 0,72 à l'autre extrémité de l'échelle sociale ; l'influence de l'environnement sur le QI est quatre fois plus forte dans les familles les plus pauvres que dans les familles les plus riches. Ainsi, dans le débat « nature *versus* culture », la nature serait plus importante quand on est riche et la culture quand on est pauvre[19]. Voilà de quoi faire réfléchir les politiques !

INTELLIGENCE ET FONCTIONNEMENT CÉRÉBRAL

Depuis longtemps déjà, on savait que les lobes frontaux étaient impliqués dans de nombreux aspects jouant un rôle essentiel dans tout comportement intelligent. Flourens (1794-1867) ne disait-il pas : « Si l'on place donc devant soi une série de cerveaux de mammifères, depuis le rongeur, l'animal le plus hébété, jusqu'à l'animal le plus intelligent, jusqu'au chien, jusqu'au singe, on verra, *spectacle dont on ne pourra se lasser*, le développement du cerveau correspondre, de la manière la plus exacte, au développement de l'intelligence[20] » ? Mais Flourens n'était pas prêt à admettre que l'intelligence était située dans une région particulière du cerveau[21]. En 1820, Delaye et Foville, médecins à la Salpêtrière, décla-

---

18. Voir la revue récente de Toga et Thompson, 2005.
19. Turkheimer, 2003. Voir notamment Pinker, 2005.
20. C'est moi qui souligne.
21. Voir chapitre premier.

raient : « La substance corticale du cerveau était affectée à l'exercice des opérations intellectuelles, en d'autres termes, devait être considérée comme le siège de l'intelligence », et Pierre Gratiolet, professeur d'anatomie comparée au Muséum, appelait quant à lui les lobes frontaux « la fleur du cerveau », et convenait que tout indiquait qu'ils avaient « une dignité physiologique supérieure[22] ». Paul Broca avance l'idée que les opérations les plus intelligentes, celles qui sont propres à l'homme, notamment le langage, seraient localisées dans les lobes frontaux : « Ce qui distingue le cerveau de l'homme, *même dans les races les plus inférieures*[23], c'est le grand développement des circonvolutions de la région frontale. » Ou encore, de façon plus explicite : « Les facultés cérébrales les plus élevées, celles qui constituent l'entendement proprement dit, comme le jugement, la réflexion, les facultés de comparaison et d'abstraction, ont leur siège dans les circonvolutions frontales, tandis que les circonvolutions des lobes temporaux, pariétaux et occipitaux sont affectées aux sentiments, aux penchants et aux passions. » Plus près de nous, le grand neurologue russe Alexandre Luria avait montré que des lésions du cortex préfrontal touchaient le déroulement des actions finalisées[24]. Aujourd'hui, les notions de « commande exécutive », d'« élaboration de stratégies », de « contrôle des contenus de la mémoire de travail » sont invoquées pour caractériser le fonctionnement de cortex préfrontal. Malgré leur caractère vague, ces notions pointent néanmoins vers une caractéristique importante de l'intelligence : sa flexibilité, la capacité de « changer son fusil d'épaule », d'inventer une « sortie honorable », lorsque les circonstances l'exigent.

On peut s'attendre à ce que les techniques d'imagerie cérébrale montrent les régions corticales mobilisées dans les tâches faisant appel à l'intelligence. Nous avons eu l'occasion, dans plusieurs chapitres précédents, de mentionner ces techniques et leur utilisation dans l'étude de fonctions cognitives, la perception, la mémoire ou le langage. Il me faut maintenant en donner un résumé, succinct et forcément incomplet, en insistant sur ce qui fait la force et la faiblesse de chacune de ces techniques.

L'IMAGERIE CÉRÉBRALE

On distingue plusieurs groupes de techniques d'imagerie cérébrale fonctionnelle. Elles permettent, avec des défauts et des qualités propres à chacune, de répondre à deux questions principales :

---

22. Ces citations sont extraites du monumental ouvrage de Jules Soury, 1899.
23. Ici encore, c'est moi qui souligne.
24. Luria, 1966.

Où ? Dans quelle zone cérébrale a lieu le phénomène auquel on s'intéresse ? La plupart du temps, il n'y a pas une seule zone impliquée, mais plusieurs, formant ainsi un réseau cérébral propre à la tâche en question.

Quand ? À quel moment le stimulus utilisé pour enclencher l'opération cognitive a-t-il provoqué la première activation ? Et, surtout, dans quel ordre les différentes régions cérébrales formant le réseau sont-elles activées pendant son déroulement ?

Deux grands groupes de techniques d'imagerie peuvent être distingués en fonction de la nature du signal qui permet le recueil de l'activité du tissu nerveux. Ces signaux sont généralement soit de nature électromagnétique, soit de nature métabolique, les résolutions temporelles et les résolutions spatiales iront du millimètre au centimètre et de la milliseconde à quelques minutes selon les techniques employées.

Le recueil des activités électromagnétiques :
l'électroencéphalographie, EEG
et la magnétoencéphalographie, MEG

Les techniques permettant d'enregistrer l'activité électromagnétique cérébrale sur le scalp, grâce à des électrodes appliquées sur le cuir chevelu du sujet, sont relativement faciles à mettre en œuvre et présentent une excellente résolution temporelle, de l'ordre de la milliseconde. Ces techniques, l'électroencéphalographie (EEG) et la magnétoencéphalographie (MEG), mesurent le même phénomène. En effet, le champ électromagnétique produit par les courants électriques des neurones (essentiellement les courants postsynaptiques) peut être détecté à la surface du scalp, à la condition qu'il existe une certaine cohérence spatio-temporelle entre les courants d'une même région. La MEG mesure la composante magnétique de ce champ, l'EEG sa composante électrique. Ces deux techniques fournissent des informations complémentaires du fait des caractéristiques du champ électromagnétique : les sources profondes sont détectées par l'EEG mais pas par la MEG ; l'EEG recueille plus facilement les activités électriques orientées perpendiculairement à la surface du scalp, la MEG est au contraire plus sensible aux sources tangentielles. En outre, la résolution spatiale de la MEG est supérieure à celle de l'EEG.

Pour reconstruire la localisation anatomique des sources responsables du champ électromagnétique, on utilise des modèles mathématiques destinés à résoudre, ce qu'il est convenu d'appeler : le « problème inverse biolélectrique ». La position dans le tissu cérébral des sources, c'est-à-dire des zones où les neurones sont les plus actifs, n'est jamais observée directement, car elles sont généralement éloignées de l'endroit où les potentiels sont enregistrés. Elle doit donc être inférée, c'est-à-dire tirée comme la conséquence d'un raisonnement généralement très complexe que l'expérimentateur est obligé de faire, raisonnement qui est du même type que celui des ingénieurs des télécommunications qui arrivent à localiser un émetteur pirate ou des géologues qui déterminent la position de l'épicentre d'un tremblement de terre en combinant les résultats obtenus à partir de plusieurs stations d'enregistrement des secousses telluriques. C'est ce genre de triangulation que réalisent les algorithmes de résolution du problème inverse bioélectrique. La grande difficulté vient du fait que ce problème n'a pas de solution unique : de nombreuses distributions possibles des charges peuvent donner la même activité de surface. La modélisation de recherche des sources exige donc l'adjonction d'un grand nombre d'hypothèses supplémentaires, sur la géométrie du cerveau, sur la densité des milieux traversés depuis la source jusque sur la peau du crâne, etc. Si le modèle peut prétendre refléter fidèlement le site précis où l'activité électrophysiologique a son origine, les hypothèses complémentaires doivent être correctes, et il n'est pas toujours facile de les choisir.

Les méthodes métaboliques, PET et IRMf

La tomographie par émission de positons (TEP) et l'imagerie par résonance magnétique fonctionnelle (IRMf) sont les deux principales techniques métaboliques employées aujourd'hui pour localiser dans le cerveau, surtout humain, les régions mises en jeu lors de l'exécution d'une tâche cognitive. Ces techniques partent de l'idée qu'une augmentation de l'activité neurale dans une région cérébrale déterminée s'accompagne d'un accroissement de la circulation sanguine cérébrale de cette même région. Lors de l'exécution d'une tâche cognitive, la mesure du débit sanguin cérébral (DSCr) témoignera donc de la mise en jeu des différentes structures cérébrales impliquées dans la réalisation de la tâche.

Dans la TEP, la mesure du DSCr est directe dans la mesure où l'on dispose d'une molécule que l'on peut repérer et dont la distribution est corrélée à la distribution du DSCr. C'est le cas notamment de l'eau, présente en grande quantité dans les compartiments vasculaires et tissulaires du corps et donc du cerveau, et dont la quantité par unité de temps et par unité de volume est proportionnelle au débit sanguin. En outre, le noyau de l'atome d'oxygène, O_{16}, qui est l'atome naturel de l'eau, a un isotope radioactif émetteur de positons, l'O_{15}. Grâce à un cyclotron, on fabrique de l'eau radioactive à l'O_{15} que l'on injecte à un sujet. En disposant d'un appareillage spécifique, la caméra à positons, permettant de détecter les photons *gamma* issus de la dématérialisation des positons, il est possible de dresser la carte du DSCr pendant le temps très bref correspondant à la période radioactive (123 secondes) de l'O_{15}. Il faudra s'arranger pour demander au sujet de résoudre le problème cognitif qu'on lui propose pendant cette courte période, généralement de 90 secondes, pour qu'on obtienne alors une carte de la distribution du DSCr qui traduise la répartition des régions cérébrales activées par la réalisation de la « tâche ». Les obstacles méthodologiques à surmonter sont nombreux comme on peut aisément l'imaginer[25].

L'IRMf, d'introduction plus récente que la TEP, est une technique indirecte[26] qui détecte en temps réel les variations locales d'oxygénation du sang veineux ; cette méthode est désignée par son acronyme BOLD (pour *Blood Oxygenation Level Dependent*). L'accroissement de l'activité cérébrale s'accompagne d'une élévation de la consommation d'oxygène et se traduit initialement par une augmentation localisée de la concentration veineuse en désoxyhémoglobine, suivie de près par une élévation du débit sanguin cérébral local destinée à enrichir en oxygène le sang artériel de cette région activée. Il en résulte une diminution relative de la concentration veineuse en désoxyhémoglobine. La présence de désoxy-hémoglobine, qui est paramagnétique (contrairement à l'oxyhémoglobine), va engendrer une inhomogénéité locale du champ magnétique, ce qui constitue le signal mesuré en IRMf. L'intérêt de l'IRMf réside essentielle-ment dans le fait qu'il s'agit d'une technique véritablement non invasive (contrairement à la TEP qui demande l'introduction d'eau radioactive, sans danger cependant étant donné la très courte durée de vie de l'iso-tope utilisé), plus facile à mettre en œuvre (elle ne nécessite pas la pré-sence d'un cyclotron ni d'un laboratoire de radiochimie à proximité) et qui bénéficie d'améliorations techniques qui ont permis de réduire considérablement les temps d'acquisition des images (technique dite *echo-planar* permettant d'obtenir des séquences notées *epi-bold* (*epi* pour *echo planar imaging* en anglais).

Ces différentes méthodes ont leurs avantages et leurs inconvénients, notamment en termes de résolutions spatiale et temporelle. On peut tou-tefois envisager de les améliorer de façon substantielle en les combinant. L'enregistrement simultané des activités cérébrales par des méthodes électromagnétiques et métaboliques, la fusion des images IRMf, TEP, EEG et MEG permettent de combiner les bonnes résolutions spatiales des premières avec les bonnes résolutions temporelles des secondes. On peut surtout s'attendre aussi à ce que de nouvelles technologies d'image-rie voient le jour. Des essais prometteurs existent (diffusion de la lumière à travers les tissus corticaux, détection par IRM des flux de sodium lors des décharges neuronales).

Toutefois, l'élévation d'activité d'un groupe de neurones peut avoir des significations fonctionnelles différentes : que la fonction d'un neu-rone soit excitatrice ou inhibitrice, sa mise en activité augmente, quel que soit le cas, son métabolisme. Ainsi, le signal en IRMf ou en TEP ne nous dira rien sur la proportion des neurones excitateurs ou inhibiteurs activés par une tâche donnée. Il est déjà important d'avoir de bonnes rai-

---

25. Voir Mazoyer, *in* Houdé *et al.*, 2002, p. 257-282.
26. *Ibid.*, p. 231-256.

sons de penser, et de nombreuses études le confirment, que le signal enregistré traduit bien une activité nerveuse et non une réponse simplement vasculaire. La très faible résolution temporelle des techniques métaboliques rend indétectables des événements électrophysiologiques rapides qui peuvent jouer un rôle fonctionnel important. En outre, peut-on espérer découvrir l'organisation physiologique d'un réseau à partir de l'activité moyennée des neurones qui le composent ? L'organisation électrophysiologique d'une région du cerveau, même très limitée, la plus petite autorisée par la résolution spatiale de la méthode (aujourd'hui quelques centimètres carrés de surface corticale), peuplée de milliers de neurones, communiquant entre eux avec des signaux extraordinairement rapides (comparée à la lenteur des variations métaboliques), entretenant au sein de circuits précis des interactions excitatrices et inhibitrices et générant des motifs temporels fins enfouis dans des décharges de potentiels d'action, tout cela semble désespérément hors d'atteinte des mesures du flot sanguin local.

Néanmoins, ce scepticisme n'est peut-être de mise que pour le temps présent, puisqu'il est fondé sur des limitations techniques *actuelles*. Comme nous l'avons dit, on peut espérer des progrès technologiques considérables et décisifs en développant une imagerie « multimodale ».

Si l'on doit rester très prudent, ce ne sera ni pour des raisons liées aux résolutions forcément réduites des instruments de mesure, ni aux limites de confiance des données statistiques recueillies, ni aux difficultés intrinsèques de la définition d'une « tâche cognitive » à comparer à une « situation contrôle » dont il est pour le moins difficile de s'assurer de la neutralité, mais pour des raisons de fond liées à l'idée théorique que l'on se fait des relations entre l'architecture anatomique et fonctionnelle du cerveau et l'exercice des facultés ou des compétences cognitives.

INTELLIGENCE ET IMAGERIE CÉRÉBRALE

L'imagerie cérébrale permet de mettre en évidence les structures cérébrales mobilisées lors de l'exercice d'une capacité cognitive « intelligente ». Nous avons vu que l'analyse factorielle des résultats obtenus à des tests standardisés, explorant diverses aptitudes (verbale, visuospatiale, logique), permet d'isoler un facteur général, appelé facteur g, qu'il est commode de considérer comme un index d'intelligence. En fonction des tests utilisés, on distingue une intelligence fluide et une intelligence cristallisée[27]. Cette dernière concerne un *corpus* de connaissances factuelles accumulé par un individu au cours de sa vie, l'ampleur de son vocabulaire par exemple. Cette connaissance et son utilisation pour résoudre des problèmes augmentent avec l'âge. L'intelligence fluide, au

---

27. Cattell, 1971.

contraire, renvoie à la capacité de raisonner de façon analytique, elle implique la mémoire (notamment la mémoire de travail[28]) et suppose de traiter l'information avec rapidité. Elle décline avec l'âge. Dans une étude en TEP, John Duncan, du Conseil de recherche médicale (MRC) à Cambridge (Grande-Bretagne), étudie trois types de tâches requérant de l'intelligence fluide dans trois domaines différents : spatial, verbal et perceptivo-moteur. Il compare les performances obtenues lorsqu'un haut niveau d'intelligence générale fluide (situation Gf élevé) est exigé pour résoudre la tâche à des exercices analogues mais sollicitant à un moindre degré cette forme d'intelligence (situation Gf bas). Pour les trois tâches étudiées, les zones cérébrales activées par les contrastes entre les situations Gf élevé-Gf bas sont situées dans le cortex frontal latéral de l'un ou des deux hémisphères, dans des zones remarquablement semblables et définies en dépit du fait que les tâches relèvent de trois domaines très différents. Ces résultats suggèrent que l'« intelligence générale » met en jeu un système préfrontal spécifique fondamental dans la commande de diverses formes de comportements intelligents[29].

Jeremy Gray, de l'Université de Yale, utilise quant à lui l'IRMf pour étudier un aspect dynamique de l'intelligence : la capacité de résoudre un conflit cognitif, par exemple lorsqu'on doit contenir, en l'inhibant, une réponse dominante (se retenir de lire un mot, ou se garder d'exécuter une saccade oculaire en direction d'une lumière apparaissant dans la périphérie du champ visuel)[30]. Pouvoir inhiber une action et bloquer des stratégies qui entrent en compétition dans le cerveau sont la marque distinctive de l'intelligence : l'enfant « devient » intelligent en apprenant à inhiber[31]. L'expérience publiée par Jeremy Gray vise à établir une relation entre mémoire de travail et intelligence fluide Gf et des activations dans le cortex préfrontal latéral et le cortex pariétal. Un nombre important de sujets sont d'abord testés dans des épreuves de mémoire de travail et d'intelligence fluide ; on peut ainsi évaluer la valeur prédictive du facteur Gf pour prédire les différences individuelles dans les performances de mémoire de travail ; ensuite, on enregistre les activations cérébrales évoquées dans l'épreuve de mémoire. L'expérience se déroule en deux temps. Dans un premier temps, en dehors du scanner d'IRM, les sujets sont testés afin de déterminer leur Gf. Ensuite, ils réalisent le test de mémoire de travail, pendant qu'on enregistre les activations évoquées au cours de la passation du test.

Le test de mémoire de travail est appelé *n-back*. Sur un écran d'ordinateur, on présente au sujet une séquence de stimuli visuels, des mots ou

28. Prabhakaran *et al.*, 2001.
29. Duncan *et al.*, 2000.
30. Gray *et al.*, 2003.
31. Voir notamment les travaux d'Olivier Houdé résumés dans Houdé, 1995, et également 2004.

des visages, à la cadence d'un item toutes les 2, 3 secondes. À chaque stimulus présenté, le sujet doit indiquer s'il est ou non identique à un stimulus apparu trois items auparavant dans la série. Cette tâche requiert une mise à jour constante et l'évaluation du contenu de la mémoire de travail. En elle-même cette tâche est difficile, mais on la rend encore plus difficile en ajoutant un « conflit » qui exige beaucoup d'attention pour être résolu. Le conflit est introduit au hasard dans la séquence en présentant, non pas un stimulus-*cible* qui s'accorde avec le troisième qui précède dans la série (d'où le nom de *3-back* de cette épreuve), mais un stimulus-*piège* qui s'accorde avec un autre item présenté en deuxième, quatrième ou cinquième position en arrière (*2- 4 ou 5-back*). Comme on peut s'y attendre, la précision décline et le temps de réponse augmente pour les stimuli-pièges. Mais le résultat le plus important concerne la relation entre l'activité cérébrale spécifiquement engendrée par le piège et le résultat obtenu au test d'intelligence : les sujets avec un Gf élevé présentent des activations cérébrales plus importantes que les sujets avec un Gf bas. Plusieurs aires sont concernées : le cortex cingulaire antérieur dorsal, une large zone du cortex préfrontal latéral (dans les deux hémisphères), le lobule pariétal inférieur, ainsi que des régions du cervelet et du gyrus temporal supérieur. Ces résultats montrent que des sujets dotés d'une intelligence fluide élevée présentent une forte activation cérébrale lorsqu'il existe un conflit cognitif mobilisant l'attention du sujet. Cette activation intéresse essentiellement, mais pas exclusivement, le cortex préfrontal. Ainsi, la construction psychométrique symbolisée par le facteur Gf, serait, au moins en partie, explicable en termes de contrôle attentionnel, lequel requiert la mobilisation de circuits neuronaux des cortex préfrontal et pariétal.

Ces résultats ouvrent la voie à une analyse physiologique détaillée d'une notion réputée vague, l'intelligence. Ils suscitent néanmoins une légitime suspicion : celle de voir renaître une nouvelle phrénologie. Il ne s'agit plus aujourd'hui de palper le crâne à la recherche de la bosse de telle ou telle *faculté*, celle des maths ou de la fidélité conjugale, mais de « voir » sous le crâne, grâce à ces « télescopes de l'esprit » que sont les machines d'imagerie cérébrale, le « réseau d'activité » de telle ou telle capacité cognitive, la mémoire et l'attention ou l'intelligence analytique[32]. Cette critique ne s'applique pas aux travaux que je viens de résumer, ou à ceux que j'ai mentionnés dans d'autres chapitres de cet ouvrage. Ces travaux visent en effet à établir des relations (des corrélations) fonctionnelles entre des performances psychologiques et des activités cérébrales et non à localiser de façon statique des fonctions mentales hypostasiées, ces « vases fissurés » dont parle Valéry[33], dans une pièce circonscrite du

---

32. Le terme « télescope » est utilisé comme une métaphore par certains neuro-imageurs, très compétents mais imprudents.
33. Voir l'exergue de ce chapitre.

tissu cérébral. Mais la prudence s'impose, car tous les « imageurs » n'ont pas de tels scrupules.

Pierre Janet, avec qui nous avons ouvert ce chapitre, dit d'une conduite intelligente qu'elle est « une conduite inventée par l'individu, nouvelle au moins par certains côtés, qui consiste à prendre dans bien des circonstances un juste milieu, qui consiste à placer une action jusque-là inconnue entre deux actions déjà bien connues, c'est-à-dire à agir d'une manière relative[34] ». Cette intelligence pratique (mais c'est également vrai de l'intelligence théorique) ne peut bien entendu se manifester que si l'individu a la capacité de se représenter la situation qui exige de choisir une action et pour cela qui demande d'en suspendre ou en bloquer une autre. Mais qu'est-ce que cette représentation ? Sous quelle forme les neurones et les réseaux de neurones peuvent-ils représenter les choses, les événements ou les actions ?

LA NATURE DES REPRÉSENTATIONS

Deux caractéristiques permettent de proposer une définition opératoire d'une représentation : ce à quoi elle sert, autrement dit, sa fonction, ce sur quoi elle porte, c'est-à-dire son contenu. Elle sert à contrôler une action complexe en l'ajustant à chaque instant à un but fixé d'avance, trouver une source quand on a soif, sortir d'un traquenard, attraper une banane hors de la portée de son bras, trouver la solution d'un problème d'arithmétique. Il faut pour cela extraire d'une situation complexe des traits pertinents susceptibles d'être combinés de façon adéquate pour contenir une sorte de « modèle interne » de la réalité dans laquelle l'individu est plongé : former une représentation spatiale de son milieu naturel, former une représentation pratique des suppléances, éventuellement des outils, permettant de dépasser ses possibilités d'action directe, former une représentation ordonnée de l'espace des chiffres. Mais le contenu n'a de sens que s'il sert à quelque chose et, s'il ne peut servir, parce qu'il n'y a rien dans le répertoire d'action qui puisse l'exprimer ou dans l'esprit qui puisse le saisir, il est inutile. Il n'y a de représentation qu'en vue d'une action, même si celle-ci se déroule sur une scène mentale privée, sans s'exprimer dans un comportement public, même si elle reste confinée dans la « pensée ».

Déchiffrer le type de codage que le cerveau met en œuvre pour représenter les choses et les actions est l'objet de recherches actuelles intenses visant à combiner, dans une même approche théorique et expérimentale, la psychologie et les neurosciences[35]. La place me manque pour entrer dans les détails ; je me contenterai de défendre l'idée, parta-

---

34. Janet, *op. cit.*
35. Voir Imbert, 2002a.

gée par de nombreux chercheurs, que ce qui caractérise le fonctionnement du cerveau, c'est la structure *temporelle* des signaux qui circulent dans des réseaux de neurones, et dont la distribution, à chaque instant, représente une structure *spatiale*. Cette structure d'ordre spatio-temporel incarne le codage cérébral, motif de décharge d'influx sur une fibre ou dans un petit groupe de neurones, une « assemblée de neurones », et dont la mission sera de refléter, plus ou moins fidèlement, plus ou moins durablement, les événements extérieurs et intérieurs qui l'ont structuré. Ces motifs sont transférés, distribués, éventuellement enregistrés dans l'intimité du tissu nerveux, sélectionnés par l'évolution. À l'occasion, ils seront rappelés et utilisés, pour déclencher un acte dont la forme est inscrite dans des schèmes d'actions qui découlent directement de la constitution nerveuse héréditaire ou qui évoqueront une trace mnésique déposée dans une région du tissu cérébral, ou bien pour élaborer des comportements *finalisés* plus complexes, décider de leur exécution, immédiate ou différée, prévoir les conséquences qui peuvent en résulter, etc. Bref, « paralléliser », modéliser, ce qui se passe, ou pourrait se passer, dans le monde des choses et des événements où l'individu est plongé et dans lequel il agit.

LE CERVEAU ET LA CONSCIENCE

Le philosophe John Searle aurait un jour fait la remarque qu'étudier le cerveau sans étudier la conscience serait comme étudier l'estomac sans étudier la digestion[36]. Pour un neurobiologiste, un organisme, animal non humain ou humain, est conscient, lorsqu'il n'est pas endormi d'un sommeil profond et sans rêve, comateux ou profondément anesthésié[37]. C'est l'état dans lequel nous nous retrouvons tous les matins au réveil. Depuis plus de cinquante ans, les neurophysiologistes étudient les particularités des activités électriques cérébrales, recueillies sur le scalp, lorsqu'on passe de la veille au sommeil, lorsqu'on passe par les différentes phases de sommeil, lorsqu'on est comateux ou anesthésié. L'électroencéphalographie est très utile en chirurgie pour surveiller le degré d'anesthésie, en éthique médicale pour décider de la mort clinique, et dans de multiples situations où le « niveau de vigilance » a besoin d'être contrôlé. La forme, la fréquence et la distribution topographique des ondes cérébrales sont riches, non seulement de renseignements sur certaines pathologie neurologiques (l'épilepsie notamment), mais également sur le fait que l'organisme dont on enregistre l'activité cérébrale est conscient ou non, s'il dort et rêve, si sa vigilance est extrême ou relâchée. On

---

36. Cité dans l'éditorial de *Nature Neuroscience* d'août 2000.
37. J'utilise le matériel d'une conférence prononcée à l'Université de tous les savoirs en 2001, publiée chez Odile Jacob ; voir Imbert, 2002b.

connaît assez bien les structures nerveuses et les systèmes neurochimiques qui confèrent à une créature ces divers états. Cette première signification de conscience, conscience que l'on attribue à un organisme, ne retiendra pas davantage notre attention. Elle ne pose pas de problème neurobiologique particulier. Elle doit en revanche être soigneusement distinguée d'un autre type de conscience que l'on attribue, non à une *créature*, mais à un *état mental*. Que veut-on dire lorsqu'on parle d'un état mental conscient ? Une importante distinction s'impose ici. Dans un article très influent, le philosophe Ned Block, de l'Université de New York, souligne les différences importantes entre ce qu'il appelle la conscience phénoménale et la conscience d'accès[38].

La *conscience phénoménale*, au dire même de Ned Block, est très difficile à définir, sinon en ayant recours à des synonymes. On peut au mieux en donner des exemples. Dire ce que je ressens quand je vois le bleu du ciel, j'entends le clapotis d'une rivière, je flaire une odeur des champs, je ressens une sourde ou vive douleur. La conscience phénoménale, conscience-P, pour suivre la mode actuelle, reflète le caractère irrémédiablement privé, de ce que je suis en train de vivre, moi, à la première personne, ici et maintenant, elle est « ce que ça me fait » de ressentir ce mal de tête ou d'éprouver un tel bonheur dans mon bain. Ce type de conscience, conçue comme une expérience vécue subjective, semble devoir résister à tous les types d'explications qui ont fait leurs preuves jusqu'ici ; il constitue le problème considéré comme difficile, éventuellement intraitable par les méthodes dont nous disposons aujourd'hui ou définitivement insoluble à cause des limites infranchissables de notre appareil cognitif.

Une définition de la *conscience d'accès* est plus simple. Tissu serré de propriétés caractéristiques de la vie mentale, elle est déterminée par trois compétences cognitives fondamentales, toutes centrées autour de la rationalité : la pensée rationnelle, le langage et l'action. Ces trois conditions n'ont pas besoin d'être toutes présentes pour définir une conscience-A, notamment si l'on veut pouvoir montrer que les animaux, dépourvus de langage syntaxique, en sont cependant pourvus. Les états conscients-A sont ce que la philosophie de l'esprit conçoit comme une *attitude propositionnelle*, dont le contenu, c'est-à-dire la « proposition » qui est pensée, désirée, souhaitée, redoutée, est par définition une *représentation*. Ils sont également ce que la psychologie cognitive désigne du même terme de *représentation* : ils sont intentionnels et ont toujours un objet sur lequel ils portent ou vers lequel ils sont dirigés ; ils servent à

---

38. Block, 1995. Je recommande la collection d'articles sur les débats philosophiques sur la nature de la conscience publiés par Ned Block, Owen Flanagan et Güven Güzeldere, 1998, dans l'article de Block (1995) est reproduit. Voir aussi Searle, 1999 ; *ibid.*, 2000 ainsi que Jacob, 2004 et Buser, 1999 et 2005.

quelque chose[39]. L'aspect le plus important des états conscients-A est qu'ils représentent la conscience comme un accès à l'information disponible pour un organisme doué de rationalité. Dans les termes de Ned Block, « une représentation est consciente-A si elle est prête à un libre emploi dans le raisonnement, et le contrôle "rationnel" direct de l'action et du discours ». Chez les êtres humains, la plupart du temps, ces états peuvent être verbalisés.

Il faut ici faire une remarque qui s'avérera importante lorsque nous discuterons les cas de perception non consciente. À côté d'une masse d'informations traitées en continu par le cerveau et à laquelle l'organisme, grâce aux systèmes cognitifs qui fondent sa rationalité, accède de façon consciente, il existe une masse d'informations qui échappe totalement à la conscience. Ces sont des informations délivrées en permanence par le système nerveux autonome sur l'état de notre propre corps viscéral. Ce sont également les informations qui circulent de façon continue dans les réseaux cérébraux pour y être traitées avant d'être livrées au système d'accès. Cette double détente caractérise nos états conscients-A : avant d'accéder à la conscience, l'information doit être *prétraitée* de façon non consciente. Ces deux étages sont relativement indépendants. Ainsi, il est toujours possible de passer d'un traitement conscient à un traitement non conscient, et *vice versa*. Par exemple, lorsque j'apprends un nouveau geste délicat, un ensemble d'habiletés, comme faire du patin à roulettes, je dois pouvoir accéder à toutes les informations, sensorielles, motrices et végétatives, qui sont appelées à contrôler ou qui accompagnent chacune de mes actions, mais une fois l'habileté acquise, les mêmes informations seront toujours présentes et encore utilisées pour la contrôler, mais leur accès à la conscience sera désormais inutile. La conscience sera court-circuitée, ce qui est souhaitable, car nous avons tous fait l'expérience qu'il suffit parfois de reprendre le contrôle conscient de ses gestes, pour entraver leur déroulement harmonieux. La mémoire procédurale que nous avons étudiée au chapitre IX est un exemple d'utilisation non consciente d'informations mémorisées.

Il faut peut-être encore distinguer la conscience des états mentaux, conscience-P ou conscience-A, de la *conscience de soi* qui renvoie à la capacité possédée par certains organismes de créer une représentation de second ordre de ses propres états mentaux. Par son caractère récursif, je pense que je pense, je suis conscient que je suis conscient, la conscience de soi débouche sur le problème connu en éthologie et en psychologie cognitive sous le nom de « théorie de l'esprit » que nous avons rencontré dans le chapitre X. Théorie de l'esprit désigne la capacité d'attribuer des états mentaux à d'autres membres, généralement, de la même espèce, on dit théorie parce que les états mentaux n'étant pas

---

39. Je recommande vivement l'ouvrage de Pierre Jacob, *L'Intentionnalité*, 2004.

directement observables, doivent être inférés, et ils sont inférés à partir de la connaissance directe que j'ai de mes propres états mentaux. La question de savoir si des animaux, autres que l'homme, sont capables d'attribuer des états mentaux à leurs semblables est très activement débattue. Elle semble néanmoins être l'apanage des êtres humains, et même les chimpanzés, nos plus proches cousins, en sont dépourvus[40].

Cette brève revue, dont le caractère succinct n'excuse pas complètement les insuffisances philosophiques, est surtout destinée à mettre un peu d'ordre dans la présentation des nombreux résultats expérimentaux que les neurosciences cognitives offrent dans le domaine des relations entre cerveau et conscience et que nous avons déjà rencontrés dans les chapitres précédents.

PEUT-ON « VOIR »
UNE ORGANISATION NEURALE EN ACTION ?

Plusieurs méthodes et techniques, certaines d'un âge déjà respectable, d'autres très récentes, permettent de mettre en évidence des régions localisées du cerveau, essentiellement du cortex cérébral, mises en jeu lors de l'exécution d'une tâche *cognitive* complexe. Cette exécution peut se manifester publiquement par un comportement moteur, appuyer sur un bouton, dire qu'on perçoit quelque chose et quoi, etc., ou rester profondément cachée dans l'esprit du sujet jusqu'à la fin de l'examen où l'expérimentateur s'assurera que la tâche a bien été réalisée de la façon prévue par le protocole expérimental. La manifestation publique est seulement différée. On peut également utiliser une procédure importée de la psychologie expérimentale, l'amorçage : on vérifie qu'une information traitée de façon non consciente a bien été cependant traitée, en décelant son intervention dans un comportement évoqué par une autre information. Il est dès lors possible de comparer les activités cérébrales dans des situations où l'amorçage a eu un effet par rapport aux situations dans lesquelles il est resté sans effet (ou n'a pas eu lieu)[41]. Bien d'autres techniques issues de la psychologie expérimentale permettent de séparer des situations avec conscience-A des situations sans conscience-A. On compare, en les contrastant, les activités cérébrales dans ces deux types de situations. Il semble légitime de conclure que si une région est active lorsque le sujet est dans un état conscient-A et silencieuse lorsqu'il est dans un état non conscient-A, alors, la région en question joue un rôle décisif dans ce type de conscience d'accès. Mais que voudrait dire l'inverse ? Quand une région cérébrale est active lorsque le sujet est dans un état non conscient-A et silencieuse lorsqu'il accède à la conscience

---

40. Voir Proust, 1997.
41. Dehaene et Naccache, 2001.

pour réaliser sa tâche, faut-il conclure que la région active est le site du traitement non conscient, mais alors pourquoi, si l'on admet que le traitement non conscient prépare l'information pour ravitailler le système de la conscience d'accès, n'était-il pas également actif dans la situation précédente ? Je n'ai pas l'intention dans ce chapitre de discuter ce problème, je le signale seulement pour donner une vague idée des discussions méthodologiques que ces protocoles sont susceptibles de déchaîner. On peut faire confiance aux neurobiologistes et aux psychologues, ils trouvent toujours à tout argument un contre-argument, qu'ils cherchent généralement en inventant un nouveau protocole expérimental.

Le fait que l'on puisse faire quelque chose sans savoir qu'on le fait parce qu'il manque un morceau de cerveau ne signifie pas que le morceau en question est le corrélat recherché de la conscience perdue. Le cortex visuel primaire n'est probablement pas le corrélat de la conscience visuelle, il vaudrait mieux, à le rechercher quelque part, le rechercher du côté du lobe temporal. Mais l'activation du trajet ventral n'est pas suffisante pour éveiller la conscience, comme des expériences récentes de Stanislas Deheane et ses collaborateurs d'Orsay l'ont démontré en combinant des expériences psycholinguistiques d'amorçage et des recueils d'activités métaboliques et électriques[42]. Ce serait moins l'activation des aires visuelles ventrales que la corrélation entre des activités situées dans ces aires visuelles et celles situées dans les régions frontales qui susciterait la prise de conscience. Nous retrouvons l'idée que la conscience résiderait non pas dans une zone corticale, mais dans la liaison dynamique, transitoire, entre des représentations neurales, assemblées de neurones, elles-mêmes dynamiques, résidant dans des régions qui peuvent être éloignées les unes des autres. L'idée que la conscience visuelle dépendrait de corrélations entre les activités occipitale et frontale est très séduisante, elle invite à repenser les relations entre ce que l'on perçoit et ce que l'on fait[43].

Nous avons jusqu'ici surtout examiné la question (soi-disant facile) de la conscience d'accès. On peut être d'accord avec Francis Crick quand il dit qu'à chaque instant certains processus neuronaux actifs sont corrélés avec la conscience alors qu'à d'autres moments ils ne le sont pas[44]. Une telle formulation permet en effet de rechercher expérimentalement les corrélats de la conscience. Beaucoup de candidats ont été proposés et nous en avons discuté certains. Fait-il référence, dans sa recherche de corrélation, à la conscience d'accès ou à une autre forme de conscience qui serait à mi-chemin entre la conscience d'accès et la conscience phénoménale, ou un mixte des deux ? En effet, nombreux sont les neuro-

---

42. Dehaene, 2003.
43. Jacob et Jeannerod, 2003.
44. Crick et Koch, 2003.

biologistes qui évitent de se lancer dans une clarification conceptuelle ; ils prétendent même souvent qu'il vaut mieux ne pas le faire. Il faut avouer que cela est un peu surprenant. Comment espérer répondre à une des questions posées par Francis Crick lui-même – « les neurones impliqués dans la conscience sont-ils d'un type particulier ? » – si l'on n'a pas une idée même approximative de ce qu'est la conscience ? Et si l'on a une idée vague pourquoi s'interdire d'essayer de la clarifier ? À moins de dire, comme on a pu le dire pour l'intelligence, que la conscience est ce que je mesure avec mon scanner ou mes électrodes.

Si le problème facile s'avère difficile, le problème difficile risque bien d'être tellement difficile que je ne me risquerai pas à l'aborder. Sinon peut-être pour dire, en conclusion, que je ne vois pas pourquoi la conscience phénoménale ne serait pas une conscience d'accès à la conscience d'accès, une *métareprésentation* en quelque sorte, utilisant le langage pour s'exprimer, notamment dans sa forme narrative, conversationnelle. Est-il possible d'être déprimé si l'on n'a pas les moyens, même frustes, de le dire, de *se le dire* ? La conscience phénoménale pourrait ainsi s'extraire de sa pure subjectivité, et être soumise aux multiples influences culturelles. Je ressens ma dépression actuelle, bariolée de tout ce que je peux savoir sur la dépression, sa neurochimie, son image sociale, son histoire. En ce qui concerne les mécanismes, je proposerai l'idée suivante : nous avons vu que la représentation qui constitue la conscience d'accès se présente sous la forme d'un motif neuronal dynamique utilisant un codage spatio-temporel dans un groupe de neurones associés par des mécanismes de liage. On pourrait suggérer que la métareprésentation qui constitue la conscience phénoménale se présente sous la forme d'un liage nettement plus massif, tellement important que l'aspect spatial disparaîtrait, le cerveau dans sa totalité étant mobilisé, pour laisser seul l'aspect temporel, d'où le caractère unidimensionnel de la conscience phénoménale, ce qui n'est pas sans rappeler la conception phénoménologique de la conscience intime du temps telle que la propose Edmond Husserl.

ÉPILOGUE

En écrivant ce livre, mon intention était d'offrir un panorama général des principaux résultats obtenus récemment dans le domaine des sciences du cerveau. L'époque où cet organe était considéré comme une boîte noire, où il n'était légitime de ne parler des comportements qu'en termes d'« entrées » et de « sorties », où il était presque inconvenant de faire appel à des processus mentaux, est bel et bien révolue. Les spécialistes du système nerveux n'hésitent plus à utiliser, dans les titres mêmes de leurs ouvrages, des termes naguère réservés aux psychologues ou aux philosophes : la décision, la vérité, la raison, la personnalité, la conscience, pour ne prendre que quelques exemples tirés du catalogue des Éditions Odile Jacob. Le lecteur qui se plonge dans ces ouvrages acquiert une culture de première main, proposée par les meilleurs spécialistes des sujets couverts par les titres cités. Il peut néanmoins souhaiter disposer, pour s'y référer à l'occasion, d'un ouvrage qui se présenterait, non comme un essai personnel sur une question originale, mais comme un recueil des connaissances contemporaines sur le cerveau et ses expressions comportementales et cognitives. J'ai parfaitement conscience du caractère présomptueux d'un tel projet et je n'ai pas l'outrecuidance de prétendre avoir réussi à présenter un « état de l'art » exhaustif de tout ce que l'on sait aujourd'hui sur cet immense sujet. Plus modestement, je m'en suis tenu à décrire un certain nombre de résultats significatifs pour partager, avec le lecteur, mon enthousiasme pour les avancées les plus spectaculaires des neurosciences de ces dernières années ; et aussi mes perplexités.

Les neurosciences sont en pleine effervescence. Des progrès techniques et méthodologiques ont permis le clonage des gènes et la caractérisation fonctionnelle de nombreuses molécules qu'ils expriment et qui jouent des rôles essentiels dans le développement du tissu nerveux, dans le fonctionnement des neurones ou dans la communication synaptique. La visualisation de la structure atomique de canaux ioniques cristallisés a révélé des aspects insoupçonnés de leur fonctionnement. La combinaison de la génétique, de la biochimie, de l'anatomie et de la physiologie des systèmes sensoriels et des systèmes moteurs a éclairé la compréhension de leur fonctionnement normal et de leurs dérèglements pathologiques, ouvrant des possibilités de traitement qu'il y a encore peu de temps on considérait comme impossibles. Ni la neurologie ni la psychiatrie ne sont plus désormais seulement descriptives et impuissantes. Les « expériences combinées », associant, chez le sujet vigile, l'enregistrement électrophysiologique de neurones ou l'imagerie cérébrale à des protocoles psychophysiques que les théories de la psychologie cognitive ou de la psycholinguistique rendent rigoureux, donnent des renseignements précieux sur l'architecture fonctionnelle de l'« esprit ». Les chapitres précédents illustrent ces différents aspects.

Mais de nombreuses questions sont aussi en chantier. Nous n'avons fait qu'effleurer certains sujets importants : le sommeil et les rêves, le vieillissement, la dépendance aux drogues, etc. De véritables défis restent encore à relever : quelles sont les conditions cérébrales de la cognition sociale ? De la création artistique ? Du sentiment moral ? Des paris technologiques audacieux apparaissent ; à quand la rétine artificielle qui, à l'instar des implants cochléaires, restaurerait la vue ? Peut-on envisager d'utiliser les signaux électriques émis par le cerveau pour commander des prothèses ?

Les neurosciences permettent de mieux comprendre les conditions biologiques qui rendent possibles les compétences cognitives dont sont dotés les individus ; elles les aident à mieux comprendre ce qu'ils sont, comment et pourquoi ils sont ainsi. Que des êtres humains (et tous les animaux) puissent acquérir des connaissances, organiser celles-ci pour mieux les mémoriser et les utiliser relève de la psychophysiologie ; qu'un certain réseau de neurones distribués dans des zones limitées du cortex cérébral soit mis en œuvre lorsqu'on parle ; qu'on puisse même le voir par imagerie cérébrale ou l'inférer d'études de cas de patients cérébrolésés, autant de questions « empiriques » qui relèvent de l'investigation scientifique.

Pour autant, peut-on dire, comme on l'entend souvent affirmer, que le cerveau « perçoit », qu'il « planifie une action », qu'il « raisonne », « se souvient », « apprend », « parle » ? Faut-il prendre à la lettre le spécialiste déclarant qu'un neurone « décide », qu'un noyau « commande », qu'une aire cérébrale « reconnaît un visage » ? N'y aurait-il pas d'autres choix que de proférer une banalité : sans cerveau, on ne peut percevoir, une aberration : mon cerveau parle, ou une monstruosité : mon cerveau dicte mes choix politiques et mes préférences sexuelles ? Peut-être n'est-ce là après tout qu'une façon de parler. Elle est cependant fort imprudente, car elle laisse planer un doute : qui nous garantit que le spécialiste en question, fasciné par ses prouesses méthodologiques et technologiques, ne se laisse pas entraîner à prendre au sérieux ce qui ne peut tout au plus n'être qu'une métaphore[1] ?

Ce que les neurosciences sont autorisées à dire se résume de la façon suivante. Par exemple, quand un individu (un animal ou un être humain) « prend une décision », telle région de son cerveau est activée ; ou encore, l'individu dont telle région du cerveau ne marche pas correctement ne peut plus « prendre de décision » ; ne « marche pas correctement » parce qu'elle est matériellement éliminée suite à une lésion traumatique ou à un accident vasculaire, ou bien parce que son fonctionnement est perturbé par des anomalies biochimiques (certaines pouvant être encore aujourd'hui indécelables), ou encore pour toute autre raison. En aucun cas, les neurosciences ne peuvent dire : telle région du cerveau « décide », ou encore, ce qui revient d'ailleurs au même, la « décision est localisée » dans telle région du cerveau. Celui qui décide est un individu total, indissociable du milieu dans lequel il est plongé dès le début de sa vie, formant une unité organique avec son monde, physique et social, que seule l'analyse scientifique vient rompre. Pour décider, l'individu doit certes avoir un cerveau en « état de marche », mais il décide aussi avec son cœur, son foie, son estomac, ses jambes, son histoire personnelle, ses craintes, ses ambitions, son statut social, etc., bref toutes les caractéristiques qui font précisément qu'il est ce qu'il est en vertu de quoi « il décide ». La « décision » n'est pas une chose qu'on trouve sous un scalpel, à la pointe d'une microélectrode ou dans des images de scanner. C'est un concept dont la signification résulte de la place qu'il occupe dans un vaste réseau d'interconnexions logiques qu'aucune recherche empirique ne permettra de découvrir. Ce qu'on voit ne sont qu'activités métaboliques ou connexions synaptiques, ce ne sont ni des idées ni des relations logiques.

Je dois avouer que je n'ai pas toujours su éviter moi-même ces facilités de langage, en annonçant explicitement, chaque fois que je m'y laissais aller, que je n'étais pas dupe. Par exemple, j'ai décrit la « carte rétinotopique que les fibres en provenance de la rétine dessinent sur le cortex cérébral ». Il est clair qu'il ne s'agit de carte qu'en un sens dérivé. Une carte en effet est une représentation picturale dressée selon des

---

1. Dans ce qui suit, j'accepte, avec beaucoup de nuances, la position philosophique manifestement provocatrice, mais très salutaire, défendue par M. R. Bennett et P. M. S. Hacker, 2003.

conventions arbitraires et des règles géométriques de projection. Lire une carte suppose qu'on soit familier avec les conventions et qu'on connaisse les règles. La représentation rétinotopique sur le cortex visuel primaire est-elle une carte en ce sens ? Certainement pas, la relation entre la disposition sur la rétine des photorécepteurs et l'arrangement topographique des neurones sur le cortex, n'est pas le résultat de l'application d'une règle normative, mais traduit directement la régularité d'une chaîne causale liant de proche en proche les photorécepteurs aux neurones corticaux. Une carte n'est telle que pour qui sait la lire. Dire que la carte corticale « joue un rôle essentiel dans la représentation et l'interprétation du monde par le cerveau, comme le font les cartes d'un atlas pour leur lecteur[2] », c'est certainement pousser un peu loin la métaphore en adoptant de façon non critique l'idée que le cerveau fait ce que nous faisons alors qu'il nous permet seulement de le faire.

Les neurosciences sont assez excitantes sans qu'il soit nécessaire d'édifier une neuromythologie scientiste qui laisserait croire non seulement qu'on peut voir le cerveau en train de « penser » (en oubliant que le cerveau ne pense pas), mais surtout qu'on peut directement voir « à quoi il pense ».

Ces questions sont bien trop sérieuses pour être abordées de façon superficielle. Je leur consacrerai la place qu'elles méritent dans un autre ouvrage.

---

2. Colin Blakemore, 1990. Cité par Bennett et Hacker, 2003, p. 388.

BIBLIOGRAPHIE

ABEL, T., NGUYEN, P. V., BARAD, M., DEUEL, T. A., KANDEL, E. R., BOURTCHOULADZE, R. (1997), « Genetic demonstration of a role for PKA in the late phase of LTP and in hippocampus-based long-term memory », *Cell*, 88 (5), p. 615-626.

AJURIAGUERRA, J. D., HÉCAEN, H. (1949), *Le Cortex cérébral : étude neuro-psycho-pathologique* (2ᵉ édition entièrement refondue, 1960), Paris, Masson.

AKERT, K. (1996), *Swiss Contributions to the Neurosciences in Fourhundred Years*, Zurich, v/d/f Hochschulverlag AG an der ETH Zurich.

ALBUS, J. S. (1971), « A theory of cerebellar function », *Math. Biosci.*, 10, p. 25-61.

ALEXANDER, G., DELONG, M., STRICK, P. (1986), « Parallel organization of functionally segregated circuits linking basal ganglia and cortex », *Ann. Rev. Neurosci.*, 9, p. 357-381.

ANDERSON, J. M., GILMORE, R., ROPER, S., CROSSON, B., BAUER, R. M., NADEAU, S. *et al.* (1999), « Conduction aphasia and the arcuate fasciculus : a reexamination of the Wernicke-Geschwind model », *Brain Lang.*, 70 (1), p. 1-12.

ANDERSON, J. R. (1983), « Retrieval of information from long-term memory », *Science*, 220 (4592), p. 25-30.

ARBIB, M. A. (2005), « From monkey-like action recognition to human language : an evolutionary framework for neurolinguistics », *Behav. Brain Sci.*, 28 (2), p. 105-124 ; discussion p. 125-167.

ARISTOTE (2000), *Petits Traités d'histoire naturelle* (P.-M. Morel, ed.), Paris, GF Flammarion.

ARISTOTE (2003), *De l'âme* (J. Tricot, trad.), Paris, Vrin.

ATKINSON, R., SHIFFRIN, R. (1968), « Human memory. A proposed system and its central control processes », *in* K. S. J. Spence (éd.), *The Psychology of Learning and Motivation*, vol. 2, p. 89-95. New York, Academic Press.

AUSTIN, J. (1962), *How to Do Things with Words*, Oxford, Clarendon Press.

AZOUVI, F. (2002), *Descartes et la France. Histoire d'une passion*, Paris, Fayard.

BABINET, C., COHEN-TANNOUDJI, M. (2000), « Vingt ans d'interventions délibérées sur le génome de la souris. Une révolution dans l'approche génétique de la biologie des mammifères », *Médecine-Science*, 16, p. 31-42.

BACSKAI, B. J., HOCHNER, B., MAHAUT-SMITH, M., ADAMS, S. R., KAANG, B. K., KANDEL, E. R. *et al.* (1993), « Spatially resolved dynamics of cAMP and protein kinase A subunits in Aplysia sensory neurons », *Science*, 260 (5105), p. 222-226.

BADCOCK, H. (1953), « The possibility of compensating astronomical seeing », *Publications of the Astronomical Society of the Pacific*, 65, p. 229-236.

BADDELEY, A. (1992), « Working memory », *Science*, 255 (5044), p. 556-559.

BADDELEY, A. (1996), « Exploring the central executive », *Quarterly Journal of Experimental Psychology*, 49A, p. 5-28.

BADDELEY, A. (2002), « Fractionation of the central executive », *in* D. a. K. Stuss, R. T. (éd.), *Principles of Frontal Lobe Function*, New York, Oxford University Press, p. 246-260.

BADDELEY, A., HITCH, G. (1974), « Working memory », *in* G. Bower (éd.), *The Psychology of Learning and Motivation : Advances in Research and Theory*, New York, Academic Press.

BADDELEY, A. D. (1986), *Working Memory*, Oxford, Clarendon Press.

BARDINET, T. (1995), *Les Papyrus médicaux de l'Égypte pharaonique*, Paris, Fayard.

BARKER, L. A., DOWDALL, M. J., WHITTAKER, V. P. (1972), « Choline metabolism in the cerebral cortex of guinea pigs. Stable-bound acetylcholine », *Biochem. J.*, 130 (4), p. 1063-1075.

BARNES, J. (éd.) (1995), *The Cambridge Companion to Aristotle*, Cambridge, Cambridge University Press.

BARRIA, A., MULLER, M., DERKACH, V., GRIFFITH, L., SODERLING, T. (1997), « Regulatory phosphorylation of AMPA-type glutamate receptors by CaM-KII during long-term potentiation », *Science*, 276, p. 2042-2045.

BAUER, R. H. (1993), « Lateralization of neural control for vocalization by the frog (Rana pipiens) », *Psychobiology*, 21, p. 243-248.

BEARE, J. (1906), *Greek Theories of Elementary Cognition. From Alcmaeon to Aritotle*, Oxford, Clarendon Press.

BELIN, P., ZATORRE, R. J., LAFAILLE, P., AHAD, P., PIKE, B. (2000), « Voice-selective areas in human auditory cortex », *Nature*, 403 (6767), p. 309-312.

BELLUGI, U., HICKOK, G. (1993), « Clues to the neurobiology of language », *in* R. Broadwell (éd.), *Decade of the Brain*, col 1., Washington DC, Library of Congress.

BELLUGI, U., POIZNER, H., KLIMA, E. S. (1989), « Language, modality and the brain », *Trends Neurosci.*, 12 (10), p. 380-388.

BENNETT, M. R., HACKER, P. M. S. (2003), *Philosophical Foundations of Neuroscience*, Oxford, Blackwell Publishing.

BERTHOZ, A. (1997), *Le Sens du mouvement*, Paris, Odile Jacob.

BERTHOZ, A. (éd.) (1999), *Leçons sur le corps, le cerveau et l'esprit*, Paris, Odile Jacob.

BERTHOZ, A. (2003), *La Décision*, Paris, Odile Jacob.

BERTONCINI, J., MORAIS, J., BIJELJAC-BABIC, R., MCADAMS, S., PERETZ, I., MEHLER, J. (1989), « Dichotic perception and laterality in neonates », *Brain Lang.*, 37 (4), p. 591-605.

BESSON, J.-M. (1992), *La Douleur*, Paris, Odile Jacob.

BESSOU, P., PERL, E. R. (1969), « Response of cutaneous sensory units with unmyelinated fibers to noxious stimuli », *J. Neurophysiol.*, 32 (6), p. 1025-1043.

BEVAN, S., GEPPETTI, P. (1994), « Protons : small stimulants of capsaicin-sensitive sensory nerves », *Trends Neurosci.*, 17 (12), p. 509-512.

BIEDERER, T., SARA, Y., MOZHAYEVA, M., ATASOY, D., LIU, X., KAVALALI, E. T. *et al.* (2002), « SynCAM, a synaptic adhesion molecule that drives synapse assembly », *Science*, 297 (5586), p. 1525-1531.

Binder, J. R., Frost, J. A., Hammeke, T. A., Bellgowan, P. S., Springer, J. A., Kaufman, J. N., *et al.* (2000), « Human temporal lobe activation by speech and non-speech sounds », *Cereb. Cortex*, 10 (5), p. 512-528.

Binet, A. (1907), « Les nouvelles classes de perfectionnement », *Bulletin de la Société libre pour l'étude pshychologique de l'enfant*, n° 47.

Binet, A., Simon, T. (1905), « Application de méthodes nouvelles au diagnostic du niveau intellectuel chez les enfants anormaux d'hospices et d'écoles primaires », *L'Année psychologique*, 11, p. 1991-1244.

Bisulco, S., Slotnick, B. (2003), « Olfactory discrimination of short chain fatty acids in rats with large bilateral lesions of the olfactory bulbs », *Chem. Senses*, 28 (5), p. 361-370.

Bjorklund, L. *et al.* (2002), « Embryonic stem cells develop into functional dopaminergic neurons after transplantation in a Parkinson rat model », *Proc. nat. Acad. Sci. USA*, 99, p. 2344-2349.

Blakemore, C. (1990), « Understanding images in the brain », *in* C. B. M. W.-S. H. Barlow (éd.), *Images and Understanding*, Cambrige, Cambrige University Press.

Bliss, T., Collingridge, G. (2003), « A synpatic model of memory : long-term potentiation in the hippocampus », *Nature*, 361, p. 31-39.

Block, N. (1995), « On a confusion about a function of consciousness », *Behavioral and Brain Research*, 18, p. 227-247.

Block, N., Flanagan, O., Güzeldere, G. (éd.) (1999), *The Nature of Consciousness. Philosophical Debates*, Cambridge, Massachusetts, The MIT Press.

Blount, P. (2003), « Molecular mechanisms of mechanosensation : big lessons from small cells », *Neuron*, 37 (5), p. 731-734.

Bogen, J. E., Bogen, G. M. (1976), « Wernicke's region – Where is it ? », *Ann. N Y Acad. Sci.*, 280, p. 834-843.

Boring, E. (1950), *A History of Experimental Psychology*, New York, Appleton-Century-Crofts, Inc.

Boring, E. G. (1942), *Sensation and Perception in the History of Experimental Psychology*, New York, Irvington Publishers, Inc.

Boysson-Bardies, B. de (2004), *Comment la parole vient aux enfants*, Paris, Odile Jacob.

Bozza, T. C., Mombaerts, P. (2001), « Olfactory coding : revealing intrinsic representations of odors », *Curr. Biol.*, 11 (17), p. R687-690.

Braak, H., Braak, E. (1991), « Neuropathological staging of Alzheimer-related changes », *Acta Neuropathologica*, 82, p. 239-259.

Brazier, M. A. (1988), *A History of Neurophysiology in the 19th Century*, New York, Raven Press.

Breasted, J. (1930), *The Edwin Smith Surgical Papyrus*, Chicago, University of Chicago Press.

Brenner, S. (1974), « The genetics of *Caenorhabditis elegans* », *Genetics*, 77 (1), p. 71-94.

Buck, L. B. (2000), « The molecular architecture of odor and pheromone sensing in mammals », *Cell*, 100 (6), p. 611-618.

Bullier, J. (2001), « Feedback connections and conscious vision », *Trends Cogn. Sci.*, 5 (9), p. 369-370.

Burgess, P., Perl, E. (1967), « Myelinated afferent fibers responding specifically to noxious stimulation of the skin », *J. Physiol.*, 190, p. 541-562.

Buser, P. (1998), *Cerveau de soi, cerveau de l'autre*, Paris, Odile Jacob.

Buser, P. (2005), *L'Inconscient aux mille visages*, Paris, Odile Jacob.

Buser, P., Imbert, M. (1982), *Psychophysiologie sensorielle*, Paris, Hermann.

BUSER, P., IMBERT, M. (1986), *Vision. Neurophysiologie fonctionnelle IV*, Paris, Hermann.

BUSER, P., IMBERT, M. (1993), *Mécanismes fondamentaux et centres nerveux. Neurobiologie I*, Paris, Hermann.

BÜTTNER-ENNEVEER, J. (éd.) (1988), *Neuroanatomy of the Oculomotor System*, Amsterdam, Elsevier.

BUTTNER-ENNEVER, J. A., HORN, A. K. (1997), « Anatomical substrates of oculomotor control », *Curr. Opin. Neurobiol.*, 7 (6), p. 872-879.

CAJAL, S. R. (1911), *Histologie du système nerveux de l'homme et des vertébrés*, Paris, C.S.I.C.

CAJAL, S. R. (1990), *News Ideas on the Structure of the Nervous System in Man and Vertebrates*, Cambridge, Massachusetts, The MIT Press-Londres, A Bradford Book.

CALLOT, E. (1965), *La Philosophie de la vie au XVIII⁽ᵉ⁾ siècle*, Paris, Éditions Marcel Rivière et Cie.

CALVINO, B., GRILO, R. M. (2005), « Central pain control », *Joint Bone Spine*.

CAMPBELL, F. W., RUSHTON, W. A. (1955), « Measurement of the scotopic pigment in the living human eye », *J. Physiol.*, 130 (1), p. 131-147.

CANGUILHEM, G. (1955), *La Formation du concept de réflexe aux XVII⁽ᵉ⁾ et XVIII⁽ᵉ⁾ siècles*, Paris, PUF (2⁽ᵉ⁾ édition révisée et augmentée, Paris, Vrin, 1977, éd.),

CAPECCHI, M. (1989), « Altering the genome by homologuous recombinaison », *Science*, 244, p. 1288-1292.

CAPECCHI, M. (1994), « Targeted gene replacement », *Sci. Am.*, 270, p. 52-59.

CATERINA, M. J., LEFFLER, A., MALMBERG, A. B., MARTIN, W. J., TRAFTON, J., PETERSEN-ZEITZ, K. R. *et al.* (2000), « Impaired nociception and pain sensation in mice lacking the capsaicin receptor », *Science*, 288 (5464), p. 306-313.

CATERINA, M. J., ROSEN, T. A., TOMINAGA, M., BRAKE, A. J., JULIUS, D. (1999), « A capsaicin-receptor homologue with a high threshold for noxious heat », *Nature*, 398 (6726), p. 436-441.

CATERINA, M. J., SCHUMACHER, M. A., TOMINAGA, M., ROSEN, T. A., LEVINE, J. D., JULIUS, D. J. (1997), « The capsaicin receptor : a heat-activated ion channel in the pain pathway », *Nature*, 389 (6653), p. 816-824.

CATTELL, R. B. (1971), *Abilities : Their Structure, Growth, and Action*, Boston, Houghton Mifflin.

CHAMBERLAIN, S. R., BLACKWELL, A. D., FINEBERG, N. A., ROBBINS, T. W., SAHAKIAN, B. J. (2005), « The neuropsychology of obsessive compulsive disorder : the importance of failures in cognitive and behavioural inhibition as candidate endophenotypic markers », *Neurosci. Biobehav. Rev.*, 29 (3), p. 399-419.

CHANGEUX, J. P., COURREGE, P., DANCHIN, A. (1973), « A theory of the epigenesis of neuronal networks by selective stabilization of synapses », *Proc. Natl. Acad. Sci. USA*, 70 (10), p. 2974-2978.

CHANGEUX, J. P., DEVILLERS-THIERY, A., CHEMOUILLI, P. (1984), « Acetylcholine receptor : an allosteric protein », *Science*, 225 (4668), p. 1335-1345.

CHAPMAN, E. (2002), « Synaptotagmin : a Ca^{2+} sensor that triggers exocytosis ? », *Nature Reviews Molecular Cell Biology*, 3, p. 1-11.

CHAPOUTHIER, G. (2005), *Biologie de la mémoire*, Paris, Odile Jacob.

CHEN, C. C., ENGLAND, S., AKOPIAN, A. N., WOOD, J. N. (1998), « A sensory neuron-specific, proton-gated ion channel », *Proc. Natl. Acad. Sci. USA*, 9 5 (17), p. 10240-10245.

CHENEY, D., SEYFARTH, R. (1988), « Assesment of meaning and the detection of unreliable signals by vervet monkeys », *Anim. Behav.*, 36, p. 477-486.

CHENEY, D., SEYFARTH, R. (1990), *How Monkeys See the World*, Chicago, University of Chicago Press.

CHEVALLIER, G., DENIAU, J. (1990), « Desinhibition as a basic process in the expression of striatal functions », *Trends in Neuroscience*, 13, p. 277-280.

CHOMSKY, N. (1957), *Syntactic Structures*, La Hague, Mouton.

CHOMSKY, N. (1959), « A Review of B.F. skinner's verbal behavior », *Language*, 35, p. 26-58.

CHOMSKY, N. (1965), *Aspects of the Theory of Syntax*, Cambridge, Massachusetts, The MIT Press.

CHRISTIANSON, S.-A. (1992), *Handbook of Emotion and Memory : Current Research and Theory*, Hillsdale NJ, Erlbaum.

COHEN, L. (2004), *L'Homme thermomètre*, Paris, Odile Jacob.

CONWAY, F., SIEGELMAN, J. (2005), *Dark Hero of the Information Age. In search of Norbert Wiener, the Father of Cybernetics*, New York, Basic Books.

CORKIN, S. (2002), « What's new with the amnesic patient H. M. ? », *Nat. Rev. Neurosci.*, 3 (2), p. 153-160.

COUZIN, J. (2002), « In yeast, prion's killer image doesn't apply », *Science*, 297, p. 758-761.

CRAIG, A. D. (2003), « Pain mechanisms : labeled lines *versus* convergence in central processing », *Annu. Rev. Neurosci.*, 26, p. 1-30.

CRAIK, K. J. W. (1943), *The Nature of Explanation*, Cambridge, Cambridge University Press.

CREPEL, F., MARIANI, J., DELHAYE-BOUCHAUD, N. (1976), « Evidence for a multiple innervation of Purkinje cells by climbing fibers in the immature rat cerebellum », *J. Neurobiol.*, 7, p. 567-578.

CRICK, F., KOCH, C. (2003), « A framework for consciousness », *Nat. Neurosci.*, 6 (2), p. 119-126.

CRINION, J. T., LAMBON-RALPH, M. A., WARBURTON, E. A., HOWARD, D., WISE, R. J. (2003), « Temporal lobe regions engaged during normal speech comprehension », *Brain*, 126 (Pt 5), p. 1193-1201.

CURCIO, C. A., Allen, K. A., Sloan, K. R. *et al.* (1991), « Distribution and morphology of human cone photoreceptors stained with anti-blue opsin », *Journal of Comparative Neurology*, 312, p. 610-624.

DACEY, D. M., PACKER, O. S. (2003), « Colour coding in the primate retina : diverse cell types and cone-specific circuitry », *Curr. Opin. Neurobiol.*, 13 (4), p. 421-427.

DAMASIO, H., TRANEL, D., GRABOWSKI, T., ADOLPHS, R., DAMASIO, A. (2004), « Neural systems behind word and concept retrieval », *Cognition*, 92 (1-2), p. 179-229.

DAVIS, J. B., GRAY, J., GUNTHORPE, M. J., HATCHER, J. P., DAVEY, P. T., OVEREND, P. *et al.* (2000), « Vanilloid receptor-1 is essential for inflammatory thermal hyperalgesia », *Nature*, 405 (6783), p. 183-187.

DAVIS, M. H., JOHNSRUDE, I. S. (2003), « Hierarchical processing in spoken language comprehension », *J. Neurosci.*, 23 (8), p. 3423-3431.

DEHAENE, S., ARTIGES, E., NACCACHE, L., MARTELLI, C., VIARD, A., SCHURHOFF, F. *et al.* (2003), « Conscious and subliminal conflicts in normal subjects and patients with schizophrenia : the role of the anterior cingulate », *Proc. Natl. Acad. Sci. USA*, 100 (23), p. 13722-13727.

DEHAENE, S., NACCACHE, L. (2001), « Towards a cognitive neuroscience of consciousness : basic evidence and a workspace framework », *Cognition*, 79 (1-2), p. 1-37.

DEHAENE-LAMBERTZ, G., DEHAENE, S., HERTZ-PANNIER, L. (2002), « Functional neuroimaging of speech perception in infants », *Science*, 298 (5600), p. 2013-2015.

DEHAENE-LAMBERTZ, G., HOUSTON, D. (1998a), « Faster orientation latencies toward native language in two-month-old infants », *Language and Speech*, 41, p. 21-43.

DEMONET, J. F., CHOLLET, F., RAMSAY, S., CARDEBAT, D., NESPOULOUS, J. L., WISE, R. *et al.* (1992), « The anatomy of phonological and semantic processing in normal subjects », *Brain*, 115 (Pt 6), p. 1753-1768.

DENEVE, S., LATHAM, P. E., POUGET, A. (2001), « Efficient computation and cue integration with noisy population codes », *Nature Neurosci.*, 4, p. 826-831.

DERKACH, V., BARRIA, A., SODERLING, T. R. (1999), « Ca^{2+}/calmodulin-kinase II enhances channel conductance of alpha-amino-3-hydroxy-5-methyl-4-isoxazolepropionate type glutamate receptors », *Proc. Natl. Acad. Sci. USA*, 96 (6), p. 3269-3274.

DESCARTES, R. (1989), *Correspondance avec Élisabeth* (Introduction, bibliographie et chronologie de Jean-Marie Bessade et Michelle Beyssade, éd.), Paris, GF-Flammarion.

DESMOND, J. E., FIEZ, J., A. (1998), « Neuroimaging studies of the cerebellum : language, learning and memory », *Trends in Cognitive Sciences*, 2, p. 355-362.

DEVILLERS-THIERY, A., GALZI, J. L., EISELE, J. L., BERTRAND, S., BERTRAND, D., CHANGEUX, J. P. (1993), « Functional architecture of the nicotinic acetylcholine receptor : a prototype of ligand-gated ion channels », *J. Membr. Biol.*, 136 (2), p. 97-112.

DIAS, E., KIESAU, M., SEGRAVES, M. (1995), « Acute activation and inactivation of macaque frontal eye field with GABA-related drugs », *J. Neurophysiol.*, 74, p. 2744-2748.

DIDEROT, D. (1964), *Œuvres philosophique* (textes établis avec introductions, bibliographies et notes par Paul Vernière, éd.), Paris, Garnier Frères.

DIDEROT, D. (2004), *Éléments de physiologie* (texte établi, présenté et commenté par Paolo Quintili, éd.), Paris, Honoré Champion.

DOYA, K. (2000), « Complementary roles of basal ganglia and cerebellum in learning and motor control », *Curr. Opin. Neurobiol.*, 10 (6), p. 732-739.

DRONKERS, N., OGAR, J. (2004a), « Brain area involved in speech production », *Brain*, 127, p. 1461-1462.

DRONKERS, N. F., WILKINS, D. P., VAN VALIN, R. D., Jr., REDFERN, B. B., JAEGER, J. J. (2004b), « Lesion analysis of the brain areas involved in language comprehension », *Cognition*, 92 (1-2), p. 145-177.

DUNCAN, J., EMSLIE, H., WILLIAMS, P., JOHNSON, R., FREER, C. (1996), « Intelligence and the frontal lobe : the organization of goal-directed behavior », *Cognit. Psychol.*, 30 (3), p. 257-303.

DUNCAN, J., SEITZ, R. J., KOLODNY, J., BOR, D., HERZOG, H., AHMED, A. *et al.* (2000), « A neural basis for general intelligence », *Science*, 289 (5478), p. 457-460.

DUPUY, J. (1994a), *The Mechanization of the Mind. On the origins of cognitive science*, Princeton et Oxford, Priceton University Press.

DUPUY, J. (1994b), *Aux origines des sciences cognitives*, Paris, La Découverte.

EATOCK, R. A. (2000), « Adaptation in hair cells », *Annu. Rev. Neurosci.*, 23, p. 285-314.

EBREY, T., KOUTALOS, Y. (2001), « Vertebrate photoreception », *Progress in Retinal and Eye Research*, 20, p. 49-94.

EHLERS, M. (2003), « Activity level controls postsynaptic composition and signaling *via* the ubiquitin-proteasome system », *Nature Neuroscience*, 6, p. 231-242.

EIBL-EIBESFLEDT, I. (1972), *Éthologie, biologie du comportement*, Paris, Éditions scientifiques Naturalia et Biologia.

EIMAS, P. D., SIQUELAND, E. R., JUSCZYK, P., VIGORITO, J. (1971), « Speech perception in infants », *Science*, 171 (968), p. 303-306.

ETARD, O., TZOURIO-MAZOYER, N. (éd.) (2003), *Cerveau et langage*, Paris, Hermès-Lavoisier.

FANNON, A., COLMAN, D. (1992), « A model for central junctional complex formation based on the differential adhesive specificities of the cadherins », *Neuron*, 17, p. 423-434.

FEIGENBAUM, E. A., FELDMAN, J. (1963), *Computers and Thought*, New York, McGraw-Hill, Inc.

FELLEMAN, D., VAN ESSEN, D. (1991), « Distributed hierarchical processing in the primate cerabral cortex », *Cerebral Cortex*, 1, p. 1-47.

FINGER, S. (1994), *Origins of Neuroscience*, Oxford, Oxford University Press.

FISER, J., CHIU, C., WELIKY, M. (2004), « Small modulation of ongoing cortical dynamics by sensory input during natural vision », *Nature*, 431, p. 573-578.

FLETCHER, P. C., FRITH, C. D., GRASBY, P. M., SHALLICE, T., FRACKOWIAK, R. S., DOLAN, R. J. (1995), « Brain systems for encoding and retrieval of auditory-verbal memory. An *in vivo* study in humans », *Brain*, 118 (Pt 2), p. 401-416.

FONTENELLE (1888), *Choix d'éloges*, Paris, Librairie Ch. Delagrave.

FRANKLAND, P., O'BRIEN, C., OHNO, M., KIKWOOD, A., SILVA, A. (2001), « A-CaMKII-dependent plasticity in the cortex is required for permanent memory », *Nature*, 309 et 313.

FRÉGNAC, Y., IMBERT, M. (1984), « Development of neuronal selectivity in primary visual-cortex of cat », *Physiological Reviews*, 64, p. 325-434.

FREY, U., HUANG, Y.-Y., KANDEL, E. (1993), « Effects of cAMP stimulate a late stage of LTP in hippocampal CA1 neurons », *Science*, 260, p. 1661-1664.

FRIEDRICH, R. W., STOPFER, M. (2001), « Recent dynamics in olfactory population coding », *Curr. Opin. Neurobiol.*, 11 (4), p. 468-474.

FU, Q. G., SUAREZ, J. I., EBNER, T. J. (1993), « Neuronal specification of direction and distance during reaching movements in the superior precentral premotor area and primary motor cortex of monkeys », *J. Neurophysiol.*, 70 (5), p. 2097-2116.

FUNAHASHI, S., BRUCE, C. J., GOLDMAN-RAKIC, P. S. (1989), « Mnemonic coding of visual space in the monkey's dorsolateral prefrontal cortex », *J. Neurophysiol.*, 61 (2), p. 331-349.

FUSTER, J., ALEXANDER, G. (1971), « Neuron activity related to short term memory », *Science*, 173, p. 652-654.

FUSTER, J. M. (2001), « The Prefrontal cortex – An update : time is of the essence », *Neuron*, 30 (2), p. 319-333.

GALIEN. (1854-1856), *De l'usage des parties, VIII, VI. Œuvres anatomiques, physiologiques et médicales* (trad. C. Daremberg, Trans.), Paris, Baillières.

GALLESE, V., FADIGA, L., FOGASSI, L., RIZZOLATTI, G. (1996), « Action recognition in the premotor cortex », *Brain*, 119 (Pt 2), p. 593-609.

GALZI, J. L., REVAH, F., BESSIS, A., CHANGEUX, J. P. (1991), « Functional architecture of the nicotinic acetylcholine receptor : from electric organ to brain », *Annu. Rev. Pharmacol. Toxicol.*, 31, p. 37-72.

GAMMILL, L. S., BRONNER-FRASER, M. (2003), « Neural crest specification : migrating into genomics », *Nat. Rev. Neurosci.*, 4 (10), p. 795-805.

GARCIA, L., D'ALESSANDRO, G., BIOULAC, B., HAMMOND, C. (2005), « High-frequency stimulation in Parkinson's disease : more our less ? », *Trends in Neuroscience*, 28, p. 209-216.

GARDNER, H. (1983), *Frames of Mind : The Theory of Multiple Intelligences*, New York, Basic Books.

GARDNER, H. (1997), *Les Formes de l'intelligence*, Paris, Odile Jacob.

GARDNER, H. (2000), *Intelligence Reframed*, New York, Basic Books.

GARDNER, H. (2001), *Les Formes de la créativité*, Paris, Odile Jacob.

GARNER, C. C., ZHAI, R. G., GUNDELFINGER, E. D., ZIV, N. E. (2002), « Molecular mechanisms of CNS synaptogenesis », *Trends Neurosci.*, 25 (5), p. 243-251.

GEHRING, W. J. (1999), *La Drosophile aux yeux rouges. Gènes et développement* (M. Blanc, trad.), Paris, Odile Jacob.

GEORGE, J., JIN, H., WOODS, W., CLAYTON, D. (1995), « Characterization of a novel protein regulated during the critical period for song learning in the zebra finch », *Neuron*, 15, p. 361-372.

GEORGOPOULOS, A. (1999), « News in Motor Cortical Physiology », *News Physiol. Sci.*, 14, p. 64-68.

GERFEN, C. R. (1992), « The neostriatal mosaic : multiple levels of compartmental organization. *Trends Neurosci.*, 15 (4), p. 133-139.

GERLAI, R. (1996), « Gene-targeting studies of mammalian behavior : is it the mutation or the background genotype ? » *Trends Neurosci.*, 19 (5), p. 177-181.

GESCHWIND, N. (1965), « Disconnection syndromes in animals and man », *Brain*, 88, p. 585-644.

GIESE, K. P., FEDOROV, N. B., FILIPKOWSKI, R. K., SILVA, A. J. (1998), « Autophosphorylation at Thr286 of the alpha calcium-calmodulin kinase II in LTP and learning », *Science*, 279 (5352), p. 870-873.

GILAD, Y., WIEBE, V., PEZEWORSKI, M., LANCET, D., PAABO, S. (2004), « Loss of olfactory receptor genes coincides with the acquisition of full trichromatic vision in primates », *PLoS Biol.*, 2 (e5 doi ://10.1371/journal. pbio.0020005).

GIRAUD, A. L., KELL, C., THIERFELDER, C., STERZER, P., RUSS, M. O., PREIBISCH, C. *et al.* (2004), « Contributions of sensory input, auditory search and verbal comprehension to cortical activity during speech processing », *Cereb. Cortex*, 14 (3), p. 247-255.

GIURFA, M. (2004), « Comportement et cognition : ce que nous apprend un mini-cerveau », *in* J. V. e. M. Kreutzer (éd.), *L'Éthologie cognitive*, Paris, Éditions Ophrys-Éditions de la Maison des sciences de l'homme, p. 83-99.

GLICKMAN, M., CIECHANOVER, A. (2002), « The ubiquitin-proteasome proteolytic pathway : destruction for the sake of construction », *Physiol. Rev.*, 82, p. 373-428.

GOLDENBERG, G. (2002), « Goldstein and Gelb's case Schn. : a classic case in neurpsychology ? » *in* C. W. W. C. Code, Y. Joanette, A. Roch-Lecours (éd.), *Classic Cases In Neuropsychology*, vol. II, p. 281-299, New York, Psychology Press.

GOODALE, M. A., MILNER, A. D. (1992), « Separate visual pathways for perception and action », *Trends Neurosci.*, 15 (1), p. 20-25.

GOODALE, M. A., WESTWOOD, D. A. (2004), « An evolving view of duplex vision : separate but interacting cortical pathways for perception and action », *Curr. Opin. Neurobiol.*, 14 (2), p. 203-211.

GOULD, S. J. (1981), *The Mismeasure of Man*, New York, Norton.

GRAF, E. R., ZHANG, X., JIN, S.-X., LINHOFF, M. W., CRAIG, A. M. (2004), « Neurexins induce differentiation of GABA and glutamate postsynaptic specializations via neuroligins », *Cell*, 119 (7), p. 1013-1026.

GRAY, J. R., CHABRIS, C. F., BRAVER, T. S. (2003), « Neural mechanisms of general fluid intelligence », *Nat. Neurosci.*, 6 (3), p. 316-322.

GRAYBIEL, A. M., RAGSDALE, C. W., Jr. (1978), « Histochemically distinct compartments in the striatum of human, monkeys, and cat demonstrated by acetylthilcholinesterase staining », *Proc. Natl. Acad. Sci. USA*, 75 (11), p. 5723-5726.

GRAYBIEL, A. M., RAUCH, S. L. (2000), « Toward a neurobiology of obsessive-compulsive disorder », *Neuron*, 28 (2), p. 343-347.

GRILLNER, S., DELIAGINA, T., EKEBERG, O., EL MANIRA, A., HILL, R. H., LANSNER, A. *et al.* (1995), « Neural networks that co-ordinate locomotion and body orientation in lamprey », *Trends Neurosci.*, 18 (6), p. 270-279.

HALLÉ, P. (2004), « Acquisition du langage : spécialisation des enfants dans leur langue maternelle », *MIDL*, Paris, p. 151-156.

HARRIS, E. W., STEVENS, D. R., COTMAN, C. W. (1987), « Hippocampal cells primed with quisqualate are depolarized by AP4 and AP6, ligands for a putative glutamate uptake site », *Brain Res.*, 418 (2), p. 361-365.

HAXBY, J. V. (1996), « Medial temporal lobe imaging », *Nature*, 380 (6576), p. 669-670.

HE, S. Q., DUM, R. P., STRICK, P. L. (1993), « Topographic organization of corticospinal projections from the frontal lobe : motor areas on the lateral surface of the hemisphere », *J. Neurosci.*, 13 (3), p. 952-980.

HE, S. Q., DUM, R. P., STRICK, P. L. (1995), « Topographic organization of corticospinal projections from the frontal lobe : motor areas on the medial surface of the hemisphere », *J. Neurosci.*, 15 (5 Pt 1), p. 3284-3306.

HEAD, S. H. (1926), *Aphasia and Kindred Disorders of Speech*, New York, Macmillan.

HEBB, D. O. (1949), *The Organization of Behavior*, New York, Wiley.

HÉCAEN, H., ANGELERGUES, R. (1965), *Pathologie du langage*, Paris, Larousse.

HÉCAEN, H., DE AGOSTINI, M., MONZON-MONTES, A. (1981), « Cerebral organization in left-handers », *Brain Lang.*, 12, p. 261-284.

HÉCAEN, H., DUBOIS, J. (1969), *La Naissance de la neuropsychologie du langage (1825-1865)*, Paris, Flammarion.

HÉCAEN, H., LANTERI-LAURA, G. (1977), *Évolution des connaissances et des doctrines sur les localisations cérébrales*, Paris, Desclée de Brouwer.

HÉCAEN, H., SAUGUET, J. (1971), « Cerebral dominance in left-handed subjects », *Cortex*, 7, p. 19-48.

HELMHOLTZ, H. (1867), *Optique physiologique* (E. J. e. N. T. Klein, trad.), Paris, Masson.

HEMPEL, C. G. (1965), « The logic of functional analysis », *in Aspects of Scientific Explanation and Other Essays in the Philosohy of Science*, New York, The Free Press, p. 297-330.

HERRSTEIN, R., MURRAY, C. (1994), *The Bell Curve. Intelligence and Calss Structure in American Life*, New York, The Free Press.

HIPPOCRATE (1838-1861), *Œuvres complètes*, Paris, Baillières.

HODGKIN, A. L., HUXLEY, A. F. (1952), « A quantitative description of membrane current and its application to conduction and excitation in nerve », *J. Physiol.*, 117 (4), p. 500-544.

HOLLEY, A. (1999), *Éloge de l'odorat*, Paris, Odile Jacob.

HOLLEY, A. (2006), *Le Cerveau gourmand*, Paris, Odile Jacob.

HOPFIELD, J. J. (1982), « Neural networks and physical systems with emergent collective computational abilities », *Proc. Natl. Acad. Sci. USA*, 79, p. 2554-2558.

HORN, G. (1998), « Visual imprinting and the neural mechanisms of recognition memory », *Trends Neurosci.*, 21 (7), p. 300-305.

HORN, G. (2004), « Pathways of the past : the imprint of memory », *Nat. Rev. Neurosci.*, 5 (2), p. 108-120.

HORN, G., NICOL, A. U., BROWN, M. W. (2001), « Tracking memory's trace », *Proc. Natl. Acad. Sci. USA*, 98 (9), p. 5282-5287.

HOUDÉ, O. (1995), *Rationalité, développement et inhibition*, Paris, PUF.

HOUDÉ, O. (2004), *La Psychologie de l'enfant*, Paris, PUF.

HOUDÉ, O., KAYSER, D., KOENIG, O., PROUST, J., RASTIER, F. (1998), *Vocabulaire de sciences cognitives*, Paris, PUF.

HOUDÉ, O., MAZOYER, B., TZOURIO-MAZOYER, N. (2002), *Cerveau et Psychologie. Introduction à l'imagerie cérébrale anatomique et fonctionnelle*, Paris, PUF.

HUDSPETH, A. J., KONISHI, M. (2000), « Auditory neuroscience : development, transduction, and integration », *Proc. Natl. Acad. Sci. USA*, 97 (22), p. 11690-11691.

IMBERT, M. (1970), « Aspects récents de la physiologie des voies visuelles primaires chez les vertébrés », *J. Physiol. (Paris)*, 62, p. 3-39.

IMBERT, M. (1976), « La vision », *in* C. Kayser (éd.), *Physiologie*, vol. 2, p. 1086-1191, Paris, Flammarion.

IMBERT, M. (2002a), « Déchiffrer le code neural », *Le Temps des Savoirs. Revue de l'Institut universitaire de France*, 4, p. 109-129.

IMBERT, M. (2002b), « Conscience et cerveau », *in* Y. Michaud (éd.), *Qu'est-ce que la vie psychique ?*, Paris, Odile Jacob.

IMBERT, M. (2005), « Le visible et la vue : de l'Antiquité au Moyen Âge », *in* J.-P. Changeux (éd.), *La Lumière au siècle des Lumières et aujourd'hui*, Paris, Odile Jacob.

IMBERT, M., DE SCHONEN, S. (1994), « Vision », *in* J. R. Marc Richelle, Michèle Robert (éd.), *Traité de psychologie expérimentale*, Paris, PUF.

ISHII, T., HIROTA, J., MOMBAERTS, P. (2003), « Combinatorial coexpression of neural and immune multigene families in mouse vomeronasal sensory neurons », *Curr. Biol.*, 13 (5), p. 394-400.

ITO, M. (1970), « Neurophysiological aspects of the cerebellar motor control system », *Int. J. Neurol.*, 7, p. 162-176.

ITO, M. (1982), « Cerebellar control of the vestibulo-ocular reflex-around the flocculus hypothesis », *Ann. Rev. Neurosci.*, 5, p. 275-296.

ITO, M. (2001), « Cerebellar long-term depression : characterization, signal transduction, and functional roles », *Physiol. Rev.*, 81 (3), p. 1143-1195.

JACOB, P. (2004), *L'Intentionnalité. Problèmes de philosophie de l'esprit*, Paris, Odile Jacob.

JACOB, P., JEANNEROD, M. (2003), *Ways of Seeing. The Scope and Limits of Visual Cognition*, Oxford, Oxford University Press.

JAHN, R., LANG, T., SUDHOF, T. C. (2003), « Membrane fusion », *Cell*, 112 (4), p. 519-533.

JAKOBSON, R. (1963), *Esssais de linguistique*, Paris, Éditions de Minuit.

JAMES, W. (1950), *The Principles of Psychology*, vol. I, New York, Dover Publications, Inc.

JANCKE, L., WUSTENBERG, T., SCHEICH, H., HEINZE, H. J. (2002), « Phonetic perception and the temporal cortex », *Neuroimage*, 15 (4), p. 733-746.

JANET, P. (1935), *Les Débuts de l'intelligence*, Paris, Flammarion.

JASPER, H. H., RICCI, G. F., DOANE, B. (1958), « Patterns of cortical neuronal discharges during conditioned responses in monkeys », *in Neurological Basis of Behavior*, Londres, Churchill, p. 277-294.

JOANISSE, M. F., GATI, J. S. (2003), « Overlapping neural regions for processing rapid temporal cues in speech and nonspeech signals », *Neuroimage*, 19 (1), p. 64-79.

JOSSE, G., TZOURIO-MAZOYER, N. (2004), « Hemispheric specialization for language », *Brain Res. Rev.*, 44 (1), p. 1-12.

JUSCZYK, P. (1997), *The Discovery of Spoken Language*, Cambride, Massachussetts, The MIT Press.

KAGAN, J. (2000a), *La Part de l'inné : le tempérament et la nature humaine*, Paris, Bayard.

KAGAN, J. (2000b), *Des idées reçues en psychologie*, Paris, Odile Jacob.

KANDEL, E. (2001), « The molecular biology of memory storage : a dialogue between genes and synapses », *Science*, 294, p. 1030-1038.

KAUER, J. S. (2002), « On the scents of smell in the salamander », *Nature*, 417 (6886), p. 336-342.

KENET, T., BIBITCHKOV, D., TSODYKS, M., GRINVALD, A., ARIELI, A. (2003), « Spontaneously emerging cortical representations of visual attributes », *Nature*, 425 (6961), p. 954-956.

KITADA, T., ASAKAWA, S., HATTORI, N., MATSUMINE, H., YAMAMURA, Y., MINOSHIMA, S. *et al.* (1998), « Mutations in the parkin gene cause autosomal recessive juvenile parkinsonism », *Nature*, 393, p. 605-608.

KLÜVER, H., BUCY, P. (1937), « "Psychic blindness" and other symtoms following bilateral temporal lobectomy in rhesus monkeys », *Am. J. Physiol.*, 119, p. 532-553.

KORDOWER, J. *et al.* (2000), « Neurodegeneration prevented by lentiviral vector delivery of GDNF in primate models of Parkinson's disease », *Science*, 290, p. 667-773.

KORSCHING, S. (2002), « Olfactory maps and odor images », *Curr. Opin. Neurobiol.*, 12 (4), p. 387-392.

KRAUTWURST, D., YAU, K. W., REED, R. R. (1998), « Identification of ligands for olfactory receptors by functional expression of a receptor library », *Cell*, 95 (7), p. 917-926.

KRIEGSTEIN, A., CASTELLUCI, V., KANDEL, E. (1974), « Metamorphosis of Amphysia californica in laboratory culture », *Proc. natn. Acad. Sci. USA*, 71, p. 3654-3658.

KRISHTAL, O. (2003), « The ASICs : signaling molecules ? Modulators ? », *Trends Neurosci.*, 26 (9), p. 477-483.

KRISHTAL, O. A., PIDOPLICHKO, V. I. (1980), « A receptor for protons in the nerve cell membrane », *Neuroscience*, 5 (12), p. 2325-2327.

KRISHTAL, O. A., PIDOPLICHKO, V. I. (1981), « A receptor for protons in the membrane of sensory neurons may participate in nociception », *Neuroscience*, 6 (12), p. 2599-2601.

KRISTAN, W. B., Jr., SHAW, B. K. (1997), « Population coding and behavioral choice », *Curr. Opin. Neurobiol.*, 7 (6), p. 826-831.

KUBOTA, K., NIKI, H. (1971), « Prefrontal cortical unit activity and delayed alternation performance in monkeys », *J. Neurophysiol.*, 34, p. 337-347.

KUHL, P. K., MILLER, J. D. (1975), « Speech perception by the chinchilla : voiced-voiceless distinction in alveolar plosive consonants », *Science*, 190 (4209), p. 69-72.

KUHL, P. K., PADDEN, D. M. (1982), « Enhanced discriminability at the phonetic boundaries for the voicing feature in macaques », *Percept Psychophys*, 32 (6), p. 542-550.

KUHL, P. K., WILLIAMS, K. A., LACERDA, F., STEVENS, K. N., LINDBLOM, B. (1992), « Linguistic experience alters phonetic perception in infants by 6 months of age », *Science*, 255 (5044), p. 606-608.

LANGDON, R. B., JOHNSON, J. W., BARRIONUEVO, G. (1995), « Posttetanic potentiation and presynaptically induced long-term potentiation at the mossy fiber synapse in rat hippocampus », *J. Neurobiol.*, 26 (3), p. 370-385.

LANGE, F.-A. (1910), *Histoire du matérialisme et critique de son importance à notre époque* (B. Pommerol, trad.), Paris, Librairie Schleicher Frères.

LANGSTON, J., BALLARD, P., TETRUD, J., IRWIN, I. (1983), « Chronic Parkinsonism in human due to a product of meperidine-analog synthesis », *Science*, 219, p. 979-980.

LAPLANE, D., LEVASSEUR, M., PILLON, B., DUBOIS, B., BAULAC, M., MAZOYER, B. *et al.* (1989), « Obsessive-compulsive and other behavioural changes with bilateral basal ganglia lesions. A neuropsychological, magnetic resonance imaging and positron tomography study », *Brain*, 112 (Pt 3), p. 699-725.

LAPLASSOTE, F. (1970), « Sur la physiologie du cerveau (XVIIᵉ-XIXᵉ siècles), *Revue Annales, Économie, Sociétés, Civilisations,* 25ᵉ année (mai-juin),

LAPORTE, Y. (1979), « Innervation of cat muscle spindles by fast conducting skeleto-fusimotor axons », In V.-J. W. A. Asanuma (éd.), *Integration in the Nervous System*, Tokyo-New York, Igaku-Shoin, p. 3-12.

LASHLEY, K. (1929), *Brain Mechanisms and Intelligence. A Quantitive Study of Injuries to the Brain*, Chicago.

LE DOUARIN, N. (2000), *Des chimères, des clones et des gènes*, Paris, Odile Jacob.

LECKMAN, J. F., RIDDLE, M. A. (2000), « Tourette's syndrome : when habit-forming systems form habits of their own ? », *Neuron*, 28 (2), p. 349-354.

LEDOUX, J. E. (2005), *Le Cerveau des émotions*, Paris, Odile Jacob.

LEE, H., TAKAMYIA, K., HAN, J., MAN, H., KIM, C., RUMBAUGH, G. *et al.* (2003), « Phosphorylation of the AMPA receptor GluR1 subunit is required for synaptic plasticity and retention of spatial memory », *Cell*, 112, p. 631-643.

LEFEBVRE, H. (1949), *Diderot*, Paris, Les Éditeurs réunis (nouvelle édition : *Diderot ou les affirmations fondamentales du matérialisme*, Arche, Paris, 1983, édition revue et corrigée).

LEVAY, S., WIESEL, T. N., HUBEL, D. H. (1980), « The development of ocular dominance columns in normal and visually deprived monkeys », *J. Comp. Neurol.*, 191 (1), p. 1-51.

LEWIS, J. E., KRISTAN, W. B., Jr. (1998), « A neuronal network for computing population vectors in the leech », *Nature*, 391 (6662), p. 76-79.

LEYPOLD, B. G., YU, C. R., LEINDERS-ZUFALL, T., KIM, M. M., ZUFALL, F., AXEL, R. (2002), « Altered sexual and social behaviors in trp2 mutant mice », *Proc. Natl. Acad. Sci. USA*, 99 (9), p. 6376-6381.

LIANG, J., WILLIAMS, D., MILLER, D. (1997), « Supernormal vision and high-resolution retinal imaging through adaptive optics », *Journal of the Optical Society of America*, A, 14, p. 2884-2892.

LIBERMAN, A. M., COOPER, F. S., SHANKWEILER, D. P., STUDDERT-KENNEDY, M. (1967), « Perception of the speech code », *Psychol. Rev.*, 74 (6), p. 431-461.

LIBERMAN, A. M., MATTINGLY, I. G. (1989), « A specialization for speech perception », *Science*, 243 (4890), p. 489-494.

LICHTMAN, J. W., COLMAN, H. (2000), « Synapse elimination and indelible memory », *Neuron*, 25 (2), p. 269-278.

LIMOUSIN, P., KRACK, P., POLLAK, P., BENAZZOUZ, A., ARDOUIN, C., HOFFMANN, D. *et al.* (1998), « Electrical stimulation of the subthalamic nucleus in advanced Parkinson's disease », *N. Engl. J. Med.*, 339 (16), p. 1105-1111.

LIMOUSIN, P., POLLAK, P., BENAZZOUZ, A., HOFFMANN, D., BROUSSOLLE, E., PERRET, J. E. *et al.* (1995), « Bilateral subthalamic nucleus stimulation for severe Parkinson's disease », *Mov. Disord.*, 10 (5), p. 672-674.

LIN, R., SCHELLER, R. (2000), « Mechanisms of synaptic vesicle exocytosis », *Ann. Rev. Cell Dev. Biol.*, 16, p. 19-49.

LIN, W., BURGESS, R. W., DOMINGUEZ, B., PFAFF, S. L., SANES, J. R., LEE, K. F. (2001), « Distinct roles of nerve and muscle in postsynaptic differentiation of the neuromuscular synapse », *Nature*, 410 (6832), p. 1057-1064.

LINGUEGLIA, E., DE WEILLE, J. R., BASSILANA, F., HEURTEAUX, C., SAKAI, H., WALDMANN, R. *et al.* (1997), « A modulatory subunit of acid sensing ion channels in brain and dorsal root ganglion cells », *J. Biol. Chem.*, 272 (47), p. 29778-29783.

LINGUEGLIA, E., VOILLEY, N., LAZDUNSKI, M., BARBRY, P. (1996), « Molecular biology of the amiloride-sensitive epithelial Na$^+$ channel », *Exp. Physiol.*, 81 (3), p. 483-492.

LISMAN, J., GOLDRING, M. (1988a), « Evaluation of a model of long-term memory based on the properties of the Ca^{2+}/calmodulin-dependent protein kinase », *J. Physiol. (Paris)*, 83 (3), p. 187-197.

LISMAN, J. E., GOLDRING, M. A. (1988b), « Feasibility of long-term storage of graded information by the Ca^{2+}/calmodulin-dependent protein kinase molecules of the postsynaptic density », *Proc. Natl. Acad. Sci. USA*, 85 (14), p. 5320-5324.

LLEDO, P. M., GHEUSI, G., VINCENT, J. D. (2005), « Information processing in the mammalian olfactory system », *Physiol. Rev.*, 85 (1), p. 281-317.

LOCKE, J. (1983), *An Essay Concerning Human Understanding*, Peter H. Nidditch (ed.), Oxford, Oxford University Press.

LOCONTO, J., PAPES, F., CHANG, E., STOWERS, L., JONES, E. P., TAKADA, T. *et al.* (2003), « Functional expression of murine V2R pheromone receptors involves selective association with the M10 and M1 families of MHC class Ib molecules », *Cell*, 112 (5), p. 607-618.

LOHOF, A., DELHAYE-BOUCHAUD, N., MARIANI, J. (1996), « Synapse elimination in the central nervous system : functional significance and cellular mechanisms », *Rev. Neurosci.*, 7, p. 85-101.

LOWE, G. (2003), « Electrical signaling in the olfactory bulb », *Curr. Opin. Neurobiol.*, 13 (4), p. 476-481.

LUPPINO, G., RIZZOLATTI, G. (2000), « The organization of the frontal motor cortex », *News Physiol. Sci.*, 15, p. 219-224.

LURIA, A. (1966), *Higher Cortical Functions in Man*, Londres, Tavistock.

LURIA, A. (1995), *L'Homme dont le monde volait en éclats*, Paris, Seuil.

LÜSCHER, C., XIA, H., BEATTIE, E., CARROLL, R., ZASTROW, M. v., MALENKA, R. *et al.* (1999), « Role of AMPA receptor cycling in synpatic transmission and plasticity », *Neuron*, 24, p. 649-658.

MALNIC, B., HIRONO, J., SATO, T., BUCK, L. B. (1999), « Combinatorial receptor codes for odors », *Cell*, 96 (5), p. 713-723.

MARIN, L. (1987), « Le trou de mémoire de Simonide », *Traverses. Théâtre de la mémoire, 40*, Éditions du Centre Georges-Pompidou.

MAROTEAUX, L., CAMPANELLI, J. T., SCHELLER, R. H. (1988), « Synuclein : a neuron-specific protein localized to the nucleus and presynaptic nerve terminal », *J. Neurosci.*, 8 (8), p. 2804-2815.

MARR, D. (1969), « A theory of cerebellar cortex », *J. Physiol.*, 202, p. 437-470.

MARR, D. (1971), « Simple memory : a theory for archicortex », *Philos. Trans. R. Soc. London B*, 262, p. 23-81.

MARTINET, A. (1960), *Éléments de linguistique générale*, Paris, Armand Colin.

MASSION, J. (1997), *Cerveau et Motricité*, Paris, PUF.

MAYFORD, M., BARANES, D., PODSYPANINA, K., KANDEL, E. R. (1996), « The 3'-untranslated region of CaMKIIalpha is a cis-acting signal for the localization and translation of mRNA in†dendrites », *PNAS*, 93 (23), p. 13250-13255.

MAZOYER, B., TZOURIO-MAZOYER, N., FRACK, V., SYROTA, A., MURAYAMA, N., LEVRIER, O. (1993), « The cortical representation of speech », *J. Cogn. Neurosci.*, 5, p. 467-469.

McCORMACK, A., THIRUCHELVAM, M., MANNING-BOG, A., THIFFAULT, C., LANGSTON, J., CORY-SLECHTA, D. *et al.* (2002), « Environmental risk factories and Parkinson's disease : selective degeneration of nigral dopaminergic neurons caused by the herbicide paraquat », *Neurobiology of Disease*, 10, p. 119-127.

McCULLOCH, W., PITTS, W. (1943), « A logical calculus of the ideas immanent in nervous activity », *Bulletin of Mathematical Biophysics*, 5, p. 115-133.

McGAUGH, J. (2004), « The amygdala modulates the consolidation of memories of emotionally arousing experiences », *Annual Review of Neuroscience*, 27, p. 1-28.

McKEMY, D. D., NEUHAUSSER, W. M., JULIUS, D. (2002), « Identification of a cold receptor reveals a general role for TRP channels in thermosensation », *Nature*, 416 (6876), p. 52-58.

MEHLER, J., BERTONCINI, J., BARRIERE, M. (1978), « Infant recognition of mother's voice », *Perception,* 7 (5), p. 491-497.

MEHLER, J., DUPOUX, E. (1990), *Naître humain*, Paris, Odile Jacob.

MEHLER, J., JUSCZYK, P., LAMBERTZ, G., HALSTED, N., BERTONCINI, J., AMIEL-TISON, C. (1988), « A precursor of language acquisition in young infants », *Cognition*, 29 (2), p. 143-178.

MELZACK, R., WALL, P. D. (1965), « Pain mechanisms : a new theory », *Science*, 150, p. 971-979.

MENINI, A., LAGOSTENA, L., BOCCACCIO, A. (2004), « Olfaction : from odorant molecules to the olfactory cortex », *News Physiol. Sci.*, 19, p. 101-104.

MENINI, A., PICCO, C., FIRESTEIN, S. (1995), « Quantal-like current fluctuations induced by odorants in olfactory receptor cells », *Nature*, 373 (6513), p. 435-437.

MENN, L., OBLER, L. (1989), *Agrammatic Aphasia. A Cros-Language Narrative Sourcebook*, Amsterdam, John Benjamins.

MENZEL, E. (1978), « Cognitive mapping in chimpanzees », *in* H. F. S. H. Hulse, W. K. Honig (éd.), *Cognitive Processes in Animal Behavior*, Hillsdale, NJ, Erlbaum, p. 375-422.

MENZEL, R., GIURFA, M. (2001), « The cognitive architecture of a mini brain : the Honey Bee », *Trends in Cognitive Sciences*, 5, p. 62-71.

MIDDLETON, F., STRICK, P. (2000), « Basal ganglia and cerebellar loops : motor and cognitive circuits », *Brain Research Reviews*, 31, p. 236-250.

MISSA, J.-N. (1993), *L'Esprit-cerveau. La philosophie de l'esprit à la lumière des neurosciences*, Paris, Vrin.

MIYAKE, A., FRIEDMAN, N. P., EMERSON, M. J., WITZKI, A. H., HOWERTER, A., WAGER, T. D. (2000), « The unity and diversity of executive functions and their contributions to complex "frontal lobe" tasks : a latent variable analysis », *Cognitive Psychology*, 41 (1), p. 49-100.

MOGIL, J. S., YU, L., BASBAUM, A. I. (2000), « Pain genes ? Natural variation and transgenic mutants », *Annu. Rev. Neurosci.*, 23, p. 777-811.

MOHR, J. P., PESSIN, M. S., FINKELSTEIN, S., FUNKENSTEIN, H. H., DUNCAN, G. W., DAVIS, K. R. (1978), « Broca aphasia : pathologic and clinical », *Neurology*, 28 (4), p. 311-324.

MOLLON, J., BOWMAKER, J. (1992), « The spatial arrangement of cones in the primate fovea », *Nature*, 360, p. 677-679.

MOMBAERTS, P. (1999), « Seven-transmembrane proteins as odorant and chemosensory receptors », *Science*, 286 (5440), p. 707-711.

MONTAROLO, P. G., GOELET, P., CASTELLUCCI, V. F., MORGAN, J., KANDEL, E. R., SCHACHER, S. (1986), « A critical period for macromolecular synthesis in long-term heterosynaptic facilitation in Aplysia », *Science*, 234 (4781), p. 1249-1254.

MONTELL, C., RUBIN, G. M. (1989), « Molecular characterization of the drosophila trp locus : a putative integral membrane protein required for phototransduction », *Neuron*, 2 (4), p. 1313-1323.

MOONEY, R. (2000), « Different subthreshold mechanisms underlie song selectivity in identified HVc neurons of the zebra finch », *J. Neurosci.*, 20, p. 5420-5436.

MORI, K., NAGAO, H., YOSHIHARA, Y. (1999), « The olfactory bulb : coding and processing of odor molecule information », *Science*, 286 (5440), p. 711-715.

MUMMERY, C. J., ASHBURNER, J., SCOTT, S. K., WISE, R. J. (1999), « Functional neuroimaging of speech perception in six normal and two aphasic subjects », *J. Acoust. Soc. Am.*, 106 (1), p. 449-457.

NAGEL, E. (1977), « Telelology revisited », *The Journal of Philosophy*, 74, p. 261-301.

NAKAZAWA, K., QUIRK, M., CHITWOOD, R., WATANABE, M., YECKEL, M., SUN, L. *et al.* (2002), « Requirement for hippocampal CA3 NMDA receptors in associative memory recall », *Science*, 297, p. 211-218.

NARAIN, C., SCOTT, S. K., WISE, R. J., ROSEN, S., LEFF, A., IVERSEN, S. D. *et al.* (2003), « Defining a left-lateralized response specific to intelligible speech using fMRI », *Cereb. Cortex*, 13 (12), p. 1362-1368.

NATHANS, J., THOMAS, D., HOGNESS, D. (1986), « Molecular genetics of human color vision : the genes encoding blue, green and red pigments », *Science*, 232, p. 193-202.

NAVILLE, P. (1967), *D'Holbach et la philosophie scientifique au XVIIIe siècle* (nouvelle édition revue et augmentée), Paris, Gallimard.

NEGUS, V. (1958), *The Comparative Anatomy and Physiology of the Nose and Paranasal Sinuses*, Londres, E. S. Livingstone.

NEISSER, U. *et al.* (1996), « Intelligence : knows and unknows », *American Psychologist*, 51, p. 77-101.

NESPOULOUS, J.-L. (1999), « Universal *vs.* language-specific constraints in agrammatic aphasia », *in* C. F. S. Robert (éd.), *Language Diversity and Cognitive Representations*, Amsterdam, John Benjamins, p. 195-207.

NESTOR, P., FRYER, T., SMIELEWSKI, P., HODGES, J. (2002), « Dysfunction of a common neural network in Alzheimer's disease and mild cognitive impairment : a partial volume corrected region of interest 18FDG-positron emission tomography study », *Neurobiology of Aging*, 23, p. S358.

NEVILLE, K., HABERLY, L. (2004), « Olfactory cortex », *in* G. Shepherd (éd.), *The Synaptic Organization of the Brain*, New York, Oxford University Press, p. 415-454.

NGUYEN, P., ABEL, T., KANDEL, E. (1994), « Requirement of a critical period of transcription for induction of a late phase of LTP », *Science*, 265, p. 1104-1107.

NICOLAS, S. (2002), *Histoire de la psychologie française au XIXe siècle*. Paris, Éditions In Press.

NIRENBERG, S., LATHAM, P. E. (1998), « Population coding in the retina », *Curr. Opin. Neurobiol.*, 8 (4), p. 488-493.

NORMAN, D. A., SHALLICE, T. (1980), « Attention to action : willed and automatic control of behavior », *in* G. E. S. D. S. R. J. Davidson (éd.), *Consciousness and self-regulation*, vol. IV, New York, Plenum Press.

NYBERG, L., MCINTOSH, A. R., HOULE, S., NILSSON, L. G., TULVING, E. (1996), « Activation of medial temporal structures during episodic memory retrieval », *Nature*, 380 (6576), p. 715-717.

OGIEN, R. (2006), *La Morale a-t-elle un avenir ?*, Paris, Éditions Pleins Feux.

O'KEEFE, J., DOSTROVSKY, J. (1971), « The hippocampus as a spatial map. Preliminary evidence from unit activity in the freely-moving rat », *Brain Res.*, 34 (1), p. 171-175.

O'KEEFE, J., NADEL, L. (1978), *The Hippocampus as a Cognitive Map*, Oxford, Clarendon.

OMBREDANE, A. (1951), *L'Aphasie et l'élaboration de la pensée explicite*, Paris, PUF.

ORBAN, G. A., VAN ESSEN, D., VANDUFFEL, W. (2004), « Comparative mapping of higher visual areas in monkeys and humans », *Trends Cogn. Sci.*, 8 (7), p. 315-324.

OSTERBERG, G. (1935), « Topography of the layer of rods and cones in the human retina », *Acta Ophthalmologica*, 6, p. 1-103.

PAILLARD, J. (1982), « Apraxia and neurophysiology of motor contral », *Phil. Trans. R. Soc. Lond. B*, 298, p. 11-134.

PAILLARD, J. (1983), « The functional labelling of nural codes », *in* J. Massion, Paillard, J. Schultz, W., Wiesendanger, M. (éd.), *Neural Coding of Motor Performance*, vol. suppl. 7, *Exp. Brain Res.*, Berlin, Springer-Verlag, p. 1-19.

PARNAVELAS, J. G. (2000), « The origin and migration of cortical neurones : new vistas », *Trends Neurosci.*, 23 (3), p. 126-131.

PASUPATHY, A., CONNOR, C. E. (2002), « Population coding of shape in area V4 », *Nat. Neurosci.*, 5 (12), p. 1332-1338.

PENFIELD, W., RASMUSSEN, T. (1952), *The Cerebral Cortex of Man*, New York, Macmillan.

PERA, M. (1992), *The Ambiguous Frog : The Galvani-Volta Controversy on Animal Electricity*, (t. d. l. p. J. Mandelbaum., trad.), Princeton, Princeton University Press.

PEROZO, E., CORTES, D. M., SOMPORNPISUT, P., KLODA, A., MARTINAC, B. (2002), « Open channel structure of MscL and the gating mechanism of mechanosensitive channels », *Nature*, 418 (6901), p. 942-948.

PETERSEN, R. S., PANZERI, S., DIAMOND, M. E. (2002), « Population coding in somatosensory cortex », *Curr. Opin. Neurobiol.*, 12 (4), p. 441-447.

PETIT, L., CLARK, V., INGEHOLM, J., HAXBY, J. (1997), « Dissociation of saccade-related and pursuit-related activtion in human frontal eye fields as revealed by fMRI », *J. Neurophysiol.*, 77, p. 3386-3390.

PETRIDES, M., PANDYA, D. (1994), « Comparative architectonic analysis of the human and the macaque frontal cortex », *in* F. B. e. J. Grafman (éd.), *Handbook of Neuropsychology*, Amsterdam, Elsevier, p. 17-58.

PFLÜGER, E. F. W. (1877), « Die teleologische Mechanik der lebendigen Natur », *Pflüger's Arch. f. d. ges. Physiol.*, 15, p. 150-152.

PIATTELLI PALMARINI, M., (1982, dernière édition), *Théories du langage, théories de l'apprentisssage*, Paris, Seuil.

PIATTELLI PALMARINI, M., (1994), « Ever since language and learnig : afterthoughts on the Piaget-Chomsky Debate », *Cognition*, 50, p. 315-346.

PICCOLINO, M. (1997), « Luigi Galvani and animal electricity : two centuries after the foundation of electrophysiology », *Trends Neurosci.*, 20, p. 443-448.

PICCOLINO, M. (1998), « Animal electricity and the birth of electrophysiolgy : the legacy of Luigi Galvani », *Brain Research Bulletin*, 46, p. 381-407.

PICCOLINO, M. (2000), « The bicentennial of the Voltaic battery (1800-2000) : the artificial electric organ », *Trends Neurosci.*, 23, p. 147-151.

PICKLES, J. O., COREY, D. P. (1992), « Mechanoelectrical transduction by hair cells », *Trends Neurosci.*, 15, p. 254-259.

PINKER, S. (1994), *The Language Instinct*, Londres, Allen Lane.

PINKER, S. (2002), *The Blank Slate*, New York, Viking.

PINKER, S. (2005), *Comprendre la nature humaine*, Paris, Odile Jacob.

PINKER, S., JACKENDOFF, R. (2005), « The faculty of language : what's special about it ? », *Cognition*, 95 (2), p. 201-236.

PITT, F. (1944), « Monochromatism », *Nature*, 154, p. 466-468.

PLATON, *Phédon* (M. Dixsaut, trad.), Paris, GF-Flammarion.

PLOMIN, R. (1999), « Genetics and general cognitive ability », *Nature*, 402 (6761 suppl.), p. C25-29.

POLDRACK, R. A., WAGNER, A. D., PRULL, M. W., DESMOND, J. E., GLOVER, G. H., GABRIELI, J. D. (1999), « Functional specialization for semantic and phonological processing in the left inferior prefrontal cortex », *Neuroimage*, 10 (1), p. 15-35.

POLYAK, S. (1941), *The Retina*, Chicago, University of Chicago Press.

POLYMEROPOULOS, M., LAVEDAN, C., LEROY, E., IDE, S., DEHEJIA, A., DUTRA, A. *et al.* (1997), « Mutation in the α-synuclein gene identified in families with Parkinson's disease », *Science*, 276, p. 2045-2047.

PRABHAKARAN, V., RYPMA, B., GABRIELI, J. (2001), « Neural substrates of mathematical reasoning : a functional magnetic resonance imaging study of neocortical activation during performance of the necessary arithmetic operations test », *Neuropsychology*, 15, p. 115-127.

Premack, D. (1972), « Concordant preferences as a precondition for affective but not for symbolic communication (or how do experimental anthroplogy) », *Cognition*, 1, p. 251-264.

Premack, D., Woodruff, G. (1978), « Does the chimpanzee have a theory of mind ? », *Behavioral and Brain Sciences*, 4, p. 515-526.

Price, D. D. (2000), « Psychological and neural mechanisms of the affective dimension of pain », *Science*, 288 (5472), p. 1769-1772.

Prochiantz, A. (1988), *Les Stratégies de l'embryon*, Paris, PUF.

Prochiantz, A. (1989), *La Construction du cerveau*, Paris, Hachette.

Prochiantz, A. (1997), *Les Anatomies de la pensée. À quoi pensent les calamars ?*, Paris, Odile Jacob.

Prochiantz, A. (2001), *Machine-esprit*, Paris, Odile Jacob.

Proust, J. (1997), *Comment l'esprit vient aux bêtes ? Essai sur la représentation*, Paris, Gallimard.

Purves, D., Lichtman, J. (1980), « Elimination of synapses in the developing nervous system », *Science*, 210, p. 153-157.

Rankin, C. H., Beck, C. D., Chiba, C. M. (1990), « *Caenorhabditis elegans* : a new model system for the study of learning and memory », *Behav. Brain Res.*, 37 (1), p. 89-92.

Rao, A., Craig, A. M. (1997), « Activity regulates the synaptic localization of the NMDA receptor in hippocampal neurons », *Neuron*, 19 (4), p. 801-812.

Rauschecker, J. P., Tian, B. (2000), « Mechanisms and streams for processing of "what" and "where" in auditory cortex », *Proc. Natl. Acad. Sci. USA*, 97 (22), p. 11800-11806.

Reed, R. R. (2003), « The contribution of signaling pathways to olfactory organization and development », *Curr. Opin. Neurobiol.*, 13 (4), p. 482-486.

Reeh, P. W., Steen, K. H. (1996), « Tissue acidosis in nociception and pain », *Prog. Brain Res.*, 113, p. 143-151.

Richter, J. (2001), « Think global, translate locally : what mitotic spindles and neuronal synapses have in common », *Proc. nat. Acad. Sci. USA*, 98, p. 7069-7071.

Rizzolatti, G., Craighero, L. (2004), « The mirror-neuron system », *Annu. Rev. Neurosci.*, 27, p. 169-192.

Rizzolatti, G., Luppino, G., Matelli, M. (1998), « The organization of the cortical motor system : news concepts », *Electroencephalogr. Clin. Neurophysiol.*, 106, p. 283-296.

Roberts, K., Tomlinson, J. (1992), *The Fabric of the Body. European Traditions of Anatomical Illutrations*, Oxford, Clarendon Press.

Rodieck, R. (1998), *The First Steps in Seeing*, Sunderland (Mass.), Sinauer Associates, Inc.

Roorda, A., Williams, D. (1999), « The arrangement of the three cone classes in tyhe living human eye », *Nature*, 397, p. 520-522.

Rothman, J. E. (1994), « Mechanisms of intracellular protein transport », *Nature*, 372 (6501), p. 55-63.

Rouquier, S., Blancher, A., Giorgi, D. (2000), « The olfactory receptor gene repertoire in primates and mouse : evidence for reduction of the functional fraction in primates », *Proc. Natl. Acad. Sci. USA*, 97 (6), p. 2870-2874.

Rumelhart, D. E., Hinton, G. E., Williams, R. J. (1986), « Learning representations by back-propagating errors », *Nature*, 323, p. 553-556.

Rumelhart, D. E., McClelland, J. L., Group, a. t. P. R. (1986), *Paralel Distributed Processing Explorations in the Microstucture of Cognition*, vol. 1 : *Foundations*, Cambridge (Mass.), The MIT Press.

RUSHTON, W. (1972), « Visual pigments », *in* H. Dartnall (éd.), *Handbook of Sensory Physiology*, vol. VII.1, *Photochemistry of Vision*, Berlin, Springer-Verlag, p. 364-394.

RYAN, J. (1985), *The Tungara Frog : A Study in Sexual Selection and Communication*, Chicago, University of Chicago Press.

RYAN, J., PHELPS, S., RAND, A. (2001), « How evolutionary history shapes recognition mechanisms », *Trends in Cognitive Sciences*, 5, p. 143-148.

RYAN, M., RAND, A. (2003), « Mate recognition in tungara frogs : a review of some studies of brain, behavior, and evolution », *Acta Zoologica Sinica*, 49, p. 713-726.

SAKA, E., GRAYBIEL, A. M. (2003), « Pathophysiology of Tourette's syndrome : striatal pathways revisited », *Brain Dev.*, 25 (suppl. 1), p. S15-19.

SANES, J. R., LICHTMAN, J. W. (1999), « Development of the vertebrate neuromuscular junction », *Annu. Rev. Neurosci.*, 22, p. 389-442.

SCHACTER, D. L., KASZNIAK, A. W., KIHLSTROM, J. F., VALDISERRI, M. (1991), « The relation between source memory and aging », *Psychol. Aging*, 6 (4), p. 559-568.

SCHEIFFELE, P. (2003), « Cell-cell signaling during synapse formation in the CNS », *Annu. Rev. Neurosci.*, 26, p. 485-508.

SCHMID, M. S., KÖPKE, B., KEIJZER, M., WEILEMAR, L. (éds.), (2004), *First Language Attrition. Interdisciplinary Perspectives on Methodological Issues*, Amsterdam, John Benjamins.

SCHOPPA, N. E., URBAN, N. N. (2003), « Dendritic processing within olfactory bulb circuits », *Trends Neurosci.*, 26 (9), p. 501-506.

SCHULTZ, W., TREMBLAY, L., HOLLERMAN, J. (2000), « Reward processing in primate orbitofrontal cortex and basal ganglia », *Cereb. Cortex*, 10, p. 272-283.

SCHULTZE, M. (1866), « Zur Anatomie und Physiologie der Retina », *Arch. Mik. Anat.*, 2, p. 175-286.

SCOTT, S. K., BLANK, C. C., ROSEN, S., WISE, R. J. (2000), « Identification of a pathway for intelligible speech in the left temporal lobe », *Brain*, 123 (Pt 12), p. 2400-2406.

SCOVILLE, W. B., MILNER, B. (1957), « Loss of recent memory after bilateral hippocampal lesions », *J. Neurol. Neurosurg. Psychiatry*, 20 (1), p. 11-21.

SEARLE, J. R. (1969), *Spech Acts*, Cambridge, Cambridge University Press.

SEARLE, J. R. (1999), *Le Mystère de la conscience*, Paris, Odile Jacob.

SEBEOK, T., SEBEOK, J. (éds.), (1980), *Speaking of Apes : A critical Anthology of Two-Way Communication with Man*, New York, Plenum Press.

SESSLE, B. J., WIESENDANGER, M. (1982), « Structural and functional definition of the motor cortex in the monkey (*Macaca fascicularis*) », *J. Physiol.*, 323, p. 245-265.

SEYFARTH, R., CHENEY, D. (2003), « Signalers and receivers in animal communication », *Annual Review of Psychology*, 54, p. 145-173.

SHALLICE, T. (1982), « Specific impairments of planning », *Philos. Trans. R. Soc. Lond. B. Biol. Sci.*, 298 (1089), p. 199-209.

SHALLICE, T. (1995), *Symptôme et modèles en neuropsychologie*, Paris, PUF.

SHALLICE, T. (2002), « Fractionation of the supervisory system », *in* D. a. K. Stuss, RT (éd.), *Principles of frontal lobe function*, New York, Oxford University Press, p. 261-277.

SHANNON, C. E. (1948), « A mathematical theory of communication », *Bell System Technical Journal*, 27, p. 379-423 ; p. 623-656.

SHARPE, L., STOCKMAN, A., JÄGLE, H., NATHANS, J. (1999), « Opsin genes, cone photopigments, color vision, and color blindness », *in* K. a. S. Gegenfurtner, LT (éd.), *Color Vision. From Genes to Perception*, Cambridge, Cambridge University Press.

SHATZ, C. J., STRYKER, M. P. (1978), « Ocular dominance in layer IV of the cat's visual cortex and the effects of monocular deprivation », *J. Physiol.*, 281, p. 267-283.

SHEPHERD, G. M. (2004), « The human sense of smell : are we better than we think ? » *PLoS Biology*, 2 (0572-0575),

SHEPHERD, G. M., HARRIS, K. M. (1998), « Three-dimensional structure and composition of CA3-- > CA1 axons in rat hippocampal slices : implications for presynaptic connectivity and compartmentalization », *J. Neurosci.*, 18 (20), p. 8300-8310.

SHERRINGTON, C. (1906), *The Integrative Action of the Nervous System*, New York, Scribner.

SHI, S.-H., HAYASHI, Y., PETRELIA, R., ZAMAN, S., WENTHOLD, R., SVOBODA, K. *et al.* (1999), « Rapid spine delivery and redistribution of AMPA receptors after synaptic NMDA receptor activation », *Science*, 284, p. 1811-1816.

SHIMURA, H., HATTORI, N., KUBO, S., MIZUNO, Y., ASAKAWA, S., MINOSHIMA, S. *et al.* (2000), « Familial Parkinson disease gene product, parkin, is a ubiquitine-protein ligase », *Nat. Gen.*, 25, p. 302-305.

SI, K., GIUSTETTO, M., ETKIN, A., HSU, R., JANISIEWICZ, A., MINIACI, M. *et al.* (2003b), « A neuronal isoform of CEPB regulates local protein synthesis ans stabilizes synpase-specific long-term facilitation in Aplysia », *Cell*, 115, p. 893-904.

SI, K., LINDQUIST, S., KANDEL, E. R. (2003a), « A neuronal isoform of the Aplysia CPEB has prion-like properties », *Cell*, 115, p. 879-891.

SIEGELBAUM, S. A., CAMARDO, J. S., KANDEL, E. R. (1982), « Serotonin and cyclic AMP close single K^+ channels in Aplysia sensory neurones », *Nature*, 299 (5882), p. 413-417.

SINGER, H. S. (2005), « Tourette's syndrome : from behaviour to biology », *Lancet Neurol.*, 4 (3), p. 149-159.

SNIDER, W. D., MCMAHON, S. B. (1998), « Tackling pain at the source : new ideas about nociceptors », *Neuron*, 20 (4), p. 629-632.

SOTELO, C., LLINAS, R., BAKER, R. (1974), « Structural study of inferior olivary nucleus of the cat : morphological correlates of electrotonic coupling », *J. Neurophysiol.*, 37 (3), p. 541-559.

SOURY, J. (1899), *Système nerveux central. Structure et fonction. Histoire critique des théories et des doctrines*, Paris, Masson.

SPEARMAN, C. (1904), « "General Intelligence" objectively determined and measured », *Am. J. Psychol.*, 15, p. 201-293.

SPEARMAN, C. (1927), *The Abilities of Man*, New York, Macmillan.

SPECHT, K., REUL, J. (2003), « Functional segregation of the temporal lobes into highly differentiated subsystems for auditory perception : an auditory rapid event-related fMRI-task », *Neuroimage*, 20 (4), p. 1944-1954.

SPERBER, D. (1996), *La Contagion des idées*, Paris, Odile Jacob.

SQUIRE, L. (1992), « Memory and hippocampus : a synthesis from findings with rats, monkeys, and humans », *Psychological Review*, 99, p. 195-231.

SQUIRE, L. (2004), « Memory systems of the brain : a brief history and current perspective », *Trends Neurosci.*, 82, p. 171-177.

STEECE-COLLIER, K., MARIES, E., KORDOWER, J. (2002), « Etiology of Parkinson's disease : genetics and environment revisited », *Proc. Natl. Acad. Sci. USA*, 99, p. 13972-13974.

STOWERS, L., HOLY, T. E., MEISTER, M., DULAC, C., KOENTGES, G. (2002), « Loss of sex discrimination and male-male aggression in mice deficient for TRP2 », *Science*, 295 (5559), p. 1493-1500.

STUCKY, C. L., LEWIN, G. R. (1999), « Isolectin B (4)-positive and -negative nociceptors are functionally distinct », *J. Neurosci.*, 19 (15), p. 6497-6505.

SUDHOF, T. C. (2004), « The synaptic vesicle cycle », *Annu. Rev. Neurosci.*, 27, p. 509-547.

Sutton, J. (1998), *Philosophy and Memory Traces. Descartes to Connectionism*, Cambridge, Cambridge University Press.

Tanji, J. (1996), « New concepts of the supplementary motor area », *Current Opinion in Neurobiology*, 6, p. 782-787.

Thierry, G., Cardebat, D., Demonet, J. F. (2003), « Electrophysiological comparison of grammatical processing and semantic processing of single spoken nouns », *Brain Res. Cogn. Brain Res.*, 17 (3), p. 535-547.

Thierry, G., Giraud, A. L., Price, C. (2003), « Hemispheric dissociation in access to the human semantic system », *Neuron*, 38 (3), p. 499-506.

Thorpe, S., Fabre-Thorpe, M., (2001), « Seeking categories in the brain », *Science*, 291, p. 260-263.

Thurstone, L. L. (1938), *Primary Mental Abilities*, Chicago, University of Chicago Press.

Tian, J. R., Lynch, J. C. (1996), « Functionally defined smooth and saccadic eye movement subregions in the frontal eye field of Cebus monkeys », *J. Neurophysiol.*, 76 (4), p. 2740-2753.

Toga, A. W., Thompson, P. M. (2005), « Genetics of brain structure and intelligence », *Annu. Rev. Neurosci.*, 28, p. 1-23.

Tomasello, M. (2000), *The Cultural Origin of Human Cognition*, Cambridge (Mass.), Harvard University Press.

Treloar, H. B., Feinstein, P., Mombaerts, P., Greer, C. A. (2002), « Specificity of glomerular targeting by olfactory sensory axons », *J. Neurosci.*, 22 (7), p. 2469-2477.

Tritsch, D., Chesnoy-Marchais, D., Feltz, A. (1998), *Physiologie du neurone*, Paris, Doin.

Tsodyks, M. (2002), « Spike-timing-dependent synaptic plasticity – the long road towards understanding neuronal mechanisms of learning and memory », *Trends Neurosci.*, 25 (12), p. 599-600.

Tulving, E. (1972), « Episodic and semantic memory », *in* E. T. W. Donaldson (éd.), *Organization of Memory*, New York, Academic, p. 381-403.

Tulving, E. (2002), « Episodic memory : from mind to brain », *Ann. Rev. Psychol.*, 53, p. 1-25.

Turing, A. M. (1936), « On computable numbers, wtih an application to the Entscheidungs-Problem », *Proceedings of the London Mathematical Society, 2nd ser.*, 42, p. 230-265.

Turing, A. M. (1950), « Computing machinery and intelligence », *Mind*, 59, p. 433-460.

Turkheimer, E., Haley, A., Waldron, M., D'Onofrio, B., Gottesman, II. (2003), « Socioeconomic status modifies heritability of IQ in young children », *Psychol. Sci.*, 14 (6), p. 623-628.

Uchida, N., Honjo, Y., Johson, K., Wheelock, M., Takeichi, M. (1992), « The catenin/cadherin adhesion system is localized in synaptic junctions bordering transmitter release zones », *J. Cell. Biol.*, 135, p. 767-779.

Ullman, M., Corkin, S., Coppola, M., Hickok, G., Growdon, J., Koroshetz, W. *et al.* (1997), « A neural dissociation within language : evidence that the mental dictionary is part of declarative memory, and that grammatical rules are processed by the procedural system », *Journal of Cognitive Neuroscience*, 9, p. 266-276.

Ullman, M. T. (2004), « Contributions of memory circuits to language : the declarative/procedural model », *Cognition*, 92 (1-2), p. 231-270.

Ungerleider, L., Mishkin, M. (1982), « Two cortical visual systems », *in* D. Ingle, Goodale, MA, and Mansfield, RJW (éd.), *Analysis of visual behavior*, Cambridge (Mass.), The MIT Press, p. 549-586.

Vargha-Khadem, F., Gadian, D., Watkins, K., Connelly, A., Van Paesschen, W., Mishkin, M. (1997), « Differential effects of early hippocampal pathology on episodic and semantic memory », *Science*, 277, p. 376-380.

VAROQUEAUX, F., SIGLER, A., RHEE, J. S., BROSE, N., ENK, C., REIM, K. *et al.* (2002), « Total arrest of spontaneous and evoked synaptic transmission but normal synaptogenesis in the absence of Munc13-mediated vesicle priming », *Proc. Natl. Acad. Sci. USA*, 99 (13), p. 9037-9042.

VARTANIAN, A. (1953), *Diderot and Descartes. A Study of Scientific Naturalism in the Enlightenment*, Princeton, Princeton University Press.

VATES, G. E., BROOME, B. M., MELLO, C. V., NOTTEBOHM, F. (1996), « Auditory pathways of caudal telencephalon and their relation to the song system of adult male zebra finches », *J. Comp. Neurol.*, 366 (4), p. 613-642.

VAUCLAIR, J., KREUTZER, M. (éd.) (2004), *L'Éthologie cognitive*, (vol. 1), Paris, Éditions Orphis, Éditions de la Maison des sciences de l'homme.

VERHAGE, M., MAIA, A. S., PLOMP, J. J., BRUSSAARD, A. B., HEEROMA, J. H., VERMEER, H. *et al.* (2000), « Synaptic assembly of the brain in the absence of neurotransmitter secretion », *Science*, 287 (5454), p. 864-869.

VOLTAIRE (1877-1883), *Œuvres complètes*, Paris, Éditions Moland.

VOLTAIRE (1964), *Lettres philosophiques I* (édition critique avec une introduction et un commentaire par Gustave Lanson, éd., vol. 2), Paris, Librairie Marcel Rivière.

VOLTAIRE (1964), *Lettres philosophiques II* (édition critique avec une introduction et un commentaire par Gustave Lanson, éd., vol. 2), Paris, Librairie Marcel Rivière.

VOULOUMANOS, A., KIEHL, K. A., WERKER, J. F., LIDDLE, P. F. (2001), « Detection of sounds in the auditory stream : event-related fMRI evidence for differential activation to speech and nonspeech », *J. Cogn. Neurosci.*, 13 (7), p. 994-1005.

WACHBROIT, R. (1994), « Normality as a biological concept », *Philosophy of Science*, 61, p. 579-591.

WAGNER, A. D., DAVACHI, L. (2001), « Cognitive neuroscience : forgetting of things past », *Curr. Biol.*, 11 (23), p. R964-967.

WAITES, C. L., CRAIG, A. M., GARNER, C. C. (2005), « Mechanisms of vertebrate synaptogenesis », *Annu. Rev. Neurosci.*, 28, p. 251-274.

WALDMANN, R., BASSILANA, F., DE WEILLE, J., CHAMPIGNY, G., HEURTEAUX, C., LAZDUNSKI, M. (1997b), « Molecular cloning of a non-inactivating proton-gated Na$^+$ channel specific for sensory neurons », *J. Biol. Chem.*, 272 (34), p. 20975-20978.

WALDMANN, R., CHAMPIGNY, G., BASSILANA, F., HEURTEAUX, C., LAZDUNSKI, M. (1997a), « A proton-gated cation channel involved in acid-sensing », *Nature*, 386 (6621), p. 173-177.

WALL, P. D. (1978), « The gate control theory of pain mechanisms : a re-examination and re-statement », *Brain*, 101, p. 1-18.

WASSLE, H. (2004), « Parallel processing in the mammalian retina », *Nat. Rev. Neurosci.*, 5 (10), p. 747-757.

WATSON, J. (1913), « Psychology as the behaviorist views it », *Psychological Review*, 20, p. 158-177.

WEISKRANTZ, L. (1986), *Blindsight. A Case Study and Implications*, Oxford, Clarendon Press.

WERKER, J., TEES, R. (1984), « Cross-language speech perception : evidence for perceptual reorganization during the first year of life », *Infant Behavior and Development*, 7, p. 49-63.

WIENER, N., ROSENBLUETH, A., BIGELOW, J. (1943), « Behavior, purpose and teleology », *Philosophy of Science*, 10, p. 18-24.

WILSON, M., TONEGAWA, S. (1997), « Synaptic plasticity, place cells and spatial memory : study with second generation knockouts », *Trends Neurosci.*, 20, p. 102-106.

Wise, S., Boussaoud, D., Johnson, P., Caminiti, R. (1997), « Premotor and parietal cortex : corticocortical connectivity and combinatoirial computations », *Ann. Rev. Neurosci.*, 20, p. 25-42.

Wolpert, D., Kawato, M. (1998a), « Multiple paired forward and inverse models for motor control », *Neural. Net.*, 11, p. 1317-1329.

Wolpert, D., Miall, R., Kawato, M. (1998b), « Internal models in the cerebellum », *Trends Cogn. Sci.*, 9, p. 338-347.

Woodward, W. R., Ash, M. G. (éd.), (1982), *The Problematic Science. Psychology in Nineteenth-Century Thought*, New York, Praeger Publishers.

Woolsey, C., Settlage, P., Meyer, D., Senser, W., Pinto Hamuy, T., Travis, A. (1952), « Patterns of localization in precentral and "supplementary" motor areas and their relation to the concept of a premotor area », *Res. Publ. Assoc. Nerv. Ment. Dis.*, 30, p. 238-264.

Woolsey, T. A., Van der Loos, H. (1970), « The structural organization of layer IV in the somatosensory region (SI) of mouse cerebral cortex. The description of a cortical field composed of discrete cytoarchitectonic units », *Brain Res.*, 17 (2), p. 205-242.

Woolsey, T. A., Van der Loos, H. (1970), « The structural organization of layer IV in the somatosensory region (SI) of mouse cerebral cortex. The description of a cortical field composed of discrete cytoarchitectonic units », *Brain Res.*, 17 (2), p. 205-242.

Wrangham, R., Conklin-Brittain, N. (2003), « Cooking as a biological trait », *Comp. Biochem. Physiol. A Mol. Integr. Physiol.*, 136 (1), p. 35-46.

Wright, L. (1972), « A comment on Ruse's analysis of function statements », *Philosophy of Science*, 39, p. 512-514.

Yabuta, N. H., Sawatari, A., Callaway, E. M. (2001), « Two functional channels from primary visual cortex to dorsal visual cortical areas », *Science*, 292 (5515), p. 297-300.

Yamagata, M., Sanes, J. R., Weiner, J. A. (2003), « Synaptic adhesion molecules », *Current Opinion in Cell Biology*, 15 (5), p. 621-632.

Yang, X., Arber, S., William, C., Li, L., Tanabe, Y., Jessell, T. M. *et al.* (2001), « Patterning of muscle acetylcholine receptor gene expression in the absence of motor innervation », *Neuron*, 30 (2), p. 399-410.

Yates, F. (1966), *The Art of memory* (D. Arasse, trad., *L'Art de la mémoire*), Londres, Routledge and Kagan.

Yolton, J. W. (1991), *Locke and French Materialism*, Oxford, Clarendon Press.

Young, R. (1971), « Sheeding of discs from rod outer segments in the rhesus monkey », *Journal of Ultrastructure Research*, 34, p. 190-203.

Zakharenko, S., Zablow, L., Siegelbaum, S. (2001), « Visualization of changes in presynaptic function durint long-term synaptic plasticity », *Nature Neuroscience*, 4, p. 711-717.

Zalutsky, R. A., Nicoll, R. A. (1990), « Comparison of two forms of long-term potentiation in single hippocampal neurons », *Science*, 248 (4963), p. 1619-1624.

Zhao, H., Ivic, L., Otaki, J. M., Hashimoto, M., Mikoshiba, K., Firestein, S. (1998), « Functional expression of a mammalian odorant receptor », *Science*, 279 (5348), p. 237-242.

Zhen, M., Jin, Y. (2004), « Presynaptic terminal differentiation : transport and assembly », *Curr. Opin. Neurobiol.*, 14 (3), p. 280-287.

Zou, Z., Horowitz, L. F., Montmayeur, J. P., Snapper, S., Buck, L. B. (2001), « Genetic tracing reveals a stereotyped sensory map in the olfactory cortex », *Nature*, 414 (6860), p. 173-179.

Vogt, Oskar : 45, 98
Volney : 30, 32
Volta : 51-53
Voltaire : 24, 26-27, 30-31
Vouloumanos : 440

Wachbroit : 419
Wagner : 436
Waites : 112
Wald : 197
Waldeyer : 49
Waldmann : 271
Wall : 265, 274-275
Walpole : 27
Warrington : 373
Wässle : 214
Watson : 38, 384
Watt, James : 61
Weber : 177
Wechsler : 454-455
Weiskrantz : 227
Werker : 448
Wernicke : 429-433, 438
Wiener : 58, 60-61
Wiesel : 219-220
Wiesendanger : 309
Williams : 63, 187

Willis, Thomas : 23
Wilson : 224, 401
Wise : 310
Wittgenstein : 450
Wolpert : 349
Woodruff : 423
Woodward : 37
Woolsey : 121, 307, 311-312, 316, 321
Wrangham : 283
Wren : 23
Wright : 419
Wundt : 24, 35, 37

Yabuta : 221
Yamagata : 112
Yang : 111
Yates : 409
Yolton : 25-26
Young : 190

Zakharenko : 397
Zalutsky : 403
Zatorre : 439
Zhao : 279
Zhen : 112
Zou : 281

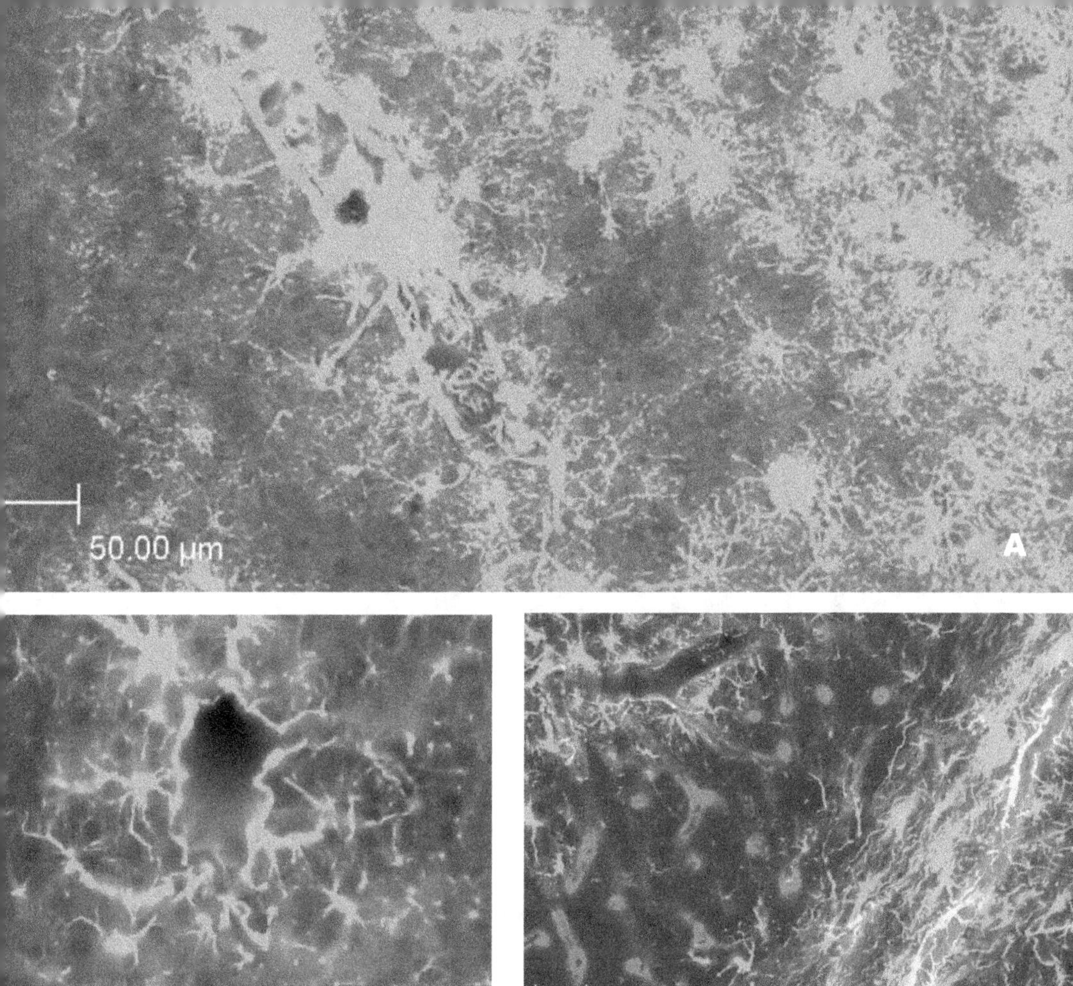

Planche 1

A : coupe de cortex visuel de marmouset

B et C : coupe de LGN de marmouset

Les astrocytes sont visualisés par révélation immunohistochimique avec un anticorps dirigé contre GFAP, associé avec un fluorophore (en vert).

Les vaisseaux sont révélés par détection histochimique de l'activité de la phosphatase alcaline, enzyme endogène des cellules endothéliales (en rouge, Texas Red).

A, B : simple marquage des astrocytes aux prolongements formant des pieds vasculaires disposés à la surface des vaisseaux sanguins cérébraux. Ils s'unissent à leurs homologues voisins pour constituer une interface continue, isolant le sang du parenchyme cérébral (bien visible en **B** : lumière d'un vaisseau sanguin). En A, remarquer également le présence d'autres cellules étoilées qui n'apparaissent pas associées aux vaisseaux. **C** double marquage ; une très forte constellation de cellules astrocytaires dans la substance blanche. Au niveau de la substance grise, le marquage astrocytaire est associé aux plus gros vaisseaux.

Les cellules gliales assurent un soutien métabolique aux neurones (en prélevant du glucose dans le sang et en fournissant du lactate aux neurones) et régulent le débit sanguin (par vaso-constriction et vasodilatation, *via* un signal Ca^{++}).

Caroline Fonta, Centre de recherche Cerveau et Cognition, Université Paul-Sabatier-CNRS, Toulouse.

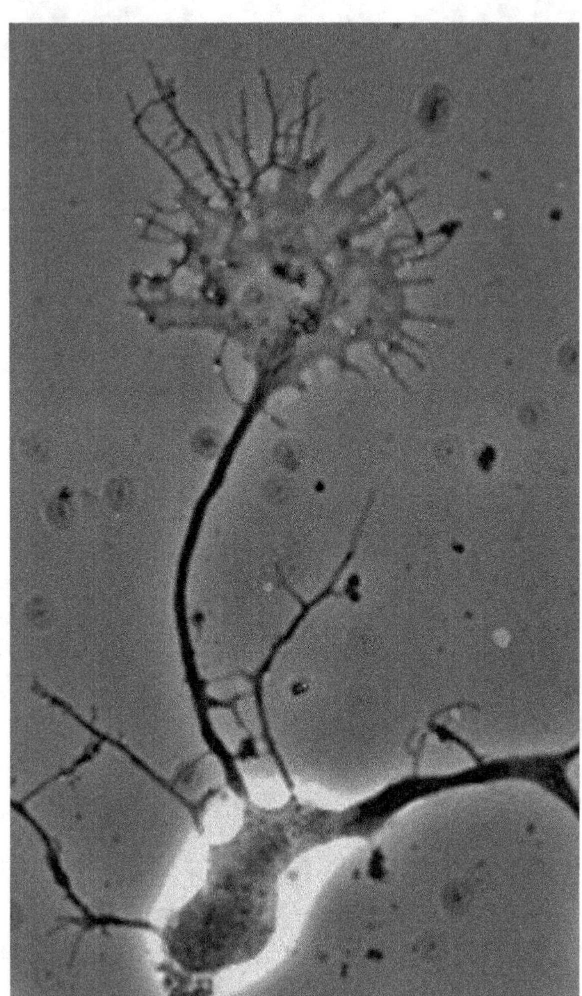

Planche 2
Cône de croissance axonal dans des neurones de moelle épinière en culture
La taille du champ : 49 µm x 80 µm. Superposition d'une image en contraste de phase et de fluorescence.
Les points rouges correspondent au marquage de récepteurs GABA (sous-unité gamma 2) avec des quanta dots émettant à 605 nm.
C. Bouzigues et M. Dahan, Laboratoire Kastler-Brossel, (ENS, UPMC, CNRS) Paris.

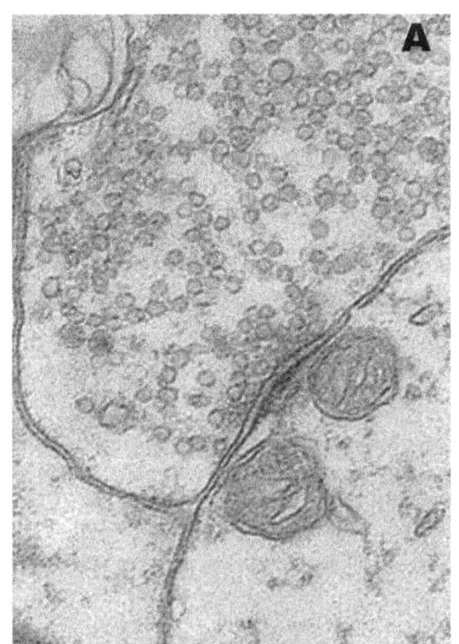

Planche 3
A : Synapse excitatrice en microscopie électronique à faible grossissement
B : Synapse excitatrice après congélation rapide a fort grossissement

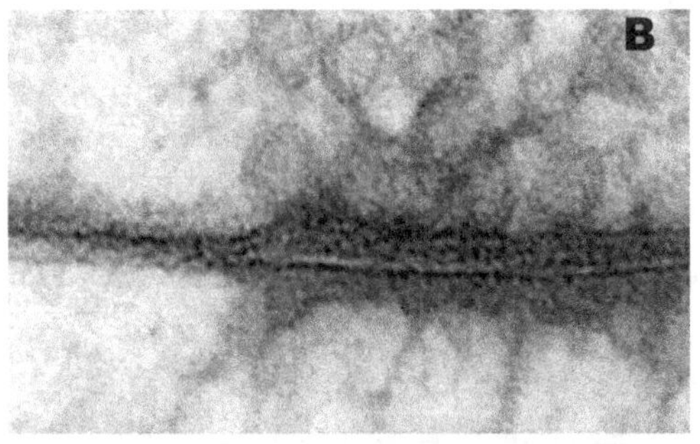

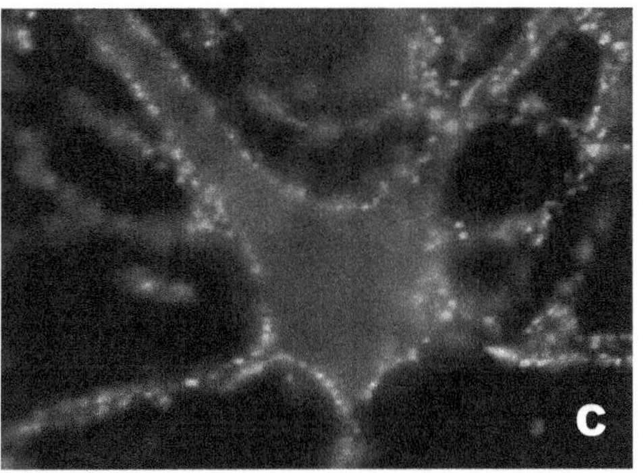

Planche 3 (suite)

C et D : neurone avec des récepteurs glycine marqués en rouge, les boutons synaptiques apparaissent en vert, et les colocalisations en jaune

Antoine Triller, Laboratoire de biologie cellulaire de la synapse normale et pathologique, Inserm U497-ENS Paris.

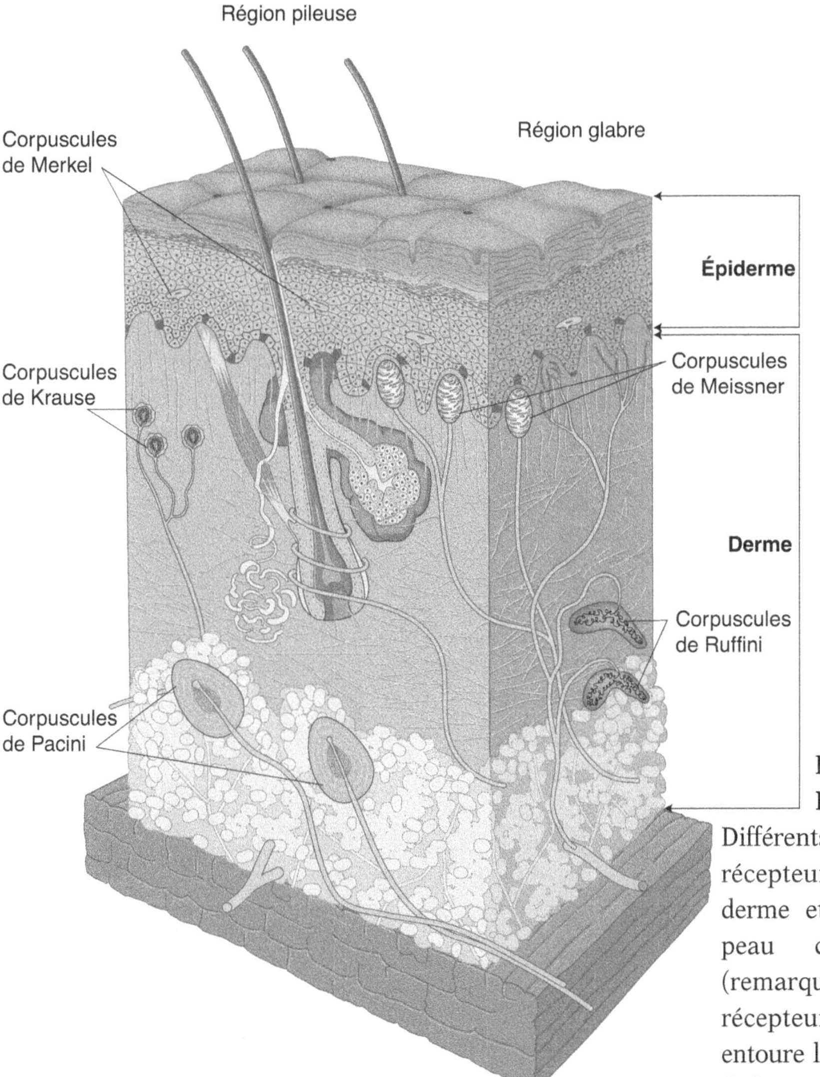

Planche 4
Épiderme

Différents types de mécano-récepteurs situés dans le derme et l'épiderme de la peau couverte de poils (remarquer notamment le récepteur folliculaire qui entoure la racine du poil) et de la peau glabre.

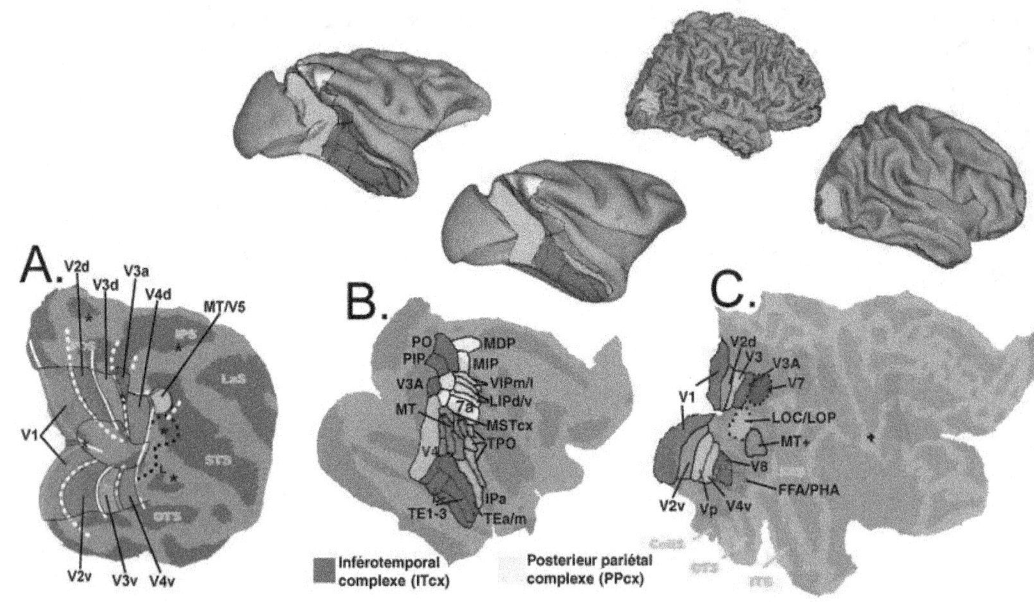

Planche 5

Aires visuelles chez le singe (A)

et chez l'homme (B)

Les aires V1, V2, V3, V4, et V3A et MT couvrant 1 à 7 degrès d'excentricité sont représentées avec des couleurs différentes. Sans entrer dans les détails qui dépasseraient le cadre de cet ouvrage, il faut retenir qu'il est possible d'identifier chez l'homme des aires équivalentes à celles identifiées chez le singe.

D'après Guy Orban et al., 2004.

Planche 6

Cellules de lieu chez le rat

À gauche : vue cavalière d'une arène de 76 cm de diamètre, entourée de rideaux ; le seul indice visuel saillant est une carte accrochée sur un mur.

À droite : représentation sous forme de cartes d'enregistrements effectués au cours de sessions de 16 minutes au moyen d'électrodes implantées 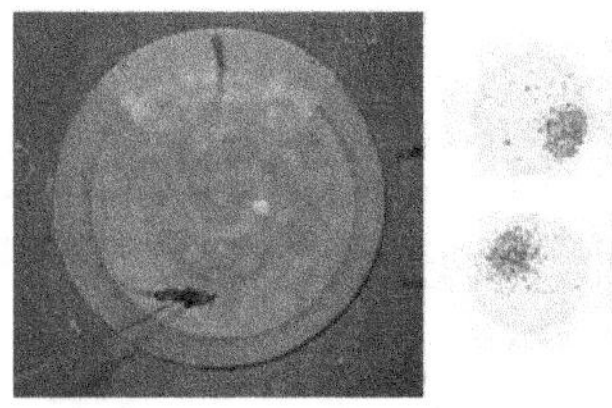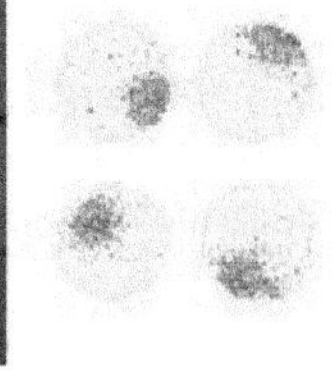 à demeure. Les cartes d'enregistrements correspondent à l'enregistrement simultané de deux cellules (en haut) ou à des enregistrements séparés (en bas).

Bruno Poucet, Laboratoire de neurobiologie de la cognition, UMR 6155 CNRS, université de Provence, Marseille.

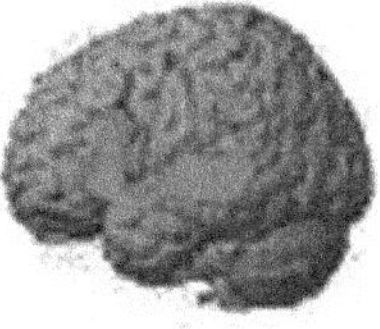

Planche 7

Traitement phonologique *versus* traitement sémantique
Voir texte pour détails.

Jean-François Démonet, Laboratoire de neuropsychologie, Unité Inserm U455-Hôpital Purpan,
Toulouse.

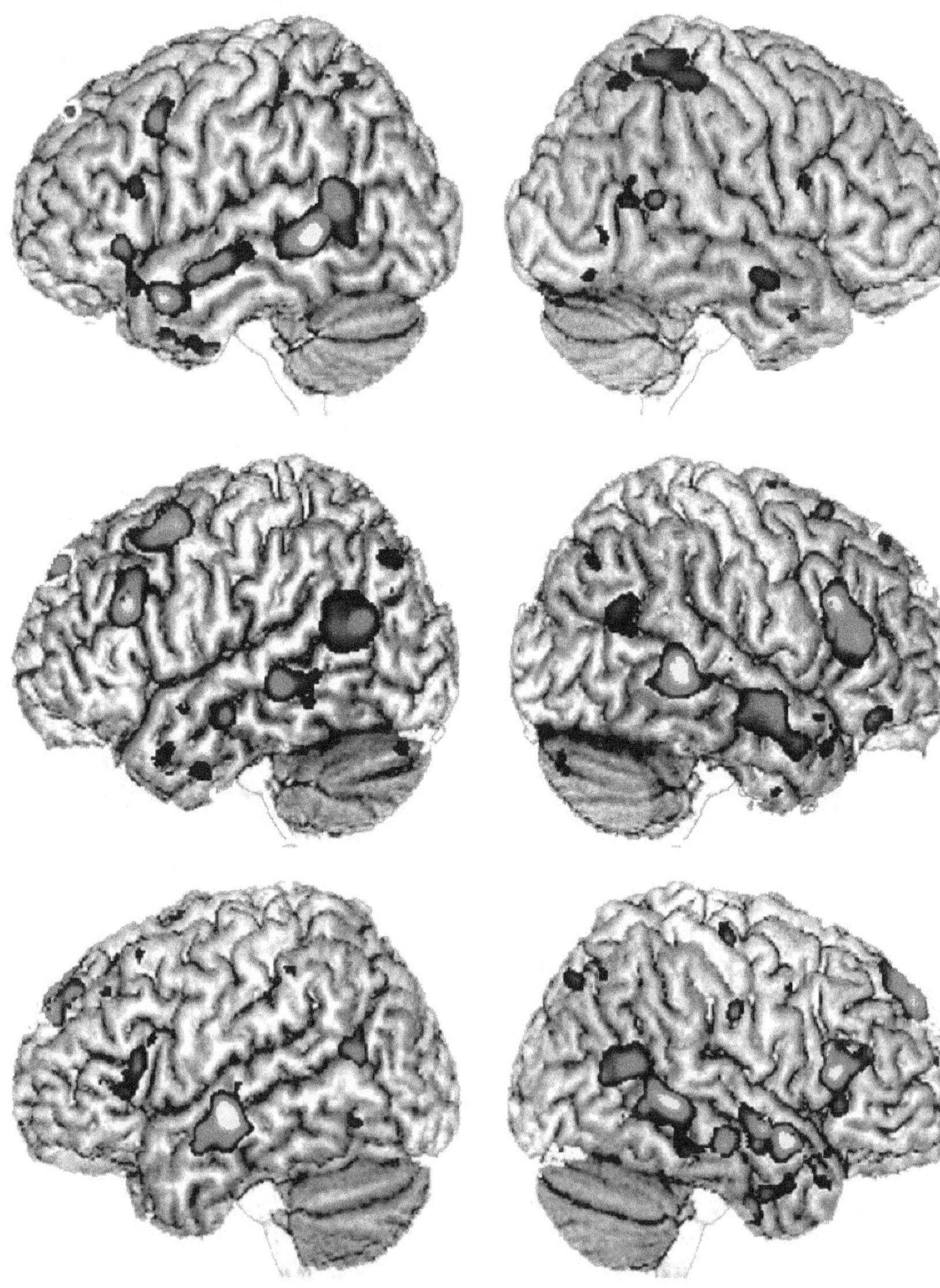

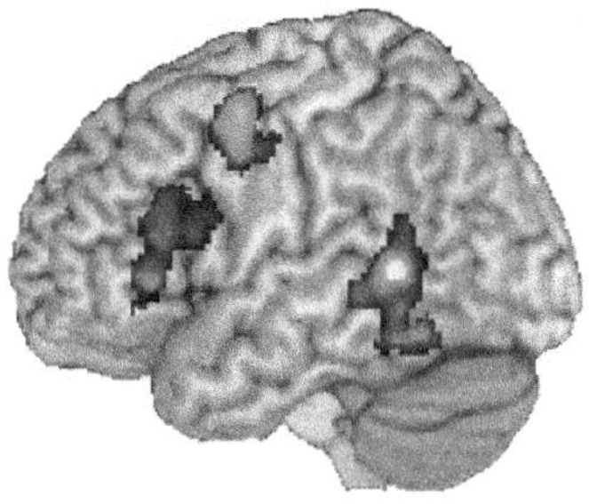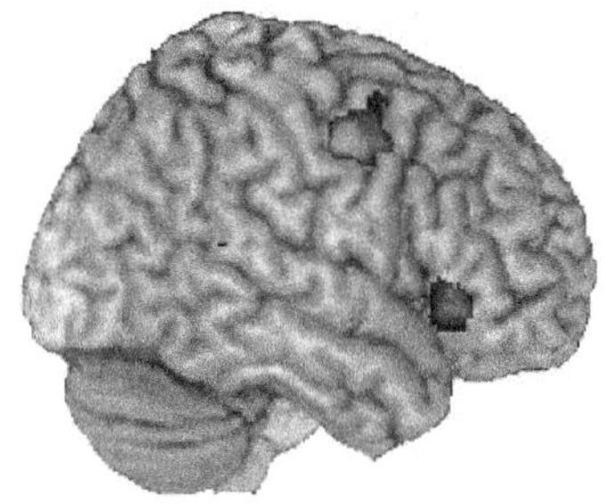

Planche 9

Lecture et écoute

Aires activées à la fois pendant la lecture et l'écoute de matériel verbal (mots, phrases et textes) dans un groupe de dix sujets. Les activations sont rapportées sur la face externe de l'hémisphère gauche d'un cerveau de référence. On observe l'activation un réseau permettant l'intégration du sens du matériel verbal quelle que soit la modalité (visuelle ou auditive) constituée du gyrus frontal inférieur gauche (à gauche), du sillon temporal supérieur (en bas) s'étendant dans le gyrus temporal inférieur et d'une région du gyrus précentral (en haut).

Nathalie Tzourio-Mazoyer GIN UMR6194 CEA CNRS, Caen.

Planche 8 (ci-contre)

Spécialisation hémisphérique

Exemples d'asymétries des aires de la compréhension du langage chez des sujets témoins volontaires sains. Les activations mesurées en IRMf (en orange) correspondent aux régions qui sont recrutées de manière plus intense pendant l'écoute d'un fait divers en français que pendant l'écoute de la même histoire dans une langue inconnue des sujets (le tamoul). Ces activations sont superposées sur les images anatomiques de chaque sujet. La première ligne correspond à un sujet qui présente une asymétrie gauche typique des aires de la compréhension du discours le long du sillon temporal supérieur et dans les régions frontales. Cette asymétrie gauche qui atteste d'une dominance de l'hémisphère gauche est observée chez 90 % des sujets droitiers de la population générale (l'hémisphère gauche est à gauche). Le deuxième sujet, présenté sur la ligne du milieu, active ses deux hémisphères de manière symétrique. Enfin le troisième sujet présente des activations plus fortes dans l'hémisphère droit, ce que l'on observe chez seulement 6 à 10 % des sujets droitiers de la population générale.

Nathalie Tzourio-Mazoyer GIN UMR6194 CEA CNRS, Caen.

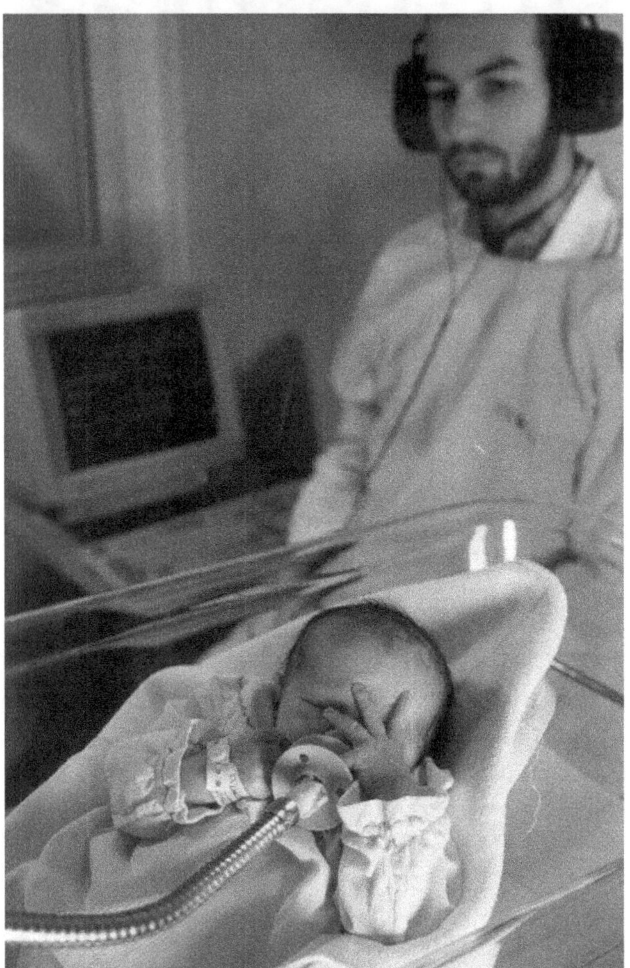

Planche 10
Nouveau-nés et langage
Expérimentation sur un nouveau-né au LSCP à la maternité Port-Royal. La pression dans la tétine est mesurée et transmise à l'ordinateur, qui enregistre les succions et diffuse en retour des stimuli sonores.

L'expérimentateur, assis hors du champ de vision du bébé, écoute des sons différents, pour éviter de l'influencer au moment du changement de stimulus.

Planche 10 (suite)
Évolution de la courbe de succion lors d'une discrimination

Les résultats individuels sont alignés par rapport au moment où l'on passe de la phase d'habituation à la phase de test (barre verticale).

Les barres d'erreur représentent +/- 1 de l'erreur standard sur la moyenne. Dans cette expérience les nouveau-nés discriminent des phrases syn-

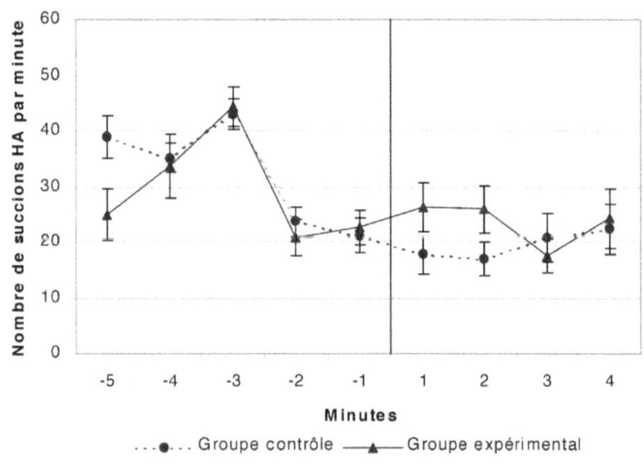

thétisées de hollandais et de japonais. Il y a vingt nouveau-nés par groupe. Quand il n'y a pas de discrimination, les deux courbes restent confondues après le passage à la phase test.

Ramus et al., 2000. Franck Ramus, Laboratoire de sciences cognitives et psycholinguistique (LSCP), École normale supérieure-CNRS-EHESS, Paris.

TABLE

Cet ouvrage a été transcodé et mis en pages
chez Nord Compo (Villeneuve-d'Ascq)